**Konzepte für die nachhaltige
Entwicklung einer Flusslandschaft**

Band 6

Frank Wechsung / Alfred Becker / Peggy Gräfe (Hrsg.)

Auswirkungen des globalen Wandels auf Wasser, Umwelt und Gesellschaft im Elbegebiet

Bibliografische Information Der Deutschen Bibliothek
Die Deutsche Bibliothek verzeichnet diese Publikation in der Deutschen Nationalbibliografie;
detaillierte bibliografische Daten sind im Internet über http://dnb.ddb.de abrufbar.

ISBN 3-89998-062-X

© Weißensee Verlag, Berlin 2005
Kreuzbergstraße 30, 10965 Berlin
Tel. 0 30/91 20 7-100
www.weissensee-verlag.de
mail@weissensee-verlag.de

Satz: Sascha Krenzin, Weißensee Verlag Berlin
Gesetzt aus der Myriad Pro

Alle Rechte vorbehalten
Printed in Germany

Herausgeber: Frank Wechsung, Alfred Becker und Peggy Gräfe
Potsdam-Institut für Klimafolgenforschung e.V., Telegrafenberg, 14473 Potsdam

Das Verbundvorhaben GLOWA-Elbe wurde vom Bundesministerium für Bildung und Forschung (BMBF) innerhalb des Förderschwerpunktes GLOWA – Globaler Wandel des Wasserkreislaufes gefördert.

GEFÖRDERT VOM

Die Projektleitung und die Koordination übernahm das Potsdam-Institut für Klimafolgenforschung e.V. Die Forschungsarbeiten wurden in der Zeit von 2000 bis 2003 durchgeführt.

Die Erstellung dieser Publikation wurde unterstützt mit Mitteln folgender Institutionen:

Inhalt

Autoren und Mitwirkende VII

Teil I: Forschungsfragen – Methodischer Ansatz – Ergebnisse

I-1 Herausforderungen des globalen Wandels für die Elbe-Region 3
Frank Wechsung

    I-1.1   Einleitung 3

    I-1.2   Theoretische Vorbetrachtungen zu Forschungsansatz und Methodik 7

                I-1.2.1   Nachhaltigkeit als ökonomische Kategorie 7

                I-1.2.2   Wahrnehmungs-, Bewertungs- und Objektivierungslücken 9

                I-1.2.3   Der Integrative Methodische Ansatz (IMA) zur tendenziellen Durchsetzung
des Nachhaltigkeitsgebotes 12

    I-1.3   Kristallisationspunkte und Lösungsansätze für künftige Wassernutzungs-
konflikte in der deutschen Elberegion 14

                I-1.3.1   Historische Nachhaltigkeitsdefizite und -gebote in der Region 14

                I-1.3.2   Wasserbezogene Trends des globalen Wandels im Elbeeinzugsgebiet 16

    I-1.4   Spezifizierung des globalen Wandels und von Handlungsalternativen 22

    I-1.5   Ergebnisse der Entwicklung, Analyse und Bewertung von Szenarien des
globalen Wandels in GLOWA-Elbe I 24

                I-1.5.1   Klimawandelszenarien im Elbeeinzugsgebiet 25

                I-1.5.2   Nährstoffbelastung im Gesamtgebiet der Elbe unter besonderer
Berücksichtigung des deutschen Teilgebietes 33

                I-1.5.3   Wasserhaushalt und Erträge im deutschen Teilgebiet der Elbe 35

                I-1.5.4   Landwirtschaft im deutschen Teilgebiet der Elbe 37

                I-1.5.5   Landschaftswandel im deutschen Teilgebiet der Elbe 38

                I-1.5.6   Unstrut – Landnutzung in einer ackerbaulichen Intensivregion 38

                I-1.5.7   Gewässermanagement und Gewässergüte im Flussgebiet Spree-Havel 41

    I-1.6   Resümee 53

I-2 Der Integrative Methodische Ansatz von GLOWA-Elbe 59
Frank Messner, Volker Wenzel, Alfred Becker, Frank Wechsung

    I-2.1   Einleitung 59

    I-2.2   Die Ursprünge des IMA in Integrated-Assessment-Ansätzen von PIK und UFZ 60

    I-2.3   Der IMA in seiner Grundfassung zu Projektbeginn von GLOWA-Elbe I 62

    I-2.4   Die Umsetzung des IMA 65

    I-2.5   Ausblick 68

I-3   **Der Integrative Methodische Ansatz im stringenten Sprachkalkül** ... 71
Volker Wenzel

    I-3.1 Einleitung ... 71

    I-3.2 Basis-Kategorien und Repräsentanten ... 71

    I-3.3 Definitionen und Beispiele für Repräsentanten von Basis-Kategorien ... 73

    I-3.4 Der Formalismus des Sprachentwurfs ... 76

    I-3.5 Erkenntnistheoretische Funktion des IMA ... 79

Teil II: Szenarien und ausgewählte Folgen für den deutschen Teil des Elbegebietes

II-1 **Klimaszenarien für den deutschen Teil des Elbeeinzugsgebietes** ... 85
Daniela Jacob und Friedrich-Wilhelm Gerstengarbe

    II-1.1 Regionale Klimasimulationen zur Untersuchung der Niederschlagsverhältnisse in heutigen und zukünftigen Klimaten ... 89
    Daniela Jacob und Katharina Bülow

    II-1.2 Klimaprognose der Temperatur, der potenziellen Verdunstung und des Niederschlags mit NEURO-FUZZY-Modellen ... 96
    Eberhard Reimer, Sahar Sodoudi, Eileen Mikusky, Ines Langer

    II-1.3 Simulationsergebnisse des regionalen Klimamodells STAR ... 110
    Friedrich-Wilhelm Gerstengarbe und Peter C. Werner

II-2 **Mögliche Effekte des globalen Wandels im Elbeeinzugsgebiet** ... 119

    II-2.1 Politik- und Bürgerszenarien ... 119

        II-2.1.1 Perspektiven der Landbewirtschaftung im deutschen Elbegebiet unter dem Einfluss des globalen Wandels – Ergebnisse eines interdisziplinären Modellverbundes ... 119
        Horst Gömann, Peter Kreins, Christian Julius

        II-2.1.2 Zukunft Landschaft – Bürgerszenarien zur Landschaftsentwicklung ... 129
        Detlev Ipsen, Uli Reichhardt, Holger Weichler

    II-2.2 Szenarienfolgen für den Wasser- und Nährstoffhaushalt – Überblick ... 137
    Horst Behrendt

        II-2.2.1 Mögliche Auswirkungen von Änderungen des Klimas und in der Landwirtschaft auf die Nährstoffeinträge und -frachten ... 139
        Horst Behrendt, Dieter Opitz, Markus Venohr, Mojmir Soukup

        II-2.2.2 Folgen von Klimawandel und Landnutzungsänderungen für den Landschaftswasserhaushalt und die landwirtschaftlichen Erträge im Gebiet der deutschen Elbe ... 151
        Fred F. Hattermann, Valentina Krysanova, Frank Wechsung

Teil III: Integrierte regionale Analysen in Teilgebieten

III-1 Das Unstrutgebiet – Einführung, Methodik und Ergebnisse 167
Beate Klöcking und Thomas Sommer

- **III-1.1 Untersuchungen zum rezenten Wasser- und Stoffhaushalt im Unstrutgebiet** 172
  Thomas Sommer und Steffi Knoblauch

- **III-1.2 Wie ändert sich die Landnutzung? – Ergebnisse betrieblicher und ökosystemarer Impaktanalysen** 184
  Uta Maier

- **III-1.3 Das Unstrutgebiet – Die Modellierung des Wasser- und Stoffhaushaltes unter dem Einfluss des globalen Wandels** 195
  Beate Klöcking, Thomas Sommer, Bernd Pfützner

III-2 Spree-Havel 209

- **III-2.1 Problem- und Konfliktanalyse bei der integrierten Wasserbewirtschaftung im Gesamtgebiet Spree-Havel** 209

  - **III-2.1.1 Probleme der integrierten Wasserbewirtschaftung im Spree-Havel-Gebiet im Kontext des globalen Wandels** 209
    Uwe Grünewald

  - **III-2.1.2 Integrierte partizipations- und modellgestützte Wasserbewirtschaftung im Spree-Havel-Gebiet** 219
    Alfred Becker

  - **III-2.1.3 Großräumige Wasserbewirtschaftungsmodelle als Instrumentarium für das Flussgebietsmanagement** 223
    Stefan Kaden, Michael Schramm, Michael Redetzky

  - **III-2.1.4 Exemplarische Umsetzung des Integrativen Methodischen Ansatzes am Oberlauf der Spree** 234
    Frank Messner, Michael Kaltofen, Oliver Zwirner, Hagen Koch

- **III-2.2 Obere Spree** 242

  - **III-2.2.1 Wasserwirtschaftliche Handlungsstrategien im Spreegebiet oberhalb Berlins** .. 242
    Michael Kaltofen, Hagen Koch, Michael Schramm

  - **III-2.2.2 Integrative wasserwirtschaftliche und ökonomische Bewertung von Flussgebietsbewirtschaftungsstrategien** 260
    Frank Messner, Michael Kaltofen, Hagen Koch, Oliver Zwirner

- **III-2.3 Spreewald** 273

  - **III-2.3.1 Das Integrationskonzept Spreewald und Ergebnisse zur Entwicklung des Wasserhaushalts** 273
    Ottfried Dietrich

  - **III-2.3.2 Auswirkungen von Klima- und Grundwasserstandsänderungen auf Bodenwasserhaushalt, Biomasseproduktion und Degradierung von Niedermooren im Spreewald** 284
    Marco Lorenz, Kai Schwärzel, Gerd Wessolek

  - **III-2.3.3 Vegetationsentwicklung im Spreewald vor dem Hintergrund von Klimaänderungen und ihre Bewertung aus naturschutzfachlicher Sicht** 294
    Ulrich Bangert, Gero Vater, Ingo Kowarik, Jutta Heimann

III-2.3.4 Berücksichtigung des Wertes von Feuchtgebieten bei der ökonomischen Analyse von Bewirtschaftungsstrategien für Flussgebiete am Beispiel der Spreewaldniederung 304
Malte Grossmann

III-2.4 **Berlin / Untere Havel** 325

    III-2.4.1 Integrierende Studien zum Berliner Wasserhaushalt 325
Volker Wenzel

    III-2.4.2 Veränderungen im Wasserdargebot und in der Wasserverfügbarkeit im Großraum Berlin 346
Claudia Rachimow, Bernd Pfützner, Walter Finke

    III-2.4.3 Auswirkungen des globalen Wandels auf die Gewässergüte im Berliner Gewässernetz 357
Tanja Bergfeld, Torsten Strube, Volker Kirchesch

Anhang

Abbildungsverzeichnis 371

Tabellenverzeichnis 379

Szenarienverzeichnis 383

Modellverzeichnis GLOWA-Elbe I 387

Projektstruktur 393

Abkürzungsverzeichnis 395

Glossar 403

Autoren und Mitwirkende

Alfred Becker
Potsdam-Institut für Klimafolgenforschung e.V.
Telegrafenberg, 14473 Potsdam
becker@pik-potsdam.de | www.pik-potsdam.de

Ulrich Bangert
Technische Universität Berlin, Institut für Ökologie,
FG Ökosystemkunde/Pflanzenökologie
Rothenburgstr. 12, 12165 Berlin
uli.bangert@web.de; www.tu-berlin.de/~oekosys

Horst Behrendt
Leibniz-Institut für Gewässerökologie
und Binnenfischerei,
Müggelseedamm 310, 12587 Berlin
behrendt@igb-berlin.de | www.igb-berlin.de

Tanja Bergfeld
Bundesanstalt für Gewässerkunde
Postfach 200253, 56002 Koblenz
bergfeld@bafg.de | www.bafg.de

Katharina Bülow
Max-Planck-Institut für Meteorologie
Bundesstr. 53, 20146 Hamburg
buelow@dkrz.de | www.mpimet.mpg.de

Ottfried Dietrich
Leibniz-Zentrum für Agrarlandschafts-
forschung (ZALF) e.V. Müncheberg
Eberswalderstr. 84, 15374 Müncheberg
odietrich@zalf.de | www.zalf.de

Walter Finke
Bundesanstalt für Gewässerkunde
Postfach 200253, 56002 Koblenz
finke@bafg.de | www.bafg.de

Friedrich-Wilhelm Gerstengarbe
Potsdam-Institut für Klimafolgenforschung e.V.
Telegrafenberg, 14473 Potsdam
gerstengarbe@pik-potsdam.de;
www.pik-potsdam.de

Horst Gömann
Institut für ländliche Räume der Bundes-
forschungsanstalt für Landwirtschaft
Bundesallee 50, 38116 Braunschweig
horst.goemann@fal.de | www.bal.fal.de

Peggy Gräfe
Potsdam-Institut für Klimafolgenforschung e.V.
Telegrafenberg, 14473 Potsdam
graefe@pik-potsdam.de | www.pik-potsdam.de

Malte Grossmann
Technische Universität Berlin, Institut für Land-
schaftsarchitektur und Umweltplanung
Franklinstr. 29, 10587 Berlin
grossmann@imup.tu-berlin.de | www.tu-berlin.de

Uwe Grünewald
Brandenburgische Technische Universität Cottbus,
Lehrstuhl für Hydrologie und Wasserwirtschaft
PF 101344, 03013 Cottbus
uwe.gruenewald@tu-cottbus.de;
www.hydrologie.tu-cottbus.de

Volkmar Hartje
Technische Universität Berlin, Institut für Land-
schaftsarchitektur und Umweltplanung
Franklinstr. 29, 10587 Berlin
hartje@imup.tu-berlin.de | www.tu-berlin.de

Fred Fokko Hattermann
Potsdam-Institut für Klimafolgenforschung e.V.
Telegrafenberg, 14473 Potsdam
hattermann@pik-potsdam.de;
www.pik-potsdam.de

Ylva Hauf
Potsdam-Institut für Klimafolgenforschung e.V.
Telegrafenberg, 14473 Potsdam
hauf@pik-potsdam.de | www.pik-potsdam.de

Jutta Heimann
Technische Universität Berlin, Institut für Ökologie,
FG Ökosystemkunde/Pflanzenökologie
Rothenburgstr. 12, 12165 Berlin
jutta.heimann@tu-berlin.de;
www.tu-berlin.de/~oekosys

Detlev Ipsen
Universität Kassel, Fachbereich Architektur,
Stadtplanung, Landschaftsplanung,
AG Empirische Planungsforschung
Mönchebergstraße 17, 34109 Kassel
dipsen@uni-kassel.de;
www.uni-kassel.de/fb6/AEP

Daniela Jacob
Max-Planck-Institut für Meteorologie
Bundesstr. 53, 20146 Hamburg
jacob@dkrz.de | www.mpimet.mpg.de

Stefan Kaden
WASY Gesellschaft für wasserwirtschaftliche
Planung und Systemforschung mbH
Waltersdorfer Straße 105, 12526 Berlin
so.kaden@wasy.de | www.wasy.de

Michael Kaltofen
WASY Gesellschaft für wasserwirtschaftliche
Planung und Systemforschung mbH, NL Dresden
Goetheallee 21, 01309 Dresden
m.kaltofen@wasy.de | www.wasy.de

Matthias Karkuschke
Umweltforschungszentrum Leipzig-Halle GmbH,
Department Ökonomie
PF 500136, 04301 Leipzig
frank.messner@ufz.de | www.ufz.de

Volker Kirchesch
Bundesanstalt für Gewässerkunde
Postfach 200253, 56002 Koblenz
kirchesch@bafg.de | www.bafg.de

Beate Klöcking
Bayerische Landesanstalt für Wald
und Forstwirtschaft
Am Hochanger 11, 85354 Freising
bkl@lwf.uni-muenchen.de;
www.lwf.uni-muenchen.de

Steffi Knoblauch
Thüringer Landesanstalt für Landwirtschaft
Naumburger Straße 98, 07743 Jena
s.knoblauch@jena.tll.de | www.tll.de

Hagen Koch
Brandenburgische Technische Universität Cottbus,
Lehrstuhl für Hydrologie und Wasserwirtschaft
PF 101344, 03013 Cottbus
hagen.koch@tu-cottbus.de;
www.hydrologie.tu-cottbus.de

Ingo Kowarik
Technische Universität Berlin, Institut für Ökologie,
FG Ökosystemkunde/Pflanzenökologie
Rothenburgstr. 12, 12165 Berlin
kowarik@tu-berlin.de;
www.tu-berlin.de/~oekosys

Peter Kreins
Institut für ländliche Räume der Bundes-
forschungsanstalt für Landwirtschaft (FAL)
Bundesallee 50, 38116 Braunschweig
peter.kreins@fal.de | www.bw.fal.de

Valentina Krysanova
Potsdam-Institut für Klimafolgenforschung e.V.
Telegrafenberg, 14473 Potsdam,
krysanova@pik-potsdam.de;
www.pik-potsdam.de

Ines Langer
Freie Universität Berlin, Institut für Meteorologie
Carl-Heinrich-Becker Weg 6–10, 12165 Berlin
www.met.fu-berlin.de

Marco Lorenz
Bundesforschungsanstalt für Landwirtschaft
Braunschweig, Institut für Betriebstechnik
und Bauforschung
Bundesallee 50, 38116 Braunschweig
marco.lorenz@fal.de | www.fal.de

Uta Maier
Thüringer Landesanstalt für Landwirtschaft
Naumburger Straße 98, 07743 Jena
u.maier@jena.tll.de | www.tll.de

Frank Messner
Umweltforschungszentrum Leipzig-Halle GmbH,
Department Ökonomie
PF 500136, 04301 Leipzig
frank.messner@ufz.de | www.ufz.de

Eileen Mikusky
Freie Universität Berlin, Institut für Meteorologie
Carl-Heinrich-Becker Weg 6–10, 12165 Berlin
www.met.fu-berlin.de

Dieter Opitz
Leibniz-Institut für Gewässerökologie
und Binnenfischerei
Müggelseedamm 310, 12587 Berlin
opitz@igb-berlin.de | www.igb-berlin.de

Bernd Pfützner
Büro für Angewandte Hydrologie
Wollankstraße 117, 13187 Berlin
bernd.pfuetzner@bah-berlin.de;
www.bah-berlin.de

Joachim Quast
Leibniz-Zentrum für Agrarlandschafts-
forschung (ZALF) e.V. Müncheberg
Eberswalderstr. 84, 15374 Müncheberg
jquast@zalf.de | www.zalf.de

Claudia Rachimow
Bundesanstalt für Gewässerkunde
Postfach 200253, 56002 Koblenz
rachimow@bafg.de | www.bafg.de

Michael Redetzky
WASY Gesellschaft für wasserwirtschaftliche
Planung und Systemforschung mbH, NL Dresden
Goetheallee 21, 01309 Dresden
m.redetzky@wasy.de | www.wasy.de

Uli Reichhardt
Universität Kassel, Fachbereich Architektur,
Stadtplanung, Landschaftsplanung,
AG Empirische Planungsforschung
Mönchebergstraße 17, 34109 Kassel
aep@uni-kassel.de | www.uni-kassel.de/fb6/AEP

Eberhard Reimer
Freie Universität Berlin, Institut für Meteorologie
Carl-Heinrich-Becker Weg 6–10, 12165 Berlin
reimer@zedat.fu-berlin.de | www.trumf.de

Michael Schramm
WASY Gesellschaft für wasserwirtschaftliche
Planung und Systemforschung mbH
Waltersdorfer Straße 105, 12526 Berlin

Steffi Schuster
Universität Kassel, Fachbereich Architektur,
Stadtplanung, Landschaftsplanung,
AG Empirische Planungsforschung
Mönchebergstraße 17, 34109 Kassel

Kai Schwärzel
Technische Universität Berlin, Institut für Ökologie,
FG Standortkunde/Bodenschutz
Salzufer 11–12, 10587 Berlin
kai.schwaerzel@tu-berlin.de | www.tu-berlin.de

Karl-Heinz Simon
Universität Kassel, Wissenschaftliches
Zentrum für Umweltsystemforschung
Kurt-Wolters-Straße 3, 34109 Kassel
simon@usf.uni-kassel.de;
www.usf.uni-kassel.de/usf

Sahar Sodoudi
Freie Universität Berlin, Institut für Meteorologie
Carl-Heinrich-Becker Weg 6–10, 12165 Berlin
www.met.fu-berlin.de

Thomas Sommer
Dresdner Grundwasserforschungszentrum e.V.
Meraner Straße 10, 01217 Dresden
tsommer@dgfz.de | www.dgfz.de

Mojmir Soukup
Research Institute for Soil and Water Conservation
Zabovreska 250, 15627 Praha 5, Czech Republic

Bernhard Ströbl
Friedrich-Schiller-Universität Jena,
Institut für Geographie, Geoinformatik
Löbdergraben 32, 07743 Jena
bernhard.stroebl@geogr.uni-jena.de;
www.geogr.uni-jena.de

Torsten Strube
Leibniz-Institut für Gewässerökologie
und Binnenfischerei
Müggelseedamm 310, 12587 Berlin
strube@igb-berlin.de | www.igb-berlin.de

Gero Vater
Technische Universität Berlin, Institut für Ökologie,
FG Ökosystemkunde/Pflanzenökologie
Rothenburgstr. 12, 12165 Berlin
gero.vater@tu-berlin.de;
www.tu-berlin.de/~oekosys

Markus Venohr
Leibniz-Institut für Gewässerökologie
und Binnenfischerei
Müggelseedamm 310, 12587 Berlin
venohr@igb-berlin.de | www.igb-berlin.de

Frank Wechsung
Potsdam-Institut für Klimafolgenforschung e.V.
Telegrafenberg, 14473 Potsdam
wechsung@pik-potsdam.de;
www.pik-potsdam.de

Astrid Wehrle
Universität Kassel, Fachbereich Architektur,
Stadtplanung, Landschaftsplanung,
AG Empirische Planungsforschung
Mönchebergstraße 17, 34109 Kassel

Holger Weichler
Universität Kassel, Fachbereich Architektur,
Stadtplanung, Landschaftsplanung,
AG Empirische Planungsforschung
Mönchebergstraße 17, 34109 Kassel
aep@uni-kassel.de | www.uni-kassel.de/fb6/AEP

Volker Wenzel
Potsdam-Institut für Klimafolgenforschung e.V.
Telegrafenberg, 14473 Potsdam
wenzel@pik-potsdam.de | www.pik-potsdam.de

Peter C. Werner
Potsdam-Institut für Klimafolgenforschung e.V.
Telegrafenberg, 14473 Potsdam
werner@pik-potsdam.de | www.pik-potsdam.de

Gerd Wessolek
Technische Universität Berlin, Institut für Ökologie,
FG Standortkunde/Bodenschutz
Salzufer 11–12, 10587 Berlin
wessolek@tu-berlin.de | www.tu-berlin.de

Oliver Zwirner
Umweltforschungszentrum Leipzig-Halle GmbH,
Department Ökonomie
PF 500136, 04301 Leipzig
oliver.zwirner@ufz.de | www.ufz.de

Teil I

Forschungsfragen
Methodischer Ansatz
Ergebnisse

I-1 Herausforderungen des globalen Wandels für die Elbe-Region

Frank Wechsung

I-1.1 Einleitung

Die Elbe bildet mit 1.091 km Länge und einem Einzugsgebiet von 148.268 km² eines der größten Flusssysteme Europas. Das Einzugsgebiet umfasst weite Teile der ostdeutschen Bundesländer. Die Elbe durchfließt, von Tschechien kommend, Deutschland von Südosten nach Nordwesten (Abb. 1). Nach ihrer Grenzüberschreitung südlich von Dresden passiert die Elbe die Städte Dessau und Magdeburg und mündet nördlich von Hamburg in die Nordsee.

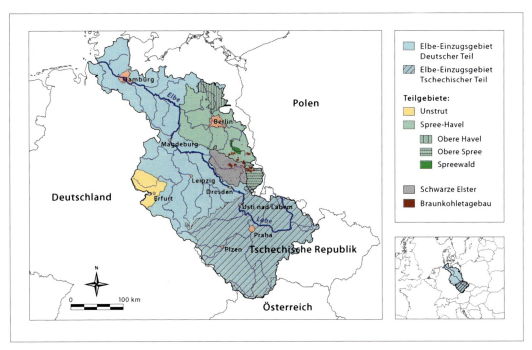

Abb. 1: Elbeeinzugsgebiet mit deutschem und tschechischen Teil, den Teilgebieten Unstrut, Spree-Havel und Schwarze Elster sowie den Braunkohletagebaugebieten in der Lausitz

Die Elbe markiert klimatisch den Übergang vom atlantischen zum kontinentalen Klima in Europa; politisch-geographisch liegt sie an der Nahtstelle zwischen West- und Osteuropa. Von der Elberegion gingen gewaltige kulturelle, politische und ökonomische Umbrüche mit globaler Wirkung aus. Zu nennen sind die Reformation durch Martin Luther nach dem Thesenanschlag in Wittenberg, der Aufstieg Deutschlands zur europäischen Großmacht im 19. Jahrhundert und schließlich die Teilung Europas entlang der westlichen Grenzen des Flussgebietes im Ergebnis des Zweiten Weltkrieges.

Gegenwärtig befindet sich die Gesellschaft in weiten Teilen des deutschen Teilgebietes in einem komplexen sozioökonomischen Transformationsprozess. Der Transformationsprozess hat eine nationale, europäische und globale Ebene. Auf jeder Ebene finden spezifische Öffnungsprozesse der Gesellschaft statt, die Chancen für Neues und Risiken für den Erhalt von Bestehendem in sich bergen. Sie wurden auf der nationalen Ebene eingeleitet durch den Beitritt der DDR zur BRD. Auf der europäischen Ebene entstehen durch die Erweiterung der Europäischen Union nach Osten und Südosten neue Märkte, aber auch neue Wettbewerber. Auf der globalen Ebene manifestieren sich neue technologische Möglichkeiten, die eine Öffnung der regionalen Gesellschaften erzwingen, gleichzeitig aber auch Möglichkeiten für eine neue Regionalisierung schaffen. Neue Technologien für eine dezentrale Energieversorgung auf der Basis nachwachsender Rohstoffe, von Wind und Sonnenenergie, sowie für die Wassergewinnung, -nutzung und -entsorgung erhöhen die Chancen für eine nachhaltige Entwicklung im Allgemeinen und die Nutzung des Wasserkreislaufes im Besonderen.

Der Wasserkreislauf in der deutschen Elberegion ist geprägt durch eine vergleichsweise geringe Wasserverfügbarkeit und historische Defizite bei der Realisierung des Nachhaltigkeitsgebotes. Letztere werden im Folgenden als Nachhaltigkeitsdefizite bezeichnet.

Im europäischen Vergleich war die Wasserverfügbarkeit pro Kopf in der ersten Hälfte der 90er-Jahre aufgrund der geringen Jahresniederschläge die zweitgeringste in Europa (STANNERS und BOURDEAU 1995). Zu den Nachhaltigkeitsdefiziten zählen die Belastung der Elbe durch Schad- und Nährstoffe, die Gewässereutrophierung, die großflächig erfolgte Entwässerung von Niederungsgebieten und die Senkung des Grundwasserspiegels in den Braunkohletagebaugebieten.

Nachhaltigkeitsdefizite bei der Nutzung des Wasserhaushaltes und anderer Ressourcen und Dienste der Natur haben wesentlich zu der Systemunzufriedenheit in der späten DDR und damit zu dem 1989 eingeleiteten politischen Wandel beigetragen. Nach der Wiedervereinigung wurden erhebliche Anstrengungen zum Abbau wichtiger Nachhaltigkeitsdefizite unternommen. Allein in die Modernisierung der Wasserversorgung wurden bis 1998 etwa 6,7 Mrd. € investiert (SRU 2000, S. 141).

Diese Anstrengungen haben bisher schon zu einer spürbaren Verbesserung der Wasserqualität geführt. Um den u. a. in der Nordseekonvention oder der europäischen Wasserrahmenrichtlinie (WRRL) formulierten Zielvorstellungen für die Gewässergüte und einem „guten ökologischen Zustand der Gewässer" zu genügen, sind jedoch weitergehende Maßnahmen erforderlich. Bei diesen weitergehenden Maßnahmen kann aus ökonomischen Gründen nicht wie im bisherigen Umfang auf „end of the pipe"-Technologien (Klärwerke) zur Problemlösung zurückgegriffen werden. Die „Gratiseffekte", die sich aus dem Niedergang der ostdeutschen Industrie und der Umstrukturierung der Landwirtschaft ergaben, sind ebenfalls weitgehend ausgeschöpft. In viel größerem Umfang als bisher sind künftig Verhaltensänderungen bei den Akteuren, die den Wasserhaushalt beanspruchen, und Systemwechsel in der Wasserbewirtschaftung erforderlich, um Nachhaltigkeitsdefizite weiter abzubauen und die Entstehung neuer zu begrenzen (vgl. KAHLENBORN und KRAEMER 1999).

Vielfach wird es dabei um Maßnahmen und Strategien gehen, die kurzfristig nur unmerkliche Effekte haben, langfristig aber erheblich Wirkung entfalten, und die nur sehr sukzessive realisiert werden können. Beispiele hierfür wären die Erhöhung des Laubbaumanteils in den Wäldern zur Erhöhung der Grundwasserneubildung oder der Übergang von zentralen zu lokalen Techniken der Wasserver- und -entsorgung. Eine langfristig orientierte vorausschauende Analyse und Bewertung von Gestaltungsmöglichkeiten des Wasserkreislaufes ist eine notwendige Voraussetzung, um eine nachhaltige Nutzung von Wasser zu ermöglichen. Dabei ist jedoch zu berücksichtigen, dass sich mit dem Betrachtungshorizont nicht nur die Gestaltungsspielräume erweitern, sondern sich auch die gesellschaftlichen und natürlichen Randbedingungen des Wasserhaushaltes ändern können. Von besonders prägender Bedeutung für die Randbedingungen des Wasserhaushaltes in der Elberegion sind Prozesse des globalen Wandels.

Als globaler Wandel werden zusammenfassend jene Veränderungen in Natur und Gesellschaft bezeichnet, die global wirksam die Lebensgrundlagen der Menschen irreversibel beeinflussen (nach WBGU 1993, S.10). Zu den Naturveränderungen zählen der Klimawandel, Änderungen der Landnutzung und der Verlust an Biodiversität. Die gesellschaftlichen Prozesse, welche diese Umweltwirkungen hervorbringen, sind zugleich jene, welche die gesellschaftlichen Rahmenbedingungen für die Gestaltung des regionalen Wasserhaushaltes abstecken. Zu ihnen gehören: der technologische Wandel, die ökonomische Globalisierung sowie der demographische Wandel.

Die Gesellschaft wurde in den letzten Jahren für Phänomene des globalen Wandels sehr stark durch Diskussionen um den Klimawandel, seine Relevanz, bestehende Anpassungsmöglichkeiten und mögliche Minderungsstrategien sensibilisiert. Der Klimawandel ist regional und global ein Faktum. In Deutschland lagen die Jahresmitteltemperaturen in den 90er-Jahren mit Ausnahme des Jahres 1996 kontinuierlich über dem Mittelwert der Periode 1961–1990 von 8,3 °C (Datenbasis des DWD, Rapp 1998). Seit 1900 haben die Jahresmitteltemperaturen um 0,6 K zugenommen (Rapp 1998). Global stiegen die Temperaturen in den letzten hundert Jahren um 0,7 K an, wofür nach statistischen Analysen der Anstieg in der atmosphärischen Konzentration von Treibhausgasen entscheidend mitverantwortlich ist (Walter und Schönwiese 2002).

Bei einer fortgesetzten Anreicherung der Erdatmosphäre mit Treibhausgasen, insbesondere CO_2, ist daher davon auszugehen, dass sich der beobachtete Erwärmungstrend global und regional fortsetzt. Parallel zur Erwärmung verändern sich auch die Niederschläge. Die Tendenzen und Ausblicke sind jedoch sehr viel uneinheitlicher als bei der Temperatur. Generell wird aufgrund des zunehmenden Wasserdampfgehaltes der Erdatmosphäre in Folge des Temperaturanstieges mit einer Intensivierung des Wasserkreislaufes und damit mit einem Anstieg der Niederschläge gerechnet. In Deutschland haben die Jahresniederschläge von 1896 bis 1995 in der West- und Südhälfte des heutigen Bundesgebietes um 10–20% zugenommen. Die Winterniederschläge stiegen überproportional teilweise sogar um bis zu 70% (Rapp 1998). Die Sommerniederschläge gingen tendenziell sogar zurück, wobei dieser Trend in den östlichen Bundesländern besonders ausgeprägt ist und dort die ebenfalls beobachtete Zunahme der Winterniederschläge ausgleicht. Bemerkenswert ist, dass es beim Rückgang der Sommerniederschläge in den westlichen Bundesländern in der Periode 1971–2000 eine Trendumkehr gegenüber 1961–1990 von einer tendenziellen Abnahme zu einer Zunahme der Sommerniederschläge gegeben hat (Schönwiese 2003).

In der nachfolgend vorgestellten Szenarien-Studie GLOWA-Elbe I wurden die Perspektiven wichtiger Handlungsfelder des Wasserhaushaltes im Elbeeinzugsgebiet vor dem Hintergrund des globalen Wandels einer eingehenden Analyse unterzogen. Der Analyse liegt der normative Anspruch zu Grunde, historische und neu entstehende Wassergüte- und Wassermengenprobleme im Elbeeinzugsgebiet im Sinne des Nachhaltigkeitsgebotes zu lösen. Diese komplexe Aufgabenstellung wird auf mehreren thematisch-regionalen Ebenen bearbeitet. Ausgangspunkt der Analysen sind zu Szenarien verdichtete regionale Ausprägungen des globalen Wandels, wobei die Szenarien zum Klimawandel einen zentralen Stellenwert einnehmen.

Im weiteren Verlauf der Analyse wird die Wirkung des globalen Wandels im Rahmen von so genannten „Masterszenarien" (MSZ, Tabelle 7) untersucht. Masterszenarien grenzen wichtige Probleme thematisch und regional ab. Sie wurden vor dem Hintergrund historischer Nachhaltigkeitsdefizite, der wasserbezogenen regionalen Trends des globalen Wandels und der normativen Zielstellung für GLOWA-Elbe I formuliert (Tabelle 1). Es werden je ein Masterszenario für das Gesamtgebiet, das deutsche Teilgebiet, sowie für die Teileinzugsgebiete Unstrut und Spree-Havel untersucht. Die Verteilungskonflikte im Masterszenario **Spree-Havel** werden in drei regionalen Masterszenarien, die untereinander durch Oberlieger-Unterlieger Beziehungen miteinander verbunden sind, näher betrachtet.

Für jedes Masterszenario werden Szenarien des globalen Wandels mit und ohne regionaler Handlungskomponente analysiert. Im ersteren Fall wird von exogenen Szenarien (EXO) im letzteren von alternativen Szenarien (ALT) gesprochen. Bei der Analyse von EXO-Szenarien bleibt die Untersuchung bei der Illustration von Wirkungen exogener Ursachen stehen (deskriptives Moment). Die Ergebnisse werden genutzt, um die künftigen Spielräume und Handlungszwänge im Hinblick auf die Realisierung durch die normativen Masterszenarien auszuloten.

Tab. 1: Masterszenarien (MSZ) mit normativen Zielsetzungen in GLOWA-Elbe I

MSZ-Kurztitel	Normative Zielsetzung, Leitbild	Region
Elbe	Nährstoffeinträge aus diffusen Quellen werden gesenkt	Gesamtelbe
dElbe	Wettbewerbsfähige landwirtschaftliche Landnutzung reduziert die Beanspruchung des Wasserhaushaltes	Deutsche Elbe
Unstrut	Nutzung der landwirtschaftlichen Produktionspotenziale in einer landwirtschaftlichen Intensivregion bei gleichzeitiger Verminderung der Beanspruchung des Wasserhaushaltes	Unstrut
Spree-Havel	Nachhaltige Lösung von Wassermengenkonflikten	Spree-Havel
Obere Spree	Flutung der Tagebaurestlöcher in der Lausitz	Obere Spree
Spreewald	Erhalt der Feuchtgebiete im Spreewald	Spreewald
Berlin	Gewährleistung der wasserwirtschaftlichen Versorgungsansprüche von Berlin	Berlin

Die Analyse von ALT-Szenarien geht darüber hinaus. Sie vergleicht, bewertet und ordnet alternative Handlungsstrategien. Spielräume werden nicht nur illustriert, sondern Strategien gezeigt, die unter den gegebenen exogenen Bedingungen die günstigste und weitestgehende Erreichung der normativen Zielstellung ermöglichen (normatives Moment). Dabei werden unterschiedliche Interessenslagen von Akteuren und Betroffenen berücksichtigt.

Die Analysen der einzelnen Masterszenarien werden intern gemäß der Kategorien und Abläufe des Integrativen Methodischen Ansatz (IMA) strukturiert. Die methodische Herleitung des IMA ist Gegenstand der beiden folgenden Kapitel. Im Anschluss werden die Grundlagen der Szenarienbildung erläutert. Sie betreffen die historischen Nachhaltigkeitsdefizite, wichtige regionale Trends des globalen Wandels und die langfristigen Annahmen zur Realisierung des globalen Wandels. Abschließend wird ein zusammenfassender Überblick über wichtige Ergebnisse zur möglichen regionalen Klimaentwicklung und zu den Folgen des globale Wandels auf die normativen Zielsetzungen der fünf ausgewählten Masterszenarien gegeben.

Für die Realisierung des Gesamtprojektes haben sich insgesamt 18 Forschungsinstitutionen zum Forschungsverbund „GLOWA-Elbe I" zusammengefunden (vgl. Autoren und Mitwirkende). Das Projekt GLOWA-Elbe I wurde vom Bundesministerium für Bildung und Forschung (BMBF) innerhalb des Förderschwerpunktes GLOWA (Globaler Wandel des Wasserkreislaufes) gefördert. Auf Phase I des Projektes folgen noch zwei weitere Phasen: GLOWA-Elbe II (in Bearbeitung von 2004 bis 2007) und III (in Vorbereitung).

I-1.2 Theoretische Vorbetrachtungen zu Forschungsansatz und Methodik

GLOWA-Elbe beruht auf einer methodischen Konzeption, die direkt aus dem Nachhaltigkeitsgebot abgeleitet wurde.

I-1.2.1 Nachhaltigkeit als ökonomische Kategorie

Nachhaltigkeit wird gemeinhin nicht als ökonomische Kategorie, sondern als ergänzende Anforderung an den ökonomischen Reproduktionsprozess verstanden. Stellvertretend für die Vielzahl von Definitionen sei eingangs auf die mittlerweile klassische Aussage des Brundtland-Berichtes verwiesen (HAUFF 1987):

Nachhaltig ist eine Entwicklung, „die den Bedürfnissen der heutigen Generation entspricht, ohne die Möglichkeiten künftiger Generationen zu gefährden, ihre eigenen Bedürfnisse zu befriedigen und ihren Lebensstil zu wählen."

Der Inhalt von Nachhaltigkeit als Forderung für den Umgang mit Naturressourcen wird invarianter darstellbar, wenn man den Begriff konzeptionell nicht neben dem ökonomischen Reproduktionsprozess, sondern als dessen Bestandteil diskutiert, d. h. Naturressourcen als Kapital begreift, wie der Sachverständigenrat für Umweltfragen (SRU 2002, S. 21). Dann wird auch verständlich, warum die Auffassungen über Nachhaltigkeit sehr weit differieren können, wie dies mittlerweile auch in der vorliegenden Vielfalt unterschiedlicher Definitionen des Begriffes zum Ausdruck kommt (vgl. SCHELLNHUBER 1998).

Für den erweiterten Reproduktionsprozess von Kapital ist sein nachhaltiger Einsatz eine Grundvoraussetzung. Dieser kann dann als gegeben angesehen werden, wenn die einfache Reproduktion des eingesetzten Kapitals gesichert ist (vgl. MARX, Kapital Bd. 2). Auf der Ebene der Gebrauchswerte bedeutet dies, den Ersatz von verbrauchten Werkstoffen (Material, Energiestoffe, Hilfsmittel usw.) und verschlissenen Betriebsmitteln (Maschinen, Anlagen, Werkzeuge, Transportmittel usw.) sowie die Regeneration der Arbeitskraft als Voraussetzung für die Fortsetzung des Produktionsprozesses sicherzustellen. Für die Portionierung und zeitliche Gliederung der einfachen Reproduktion von Kapital bestehen teilweise erhebliche Spielräume. Dies gilt insbesondere für jene Faktoren, die in Produktionsprozessen nicht unmittelbar stofflich und energetisch verbraucht werden (Werkstoffe), also Werkzeuge, Maschinen und Anlagen. Die Reproduktion von Vernutzungen kann vorzeitig, laufend oder aufgeschoben erfolgen. Ersteres ist sinnvoll, wenn z. B. technische Produktionsfaktoren zwar noch nicht funktional aber moralisch verschlissen sind und ein vorzeitiger Ersatz durch produktivere Technik die Mehrkosten mindestens ausgleicht. Für die Anwendung des Reproduktionsschemas auf die Nutzung von Naturkapital sind die laufende und die aufgeschobene Reproduktion von besonderer Bedeutung. Eine laufende Reproduktion ersetzt Funktionsverluste periodisch in dem Maße, wie diese produktionswirksam werden, also Menge und/oder Qualität der erzeugten Produkte beeinflussen. Bei einer aufgeschobenen Reproduktion werden Funktionsverluste akkumuliert und damit verbundene Abstriche in Menge und/oder Qualität der erzeugten Produkte hingenommen. Realisierbarkeit und Erfolg der unterschiedlichen Konzeptionen für die einfache Reproduktion müssen letztlich am Markt bewiesen werden. Institutionelle Regelungen schaffen dafür einen Rahmen, der im Idealfall einen fairen Wettbewerb zwischen den Akteuren und die Einhaltung von Mindeststandards garantiert. Die durch die einzelnen Akteure dann tatsächlich ausgewählten Strategien, reflektieren – rationales Handeln und gleichen Wissenstand vorausgesetzt – dann vor allem unterschiedliche Zukunftserwartungen. Eine aufgeschobene Reproduktion gründet sich auf die optimistische Annahme, dass das bei der einfachen Reproduktion eingesparte Kapital Erträge liefert, welche die Rückgänge in Produktionsmenge und Qualität in Folge nicht ersetzter Abnutzung von Produktionsfaktoren um ein Vielfaches übersteigen. Die laufende Reproduktion hingegen fußt auf der Skepsis gegenüber genau dieser Möglichkeit und möchte deshalb die in der Vergangenheit bewährte Kapitalverwertung zunächst vor allem sichern.

Das Maß der einfachen Reproduktion, welches sich letztlich am Markt durchsetzt, ist jenes Niveau, das von einer Gesamtheit von Akteuren als notwendig angesehen wird. Das tatsächlich richtige Maß der einfachen Reproduktion kann allerdings immer erst im Rückblick bestimmt werden. Im Idealfall spiegelt es sich in den Marktpreisen nach Abzug der realisierten Gewinne wider.

Die in der Debatte um eine nachhaltige Nutzung von Naturressourcen zu Tage getretene Vielfalt von Nachhaltigkeitskonzepten (SCHELLNHUBER 1998) ist nichts anderes als eine Reflektion auf die verschiedenen Möglichkeiten und Zwänge bei der einfachen Reproduktion von Naturkapital. Dabei besteht jedoch ein wichtiger Unterschied zwischen der einfachen Reproduktion von Betriebsmitteln und jener von Naturkapital. Während erstere durch die Produkte, die erzeugt werden wollen, erzwungen wird, entsteht bei letzteren der Zwang nur mittelbar auf der Ebene der Konsumenten. Menge und Qualität der Produktion und Funktionsverlust von Umweltkapital sind entkoppelt. Als begriffliche Analogien zur unmittelbaren und aufgeschobenen Reproduktion von Funktionsverlusten im Produktionsprozess können die in der Literatur eingeführten Konzepte von „starker" und „schwacher" Nachhaltigkeit angesehen werden (vgl. GOODLAND 1995, KÖHN 1998). Die Abstufungen sind jedoch im Unterschied zu technischen Produktionsfaktoren vielfältiger determiniert und sie beziehen sich auf längere Zeiträume.

Bei vielen Naturressourcen bestehen durchaus Spielräume analog zu technischen Produktionsfaktoren, deren Ausnutzung häufig auch Voraussetzung für den ökonomischen Reproduktionsprozess im konventionellen Verständnis ist. Ohne den Anstieg der atmosphärischen CO_2-Konzentration von vorindustriell 270 ppm auf gegenwärtig 370 ppm wäre die Industrialisierung der Wirtschaften und die damit einhergehende Wohlstandsmehrung kaum realisierbar gewesen. Eine zeitliche Vertagung der einfachen Reproduktion der ursprünglichen Funktion wird im Rahmen des Konzeptes der „schwachen Nachhaltigkeit" allerdings zusätzlich durch das Risiko für die Unumkehrbarkeit des in Kauf genommenen Funktionsverlustes belastet. Dies ist besonders hoch bei der Zerstörung von Lebensräumen und damit einhergehender Verdrängung von Tier- und Pflanzenarten zu bewerten, wenn diese bis zum Aussterben der Arten führen. Bei Verschmutzungen von Wasser, Luft und Böden, aber auch bei Klimaveränderungen kann in Grenzen, die vor allem durch die Ansprüche des Menschen an seine natürliche Umwelt gesetzt werden, von einer gewissen Toleranz gegenüber akkumuliertem Funktionsverlust ausgegangen werden. Sogar eine völlige stoffliche Vernutzung, z. B. von Rohstoffen, ist im Rahmen des Konzepts der (schwachen) Nachhaltigkeit akzeptabel, wenn in überschaubarer Zeit ein neuer Träger der vernutzten Funktion gefunden wird. Hierzu sind entsprechende Kapitalrückstellungen und Investitionen z. B. in erneuerbare Energien zur Ablösung fossiler Energieträger (Kohle, Erdöl, Erdgas) notwendig.

Den zusätzlichen Risiken für die Unumkehrbarkeit des eingeleiteten Funktionsverlustes steht ein erhebliches autonomes Regenerationsvermögen vieler Naturressourcen gegenüber, welche die Festlegung des richtigen Maßes für die Reproduktion von Naturressourcen noch einmal zusätzlich erschweren. Das autonome Regenerationsvermögen von Naturressourcen ist jedoch häufig an sehr lange, teilweise geologische Zeiträume gebunden. Um ein Mindestmaß an Nachhaltigkeit in überschaubarer Zeit zu erreichen, wird der Nutzungsanspruch der Kinder- und Enkelgeneration dann häufig als normativer äußerer Bezugspunkt gewählt.

I-1.2.2 Wahrnehmungs-, Bewertungs- und Objektivierungslücken

Die methodisch analoge Behandlung von Natur- und Betriebsmittel-Kapital bei praktischen Planungsprozessen zur Sicherung der einfachen Reproduktion wird durch drei grundlegende Probleme bei der Quantifizierung von Naturkapital und seiner Vernutzung behindert, die im Folgenden kurz diskutiert werden sollen. Neben der häufig **fehlenden Bewertung von Naturressourcen und ihrer Abnutzung** sind dies **Lücken in der Wahrnehmung** von Veränderungen und in der **Objektivierung** von subjektiven Bewertungen.

Im Unterschied zum Verschleiß von Betriebsmitteln findet die funktionelle Abnutzung von Naturressourcen häufig über sehr viel längere Zeiträume statt, pro Zeiteinheit unmerklich, räumlich getrennt vom Ort des ursprünglichen Eingriffs oder in einem Bereich, der leicht ignoriert wird bzw. außerhalb des Auflösungsbereiches menschlicher Sinne liegt. Man kann von **Wahrnehmungslücken** für die Vernutzung von Naturkapital sprechen. Wahrnehmungslücken treten teilweise auch im Reproduktionsprozess von Betriebsmitteln auf. Hier bleiben sie aber durch die gegebene unmittelbare Rückkopplung zwischen Produkt und Produktionsprozess nicht so lange verborgen.

Wahrnehmungslücken bei der Vernutzung von Umweltkapital können institutionell und technisch begrenzt bzw. vermindert werden. Zur institutionellen Begrenzung von Wahrnehmungslücken tragen Prinzipien und gesetzliche Regelungen bei. Wichtige institutionelle Prinzipien für eine nachhaltige Wasserwirtschaft in Deutschland wurden von KAHLENBORN und KRAMER (1999) zusammengetragen und sind in Tabelle 2 noch einmal im Überblick zusammengestellt. Mindestens das Regionalisierungsprinzip fördert Nachhaltigkeit durch präventive Maßnahmen gegen das Aufreißen größerer Wahrnehmungslücken. In abgeschwächter Form gilt dies auch für das Integrationsprinzip. Mittelbar lassen sich aber auch die anderen Prinzipien als Reflektionen auf die begrenzte menschliche Wahrnehmung interpretieren. Dabei geht es allerdings weniger um die Schließung von Wahrnehmungslücken, als vielmehr um die Beherrschung ihrer Konsequenzen.

Eine Wahrnehmungslücke wird durch technische Instrumentarien immer nur teilweise zu schließen sein. Die tatsächliche Unzulänglichkeit in der Wahrnehmung kann häufig nur erahnt werden. Um auf neu entstehende Nachhaltigkeitsdefizite adäquat reagieren zu können, ist eine zeitliche und räumliche Dimension von Reproduktionsprozessen sinnvoll, welche die Ignoranz von Nachhaltigkeitsdefiziten erschwert. In diesem Sinne wirkende Prinzipien, wie das Regionalisierungsprinzip in der Wasserwirtschaft, können deshalb auch zu den Nachhaltigkeitsprinzipien gezählt werden, obwohl sie das Ziel eher mittelbar unterstützen. Analog wirkende Prinzipien für eine nachhaltige Wasserwirtschaft, die mehr oder weniger durch die tendenzielle Eingrenzung von Wahrnehmungslücken und den Risiken wirksam werden, die aus ihrer nicht vermeidbaren Existenz entstehen, sind das Verursacher- und das Vorsorgeprinzip.

Technisch können Wahrnehmungslücken durch eine umfassende Zustandserfassung von Umweltgrößen, sowie durch deren Integration und zeitliche Extrapolation mit Hilfe von Simulationsmodellen verringert werden. Simulationsmodelle können insbesondere genutzt werden, um zeitliche, sinnliche und räumliche Wahrnehmungslücken zu verringern. Dabei ist jedoch zu berücksichtigen, dass diese Modelle häufig einerseits auf äußerst unsicheren Datengrundlagen basieren, andererseits aber die Notwendigkeit besteht, weit über den durch die Modellanpassung ausgewiesenen Gültigkeitsbereich hinaus zu extrapolieren. Jede Modellanwendung birgt daher nicht nur die Chance zur Schließung einer Wahrnehmungslücke, sondern auch das Risiko, Wirklichkeit stark verzerrt oder sogar falsch wiederzugeben. Dieses Risiko wird noch gesteigert durch die oft notwendige Verkopplung unterschiedlicher Simulationsmodelle, um das Verhalten eines komplexen

Systems abbilden zu können. Bei dieser Kopplung können leicht Inkonsistenzen zwischen den eigentlich geforderten Eingabegrößen eines Modells und den von einem anderen Modell bereitgestellten Informationen auftreten.

Tab. 2: Prinzipien einer nachhaltigen Wasserwirtschaft (nach KAHLENBORN und KRAMER 1999)

Regionalitätsprinzip	Die regionalen Ressourcen und Lebensräume sind zu schützen, räumliche Umweltexternalitäten zu vermeiden.
Integrationsprinzip	Wasser ist als Einheit und in seinem Nexus mit den anderen Umweltmedien zu bewirtschaften. Wasserwirtschaftliche Belange müssen in die anderen Fachpolitiken integriert werden.
Verursacherprinzip	Die Kosten von Verschmutzung und Ressourcennutzung sind dem Verursacher anzulasten.
Kooperations- und Partizipationsprinzip	Bei wasserwirtschaftlichen Entscheidungen müssen alle Interessen adäquat berücksichtigt werden. Die Möglichkeit zur Selbstorganisation und zur Mitwirkung bei wasserwirtschaftlichen Maßnahmen ist zu fördern.
Ressourcenminimierungsprinzip	Der direkte und indirekte Ressourcen- und Energieverbrauch der Wasserwirtschaft ist kontinuierlich zu vermindern.
Vorsorgeprinzip (Besorgnisgrundsatz)	Extremschäden und unbekannte Risiken müssen ausgeschlossen werden.
Quellenreduktionsprinzip	Emissionen von Schadstoffen sind am Ort des Entstehens zu unterbinden.
Reversibilitätsprinzip	Wasserwirtschaftliche Maßnahmen müssen modifizierbar, ihre Folgen reversibel sein.
Intergenerationsprinzip	Der zeitliche Betrachtungshorizont bei wasserwirtschaftlichen Planungen und Entscheidungen muss dem zeitlichen Wirkungshorizont entsprechen.

Neben der Wahrnehmungslücke, die teilweise mit Hilfe von (gekoppelten) Simulationsmodellen verringert werden kann, besteht eine weitere entscheidende Lücke bei der Sicherung der einfachen Reproduktion von Naturressourcen, die hier als **Bewertungslücke** bezeichnet werden soll. Da Natur zwar durch den Menschen in vielerlei Hinsicht nachgeahmt und modifiziert werden kann, im Unterschied zu technischen Produkten bisher jedoch nicht durch menschliche Arbeit erschaffbar und damit reproduzierbar ist, sind ihre Funktionalitäten und Ressourcen nicht ohne weiteres in ein monetäres Wertverhältnis zu den materiellen und immateriellen Produkten menschlicher Arbeit zu setzen. Wenn monetäre Bewertungen erfolgen, z. B. beim Bodenpreis, beziehen sie sich auf spezifische Funktionen wie die Verkehrsanbindung und die Bodenfruchtbarkeit. Die Bewertung wird durch die offensichtlich begrenzte Verfügbarkeit der Funktionen erzwungen. Wenn die Umweltfunktion begrenzt und durch den Menschen reproduzierbar ist, wie im Fall der Bodenfruchtbarkeit, wird der Aufwand zu ihrer Erhaltung und Reproduktion auch in die Preisbildung einfließen. Dabei bleibt jedoch zu berücksichtigen, dass die Reproduzierbarkeit einer Umweltressource eine Fähigkeit ist, die der Mensch zunächst erwerben und dann auch erhalten muss.

Die begrenzte Verfügbarkeit von Umweltfunktionen ist ein wichtiger Stimulus, um diese zu bewerten und nach Wegen und Mitteln für ihren Erhalt und damit für ihre Reproduktion zu suchen. Die begrenzte Verfügbarkeit kann, soweit sie nicht physisch gegeben ist (Wassermenge) bzw. durch historische Entwicklungen determiniert ist (Landnutzung), auch künstlich hergestellt werden, indem die Vernutzung von Umweltfunktionen durch gesetzliche Regelungen räumlich und zeitlich begrenzt wird und/oder Naturressourcen dem ökonomischen Kreislauf durch Aufkauf entzogen werden. Wie nicht zuletzt die Diskussion des Jahres 2004 in Deutschland um die Obergrenzen für die CO_2-Emissionen zeigt (WETZEL 2004), ist die legislative Begrenzung von Ressourcenvernutzung relativ schwer im ökonomischen Wettbewerb durchzusetzen, da die Internalisierung externer Kosten, auch wenn sie nur teilweise erfolgt, zu Wettbewerbsnachteilen gegenüber Konkurrenten aus anderen Regionen führen, die auf den gleichen Märkten präsent sind, ihre Umweltvernutzung aber nicht begrenzen oder gar reproduzieren müssen. Dieser Nachteil wird abgemildert, wenn die Umlenkung etablierter ökonomischer Aktivitäten von der Öffentlichkeit dem Verursacher teilweise abgekauft wird. Die hierdurch erzielten Extragewinne können dann für Investitionen genutzt werden, die beides miteinander verbinden: Erhalt der internationalen Wettbewerbsfähigkeit und Sicherung einer nachhaltigen Nutzung von Naturressourcen. Als nützlicher Nebeneffekt findet eine intensive gesellschaftliche Diskussion zum Wert der zu „schützenden" Ressource statt.

Verbrauch bzw. Vernutzung von Umweltressourcen wird – wenn überhaupt – immer erst verzögert und in begrenztem Umfang auf Märkten gehandelt und damit monetär bewertet werden. Teilweise kann die sich daraus ergebende Bewertungslücke durch die virtuelle Nachahmung von Marktmechanismen z. B. mittels Zahlungsbereitschaftsanalysen („willingness to pay") geschlossen werden. Auf diesem Weg, d. h. durch die Abschätzung der monetären Zahlungsbereitschaft für die Erhöhung der Funktionalität von Naturfunktionen konnten COSTANZA et al. (1997) die jährliche globale Wertschöpfung, die nicht mit dem Gesamtwert der betrachteten Ökosysteme zu verwechseln ist (DALY 1998), durch 17 bedeutende Funktionen natürlicher Ökosysteme näherungsweise bestimmen. Diese lag 1997 global etwa doppelt so hoch wie das globale Bruttosozialprodukt pro Jahr ($18 \cdot 10^{12}$ US-Dollar).

Zahlungsbereitschaftsanalysen können aber die Objektivierungsfunktion von Marktprozessen bei der Bewertung nur sehr begrenzt nachvollziehen. Über funktionierende Märkte werden nicht nur faire Preise ausgehandelt, es erfolgt auch eine Objektivierung von subjektiven Sichten auf den Reproduktionsprozess. Eine monetäre Bewertung allein schließt diese Objektivierungslücke nicht. Dies wird besonders deutlich bei der Bewertung von zu erwartenden Umweltschäden und Vernutzungen. Das ökonomische Gewicht von Schadensvermeidungskosten bei der Abwägung von Investitionsalternativen wird wesentlich von den angesetzten Diskontierungsraten bestimmt. Da für diese jedoch bisher kein Markt vorhanden ist, bestehen hier weite Spielräume für die subjektive Gewichtung von Zukünften. In diesem Zusammenhang sei auf die Diskussionen zur Bewertung des Klimawandels im Rahmen des Copenhagen Consensus Projektes verwiesen (ECONOMIST 2004).

Eine nachhaltige Nutzung von Naturressourcen ist nur möglich, wenn die diskutierten Lücken für die Wahrnehmung, Bewertung und Objektivierung von Funktionsverlust geschlossen werden können. Auf die Rolle von Simulationsmodellen und die besonderen Schwierigkeiten bei der Schließung von Wahrnehmungslücken im Zusammenhang mit ihrer Nutzung wurde oben schon eingegangen.

Zu den methodischen Ansätzen, die daran anknüpfend bei planerischen Prozessen zur Verringerung von Bewertungs- und Objektivierungslücken beitragen können, zählen die multikriterielle Analyse und die Partizipation von Akteuren und Betroffenen. Beide Ansätze spielen, wie später noch gezeigt wird, bei den Szenarienanalysen in GLOWA-Elbe eine zentrale Rolle.

Bei einer multikriteriellen Analyse (MKA) wird auf der Grundlage mehrerer ausgewählter Indikatoren und Kriterien die relative Vorzüglichkeit einer Handlungsstrategie (ALT) gegenüber alternativen Varianten ermittelt. Die multikriterielle Analyse kann als Spezialfall, Ergänzung und Alternative zu einer umfassenden Monetarisierung von Effekten angesehen werden. Analog zur Monetarisierung werden bei der MKA Wirkungsdifferenzen in Bezug auf unterschiedliche Indikatoren und Kriterien durch die Umrechnung in ein universelles Wirkungsäquivalent aggregierbar. Die vollständige Monetarisierung aller möglichen partiellen Wirkungen vorausgesetzt, kann eine Kosten-Nutzen-Analyse als Spezialfall einer MKA aufgefasst werden. Häufig entziehen sich aber insbesondere qualitative Indikatoren einer monetären Bewertung. Beispielsweise könnte die Kompatibilität von Handlungsoptionen mit den in Tabelle 2 aufgeführten Prinzipien für eine nachhaltige Wasserwirtschaft ergänzend in die Bewertung einfließen. Die MKA bietet dann Verfahren an, um 1) die auf nominalen Skalen definierten qualitativen Urteile in metrische Abstände zu überführen und dann 2) die für verschiedene Indikatoren und Kriterien vorliegenden metrischen Abstände zu einem multikriteriellen Abstandsmaß zusammenzufassen, welches als Grundlage für eine Rangordnung der Alternativen dient. Durch die MKA können monetäre Bewertungen ergänzt werden, indem wichtige, in diesen nicht erfasste Indikatoren zur Sicherung der einfachen Reproduktion mitberücksichtigt werden. Im Extremfall bietet die MKA sogar die Möglichkeit, ausschließlich nichtmonetäre Gütemaße bezüglich einzelner Nachhaltigkeitsindikatoren und -kriterien zu einem handhabbaren Gesamturteil zusammenzufassen.

Die MKA liefert Güte-Distanzen zwischen Handlungsstrategien und damit für eine Ordnung der Alternativen. Eine multikriterielle Güte-Distanz führt jedoch selbst bei systemanalytischer Begründung zu keiner objektiven Ordnung von Alternativen. Das Ergebnis ist subjektiv auf zwei Ebenen beeinflussbar: durch die Auswahl der Güte-Indikatoren und -Kriterien, die Berücksichtigung finden, und durch die (verfahrensabhängig) gegebenenfalls genutzten Gewichtungen bei der Zusammenfassung der partiellen Bewertungen zu einer multikriteriellen Güte.

Partizipation beinhaltet in diesem Kontext die Einbeziehung von Akteuren und Betroffenen bei der Indikator- und Kriterienauswahl und ihrer Gewichtung. Dies kann zu einer mehrfachen Wiederholung der MKA führen, bis schließlich als Indiz für eine weitestgehende Objektivierung eine allgemein akzeptierte Bewertung der Alternativen gefunden ist.

I-1.2.3 Der Integrative Methodische Ansatz (IMA) zur tendenziellen Durchsetzung des Nachhaltigkeitsgebotes

Die Kombination von Simulationsmodellen, multikriterieller Bewertung und Partizipation allein führt noch nicht zu Handlungsstrategien für die ökonomische und ökologische Reproduktion von Grundlagen der menschlichen Produktionsweise. Hierzu wäre die vollständige Kenntnis der Zukunft erforderlich. Dies betrifft die Handlungsmöglichkeiten, die extern vorgegebenen Spielräume, aber auch die Bewertungsgrundlagen. Die Zukunft in dem beschriebenen Sinne lässt sich nicht vorhersagen, da die Entwicklung generell offen ist. Die Vielfalt möglicher Entwicklungslinien kann jedoch zu Szenarien gebündelt werden, wobei die Betrachtung bewusst beschränkt wird.

Wichtige Auswahlkriterien dabei sind 1) Plausibilität, 2) Systemherausforderung und 3) Bezug zum normativen Leitbild. Durch das erste Kriterium, die Plausibilitätsforderung, werden die Entwicklungsvarianten, die sich durch Extrapolation aus der Vergangenheit ergeben, erfasst. Zu den plausiblen Szenarien in GLOWA-Elbe I zählt z. B. die Annahme, dass die Temperatur in der Periode 2001 bis 2055 um 1,4 K steigt. Neben vergleichsweise besonders wahrscheinlichen, sollten bei der Szenarienbildung allerdings auch Entwicklungen berücksichtigt werden, welche das betrachtete System – hier die Bewirtschaftung des Wasserhaushaltes im Elbegebiet – vor besondere Anpassungsschwierigkeiten stellen, um tendenziell die Anfälligkeit gegenüber externen Störungen zu verringern. Auf diese Forderung lässt sich das zweite der oben genannten Kriterien zurückführen. Ein GLOWA-Elbe-I-Szenario, welches dem zweiten Kriterium genügt, ist die angenommene Beendigung des Braunkohletagebaus bis 2055. Das dritte Kriterium trägt dem Umstand Rechnung, dass jede Zukunftsbetrachtung allein durch die Auswahl der Szenarien Entwicklungsvarianten bestärkt, indem sie deren Realisierungsmöglichkeiten und Bedingungen aufklärt. Die oben eingeführte Gliederung von GLOWA-Elbe I in leitbildorientierte Masterszenarien trägt diesem Zusammenhang Rechnung.

Szenarien können sich auf einzelne Aspekte der gegenwärtigen Realität beschränken und deren Änderungen nach dem „ceteris-paribus"-Prinzip untersuchen, oder zu Szenarienfamilien kombiniert werden. In GLOWA-Elbe I geschieht beides: der Klimawandel und der sozioökonomische Wandel werden unabhängig von einander und miteinander verknüpft betrachtet. Die Kombination unterschiedlicher Szenarien kann bis zu Erzählungen vorweggenommener Abläufe („storylines", dtsch. Modellgeschichten) führen. Der Einfachheit halber wird im Folgenden der Szenarienbegriff sowohl für einfache als auch für komplexe Szenarien, also Szenarienfamilien genutzt.

Die Szenarienanalysen in GLOWA-Elbe I wurden ausgehend von einem systemanalytischen Ansatz konzipiert, der tendenziell darauf gerichtet ist, Wahrnehmungs-, Bewertungs- und Objektivierungslücken bei der Durchsetzung des Nachhaltigkeitsgebotes zu vermindern. Der hierzu entwickelte Integrative Methodische Ansatz (IMA) kombiniert die Szenariotechnik mit der umfassenden Nutzung von Simulationsmodellen, der multikriteriellen Bewertung von Wirkungen und der Analyse von Bewertungsdifferenzen zwischen Gruppen von Akteuren und Betroffenen. Die Szenarienentwicklung stellt den ersten Schritt dar, es folgen Wirkungsanalyse, Bewertung und Konfliktanalyse. Die Konfliktanalyse schließt eine Sequenz von Schritten ab. Sie kann aber zugleich den Auftakt für eine Spezifizierung der Szenarien und damit für einen erneuten Durchlauf des IMA bilden. Die Szenarienentwicklung wird als ein iterativer Suchprozess nach relevanten EXO-Szenarien, alternativen Handlungsstrategien sowie Indikatoren für die Wirkungsanalyse verstanden, der durch die Rückkopplung mit der Konfliktanalyse inspiriert wird. Die Konfliktanalyse subsummiert die Ergebnisse bisheriger IMA-Durchläufe. Für die methodische Realisierung der einzelnen Schritte lässt der IMA erhebliche Spielräume. Die zielkonsistente Definition von Teilaufgaben und ihre Abarbeitung wird durch ein System von Kategorien und Definitionen unterstützt. Einen Überblick hierzu gibt das im Anhang beigefügte IMA-Glossar. Die weitere formale Verdichtung des IMA führte Wenzel zum IMA-Sprachkalkül (Wenzel 2005, Kapitel I-3). Die Kategorien des IMA-Sprachkalküls bilden die Grundlage für die im Abschnitt 5 zusammengestellten Struktur und Ergebnisregister der MSZ. Einzelne Definitionen und Abkürzungen wurden bereits und werden noch vorab eingeführt und genutzt, sie haben ihren Ursprung aber im IMA-Sprachkalkül.

Die Szenarienanalyse GLOWA-Elbe selbst kann erkenntnistheoretisch betrachtet auch als n-te Iteration eines fortwährenden IMA-GLOWA-Elbe-Prozesses aufgefasst werden, wobei die Konfliktanalyse den Anschluss zu den bisherigen n-1 IMA-Iterationen in der Elbe-Region herstellt. Letztere mögen anderen Intentionen gefolgt sein und nachträglich nicht ohne weiteres in Schritte des IMA zerlegbar sein. Implizit und auf qualitativer Ebene haben jedoch viele konzeptionelle Diskussionsprozesse, die sich bisher mit der Zukunft des Wasserhaushaltes in der Elberegion auseinandersetzen, den IMA nachvollzogen. Die hier stattgefundenen Prozesse waren eine unabdingbare Voraussetzung für die Szenarienformulierung in GLOWA-Elbe I. Die Besonderheit der GLOWA-Elbe-Iteration im IMA-Prozess besteht neben dem expliziten Bezug auf die Schritte des IMA und der damit verbundenen Transparenz durch Bezug auf ein in sich geschlossenes System von Begrifflichkeiten und Definitionen, in ihrer quantitativen Ausrichtung und der sehr langfristigen Orientierung bis in das Jahr 2055 und teilweise darüber hinaus. Das Ablaufschema des IMA wird ausführlich von Messner et al. (2005, Kapitel I-2) im nachfolgendem Kapitel vorgestellt.

Gegenüber qualitativen Betrachtungen zur Nachhaltigkeit, die häufig in Prinzipien und Leitbildern enden, die zu keiner eindeutigen Strategie führen, ermöglichen die im IMA kombinierten quantitativen Methoden die Auswahl eines konkreten Nachhaltigkeitskonzepts.

In den folgenden Kapiteln werden als Resümee des bisherigen IMA-GLOWA-Elbe-Prozesses die historischen Veränderungen und die absehbaren Trends dargestellt, die zu GLOWA-Elbe relevanten Wassernutzungskonflikten führten und weitergehende Szenarienuntersuchungen zur Aufklärung und Bewältigung von Konflikten im Rahmen von GLOWA-Elbe I inspirierten.

I-1.3 Kristallisationspunkte und Lösungsansätze für künftige Wassernutzungskonflikte in der deutschen Elberegion

I-1.3.1 Historische Nachhaltigkeitsdefizite und -gebote in der Region

In den letzten hundert Jahren wurden im deutschen Teil des Elbeeinzugsgebietes erhebliche Nachhaltigkeitsdefizite akkumuliert, die sowohl die regionalen Wirkungen des Klimawandels berühren als auch die Möglichkeiten und Ansprüche darauf zu reagieren. Von Bedeutung sind in diesem Zusammenhang, die Entwässerung der Niederungen und flussbauliche Maßnahmen in den Auen, die landschaftlichen Auswirkungen der Braunkohlenförderung sowie die Folgen von Nähr- und Schadstoffeinleitungen für die Gewässergüte. Neben diesen Formen besonders intensiver Umweltbeanspruchung haben sich aber auch mit den weitgehend unbelassenen Flusslandschaften am Mittellauf der Elbe und der dort bestehenden Artenvielfalt besondere Umweltqualitäten erhalten bzw. herausgebildet, die als bewahrenswert einzustufen sind.

Entwässerung und flussbauliche Maßnahmen

Ein großer Teil der Feuchtgebiete des Einzugsgebietes konzentriert sich in den Flachlandregionen von Spree und Havel im Gebiet des Bundeslandes Brandenburg. Feuchtgebiete besaßen ursprünglich einen hohen Anteil an der jetzigen Landesfläche. Sie nahmen die Abflüsse von den landwirtschaftlich genutzten Flächen auf, die sich in den Niederungsgebieten sammelten. Durch die wasserwirtschaftliche Regulierung zur weiteren Erschließung der Niederungsflächen für die landwirtschaftliche Nutzung gingen viele Feuchtgebiete verloren. Nach LANDGRAF und KRONE (2002) nahm seit dem 18. Jahrhundert die ursprüngliche Fläche naturnaher Moore von ursprünglich 280.819 ha auf aktuell 21.408 ha ab. Zwischen 1970 und 2000 verschwanden durch Tiefenentwässerung 56.000 ha Moorfläche. Die Entwässerung von Feuchtgebieten ging einher mit einer Ausweitung des Gewässernetzes. Von den Gewässerläufen Brandenburgs sind 80 % künstlich angelegt. Die Ausdehnung des Gewässernetzes hat zu einer Verminderung der landschaftlichen Retentionsfunktion geführt, was sich in einem raschen Rückgang der Abflüsse in niederschlagsreichen Jahren zeigt (LANDGRAF 2002). In Trockenjahren kommt es hingegen zu extremen Niedrigwasserständen. Diese wiederum können in Kombination mit höheren Temperaturen Rücklösungsprozesse im Phosphorsediment der (Havel-)Seen der Region initiieren, die wesentlich zu der anhaltend starken Eutrophierung der Gewässer im Bereich der mittleren Havel beitragen (LAND BRANDENBURG 2001).

Ein Rückgang an Retentionsvolumen wurde nicht nur durch Entwässerung der Niederungsgebiete sondern auch durch Ausdeichung von Überflutungsbereichen der Aue bewirkt. Durch Deichungsmaßnahmen wurde die ursprünglich im Elbegebiet Deutschlands vorhandene Überflutungsfläche von 617.200 ha auf 83.654 ha im Jahr 1990 reduziert (IKSE 1996).

Braunkohleförderung

Die Braunkohleförderung im Tagebau wird seit dem Ende des 19. Jahrhunderts in der Lausitzer Region südlich von Berlin betrieben. Sie konzentrierte sich ursprünglich auf ein kleineres Gebiet im Bereich der Schwarzen Elster (Abbildung 1), verlagerte aber zunehmend ihren Schwerpunkt nach Nord-Osten ins Spree-Havel-Gebiet. Die mit dem Bergbau verbundene Grundwasserhebung führte bis 1990 zur Ausbildung eines Grundwasserdefizits von 13 Mrd. m³ im Lausitzer Revier. In seiner Maximalausdehnung umfasste der Grundwasserabsenkungstrichter 2.500 km² (LAND BRANDENBURG 2002). Das aus den Bergbauen abgepumpte Grubenwasser wurde in Spree und Schwarze Elster geleitet. Dies hatte für die nach Berlin nordwärts fließende Spree zur Folge, dass sich deren mittlere Wasserführung in der Zeit von 1950 bis 1990 um das vierfache erhöhte. Mit dem Beitritt der DDR zur BRD verringerte sich die Braunkohleförderung von 195 Mio. Tonnen (1989) auf 55 Mio. Tonnen (2000) im Lausitzer Braunkohlenrevier (GRÜNEWALD 2005, Kapitel III-2.1.1). Die Rekultivierung der von den Tagebauen hinterlassenen Restlöcher und Kippenlandschaften wurde zu einer zentralen Aufgabe. Das wasserwirtschaftliche Schlüsselproblem besteht dabei in einer beschleunigten Flutung der verbleibenden Tagebaurestlöcher mit Oberflächenwasser, um das aufsteigende saure Grundwasser zu neutralisieren. Dadurch wird eine Versauerung der entstehenden Gewässer sowie eine Schädigung benachbarter Ökosysteme verhindert. Das Phänomen der Grubenwasserversäuerung im Lausitzer Revier ist eine Folge relativ hoher Pyrit-Gehalte in den Kippesubstraten (HÜTTL 2001).

Die Flutung von Braunkohlerestlöchern ist Teil eines umfassenden Landschaftsplanes, der u. a. die Schaffung einer Seenkette von 12.000 ha Wasseroberfläche in der Lausitz auf halber Höhe zwischen Dresden und Berlin (Abbildung 1) zum Ziel hat. Sie trägt in diesem Kontext zu einer Erhöhung des regionalen Artenreichtums und zu einer Steigerung des landschaftlichen Erlebniswertes der Region bei.

Der Wasserbedarf für die Flutungen übersteigt jedoch vor dem Hintergrund des Rückgangs der Grundwassereinleitungen die Leistungsfähigkeit der Einzugsgebiete von Spree und Schwarze Elster (Abbildung 1). Dies verursacht auch am Unterlauf der Spree durch die Minderung der Wasserzuführung nach Berlin erhebliche Probleme. So wurde in den Sommermonaten der letzten Jahre der notwendige Mindest-Abfluss (8 m³/s) am südlichen Spree-Zufluss von Berlin (Pegel Große Tränke, Abbildung 5) mehrfach unterschritten (LAND BRANDENBURG 2002). Eine Problematik, die sich durch den Klimawandel noch verschärfen könnte. Besonders erschwerend kommt hinzu, dass sich im Mittellauf der Spree zwischen den Flutungsgebieten und Berlin mit dem Spreewald ein ausgedehntes Feuchtgebiet befindet, dessen Kanalarme jährlich Millionen Touristen zu Kahnpartien und Bootstouren einladen. Die Erhaltung dieses Feuchtgebietes unter Klimawandel würde enorme Wasserressourcen binden.

Gewässerqualität

Die Elbe musste 1990 in weiten Abschnitten als ökologisch zerstört eingestuft werden. Hauptursache hierfür waren die Einleitung unzureichend geklärter Abwässer durch die Industrie und Kommunen sowie die hohen Nährstoffüberschüsse in der Landwirtschaft. In den letzten 15 Jahren hat die Elbe sich von einem heterotrophen zurück in ein autotrophes Gewässer gewandelt. Die Schadstoff- und Nährstoffeinträge in das Flusssystem und von diesem in die Nordsee sanken. Die Phosphor- und Stickstoffeinleitungen verminderten sich zwischen 1983–1987 und 1993–1997 um 53 % bzw. 26 % (REINKE und PAGENKOPF 2001, BEHRENDT et al. 1999). Beim Phosphor hat dies ausgereicht, um das für die Periode in der Nordseekonvention vorgesehene Reduktionsziel von 50 % zu erreichen. Beim Stickstoff ist dies nicht gelungen. Der Sauerstoffgehalt im Fluss stieg zwischen den

Perioden 1985–1989 und 1995–1997 um 50 % und führte dadurch zu einer wesentlichen Erhöhung des Fischbestandes (GUHR et al. 2000). Zurückzuführen ist diese Entwicklung auf umfangreiche Investitionen in Kläranlagen zur Reinigung kommunaler und industrieller Abwässer, auf den ökonomischen Niedergang vieler Industriebetriebe, die zuvor erheblich zur Verschmutzung beigetragen haben sowie auf die Senkung der Nährstoffüberschüsse in der Landwirtschaft. Trotz der mittlerweile erzielten Verbesserungen verbleiben immer noch erhebliche Probleme. Die Chlorophyll-a Konzentrationen befinden sich in vielen Flussabschnitten auf nahezu unverändert hohem Niveau, wobei der Grenzwert der LAWA (Länderarbeitsgemeinschaft Wasser) für die Gewässergüteklasse II (mäßig belastet) von 20 µg/l häufig überschritten wird. Das ausgeprägte Algenwachstum führt insbesondere im Mündungsbereich der Elbe zu problematischen Rückgängen von gelöstem Sauerstoff, aufgrund der massiven sauerstoffzehrenden Dekomposition von Algen beim Übertritt ins Brackwasser. Für die weitere Verminderung von Nährstoffeinträgen aus der Elbe in die Nordsee sind insbesondere die Stickstoffüberschüsse in der Landwirtschaft und die diffusen Phosphoreinträge in die Gewässer zu verringern.

Besondere Umweltqualitäten

Insbesondere im Bereich der mittleren Elbe konnte der naturnahe Charakter des Flusses weitgehend erhalten werden. Dort befindet sich das größte noch erhalten gebliebene Auenwaldgebiet Mitteleuropas. Seit 1997 ist es als UNESCO Biosphärenreservat anerkannt. Aufgrund des naturnahen Zustandes konnten im mittleren Bereich der Elbe viele vom Aussterben bedrohte Pflanzen und Tiere überleben, darunter Wassernuss, Schwimmfarn, Sibirische Schwertlilie und Krebsschere. Hier finden sich Biber und Schwarzstorch sowie die größten Weißstorchvorkommen in Deutschland. In Anbetracht des historischen Verlustes von Feucht- und Auengebieten gewinnt die Erhaltung dieser und anderer naturnaher Refugien an Stellenwert. Selbst Zusatzaufwendungen zur Gewährleistung eines ökologischen Mindestzuflusses scheinen gerechtfertigt. Dies kann jedoch zu Konflikten mit anderen Nutzungsansprüchen führen und ist deshalb auch im Einzelfall zu hinterfragen. Insbesondere, wenn von einem extremen Niederschlagsrückgang ausgegangen werden müsste.

I-1.3.2 Wasserbezogene Trends des globalen Wandels im Elbeeinzugsgebiet

Aufwertung wassergebundener Sektoren im Kontext sozioökonomischer Schrumpfung

Die sozioökonomische Entwicklung im Elbeeinzugsgebiet ist gekennzeichnet durch umfassende Schrumpfungsprozesse. In Folge der Aufwertung der ostdeutschen Währung nach dem Beitritt der DDR zur BRD, der Ausrichtung der Löhne in Ostdeutschland an westdeutschem Niveau, dem Zusammenbrechen der traditionellen Exportmärkte in Osteuropa sowie der geringen Eigenkapitalquote gingen in Ostdeutschland nach 1989 massiv Arbeitsplätze verloren. Neuansiedlungen zugewanderter Unternehmen konnten nur bedingt ausgleichend wirken. Die Marginalisierung der ostdeutschen Wirtschafts- und Wissenschaftseliten hat zudem zu einer starken Abhängigkeit von exogenen Unternehmen bei der Arbeitsplatzschaffung geführt (SCHWALDT 2004).

Insgesamt kam es zu einem Nettoverlust von 3,1 Millionen Arbeitsplätzen. Die in der gleichen Zeit durch Transferleistungen von West- nach Ostdeutschland und Investitionen erzielte Steigerung der Pro-Kopfeinkommen von 9.780 € 1991 auf 16.057 € 2002 (STATISTISCHES BUNDESAMT 2003) hat die negativen sozialen Folgen hoher und verdeckter Arbeitslosigkeit nicht ausgleichen können. Ein eindeutiger Indikator hierfür ist die nach 1989 dramatisch zurückgegangene Geburtenrate. Sie brach unmittelbar nach der Wende von vormals 1,6 Kinder je Frau auf 0,77 ein und hat sich seitdem kontinuierlich dem westdeutschen Niveau (1,4) angenähert. Gegenwärtig liegt sie bei 1,2 (STATISTISCHES BUNDESAMT 2001). Der Rückgang in der Geburtenrate wurde noch verstärkt durch eine überproportionale Abwanderung junger Frauen, die gegenwärtig ca. doppelt so hoch ist wie die junger Männer (KRÖHNERT 2004). In Ostdeutschland befinden sich als Folge dieser Entwicklung gegenwärtig die am schnellsten alternden Gebiete Deutschlands (KRÖHNERT 2004). Der politische Handlungsspielraum, um den demographischen und ökonomischen Schrumpfungsprozessen entgegenzuwirken, ist aufgrund der hohen Staatsverschuldung Ostdeutschlands von 9913 DM pro Kopf (ohne Berlin) im Jahr 2000 (RAGNITZ 2002, Tabellen 4-10) begrenzt. Die demographische Entwicklung wird tendenziell Wassernutzungskonflikte, die aus begrenzter Wasserverfügbarkeit resultieren, entschärfen, wobei der Effekt hier jedoch leicht überschätzt werden kann. Die installierte Infrastruktur setzt dem Rückgang des Wasserverbrauches Grenzen. Nach GEILER (2002) kommt es in Folge des Bevölkerungsrückganges zu einer Verringerung des Abwasseraufkommens. Dies wiederum hat zur Folge, dass die „Schleppspannung" in den Abwasserkanälen nicht mehr ausreicht, um die Feststoffe zur Kläranlage zu transportieren, so dass Klarwasser an den Endsträngen in die Kanalisation eingespeist werden muss.

Die Bevölkerungsentwicklung schafft Probleme aber auch Handlungsspielräume für eine nachhaltige Wasserbewirtschaftung. So wird ein Systemwechsel in der Wasserbewirtschaftung von zentralisierten zu dezentralen Formen eher begünstigt. Viele unmittelbar nach 1990 errichtete Klärwerke sind schon heute überdimensioniert. Steigende Kosten zentraler Abwasserversorgung erhöhen die Lukrativität dezentraler Anlagen. Im Zuge einer allgemeinen Dezentralisierung könnte wiederum ein anderes, bisher wenig beachtetes Nachhaltigkeitsdefizit, die lokal zum Teil starke Abhängigkeit von der Fernwasserversorgung, wie sie im Raum Halle-Leipzig existiert, verringert werden. Die Dezentralisierung der Wasserwirtschaft scheint auch anpassungsfähiger gegenüber Trendänderungen in der Bevölkerungsentwicklung. Langfristig betrachtet wird die demographische Entwicklung selbst zu einem zentralen Nachhaltigkeitsdefizit, mit dessen Überwindung die Gesellschaft sich in den nächsten Jahrzehnten intensiv beschäftigen muss. Ein Wiederanstieg der Bevölkerungszahlen in Folge steigender Geburtenrate ist also bei langfristigen Analysen zur Wasserwirtschaft als Möglichkeit mit in Rechnung zu stellen.

Die ökonomischen Schrumpfungsprozesse haben insbesondere zwei Sektoren relativ aufgewertet: Landwirtschaft und Versorgungswirtschaft. In der Landwirtschaft hat zwar ebenfalls ein Strukturwandel stattgefunden, der mit massiven Arbeitsplatzverlusten einherging. Die Landwirtschaft als Wirtschaftszweig blieb jedoch flächendeckend erhalten und stellt heute das verbliebene Rückrat privatwirtschaftlicher Aktivitäten im ländlichen Raum dar. Der Anteil der Landwirtschaft am Bruttosozialprodukt betrug 2001 in Ostdeutschland 2,5 % und lag damit doppelt so hoch wie in Westdeutschland (RAGNITZ 2002, S. 28).

Die Versorgungswirtschaft dominiert den nichtlandwirtschaftlichen Teil der Ökonomie. Von den 100 umsatzstärksten ostdeutschen Unternehmen waren 2002 21 % Versorger, d. h. Anbieter von Strom, Gas und Wasser mit einem Umsatzanteil von 35 %. Das umsatzstärkste ostdeutsche Unternehmen war mit der Vattenfall Europe AG im Jahr 2002 ebenfalls ein Versorger (Welt 2003). Versorger und Landwirtschaft zählen zu den Wirtschaftsbereichen, die besonders eng mit dem Wasserhaushalt interagieren. Ihre herausragende Stellung im ostdeutschen Wirtschaftsgefüge rechtfertigt eine besondere Berücksichtigung ihrer wirtschaftlichen Interessen bei der Gestaltung des Wasserkreislaufes. Tendenziell können sich daraus jedoch besonders schwer aufzulösende Nutzungskonflikte z. B. zwischen Anliegen des Naturschutzes und ökonomischen Interessen ergeben, insbesondere dann, wenn es im Zuge eines möglichen Klimawandels zu einer Wasserverknappung kommt.

Bei der Wassernachfrage zeichnet sich eine Akzentverschiebung im Anforderungsprofil ab. Die Wassernachfrage pro Kopf ist in Ostdeutschland in den letzten Jahren deutlich von 142 Liter pro Tag und Einwohner im Jahr 1990 auf 93 Liter im Jahr 2000 zurückgegangen. Sie liegt jetzt deutlich unter dem Wert für Westdeutschland, wo 136 Liter pro Tag und Einwohner im Jahr 2000 verbraucht wurden (BGW-Wasserstatistik 2001). Wichtige Ursachen hierfür waren die Einführung neuer wassersparender Technologien und der Anstieg der Wasser- und Abwasserpreise im Zusammenhang mit den umfangreichen Investitionen für wasserwirtschaftliche Anlagen. Durch den Rückgang der Wassernachfrage nach Trinkwasser verringert sich die Beanspruchung des Grundwassers zu Trinkwasserzwecken. Gleichzeitig erhöhen sich die Nutzungsansprüche an das Oberflächenwasser insbesondere durch den Wassertourismus. Laut einer kürzlich erscheinenden Studie zur Bedeutung des Wassertourismus in Deutschland erfolgen in der Region zwischen Elbe und Oder rund eine halbe Million Schleusungen von Sportbooten jährlich (BTE Tourismusmanagement 2003). Dies entspricht etwa zwei Dritteln der bundesweit erfassten Schleusungen. Die prozentualen Zuwachsraten liegen dabei Jahr für Jahr im zweistelligen Bereich. In dieser Entwicklung zeichnet sich ein neues Wirtschaftspotenzial für die Nutzung von Oberflächenwasser ab. Die Nutzung dieses Potenzials ist allerdings an die Sicherung von Mindestabflüssen geknüpft, die durch den Klimawandel gefährdet sein können. Außerdem kann davon ausgegangen werden, dass der Erlebniswert von Oberflächengewässern wesentlich durch Güteparameter, wie die hygienische Qualität und die Eutrophierung, bestimmt wird. Maßnahmen zur weiteren Verbesserung der Gewässergüte sind deshalb ebenso eine wichtige Voraussetzung für die wirtschaftliche Entwicklung des Wassertourismus.

Klimatische Verhältnisse und regionale Änderungstendenzen

Die besondere Empfindsamkeit des deutschen Elbeeinzugsgebietes gegenüber einem fortgesetzten regionalen Klimawandel ergibt sich aus dem vergleichsweise geringen Niveau der Jahresniederschläge. Im Vergleich zum deutschen Durchschnitt der Jahre 1961–1990 von 789 mm (DWD-Daten nach MÜLLER-WESTERMEIER und RIECKE 2003) war der Median (Zentralwert) des Gebietsniederschlages im deutschen Teil des Elbegebietes pro Jahr mit 610 mm in der selben Periode deutlich geringer. Der landschaftsprägende Reichtum an Oberflächengewässern, der insbesondere für Brandenburg und Mecklenburg-Vorpommern typisch ist, kann unter diesen Niederschlagsverhältnissen nur bei relativ moderaten Jahresmitteltemperaturen aufrecht erhalten werden. Letztere liegen nur unwesentlich höher als der deutsche Durchschnittswert von 8,3 °C für 1961–1990 (DWD-Daten nach MÜLLER-WESTERMEIER und RIECKE 2003). Der regionale Median für den deutschen Teil des Elbeeinzugsgebietes beträgt 8,5 °C für die gleiche Periode. Die klimatische Wasserbilanz (Niederschlag minus potenzielle Evapotranspiration nach TURC-IVANOV, 1996) ist deshalb auch leicht positiv. Eine detaillierte Darstellung der orographischen Verhältnisse und der regionalen Verteilung von Jahresmitteltemperaturen, Jahresniederschlägen und klimatischer Wasserbilanz kann den Abbildungen 2 und 3a–c, sowie den dazugehörigen Tabellen 3 und 4 entnommen werden. Die Lage des Elbeeinzugsgebiet im Übergangsbereich zwischen maritim-atlantischem und kontinentalem Klima wird deutlich. Im Nord-Westen sind die Niederschläge vergleichsweise hoch und die Jahresmitteltemperaturen niedriger. In den süd-östlich davon gelegenen Beckenlagen herrscht ein kontinentaler geprägtes Klima mit deutlich niedrigeren Niederschlägen und Jahresmitteltemperaturen vor. Der kontinentalere Charakter dieser Gebiete spiegelt sich auch in der klimatischen Wasserbilanz, die im Lee-Bereich des Harzes westlich von Dessau besonders niedrig ist. In den Luv-Lagen der Mittelgebirge steigen die Werte der klimatischen Wasserbilanz aufgrund höherer Niederschläge und der höhenbedingt niederen Temperaturen wieder an.

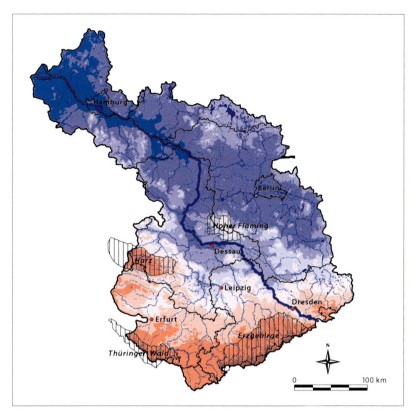

Abb. 2: Interpolierte Höhenkarte des Elbeeinzugsgebietes mit Kennzeichnung klimatisch bedeutsamer Höhenzüge (schraffiert) in Perzentil-Darstellung auf der Grundlage des DGM Deutschland (BUNDESAMT FÜR KARTOGRAPHIE UND GEODÄSIE 1997, Auflösung 1.000 m). Legende und Höhenstufen sind Tabelle 3 zu entnehmen. Die Interpolation wurde nach der „Invers Distance Method" mit ArcView GIS 3.2 durchgeführt.

Tab. 3: Höhen-Perzentile des Elbeeinzugsgebietes zu Abbildung 2

Perzentil [%]	Farbe	Höhe über NN [m]
MIN		2,0
5		21,8
25		62,0
40		98,0
Median		132,0
60		197,4
75		351,0
95		703,0
MAX		1.201,0

In den letzten 50 Jahren konnte flächendeckend ein signifikanter Anstieg der mittleren Jahrestemperaturen beobachtet werden (Abbildung 4a, Tabelle 5). Dieser Temperaturanstieg war im Winter stärker als im Sommer (Tabelle 5). Die Niederschlagsentwicklung ist durch zwei gegensätzliche Trends gekennzeichnet. Während des hydrologischen Sommers (Mai–Oktober) nahmen die Niederschläge überwiegend ab. In den Wintermonaten hingegen erfolgte eine Zunahme der Niederschläge. Die klimatische Wasserbilanz hat sich insgesamt verschlechtert (Tabelle 5).

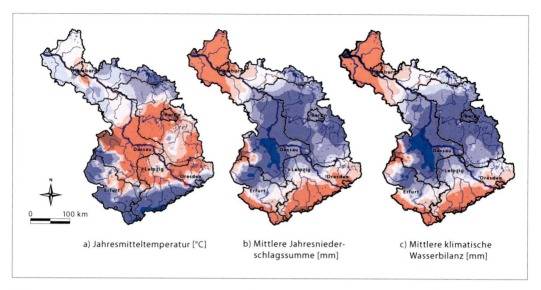

a) Jahresmitteltemperatur [°C]   b) Mittlere Jahresniederschlagssumme [mm]   c) Mittlere klimatische Wasserbilanz [mm]

Abb. 3: Interpolierte räumliche Verteilung der mittleren Tagestemperaturen, der Niederschlagssumme und der klimatischen Wasserbilanz (KWB) des Elbeeinzugsgebietes (deutscher Teil) für den Jahresdurchschnitt des Zeitraumes 1951–2000. Den Farbtönen entsprechen Perzentile der für die Region ermittelten Verteilungsfunktionen der Klimawerte (Tabelle 4). Die Verteilungsfunktion basiert auf gemessenen und interpolierten Werten für 369 Klimastationen. Die Interpolation erfolgte wie zu Abbildung 2 beschrieben.

Tab. 4: Perzentile der mittleren Tagestemperaturen, der Niederschlagssumme und der klimatischen Wasserbilanz (KWB) des Elbeeinzugsgebietes (deutscher Teil) für den Zeitraum 1951–2000 bezogen auf das Kalenderjahr, sowie das hydrologische Sommer- (Mai–Oktober) bzw. Winterhalbjahr (November–April)

Perzentil [%]	Farbe	Mittlere Tagestemperatur [°C]			Niederschlagssumme [mm]			KWB [mm]		
		Jahr	Sommer	Winter	Jahr	Sommer	Winter	Jahr	Sommer	Winter
MIN		3,1	8,0	−2,5	460	281	169	−153	−217	115
5		6,6	12,4	0,8	501	298	201	−102	−198	148
25		8,1	13,8	2,3	556	319	234	−47	−170	185
40		8,5	14,1	2,7	588	337	251	−11	−149	199
Median		8,6	14,2	2,8	616	350	264	22	−135	213
60		8,7	14,4	2,9	647	368	280	58	−115	229
75		8,9	14,7	3,1	711	395	322	140	−76	274
95		9,3	15,1	3,5	955	501	453	416	51	411
MAX		9,8	15,6	4,3	1.720	793	930	1.367	493	895

Bei Fortschreibung der bisher im Elbegebiet registrierten Trends kommt es tendenziell zu einer Verringerung der Wasserverfügbarkeit bezogen auf die Fläche mit qualitativ neuen Herausforderungen für die sozioökonomische Entwicklung und den Wasserhaushalt. Eine zurückgehende Wasserverfügbarkeit je Fläche wird die Marginalisierung der weniger produktiven Flächen in der Landwirtschaft verstärken. Der Handlungsdruck auf die Landnutzungsakteure, zur Stabilisierung des Wasserhaushaltes beizutragen, z.B. durch Ausweitung der konservierenden Bodenbearbeitung in der Landwirtschaft oder durch Verminderung des Nadelbaumanteiles in der Forstwirtschaft, wird zunehmen. Die bisherigen Strategien für die Flutung von Braunkohlerestlöchern in der Lausitz und für den Erhalt und die Wiederherstellung von Auen und Feuchtgebieten werden den neuen Gegebenheiten anzupassen sein.

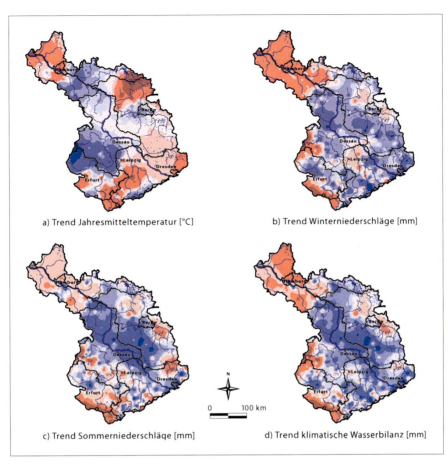

Abb. 4: Interpolierte räumliche Verteilung der linearen Änderungstrends für a) die Jahresmitteltemperatur, b) die Winter- und c) die Sommerniederschläge, sowie d) die klimatische Wasserbilanz (KWB) über die Periode 1951–2000. Den Farbtönen entsprechen Perzentile der regionalen Trendverteilung. Die Perzentile basieren auf berechneten Stationstrends und interpolierten Werten. Die Interpolation erfolgte wie zu Abbildung 2 beschrieben.

Tab. 5: Perzentile für die Änderungstrends bei den mittleren Tagestemperaturen, der Niederschlagssumme und der klimatischen Wasserbilanz (KWB) des Elbeeinzugsgebietes (deutscher Teil) für den Zeitraum 1951–2000 bezogen auf das Kalenderjahr, sowie das hydrologische Sommer- (Mai–Oktober) bzw. Winterhalbjahr (November–April); [1] TIV, Zeitintervall = (1951–2000)

Perzentil [%]	Farbe	Δ mittlere Tagestemperatur [°C/TIV[1]]			Δ Niederschlagssumme [mm/TIV[1]]			Δ KWB [mm/TIV[1]]		
		Jahr	Sommer	Winter	Jahr	Sommer	Winter	Jahr	Sommer	Winter
MIN		0,3	0,0	0,5	−218	−152	−143	−261	−179	−153
5		0,7	0,4	1,0	−80	−97	2	−121	−126	−4
25		0,9	0,6	1,2	−37	−66	30	−71	−88	26
40		1,0	0,7	1,3	−13	−52	43	−47	−72	39
Median		1,1	0,8	1,4	−1	−46	50	−34	−66	47
60		1,1	0,8	1,4	11	−39	56	−19	−58	54
75		1,2	0,9	1,5	37	−26	73	6	−41	71
95		1,3	1,1	1,6	126	12	141	90	−7	137
MAX		1,4	1,2	1,8	570	222	373	553	222	373

I-1.4 Spezifizierung des globalen Wandels und von Handlungsalternativen

Die Szenarienuntersuchungen in GLOWA-Elbe I beinhalten eine Vorschau auf die Entwicklung des Klimas und wichtiger Aspekte des Wasserkreislaufes bis 2055 und teilweise darüber hinaus. Szenarien beschreiben die Ausprägung exogener Prozesse des globalen Wandels (EXO) und alternative Handlungsstrategien (ALT), die sich im Kontext von EXO ergeben können. EXO-Szenarien konfrontieren die Akteure mit neuen Gestaltungszwängen aber auch -spielräumen. ALT-Szenarien beinhalten Anpassungsstrategien, um nachteilige Folgen eines eintretenden Wandels zu verhindern bzw. zu kompensieren. ALT-Szenarien beziehen sich immer auf einen bestimmten EXO-Kontext. Die Kombination von ALT und EXO wird als Entwicklungsszenario (ESZ) bezeichnet.

Die Szenarien erfahren eine Bewertung durch Vergleich mit einer Bezugssituation. Dies kann der „Status quo" oder eine „Status quo"-Projektion sein, welche die bisher beobachteten Entwicklungstrends ohne ergänzende steuernde Eingriffe fortschreibt. Im ersteren Fall wird eine künftige mit der aktuellen Situation verglichen, um die Veränderung zu illustrieren, im letzteren Fall werden zwei Szenario-Situationen zueinander ins Verhältnis gesetzt. Beispiele für „Status quo"-Projektionen sind die Referenzszenarien der MSZ *dElbe* und *Unstrut*, welche die in der AGENDA 2000 zusammengefassten Regelungen der Agrarpolitik in das Jahr 2020 bzw. 2010 extrapolieren, sowie die Basis-Szenarien der MSZ *Spree-Havel*, welche die gegenwärtigen Langfristplanungen zur Steuerung der Oberflächengewässer in der Region zur Grundlage haben.

Um Teilergebnisse zu den einzelnen Masterszenarien in Bezug zueinander setzen zu können, wurde ein qualitativer Rahmen für die Bildung von EXO-Szenarien vorgegeben. Die Masterszenarien *dElbe*, *Unstrut*, *Obere Spree*, *Spreewald* und *Berlin* nehmen alle Bezug auf das Klimaszenario *STAR 100*. Ergänzende Sensitivitätsuntersuchungen zu den Auswirkungen unterschiedlicher Klimaszenarien wurden für die Masterszenarien *Elbe* und *Berlin* durchgeführt.

Trotz der Rahmensetzung bei den Klimaszenarien variiert die Vorgehensweise bei der Auswahl der für die Vergleiche genutzten Szenarienrealisierungen und Vergleichsperioden teilweise erheblich in GLOWA-Elbe I. Dies hat vielfach pragmatische Gründe. Programmtechnische und zeitliche Restriktionen erforderten häufig eine Beschränkung der STAR-bezogenen Analysen auf einzelne Realisierungen (vgl. I-1.5). Pragmatische und inhaltliche Gründe führten zudem zu einer enormen Vielfalt bei der Abgrenzung von Status quo Perioden und bei der Auswahl der miteinander verglichenen Szenarienperioden. Neben Vergleichen von Perioden am Beginn und Ende des Szenarienzeitraumes wurden auch gezielt Perioden für einen Vergleich ausgewählt, die durch besonders prägnante Unterschiede charakterisiert sind.

Die bestehende Vielfalt bei den Szenarienvergleichen erlaubt keinen unmittelbaren Vergleich der für unterschiedliche Problembereiche ermittelten Wirkungen. Hierzu sind neben den Szenarienwirkungen immer die damit einhergehenden Klimadifferenzen zu betrachten. Für die summarische Charakterisierung von Klimadifferenzen wird in GLOWA-Elbe I die **klimatische Wasserbilanz (KWB)** genutzt. Sie ergibt sich aus der Differenz von Niederschlägen (P) und potenzieller Evapotranspiration (E_{pot}). E_{pot} wird entweder durch die genutzten Modelle intern berechnet oder extern mit Hilfe eines GIS-Algorithmus (KWB_G) nach der für das Elbeeinzugsgebiet bewährten Methode von Turc-Ivanov (DVWK 1996). Einen zusammenfassenden Überblick zur Entwicklung der klimatischen Wasserbilanz des deutschen Teilgebietes der Elbe im rezenten Zeitraum 1951–2000 und für drei ausgewählte Szenariorealisierungen in der Periode 2001–2055 geben Abbildung 5, 6a und 6b.

Bei der Formulierung von sozioökonomischen EXO-Szenarien wurde zum einen mit singulären Projektionen ohne einen expliziten Bezug auf unterschiedliche Entwicklungsparadigmen herzustellen gearbeitet, zum anderen wurde bewusst auf qualitativ unterschiedliche Typisierungen des globalen Wandels Bezug genommen, wie sie z. B. in den SRES (Second Report of Emission Scenarios) Modellgeschichten (storylines) des IPCC (IPCC 2000) beschrieben wurden. Diese unterschiedlichen Typisierungen des globalen Wandels werden als Entwicklungsrahmen (EWR) bezeichnet.

Ein Beispiel für eine singuläre Projektion stellt die generelle Annahme in den MSZ *Obere Spree*, *Spreewald* und *Berlin* dar, dass der Braunkohleabbau bis zur Mitte des 21. Jahrhunderts in dieser Region beendet sein wird. Je ein sozioökonomischer EWR A_1 und B_2 wurde in den MSZ *Elbe, dElbe, Unstrut,* und *Obere Spree* ausgehend von den SRES-storylines *A1* und *B2* (IPCC 2000) entwickelt (vgl. I-1.5). Im MSZ *Berlin* wurden EWR nach den Intensitätsstufen unterschieden, in welchen regional zu Gunsten des Nachhaltigkeitsgebotes agiert wird.

Die SRES-Szenarien sind von zentraler Bedeutung für die sozioökonomische Szenarienbildung in GLOWA-Elbe I. Das qualitative SRES-Szenario *A1* geht davon aus, dass die künftige Entwicklung durch ein starkes Wirtschaftswachstum und eine schnelle Einführung neuer und Effizienz steigernder Technologien geprägt sein wird. Das SRES-Szenario *B2* steht im Kontrast hierzu. Bei diesem Szenario dominieren lokale Lösungen der wirtschaftlichen und sozialen Fragen. Die Wirtschaftsentwicklung und der technologische Wandel verlaufen dabei weniger schnell als unter *A1*. In Anknüpfung an die SRES-Szenarien *A1* und *B2* wurden in GLOWA-Elbe Entwicklungsrahmen (EWR) formuliert und analog bezeichnet.

Diese Entwicklungsrahmen setzen sich in Abhängigkeit von den durch die MSZ gesetzten Schwerpunkten aus unterschiedlichen Einzelszenarien (EXO_i) zusammen. Im Einzelnen sind dies Szenarien:

- zur Agrarpolitik der EU (MSZ *Elbe, dElbe, Unstrut*),
- der Bevölkerungsentwicklung (MSZ *OS*),
- der allgemeinen wirtschaftlichen Entwicklung (MSZ *OS*), und
- der Entwicklung des Energiesektors (MSZ *OS*).

Die regionalen Reaktionsmöglichkeiten auf der Ebene der Handlungsalternativen gegenüber spezifischen exogenen Herausforderungen des globalen Wandels (EXO) wurden in GLOWA-Elbe I exemplarisch für die MSZ des Spreegebietes (*Obere Spree*, *Spreewald* und *Berlin*) untersucht. Die Oberlieger-Unterlieger Beziehungen der MSZ entlang der Spree bewirken, dass Handlungsalternativen (ALT) des MSZ *Obere Spree* ebenfalls in den MSZ *Spreewald* und *Berlin* als EXO Bedingungen zu betrachten waren. Bei den ALT des MSZ *Obere Spree* handelt es sich um Varianten für die Flutung der vom Braunkohlebergbau hinterlassenen Restlöcher in der Lausitz. Mit diesen soll auf zwei Herausforderungen des globalen Wandels bis 2055 reagiert werden: die Beendigung des Braunkohlebergbaus und den Klimawandel. Die ALT des MSZ *Obere Spree* wurden als Alternative zur gegenwärtigen Strategie der Regionalplanung formuliert, die als *Basis*-Strategie bezeichnet wird. Die *Basis*-Strategie wurde MSZ-übergreifend für *Obere Spree, Spreewald* und *Berlin* formuliert. Sie besteht aus den Komponenten $Basis_{OS}$, $Basis_{SW}$ und $Basis_{Bl}$. Wie in *Obere Spree* wurden auch für *Spreewald* und *Berlin* Handlungsalternativen (ALT) zur regionalen *Basis*-Variante formuliert. Im Spreewald wurden deren Wirkung für das gegenwärtige und das postulierte künftige Klima in Kombination mit dem klimabedingten Zufluss nach $Basis_{OS}$ aus der Oberen Spree untersucht. In Berlin wurden neben dem Zufluss nach $Basis_{OS}$ bei heutigem und künftigen Klima drei weitere Zuflussszenarien, die sich aus den Flutungsstrategien des MSZ *Obere Spree* unter Klimawandel ergaben, berücksichtigt.

Im Unterschied zu den oben beschriebenen EXO-Szenarien waren die ALT-Szenarien des Masterszenarios *Spree-Havel* in ihrer qualitativen Formulierung nicht a priori gegeben. Ihre Identifikation und Formulierung stellt ein wichtiges Ergebnis der GLOWA-Elbe I Forschungen dar.

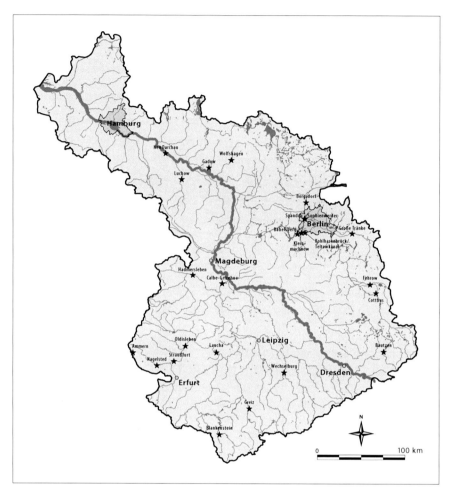

Abb. 5: Wichtige Pegel (★) des Untersuchungsgebietes

I-1.5 Ergebnisse der Entwicklung, Analyse und Bewertung von Szenarien des globalen Wandels in GLOWA-Elbe I

Wie bereits ausgeführt sind die GLOWA-Elbe-Szenarienanalysen als Teil eines allgemeinen IMA-Elbe-Prozesses zu sehen, in dessen Verlauf Entwicklungsmöglichkeiten für den Wasserhaushalt identifiziert und bezüglich ihrer Wirkungen untersucht und bewertet werden. Die bisher verfügbaren Vorleistungen differieren sehr stark innerhalb der Teilregionen und zwischen den Problembereichen. Eine homogene Bearbeitungstiefe der Masterszenarien war deshalb in dieser IMA-Iteration nicht realisierbar. Handlungsalternativen (ALT) wurden nur in den Masterszenarien *Obere Spree*, *Spreewald* und *Berlin* analysiert. Eine umfassende multikriterielle Analyse und Konfliktanalyse für diese drei miteinander verkoppelten Masterszenarien steht ebenfalls noch aus. Wichtige Vorleistungen hierzu wurden aber auf der regionalen Ebene erbracht. In *Obere Spree und Spree-*

wald wurden Kosten-Nutzen- und Kosten-Wirksamkeitsanalysen durchgeführt. Für **Berlin** wurde eine multikriterielle Analyse sowie eine Konfliktanalyse vorgenommen, wobei allerdings die Betrachtung aus pragmatischen Gründen auf die nicht-ökonomischen Kategorien Versorgungssicherheit und Gewässergüte beschränkt blieb. Nachfolgend wird ein Überblick über diese Ergebnisse gegeben und eine zusammenfassende Einordnung vorgenommen.

I-1.5.1 Klimawandelszenarien im Elbeeinzugsgebiet

Regionale Klimaszenarien wurden zunächst auf drei unterschiedlichen Wegen erzeugt. Die Ausgangsbasis bilden Ergebnisse des Hamburger GCM ECHAM4/OPYC3-T42 (ff.: ECHAM4) zur Klimaentwicklung im Elbeeinzugsgebiet bis zum Ende des 21. Jahrhunderts für die Emissionsszenarien der SRES-Modellgeschichten (storylines) *A1* und *B2*. Auf Details zu den Szenarien wird in JACOB und GERSTENGARBE (2005, Kapitel II-1) näher eingegangen. Im nächsten Schritt erfolgte eine weitere Regionalisierung der Klimaszenarien. Dabei wurden drei unterschiedliche Methoden angewendet:

▶ das dynamische Klimamodell REMO (JACOB und BÜLOW 2005, Kapitel II-1.1),
▶ ein NEURO-FUZZY-Modell zur nachträglichen statistischen Adjustierung von REMO-Ergebnissen (REIMER et al. 2005, Kapitel II-1.2) und
▶ das unabhängig von den ersten beiden Ansätzen arbeitende Szenarienmodell STAR (GERSTENGARBE und WERNER 2005, Kapitel II-1.3).

Die Szenarioanalysen von GLOWA-Elbe I basieren überwiegend auf den Ergebnissen des Modells STAR (*STAR*-Szenarien). Dies hat vor allem pragmatische Gründe (siehe unten) und stellt keine Wertung der Methodiken dar. Die ergänzend zu STAR durchgeführten Regionalisierungsstudien mit REMO und NEURO-FUZZY werden im Kontext von GLOWA-Elbe I genutzt, um Unsicherheiten in der Szenarienbildung zu hinterfragen.

Die Erstellung von Szenarien erfolgte dabei nicht nur unter Nutzung verschiedener Methoden sondern auch ausgehend von ungleichen Randbedingungen. Die beiden ersten Modellansätze orientierten sich an den grobskaligen Werten des *ECHAM4-B2*-Klimaszenarios (+2 K, +7 % Niederschlag). Das Szenarienmodell STAR nahm Bezug auf die von ECHAM4 für *A1* simulierte Temperaturänderung (+1,5 K) bis 2055. Im Unterschied zur Regionalisierung mit REMO und NEURO-FUZZY wurde die Niederschlagsänderung (−35 %) des makroskaligen Szenarios nicht als Randbedingung vorgegeben. Obwohl die verschiedenen Klimaszenarien ausgehend von den SRES-Szenarien *A1* und *B2* entwickelt wurden, zeigte sich, dass die methodischen Differenzen zwischen den zu Grunde liegenden Modellansätzen gravierender waren als Unterschiede in den SRES-Szenarien. Um Fehlinterpretationen vorzubeugen, werden die Klimaszenarien im Folgenden nicht als Bestandteil des Entwicklungsrahmens sondern als singuläre Projektionen behandelt.

Das im Vorfeld der NEURO-FUZZY-Regionalisierung genutzte regionale Zirkulationsmodell REMO schließt methodisch unmittelbar an den globalen Zirkulationsmodellen an. Wie diese bildet es die atmosphärische Zirkulation explizit ab. Durch eine zweifach dynamische Nestung des regionalen Klimamodells REMO zunächst als Modell mit 50 km Gitterweite in dem Modellbereich von ECHAM4 (49,13 W; 68,57 N bis 70,73 E; 67,84 N und 10,35 W; 29,57 N bis 31,34 E; 29,27 N) und dann als Modell mit 18 km Maschenweite in der gröberen Version des REMO-Modells (6,54 W; 72,89 N bis 53,04 E; 68,62 N und 3,332 E; 43,25 N bis 29,54 E; 41,34 N) konnten JACOB und BÜLOW (2005, Kapitel II-1.1) die durch ECHAM4 simulierte Klimatologie des Elbeeinzugsgebietes und der unmittelbaren Umgebungsbereiche sukzessive feiner auflösen. Dies geschah für den rezenten Zeitraum 1991–1999, sowie für die Szenarienperiode 2020–2050.

Methodisch bedingt sind die nach der REMO-Regionalisierung erhaltenen Absolutwerte unsicherer als die Differenzen zwischen rezentem Klima und Szenario. Hier setzt das Modell NEURO-FUZZY an. Mit Hilfe eines Fuzzy-Algorithmus wurden durch REIMER et al. (2005, Kapitel II-1.2) die REMO-Ergebnisse für die Perioden 2020–2050 an die durch Stationsdaten repräsentierte historische Klimatologie für das deutsche Teileinzugsgebiet adjustiert und auf die Periode 2001–2055 extrapoliert. Durch die Extrapolation war ein unmittelbarer Vergleich mit den STAR-Szenarien möglich. Die Adjustierung beinhaltete eine Korrektur der REMO Absolutwerte unter Berücksichtigung der für den Zeitraum 1991–1999 ermittelten Differenzen zwischen beobachteten und simulierten Zeitreihen. Durch Monte-Carlo-Variation von Modellparametern wurden 100 Realisierungen eines Klimaszenarios erzeugt. Die erste Realisierung, die sich für die Erwartungswerte der Parameter ergibt, stellt die vergleichsweise wahrscheinlichste Realisierung dar.

Im Unterschied zu NEURO-FUZZY regionalisiert STAR das Klimaszenario *ECHAM4 A1* ohne Vorschaltung eines regionalen Zirkulationsmodells (GERSTENGARBE und WERNER 2005, Kapitel II-1.3). Grundlage der Regionalisierung sind historische Klimareihen von 369 Wetterstationen des Elbeeinzugsgebietes. Im ersten Schritt der Szenarienbildung wurde zunächst ein Temperaturszenario entwickelt. Hierzu wurde eine Leitstation – in diesem Fall Magdeburg – ausgewählt. Die historische Klimareihe 1951–2000 für diese Leitstation wurde vom Trend bereinigt, in Jahresscheiben zerlegt und jeder Tag bezüglich verschiedener Temperaturmerkmale klassifiziert. Anschließend wurden zwei Temperaturszenarien erstellt: eines für die rezente Klimaentwicklung der letzten 50 Jahre und ein weiteres für den post-rezenten Klimawandel in der Periode 2001–2055. Hierzu wurden die vorliegenden Temperaturjahre nach dem Zufallsprinzip über einen Zeitraum von 50 bzw. 55 Jahren neu aneinandergereiht. Anschließend wurden der gemessene historische bzw. der erwartete post-rezente Temperaturtrend (0,025 K/Jahr = +1,4 K/55 Jahre) linear aufgeprägt.

Die rezenten und post-rezenten STAR-Temperaturszenarien für die Station Magdeburg wurden dann unter Nutzung der zwischen den Einzelstationen und der Bezugsstation bestehenden empirischen Temperaturrelationen regionalisiert. Die Temperaturszenarien wurden dann unter Nutzung von Temperatursignaturen, die nach der Klassifizierung für jeden Tag der historischen Klimareihe vorlagen, stationsweise zu Klimaszenarien aufgefüllt. Für jeden Szenarientag wurde in den historischen Daten ein Vektor ergänzender Klimavariablen gesucht, dessen Temperatursignatur der des Szenarientages am nächsten kam. Durch stochastische Modifikation der Jahresfolge wurden unterschiedliche Szenario-Realisierungen des rezenten wie des post-rezenten Klimas erzeugt.

Die einzelnen Realisierungen für die rezente Klimatologie unterschieden sie sich in der Reihung der Jahre, sie differieren aber nur geringfügig in ihren statistischen Verteilungseigenschaften.

Die Spezifik der Jahresfolge wird ausgenutzt, um eine vergleichsweise wahrscheinlichste Status-quo-Realisierung zu ermitteln. Als solche gilt demnach jene Jahresfolge, welche die rezenten Trends bei den von der Temperatur abgeleiteten Klimavariablen am besten trifft. GERSTENGARBE und WERNER (2005, Kapitel II-1.3) postulieren nun, dass die absolute Abweichung der vergleichsweise wahrscheinlichsten Realisierung eines Szenarios vom mittleren Trend aller Szenarien in der Häufigkeitsverteilung sich mit der Temperatur nicht ändert.

Diesen Abstand nutzen sie, um aus den Szenario-Realisierungen für das post-rezente Klima ebenfalls eine vergleichsweise wahrscheinlichste auszuwählen. Als Bezugsgröße für die Ermittlung der vergleichsweise wahrscheinlichsten STAR-Realisierung wurde in dieser Untersuchung der Niederschlagstrend an der Station Magdeburg gewählt.

Eine zusammenfassende Darstellung von Simulationsergebnissen aller drei für die Szenarienerstellung eingesetzten Methoden kann den Tabellen 6a und 6b entnommen werden.

Tab. 6a: Jahreswerte der Temperatur und des Niederschlags von beobachteten und simulierten Klimadaten für das Elbeeinzugsgebiet insgesamt, das deutsche Teilgebiet und das Teilgebiet Spree-Havel. Die Werte vor den Klammern sind die Zentralwerte aller Jahres- bzw. Halbjahreswerte des Gebietes über einem Zeitraum. In den Klammern stehen die 25%- und 75%-Perzentile für diese Werte. Die Jahres- und Halbjahreswerte der Temperatur basieren auf arithmetischen Mitteln der Tagestemperaturen je Grid (REMO) bzw. Klimastation (NEURO-FUZZY, STAR), die Niederschlagswerte beruhen analog auf den Niederschlagssummen.

		DWD	REMO		NEURO-FUZZY, REMO		STAR	
		Beobachtung	Simulationen		Szenario-Realisierung		Szenario-Realisierung	
		rezentes Klima	rezentes Klima	Szenario	vergleichs-weise wahr-scheinlichste	über alle 100	vergleichs-weise wahr-scheinlichste	über alle 100
		1990–1999	1990–1999	2020–2050	2020–2050	2020–2050	2020–2050	2020–2050
	Temperatur [°C]							
Jahr (Januar–Dezember)	Elbeeinzugs-gebiet	—	9,2 (3,9; 15,1)	10,5 (5,8; 16,4)	—	—	—	—
	deutsches Elbeeinzugs-gebiet	9,1 (8,3; 9,8)	9,4 (4,4; 15,0)	10,7 (6,3; 16,3)	10,6 (10,2; 10,8)	10,5 (10,2; 10,8)	9,8 (9,1; 10,6)	10,0 (9,2; 10,7)
	Spree-Havel	9,8 (9,1; 10,6)	—	—	10,8 (10,3; 10,3)	10,8 (10,3; 11,3)	10,3 (9,5; 10,9)	10,3 (9,7; 11,0)
	Niederschlagssumme [mm]							
	Elbeeinzugs-gebiet	—	828 (738; 934)	913 (798; 1058)	—	—	—	—
	deutsches Elbeeinzugs-gebiet	632 (534; 763)	845 (758; 951)	926 (813; 1074)	545 (513; 577)	566 (529; 595)	586 (494; 716)	623 (524; 756)
	Spree-Havel	574 (488; 653)	—	—	550 (539; 564)	570 (555; 595)	508 (441; 585)	545 (476; 619)

Die auf zwei unterschiedlichen methodischen Wegen durchgeführten Klimaextrapolationen für das deutsche Einzugsgebiet führen zu einem überraschenden Ergebnis. Die statistische Nachbereitung der REMO-Simulationsläufe mit dem NEURO-FUZZY-Modell ergibt eine Annäherung der zunächst gegensätzlichen Klimaextrapolationen von REMO und STAR (Tabelle 6a). Bei der Niederschlagsänderung kommt es im Vergleich zu den ursprünglichen Simulationsergebnissen von REMO nach der statistischen Korrektur sogar zu einer Umkehrung im Vorzeichen (Tabelle 6a). Die Differenzenquotienten der Zentralwerte von Jahres-Niederschlag und Jahresmittel-Temperatur des deutschen Elbegebietes für die Vergleichsperioden (2020–2050, 1990–1999) liegen sogar in einer ähnlichen Größenordnung (Tabellen 6).

Tab. 6b: Halbjahreswerte der Temperatur und des Niederschlags von beobachteten und simulierten Klimadaten für das Elbeeinzugsgebiet insgesamt, das deutsche Teilgebiet und das Teilgebiet Spree-Havel. Der Inhalt ist analog zu Tab. 6a gegliedert.

		DWD	REMO		NEURO-FUZZY, REMO		STAR	
		Beobachtung	Simulationen		Szenario-Realisierung		Szenario-Realisierung	
		rezentes Klima	rezentes Klima	Szenario	vergleichsweise wahrscheinlichste	über alle 100	vergleichsweise wahrscheinlichste	über alle 100
		1990–1999	1990–1999	2020–2050	2020–2050	2020–2050	2020–2050	2020–2050
		Temperatur [°C]						
Sommer (Mai–Oktober)	Elbeeinzugsgebiet	—	15,1 (11,8; 18,3)	16,3 (13,0; 19,1)	—	—	—	—
	deutsches Elbeeinzugsgebiet	14,6 (13,7; 15,2)	15,0 (11,9; 18,0)	16,2 (13,1; 18,9)	16,4 (16,1; 16,6)	16,4 (16,1; 16,6)	15,6 (14,9; 16,2)	15,6 (14,9; 16,3)
	Spree-Havel	15,2 (14,5; 15,7)	—	—	16,7 (16,3; 17,1)	16,7 (16,3; 17,1)	16,2 (15,6; 16,6)	16,2 (15,7; 16,8)
		Niederschlagssumme [mm]						
	Elbeeinzugsgebiet	—	445 (376; 520)	482 (407; 567)	—	—	—	—
	deutsches Elbeeinzugsgebiet	356 (292; 427)	443 (373; 519)	471 (398; 554)	291 (276; 308)	304 (285; 315)	342 (279; 417)	356 (293; 432)
	Spree-Havel	321 (258; 384)	—	—	296 (282; 303)	305 (290; 316)	295 (240; 354)	309 (259; 364)
		Temperatur [°C]						
Winter (November–April)	Elbeeinzugsgebiet	—	3,8 (1,1; 6,7)	5,8 (3,1; 8,3)	—	—	—	—
	deutsches Elbeeinzugsgebiet	3,4 (2,5; 4,1)	4,3 (1,5; 7,1)	6,3 (3,7; 8,6)	4,6 (4,1; 5,1)	4,6 (4,1; 5,1)	4,1 (2,7; 5,1)	4,2 (3,1; 5,2)
	Spree-Havel	3,6 (2,9; 4,1)	—	—	4,8 (4,2; 5,4)	4,8 (4,2; 5,4)	4,4 (3,1; 5,3)	4,5 (3,5; 5,2)
		Niederschlagssumme [mm]						
	Elbeeinzugsgebiet	—	378 (325; 446)	430 (361; 484)	—	—	—	—
	deutsches Elbeeinzugsgebiet	273 (215; 357)	399 (347; 464)	456 (393; 530)	250 (230; 264)	261 (236; 278)	246 (198; 316)	266 (213; 340)
	Spree-Havel	248 (199; 295)	—	—	253 (250; 263)	264 (262; 278)	213 (180; 250)	233 (196; 274)

Interessanterweise sind die von den Autoren angegebenen vergleichsweise wahrscheinlichsten Realisierungen, die auf völlig unterschiedlichen Kriterien beruhend ermittelt wurden, im Gesamtgebiet je Einheit Temperaturanstieg jeweils trockener als die 100 Realisierungen. Die Unterschiede zwischen den vergleichsweise wahrscheinlichsten Szenarien sind auch jeweils geringer als die zwischen der Gesamtheit der 100 Realisierungen. Die Szenarien STAR und NEURO-FUZZY unterscheiden sich in der Verteilung des Niederschlagsrückganges im Vergleich zu den 90er-Jahren. In STAR gehen die Niederschläge vorrangig im Winter, in NEURO-FUZZY vorrangig im Sommer zurück. Im Teilgebiet Spree-Havel ist der Temperaturanstieg sowohl nach STAR als auch NEURO-FUZZY geringer als im Gesamtgebiet (Tabellen 6a, b). Der Niederschlagsrückgang ist in STAR größer als in NEURO-FUZZY. Dies führt insbesondere bei den Differenzenquotienten für die Jahreswerte von Temperatur und Niederschlag zu relativ großen Unterschieden zwischen NEURO-FUZZY und STAR (Tabelle 7). Am geringsten sind die diesbezüglichen Unterschiede für den Sommer.

Tab. 7: Absolute Niederschlagsänderung je Grad Temperaturanstieg für die Zentralwerte aus Tabelle 6 in den Szenarien NEURO-FUZZY und STAR für die vergleichsweise wahrscheinlichste Variante und das Mittel von 100 statistischen Realisierungen

		NEURO-FUZZY		STAR	
		vergleichsweise wahrscheinlichste Realisierung [mm K^{-1}]	Mittel von 100 Realisierungen [mm K^{-1}]	vergleichsweise wahrscheinlichste Realisierung [mm K^{-1}]	Mittel von 100 Realisierungen [mm K^{-1}]
deutsches Elbeeinzugsgebiet	Jahr	−58	−47	−66	−10
	Sommer	−36	−29	−14	0
	Winter	−19	−10	−39	−9
Spree-Havel	Jahr	−24	−4	−132	−58
	Sommer	−17	−11	−26	−12
	Winter	4	13	−44	−17

Insgesamt zeigt die vergleichende Analyse der Klimaszenarien, dass ein Rückgang der Jahresniederschläge im Elbeeinzugsgebiet als relativ plausibel gelten kann. Insbesondere bei der in der Vergangenheit beobachteten Abnahme der Sommerniederschläge deutet sich keine Trendumkehr an.

Das STAR-Szenario stand aufgrund seiner Unabhängigkeit von Vorleistungen im Projektverbund eher zur Verfügung, und wurde deshalb als Grundlage für die meisten Klimafolgenuntersuchungen gewählt. Wirkungsanalysen wurden zum einen für die vergleichsweise wahrscheinlichste, zum anderen aber auch für die Gesamtheit der 100 Realisierungen durchgeführt. In Abbildung 6 sind zur summarischen Illustration des STAR-Szenarios die klimatischen Wasserbilanzen zu den drei STAR 100 Realisierungen STAR_32, STAR_54 und STAR_58 für das Gebiet der deutschen Elbe, die Region Spree-Havel und das Unstrut-Gebiet dargestellt. Die Realisierung 32 gilt als vergleichsweise wahrscheinlichste von den 100 und zählt zu den trockensten Szenarien. Realisierung 54 stellt ein mittleres Szenario dar und Realisierung 58 ist ein besonders feuchtes Szenario. Als Vergleichsbasis werden die auf Beobachtungsdaten beruhenden klimatischen Wasserbilanzen für den Zeitraum 1955–2000 dargestellt (Abb. 6a, b, c).

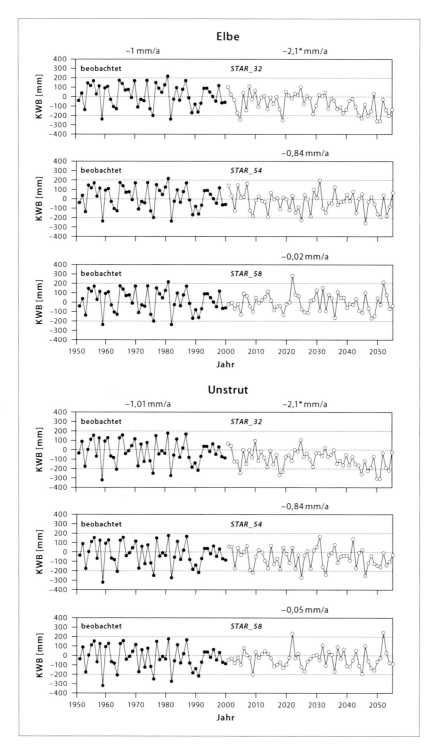

Abb. 6a: Jahresreihen der klimatischen Wasserbilanz, KWB (Niederschlag minus Evapotranspiration nach Turc-Ivanov) für den Beobachtungszeitraum 1951–2000 auf der Grundlage von Daten des Deutschen Wetterdienstes und für die Szenarienperiode 2001–2055 basierend auf den Realisierungen 32, 54 und 58 des *STAR*-Szenarios. Dargestellt sind die KWB für das deutsche Gebiet der Elbe und das Teileinzugsgebiet der Unstrut. Die Werte je Jahr entsprechen den Zentralwerten aller für die Gebiete vorliegenden Stationswerte. Über den Verlaufskurven der KWB sind die Anstiege der linearen Trendfunktionen angegeben. Das Symbol * zeigt ein Signifikanzniveau von $p \leq 0{,}1$ an.

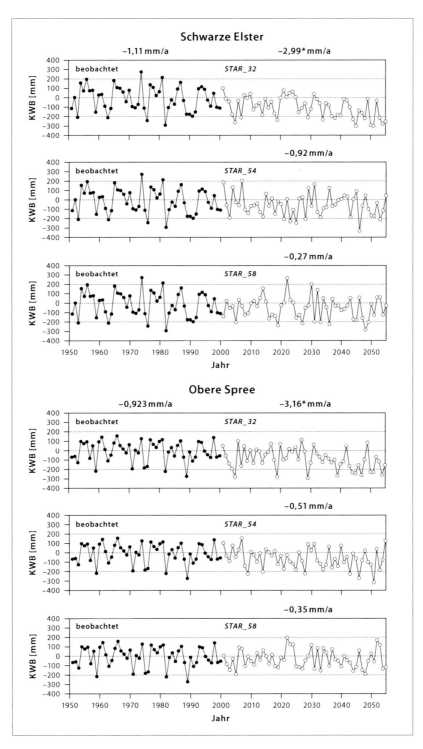

Abb. 6b: Jahresreihen der klimatischen Wasserbilanz, wie in Abb. 6a für die Teileinzugsgebiete Schwarze Elster und Obere Spree

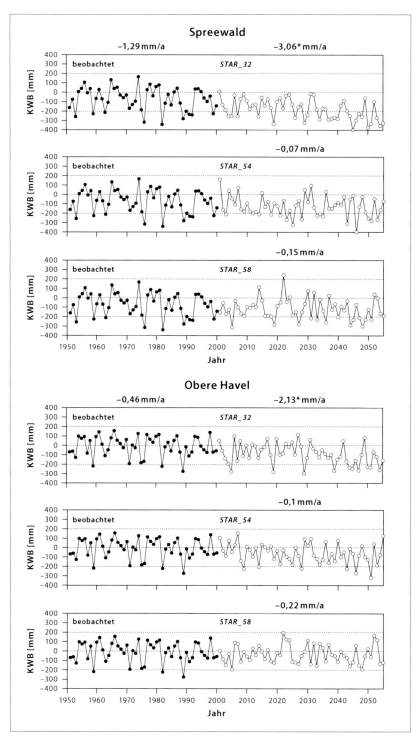

Abb. 6c: Jahresreihen der klimatischen Wasserbilanz, wie in Abb. 6a für die Teileinzugsgebiete Spreewald und Obere Havel

I-1.5.2 Nährstoffbelastung im Gesamtgebiet der Elbe unter besonderer Berücksichtigung des deutschen Teilgebietes

BEHRENDT et al. (2005, Kapitel II-2.2.1) haben für das MSZ *Elbe* die Folgen unterschiedlicher Klimaszenarien und EU-Agrarpolitiken auf die Stickstoffeinträge in das Flusssystem untersucht. Klimawandel allein führt bei unterschiedlichen Szenarien im Vergleich zum „Status quo" nur zu einer geringfügigen Entlastung bei den Stickstoffeinträgen in die Gewässer, selbst wenn gleichzeitig die Retentionsleistung deutlich zunimmt. Vergleichsweise relevante Reduktionen der Stickstoffeinträge wurden in den Modellkalkulationen demgegenüber durch die Einführung einer Stickstoffsteuer und weiterführende Maßnahmen zur Senkung der diffusen Einträge (Erosionsminderung, Dränageflächenrückgang, Erhöhung des N-Rückhaltes bei Einträgen von urbanen Flächen) erzielt. Die hierdurch erzielten Verminderungsraten im Vergleich zur Belastungssituation 1998–2000 lagen bei 25–31 % („N-Steuer") bzw. 46 % („N-Steuer und weiterführende Maßnahmen").

Tab. 8: Überblick zu wichtigen Kategorien des IMA-Sprachkalküles und logischen Konventionen

	Abkürzung	Erläuterung
Kategorien	MSZ	MasterSZenarien (Regionale Probleme, Konflikte, Themen, Aufgabenstellungen)
	LBD	Leitbild nachhaltiger Entwicklung
	REG	Regionen (Geographische Objekte der Untersuchung)
	TIV	ZeiTInterValle (Simulationsintervalle für Szenarien)
	EXO	EXOgene Dynamik (Komponenten des globalen Wandels, Triebkräftedynamik)
	EWR	Entwicklungsrahmen, Teilmenge von EXO
	ALT	ALTernativen (Handlungsstrategien, Bündel von Optionen)
	ESZ	Entwicklungsszenario, Kombination von ALT und EXO/EWR
	HFD	HandlungsFelDer (Felder für Management-Aktivitäten)
	MOD	MODelle (Methoden, Instrumente)
	IND	Einzel-INDikatoren (Variablen, Zustandsgrößen)
	AvK	Alternativen vs. Kriterien
	AvS	Alternativen vs. Stakeholder
Logik	$A, A_1, A_2, \ldots$	einzelne Repräsentanten
	A_1, A_2	Mengen von Repräsentanten
	$\mathbf{A}$	Gesamtheit der Repräsentanten
	C (A, B)	C bezieht sich auf A, B
	U [V, W]	U setzt sich zusammen aus V, W

Die formale Definition und wichtige Strukturelemente des MSZ *Elbe* sind in Tabelle 8 zusammenfassend dargestellt. In Tabelle 9 sind wichtige Szenarienvergleiche und ihre Ergebnisse aufgeführt. In beiden Tabellen wird umfassender Gebrauch der von WENZEL (2005, Kapitel I-3) eingeführten mnemonischen Abkürzungen der Sprachelemente des IMA gemacht. In Tabelle 8 wurden die hier gebrauchten Abkürzungen zur Erhöhung der Lesbarkeit noch einmal zusammengestellt.

Für die anderen MSZ existieren in den Tabellen 9 und 10 analoge Zusammenstellungen, auf die im Folgenden bei entsprechendem Bezug verwiesen wird. Die in beiden Tabellen verwendeten

Abkürzungen nehmen Bezug auf die von WENZEL in Kapitel I-1.3 eingeführten mnemonischen Kurzformen der Sprachelemente des IMA.

Tab. 9: Struktur der Szenarienanalyse im Masterszenario *Elbe*

IMA-Kategorie	Spezifizierung
MSZ	*Elbe*
LBD	Senkung von Nährstoffeinträgen aus diffusen Quellen
REG	Gesamtes Einzugsgebiet der Elbe
TIV	1998–2000, 2025, 2075
EXO	
Klima	= {STAR_32, HADCM3, ECHAM4}
EWR	= {Ref 2025, Lib 2025, Nst 2025, SWIM 2025}
	Ref 2025 Fortführung der AGENDA 2000 bis zum Jahr 2025
	Lib 2025 Liberalisierung des EU-Agrarmarktes, keine Preisstützungen für Getreide, Milch und Rindfleisch, Betriebsprämien statt Flächen- und Tierprämien
	Nst 2025 Stickstoffsteuer: Abgabe auf mineralischen Stickstoff in Höhe von 200 %
	SWIM 2025 Ertragsänderung durch Klimawandel nach *STAR_32* simuliert mit SWIM
HFD	Landnutzung, Nährstoffüberschüsse
ALT	= {max measures}
	max measures: zusätzliche (bisher nicht übliche) Maßnahmen zur Senkung diffuser Nährstoffeinträge (Erosionsminderung, Rückbau von Dränagen, Erhöhung des N-Rückhaltes bei diffusen N-Emissionen aus urbanen Flächen)
INDi	(1) Abfluss
	(2) Oberflächenwassertemperatur
	(3) Nährstoffentzug-N
	(4) Bilanzüberschuss-N
	(5) Nährstoffeintrag-N
MOD	(EXO) = {HADCM3(Klima), ECHAM4(Klima), STAR(Klima)}
	(IND_i) = {WATERGAP(IND_1, IND_2), SWIM(IND_3), RAUMIS(IND_3, IND_4), MONERIS(IND_4)}

Tab. 10: Ausgewählte Szenarienvergleiche, Wirkungen und Schlussfolgerungen für das Masterszenario *Elbe*

	Bezug-Status Status quo TIV / *EXO* TIV	Prüf-Status *EXO* <u>ALT</u> TIV	Indikator	Wirkung
BEHRENDT et al. (Kapitel II-2.2.1)	**Status quo** 1998–2000	ECHAM4/HadCM3	\multicolumn{2}{l}{Elbemündung bei Zollenspieker}
			Abfluss	geringfügig
			Oberflächenwassertemperatur	ca. +40 %
			Retention	geringfügig
			Diffuse Stickstoffeinträge	Anstieg im Frühjahr und Herbst zw. 10 u. 25 %
			Stickstoffeinträge	Rückgang zwischen 5 und 10 %
		Ref 2025		–6 bis –8 %
		SWIM 2025		–6 bis –7 %
		Lib 2025	Stickstoffeintrag	–10 bis –11 %
		Nst 2025		–25 bis –31 %
		Nst <u>max measures</u> 2025		bis –46 %
Schlussfolgerungen	\multicolumn{4}{l}{*EXO:* Klimawandel führt bei geringfügiger Abflusswirkung zu keiner Entlastung bei den Nährstoffeinträgen, klimabedingt kommt es jedoch zu einer Erhöhung der Retentionsleistung, die tendenziell eine leichte Abnahme der Nährstofffracht bewirken kann, eine Reduzierung der Nährstoffeinträge wird durch die Einführung einer Steuer auf mineralischen Stickstoff erreicht.}			
	\multicolumn{4}{l}{<u>*ALT*</u>: Die Wirkung der N-Steuer wird durch ein Maßnahmebündel von Erosionsminderung, Dränageflächenrückbau und Erhöhung des N-Rückhaltes bei Einträgen aus urbanen Flächen verstärkt.}			

I-1.5.3 Wasserhaushalt und Erträge im deutschen Teilgebiet der Elbe

Durch HATTERMANN et al. (2005, Kapitel II-2.2.2) wurden für das MSZ *dElbe* die Auswirkungen des *STAR*-Klimaszenarios auf Wasserhaushaltsgrößen und die Erträge landwirtschaftlicher Kulturen bestimmt. Die Auswirkungen auf die Wasserhaushaltsgrößen wurden für die aktuelle Landnutzung ermittelt. Auf den Ackerflächen wurde der Einfachheit halber zunächst ein flächendeckender Anbau einer Gersten-Monokultur angenommen. Die klimabedingten Ertragseffekte auf andere landwirtschaftliche Kulturen wurden ermittelt, indem flächendeckend Gerste durch die entsprechende Kultur ersetzt wurde. Simulationsergebnisse liegen vor für *STAR 100*, d. h. alle 100 Realisierungen und für *STAR_32*, die vergleichsweise wahrscheinlichste Realisierung.

Tab. 11: Struktur der Szenarienanalyse im Masterszenario *deutsche Elbe*

IMA-Kategorie	Spezifizierung
MSZ	*dElbe*
LBD	Wettbewerbsfähige landwirtschaftliche Landnutzung reduziert die Beanspruchung des Wasserhaushaltes.
REG	deutsches Einzugsgebiet der Elbe
TIV	1951–2000, 1996–1999, 1991–2000, 1999, 2020, 2016–2025, 2046–2055

EXO	**Klima** = {Klimareihe, *STAR_32, STAR 100*}
	EWR = {*Referenz, Liberalisierung, N-Abgabe, Klimawandel*} für TIV = 2020
	   Referenz: „Business as usual", d. h. Fortführung der AGENDA 2000 bis zum Jahr 2020
	   Liberalisierung: Liberalisierung des EU-Agrarmarktes, keine Preisstützungen für Getreide, Milch und Rindfleisch, Betriebsprämien statt Flächen- und Tierprämien
	   N-Abgabe: Stickstoffsteuer: Abgabe auf mineralischen Stickstoff in Höhe von 200 %
	   Klimawandel: „Business as usual" gemäß AGENDA 2000, Änderung der Ertragspotenziale in Folge von Klimawandel nach *STAR_32* mit TIV = (2016–2025)

HFD	Landnutzung
ALT	keine betrachtet
INDi	(1) Wasserhaushaltsgrößen (2) Erträge (3) Flächennutzung (4) Viehbesatz (5) Nährstoffüberschüsse (6) Einkommen
MOD	(EXO) = {STAR(Klima)} (IND$_i$) = {SWIM(IND$_1$,IND$_2$), RAUMIS(IND$_2$,IND$_3$,IND$_4$,IND$_5$,IND$_6$)} Andere = {KWB$_G$(IND$_1$)} KWB$_G$: GIS-Modell zur Kalkulation der klimatischen Wasserbilanz (KWB = P – E$_{pot}$, mit KWB – klimatische Wasserbilanz, P – Niederschlag, E$_{pot}$ – potenzielle Verdunstung), wobei E$_{pot}$ nach TURC-IVANOV auf der Basis von meteorologischen Tageswerten berechnet wurde

Die Erhöhung der Jahresdurchschnittstemperatur und die Verringerung der Niederschläge hatte bei im Mittel nahezu unveränderter Evapotranspiration einen Rückgang bei Abfluss und Grundwasserneubildung zur Folge. Die Evapotranspiration auf Ackerflächen ging bei Gerstenmonokul-

Tab. 12: Ausgewählte Szenarienvergleiche, Wirkungen und Schlussfolgerungen für das Masterszenario *deutsche Elbe* (MSZ *dElbe*); ∅ – ohne Vergleichsbezug

	Bezug-Status Status quo TIV/ EXO TIV	Prüf-Status EXO TIV	Indikator	Wirkung (mit Absolut-Wert, wenn das „Prüf-Status"-Feld der Zeile ∅ enthält)
HATTERMANN et al. (Kapitel II-2.2.2)	Klimareihe 1961–1990	∅	KWB$_G$	17 mm/a
	Klimareihe 1991–2000	∅	KWB$_G$	–6 mm/a
	STAR_32 2046–2055	∅	KWB$_G$	–143 mm/a
	Klimareihe 1991–2000	STAR_32 2046–2055	KWB$_G$	–137 mm/a
	Klimareihe 1991–2000	STAR_32 2046–2055	Ertragspotenziale der Ackerfläche Winterweizen Wintergerste Winterroggen Winterraps Mais	 –15 % –11 % –14 % –17 % –1 %
	Klimareihe 1961–1990	STAR_32 2046–2055	KWB$_G$	–160 mm/a
	Klimareihe 1961–1990	STAR 100 2046–2055	Evapotranspiration Direktabfluss Grundwasserneubildung Abfluss gesamt	+2 % –31 % –50 % –41 %
GÖMANN et al. (Kapitel II-2.1.1)	Status quo 1999	Referenz 2020	Landnutzung Nicht genutzte landw. Nutzfläche (LF) Nährstoffüberschüsse	Intensivierung auf Gunststandorten, Extensivierung auf Ungunststandorten +3 % LF (ca. 500.000 ha) Rückgang von 74 auf 69 kg/ha N
	Referenz 2020	Liberalisierung 2020	Flächenstilllegung Getreide Stickstoffüberschuss Arbeitskräftebedarf Nettowertschöpfung/Arbeitskraft	+24 % LF –16 % LF –13,5 % (–9 kg N/ha LF, regional verschieden) –7 % –5,4 %
	Referenz 2020	N-Abgabe 2020	Getreideertrag Anbauanteile Flächenstilllegung Stickstoffüberschuss Arbeitskräftebedarf Nettowertschöpfung/Arbeitskraft	–28 % Zunahme d. Anbaus von Sommergerste u. Hülsenfrüchten, Abnahme v. Körnermais u. Roggen +7,8 % LF –65 % –5 % –11 %
	Klimareihe 1996–1999	∅	KWB$_G$	2 mm/a
	STAR_32 2016–2025	∅	KWB$_G$	–25 mm/a
	Klimareihe 1996–1999	STAR_32 2016–2025	KWB$_G$	–27 mm/a
	Referenz 2020	Klimawandel 2020/2016–2025	Ertrag Winterweizen Wintergerste Getreide Stickstoffüberschuss Flächenstilllegung Arbeitskräftebedarf Nettowertschöpfung/Arbeitskraft	Rückgang bei allen Kulturen außer Mais u. Kart. –10 % –10 % –7,3 % keine +1 % LF keine –6 %

Schlussfolgerungen

EXO: Temperaturanstieg und Niederschlagsrückgang führen zu Rückgängen im landschaftlichen Wasserdargebot und den Erträgen. Die landwirtschaftliche Landnutzung wird kaum berührt. Die Szenarien *Liberalisierung* und *N-Abgabe* sind aber mit erheblichen Auswirkungen auf die Landnutzung verbunden, die gezielt für eine Entlastung des landschaftlichen Wasserhaushaltes genutzt werden können.

ALT: Die Folgen unterschiedlicher Strategien der landwirtschaftlichen Betriebe für den Umgang mit freigesetzter Fläche (Verbleib in der Fruchtfolge) auf den landwirtschaftlichen Wasserhaushalt sind in künftigen Untersuchungen zu prüfen.

tur zurück. Die verminderte Evapotranspiration resultiert aus einer ungenügenden Wasserbereitstellung im Wurzelraum und dem hohen atmosphärischen Verdunstungsanspruch. Die ungenügende Evapotranspiration lässt Ertragsrückgänge bei landwirtschaftlichen Kulturen erwarten. Die innerhalb von SWIM mit dem Ertragsmodul EPIC simulierten Ertragsrückgänge für C3-Pflanzen liegen ohne Berücksichtigung des technologischen Fortschritts und der Anpassungsmöglichkeiten bei agrotechnischen Terminen zwischen 10 und 16 %. Ihnen steht ein Rückgang der klimatischen Wasserbilanz von –6 auf –143 mm/a gegenüber.

Der klimatisch bedingte Rückgang der Erträge wurde begrenzt durch die positive Wirkung von erhöhtem atmosphärischen CO_2, welches Wasser- und Strahlungsausnutzung steigert. Die simulierten Maiserträge bleiben unter den veränderten Klimabedingungen weitgehend stabil, da Mais überproportional vom Temperaturanstieg profitiert. Tendenziell ergaben sich höhere Ertragsverluste bei Winter- als bei Sommerkulturen. Bei den Sommerkulturen besteht im Modell eine längere Anbaupause, in welcher der Boden durch eine Kultur mit niedrigem LAI zwischengenutzt wird. Durch die längere Anbaupause und den für diese Zeit postulierten niedrigen LAI steht Sommerkulturen im Frühjahr ein größerer Bodenwasservorrat zur Verfügung. Die durch Modellvereinfachungen bedingten Unterschiede zwischen Sommer- und Winterkulturen (Monokulturen mit kurzer und langer Anbaupause) weisen darauf hin, dass die Stellung der Kulturen in der Fruchtfolge den bisher simulierten Effekt des unterstellten Szenarios erheblich beeinflussen kann. Für eine endgültige Beurteilung der Ertragsverhältnisse von Sommer- und Winter-Kulturen bei veränderten Klimabedingungen ist es notwendig die Stellung der Kulturen in der Fruchtfolge explizit abzubilden.

I-1.5.4 Landwirtschaft im deutschen Teilgebiet der Elbe

Die Untersuchungen von GÖMANN et al. (2005, Kapitel II-2.1.1) zu unterschiedlichen EXO-Szenarien zeigen, dass tendenziell bis zum Jahr 2020 der Anteil disponibler Flächen zunimmt, für die eine Fortführung der konventionellen Nutzung nicht mehr lohnend ist. Der Nutzungsdruck auf den Wasserhaushalt würde sich damit vermindern. Es entstünden Spielräume für eine Senkung der diffusen Nährstoffemissionen von den landwirtschaftlichen Flächen.

Die Wirkungsanalysen waren ausschließlich EXO orientiert. Sie hatten die Folgen verschiedener Varianten der EU-Agrarpolitik im Jahr 2020 (Fortschreibung des Status quo als *Referenz*, teilweise *Liberalisierung* nach SRES *A1*, *Stickstoffsteuer* nach SRES *B2*) und des *Klimawandels* auf die Landwirtschaft zum Gegenstand. Szenarioeffekte wurden dargestellt im Vergleich zur *Referenz* (Tabelle 11).

Bei einer Fortschreibung der derzeitigen politischen Rahmenbedingungen im Sinne der AGENDA 2000 unter Berücksichtigung des Ertragsfortschrittes wird die nicht mehr genutzte landwirtschaftliche Fläche vor allem aufgrund höherer Flächenstilllegungen im Rahmen der Agrarpolitik auf 500.000 ha anwachsen. Die Tendenz zu einer räumlichen Ausdifferenzierung spezialisierter Landnutzungssysteme wird sich fortsetzen (Tabelle 12).

Eine auf Liberalisierung orientierte Agrarpolitik gemäß dem Entwicklungsrahmen *A1*, die Beihilfen vollständig von der Produktion entkoppelt, wird diese Tendenz verstärken. Im Vergleich zur *Referenz* nahm in den Simulationen die jährlich genutzte Ackerfläche um 34 % ab. Gleichzeitig ging der Stickstoffüberschuss leicht zurück (–13,5 %).

Für den Entwicklungsrahmen *B2* wurde die Einführung einer Stickstoffsteuer getestet. Bei dieser verringerten sich der Stickstoffüberschuss und die jährlich genutzte Ackerfläche um 65 % bzw.

11%. Die verminderte Ackerflächennutzung verstärkte jedoch nicht die regionale Differenzierung in den Produktionsrichtungen.

Klimabedingte Ertragsverluste (–7,3% für Getreide) führten im Vergleich zur *Referenz* regional zu einer Verstärkung der Flächenstilllegungstendenz. Es kam aber nicht zu einer Verschiebung im Anbauspektrum der Kulturen (Tabelle 12). Der Stickstoffüberschuss blieb ebenfalls unverändert.

I-1.5.5 Landschaftswandel im deutschen Teilgebiet der Elbe

IPSEN et al. (2005, Kapitel II-2.1.2) betrachten in ihren Untersuchungen die Entwicklungsrahmen *A1* und *B2* nicht als gegeben, sondern entwickeln mit Bürgern einer Region Zukunftsvisionen für die sie umgebende Landschaft. Diese Visionen lassen sich nachträglich den SRES-Szenarien zuordnen und geben damit einen Anhaltspunkt, welche unterschiedlichen regionalen Erwartungen zu den möglichen Entwicklungsrahmen in EXO vorliegen. Die von IPSEN et al. (2005, Kapitel II-2.1.2) durchgeführten Studien haben gezeigt, dass Akzeptanz und Bereitschaft zum Landschaftswandel sehr stark von den sozioökonomischen Ausgangsbedingungen bestimmt werden. In Spandau wollen die Bürger eher Bestehendes erhalten, sie neigen dem Entwicklungsrahmen *B2* zu, im Niederlausitzer Bogen hingegen, konnten visionäre Ansätze zur Neugestaltung der Kulturlandschaft festgestellt werden, die dem Entwicklungsrahmen *A1* zugerechnet werden können. Die sozioökonomische Ausgangssituation beider Untersuchungsgebiete unterscheidet sich gravierend. Spandau gehört zu den landschaftlich reizvollsten Wohnlagen Berlins mit einem vergleichsweise hohen Pro-Kopfeinkommen. Der Niederlausitzer Bogen ist durch die typischen Strukturprobleme Ostdeutschlands und durch die von der Braunkohle hinterlassenen Gruben- und Kippenlandschaften geprägt. Die Landschaftskonferenzen im Niederlausitzer Bogen offenbarten eine breite Akzeptanz für den Rückzug sowohl von Land- als auch Forstwirtschaft aus der Landschaft. Dies zeigte sich insbesondere in der von den Bürgern postulierten Zunahme verwilderter, sich selbst überlassener Flächenanteile. So nimmt in ihrer Zukunftsvision der Anteil von Urwaldflächen um 19% zu und auf den vom Bergbau hinterlassenen Flächen entstehen savannenartige Landschaften.

I-1.5.6 Unstrut – Landnutzung in einer ackerbaulichen Intensivregion

Für das MSZ *Unstrut* wurden Messkampagnen, Modellstudien und EXO-bezogene Szenariountersuchungen durchgeführt (SOMMER et al. 2005, Kapitel III-1.1). Die regionalen Folgen des globalen Wandels auf die landwirtschaftliche Landnutzung wurden im Vergleich zu einem Referenzszenario untersucht, welches die „Status quo"-Situation landwirtschaftlicher Betriebe in das Jahr 2010 extrapoliert (MAIER et al. 2005, Kapitel III-1.2). Grundlage bildeten die in der AGENDA 2000 zusammengefassten Leitlinien für die Agrarpolitik. In Anlehnung an die SRES-Szenarien *A1* und *B2* wurden zwei Alternativen zum Referenzszenario formuliert, die der Einfachheit halber analog bezeichnet wurden. In beiden Alternativszenarien wird von einer Beendigung der Prämienzahlungen für Milch- und Schlachtvieh, sowie einer Abschaffung der Grund und Fleischprämie ausgegangen. Für das Szenario *A1* wird im Unterschied zur *Referenz* und *B2* eine untere Mindestgrenze für die Flächenstilllegung unterstellt, in *B2* werden im Unterschied zur *Referenz* und *A1* Obergrenzen für den Tierbesatz, Mindestanforderungen für die Fruchtarten Diversifizierung, eine standortangepasste Landbewirtschaftung und eine Stickstoffbesteuerung angenommen.

Ohne Klimawandel führten beide Szenarien zu Einnahmeverlusten der landwirtschaftlichen Betriebe. Bei dem *A1*-Liberalisierungsszenario lagen sie bei 5%, beim *B2*-Regionalisierungsszenario bei 15%. Klimabedingte Ertragsrückgänge in einer Größenordnung zwischen 15–25% würden beim Szenario *A1K* zu einer Verdoppelung der Einnahmeverluste führen. Die klimabedingten Einnahmeverluste lagen relativ aber nur halb so hoch wie die Ertragsrückgänge. Strukturanpassungen führten offensichtlich zu einer Dämpfung des Effektes. Insgesamt lässt sich analog zum MSZ *dElbe* eine Tendenz zu einer Verminderung des Nutzungsdrucks der landwirtschaftlichen Flächen auf den Wasserhaushalt feststellen.

Tab. 13: Struktur der Szenarienanalyse im MSZ *Unstrut*

IMA-Kategorie	Spezifizierung
MSZ	***Unstrut***
LBD	Nutzung der landwirtschaftlichen Produktionspotenziale in einer landwirtschaftlichen Intensivregion bei gleichzeitiger Verminderung der Beanspruchung des Wasserhaushaltes
REG	Unstrut
TIV	1951–2000, 1981–1996, 1996–1999, 1990–2000, 2001–2055, 2010, 2018–2022, 2045/46–2055

EXO	**Klima** = {Klimareihe, *STAR_32, STAR_54, STAR_100*}
	EWR = {*Referenz, A1, A1K, B2, A1 & STAR_54*} für TIV = 2010
	   Referenz: Business as usual, Fortführung der AGENDA 2000 bis TIV = 2010 und rezentes Klima mit TIV = (1990–2000 bzw. 1996–1999)
	   A1: keine Grund-, Milch- und Fleischprämien, unterste Grenze (10%) für Flächenstilllegungen bis TIV=2010 und rezentes Klima mit TIV = (1990–2000 bzw. 1996–1999)
	   A1K: wie *A1* aber mit Erträgen nach *STAR_32* mit TIV = (2046–2055)
	   A1 & STAR_54: Landnutzung nach *A1*, Wasserhaushalt nach *STAR_54* mit TIV = (2045–2055)
	   B2: Fruchtartendiversifizierung, Fortführung der AGENDA 2000 bis TIV = 2010, Ackerflächen bleiben konstant, rezentes Klima

HFD	landwirtschaftliche Landnutzung
ALT	Nicht betrachtet
IND_i	(1) Wasserhaushaltsgrößen (2) Erträge (3) Nährstoffüberschüsse (4) Betriebsergebnis
MOD	(EXO) = {STAR(Klima)} (IND_i) = {ArcEGMO(IND_1, IND_2), SWIM(IND_2), KUL(IND_3, IND_4)} Andere = {$KWB_G(IND_1)$} KWB_G: GIS-Modell zur Kalkulation der klimatischen Wasserbilanz (KWB = P – E_{pot}, mit KWB – klimatische Wasserbilanz, P – Niederschlag, E_{pot} – potenzielle Verdunstung), wobei E_{pot} nach TURC-IVANOV auf der Basis von meteorologischen Tageswerten berechnet wurde

Für die aktuelle Landnutzung und eine Landnutzung nach *A1* wurden weitergehende Untersuchungen zu den Folgen verschiedener Realisierungen des *STAR*-Szenarios auf den Wasser- und Stoffhaushalt durchgeführt (KLÖCKING et al. 2005, Kapitel III-1.3). Eine Verschlechterung der klimatischen Wasserbilanz von −31 mm/a auf −149 mm/a nach Realisierung *STAR_54* (mittlere Verhältnisse) führte bei einer Landnutzung nach *A1* zu einer Verringerung der Grundwasserneubildung um 44%, die wiederum eine Abnahme des Grundwasserzuflusses zu den Gewässern um 39% bewirkte. Da die Region bisher an die Fernwasserversorgung angeschlossen ist, ergeben sich daraus

Tab. 14: Ausgewählte Szenarienvergleiche, Wirkungen und Schlussfolgerungen für das MSZ *Unstrut*; ⌀ – ohne Vergleichsbezug

	Bezug-Status Status quo TIV/ *EXO* TIV	Prüf-Status *EXO* TIV	Indikator	Wirkung (mit Absolut-Wert, wenn das „Bezug-" oder „Prüf-Status"-Feld der Zeile ⌀ enthält)
	Klimareihe 1951–2000	⌀	KWB$_G$	–20 mm/a
	Klimareihe 1990–2000	⌀	KWB$_G$	–43 mm/a
	STAR_54 2001–2055	⌀	KWB$_G$	–61 mm/a
	STAR_54 2045–2055	⌀	KWB$_G$	–100 mm/a
	Klimareihe 1951–2000	*STAR_54* 2001–2055	KWB$_G$	–41 mm/a
	Klimareihe 1990–2000	*STAR_54* 2045–2055	KWB$_G$	–57 mm/a
	Referenz **Klimareihe** 2010/ 1990–2000	A1 & *STAR_54* 2010/ 2045–2055	Transpirationsdefizit auf landwirtschaftlichen Anbauflächen Transpirationsdefizit der Buchen im Hainich jährliche Grundwasserneubildungsrate Mineralisierungsleistung der Böden Stickstoffeinträge	keine wesentliche Erhöhung des Transpirationsdefizits –85 mm/a –10 mm/a (–10 %) erhöht erhöht
KLÖCKING et al. (Kapitel III-1.3)	**Klimareihe** 1981–1996	⌀	KWB$_G$	–31 mm/a
	STAR_54 2018–2022	⌀	KWB$_G$	–149 mm/a
	STAR_54 2048–2052	⌀	KWB$_G$	–96 mm/a
	Klimareihe 1990–2000	*STAR_54* 2018–2022	KWB$_G$	–92 mm/a

	Klimareihe
	rezente Landnutzung
	1990–2000
		A1 & *STAR_54*
		2018–2022
			Grundwasserneubildung
			Grundwasserzufluss zum Gewässer
			Grundwasserstand
			  in Speisungsgebieten
			  in Entlastungsgebieten
				–56 % (Abnahme auf 44 %)
				–39 %
				
				–4,2 m
				–0,25 m

	A1 & STAR_54 2018–2022	A1 & *STAR_54* 2018–2022	Grundwasserstand	keine
	Klimareihe 1996–1999	⌀	KWB$_G$	–6 mm/a
	⌀	*STAR_32* 2046–2055	KWB$_G$	–168 mm/a
	Klimareihe 1996–1999	*STAR_32* 2046–2055	KWB$_G$	–162 mm/a

MAIER et al. (Kapitel III-1.2)	*A1*
	2010/
	1996–1999
		A1K
		2010/
		1996–1999
			Erträge
			  Wintergetreide
			  Sommergetreide
			  Raps
			  Körnerleguminosen
			Flächenanteile
			  Getreide
			  Raps
			  Körnerleguminosen
			  Betriebseinkommen
				
				–23 %
				–16 %
				–20 %
				–14 %
				
				+3,6 %
				–4,8 %
				–1,3 %
				von 546 €/ha auf 509 €/ha, –7 %

	Referenz 2010	*A1* 2010	Betriebseinkommen	von 576 €/ha auf 546 €/ha
	Referenz 2010	*B2* 2010	Betriebseinkommen	von 576 €/ha auf 507 €/ha

Schlussfolgerungen

EXO: Der Nutzungsdruck auf den Wasserhaushalt durch die Landwirtschaft verringert sich. Damit erhöhen sich die Spielräume für eine Verringerung der Nährstoffüberschüsse. Klimaänderung kann durch Ertragsverluste und gesteigerte Mineralisierung zur Erhöhung von N-Einträgen führen.

<u>ALT:</u> Möglichkeiten zur Einkommenssteigerung und zur Verminderung der Stickstoffeinträge sollten gezielt analysiert werden.

noch keine Einschränkungen für die Versorgungssicherheit bei der kommunalen Grundwassernutzung. Theoretisch ergäbe sich sogar die Möglichkeit, Defizite in der Bereitstellung von Beregnungswasser, die durch einen verringerten Gewässerzufluss entstehen, aus Grundwasserressourcen auszugleichen. Aufgrund ihrer grundwasserzehrenden Wirkung, widerspräche eine solche Nutzung jedoch dem Nachhaltigkeitsgebot. Wie Simulationsstudien weiter zeigen, führen die Rückgänge in der Wasserperkolation des Wurzelraumes nicht notwendigerweise zu einer Verringerung der N-Einträge über das Grundwasser. Durch größere Häufigkeit von Starkregenereignissen, eine temperaturbedingt höhere N-Mineralisierung insbesondere im Winterhalbjahr und trockenstressbedingt verringerte N-Ausnutzung kann es bei der Landnutzung des *Referenzszenarios* sogar zu einem Anstieg der N-Austräge kommen.

I-1.5.7 Gewässermanagement und Gewässergüte im Flussgebiet Spree-Havel

Obere Spree

Die Simulationsstudien zu den Folgen von *STAR 100* auf die wasserwirtschaftliche Situation im Gebiet Spree-Havel (Tabelle 15 und 16) offenbaren, dass vor allem nach 2040 größere Probleme bei der Gewährleistung von Mindestabflüssen insbesondere während der Sommermonate möglich sind (KALTOFEN et al. 2005, Kapitel III-2.2.1). Ursächlich verantwortlich hierfür ist die Kombination des postulierten Niederschlagsrückganges mit dem Auslaufen des Braunkohlentagebaus. Der Niederschlagsrückgang in Kombination mit der Temperaturerhöhung bewirkt eine erhebliche Verschlechterung der klimatischen Wasserbilanz sowohl im Gesamtgebiet von Spree-Havel als auch im Bereich Obere Spree. Unter Berücksichtigung der Anbindung der Schwarzen Elster betragen die Rückgange ca. 60 mm/a (Tabelle 16).

Durch das Auslaufen des Tagebaus werden keine Sümpfungswasser mehr aus den Tagebauen in die Oberflächengewässer gepumpt. Durch diese Sümpfungswasser konnte in der Vergangenheit der Gewässerdurchfluss im Bereich des Spreewaldes und in Berlin selbst in trockenen Sommern gewährleistet werden. Nach Auslaufen des Bergbaus fehlen diese Wasserressourcen. In trockenen Szenariojahren nach 2040 kommt der Wasserzufluss nach Berlin über die Spree praktisch zum Erliegen. MESSNER et al. (2005, Kapitel III-2.1.4, III-2.2.2) haben verschiedene Handlungsszenarien, mit denen die Folgen einer klimabedingten Wasserverknappung unter den Bedingungen des auslaufenden Braunkohletagebaus gemildert werden können, entwickelt und untersucht (Tabelle 15 und 16). Zwei Lösungsansätze wurden verfolgt: Die Änderung der Prioritäten für die Wasserbereitstellung im Gebiet und die Überleitung von Wasser aus Fremdgebieten. Die Änderung der Prioritäten der Wasserbereitstellung wird in zwei Varianten verfolgt. Das Szenario *„Reduzierte Fließe"* verringert deutlich die Wasserbereitstellung aus Flutungswasser einzelner Tagebauseen für die Aufrechterhaltung von Mindestdurchflüssen in angeschlossenen Fließen. Das Szenario *„Prioritäre Flutung"* sieht u. a. eine vorrangige Mindestflutung von Braunkohlerestlöchern vor.

Als Folge dieser Szenarien ergeben sich teilweise erhebliche Gewinneinbußen für lokale Wassernutzer, wie am Beispiel der Binnenfischerei gezeigt wird. Diese können bei einer Wasserüberleitung aus der Oder in den Szenarien *„Oderwasserüberleitung Berlin"* und *„Oderwasserüberleitung Brandenburg"* vermieden werden. Bei beiden Szenarien ergeben sich jedoch erhebliche Anstiege bei den Wasserbereitstellungskosten. Die ökonomischen Folgen wurden für die sozioökonomischen EWR A1 und B2, die aus den gleich lautenden SRES Modellgeschichten entwickelt wurden, untersucht. Unterschiedliche Annahmen zu den EWR ändern die Größenordnung der ökonomischen Effekte, sie verändern jedoch nicht die relative Vorzüglichkeit der Handlungsalternativen bezüglich der betrachteten Kriterien. Eine kriterienübergreifende multikriterielle Analyse der Handlungsstrategien in Zusammenarbeit mit Stakeholdern und Entscheidungsträgern befindet sich noch in Bearbeitung.

Tab. 15: Struktur der Szenarienanalyse im MSZ *Obere Spree*

IMA-Kategorie	Spezifizierung
MSZ	*OS Obere Spree*
LBD	Flutung von Tagebaurestlöchern zur Lausitzer Seenplatte
REG	Obere Spree, Schwarze Elster
TIV	1951–2000, 2001–2055, 2003–2052
EXO	
Allgemein	= {Bergbau wird sukzessive bis 2055 beendet}
Klima	= {*stabil, wandel*}
	stabil: Klima zwischen 2003–2052 ohne Klimawandel, 100 statistische Realisierungen der Niederschlag-Abfluss-Charakteristik werden mit dem Modellsystem EGMO-D generiert basierend auf Beobachtungen für den Zeitraum 1951–2000
	wandel: Klimawandel nach *STAR 100* (Temperaturanstieg +1,4 K bis 2055 mit 100 Varianten der Niederschlagsentwicklung)
EWR	= {*A1, B2*}
	A1 – Globalisierung und moderate Umweltpolitik; Weltmarkt getriebene ökonomische Entwicklung; Konvergierende Wachstumsraten und Einkommen in Deutschland, Löhne real sinkend: 20 % über 50 Jahre; Umweltpolitik moderat/zurückhaltend/reagierend; Tourismus überregional, Umsatzrenditen bei 2 %; Landwirtschaft/Fischerei: Reduzierung von direkten Unterstützungsleistungen
	B2 – Regionalisierung und vorsorgende Umweltpolitik; ökonomische Entwicklung wird von regionalen Triebkräften determiniert; keine Konvergenz von Wachstumsraten und Einkommen in Deutschland, Löhne stabil; Umweltpolitik verstärkt und vorsorgeorientiert; Tourismus regional, Umsatzrenditen 5 %; Landwirtschaft/Fischerei: Kombination von Unterstützungsleistungen und Umweltleistungen
HFD	Management der Oberflächengewässer
ALT	= {*Basis$_{OS}$, Flutung, RedFl, OderBln, OderBB*}
	Basis$_{OS}$: derzeitige Planungen der Wasserbehörden der betroffenen Bundesländer: Stilllegung der Tagebaue Cottbus Nord und Jänschwalde bis 2032, Flutung der Tagebaue Reichwalde (2030) und Nochten (2040)
	Flutung: Prioritäre Flutung – vorrangige Flutung der Tagebauseen, Gewährleistung der ökologischen Mindestdurchflüsse des Vorflutsystems, Bereitstellung aus Neißeüberleitung und überschüssigem natürlichem Dargebot
	RedFl: Reduzierte Fließe – Einstellen der Stützung einzelner Fließe, um Flutung der Tagebauseen früher abzuschließen
	OderBln: Oderwasser Berlin – Überleitung von Oderwasser über den Oder-Spree-Kanal in die Spree oberhalb Berlins (ca. 4,5 m³/s)
	OderBB: Oderwasser Brandenburg – Überleitung von Oderwasser über die Malxe in die Spree oberhalb des Spreewaldes (max. 2 m³/s)
IND$_i$	(1) Realisierungswahrscheinlichkeiten von Mindestzuflüssen
MOD	
(EXO)	= {EGMO-D (Klima), *STAR 100* (Klima)}
(IND$_i$)	= {WBalMo früher ArcGRM (IND$_1$)}
Andere	= {KWB$_G$(IND$_1$)}
	KWB$_G$: GIS-Modell zur Kalkulation der klimatischen Wasserbilanz ((KWB = P – E$_{pot}$, mit KWB – klimatische Wasserbilanz, P – Niederschlag, E$_{pot}$ – potenzielle Verdunstung), wobei E$_{pot}$ nach Turc-Ivanov auf der Basis von meteorologischen Tageswerten berechnet wurde

Tab. 16: Ausgewählte Szenarienvergleiche, Wirkungen und Schlussfolgerungen für das MSZ *Obere Spree*; ∅ – ohne Vergleichsbezug

	Bezug-Status Status quo TIV/ ALT EXO TIV	Prüf-Status ALT EXO TIV	Indikator	Wirkung (mit Absolut-Wert, wenn das „Prüf-Status"-Feld der Zeile ∅ enthält)
Obere Spree/ Schwarze Elster	Klimareihe 1951–2000	∅	KWB$_G$	19 mm/a
	Mittelwert (*STAR_32, _54, _58*) 2001–2055	∅	KWB$_G$	−43 mm/a
	Klimareihe 1951–2000	STAR_32, _54, _58 2001–2055	KWB$_G$	−62 mm/a
Spree-Havel/ Schwarze Elster	Klimareihe 1951–2000	∅	KWB$_G$ Mittelwert (TIV)	−40 mm/a
	STAR_32, _54, _58 2001–2055	∅	KWB$_G$ Mittelwert (TIV, *STAR_*)	−100 mm/a
	Klimareihe 1951–2000	STAR_32, _54, _58 2001–2055	KWB$_G$	−60 mm/a
Kaltofen et al. (Kapitel III-2.2.1)	Basis$_{OS}$ *stabil* 2003–2052	∅	Mindestzufluss (8 m³/s) für Berlin am Pegel Große Tränke (Abb. 5)	durch Inbetriebnahme verschiedener Speicher (Lohsa II, Bärwalde und Cottbuser Ost-See) auch in moderat trockenen Sommern gewährleistet
			Mindestzufluss für Spreewald	sinkt in moderat trockenen Sommern nach 2030, erforderliches Durchflussniveau kann aber gehalten werden
			Flutungswassermenge für Tagebaue Reichwalde und Welzow Süd nach 2030	kann in trockenen Sommern nur durch Neiße-Überleitung gewährleistet werden
			Binnenfischerei	keine starken Auswirkungen
	Basis$_{OS}$ *stabil* 2003–2052	Basis$_{OS}$ *wandel* 2003–2052	Wasserdargebot	sinkt
			Verdunstung	zunehmend (vor allem im Spreewald)
			Abflüsse	abnehmend
			Gewährleistung Berlin Zufluss Pegel Große Tränke 8 m³/s (Abb. 5)	abnehmend, kommt in trockenen Sommern zum Erliegen
			Wasserdefizit der Binnenfischerei	steigt an, nach 2032 sind extreme Defizite zu erwarten
			Dauer der Flutung	nimmt zu
			Qualität des Grubenwassers	Gefahr der Versauerung, zusätzlicher Bedarf des Neutralisierungsmittels Kalkhydrat von ca. 1.000 t
	Basis$_{OS}$ *stabil* 2003–2052	Basis$_{OS}$ *wandel* 2003–2052	Absicherung der Wassermengen für die Flutung der Lausitzer Seenkette bis 2018	weiterhin möglich
			Absicherung der Wassermengen für die Flutung der Tagebaue Reichwalde, Welzow Süd nach 2030	nicht gewährleistet
			Wasserbedarf der Flutung aus den Talsperren Bautzen und Quitzdorf	sinkt
			Jahreswasserdefizite der Binnenfischerei	ca. 50 %
			Wasserqualität der Tagebauseen	würde ansteigen
	Basis$_{OS}$ *wandel* 2003–2052	RedFl *wandel* 2003–2052	Flutungsdauer der Tagebauseen	wird verkürzt
			Stabilität der Flutung	wird verbessert
			Einsatz von Konditionierungsmitteln	Reduzierung um ca. 2.000 t Kalkhydrat
			Durchflüsse	Reduzierung um bis zu 50 %
	Basis$_{OS}$ *wandel* 2003–2052	OderBl *wandel* 2003–2052	Gewährleistung Berlin Zufluss Pegel Große Tränke 8 m³/s (Abb. 5)	wird gewährleistet
			Wasserbedarf der Wassernutzer oberhalb von Berlin	kein Einfluss
	Basis$_{OS}$ *wandel* 2003–2052	OderBB *wandel* 2003–2052	Gewährleistung Berlin Zufluss Pegel Große Tränke in Höhe von 8 m³/s (Abb. 5)	wird gewährleistet bis 2032, danach nicht mehr
			Wasserbedarf d. Wassernutzer Brandenburgs	wird erfüllt
			Flutungsdauer	verkürzt sich deutlich

	Bezug-Status Status quo TIV/ ALT EXO TIV	Prüf-Status ALT EXO TIV	Indikator	Wirkung (mit Absolut-Wert, wenn das „Prüf-Status"-Feld der Zeile Ø enthält)
Kaltofen et al. (Kapitel III-2.2.1)	Basis$_{OS}$ B2 stabil 2003–2052	Basis$_{OS}$ A1 stabil 2003–2052	Gewinnentwicklung Binnenfischerei	−38 %
	Basis$_{OS}$ B2 wandel 2003–2052	Basis$_{OS}$ A1 wandel 2003–2052	Gewinnentwicklung Binnenfischerei	−3 %
	Flutung B2 wandel 2003–2052	Flutung A1 wandel 2003–2052	Gewinnentwicklung Binnenfischerei	−4 %
Messner et al. (Kapitel III-2.2.2)	A1/B2 stabil alle außer Prüf-ALT, d. h. Flutung/RedFl/ OderBB/OderBln 2003–2052	A1/B2 stabil Basis$_{OS}$ 2003–2052	Platzziffer beim Variantenvergleich der zeitlichen Mittel (2001–2051) verschiedener Kriterien 1/2/3/4/5/6/7/8 Kriterien: 1. Nettonutzen Binnenfischerei 2. Nettonutzen Wasserbereitstellung 3. Nettonutzen Konditionierung 4. Nettonutzen Nachnutzungstourismus 5. Wasserverfügbarkeit Industrie 6. Wasserverfügbarkeit Ökologische Mindestabflüsse 7. Mittlere aggregierte Zuflüsse Spreewald 8. Mittlere aggregierte Zuflüsse Berlin	3/5/4/4/2/4/3/4 Lesebeispiel für erste Ziffer: Platz 3, bezogen auf das Kriterium 1. Nettonutzen Binnenfischerei, für ALT Basis$_{OS}$ im Vergleich mit allen anderen ALT Bemerkung zu A1/B2: Die sich ergebenden Platzziffern sind nicht vom EWR abhängig
	alle außer Prüf-ALT 2003–2052	Flutung 2003–2052 RedFl 2003–2052 OderBB 2003–2052 OderBln 2003–2052	Platzziffer beim Variantenvergleich … (siehe oben)	5/2/5/1/5/1/2/2 4/1/3/2/2/2/5/5 1/3/1/3/1/2/1/1 2/4/2/4/2/4/3/2
	A1/B2 wandel alle außer Prüf-ALT 2003–2052	A1/B2 wandel Basis$_{OS}$ 2003–2052 Flutung 2003–2052 RedFl 2003–2052 OderBB 2003–2052 OderBln 2003–2052	Platzziffer beim Variantenvergleich … (siehe oben)	3/4/3/5/3/3/3/4 5/2/5/1/5/1/2/2 4/1/4/3/3/3/5/5 1/5/1/2/1/2/1/2 2/3/2/4/2/3/3/1
Schlussfolgerungen				

EXO: Die betrachteten sozioökonomischen EXO$_i$ der Entwicklungsrahmen A1 und B2 führen zu keinen Unterschieden in der wasserwirtschaftlichen Situation im Gebiet der Oberen Spree. Der Klimawandel in Kombination mit der Beendigung des Bergbaus führt zu deutlichen Unterschreitungen von Mindestpegeln am Spreewald- und Berlin Zufluss.

ALT: Den negativen Folgen einer klimabedingten Wasserverknappung kann durch verschiedene Handlungsstrategien entgegengewirkt werden. Eine Kombination aus Flutung und Überleitung erscheint viel versprechend. Erstere begrenzt die Wasserbereitstellungskosten, letztere ermöglicht die Absicherung ökologischer Mindestabflüsse. Die unterschiedlichen sozioökonomischen Entwicklungsrahmen haben keine Folgen für die Rangfolge der Handlungsalternativen.

Fortsetzung von Tab. 16

Spreewald

Für den Spreewald wurden die wasserwirtschaftlichen, ökologischen und ökonomischen Folgen der Szenarien STAR 100 und STAR_32 untersucht. Die Simulationen stellen eine regionale Detaillierung der Abflussszenarien von Kaltofen et al. (2005, Kapitel III-2.2.1) dar. Die Folgen der Abflussszenarien, die sich nach der Basis-Strategie der Oberen Spree am Spreewald-Zufluss bei stabilem Klima und bei Klimawandel nach STAR 100 ergeben, wurden in Kombination mit zwei regionalen Handlungsalternativen für die interne Wasserverteilung im Spreewald einer näheren Betrachtung unterzogen: einer Basis-Strategie, die den bisherigen Planungen entspricht und implizit auch in der Basis-Strategie der Oberen Spree berücksichtigt wurde sowie eine Alternativvariante, welche dem Moorschutz einen erhöhten Stellenwert einräumt (Tabelle 17).

Klimawandel nach STAR 100 führt zu einem Anstieg der Verdunstung vor allem im Sommer und gleichzeitig zu einem Rückgang der Speisungszuflüsse aus dem Oberlauf. Die klimatische Wasserbilanz der Spreewald-Region verschlechtert sich dabei um ca. 75 mm/a (Tabelle 18). Das resultierende Wasserdefizit entspricht einem Zusatzwasserbedarf von 30 mm/Monat im Sommerhalbjahr (Dietrich 2005, Kapitel III-2.3.1). Wenn in den Moorschutzgebieten diese Wassermenge nicht bereitgestellt werden kann, sind ein deutlicher Torfschwund und damit erhöhte landschaftliche CO_2-Freisetzungen unvermeidbar. Für STAR_32 wurden von Lorenz et al. (2005, Kapitel III-2.3.2) bei einer Verschlechterung der regionalen klimatischen Wasserbilanz um 112 mm/a (in Abhängigkeit von der Lage der Moore) eine 20- bis 30-prozentige Verringerung der Moor-Lebensdauer kalkuliert.

Tab. 17: Struktur der Szenarienanalyse im MSZ *Spreewald*

IMA-Kategorie	Spezifizierung
MSZ	*SW Spreewald*
LBD	Erhalt des Feuchtgebietes Spreewald
REG	Spreewald
TIV	1951–2000, 2001–2055, 2003–2052, 2033–2055
EXO	
Allgemein	= {Bergbau wird sukzessive bis 2055 beendet}
Qzu	= {*Basis$_{OS}$ stabil, SO*}, *SO-Basis$_{OS}$ wandel* Qzu: Zufluss ins Gebiet nach MSZ *Obere Spree*
Klima	= {Klimareihe, *stabil, wandel, wandel^{32}*} Klimareihe: historische Beobachtungen *stabil:* Klima zwischen 2003–2052 ohne Klimawandel, 100 statistische Realisierungen der Niederschlag-Abfluss Charakteristik werden mit dem Modellsystem EGMO-D generiert basierend auf Beobachtungen für den Zeitraum 1951–2000, *wandel:* Klimawandel nach STAR 100 (Temperaturanstieg +1,4 K bis 2055 mit 100 Varianten der Niederschlagsentwicklung) *wandel^{32}:* Klimawandel nach STAR_32 (Temperaturanstieg +1,4 K bis 2055, vergleichsweise starker Niederschlagsrückgang)
HFD	Moorschutz
ALT	= {*Basis$_{SW}$, MS*} *Basis$_{SW}$*: Oberflächenwassersteuerung ohne besondere Prioritäten bei der Wasserversorgung für die zentral gelegenen Moore *MS*: Oberflächenwassersteuerung mit prioritärer Wasserversorgung der zentral gelegenen Moore
IND$_i$	(1) Realisierung von Mindestzuflüssen (2) Grünlanderträge (3) Moor-Lebensdauer, Torfschichtdicke (4) Vegetationstypen (5) Semiterrestrische Standorte, sehr wertvolle Biotope, Rote Liste Arten, Elemente erhaltenswerter Landschaftsbildtypen
MOD	
(EXO)	= {EGMO-D(Klima), STAR(Klima)}
(IND$_i$)	= {WBalMo früher ArcGRM(IND$_1$), VEGMOS(IND$_4$), ERAW-Modul in VEGMOS(IND$_5$), Funktion (IND$_2$,IND$_3$)}
Andere	= {KWB$_G$(IND$_1$)} KWB$_G$ – GIS-Modell zur Kalkulation der klimatischen Wasserbilanz (P – E$_{pot}$, P – Niederschlag, E$_{pot}$ – potenzielle Verdunstung), wobei E$_{pot}$ nach Turc-Ivanov auf der Basis von meteorologischen Tageswerten berechnet wurde

In ergänzenden Untersuchungen zu den weiteren Folgen einer Absenkung des Grundwasserspiegels kamen Bangert et al. (2005, Kapitel III-2.3.3) zu dem Ergebnis, dass es zum Verlust von Beständen typischer Vegetation wie Feuchtgrünland und Erlenbruchwald kommt. Der Flächenanteil der für den Spreewald typischen Erlenwälder verringert sich um 12 % durch den Rückgang des Grundwasserstandes. Dieser Rückgang würde zu Gunsten von Traubenkirschen-Erlen-Eschenwäldern erfolgen (Tabelle 18).

Tab. 18: Ausgewählte Szenarienvergleiche, Wirkungen und Schlussfolgerungen für das MSZ *Spreewald*; ∅ – ohne Vergleichsbezug

	Bezug-Status Status quo TIV <u>ALT</u> EXO TIV	Prüf-Status <u>ALT</u> EXO TIV	Indikator	Wirkung (mit Absolut-Wert, wenn das „Bezug-" oder „Prüf-Status"-Feld der Zeile ∅ enthält)
Dietrich et al. (Kapitel III-2.3.1)	Basis$_{SW}$ *stabil* 2003/2007 bis 2048/2052	Basis$_{SW}$ *SO wandel* 2003/2007 bis 2048/2052	Δ Verdunstung April–September	+56 mm (+18 Mio. m³)
	Basis$_{SW}$ *stabil* 2003/2007	Basis$_{SW}$ *SO wandel* 2003/2007	Δ Verdunstung April–September	+40 mm
	Basis$_{SW}$ *wandel* 2003/2007	Basis$_{SW}$ *SO wandel* 2048/2052	Δ Verdunstung April–September	(+33 mm) +11 Mio. m³
	Basis$_{SW}$ *SO wandel* 2048/2052	MS *SO wandel* 2048/2052	Δ Verdunstung April–September	+5 mm
	Basis$_{SW}$ *stabil* 2003–2052	Basis$_{SW}$ *wandel*[32] 2003–2052	Mittel der Pegelstände	−15 cm
	Klimareihe 1951–2000	∅	KWB$_G$ Mittelwert (TIV)	−70 mm/a
	STAR_32, _54, _58 2001–2055	∅	KWB$_G$ Mittelwert (TIV, *STAR_*)	−145 mm/a
	STAR_32 2001–2055	∅	KWB$_G$ Mittelwert (TIV)	−182 mm/a
	STAR_32, _54, _58 2003–2007	∅	KWB$_G$ Mittelwert (*STAR_*, TIV)	−132 mm/a
	STAR_32 2003–2007	∅	KWB$_G$ Mittelwert (TIV)	−196 mm/a
	STAR_32, _54, _58 2048–2052	∅	KWB$_G$ Mittelwert (*STAR_*, TIV)	−185 mm/a
	STAR_32 2048–2052	∅	KWB$_G$ Mittelwert (TIV)	−224 mm/a
	Klimareihe 1951–2000	STAR_32, _54, _58 2001–2055	KWB$_G$	−75 mm/a
	∅	STAR_32 2001–2055	KWB$_G$	−112 mm/a
	STAR_32, _54, _58 2003–2007	STAR_32, _54, _58 2048–2052	KWB$_G$	−53 mm/a
	STAR_32 2003–2007	STAR_32 2048–2052	KWB$_G$	−28 mm/a
Lorenz et al. (Kapitel III-2.3.2)	Klimareihe 1951–2000	∅	Trockenstressindikator für Grünland auf Sand mit Grundwasserstand 30/60/90 cm	Trend nach Grundwasserstand 30/60/90 cm: gering/gering/−10 %
	Basis$_{SW}$ *wandel*[32] 2003–2052	∅	Trockenstressindikator für Grünland auf Sand mit Grundwasserstand 30/60/90 cm	Trend nach Grundwasserstand 30/60/90 cm: gering/gering/−10 %
	Basis$_{SW}$ *wandel*[32] 2003–2007	Basis$_{SW}$ *SO wandel*[32] 2048–2052	Regionale Verteilung von Ertragseinbußen	ca. 30 % d. Grünlandflächen <−5 dt/ha TM, ca. 5 % d. Grünlandflächen >5 dt/ha TM
	Basis$_{SW}$ *stabil* 2003–2052	Basis$_{SW}$ *SO wandel*[32] 2003–2052	akkumulierter Torfschwund	+20 %
	Basis$_{SW}$ *stabil* 2003–2052	MS *stabil* 2003–2052	Reduktion des akkumulierten Torfschwundes	−5 %
	Basis$_{SW}$ *SO wandel*[32] 2003–2052	MS *SO wandel*[32] 2003–2052	Reduktion des akkumulierten Torfschwundes	−5 %
	Basis$_{SW}$ *stabil* 2003–2052	Basis$_{SW}$ *SO wandel*[32] 2003–2052	akkumulierte CO_2-Freisetzung	+10 %
	Basis$_{SW}$ *stabil* 2003–2052	MS *stabil* 2003–2052	Reduktion der akkumulierten CO_2-Freisetzung	−2,5 %
	Basis$_{SW}$ *SO wandel*[32] 2003–2052	MS *SO wandel*[32] 2003–2052	Reduktion der akkumulierten CO_2-Freisetzung	−2,5 %
	Basis$_{SW}$ *stabil* 2003–2052	Basis$_{SW}$ *SO wandel*[32] 2003–2052	Lebensdauer geringmächtiger Torfe (3 dm)	−30 %
	Basis$_{SW}$ *stabil* 2003–2052	Basis$_{SW}$ *SO wandel*[32] 2003–2052	Lebensdauer mächtigerer Torfe (8 dm)	−20 %

	Bezug-Status Status quo TIV _ALT_ _EXO_ TIV	Prüf-Status _ALT_ _EXO_ TIV	Indikator	Wirkung (mit Absolut-Wert, wenn das „Bezug-" oder „Prüf-Status"-Feld der Zeile ∅ enthält)
BANGERT et al. (Kapitel III-2.3.3)	_Basis$_{SW}$ stabil_ 2003–2007	_Basis$_{SW}$ stabil_ 2048–2052	Verlust semiterrestrischer Hydrotoptypen (18.850 ha), Wandel zu stark wechsel-feuchten/-nassen Standorten	4 bis 12 %
	Basis$_{SW}$ SO wandel 2003–2007	_Basis$_{SW}$ SO wandel_ 2048–2052		19 bis 36 %
	Basis$_{SW}$ stabil 2003–2007	_Basis$_{SW}$ stabil_ 2048–2052	Gefährdung sehr wertvoller Biotoptypen (4.472 ha): z. B. Moor- und Bruchwälder, Röhrichte, Großseggenwiesen und Feucht-wiesen	3–7 %
	Basis$_{SW}$ SO wandel 2003–2007	_Basis$_{SW}$ SO wandel_ 2048–2052		10–17 %
	Basis$_{SW}$ stabil 2003–2007	_Basis$_{SW}$ stabil_ 2048–2052	Gefährdung von Rote Liste Arten (1.475 Vorkommen): z. B. _Gratiola officinalis_, _Carex appropinquata_	0–2 %
	Basis$_{SW}$ SO wandel 2003–2007	_Basis$_{SW}$ SO wandel_ 2048–2052		3–19 %
	Basis$_{SW}$ stabil 2003–2007	_Basis$_{SW}$ stabil_ 2048–2052	Gefährdung von Elementen erhaltenswerter Landschaftsbildtypen (6.037 ha)	2–7 %
	Basis$_{SW}$ SO wandel 2003–2007	_Basis$_{SW}$ SO wandel_ 2048–2052		9–11 %
GROSSMANN (Kapitel III-2.3.4)	_Basis$_{SW}$ stabil_ 2003–2052	_Basis$_{SW}$ SO wandel_ 2003–2052	Nettonutzen	Rückgang von 12,5 Mio. € auf 11,5 Mio. €
			Zuflüsse und Wassernutzungseffiziens	rückläufig
			Mittelfristige Opportunitätskosten	Anstieg von 0,2–1 Mio. € auf 1–1,8 Mio. €
Schlussfolgerungen	_EXO_: Klimawandel führt in dem untersuchten Fall durch Niederschlagsrückgang und Erhöhung der Evapotranspiration zur Unterschreitung ökologischer Mindestabflüsse und damit zu einem Rückgang der Grundwasserstände. Moorschwund in Verbindung mit erhöhter CO$_2$-Freisetzung und eine Gefährdung schutzwürdiger Biotope sind die Folge. _ALT_: Durch Anhebung der Zielgrundwasserstände im Zuge eines verstärkten Moorschutzes vor allem in den zentralen Lagen kann den negativen Folgen partiell entgegengewirkt werden. Dies geschieht jedoch auf Kosten der Randlagen und führt zu einem weiteren Anstieg der Transpirationsverluste. Die relativen Effekte solcher Maßnahmen auf den akkumulierten Moorschwund sind vergleichsweise gering und ökonomisch fragwürdig.			

Fortsetzung von Tab. 18

GROSSMANN (2005, Kapitel III-2.3.4) hat als Vorarbeit für eine MKA eine umfassende monetäre Bewertung der endogenen und exogenen Funktionen des Spreewaldes vorgenommen. Durch Verrechnung von Nutzen und Kosten wurde der Nettonutzen bei unterschiedlichen Graden der Wasserversorgung und Moorschutzstrategien (Status quo, höhere Stauziele in den Kernregionen) ermittelt. Der Nettonutzen ergibt sich aus der Bilanz der im Gebiet erzielten Produzentenrenten durch landwirtschaftliche Grünlandnutzung, Teichwirtschaft und Kahnschifffahrt, der endogenen Kosten für Naturschutz und landwirtschaftlichen Prämien, sowie externen Nutzen und Kosteneffekten. Zu den letztgenannten zählen der Erholungswert der Kahnschifffahrt, die Wertschätzung für Naturschutz und die Grenzvermeidungskosten für CO_2-Emissionen, die aus der Torfmineralisierung bei zurückgehenden Grundwasserständen resultieren. Die monetäre Bewertung der verschiedenen Funktionalitäten des Spreewaldes offenbart, dass positive Effekte der Kahnschifffahrt (Produzentenrente, Erholungswert) ungefähr in der selben Größenordnung liegen wie die landwirtschaftliche Produzentenrente. Klimaänderungen nach _STAR 100_ führen bei der Spreewald-Basisstrategie erwartungsgemäß zu einem kontinuierlichen Rückgang des Nettonutzens. Die mittelfristigen Opportunitätskosten pro Jahr – die Verminderung des Nettonutzens durch Unterschreitung der Zielwasserstände – steigen für das Basisszenario von 0,2–1 Mio. €/a ohne Klimawandel auf 1–1,8 Mio. €/a mit Klimawandel (Tabelle 18). Die nach Nutzungsarten aufgeschlüsselten Opportunitätskosten können als Grundlage für einen Abgleich der Nutzensinteressen des Spreewaldes mit Ober- und Unterliegerinteressen genutzt werden.

Berlin

Die Veränderungen am Ober- und Mittellauf der Spree in Folge des globalen Wandels haben Auswirkungen auf die Wasserversorgung der Stadt Berlin und die Wassergüte der Berlin prägenden Gewässer. Szenarienuntersuchungen zu den Folgen regionaler Klimaveränderungen auf den Spree-Zufluss aus der Oberen Havel wurden für *STAR 100* und *NEURO-FUZZY 100* durchgeführt. Für *STAR 100* wurden die Auswirkungen auf die Abflussspenden der Oberen Havel und von 7 Berliner Fließen (Berliner Raum) bestimmt und mit den Ergebnissen von KALTOFEN et al. (2005, Kapitel III-2.2.1) zu den Auswirkungen von *STAR 100* auf den Spreezufluss nach Berlin kombiniert (Tabelle 19).

In Folge der klimabedingt zurückgehenden Zuflüsse aus dem Spreegebiet ergibt sich bei einer gleichzeitig zurückgehenden Abflussspende im Berliner Raum eine deutliche Verringerung der Überschreitungswahrscheinlichkeiten vorgegebener Mindestabflüsse an allen Pegeln Berlins (Tabelle 20). Diese wird in den Simulationen besonders markant nach 2035, wenn der Bergbau am Oberlauf der Spree ausläuft. Durch eine Überleitung von Oderwasser über den Oder-Spree Kanal kann dem entgegengewirkt werden (RACHIMOW et al. 2005, Kapitel III-2.4.2).

Für *STAR_32*, die vergleichsweise wahrscheinlichste Realisierung 32 der *STAR 100*-Szenarios, wurden durch BERGFELD et al. (2005, Kapitel III-2.4.3) die Auswirkungen auf die Wasserqualität für wichtige Teile des Berliner Gewässernetzes und den Müggelsee untersucht. Vergleicht man die Simulationsergebnisse für die Periode 2003–2007 und 2048–2052 ergibt sich für den Müggelsee eine Erhöhung der Schichtungsdauer. Bei den Simulationsstudien zur Algenbelastung der Fließgewässer wurde davon ausgegangen, dass sich die Algenfrachten flussabwärts aus Spree und Oder in Folge verringerter Einträge von Stickstoff- und Phosphor verringern. Die Reduktion wird erreicht durch Umstellung von mindestens 40 % der Ackerfläche auf konservierende Bodenbearbeitung, wodurch der Bodenabtrag und der Oberflächenabfluss um 90 % verringert werden soll. In den Fließgewässern Berlins werden die Algengehalte jedoch hierdurch nur leicht verringert, da sich durch die erhöhte Globalstrahlung des Szenarios und die erhöhte Aufenthaltszeit aufgrund der verringerten Durchflussmengen, die Bedingungen für das Algenwachstum verbessern. Die Auswirkungen verminderter Abflüsse auf die Gewässergüte im Berliner Raum unter Klimawandel werden überproportional von der Entwicklung der Nährstofffrachten an den Flussoberläufen bestimmt.

Die Folgen der verschiedenen Einzelbefunde zu den Wirkungen des globalen Wandels wurden von WENZEL (2005, Kapitel III-2.4.1) als Ausgangspunkt für die Identifikation und Bewertung von Entwicklungsszenarien genommen (Tabelle 19). Dies ging einher mit einer umfassenden Anwendung des IMA.

In seiner integrierten Analyse hat WENZEL vier spezifische regionale Anpassungsstrategien, „Basis$_{Bln}$", „Energie- und Wasserpolitik" (EP), „Umverteilung 1" (UM1) und „Umverteilung 2" (UM2), mit vier Zuflussszenarien, *S0, S1, S2* und *S3*, die auf vier ALT des MSZ **Obere Spree** zurückgehen, zu 16 Entwicklungsszenarien (ESZ) kombiniert (Tabelle 19).

Für ausgewählte ESZ wurden deren Auswirkungen auf die Versorgungssicherheit und die Gewässergüte mit Hilfe eines Systems von nichtmonetären Indikator-Aggregaten charakterisiert (Tabelle 20). Eine Erweiterung der Charakterisierung um monetäre Variablen ist geplant. Zwei Arten von Operationen liegen der Bildung von Indikator-Aggregaten zu Grunde. Zum einen die einfache zeitliche und räumliche Aggregation von Simulationsergebnissen (Versorgungssicherheit) zum anderen die systemanalytisch motivierte Zusammenführung unterschiedlicher Einzelergebnisse zu einem Indikator mit einer spezifischen Aussagequalität.

Die Versorgungssicherheit wurde für drei Bedarfskomplexe ermittelt: a) Trinkwassergewinnung und Schleusung b) Kraftwerke und c) ökologische Mindestabflüsse. Als Kriterien werden die auf den Gesamtanspruch normierten Unterschreitungswahrscheinlichkeiten von Versorgungsansprüchen genutzt, die gewogen entlang des Flussnetzes zu einem Gesamtindex zusammengefasst wurden. Die Gewässergüte wurde für Spree und Teltowkanal bestimmt. Als Gütekriterien wurde der stoffliche und trophische Beurteilungsrahmen der LAWA zur Gewässergüteklassifikation verwendet.

Die Folgen der oben genannten ALT auf Versorgungssicherheit und Gewässergüte wurden separat und gemeinsam multikriteriell geprüft. Jede Variante wurde bezüglich ihrer Kriterienausprägung unter Nutzung vorliegender Simulationsergebnisse charakterisiert. Die Varianten wurden danach, entsprechend ihrer Kriterienausprägung, mit Hilfe des Modellsystems NAIADE geordnet. Unter Nutzung eines universellen Abstandsmaßes für numerische, statistische und unscharfe Variablen wurden in einem ersten Schritt die Skalen-Abstände je Kriterium zwischen den Varianten quantifiziert. Mit den Prädikaten „viel besser", „besser", „nahezu gleich", „gleich", „schlechter" und „viel schlechter" wurden unter Nutzung der Abstandsmaße die Relationen zwischen den verschiedenen Alternativen beschrieben. Die Prädikate sind als Fuzzy-Variablen numerisch kodiert und dadurch aggregierbar. Mit Hilfe einer speziellen Aggregationsvorschrift wurden die kriterienspezifischen Relationen kriterienübergreifend zusammengefasst, so dass schließlich eine multikriterielle Ordnung der Alternativen nach ihrer relativen Vorzüglichkeit möglich wurde.

Sowohl die separate Analyse für das Kriterium Versorgungssicherheit als auch die simultane Berücksichtigung von Versorgungssicherheit und Gewässergüte ergaben eine besonders günstige Einstufung der ALT „Energie- und Wasserpolitik" für den postulierten Klimawandel. Bei diesem Ergebnis ist jedoch zu berücksichtigen, dass bei der simultanen Analyse von Versorgungssicherheit und Gewässergüte deutlich weniger ALT als bei der separaten Betrachtung der Versorgungssicherheit berücksichtigt wurden.

In Ergänzung zur multikriteriellen Analyse wurde exemplarisch eine Konfliktanalyse antizipiert. Während Ersterer die „neutrale" Sicht eines Systemanalytikers zu Grunde liegt, können durch die Konfliktanalyse von Interessen geleitete Bewertungsunterschiede verdeutlicht werden. Für die Konfliktanalyse, die in einem Koalitions-Dendrogramm der Interessensübereinstimmung mündet, wurde wie für die multikriterielle Analyse das Modellsystem NAIADE genutzt. Auf eine umfassende Befragung der relevanten Akteure musste aus zeitlichen Gründen zunächst verzichtet werden. Um die prinzipielle Vorgehensweise exemplarisch im Sinne des IMA zu veranschaulichen, hat WENZEL (2005, Kapitel III-2.4.1) Meinungsäußerungen der Akteure und Betroffenen auf einem Ergebnisworkshop in Werturteile übersetzt. Die Gruppe der Akteure und Betroffenen umfasste Stadtentwickler, Umweltpolitiker, Gesundheitsbehörden, Wasser- und Stromversorger, Schifffahrt, Umweltschützer, Badegäste und Angler. Die Konfliktanalyse ergab eine 55%ige Übereinstimmung in der Beurteilung der Entwicklungsszenarien durch die Akteure und Betroffenen.

Tab. 19: Struktur der Szenarienanalyse im MSZ *Berlin*

IMA-Kategorie	Spezifizierung
MSZ	**BI Berlin**
LBD	Gewährleistung der wasserwirtschaftlichen Versorgungsansprüche von Berlin
REG	Berlin/Untere Havel
TIV	1951–2000, 2001–2055, 2003–2007, 2048–2052
EXO	
Allgemein	= {Bergbau wird sukzessive bis 2055 beendet}

Qzu	= {$Basis_{OS}$ *stabil*, S0, S1, S2, S3},
	 Qzu: Zufluss ins Gebiet nach MSZ *Obere Spree*
	   S0 $Basis_{OS}$ *wandel*
	   S1 OderBln *wandel*
	   S2 Flutung *wandel*
	   S3 RedFl *wandel*

Klima	= {Klimareihe, *stabil*, *wandel*, $wandel^{100/32}$, NEURO-FUZZY 100}
	   Klimareihe historische Beobachtungen
	   stabil Klima zwischen 2001–2055 ohne Klimawandel, 100 statistische Realisationen des Klimas werden mit dem Modellsystem EGMO-D generiert basierend auf Beobachtungen für den Zeitraum 1951–2000
	   wandel Klimawandel nach STAR 100 (Temperaturanstieg +1,4 K bis 2055 mit 100 Varianten der Niederschlagsentwicklung)
	   $wandel^{100/32}$ STAR 100 für die Wassermenge, STAR_32 für die Wassergüte
	   NEURO-FUZZY 100 Klimawandel nach NEURO-FUZZY in 100 Realisationen

EWR	= {0,1,2}
	 Es werden drei Intensitätsstufen bei der Durchsetzung des Nachhaltigkeitskonzeptes angesetzt.
	   0: bisherigen Planungen
	   1: moderate Maßnahmen
	   2: intensive Maßnahmen
	 Eine Zuordnung zu den SRES-Szenarien A1, A2, B1, B2 wird nicht explizit vorgenommen.

HFD	= {WP, RWB, FR, KAL, EP, UMW}
	   WP: Senatswasserpolitik
	   RWB: Regenwasserbewirtschaftung
	   FR: Flussregulierung
	   KAL: Kläranlagenleistung
	   EP: Energie- und Wasserpolitik
	   UMW: Umweltschutz

ALT	Versorgungssicherheit und Gewässergüte
	 = {Bas, EP, UM1, UM2}, wobei
	   Bas (= $Basis_{BI}$): Intensitätsstufe 0 des EWR für alle HFD, d. h. insbesondere kaum Veränderung des Wasserverbrauchs bis 2050; volle Ausnutzung der Kläranlagen, die in den Teltowkanal einleiten, Verringerung der Trinkwasserentnahmen aus dem Havel EZG zugunsten des Spree EZG oberhalb Dahmezufluss bzw. Panke
	   EP (= Energie- und Wasserpolitik): Intensitätsstufe 0 des EWR für KAL, FR und UMW, Intensitätsstufe 1 für WP, RWB und EP, d. h. insbesondere Einführung wassersparender Maßnahmen und Technologien, wie Stilllegung oder reduzierte Kapazitäten von Wasserwerken, Kläranlagen und Heizkraftwerken; Herabsetzung aller Leistungen der Berliner Wasser- und Klärwerke um ein Drittel, Rückgang des Verbrauchs von Kühlwasser der Heizkraftwerke; sinkender Energieverbrauch; Liberalisierung des Energiemarktes
	   UM1 (= Umverteilung 1): Intensitätsstufe 0 des EWR für KAL, EP und FR, Intensitätsstufe 1 für WP und RWB, Intensitätsstufe 2 für UMW, d. h. insbesondere Einleitung von Klarwasser in die Spree nach Einsatz von Mikrofiltertechnologie; Erhöhung des Durchflusses in der Spree in den Monaten April–September um ca. 2 m³/s unterhalb der Stauhaltung Mühlendamm/Kleinmachnow und in der Unterhavel bis zur Mündung des Teltowkanals im Zeitraum 2003–2022, Phosphorelimination in den Kläranlagen Münchehofe, Wassmannsdorf und Ruhleben, Abschaltung der Kläranlage Ruhleben ab 2023
	   UM2 (= Umverteilung 2): Intensitätsstufe 0 des EWR für EP und FR, Intensitätsstufe 1 für WP, Intensitätsstufe 2 für KAL und UMW, d. h. insbesondere U1 wird ergänzt durch zusätzliche Maßnahmen zur Wasserreinigung an den Kläranlagen Ruhleben und Stahnsdorf (Membranfilter-Filter, UVC-Reinigungsstufe)

IND_i	(1) Versorgungssicherheit für Mindestabflüsse, Wasserwerke und Kraftwerke (2) Gewässergüte
MOD	
(EXO)	= {STAR(Klima), NEURO-FUZZY(Klima)}
(IND_i)	= {WBalMo früher ArcGRM(IND_1), EMMO(IND_2)}
AvK	NAIADE
AvS	NAIADE

Tab. 20: Ausgewählte Szenarienvergleiche, Wirkungen und Schlussfolgerungen für das MSZ *Berlin*; ∅ – ohne Vergleichsbezug

	Bezug-Status Status quo TIV/<u>ALT</u> **EXO** TIV	Prüf-Status <u>ALT</u> **EXO** TIV	Indikator	Wirkung (mit Absolut-Wert, wenn das „Prüf-Status"-Feld der Zeile ∅ enthält)
			Obere Havel	
	STAR 100 2003–2052	∅	Median des mittleren Gebietsabflusses in der oberen Havel	linear abnehm. Trend, erst von 12 m³/s auf 9 m³/s, in 2030 dann bis auf 8 m³/s am Ende der Periode
	NEURO-FUZZY 100 2003–2052	∅	Median des mittleren Gebietsabflusses in der oberen Havel	oszilliert um 12 m³/s, Minimum 2020, Maximum 2040
	Klimareihe 1951–2000	∅	KWB (Turc-Ivanow, WBalMo) Mittelwert (TIV)	–5 mm/a
	STAR_32, _54, _58 2001–2055	∅	KWB$_G$ Mittelwert (STAR_, TIV)	–64 mm/a
	STAR_32 2001–2055	∅	KWB$_G$ Mittelwert (TIV)	–90 mm/a
	STAR 100 2003–2052	∅	KWB (Turc-Ivanow, WBalMo) Median (TIV)	–45 mm/a
	STAR_32, _54, _58 2003–2007	∅	KWB$_G$ Mittelwert (STAR_, TIV)	–51 mm/a
	STAR_32 2003–2007	∅	KWB$_G$ Mittelwert (TIV)	–135 mm/a
	STAR 100 2003–2007	∅	KWB$_G$ (Turc-Ivanow, WBalMo) Median (TIV)	–8 mm/a
	STAR_32, _54, _58 2048–2052	∅	KWB$_G$ Mittelwert (STAR_, TIV)	–90 mm/a
	STAR_32 2048–2052	∅	KWB$_G$ Mittelwert (TIV)	–135 mm/a
Rachimow et al. (Kapitel III-2.4.2)	***STAR 100*** 2048–2052	∅	KWB (Turc-Ivanow, WBalMo) Median (TIV)	–53 mm/a
	Klimareihe 1951–2000	***STAR 100*** 2003–2052	KWB	ca. –40 mm/a
	STAR_32, _54, _58 2003–2007	***STAR_32, _54, _58*** 2048–2052	KWB$_G$	–39 mm/a
	STAR_32 2003–2007	***STAR_32*** 2048–2052	KWB$_G$	–0 mm/a
	STAR 100 2003–2007	***STAR 100*** 2048–2052	KWB	–45 mm/a
			Berlin / Untere Havel	
	<u>Basis$_{BI}$</u> **S0 wandel** 2003–2007	2048–2052	Wahrscheinlichkeit für Sicherung des Mindestdurchflusses (6 m³/s) am Pegel Spandau, Juni–September	von 34–70 % auf 13–62 %
	<u>Basis$_{BI}$</u> **S0 wandel** 2003–2007	2048–2052	Wahrscheinlichkeit für Sicherung des Mindestdurchflusses (6 m³/s) am Pegel Spandau, Juni–September	von 34 % auf 13 %
	<u>Bas</u> **S2 wandel** 2003–2007	2048–2052	Wahrscheinlichkeit für Sicherung des Mindestdurchflusses (6 m³/s) am Pegel Spandau, Juni–September	von 70 % auf 62 %
	<u>Bas</u> **S0 wandel** 2003–2007	2048–2052	Wahrscheinlichkeit für Sicherung d. Mindestdurchflusses (8 m³/s) am Pegel Sophienwerder, Juni–September	von nahe 100 % auf 72 %
	<u>Bas</u> **S2 wandel** 2003–2007	2048–2052	Wahrscheinlichkeit für Sicherung des Mindestdurchflusses (8 m³/s) am Pegel Sophienwerder	von nahe 100 % auf 83 %
	<u>Bas</u> **S0 wandel** 2003/2007–2048/52	∅	Bedarfsbefriedigung für das Wasserwerk Friedrichshagen	ab 2030 niedriger als 70 %
	<u>Bas</u> **S2 wandel** 2003/2007–2048/52	∅	Bedarfsbefriedigung für das Wasserwerk Friedrichshagen	ab 2030 niedriger als 70 %
	<u>Bas</u> **S1 wandel** 2003/2007–2048/52	∅	Bedarfsbefriedigung für das Wasserwerk Friedrichshagen	stabil über 90 %
	<u>Bas</u> **S0 wandel** 2003/2007–2048/52	<u>UM</u> **S0 wandel** 2003/2007 bis 2048–52	Einhaltung der Mindestdurchflussmengen a) Sophienwerder, b) Kleinmachnow	a) positiver Effekt b) negativer Effekt
	<u>Bas</u> **S0 wandel** 2003/2007–2048/52	<u>EP</u> **S0 wandel** 2003/2007 bis 2048–52	Einhaltung der Mindestdurchflussmengen a) Sophienwerder b) Kleinmachnow	ab 2023–2027 unsicherer an beiden Pegeln

	Bezug-Status Status quo TIV/_ALT_ _EXO_ TIV	Prüf-Status _ALT_ **EXO** TIV	Indikator	Wirkung (mit Absolut-Wert, wenn das „Prüf-Status"-Feld der Zeile ⌀ enthält)
Bergfeld et al. (Kapitel III-2.4.3)	_Bas_ **S0** _wandel_[32]	2048–2052	Schichtungsdauer des Müggelsees Saisonaler Verlauf der Wassertemperaturen im Müggelsee	Anstieg von 75 auf 87 Tage Maximum verschiebt sich von Juli nach August

	Bas **S0** _wandel_[32]
	2003/2007
		2048/2052	**Trendannahmen**
			Obere Spree:
			  Stickstoff
			  Phosphor
			  Detritus Phytoplankton
			Oder:
			  Stickstoff
			  Phosphor
			  Detritus Phytoplankton
				
				−23,7 %
				−33 %
				−33 %
				
				−32 %
				−62 %
				konstant

	Bas **S0** _wandel_[32]
	2003/2007
		2048–2052	Müggelsee, Güteparameter:
			  N-Konzentration
			  P-Konzentration
			  Biomasse Sommerblaualgen
			  Biomasse Kieselalgen
				
				−35 %
				−10 %
				−30 %
				−25 %

	Bas **S0** _wandel_[32]
	2048–2052
		Bas **S1** _wandel_[32]
		2048–2052
			Müggelsee, Güteparameter:
			  N-Konzentration
			  P-Konzentration
			  Biomasse Sommerblaualgen
			  Biomasse Kieselalgen
				
				−5,5 %
				+38 %
				+45 %
				+7 %

	Bas **S0** _wandel_[32]
	2003–2007
		2048–2052	Güteparameter der Flussstränge im Abschnitt Nord–Süd:
			  Sauerstoffgehalt
			  Gesamt N
			  Chlorophyll-a
				
				keine
				rückläufig
				rückläufig

	Bas **S0** _wandel_[32]
	2048–2052
		Bas **S1** _wandel_[32]
		2048–2052
			Güteparameter der Flussstränge im Abschnitt Nord–Süd:
			  Sauerstoffgehalt
			  Gesamt N
			  Chlorophyll-a
				
				keine
				keine
				keine

Wenzel (Kapitel III-2.4.1)	Vergleich und Ranking der _wandel_ ESZ _Bas_ **S0**, _EP_ **S0**, _Um_ **S0**, _Bas_ **S1**, _EP_ **S1**, _Um_ **S1**, _Bas_ **S2**, _EP_ **S2**, _Um_ **S2**, _Bas_ **S3**, _EP_ **S3**, _Um_ **S3** 2048–2052		Indizes zur Versorgungssicherheit für –Mindestabfluss –Wasserwerke –Kraftwerke	1 … 12 Ranking der Alternativen: alle ALT sind besser als _Bas_ als besonders günstig erweist sich _EP_
	Vergleich und Ranking der _wandel_[100/32] ESZ _Bas_ **S0**, _EP_ **S0**, _Um_ **S0**, _Bas_ **S1** 2003–2007		Kriterien der Versorgungssicherheit (vgl. oben), des Stoffhaushaltes und der Trophie	1 … 4 Ranking der Alternativen: _EP_ **S0**, _Bas_ **S1**, _Bas_ **S0**, _Um_ **S0**
	Vergleich und Ranking der _wandel_[100/32] ESZ _Bas_ **S0**, _EP_ **S0**, _Um_ **S0**, _EP_ **S1** 2048–2052		Kriterien der Versorgungssicherheit (vgl. oben), des Stoffhaushaltes und der Trophie	1 … 4 Ranking der Alternativen: _EP_ **S0** / _EP_ **S1**, _Um_ **S0**, _Bas_ **S0**
				Als besonders günstig werden die moderaten Maßnahmen der Energie- und Wasserpolitik beurteilt.

Schlussfolgerungen

EXO: Die Verringerung des Berlinzuflusses aus Spree und Havel in Folge des postulierten Klimawandels führt zu deutlichen Unterschreitungen bei Mindestdurchflüssen an Berliner Pegeln. Die Gewässerqualität wird durch den Klimawandel kaum beeinflusst, wenn man davon ausgeht, dass gleichzeitig die Nährstoffeinträge am Oberlauf der Spree zurückgehen.

ALT: Die Versorgungssicherheit Berlins kann durch externe (S1– S3) und interne Maßnahmen verbessert werden. Von den externen Maßnahmen wirkt S1 (OderBln wandel) besonders positiv. S3 (Redfl wandel) hat kaum einen Effekt. S2 (Flutung Wandel) bewirkt eine moderate Verbesserung. Von den internen Maßnahmen wirkt sich EP, die moderate Anpassung der Energie- und Wasserpolitik besonders positiv aus. Die Berücksichtigung der Gewässergüte führt zu keiner Neuakzentuierung bei der Einschätzung der Alternativen.

Fortsetzung von Tab. 20

I-1.6 Resümee

Die Szenariountersuchungen illustrieren mit unterschiedlicher Analysetiefe die Sensitivität und Vulnerabilität des Wasserhaushaltes im Elbeeinzugsgebiet gegenüber einem weiteren Niederschlagsrückgang im Rahmen des sich vollziehenden Klimawandels. Die Voruntersuchungen zu möglichen Klimaänderungen haben gezeigt, dass sowohl ein weiterer Temperaturanstieg als auch ein damit einher gehender Niederschlagsrückgang für das deutsche Teilgebiet plausible Szenarien darstellen.

Klimaänderungen nach diesem Szenario könnten den Strukturwandel in der Landwirtschaft beschleunigen. Die für alternative Landnutzungen disponible Landfläche wird zunehmen. Bei stärkerer Ausprägung der Kontinentalität in den Regenschattengebieten der Mittelgebirge (Harz, Thüringer Wald und Erzgebirge) werden hiervon auch die bisherigen landwirtschaftlichen Intensivgebiete in der Magdeburger Börde, im Thüringer Becken und der Leipziger Tieflandsebene betroffen sein. Bei einem Rückgang der Niederschläge allein wird sich die Gewässerqualität elbeweit nicht grundlegend ändern. Rückgehende Stoffausträge und abnehmende Nährstoffverdünnung im Vorfluter scheinen sich auszugleichen. Vergleicht man die sich ändernden Spielräume für die Leitbildkomponenten „Sicherung der Wettbewerbsfähigkeit landwirtschaftlicher Produktion" und „Entlastung des Wasserhaushaltes" bei dem postulierten globalen Wandel so werden diese sich für erstere eher verengen, für letztere eher erweitern.

Eine klimabedingte Verminderung des Wasserdargebotes stellt eine erhebliche Herausforderung für die Flutung der Braunkohlerestlöcher in der Lausitz sowie das Gelingen der damit verbundenen Sanierungsaufgaben (Herstellung der Lausitzer Seenplatte) dar. Problemverschärfend wirkt sich die Beendigung des Braunkohletagebaus und die damit auslaufende Einspeisung von Sümpfungswasser in das Gewässernetz der Spree aus. Mit dem Rückgang des Wasserdargebots verbunden ist der Verlust von Feuchtgebieten und die verstärkte Mineralisierung von Torfböden im Spreewald. Weitere Folgen wären eine Verminderung des Berlin-Zuflusses der Spree während der Sommermonate und potenziell auch eine Verschlechterung der Gewässergüte von Berliner Gewässern. Die Negativwirkungen auf die genannten Probleme können am Oberlauf der Spree durch Änderungen im Flutungsregime der Braunkohlerestlöcher und durch Wasserüberleitungen aus anderen Flussgebieten gemindert werden. In Berlin würden negative Folgen auf Gewässergüte und Versorgungssicherheit, insbesondere durch die Reduktion der Kraftwerkskapazitäten und die Nutzung moderner Kühltechnologien, gemindert.

Referenzen

Bangert, U., Vater, G., Kowarik, I., Heimann, J. (2005) Vegetationsentwicklung im Spreewald vor dem Hintergrund von Klimaänderungen und ihre Bedeutung aus naturschutzfachlicher Sicht. In: Wechsung, F., Becker, A., Gräfe, P. (Hrsg.) Auswirkungen des Globalen Wandels auf Wasser, Umwelt und Gesellschaft im Elbegebiet. Weißensee Verlag Berlin, Kap. III-2.3.3.

Behrendt, H. (2005) Szenarienfolgen für den Wasser- und Nährstoffhaushalt – Überblick. In: Wechsung, F., Becker, A., Gräfe, P. (Hrsg.) Auswirkungen des Globalen Wandels auf Wasser, Umwelt und Gesellschaft im Elbegebiet. Weißensee Verlag Berlin, Kap. II-2.2.

Behrendt, H., Huber, P., Kornmilch, M., Opitz, D., Schmoll, O., Scholz, G., Uebe, R. (1999) Nährstoffbilanzierung der Flussgebiete Deutschlands. In: UBA-Texte 75/99.

BERGFELD, T., STRUBE, T., KIRCHESCH, V. (2005) Auswirkungen des globalen Wandels auf die Gewässergüte im Berliner Gewässernetz. In: WECHSUNG, F., BECKER, A., GRÄFE, P. (Hrsg.) Auswirkungen des Globalen Wandels auf Wasser, Umwelt und Gesellschaft im Elbegebiet. Weißensee Verlag Berlin, Kap. III-2.4.3.

BGW-WASSERSTATISTIK (2001) Haushaltswasserverbrauch. Bundesverband der deutschen Gas- und Wasserwirtschaft.

BTE TOURISMUSMANAGEMENT (2003) Grundlagenuntersuchung Wassertourismus in Deutschland Ist-Zustand und Entwicklungsmöglichkeiten, Berlin.

COSTANZA, R., D'ARGE, R., DE GROOT, R., FARBER, S., GRASSO, M., HANNON, B., LIMBURG, K., NAEEM, S., O'NEILL, R. V., PARUELO, J., RASKIN, R. G., SUTTON, P., VAN DEN BELT, M. (1997) The value of the world's ecosystem services and natural capital. Nature 387, 253–260.

DALY, H. E. (1998) Special Section Forum on Valuation of Ecosystems services. The return of Lauderdale's paradox. Ecological Economics 25. 21–23.

DAILY, G. C., SODERQVIST, T., ANIYAR, S., ARROW, K., DASGUPTA, P., EHRLICH, P. R., FOLKE, C., JANSSON, A., JANSSON, B.-O., KAUTSKY, N., LEVIN, S., LUBCHENCO, J., MALER, K.-G., SIMPSON, D., STARRETT, D., TILMAN, D., WALKER, B. (2000) ECOLOGY: The Value of Nature and the Nature of Value.

DIETRICH, O. (2005) Das Integrationskonzept Spreewald und Ergebnisse zur Entwicklung des Wasserhaushalts. In: WECHSUNG, F., BECKER, A., GRÄFE, P. (Hrsg.) Auswirkungen des Globalen Wandels auf Wasser, Umwelt und Gesellschaft im Elbegebiet. Weißensee Verlag Berlin, Kap. III-2.3.1.

DVWK (1996) Ermittlung der Verdunstung von Land- und Wasserflächen. Wirtschafts- und Verlagsgesellschaft Gas und Wasser mbH Bonn, Bonn, Science 289, 395–396.

THE ECONOMIST (2004) Putting the world to rights, Copenhagen Consensus, 5–11 June 2004 p. 59–61.

GEILER, N. (2002) Ostdeutschland: Trinkwasser direkt in die Kanalisation? Deutschland Rundbrief des Deutschen Naturschutz-Ringes 06/07 2002, S. 30–31.

GERSTENGARBE, F. W., WERNER, P. C. (2005) Simulationsergebnisse des regionalen Klimamodells STAR. In: WECHSUNG, F., BECKER, A., GRÄFE, P. (Hrsg.) Auswirkungen des Globalen Wandels auf Wasser, Umwelt und Gesellschaft im Elbegebiet. Weißensee Verlag Berlin, Kap. II-1.3.

GÖMANN, H., KREINS, P., JULIUS, CH. (2005) Perspektiven der Landbewirtschaftung im deutschen Elbegebiet unter dem Einfluss des globalen Wandels – Ergebnisse einer interdisziplinären Modellverbundes. In: WECHSUNG, F., BECKER, A., GRÄFE, P. (Hrsg.) Auswirkungen des Globalen Wandels auf Wasser, Umwelt und Gesellschaft im Elbegebiet. Weißensee Verlag Berlin, Kap. II-2.2.1.

GOODLAND, R. (1995) The concept of environmental sustainability. Annu. Rev. Ecol. Syst. 26, 1–24.

GROSSMANN, M. (2005) Ökonomische Bewertung von verändertem Wasserdargebot für Feuchtgebiete am Beispiel Spreewald. In: WECHSUNG, F., BECKER, A., GRÄFE, P. (Hrsg.) Auswirkungen des Globalen Wandels auf Wasser, Umwelt und Gesellschaft im Elbegebiet. Weißensee Verlag Berlin, Kap. III-2.3.4.

GRÜNEWALD, U. (2005) Probleme der Integrierten Wasserbewirtschaftung im Spree-Havel-Gebiet im Kontext des globalen Wandels. In: WECHSUNG, F., BECKER, A., GRÄFE, P. (Hrsg.) Auswirkungen des Globalen Wandels auf Wasser, Umwelt und Gesellschaft im Elbegebiet. Weißensee Verlag Berlin, Kap. III-2.1.1.

GUHR, H., KARRASCH, B., SPOTT, D. (2000) Acta hydrochem. Hydrobiol. 28(2000)3.

HATTERMANN, F. F., KRYSANOVA, V., WECHSUNG, F. (2005) Folgen von Klimawandel und Landnutzungsänderungen für den Landschaftswasserhaushalt und die landwirtschaftlichen Erträge im Gebiet der deutschen Elbe. In: WECHSUNG, F., BECKER, A., GRÄFE, P. (Hrsg.) Auswirkungen des Globalen Wandels auf Wasser, Umwelt und Gesellschaft im Elbegebiet. Weißensee Verlag Berlin, Kap. II-2.2.2.

HAUFF, V. (1987) Unsere gemeinsame Zukunft. Der Brundtland-Bericht der Weltkommission für Umwelt und Entwicklung, deutsche Ausgabe 1987. Greven.

HÜTTL, R. F. (2001) Rekultivierung im Braunkohletagebau – Fallbeispiel Niederlausitzer Bergbaufolgelandschaft. Akademie-Journal 2001, 7–12.

IKSE (1996) Hochwasserschutz im Einzugsgebiet der Elbe. Internationale Kommission zum Schutz der Elbe, Magdeburg.

IPCC (2000) Emissions Scenarios. 2000, Summary for Policymakers IPCC, Geneva, Switzerland. pp 20.

IPSEN, D., REICHHARDT, U., WEICHLER, H. (2005) Zukunft Landschaft – Bürgerszenarien zur Landschaftsentwicklung. In: WECHSUNG, F., BECKER, A., GRÄFE, P. (Hrsg.) Auswirkungen des Globalen Wandels auf Wasser, Umwelt und Gesellschaft im Elbegebiet. Weißensee Verlag Berlin, Kap. II-2.1.2.

JACOB, D., BÜLOW, K (2005) Regionale Klimasimulationen zur Untersuchung der Niederschlagsverhältnisse in heutigen und zukünftigen Klimaten. In: WECHSUNG, F., BECKER, A., GRÄFE, P. (Hrsg.) Auswirkungen des Globalen Wandels auf Wasser, Umwelt und Gesellschaft im Elbegebiet. Weißensee Verlag Berlin, Kap. II-1.1.

JACOB, D., GERSTENGARBE, F. W. (2005) Klimaszenarien für den deutschen Teil des Elbeeinzugsgebietes. In: WECHSUNG, F., BECKER, A., GRÄFE, P. (Hrsg.) Auswirkungen des Globalen Wandels auf Wasser, Umwelt und Gesellschaft im Elbegebiet. Weißensee Verlag Berlin, Kap. II-1.

KADEN, S., SCHRAMM, M., REDETZKY, M. (2005) Großräumige Wasserbewirtschaftungsmodelle als Instrumentarium für das Flussgebietsmanagement. In: WECHSUNG, F., BECKER, A., GRÄFE, P. (Hrsg.) Auswirkungen des Globalen Wandels auf Wasser, Umwelt und Gesellschaft im Elbegebiet. Weißensee Verlag Berlin, Kap. III-2.1.3.

KAHLENBORN, W., KRAEMER, R. A. (1999) Nachhaltige Wasserwirtschaft in Deutschland 244 S. In: Beiträge zur Internationalen und Europäischen Umweltpolitik Herausgeber: ALEXANDER CARIUS, R. ANDREAS KRAEMER Verlag: Springer, Heidelberg 244 S.

KALTOFEN, M., KOCH, H., SCHRAMM, M. (2005) Wasserwirtschaftliche Handlungsstrategien im Spreegebiet oberhalb Berlins. In: WECHSUNG, F., BECKER, A., GRÄFE, P. (Hrsg.) Auswirkungen des Globalen Wandels auf Wasser, Umwelt und Gesellschaft im Elbegebiet. Weißensee Verlag Berlin, Kap. III-2.2.1.

KLÖCKING, B., SOMMER, TH., PFÜTZNER, B. (2005) Das Unstrutgebiet – Die Modellierung des Wasser- und Stoffhaushaltes unter dem Einfluss des globalen Wandels. In: WECHSUNG, F., BECKER, A., GRÄFE, P. (Hrsg.) Auswirkungen des Globalen Wandels auf Wasser, Umwelt und Gesellschaft im Elbegebiet. Weißensee Verlag Berlin, Kap. III-1.3.

KÖHN, J. (1998) Thinking in terms of system hierarchies and velocities. What makes development sustainable? Ecological Economics 26. 173–187.

KRÖHNERT, S., VAN OLST, N., KLINGHOLZ, R. (2004) Deutschland 2020 – die demografische Zukunft der Nation. Berlin-Institut für Weltbevölkerung und globale Entwicklung, Berlin.

LAND BRANDENBURG (2001) Die Bedeutung von Feuchtgebieten für den Landschaftswasserhaushalt. Landesumweltamt Brandenburg, Potsdam.

LAND BRANDENBURG (2002) Umweltdaten aus Brandenburg – Bericht 2002. Landesumweltamt Brandenburg, Potsdam.

LANDGRAF, L., KRONE, A. (2002) Wege zur Verbesserung des Landschaftswasserhaushaltes in Brandenburg. Hydrologie 143, 435–444.

LORENZ, M., SCHWÄRZEL, K., WESSOLEK, G. (2005) Auswirkungen von Klima und Grundwasserstandsänderungen auf Bodenwasserhaushalt, Biomasseproduktion und Degradierung von Niedermooren im Spreewald. In: WECHSUNG, F., BECKER, A., GRÄFE, P. (Hrsg.) Auswirkungen des Globalen Wandels auf Wasser, Umwelt und Gesellschaft im Elbegebiet. Weißensee Verlag Berlin, Kap. III-2.3.2.

MAIER, U. (2005) Wie ändert sich die Landnutzung? – Ergebnisse betrieblicher und ökosystemarer Impaktanalysen. In: WECHSUNG, F., BECKER, A., GRÄFE, P. (Hrsg.) Auswirkungen des Globalen Wandels auf Wasser, Umwelt und Gesellschaft im Elbegebiet. Weißensee Verlag Berlin, Kap. III-1.2.

Marx, K. (1956) Das Kapital. In: Bd. 2: Der Zirkulationsprozess des Kapitals, 3. Abschnitt, S. 359 – 390, MEW: Marx-Engels-Werke, Berlin/DDR: Dietz Verlag.

Messner, F., Kaltofen, M., Zwirner, O., Koch, H. (2005) Exemplarische Umsetzung des Integrativen Methodischen Ansatzes am Oberlauf der Spree. In: Wechsung, F., Becker, A., Gräfe, P. (Hrsg.) Auswirkungen des Globalen Wandels auf Wasser, Umwelt und Gesellschaft im Elbegebiet. Weißensee Verlag Berlin, Kap. III-2.1.4.

Messner, F., Wenzel, V. Becker, A., Wechsung, F. (2005) Der Integrative Methodische Ansatz von GLOWA-Elbe. In: Wechsung, F., Becker, A., Gräfe, P. (Hrsg.) Auswirkungen des Globalen Wandels auf Wasser, Umwelt und Gesellschaft im Elbegebiet. Weißensee Verlag Berlin, Kap. I-2.

Müller-Westermeier, G., Riecke, W. (2003) Die Witterung in Deutschland. In: Klimastatusbericht des Deutschen Wetterdienstes S. 71–78.

Rachimow, C., Pfützner, B., Finke, W. (2005) Veränderungen im Wasserdargebot und in der Wasserverfügbarkeit im Großraum Berlin. In: Wechsung, F., Becker, A., Gräfe, P. (Hrsg.) Auswirkungen des Globalen Wandels auf Wasser, Umwelt und Gesellschaft im Elbegebiet. Weißensee Verlag Berlin, Kap. III-2.4.2.

Ragnitz, J. (2002) Fortschrittsbericht wirtschaftswissenschaftlicher Institute über die wirtschaftliche Entwicklung in Ostdeutschland. Institut für Wirtschaftsforschung Halle (IWH), Halle.

Rapp, J. (1998) Beobachtete Trends der Lufttemperatur und der Niederschlagshöhe in Deutschland. In: Klimastatusbericht des Deutschen Wetterdienstes 1998 S. 18–22.

Reimer, E., Sodoudi, S., Mikusky, E., Langer, I. (2005) Klimaprognose der Temperatur, der potenziellen Verdunstung und des Niederschlags mit NEURO-FUZZY-Modellen. In: Wechsung, F., Becker, A., Gräfe, P. (Hrsg.) Auswirkungen des Globalen Wandels auf Wasser, Umwelt und Gesellschaft im Elbegebiet. Weißensee Verlag Berlin, Kap. II-1.2.

Reinke, H., Pagenkopf, W. G. (2001) Analyse der Nährstoffkonzentrationen, -frachten und -einträge im Elbeeinzugsgebiet, Bericht der ARGE (Arbeitsgemeinschaft für die Reinhaltung der Elbe) 90 S.

Schellnhuber, H. J. (1998) Discours: Earth System Analysis – the Scope of the Challenge, in: H.-J. Schellnhuber, V. Wenzel: Earth System Analysis: Integrating Science for Sustainability, Springer Verlag Berlin Heidelberg 1998, 530 S.

Schönwiese, C.-D. (2003) Mit welchen Klimaänderungen müssen wir rechnen? Eine aktuelle wissenschaftliche Übersicht zum Problem des globalen anthropogenen Klimawandels, Vortrag beim Kolloquium „Elbeflut 2002 – Ein Menetekel?", Dt. Ges. Club of Rome, Hamburg, 13. 6. 2003.

Sommer, Th., Knoblauch, S. (2005) Untersuchungen zum rezenten Wasser- und Stoffhaushalt im Unstrutgebiet. In: Wechsung, F., Becker, A., Gräfe, P. (Hrsg.) Auswirkungen des Globalen Wandels auf Wasser, Umwelt und Gesellschaft im Elbegebiet. Weißensee Verlag Berlin, Kap. III-1.1.

Stanners, D., Bourdeau, P. (eds) (1995) Europe's Environment: The Dobris Assessment. European Environment Agency, Copenhagen 1995.

Statistisches Bundesamt (2001) Jahrbuch 2001.

Statistisches Bundesamt (2003) Volkswirtschaftliche Gesamtrechnung der Länder.

SRU (2000) Der Rat von Sachverständigen für Umweltfragen. Umweltgutachten 2000 – Schritte ins nächste Jahrtausend, Metzler-Poeschel, Stuttgart, www.umweltrat.de.

SRU (2002) Umweltgutachten 2002 des Rates von Sachverständigen für Umweltfragen. Für eine neue Vorreiterrolle. Deutscher Bundestag Drucksache 14/8792.

Schwaldt, N. (2004) Der Scout. In: Die Welt 1. 9. 2004, Berlin.

WBGU (1993) Wissenschaftlicher Beirat der Bundesregierung Globale Umweltveränderungen. Welt im Wandel: Grundstruktur globaler Mensch-Umwelt-Beziehungen; Jahresgutachten 1993 – Bonn: Economica Verlag.

Die Welt (2003) Top 100 des Ostens. In: Die Welt, Berlin.

Wenzel, V. (2005) Der Integrative Methodische Ansatz (IMA) im stringenten Sprachkalkül. In: Wechsung, F., Becker, A., Gräfe, P. (Hrsg.) Auswirkungen des Globalen Wandels auf Wasser, Umwelt und Gesellschaft im Elbegebiet. Weißensee Verlag Berlin, Kap. I-3.

Wenzel, V. (2005) Integrierende Studien zum Berliner Wasserhaushalt. In: Wechsung, F., Becker, A., Gräfe, P. (Hrsg.) Auswirkungen des Globalen Wandels auf Wasser, Umwelt und Gesellschaft im Elbegebiet. Weißensee Verlag Berlin, Kap. III-2.4.1.

Wetzel, D. (2004) EU: Keine Zugeständnisse an Industrie. Brüssel unterstützt Trittin im Streit um Emmisionshandel – SPD fordert weniger CO_2-Ausstoß schon ab 2005. Die Welt, 4. März 2004.

I-2 Der Integrative Methodische Ansatz von GLOWA-Elbe

Frank Messner, Volker Wenzel, Alfred Becker, Frank Wechsung

I-2.1 Einleitung

Die prinzipielle Aufgabenstellung der GLOWA-Projekte ist, den globalen Wandel und seine Wirkungen auf den Wasserkreislauf für ausgewählte Flussgebiete zu analysieren und geeignete Strategien zur Verhinderung bzw. Minderung schädlicher Auswirkungen und zur Sicherung einer nachhaltigen Entwicklung zu identifizieren. Diese Aufgabe ist hochkomplex und wissenschaftlich äußerst anspruchsvoll und fordert die Entwicklung eines geeigneten, allgemeinen Rahmenkonzepts.

Auf der einen Seite ist schon die Analyse und die Verbesserung des Verständnisses des globalen Wandels in seinen vielfältigen wechselwirkenden naturwissenschaftlichen und sozioökonomischen Facetten eine große Herausforderung für die Forschung. Der globale Wandel umfasst Aspekte wie Klimawandel, Bevölkerungsentwicklung, Wirtschaftsentwicklung, Verstädterung, Verknappung der Süßwasserressourcen, Abnahme der Artenvielfalt, Änderung der Lebensstile und Politikparadigmen und andere dringende Themen der globalen Umwelt- und Entwicklungspolitik (WBGU 2003). Viele z.T. miteinander korrelierte Triebkräfte (driving forces) bestimmen diese Aspekte des globalen Wandels. Ihre analytische Erfassung ist eine äußerst komplexe und hochgradig interdisziplinäre Aufgabe, bei der ein weitreichendes Raum-Zeit-Skalenspektrum betrachtet werden muss und viele Arten von Unsicherheiten und auch Ungewissheiten in Betracht zu ziehen sind. Zielkonflikte in der Analyse sind dabei nicht selten. Der gleichzeitigen Untersuchung von Klimawandel und Wirtschaftsentwicklung wohnt beispielsweise der Konflikt über die Zeitskalen inne, da sich die Veränderung des Klimas deutlich langsamer vollzieht als Änderungsprozesse in Wirtschaft und Gesellschaft, so dass sich die üblichen Analysezeiträume signifikant unterscheiden (50–200 Jahre versus 5–20 Jahre).

Auf der anderen Seite ist auch die Erforschung des Wasserkreislaufes sowie die Identifizierung bestmöglicher Strategien für ein integriertes Wasserressourcenmanagement eine schwierige wissenschaftliche Aufgabe. Diese Erfahrung machen derzeit gerade viele Akteure aus Wissenschaft, Politik sowie Wasser- und Umweltbehörden, die sich mit der Umsetzung der EU-Wasserrahmenrichtlinie (WRRL 2000) beschäftigen, die analoge ambitionierte Ziele setzt und ein integriertes Management einfordert (vgl. HOLZWARTH und BOSENIUS 2002). Notwendig ist hierzu eine integrierte interdisziplinäre Analyse von hydrologischen, biogeochemischen, geologischen, ökologischen, toxikologischen und sozioökonomischen Zusammenhängen, ohne deren Kenntnis eine Festlegung adäquater Maßnahmen nicht möglich ist.

Zusätzlich verkompliziert wird der Forschungsprozess durch die vielschichtigen sozioökonomischen und institutionellen Gegebenheiten, die bei der Auswahl von angemessenen Maßnahmen in Bezug auf die praktische Umsetzung zu berücksichtigen sind. So sind Flussgebiete, die die Einheit der Analyse und des Politikgeschehens in Bezug auf den Wasserkreislauf ausmachen, oft grenzüberschreitend, so dass hier viele Politikebenen und sehr viele Akteure involviert sind, die aufgrund der Fließrichtung des Flusses und der asymmetrischen Zugangsbedingungen unterschiedlich über die Funktionen des Wassers verfügen können. Den entstehenden Oberlieger-

Unterlieger-Konflikten wird zunehmend mit der Forderung begegnet, dass Politikentscheidungen durch partizipative Prozesse, d.h. unter Einbeziehung wichtiger Stakeholder, ergänzt werden und somit eine verbesserte Legitimation erhalten sollen (vgl. z.B. Art. 14 der WRRL). Verläuft schon die Zusammenarbeit zwischen Wissenschaft und Politik häufig nicht ohne Friktionen, so führt die zusätzliche Einbeziehung einer Stakeholder-Community zu einer äußerst anspruchsvollen Aufgabe (vgl. MESSNER et al. 2004).

Die kombinierte Analyse von globalem Wandel und integriertem Wasserressourcenmanagement in Bezug auf ein Flussgebiet ist aufgrund der Komplexität beider Analysebereiche eine große Herausforderung. Die Kombination dieser Forschungsbereiche erbringt hochkomplexe Forschungsaufgaben mit teilweise neuen Forschungsfragen. So ist zu ergründen, wie sich der globale Wandel auf aktuelle Problemkonstellationen im Flussgebietsmanagement auswirkt und welche neuen Problem- und Konfliktkonstellationen sich in Zukunft einstellen können. Weiterhin gilt es zu untersuchen, welche Muster von Anpassungsreaktionen die Menschen in Flussgebieten dem globalen Wandel entgegensetzen können und wie sie diesen Wandel damit aktiv mitgestalten. Schließlich ist es aufgrund der Ungewissheit über die tatsächliche Ausprägung des globalen Wandels unabdingbar, die Wirkung möglicher und als gut befundener Maßnahmen unter den Rahmenbedingungen unterschiedlicher Zukunftsszenarien zu analysieren.

Eine solche komplexe Fragestellung erfordert einen adäquaten methodischen Analyseansatz, der integrative interdisziplinäre Prozessanalysen unter Partizipation wichtiger Stakeholder in einer praxisnahen Forschung vereinigt. Mit dem Integrativen Methodischen Ansatz von GLOWA-Elbe (IMA), der zu Beginn der ersten Phase des GLOWA-Elbe-Projektes vorerst noch fragmentarisch vorlag und der dann im Projektverlauf stetig weiterentwickelt wurde, wurde ein einheitlicher Analyserahmen für das GLOWA-Elbe-Projekt geschaffen. Zu dieser Entstehungsgeschichte werden in den nachfolgenden Abschnitten einige Ausführungen gemacht.

I-2.2   Die Ursprünge des IMA in Integrated-Assessment-Ansätzen von PIK und UFZ

Der IMA hat seinen Ursprung in der Debatte um Integrated Assessment, in der Prozessabläufe, Handlungszwänge und Bewertungsansätze zur Unterstützung von Politikentscheidungen über Handlungsoptionen zu komplexen Fragestellungen thematisiert werden. In diesem Zusammenhang umfasst der Begriff „Integrated Assessment" multidisziplinäre Modellierungsansätze zur Abbildung von komplexen Ursache-Wirkungsbeziehungen, methodische Ansätze zur wissenschaftlichen und praxisorientierten Bewertung von Politikoptionen im Kontext komplexer Natur-Gesellschaft-Beziehungen sowie partizipative Ansätze zur Bewertung von Politikoptionen unter konkreter Einbeziehung von Stakeholdern und Entscheidungsträgern (vgl. z.B. HOEKSTRA et al. 2001, HOPE und PALMER 2001, ALBERTI und WADDELL 2000, BEHRINGER et al. 2000, HARE et al. 2003).

In einem Projekt des UFZ wurde zwischen 1996 und 2000 die Frage untersucht, inwieweit eine Verringerung von Trinkwasserschutzgebieten in Ostdeutschland angesichts konfligierender Interessen von Grundwasser- und Naturschutz einerseits und wirtschaftlicher Entwicklung andererseits vertretbar ist (HORSCH et al. 1999, 2001). Im Kontext dieses Projektes wurde ein integriertes Bewertungsverfahren zur Anwendung auf kleinskalige Konfliktkonstellationen entwickelt, mit dessen Hilfe Politikmaßnahmen unter Einbeziehung von Stakeholdern identifiziert und bewertet werden sollten (vgl. MESSNER et al. 1999).

Im Zentrum dieses Verfahrens, das später mit dem Namen IANUS (Integrated Assessment uNder Uncertainty for Sustainability) versehen wurde, stand ein auf Szenarioanalysen bezogenes Ablaufschema zur Strukturierung des Forschungs- und des Entscheidungsprozesses. Wichtige Elemente von IANUS waren die Szenariotechnik, eine auf wissenschaftlichen Modellen basierende Abschätzung von Szenarioeffekten, ein Bewertungsansatz mit Bezug auf das Nachhaltigkeitskonzept mit kombinierter Verwendung von Kosten-Nutzen- und Multikriterien-Analysen, ein Konzept zur expliziten Berücksichtigung verschiedener Arten von Unsicherheiten (Modellunsicherheiten, unsichere Zukunftsentwicklungen und Unsicherheiten in Politikentscheidungen) sowie ein Partizipationsansatz zur Einbeziehung von Entscheidungsträgern und Stakeholdern in den Bewertungsprozess. Die vier Hauptschritte waren: 1. Szenarioableitung; 2. Ableitung von spezifischen Nachhaltigkeitsindikatoren; 3. Abschätzung von Szenarioeffekten mit wissenschaftlichen Modellen und Prognoseverfahren; 4. eine multikriterielle Bewertung der Szenarien unter Beteiligung von Stakeholdern (Klauer et al. 1999, Messner et al. 1999, Horsch et al. 2001, Klauer et al 2002).

Im gleichen Zeitraum wurden am PIK Untersuchungen durchgeführt, wie komplexe Entscheidungsprozesse der genannten Art im Kontext des globalen Wandels für größere Raumeinheiten (z.B. Flussgebiete) wissenschaftlich unterstützt werden könnten (Becker et al. 1999, Wenzel 1999). Aus der Zusammenführung beider Konzeptionen entstand der in Abbildung 1 dargestellte Integrierte Methodische Ansatz (IMA) – ein Rahmen-Algorithmus zur Unterstützung von entscheidungsprozessen. Ausgangspunkt dieses Algorithmus war die Definition sogenannter Masterszenarien, in denen die unterschiedlichen Konfliktfelder innerhalb eines Untersuchungsraums festzulegen sind, um eine problemspezifische Analyse zu erlauben.

Grundsätzlich wurde der Algorithmus als integrierende Rahmenstruktur für ein Bewertungsproblem verstanden, in der sämtliche verfügbare Informationen über ein Problem und seine Lösungsmöglichkeiten in die Sequenz dreier computergestützter Analysen münden: eine Wirkungsanalyse zur Untersuchung von Ursache-Wirkungsbeziehungen für verschiedene Szenarien der Entwicklung des betrachteten Systems (Handlungsalternativen), eine multikriterielle Analyse zur Bewertung der Alternativen unter Einbeziehung von Entscheidungsträgern und Interessengruppen sowie eine Equityanalyse zur Identifikation von möglichen Koalitionskonstellationen der Interessengruppen (Stakeholdern) bei der Suche nach Kompromisslösungen (Wenzel 1999). Analog zu IANUS spielen Indikatoren und Kriterien für die Bewertung dabei eine zentrale Rolle. Multidisziplinäre Modelle werden für die Wirkungsanalyse vorgesehen und Stakeholder werden in den Prozess einbezogen zur Identifikation vorteilhafter Entscheidungsalternativen. Der IMA weist in weiten Teilen Analogien zum DPSIR-Ansatz (Drivers-Pressures-States-Impacts-Responses) der Europäischen Umweltbehörde EEA (OECD 1994, UNCSD 1996) auf. Insbesondere bei der Einbeziehung von Partizipation geht er jedoch deutlich über diesen hinaus.

Schon während der Startphase von GLOWA-Elbe folgten dann die ersten Schritte zur Einführung hierarchisch angeordneter Sprachkategorien, d.h. zur Entwicklung eines allgemeinen Sprachkalküls (Wenzel 2001), das später verwirklicht wurde und im anschließenden Kapitel vorgestellt wird.

I-2.3 Der IMA in seiner Grundfassung zu Projektbeginn von GLOWA-Elbe I

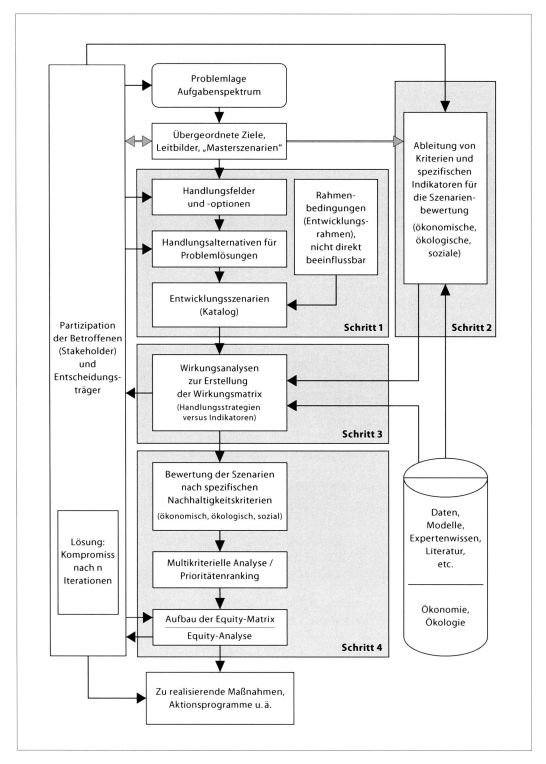

Abb. 1: Die Hauptkomponenten des IMA zu Projektbeginn von GLOWA-Elbe (Wenzel 1999)

Der in Abbildung 1 dargestellte Rahmen-Algorithmus bildete die Grundfassung des IMA zu Projektbeginn von GLOWA-Elbe I (BECKER 2001, BECKER et al. 2001, BECKER et al. 2002). Er ist skalenunabhängig anwendbar und deshalb für alle Teilgebiete zu nutzen. In Abbildung 1 sind die wichtigsten Aktivitäten und deren logischer Zusammenhang so dargestellt, dass die Einbettung der zu Beginn identifizierten 4 Schritte sichtbar wird. Ihre Inhalte werden im Folgenden gemäß der Struktur genauer beschrieben.

Voranalyse

Ausgehend von einer Analyse der Problemlage und des Untersuchungsgebietes in Zusammenarbeit mit Stakeholdern werden zu Beginn Problemkonstellationen mit übergeordneten Zielen und Leitbildern identifiziert (Masterszenarien), die Gegenstand der weiteren Analyse sind. Im Anschluss folgen die vier IMA-Hauptschritte.

Schritt 1: Szenarienableitung

Gestützt auf eine Problemanalyse im Untersuchungsgebiet werden in Zusammenarbeit mit wichtigen Entscheidungsträgern und Stakeholdern, gebiets- und raumskalenspezifische Entwicklungsszenarien abgeleitet. Entwicklungsszenarien setzen sich zusammen aus Szenarien extern wirkender Triebkräfte (Exogene Driving Forces) des globalen Wandels (Wandelszenarien) und regionalen Handlungsalternativen. Wandelszenarien können, sofern sie anthropogener Natur sind, noch einmal zu Entwicklungsrahmen zusammengefasst werden. Die Entwicklungsrahmen typisieren einerseits Rahmenbedingungen für die Entwicklungen im Untersuchungsgebiet, z. B. in Anlehnung an die SRES-Szenarien des IPCC (IPCC 2000). Andererseits unterstützen sie aber auch die Ableitung von Wandelszenarien ausgehend von einem qualitativ vorgegebenen Rahmen. Nicht alle Wandelszenarien lassen sich Entwicklungsrahmen zuordnen. Dies ist insbesondere dann der Fall, wenn Änderungen berücksichtigt werden, die in keinem ursächlichen Zusammenhang zur menschlichen Entwicklung stehen (z. B. Strahlungsintensität der Sonne) bzw. deren eindeutige Zuordnung schwierig ist (z. B. Zuordnung von mittelfristigen Klimaszenarien zur Entwicklung der CO_2-Emissionen).

Die Handlungsalternativen umfassen relevante Maßnahmen bzw. Maßnahmenbündel in der gegenwärtigen und zukünftigen Politikgestaltung und Prozessführung. Durch Kombination der exogenen Triebkräfte, Entwicklungsrahmen und Handlungsalternativen zu Entwicklungsszenarien wird es im Rahmen der Szenarioanalysen möglich, die Wirkung von Politik- und Handlungsstrategien mit verschiedenen Handlungsalternativen unter verschiedenen zukünftigen Rahmenbedingungen zu analysieren. Hier kann auch die Unsicherheit über die konkrete zukünftige Realisierung des globalen Wandels in die Analyse einbezogen werden.

Schritt 2: Bestimmung von Indikatoren und Bewertungskriterien

In diesem Schritt werden die Indikatoren festgelegt, mit denen unter Beachtung der Ziele im Untersuchungsraum und in Zusammenarbeit mit Stakeholdern die ökonomischen, ökologischen und sozialen Effekte des globalen Wandels und alternativer Handlungsstrategien gemessen werden. Die Messung erfolgt auf verschiedenen Skalenebenen, die ebenfalls frühzeitig bestimmt werden. Durch die Einführung von Bewertungsvorschriften für Einzelindikatoren oder Indikatorengruppen werden Bewertungskriterien erstellt, die letztlich die Grundlage für die Bewertung der Entwicklungsszenarien in Schritt 4 darstellen.

Schritt 3: Wirkungsanalysen

Hier werden die ökologischen, ökonomischen, wasserwirtschaftlichen und gesellschaftlichen Effekte der Entwicklungsszenarien mittels verschiedener wissenschaftlicher Modelle und Schätzverfahren indikatorbezogen (Schritt 2) ermittelt. Die Ergebnisse werden in einer Wirkungsmatrix (indikatorbezogene Wirkungen versus Entwicklungsszenario) zusammengefasst und sind Ausgangspunkt für den nachfolgenden Bewertungsschritt.

Schritt 4: Bewertung

Die Entwicklungsszenarien werden in Zusammenarbeit mit lokalen Akteuren und Entscheidungsträgern anhand der Ergebnisse der Wirkungsanalysen bewertet. Dabei werden zunächst die Wirkungen aller Entwicklungsszenarien in Bezug auf die jeweils untersuchten Konfliktbereiche monokriteriell gemäß der Bewertungskriterien aus Schritt 2 bewertet und die Ergebnisse werden in einer Multi-Kriterien-Matrix (monokriterielle Bewertung versus Entwicklungsszenario) zusammengeführt. Im Zentrum dieser monokriteriellen Bewertungen steht auch eine volkswirtschaftliche Bewertung (Kosten-Nutzen-Analyse oder Kosten-Wirksamkeitsanalyse), mit der versucht wird, so viele Wirkungen wie möglich und sinnvoll ökonomisch zu erfassen. Da oft nicht alle relevante Wirkungsbereiche adäquat mit einer ökonomischen Bewertung erfasst und bewertet werden können, kommen hier auch andere sozioökonomische und naturwissenschaftliche Bewertungsverfahren zum Einsatz. Die Ergebnisse der monokriteriellen Bewertungen der Entwicklungsszenarien gehen schließlich in eine multikriterielle Entscheidungsanalyse ein. Hier werden insbesondere Outranking-Verfahren wie PROMETHEE (Drechsler 2000, 2001) und NAIADE (Munda 1995, Wenzel 2001) verwendet, wobei die Kriteriengewichtung und die letztliche Auswahl der zu bevorzugenden Handlungsstrategien durch die Einbeziehung der Stakeholder erzielt wird. Die Ergebnisse aus der multikritieriellen Analyse und der Equity-Analyse werden dem Politikprozess zugeleitet und dort weiter verhandelt. Gegebenenfalls müssen weitere Iterationsschritte folgen, da der Entscheidungsprozess neue Handlungsstrategien hervorbringt, deren Wirkungen zu beurteilen sind. Teilweise werden auch zusätzliche wissenschaftliche Informationen eingefordert.

Zusammenfassend sei hervorgehoben, dass der Partizipationsansatz im IMA nicht notwendigerweise darauf abzielt, einen allgemeinen Konsens zu erreichen, sondern aus den simulierten Wirkungen einer Vielfalt von Handlungsalternativen diejenige auszuwählen, die für eine spätere Konsenserzielung besonders geeignet ist. Die Konsenserzielung selbst ist ein politischer Prozess, der durch das Verfahren nicht ersetzt, wohl aber unterstützt werden kann. Häufig ist es am Ende eine kleine Gruppe, die die letztlich wirksame Entscheidung fällt. Wichtig ist allerdings, dass die Stakeholder frühzeitig in den Entscheidungsprozess einbezogen werden und diesen Prozess mitgestalten. Dadurch erhöhen sich die Fairness und die Legitimität des Entscheidungsprozesses, und das kann zu einer breiteren gesellschaftlichen Akzeptanz der Entscheidung führen (Messner et al. 2004).

Abbildung 2 zeigt eine gedrängte graphische Darstellung des IMA, die im Verlauf von GLOWA-Elbe I vielfach verwendet wurde.

I-2.4 Die Umsetzung des IMA

Das Vorgehen bei der Bearbeitung eines konkreten Projektes wie GLOWA-Elbe I mit Hilfe des IMA entspricht der Frage nach dessen erkenntnistheoretischer Dimension. Es wäre ein großes Missverständnis anzunehmen, dass man dem Schema positivistisch Schritt für Schritt folgen sollte, indem der nächste Schritt erst beginnen kann, wenn alle gemäß der Pfeilrichtung hinter ihm liegenden Schritte endgültig abgeschlossen sind. Denn jeder Schritt entspricht seinerseits einer mehr oder weniger vielfältigen Prozedur zur Wissensbeschaffung, -auswahl und -koordination, die ebenfalls oft nur iterativ und approximativ vorangebracht werden kann. Diese Arbeitsgänge betreffen nicht in jedem Falle den im Bild durch Pfeile dargestellten inhaltlichen Kausalzusammenhang.

In diesem Sinne muss man den IMA als die besondere Form eines Modells ansehen, das im Zuge einer iterativen Anwendung für jedes Projekt auf spezifische Weise interpretiert, parametrisiert und kalibriert werden muss. Wie bei jedem anderen Modell besteht der Zweck darin, mit diesem Stellvertreterobjekt zu experimentieren, d. h. Simulationsläufe mit wechselnden bzw. nur vorläufigen Parameterkonstellationen durchführen zu können. Um möglichst bald auch Kenntnisse über den Gesamtzusammenhang des auf diese Weise modellierten Flusseinzugsgebietes zu bekommen, muss schon in sehr frühen Stadien der Wissensakkumulation experimentiert oder simuliert werden dürfen, und zwar zum Kennen lernen des Systems und zum besseren Verständnis der Kausalzusammenhänge. Dabei können auch Vorstufen der Ergebnisse von Einzelschritten oder sogar vorläufige Hypothesen eingesetzt werden.

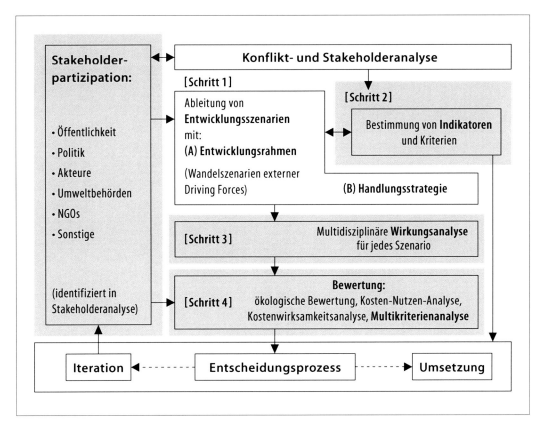

Abb. 2: Die vier Hauptschritte des IMA

Die Rolle des IMA aus Sicht seiner Umsetzung besteht somit darin,

- durch seine klare Struktur eine Orientierung zu geben auf die wesentlichen Voraussetzungen und Mittel, die für den angestrebten Erkenntnisgewinn benötigt werden, wie auch auf deren Zusammenhang
- durch iterative Vervollständigung und Verbesserung der genannten Mittel und Kenntnisse das Resultat des Algorithmus (die Entscheidungshilfe) den Möglichkeiten gemäß zu optimieren
- die Resultate abzusichern durch den über die Gesamtheit der Simulationen erarbeiteten Variantenreichtum und das auf diese Weise vertiefte Wissen über den Forschungsgegenstand.

Der genannte Variantenreichtum für ein und dieselbe Aufgabenstellung (Masterszenario) kann in folgenden Dimensionen gezielt vergrößert werden:

- Variation von Parametern oder Annahmen in den erprobten Komponenten-Modellen
- Austausch oder Ergänzung bestimmter Komponenten-Modelle
- Änderung der Konfiguration der charakteristischen Problemlösungskonzepte: Alternativen, Kriterien, Interessengruppen
- Berücksichtigung von mehr oder weniger Triebkraftvariablen.

Um dieses Leistungsspektrum im Rahmen der iterativen Anwendung des IMA entfalten und nutzen zu können, hat sich bei den bisherigen Anwendungen ein Arbeiten in Forschungsphasen bewährt, wobei im Prinzip vier Phasen unterschieden werden:

[A] Lern- und Validierungsphase

[B] Phase der Untersuchung der Auswirkungen des Klimawandels als der zentralen exogenen Triebkraft (d.h. ohne Veränderung von Entwicklungsrahmen)

[C] Phase der Untersuchung verschiedener, möglicher (sozioökonomischer) Entwicklungsrahmen

[D] Phase der Testung und Auswahl geeigneter (zweckmäßiger) Handlungsalternativen.

Die Simulationsrechnungen zu [A] dienen primär der Testung und Validierung des Simulationssystems für die Wirkungsanalysen. Es wird mit Beobachtungsdaten aller Systemein- und -ausgänge gearbeitet (Status quo), und die Übereinstimmung der Simulationsergebnisse mit den Beobachtungsdaten gilt als Maß für die Leistungsfähigkeit des Systems. Dieser Schritt ist äußerst wichtig für die Vertrauensbildung bei den Modellanwendern. Änderungsszenarien und Handlungsalternativen werden in dieser Phase noch nicht betrachtet.

In Phase [B] werden die Status-quo-Analysen für den Basiszeitraum mit Bezug auf ein Klimawandelszenario durchgeführt. Eine anschließende Analyse gibt Aufschlüsse über mögliche Konflikte, die sich aufgrund des Klimawandels einstellen können.

Die Phase [C] fokussiert auf die Modellierungen der Effekte der Entwicklungsrahmen mit sozioökonomischen (gesellschaftlichen) und klimabezogenen Szenarien des globalen Wandels bis Mitte des 21. Jahrhunderts unter Beibehaltung der gegenwärtig verfolgten politischen Referenzhandlungsstrategie. Nach der sozioökonomischen Analyse und Bewertung am Ende der Phase [C] können Aussagen darüber getroffen werden, welche Wirkungen und (neuen) Konflikte der globale Klima- und gesellschaftliche Wandel mit sich bringen können, wenn keine politischen Anpassungen stattfinden. Erst auf Basis dieser Informationen können reale Handlungsstrategien für ein Wassermanagement unter Bedingungen des globalen Wandels formuliert werden (neue Szenarienformulierungen gemäß IMA-Schritt 1).

In Phase ⓓ werden schließlich in Zusammenarbeit mit Stakeholdern Handlungsstrategien und -alternativen zur Lösung oder Minderung der (drohenden) Konflikte formuliert. Diese Strategien werden dann mit Wandelszenarien (einzeln oder gruppiert zu Entwicklungsrahmen) zu Entwicklungsszenarien kombiniert (IMA-Schritt 1) und anschließend modelliert (IMA-Schritt 3). Die Ergebnisse der Modellierungen werden den Stakeholdern präsentiert und in Kooperation mit ihnen werden übergreifende multikriterielle Bewertungen der Entwicklungsszenarien vorgenommen (Schritt 4), wobei die sozioökonomischen Vorbereitungen dieser Bewertung (insbesondere Schritte 1 + 2) bereits in den Phasen ⓐ bis ⓒ erfolgt sind. Am Ende dieser Phase stehen die Bewertungsergebnisse für die Entwicklungsszenarien sowie Handlungsempfehlungen für ein nachhaltiges Flusseinzugsgebietsmanagement unter den Bedingungen des globalen Wandels. Diese Ergebnisse dienen für den abschließenden Entscheidungsprozess.

Es wird deutlich, dass die vier IMA-Schritte nicht als strikte zeitliche Abfolge zu verstehen sind, sondern als vier notwendige Forschungsaktivitäten, die miteinander im Ablauf der Forschungsphasen systematisch verzahnt sind und iterativ angewendet werden. In jeder Forschungsphase werden Arbeiten zu fast jedem der vier Schritte durchgeführt, um letztlich die Entwicklungsszenarien zu modellieren, sie zu bewerten und Handlungsempfehlungen zu formulieren.

Eine besondere Stärke des IMA von GLOWA-Elbe resultiert aus seiner dreifachen Integrationswirkung. Erstens erzwingt das Ablaufschema in Abbildung 1 bzw. 2 ein kohärentes Zusammenwirken von Wissenschaftlern unterschiedlicher Disziplinen, um letztlich mögliche Szenarien des globalen Wandels zu modellieren, die Wirkungen simulierter Maßnahmen abzubilden, zu bewerten und entsprechende Handlungsempfehlungen aussprechen zu können. Alle Ergebnisse müssen zusammenlaufen, um am Ende ein gemeinsames Forschungsprodukt zu erzeugen. Ein wichtiges Instrument für die interdisziplinäre Zusammenarbeit stellt dabei ein einheitliches Sprachschema dar, das im Rahmen des IMA festgelegt wurde (WENZEL 2005, nachfolgendes Kapitel). Damit werden sprachlich bedingte Missverständnisse, die allein aus dem Sprach-Kodex von Einzeldisziplinen entstehen können, im Vorfeld minimiert.

Zweitens werden mit dem IMA Modellierungs- und Bewertungsergebnisse auf der räumlichen Skala von Flussgebieten und auf der zeitlichen Skala von Jahrzehnten zusammengeführt. Wenngleich die Präzision der Aussagen unter diesen großen Raum- und Zeitskalen eher gering ist, so bietet der IMA doch einen guten Ansatz für eine langfristige Planung in Flussgebieten.

Drittens steht der IMA für eine Integration von Stakeholdern, Entscheidungsträgern und Akteuren der Praxis in den Forschungsprozess sowie für eine größere Integration wissenschaftlicher Kompetenz im politischen Entscheidungsprozess. Auch wenn diese Integration nicht immer einfach zu vollziehen ist, so können sich aus einer derartig angewandten Forschungsperspektive enorme Vorteile für beide Seiten ergeben. Die Wissenschaft erhält auf diese Weise die Möglichkeit, praxisnah zu forschen, die Zusammenhänge der realen Welt besser in ihre Analysen einzubeziehen und so zu verbesserten Aussagen zu kommen. Die Politik kann durch Forschungsansätze wie den IMA transparenter im Entscheidungsprozess werden, die Legitimation von Entscheidungen erhöhen und dadurch auch die Akzeptanz von Entscheidungen, die viele Akteure und eine lange Zeitspanne betreffen, erhöhen.

Ein weiterer großer Vorteil des IMA besteht darin, dass der Analyse von Unsicherheiten viel Raum gegeben wird. Die Verwendung der Szenariotechnik zur Abbildung des globalen Wandels und seiner möglichen Ausprägungen zielt explizit darauf ab, verschiedene Zukünfte zu betrachten und damit die unwiderrufliche Unsicherheit über den Verlauf der Zukunft zu erfassen. Weiterhin besteht im Rahmen der multikriteriellen Bewertung (Schritt 4) die Möglichkeit, Unsicherheiten in Bezug auf Modellierungs- und Bewertungsdaten explizit zu berücksichtigen (Kaltofen et al. 2005, siehe Kapitel III-2.2.1; Klauer et al. 2002).

Abschließend sei noch auf die Stärken der Bewertungsphilosophie des IMA hinzuweisen. Der stakeholderbasierte multikriterielle Bewertungsansatz, der ökonomische Bewertungen zu integrieren vermag, ermöglicht die praxisnahe Zusammenführung von Ergebnissen unterschiedlicher Modellsysteme zur Unterstützung von Politikentscheidungen im Flussgebietsmanagement. Auf diese Weise können sehr unterschiedliche Effekte des globalen Wandels, die sich nicht in einem Bewertungsmaß fassen lassen, berücksichtigt werden und in eine abschließende Bewertung über die Auswahl bestmöglicher Strategien einfließen.

I-2.5 Ausblick

Dieser Ansatz ist zweifellos nicht nur für die spezifische Analyse und Bewertung von Szenarien zum globalen Wandel geeignet, sondern kann auch für die Umsetzung konkreter Flussgebietsgesetzgebung verwendet werden. Die EU-Wasserrahmenrichtlinie von 2000 ist hier ein sehr passendes Beispiel (WRRL 2000). In ihr werden großskalige und flussgebietsbezogene Analysen konkret angesprochen (Artikel 3 WRRL), sowie auch ökonomische Analysen im Kontext des Flussgebietsmanagements zur Identifikation kosteneffektiver Maßnahmenbündel (Artikel 5 und 11 WRRL) und eine verstärkte Einbeziehung der Öffentlichkeit in den Entscheidungsprozess gefordert (Artikel 14). All diese Aspekte werden methodisch vom IMA berücksichtigt und er geht dabei noch über die Anforderungen der Wasserrahmenrichtlinie hinaus, da z. B. der globale Wandel explizit und umfassend berücksichtigt wird und die Bewertung nicht nur eindimensional in ökonomischen Kategorien erfolgt.

Dies hat dazu geführt, dass der IMA inzwischen als integrative Rahmenmethodik zur Umsetzung der Wasserrahmenrichtlinie empfohlen wird (Becker et al. 2004). Er könnte zu ihrer Umsetzung einen bedeutenden Beitrag leisten.

Referenzen

ALBERTI, M., WADDELL, P. (2000) An integrated urban development and ecological simulation model. *Integrated Assessment 1 (3):* 215–227.

BECKER, A., WENZEL, V., KRYSANOVA, V., LAHMER, W. (1999) Regional analysis of global change impacts: Concepts, tools and first results. Environmental Modelling and Assessment. 4, 4, 243–257.

BECKER A. (2001) Integrative Methodik zur Planung einer nachhaltigen Entwicklung von Landschaften. In: Integrative Forschung zum Globalen Wandel. R. Coenen (Hrg.) Campus, Frankfurt/Main.

BECKER, A., BEHRENDT, H., CYPRIS, C., DIETRICH, O., FEIGE, H., GRÜNEWALD, U., HANSJÜRGENS, B., HARTJE, V., IPSEN, D., KALTOFEN, M., KLAUER, B., LEINHOS, S., MESSNER, F., OPPERMANN, R., SIMON, K.-H., SOETE, B., WECHSUNG, F., WENZEL, V., WESSOLEK, G. (2001) Auswirkungen des Globalen Wandels auf die Umwelt und die Gesellschaft im Elbegebiet (GLOWA-Elbe) – Sozio-ökonomische Konzeption, Potsdam, Juni 2001.

BECKER, A., KRYSANOVA, V., SCHANZE, J. (2001) Schritte zur Integration sozioökonomischer Aspekte bei der Modellierung von Flussgebieten. Nova Acta Leopoldina NF 84, Nr. 319: 191–208.

BECKER, A., MESSNER, F., WENZEL, V. (2002) Auswirkungen des Globalen Wandels auf die Umwelt und die Gesellschaft im Elbegebiet (GLOWA-Elbe). GLOWA-Statuskonferenz, 6.–8.05.2002, München.

BECKER, A., HATTERMANN, F., SONCINI-SESSA, R. (2004) Participatory Model-Supported Integrated River Basin Management Planning (IRBMP). http://www.harmoni-ca.info/harmonica/.

BEHRINGER, J., BUERKI, R., FUHRER, J. (2000) Participatory integrated assessment of adaptation to climate change in Alpine tourism and mountain agriculture. *Integrated Assessment 1 (4):* 331–338.

DRECHSLER, M. (2000) A model-based decision aid for species protection uder uncertainty. Biological Conservation 94: S. 23–30.

DRECHSLER, M. (2001) Verfahren der multikriteriellen Analyse bei Unsicherheit. In: HORSCH, H., RING, I., HERZOG, F. (Hrsg.) Nachhaltige Wasserbewirtschaftung und Landnutzung – Methoden und Instrumente der Entscheidungsfindung und -umsetzung. Metropolis Verlag, S. 269–292.

HARE, M., LETCHER, R. A., JAKEMAN, A. J. (2003) Participatory Modelling in Natural Resource Management: A Comparison of Four Case Studies. *Integrated Assessment 4 (2):* 62–72.

HOEKSTRA, A. Y., SAVENIJE, H. H. G., CHAPAGAIN, A. K. (2001) An Integrated Approach towards Assessing the Value of Water: A Casae Study on the Zambezi Basin. *Integrated Assessment 2 (4):* 199–208.

HOLZWARTH, F., BOSENIUS, U. (2002) Die Wasserrahmenrichtlinie im System des europäischen und deutschen Gewässerschutzes. In: Von KEITZ, S. und SCHMALHOLZ, M. (Hrsg.), Handbuch der Wasserrahmenrichtlinie – Inhalte, Neuerungen und Anregungen für die nationale Umsetzung, Erich-Schmidt-Verlag, Berlin, S. 27–48.

HOPE, C., PALMER, R. (2001) Assessing Water Quality Improvement Schemes: The Multi-Attribute Technique of the UK's Environment Agency. *Integrated Assessment 2 (4):* 219–224.

HORSCH, H., RING, I. (Hrsg.) (1999) Naturressourcenschutz und wirtschaftliche Entwicklung – Nachhaltige Wasserbewirtschaftung und Landnutzung im Elbeeinzugsgebiet. UFZ-Bericht 16/1999, Leipzig, 345 S.

HORSCH, H., RING, I., HERZOG, F. (Hrsg.) (2001) Nachhaltige Wasserbewirtschaftung und Landnutzung – Methoden und Instrumente der Entscheidungsfindung und -umsetzung, Metropolisverlag, Marburg.

IPCC (2000) Emissions Scenarios 2000, Summary for Policymakers IPCC, Geneva, Switzerland. pp 20.

KALTOFEN, M., KOCH, H., SCHRAMM, M. (2005) Wasserwirtschaftliche Handlungsstrategien im Spreegebiet oberhalb Berlins. In: WECHSUNG, F., BECKER, A., GRÄFE, P. (Hrsg.): Auswirkungen des Globalen Wandels auf Wasser, Umwelt und Gesellschaft im Elbegebiet. Weißensee Verlag Berlin, Kap. III-2.2.1.

KLAUER, B., MESSNER, F., HERZOG, F. (1999) Szenarien für Landnutzungsänderungen im Torgauer Raum. In: HORSCH, H., RING, I. (Hg.): Naturressourcenschutz und wirtschaftliche Entwicklung. Nachhaltige Wasserbewirtschaftung und Landnutzung im Elbeeinzugsgebiet. UFZ-Bericht 16/1999. S. 77–88.

KLAUER, B., DRECHSLER, M., MESSNER, F. (2002) Multicriteria analysis under uncertainty with IANUS – method and empirical result, UFZ-Diskussionspapier 2/2002, Umweltforschungszentrum Leipzig-Halle GmbH, Leipzig, 27 S. (ebenfalls eingereicht bei *Environment and Planning C*, akzeptiert im Feb. 2004).

MESSNER, F., HORSCH, H., DRECHSLER, M., GEYLER, S., HERZOG, F., KLAUER, B., KINDLER, A. (1999) Anwendungsperspektiven eines integrierten Bewertungsverfahrens im Kontext der EU-Wasserrahmenrichtlinie. In: HORSCH, H., MESSNER, F., KABISCH, S., RODE, M. (Hrsg.) (1999b): Flußeinzugsgebiet und Sozioökonomie: Konfliktbewertung und Lösungsansätze, UFZ-Bericht 30/1999, Umweltforschungszentrum Leipzig-Halle GmbH, Leipzig, S. 65–73.

MESSNER, F., ZWIRNER, O., KARKUSCHKE, M. (2004) Participation in Multicriteria Decision Support for the Resolution of a Water Allocation Problem in the Spree River Basin. Land Use Policy, online seit 2004 (Printversion im Druck).

MUNDA, G. (1995) Multicriteria evaluation in a Fuzzy Environment. Theory and Applications in Ecological Economics. Physica-Verlag: Berlin.

OECD (1994) Environmental Indicators. Indicateurs d'environnement. OECD Core Set. Corps central de l'OCDE. Organisation for Economic Co-operation and Development, Paris

UNCSD (1996) Indicators of Sustainable Development Framework and Methodologies. Commission on Sustainable Development. United Nations, New York

WBGU (2003) Welt im Wandel: Energiewende zur Nachhaltigkeit. Hauptgutachten 2003. Springer-Verlag, Berlin, 254 S.

WENZEL, V. (1999) Ein integrativer Algorithmus zur Unterstützung regionaler Landnutzungsentscheidungen. In: HORSCH, H., MESSNER, F., KABISCH, S., RODE, M. (Hrsg.) (1999b): Flußeinzugsgebiet und Sozioökonomie: Konfliktbewertung und Lösungsansätze, UFZ-Bericht 30/1999, Umweltforschungszentrum Leipzig-Halle GmbH, Leipzig, S. 75–86.

WENZEL, V. (2001) Integrated assessment and multicriteria analysis. Physics and Chemistry of the Earth. Part B, 26/7-8, pp 541–545.

WENZEL, V. (2005) Der Integrative Methodische Ansatz (IMA) im stringenten Sprachkalkül. In: WECHSUNG, F., BECKER, A., GRÄFE, P. (Hrsg.): Auswirkungen des Globalen Wandels auf Wasser, Umwelt und Gesellschaft im Elbegebiet. Weißensee Verlag Berlin, Kap. I-3.

WRRL (2002) Die Wasserrahmenrichtlinie (WRRL) The Water Framework Directive (WFD 2000/60/EU). Brussels, Dec. 2000.

I-3 Der Integrative Methodische Ansatz im stringenten Sprachkalkül

Volker Wenzel

I-3.1 Einleitung

Der stark interdisziplinäre und auch transdisziplinäre Charakter eines Projektes wie GLOWA-Elbe, die außerordentliche Komplexität des Forschungsgegenstandes sowie die große Anzahl beteiligter Forschungsgruppen und eingebundener Institutionen stellen besondere Anforderungen an die Forschungsmethodik. Der verwendete Ansatz muss integrativ sein, darüber hinaus aber auch Nutzen und Wirksamkeit entfalten, die insbesondere zwei wichtige Dimensionen betreffen: die Erkenntnisfähigkeit (Epistemologie) zugunsten verwertbarer Forschungsergebnisse (Entscheidungshilfen) und die Kommunikationsfähigkeit zur Koordination der vernetzten Forschungsprozesse.

Für beide Dimensionen wird ein stringentes Sprachkalkül die beste Lösung sein, wenn es gelingt, die entscheidenden Begriffskategorien sowie die Relationen zwischen denselben adäquat zu erfassen, um schließlich die entscheidenden Prozesse des jeweiligen Forschungsobjektes beschreiben und bewerten zu können. Erste Schritte auf diesem Wege wurden zu Projektbeginn gegangen (WENZEL 2001) und in der Folgezeit zu dem hier vorgestellten Sprachentwurf ausgebaut.

Auf die Epistemologie wird am Schluss des Beitrages zusammenfassend eingegangen, nachdem sie unvermeidlich schon bei der Entwicklung oder Darstellung des Sprachkalküls selbst hin und wieder ins Bild gekommen sein wird.

I-3.2 Basis-Kategorien und Repräsentanten

Zunächst sollen also für den Sprachentwurf des Integrativen Methodischen Ansatzes (IMA) die *Basis-Kategorien* eingeführt werden, die zur Beschreibung jeder konkreten Anwendung potenziell benötigt werden. Die für den IMA entscheidenden Kategorien sind: *Alternativen, Stakeholder* und *Bewertungskriterien*. Sie werden von zahlreichen weiteren Kategorien flankiert, die zur Wiedergabe der komplexen Zusammenhänge bzw. Abläufe unverzichtbar sind.

Jede Basis-Kategorie, insbesondere die drei bereits genannten, steht für eine endliche, für Ergänzungen aber stets offene Anzahl von *Repräsentanten* (im Falle der Stakeholder sind das z.B. Kraftwerksbetreiber, Schifffahrt, Fischerei, Badegäste, Naturschützer etc.). Sie stellen zusammengenommen die Komponenten für den Lösungsansatz eines Projektes dar. Mit der Angabe einer Liste konkreter Repräsentanten für jede Kategorie sind Inhalt und Komplexität des Projektes also bereits festgelegt bzw. abgegrenzt. Dies erleichtert das Verständnis und schließt viele Missverständnisse zwischen den Bearbeitern eines interdisziplinären und interinstitutionellen Projektes von vornherein aus.

Im Folgenden werden die benötigten Kategorien eingeführt und durch prägnante Abkürzungen charakterisiert, mit deren Hilfe die unterschiedlichen Projektbearbeiter dann leicht kommunizieren können.

Tab. 1: Definition des Alphabets der unterschiedlichen IMA-Kategorien

#	Kategorie	Sprachsymbol
1	Regionen *Geographische Objekte der Untersuchung*	REG
2	Zeitintervalle *Simulationsintervalle für Szenarien*	TIV
3	Zeiteinheiten *Zeitschritte von Modellen*	TEH
4	Leitbilder *Allgemein a priori akzeptierte Werte (z. B. Nachhaltigkeit)*	LBD
5	Masterszenarien *Regionale Probleme, Konflikte, Themen, Aufgabenstellungen*	MSZ
6	Stakeholder *Interessenvertreter bzw. -gruppen, Institutionen*	STA
7	Exogene Dynamik *Komponenten des Globalen Wandels, Triebkräftedynamik*	EXO
8	Entwicklungsrahmen *Triebkräfteszenarien, Triebkräftekombinationen*	EWR
9	Handlungsfelder *Felder für Management-Aktivitäten*	HFD
10	Handlungsoptionen *Konkrete Maßnahmen quantitativ*	HOP
11	Alternativen *Handlungsstrategien, Bündel von Optionen*	ALT
12	Einzel-Indikatoren *Variablen, Zustandsgrößen*	IND
13	Index-Variable *Aggregierte Indikatoren*	IDX
14	Kriterien *zur integrierenden Bewertung*	KRI
15	Modelle *Methoden, Instrumente*	MOD
16	Entwicklungsszenarien *MOD-Szenarien mit Überlagerung von EXO und ALT*	ESZ
17	Integrierte Wirkungsanalysen *Gesamtheit der ESZ, Expertenbefragungen, Literaturrecherchen*	IWA
18	Wirkungsmatrizen *Alternativen vs. Kriterien, Wirkungsmatrix für Multikriterienanalyse*	AvK
19	Equity-Matrizen *Alternativen vs. Stakeholder, Equitymatrix für Konfliktanalyse*	AvS
20	Multikriterielle Analysen	MKA
21	Equity-Analysen	EQA
22	Verhandlungen *Kompromisssuche zwischen Interessengruppen*	VHG

I-3.3 Definitionen und Beispiele für Repräsentanten von Basis-Kategorien

Zur Gewährleistung logischer Konsistenz, insbesondere zur Vermeidung von zyklischen Definitionen (Tautologien), werden die Basis-Kategorien für die Struktur von IMA in einer bestimmten Reihenfolge eingeführt. Für jedes konkrete Projekt müssen die auszuwählenden oder festzulegenden Repräsentanten diese Abhängigkeitsverhältnisse berücksichtigen. Dazu wird in Klammern angegeben, auf welche zuvor eingeführten Kategorien/Repräsentanten bei der Definition direkt Bezug genommen wird. Diese Beziehungen sind rekursiv, d.h. indirekte Abhängigkeiten (noch früher definierte Kategorien/Repräsentanten) werden nicht mehr mit erwähnt.

1) Regionen REG

Bisher festgelegte geographische Objekte für unterschiedliche Teilprojekte von GLOWA-Elbe I:

- Gesamt-Elbeeinzugsgebiet,
- Spree-Havel-Einzugsgebiet,
- Obere Spree Region,
- Spreewald Region,
- Ballungsraum Berlin,
- Unstrut-Einzugsgebiet.

2) Zeitintervalle TIV

- Zeitlicher Rahmen des Gesamt-Projekts: 2000–2050 (Dimension des Szenario-Trichters),
- Zeitliche Reichweite von Teilstudien und Szenarien: bis 2025, 2020–2050, … (Einordnung in Szenario-Trichter),
- Simulationsintervalle für modellgestützte Szenariorechnungen.

3) Zeiteinheiten TEH

- Eigenzeiten/Zeitschrittlängen für dynamisch modellierte Objekte: Tag, Woche, Monat, Jahr, Pentade, …
- Zeitschritte für Szenariorechnungen: dito,
- Zeitschritte für Resultatreihen: pragmatisch, willkürlich,
- Zeitschritte für Datenreihen im allgemeinen, insbesondere als Input oder Output von Modellrechnungen: s.o.

4) Leitbilder LBD

Allgemein akzeptierte Werte wie z.B. Nachhaltige Entwicklung, aber auch Artenvielfalt, Kostenminimierung etc.

5) Masterszenarien MSZ (REG, TIV, LBD)

Konsensfähige thematische Abgrenzungen von Teilzielen und -zwecken für **REG**:

- zu lösende Probleme oder Aufgaben,
- durch Kompromisse aufzulösende Konflikte,
- zu beantwortende Fragen,
- zu beleuchtende Themen mit spezifischen Problemlagen oder Konfliktpotenzialen …

6) Stakeholder STA (MSZ)

Eigentlich Vertreter von Interessengruppen (Treuhänder für kollektive Wetteinsätze); allgemein benutzt als Bezeichnung für die Träger/Akteure der Partizipation, die einem **MSZ** zuzuordnen sind; sie stehen deshalb für:

- passiv betroffene Interessengruppen,
- Vertreter solcher Interessengruppen,
- Institutionen mit Möglichkeiten zur aktiven Einflussnahme,
- bzw. mit Kompetenzen für regionenspezifisches Management,
- Vertreter solcher Institutionen.

7) Exogene Dynamik EXO (REG, MSZ)

Dynamik der von außen wirkenden, innerhalb von **REG** nicht beeinflussbaren Triebkräfte und Komponenten des Globalen Wandels, die mit und ohne explizitem Bezug auf einen Entwicklungsrahmen zusammenwirken und von Relevanz für ein MSZ sind:

- Klimaänderung,
- Marktliberalisierung,
- Auftreten und Verbreitung neuer Technologien,
- Änderung von Verhaltensweisen,
- Bevölkerungsentwicklung,
- Urbanisierung …

8) Entwicklungsrahmen EWR (EXO, REG, MSZ)

Thematische Klasse von dominanten Dynamiken **EXO** innerhalb **REG**, die ein **MSZ** prägen:

- SRES-Szenarien *A1* und *B2* für den globalen Wandel.

9) Handlungsfelder HFD (MSZ, STA)

Bereiche in Politik und Wirtschaft im potenziellen Entscheidungsraum (auch durch **STA** mitbestimmt), innerhalb derer im Sinne von **MSZ** relevante Optionen für Managementaktivitäten existieren. Beispiele:

- Regenwasserbewirtschaftung,
- Umweltschutzmaßnahmen …

10) Handlungsoptionen HOP (HFD)

Quantitative Komponente des potenziellen Entscheidungsraumes; quantitativ abzustufende Optionen aus einem **HFD** zur Steuerung der Entwicklung von **REG** im Sinne von **MSZ**. Subkategorien für solche Optionen sind:

- Kapazität,
- Räumliche Verteilung bzw. Allokation,
- Leistungspotenzial.

11) Alternative Handlungsstrategien ALT (HOP)

Kombination bestimmter HOP aus verschiedenen HFD aus dem Entscheidungsraum zur Realisierung einer im Sinne von MSZ zielgerichteten Strategie.

12) Einzel-Indikatoren IND (ALT, STA, LBD)

Zustandsgrößen, Variablen oder Indikatoren, die unter Berücksichtigung der Urteile von Stakeholdern STA und im Einklang mit den Leitbildern LBD zur vergleichenden Bewertung der Auswirkungen von Alternativen Strategien ALT eines MSZ heranzuziehen sind.

13) Index-Variable IDX (IND)

Aggregierte Indikatoren oder komplexere Index-Variablen wie Versorgungssicherheit, Kosten-Nutzen-Bilanzen etc. als thematisch-integrative Verknüpfungen mehrerer IND.

14) Bewertungskriterien KRI (IDX)

Von Index-Variablen und Einzelindikatoren abgeleitete Bewertungskriterien, meist durch Anwendung von Normierungen und Bezug auf Schwellenwerte für die IDX.

15) Modelle MOD (IND, TEH)

Erprobte Modelle, Methoden, Instrumente und Hilfsmittel zur Durchführung der Wirkungsanalysen mit Zeitschritt TEH, durch die sich jeweils ein oder mehrere Einzelindikatoren IND bestimmen lassen.

16) Entwicklungsszenarien ESZ (MOD, EXO, ALT)

Computergestützte Experimente oder Konzepte für Einzeldurchläufe (Szenarien) von Modellen MOD, die einen Entwicklungsrahmen als externe Triebkraftdynamik EXO und eine alternative Managementstrategie ALT gleichzeitig realisieren; z. B. eine bestimmte Stauregulierung unter Niederschlagsänderungen.

17) Integrierte Wirkungsanalysen IWA (ESZ)

Gesamtheit der Entwicklungsszenarien ESZ, Expertenbefragungen, Literatur-Recherchen zur Identifikation der Folgen aller für MSZ zu betrachtenden Kombinationen von externer Dynamik EXO und Management ALT.

18) Wirkungsmatrizen AvK (IWA, ALT, KRI)

Jedes Element einer solchen Matrix ist die Bewertung der Auswirkungen (als Ergebnisse von IWA) einer Alternativen Strategie ALT gemäß einem Kriterium KRI.

19) Equity-Matrizen AvS (IWA, ALT, STA)

Jedes Element einer solchen Matrix ist die Bewertung einer Alternativen Handlungsstrategie ALT durch einen Stakeholder STA bei Kenntnis vom Ergebnis der Wirkungsanalysen IWA.

20) Multikriterielle Analysen MKA (AvK)

Verarbeitung einer Wirkungsmatrix **AvK** zur optimalen Rangfolge für die Alternativen **ALT**.

21) Equity-Analysen EQA (AvS)

Verarbeitung der Equity-Matrix **AvS** zu einem Koalitionsdendrogramm für die Stakeholder **STA**.

22) Verhandlungen VHG (STA, MKA, EQA)

Kompromisssuche bei Kenntnis der Ergebnisse von **MKA** zwischen potenziellen Stakeholder-Koalitionspartnern, die durch die von **EQA** produzierten Dendrogramme als erfolgversprechend ausgewiesen wurden.

Die soeben beschriebene Abfolge repräsentiert das Grundmuster des logischen Zusammenhangs, d. h. die Struktur für ein **Modell zum Problemlösen**.

Die Praxis von Systemanalyse, Modellierung und Simulation erscheint aber stets als wissenskumulierender Prozess, für den auch **Iterationen** zugelassen sein müssen. Im Falle des oben dargelegten Modells bedeutet dies, dass sich durch eine in der Abfolge weiter unten liegende Auswahl oder Entscheidung weiter oben bereits getroffene Entscheidungen als provisorisch erweisen können und modifiziert werden müssen. Dies ermöglicht einen Forschungsprozess mit Rückkopplungen, bei dem schrittweise eine immer größere und konsistentere Wissensbasis entsteht, die ihrerseits zu immer besseren Forschungsergebnissen führt.

Klare Sprachkonzepte, logischer Zusammenhang (Struktur) und Möglichkeit zur Iteration (Feedback) bilden zusammen die Voraussetzung zur zielstrebigen Kommunikation zwischen den (zahlreichen) Projektpartnern und -mitarbeitern unterschiedlichster fachlicher Provenienz, die sich andernfalls in endlosen unfruchtbaren Debatten verlieren und in blockierende *circuli vitiosi* verstricken würden. Dies konnte leider oft genug beobachtet werden.

Das nachfolgende Kapitel „Der Formalismus des Sprachentwurfs" wird der expliziten Ausformung des Sprachkalküls auf der Ebene der konkreten, durch Indizierung zu identifizierenden Repräsentanten der Basis-Kategorien gewidmet. Leser, die sich nur einen Überblick verschaffen wollen und sich deshalb für den Formalismus nicht interessieren, können mit dem Kapitel „Erkenntnisstrukturen" fortfahren.

I-3.4   Der Formalismus des Sprachentwurfs

Als erste sprachliche Konventionen in den nachfolgenden Sprachausdrücken vereinbaren wir zunächst für jede Kategorie (z. B. für Stakeholder) auch symbolisch zu unterscheiden zwischen:

- einzelnen Repräsentanten $STA, STA_1, STA_2, \ldots$
- Mengen von Repräsentanten $\mathbf{STA_1}, \mathbf{STA_2}, \ldots$
- Gesamtheit der Repräsentanten $\mathbf{STA}$ (ohne Index).

Es gilt also z. B.: $STA_1 \in \mathbf{STA_1} < \mathbf{STA}$.

Zu lesen: STA_1 ist ein Element von $\mathbf{STA_1}$, einer Teilmenge aller Stakeholder $\mathbf{STA}$.

a) Relationen zwischen Repräsentanten unterschiedlicher Sprachkategorien

Um die Zusammenhänge beschreiben zu können benötigen wir nur zwei auch sprachlich zu unterscheidende Formen von Relationen:

1. *C bezieht sich auf* A, B, …; als Sprachausdruck: **C (A, B, …)**
2. *U setzt sich zusammen aus* V, W, …; als Sprachausdruck: **U [V, W, …]**.

Die erste Form von Relationen bezeichnet Definitionen, die sich durch Eindeutigkeit der zugeordneten Argumente auszeichnen. Diese Form ist weiter oben bei der Einführung der Kategorien schon benötigt und benutzt worden.

Beispiel: Das Masterszenario *MSZ* ist erst festlegbar, wenn die Repräsentanten der Kategorien *REG* und *TIV* schon eingeführt sind, weil es auf eine bestimmte Region *REG* und ein bestimmtes Zeitintervall *TIV* bezogen werden muss:

MSZ bezieht sich auf REG und TIV, kurz referiert als: MSZ (REG,TIV).

Die zweite Form von Relationen betrifft Definitionen, die in flexibler Weise Vieldeutigkeit einschließen und ausdrücken sollen, weil in definierter Form Variabilität zuzulassen ist.

Beispiel: Die Alternative Strategie ALT_1 wird identifiziert mit der Menge von Handlungsoptionen HOP_1, die sich zusammensetzt aus den einzelnen Handlungsoptionen HOP_{11}, HOP_{21}, …, HOP_{51}.

ALT_1 definiert sich durch:

- HOP_1 [HOP_{11}, HOP_{21}, …, HOP_{51}], kurz referiert als: ALT_1 [**HOP_1**].

b) Der IMA im Sprachkalkül

Mit Hilfe dieses Kalküls können nun die wesentlichen Teilaspekte des IMA-Algorithmus rekursiv dargestellt werden. Darüber hinaus kann damit der für Experimente und Variantenrechnungen wie auch für Sensitivitätsanalysen offene Aufbau des Gesamtmodells demonstriert werden: Auf wenigstens 6 unterschiedlichen Hierarchie-Ebenen kann die notwendige Wissensbasis zielgerichtet erweitert werden durch das Ausloten von Spielräumen, das Präzisieren und Absichern vorläufiger Ergebnisse, die Abschätzung und Minimierung von Unsicherheiten etc.

Die 6 Hierarchie-Ebenen betreffen in *bottom-up*-Richtung das Auswechseln oder die Variation folgender Elemente:

- Änderung von Modellparametern und -hypothesen innerhalb von MOD_i
- Änderung der Zusammensetzung des benutzten Modellfundus **MOD**
- Änderung der Zusammensetzung der Ensembles für die Lösungskonzepte:

Stakeholder, Alternativen, Bewertungskriterien (**STA, ALT, KRI**)

- Änderung des Ensembles der exogenen Triebkraftkomponenten **EXO**
- Wechsel des Masterszenarios: $MSZ_1 \rightarrow MSZ_2$
- Wechsel des Studienobjekts: $REG_1 \rightarrow REG_2$.

Ohne Anspruch auf Vollständigkeit folgen Beispiele für die sprachliche Darstellung einiger wichtiger Zusammenhänge.

P [MSZ_1, MSZ_2, …] – Projekt *P* behandelt ein oder mehrere Masterszenarien.

MSZ_i [$EXO_i(EWR)$, STA_i, ALT_i, KRI_i] – Das Masterszenario MSZ_i besteht (im Wesentlichen) aus je einer Menge von exogenen Triebkraftkomponenten (mit möglichem aber nicht notwendigem Bezug auf einen Entwicklungsrahmen), Stakeholdern, Alternativen und Bewertungskriterien.

HDF_i [HOP_i] – Handlungsfeld HDF_i beteht aus einer Menge von Handlungsoptionen HOP_i [HOP_{i1}, HOP_{i2}, ...]. Mögliche Schreibweisen: HOP_{ij} = HOPij = HOP ij = HOP(i,j).

HOP = HOP [HOP_{11}, HOP_{12}, ..., HOP_{21}, HOP_{22}, ..., HOP_{n1}, HOP_{n2}, ...] ist die Gesamtheit aller Handlungsoptionen aus allen Handlungsfeldern. Dann wird durch jede sinnvoll interpretierbare Teilmenge HOP_j < HOP eine Handlungsstrategie ALT_j definiert, nämlich:

ALT_j [HOP_j] – Die Alternative Handlungsstrategie ALT_j entspricht einem Bündel von Handlungsoptionen HOP_j, die unterschiedlichen Handlungsfeldern angehören.

ESZ_{ij} [EXO_i, ALT_j] – Entwicklungsszenario ESZ ist die Kombination eines Ensembles EXO_i von Repräsentanten exogener Komponenten mit einer Alternativen Handlungsstrategie ALT_j.

Zweck eines Masterszenarios **MSZ** ist Bewertung und Vergleich einer Anzahl mit den Stakeholdern **STA** ausgewählten Alternativen Handlungsstrategien **ALT** nach einer Menge von Bewertungskriterien **KRI** [KRI_1, KRI_2, ..., KRI_j].

Voraussetzung für die Bewertung sind die durch die Modelle **MOD** unterstützten Wirkungsanalysen **IWA**.

Grundlage für die Bewertung ist eine Menge von Einzelindikatoren **IND**, auf die sich die Stakeholder **STA** unter Berücksichtigung der Leitbilder **LBD** geeinigt haben.

MOD_i = MOD_i(IND_i) – Jedes MOD_i bezieht sich auf eine bestimmte Teilmenge von Einzelindikatoren IND_i [IND_{i1}, IND_{i2}, ...]

IDX_j (IND_j) – Die komplexe Indexvariable IDX_j integriert eine Menge IND_j von Einzelindikatoren zu einem aggregierten Indikator.

KRI_j (IDX_j) – Bewertungskriterium KRI_j bezieht sich auf den aggregierten Indikator IDX_j

AvK_i (ALT_i, KRI_i) oder kurz AvK_i (MSZ_i) – Die Wirkungsmatrix AvK_i bezieht sich auf das Masterszenario MSZ_i, das seinerseits (s. o.) durch eine Menge von Alternativen ALT_i und einer Menge von Bewertungskriterien KRI_i mitdefiniert wird; sie bilden die Zeilen bzw. Spalten von AvK_i.

AvS_i (ALT_i, STA_i) oder kurz AvS_i (MSZ_i) – Die Equitymatrix AvS_i bezieht sich auf das Masterszenario MSZ_i, das seinerseits (s.o.) durch eine Menge von Alternativen ALT_i und einer Menge von Stakeholdern STA_i mitdefiniert wird; sie bilden die Zeilen bzw. Spalten von AvS_i.

Multikriterielle Analysen **MKA** und Equity-Analysen **EQA** werden mit Unterstützung von Softwaresystemen (NAIADE, PROMETHEE etc.) durchgeführt, die ebenfalls Variantenrechnungen mit Rekalibrierung gestatten.

I-3.5 Erkenntnistheoretische Funktion des IMA

Der oben beschriebene Integrationsansatz unterstützt einen erkenntnistheoretischen Prozess, der in Abbildung 1 noch weiter verallgemeinert schematisch dargestellt ist.

Der obere Eckpunkt drückt die Notwendigkeit einer klaren und unzweideutigen Problemstellung, Aufgabe oder Zweckbestimmung aus. Diese hat nämlich im anschließenden Teilprozess einer *selektiven Kumulation* von Information und Wissen als wirksames Auswahlkriterium zu dienen, um zweckdienliche Informationen von unbedeutenden unterscheiden zu können. Dieser Teilprozess führt bis zu einer Sättigung, symbolisiert durch die waagerechte Linie oder die maximale Breite der Raute. Dort schlägt der Kumulationsprozess um in einen Teilprozess der *epistemischen Aggregation* – d.h. das kumulierte Wissen wird nun so aggregiert, strukturiert und integriert, dass der Teilprozess konvergiert und eine klare, unzweideutige Problemlösung bzw. Zweckerfüllung möglich wird.

Vielen der kreativsten Prozesse in Natur und Gesellschaft kann eine analoge symbolische Darstellung ihrer Abläufe unterlegt werden. Ein besonders eindrucksvolles Beispiel ist die menschliche Embryonalentwicklung, die noch unlängst häufig als „Wunder des Lebens" mystifiziert wurde. Die obere Rautenecke entspricht der Konzeption, d.h. der Bildung des Genoms, mit dem auch das Programm für die Phase der selektiven Kumulation festlegt. Diese wiederum entspricht der Bildung des Proteoms, dem Wachstum von Organen. Mit zunehmender Sättigung vollzieht sich ein fließender Übergang zur Ausbildung der Organfunktionen und deren integrierendem Verbund. Dieser Teilprozess konvergiert schließlich zum Endpunkt eines lebensfähigen Organismus.

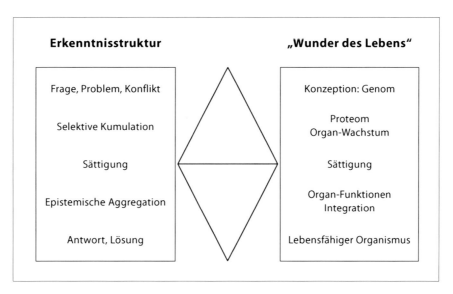

Abb. 1: Muster für einen Integrationsansatz

Das Sprachkalkül des IMA unterstellt den für GLOWA-Elbe notwendigen Szenarioanalysen eine analoge Rautenstruktur:

Der Begriff des Masterszenarios *MSZ* reflektiert die Notwendigkeit zur klaren, unmissverständlichen Problemdefinition, ohne die koordinierte Forschungsabläufe bei Beteiligung zahlreicher Forschergruppen mit unterschiedlichstem Potenzial und Sprachgebrauch nicht zu realisieren wären.

Die selektive Kumulation umfasst zunächst ganz allgemein eine zweckgerichtete Analyse von System und Rahmenbedingungen, eine Reflektion der natürlichen und gesellschaftlichen Potenziale für Chancen und Risiken, Leitbilder *LBD* und die Gesetzeslage. Schon etwas konkreter gehört dazu auch die Identifikation und Selektion von Repräsentanten für die wichtigsten Problemlösungskonzepte wie Interessengruppen und Stakeholder *STA*, Handlungsalternativen *ALT* und Bewertungskriterien *KRI*, und schließlich auch eine Sondierung bzw. Beschaffung und Adaptation von bewährten dynamischen Modellen *MOD* sowie von Methoden und Instrumenten, von Expertenwissen und Literaturkenntnissen.

Die Scheidelinie der Sättigung wird repräsentiert durch die Integrierte Wirkungsanalyse *IWA*, denn bevor diese beginnen kann muss alles kumuliert werden, was zu ihrer Durchführung benötigt wird und ihre Ergebnisse sind das ultimative Material für die epistemische Aggregation bis zur Problemlösung in Form von gut fundierten Entscheidungshilfen. Dazu gehört die Erzeugung von resultierenden Trajektorien für Zustandsvariable und Einzel-Indikatoren *IND*, ihre Integration zu aggregierten Indexvariablen *IDX*, der Aufbau der Wirkungsmatrizen *AvK* und der Equity-Matrizen *AvS*, die Herleitung von optimalen Rangfolgen für die Alternativen durch multikriterielle Analysen *MKA*, die Bildung von Koalitionsdendrogrammen durch Equity-Analysen *EQA*, die iterativen Verhandlungsrunden *VHG* zwischen potenziellen Koalitionspartnern zur Erzielung von Teilkompromissen und schließlich überhaupt von Kompromissrangfolgen für die Alternativen, sowie die Formulierung der angestrebten Entscheidungshilfen auf der Grundlage der hochaggregierten Ergebnisse in Form der optimalen wie der Kompromiss-Rangfolgen.

Mit diesen sehr konkreten, gezielt problemgebundenen und den Forschungsprozess organisierenden Resultaten ist danach stets auch eine ausgedehnte strukturierte Wissensbasis verbunden und eine erhöhte Transparenz der Systemzusammenhänge erarbeitet, symbolisiert durch die Breitendimension der Raute. Diese Wissensbasis kann für eine Vielzahl weiterer Problemstellungen nutzbar gemacht werden, indem sie den Teilprozess der selektiven Kumulation dort abkürzen kann. Auch eine ressourcenabhängige vertiefende Fortsetzung des ursprünglichen Forschungsprozesses ist jederzeit möglich, indem weitere durch das Gesamtmodell gestützte Experimente (Szenarien) auf den in Abschnitt b) „Der IMA im Sprachkalkül" genannten 6 Hierarchie-Ebenen angeschlossen werden.

Im Kontext der multikriteriellen Analysen und der Equity-Analysen wurden hier die spezifischen Leistungen des Softwaresystems NAIADE zu Grunde gelegt (Munda 1995, Wenzel 2001a). Die Vorgehensweise kann ohne Schwierigkeiten an die adäquaten Leistungen anderer Systeme wie PROMETHEE (Brans et al. 1986), ORESTE (Roubens 1982), ELECTRE (Roy und Vincke 1981) oder AHP – Analytic Hierarchy Process (Saaty 1980) adaptiert werden.

Wir bedanken uns in diesem Zusammenhang beim Forschungsinstitut JRC der Europäischen Kommission in Ispra (Italien) für die Gewährung der Lizenz zur Nutzung von NAIADE in GLOWA-Elbe.

Referenzen

BRANS, J. P., MARESCHAL, B., VINCKE, Ph. (1986) How to select and how to rank projects. The PROMETHEE method. European Journal of Operational Research 24, 228–238.

GUPTA, M. M., SARIDIS, G. N., GAINES, B. R. (eds) (1977) Fuzzy Automata and Decision Processes. North Holland, Amsterdam.

MUNDA, G. (1995) Multicriteria Evaluation in a Fuzzy Environment. Theory and Applications in Ecological Economics. Physica-Verlag: Berlin.

ROUBENS, M. (1982) Preference relations on actions and criteria in multi-criteria decision making. European Journal of Operational Research 10, pp 541–545.

ROY, B., VINCKE, P. (1981) Multi-criteria analysis: survey and new directions. European Journal of Operational Research 8, pp 207–218.

SAATY, T. L. (1980) The Analytical Hierarchy Process. McGraw-Hill, New York.

WEIGERT, B., STEINBERG, C. (2001) Nachhaltige Entwicklung in der Wasserwirtschaft. Konzepte, Planung und Entscheidungsfindung. Schriftenreihe Wasserforschung 7, Wasserforschung e.V., Berlin.

WENZEL, V. (2001) Integrated assessment and multicriteria analysis. Physics and Chemistry of the Earth. Part B, 26/7-8, pp 541–545.

WENZEL, V. (2001a) Nachhaltigkeitsstudien und NAIADE: Entscheidungshilfe und Konfliktanalyse. Schriftenreihe Wasserforschung 7, 241–256.

Teil II

Szenarien und ausgewählte Folgen für den deutschen Teil des Elbegebietes

II-1 Klimaszenarien für den deutschen Teil des Elbeeinzugsgebietes

Daniela Jacob und Friedrich-Wilhelm Gerstengarbe

Klimaänderungen, seien sie natürlichen oder auch anthropogenen Ursprungs, beeinflussen direkt und indirekt die Natur, Ökosysteme und Gesellschaft. Besondere Bedeutung bekommen diese Klimaeinflüsse, wenn sie zu gravierenden Änderungen der Lebensgrundlage in den betroffenen Systemen führen. Es ist daher notwendig herauszufinden, wie und mit welchen Auswirkungen Klimavariationen die verschiedenen Systemstrukturen und Prozesse beeinflussen.

Die Ausgangsbasis für die hier durchgeführten Untersuchungen bilden Ergebnisse des Hamburger GCM ECHAM4/OPYC3-T42 zur Klimaentwicklung im Elbeeinzugsgebiet bis zum Ende des 21. Jahrhunderts für die Emissionsszenarien *IS92a* (LEGGETT et al. 1992) und *B2* (NAKICENOVIC et al. 2000), die dem *International Panel on Climate Change* (IPCC, HOUGHTON 2001) entsprechen. Hierbei wurden die Veränderungen der Treibhausgase so angenommen, wie es aus den Arbeiten von RÖCKNER et al. (1999) für *IS92a* und STENDEL et al. (2002) für *B2* zu entnehmen ist.

Nach diesen Simulationen käme es bis 2050 im deutschen Elbeeinzugsgebiet bei den Tagesmitteltemperaturen zu einem Anstieg von ca. 1,5 K im *IS92a*-Szenario und ca. 2 K im *B2*-Szenario. Die Niederschläge würden sich im Mittel um bis zu ca. 25 mm (etwa 35 %) im *IS92a*-Szenario reduzieren, während sie um ca. 7 % (ungefähr 5 mm pro Monat) im *B2*-Szenario ansteigen.

Wie können solche unterschiedlichen Trends entstehen?

Die Reaktion der Temperatur (d T) hängt nicht linear mit der Änderung des CO_2-Gehaltes (d CO_2) zusammen, d. h. d CO_2 (*IS92a*) > d CO_2 (*B2*) → d T (*IS92a*) > d T (*B2*) gilt nicht. Insbesondere wird dies dadurch deutlich, dass der Trend in d T unterschiedlich ausfällt, und zwar in Abhängigkeit von den Prozessen in der Atmosphäre, die in der Simulation berücksichtigt wurden. So wurden in den Simulationen die Effekte der Treibhausgase (G), des Schwefels (S), der direkten (D) und indirekten (I) Aerosoleffekte und des Ozons (O) berücksichtigt. Die Trends in den Schwefelemissionen in IS92a und *B2* sind jedoch sehr unterschiedlich.

Schon in STENDEL et al., Abbildung 3, wird gezeigt, dass der Anstieg der globalen Mitteltemperatur bis 2055 in *B2* um ca. 0,5 K stärker ist als in *IS92a*. Abbildung 2 zeigt den unterschiedlichen Verlauf der Schwefelemissionen. *B2* hat in 2050 nur noch ca. die Hälfte von *IS92a*. In *B2* beträgt der Ausstoß pro Jahr ca. 60 TgS und in *IS92a* ca. 150 TgS. Die CO_2-Erwärmung ist in 2050 ca. 0,5 Watt pro Quadratmeter stärker, wird aber durch den Effekt der fehlenden Schwefelaerosole überkompensiert. Wenn weniger Schwefel in der Atmosphäre ist, ist die abschattende, also kühlende Wirkung, geringer, und somit die Netto-Erwärmung größer. Deshalb ist *B2* in 2050 ca. 0,5 K wärmer.

Fazit: Obwohl *B2* weniger CO_2-Anstieg hat, ist die Temperaturänderung bis 2050 größer, da die Änderung in der Schwefelkonzentration deutlich kleiner als in *IS92a* ist.

Ein wesentlicher Faktor, der die Unsicherheit in den Ergebnissen beeinflusst, sind die Prozesse im Ozean, die auf langen Zeitskalen ablaufen. Diese können auch die globale Mitteltemperatur beeinflussen und machen somit den Vergleich der Trends in 2 Szenarien sehr unsicher. Um diese Unsicherheit zu verkleinern, müssten Ensemblesimulationen von ein und demselben Szenario durchgeführt werden. Dies ist bisher noch nicht geschehen, wird aber für die Veröffentlichung im Rahmen des nächsten IPCC Reports gemacht. Die Unterschiede im Temperaturtrend in *IS92a* und *B2* sind natürlich auch davon beeinflusst.

Im Folgenden wird *IS92a A1* genannt, da es sich sehr ähnlich zu dem später entwickelten IPCC *A1*-Szenario verhält.

Um die Auswirkungen der globalen Klimaänderungen auf die Elberegion zu untersuchen, wurden innerhalb von GLOWA-Elbe drei verschiedene Methoden, zwei statistisch basierte und eine dynamische, verwendet.

REMO

Das dynamische regionale Klimamodell REMO wurde in das globale Szenario *B2*, berechnet mit dem globalen Klimamodell ECHAM, genestet, um meteorologische Größen wie Niederschlagsaktivität, Niederschlagsmenge und Verdunstung, die für den Wasserhaushalt im gesamten Elbeeinzugsgebiet bestimmend sind, zu berechnen (Jacob 2001, Jacob et al. 2001). Durch die feine Modellauflösung ist es möglich, lokale und regionale Gegebenheiten im Elbeeinzugsgebiet wie z. B. die Ausrichtung des Erzgebirges sowie Lage und Bewuchs der Elbtalauen in den Berechnungen zu berücksichtigen.

NEURO-FUZZY

Mit einem NEURO-FUZZY-Verfahren und weiteren statistischen Methoden wurden lokale Klimaänderungsszenarien für den Niederschlag im deutschen Einzugsbereich der Elbe berechnet. Zu diesem Zwecke wurden Großwetterlagen, die zur Beschreibung der großräumigen Wettersituation der oben genannten Modellläufe von ECHAM und REMO verwendet wurden, sowie ein neuer dynamischer Index zur Erfassung des großräumigen dynamischen Verhaltens der Großwetterlagen, der eine Aussage über den vorherrschenden Zirkulationstyp zulässt, bestimmt. Durch den Vergleich mit beobachteten Großwetterlagen können Modeldefizite entdeckt und durch eine Adjustierung verringert werden.

STAR

Ein neuentwickeltes statistisch basiertes Szenarienmodell wurde eingesetzt, das generalisierte Informationen aus dem Globalmodelllauf mit Beobachtungen des Deutschen Wetterdienstes für die Zeit von 1951 bis 2000 über eine erweiterte, nicht hierarchische Clusteranalyse verknüpft (Gerstengarbe und Werner 1997). Durch eine Monte-Carlo-Simulation wurde die für ein ausgewähltes Element wahrscheinlichste Entwicklung berechnet.

Folgende Ergebnisse werden für das deutsche Elbeeinzugsgebiet erzielt:

REMO

Die Temperaturen steigen ca. um 1 °C für das deutsche Elbeeinzugsgebiet im Szenarienzeitraum 2020–2049 im Vergleich zum Kontrollzeitraum 1990–1999 an. Es besteht eine starke dekadische Variabilität. Die Wintermonate erwärmen sich im Vergleich zu den Sommermonaten stärker. Im Jahresmittel ist eine leichte Niederschlagszunahme (ca. 10 %) zu erkennen. Horizontal ändern sich die Niederschlagsverteilungen in jeder Dekade. Die Dekade 2030–2039 ist von allen die Feuchteste mit über 20 % Niederschlagszunahme in einigen Regionen des Elbeeinzugsgebietes. Im norddeutschen Teil des Elbeeinzugsgebietes treten in allen drei Dekaden die geringsten Änderungen auf (ca. 5 %). Für das deutsche Elbeeinzugsgebiet steigt in den Niederschlagsintensitätsklassen des Szenarienlaufs im Vergleich zum Kontrolllauf die Zahl der Tage mit Niederschlag über 5 mm pro Tag um 5 % an.

NEURO-FUZZY

Die Untersuchungen zeigen, dass die verwendeten Modell ECHAM und REMO unterschiedliche Ergebnisse bringen. Die Fuzzy-Modelle ermöglichen die lokale Korrektur der Klimamodell-Simulationen, die weiterhin komplexe Trends aufweisen. Die höhere Auflösung von REMO gibt eine topographieangepasste Beschreibung der Großwetterlagen und Jahresverläufe, die sich auch bei einer Downscaling-Prozedur als sinnvoll erweist. In Brandenburg/Sachsen-Anhalt ist der Temperaturtrend im Mittel positiv. Starke Unterschiede findet man in dem Verhalten der Jahreszeiten. Klare Trends zum Niederschlag können nicht gefunden werden.

STAR

Die Auswertung der wahrscheinlichsten Realisierung zeigt, dass das Untersuchungsgebiet, außer in den Kammlagen der Gebirge, insgesamt trockener wird, der Niederschlagsrückgang im Winter moderater ausfällt als im Sommer und sich die Strahlungsbedingungen im Sommer deutlich verändern (längere Sonnenscheindauer bei geringerer Bewölkung und damit erhöhter Globalstrahlung). Die Winter sind charakterisiert durch einen Anstieg der mittleren Windgeschwindigkeit, was auf eine verstärkte Westwindzirkulation zurückzuführen ist. Alle beschriebenen Entwicklungstendenzen sind in ihrem Ursprung schon in den Beobachtungsdaten (1951/2000) zu erkennen.

Alle drei Methoden haben wesentliche Unterschiede. So verknüpfen die statistisch orientierten Methoden generalisierte Ergebnisse eines globalen Modells für eine Region mit dort beobachteten meteorologischen Größen und leiten daraus Aussagen zur zukünftigen Entwicklung ab. Im Gegensatz dazu werden diese Aussagen im dynamischen Modell über die Beschreibung physikalischer Zusammenhänge erzeugt. Die statistisch basierten Modelle haben gegenüber der dynamischen Methode den Vorteil, aufgrund der geringen notwendigen Rechenkapazität, beliebig viele Realisierungen zu rechnen, womit die Möglichkeit besteht, eine wahrscheinlichste Klimaentwicklung und deren Unsicherheit abzuleiten.

Schwerpunkt zukünftiger Forschungsarbeiten im Bereich der statistischen Methoden soll die Untersuchung von extremen Ereignissen sein. Dabei geht es zum einen um die Abschätzung der tendenziellen Entwicklung solcher Ereignisse, zum anderen um deren physikalische Charakterisierung. Hierzu ist es sinnvoll ein statistisches Szenarienmodell mit einem dynamischen derart zu koppeln, dass mit dem ersteren extreme Ereignisse im Zeitverlauf lokalisiert und diese dann mit dem zweiten Ansatz detailliert beschrieben werden.

Im Bereich der dynamischen Methode sollte in zukünftige Untersuchungen möglicher Klimaänderungen im Elbeeinzugsgebiet das System Atmosphäre-Land-Vegetation-Boden-Hydrologie betrachtet werden. Dann kann z. B. der Einfluss des wachsenden Flächenverbrauchs von Berlin (Versiegelung der Flächen) oder andere Landnutzungsänderungen auf das regionale Klima und den mittleren und extremen Abfluss in der Elbe berechnet werden. Dies ist allerdings nur mit einer dynamischen Methode möglich, die die Wechselwirkungen zwischen den Systembereichen berücksichtigt.

Referenzen

Gerstengarbe, F.-W., Werner, P.C. (1997) A Method to estimate the statistical confidence of cluster seperation, Theor. Climatol, 57, p. 103–110.

Houghton, J.T et al. (2001) Climate Change (2001) The Scientific Basis, Contribution of Working Group I to the Third Assessment Report of the Governmental Panel on Climate Change, Cambridge University Press.

Jacob, D. (2001) A note to the simulation of the annual and interannual variability of the water budget over the Baltic Sea drainage basin, Meteorol. Atmos. Phys. 77, p. 61–73.

Jacob, D., Van den Hurk, B.J.J.M., Andræ, U., Elgered, G., Fortelius, C. Graham, L.P., Jackson, S.D., Karstens, U., Koepken, Chr., Lindau, R., Podzun, R., Roeckel, B., Rubel, F., Sass, B.H., Smith, R.N.B., Yang, X. (2001) A comprehensive model intercomparison study investigating the water budget during the BALTEX PIDCAP period, Meteorol. Atmos. Phys, 77, 19–43.

Leggett, J., Pepper, W.J., Swart, R.J. (1992) Emissions Scenarios for the IPCC: an Update, Climate Change 1992, IPCC, Cambridge, University Press.

Nakicenovic et al. (2000) IPCC Special Report on Emission Scenarios, 599 p in Climate Change 2001, IPCC, Cambridge, University Press.

Röckner, E., Bengtsson, L., Feichter, J., Lelieveld, J., Rohde, H. (1999) Transient climate change simulations with a coupled atmosphere-ocean GCM including the troposheric sulfur cycle. Journal of Climate, Vol. 12, No. 10, 3004–3032.

Stendel, M., Schmith, T., Röckner, E., Cubasch, U. (2002) The climate of the 21th century: Transient simulations with a coupled atmosphere-ocean general circulation model, revised version. DMI report 02-1.

II-1.1 Regionale Klimasimulationen zur Untersuchung der Niederschlagsverhältnisse in heutigen und zukünftigen Klimaten
Daniela Jacob und Katharina Bülow

Erste Signale für heutige Klimaänderungen im Elbeeinzugsgebiet zeigen einen Temperaturanstieg von ca. 1 K und eine leichte Niederschlagszunahme für den Zeitraum 2020–2049 im Vergleich zu heute. Diese Änderungen sind Ergebnisse der dynamischen Nestungsmethode, die mit der Modellkette ECHAM4/REMO durchgeführt wurde.

Das regionale Klimamodell REMO

Das dreidimensionale hydrostatische regionale Klimamodell REMO wird verwendet, um meteorologische Größen wie Niederschlagsaktivität, Niederschlagsmenge und Verdunstung, die für den Wasserhaushalt bestimmend sind, zu berechnen (Jacob 2001, Jacob et al. 2001).

REMO ist aus dem Europa-Modell des Deutschen Wetterdienstes (DWD) hervorgegangen (Majewski 1991). Die prognostischen Variablen des Modells sind die horizontalen Windkomponenten, der Bodendruck, die Temperatur, die spezifische Feuchte sowie der Flüssigwassergehalt. Es kann alternativ mit den physikalischen Parametrisierungen des Europa-Modells des DWD und mit denen des globalen Klimamodells ECHAM 4 (Röckner et al. 1996) betrieben werden. Für die hier vorliegenden Untersuchungen wurde REMO mit der ECHAM4-Physik gerechnet, da diese auf Klimasimulationen abgestimmt ist. Weitere genaue Modellbeschreibungen findet man bei Semmler (2002) und Majewski et al. (1995). Hier wird nur kurz auf die wichtigsten Änderungen von Modell Version 5.0 zu 5.1 eingegangen.

Von Modellversion REMO 5.0 zu 5.1 wurden die Initialisierung der Bodenfeuchte und die Schneeparametrisierung geändert und der Jahresgang der Vegetation implementiert (Blattflächenindex, Vegetationsbedeckungsgrad, Albedo). Die Boden-Prozeduren-Bibliothek mit den Oberflächenparametern Albedo, Rauigkeitslänge, Vegetations- und Waldbedeckungsgrad, Blattflächenindex, Feldkapazität, Bodenart, Orographie und orographische Varianz sowie Land-See-Maske als untere feste Randbedingung wurde aktualisiert. Weiterhin ist es in REMO 5.1 nun möglich, dass eine einzelne Gitterbox anteilig mit Meereis, Meer und Festland bedeckt ist. In der Version 5.0 war nur eines der drei Arten pro Gitterbox möglich.

Gerade die Weiterentwicklungen im Bereich der Vegetation und Bodenfeuchte erscheinen auch für die Klimasimulationen innerhalb von GLOWA-Elbe als sehr relevant, da sie zu einer erheblichen Verbesserung des Jahresganges des Niederschlags in Zentraleuropa führen (Rechid 2001). Aus diesem Grund wurden alle Simulationen noch einmal mit REMO 5.1 im KLIWA-Projekt (Klimaveränderungen und Konsequenzen für die Wasserwirtschaft) durchgeführt. Teile dieses neuen REMO 5.1 Modelllaufs konnten auch innerhalb von GLOWA-Elbe genutzt werden.

Validierungslauf

Zum Vergleich mit Beobachtungen wurde mit REMO eine Modellsimulation für heutiges Klima durchgeführt. Diese Modelsimulation wurde zunächst auf 0,5° horizontaler Auflösung mit Reanalysen vom ECMWF (European Centre for Medium-Range Weather Forecasts) für den Zeitraum

1979–1993 und mit Analysen (1994–1998) angetrieben; die Ergebnisse dieser Berechnung sind als Randantrieb für die Simulation 0,16° horizontaler Auflösung verwendet worden. Die Ergebnisse beider Simulationsabschnitte mit unterschiedlichem Antrieb wurden als gut befunden, da im Übergang von 1993 zu 1994 kein Bruch in den Wasserhaushaltsgrößen in REMO mit 0,5° horizontaler Auflösung festgestellt werden konnte.

317 Niederschlagsstationen, die der DWD für GLOWA-Elbe zur Verfügung gestellt hat, konnten zum Vergleich verwendet werden. Sie wurden von Herrn Dr. GERSTENGARBES Arbeitsgruppe am PIK räumlich und zeitlich auf ihre Konsistenz überprüft. Es handelt sich um nicht korrigierte Niederschläge, das bedeutet Unterschätzung des gefallenen Niederschlags, hervorgerufen durch die Messtechnik, wurden nicht bereinigt. (Niederschlagsbeobachtungen müssen einer Korrektur unterzogen werden, da die Ergebnisse von dem Messgerättyp, den Windverhältnissen und der Art des Niederschlags abhängen (RICHTER 1995).)

In dem Vergleich der täglichen Niederschlagsmessungen im deutschen Teil des Elbeeinzugsgebiets mit den Modellergebnissen wurde eine sehr gute Übereinstimmung der berechneten Monatssummen des Gebietsniederschlags und des 20-jährigen Mittels festgestellt. In Abbildung 1 ist der Niederschlag berechnet mit REMO Modelversion 5.0 in Rot, berechnet mit Modellversion 5.1 in blau und die Beobachtungen in schwarz dargestellt.

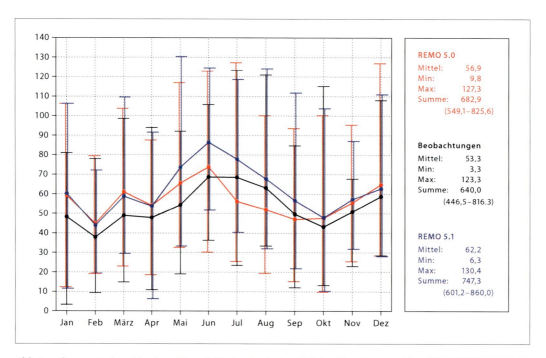

Abb. 1: Gesamtniederschlag [mm/Monat] für den deutschen Teil des Elbeeinzugsgebiets (1979–1998) (REMO 5.1; 0,5° horizontaler Auflösung)

In der Modellversion 5.0 bestand ein Defizit im Sommerniederschlag Juli bis September, welches in der neuen Modellversion 5.1 nicht mehr existiert. In Abbildung 1 wird jeweils der mittlere Monatsniederschlag für alle Januare, Februare usw. dargestellt. Die Balken zeigen z. B. den jeweils trockensten und nassesten Januar. Die mittlere Monatssumme des Gesamtniederschlags für das Elbeeinzuggebiet beträgt in REMO 5.0 [5.1] (Beobachtungen) über 20 Jahre 59,9 [52,2] (53,3) mm/Monat (Abbildung 1). Die einzelnen Monatssummen variieren von 9,8 bis 127,3 [6,3–130,4] mm/Monat bei den REMO-Ergebnissen und von 3,3 bis 123,3 mm/Monat in den Beobachtungen. Die mittlere Jahressumme des simulierten Niederschlags beträgt 682,9 [747,3] und die der Beobachtungen 640 mm/Jahr.

Die leichte Überschätzung des Niederschlags von REMO im Vergleich zu den Beobachtungen ist hier mit Vorsicht zu bewerten, da REMO in diesem Fall nur mit unkorrigierten Niederschlägen verglichen wurde. In REMO fällt Niederschlag immer senkrecht und somit direkt in den imaginären Niederschlagssammler; dies erschwert den direkten Vergleich. Mittlere Korrekturen der Beobachtungen können je nach Jahreszeit zwischen 10 % und 200 % liegen. Die Korrekturfunktion ist schwierig zu definieren und variiert stark mit der Windgeschwindigkeit.

Innerhalb des Projektes KLIWA wurden vom DWD korrigierte Niederschläge für die Validierung von REMO zur Verfügung gestellt und damit wurden sehr gute Ergebnisse erzielt (MILLIEZ 2003).

Insgesamt entspricht die Variabilität der Modellergebnisse denen der Beobachtungen.

Kontroll- und Szenarien-Modellläufe

Für die Simulation zukünftiger Klimate wird das IPCC-Szenario *B2* zu Grunde gelegt (HOUGHTON 2001). Nach einer doppelten dynamischen „downscaling"-Methode erhält man mit dem gekoppelten globalen Atmosphären-Ozean-Zirkulationsmodell ECHAM4-OPYC3 mit einer T42 Horizontalauflösung als Antrieb, Ergebnisse für REMO mit 0,5° horizontaler Auflösung, welches wiederum als Antrieb für REMO mit 0,16° horizontaler Auflösung verwendet wird.

Die beobachteten Treibhausgaskonzentrationen für den Zeitraum des Kontrolllaufs (1991–2000) liegen global noch nicht vor. Deshalb werden sie aus dem *B2*-IPCC-Szenarien entnommen, das schon aus diesem Grund 1990 beginnt. Es wird angenommen, dass diese Konzentrationen sehr nah an den Beobachtungen liegen. Für das Szenario (2020–2049) wurden die Annahmen dem IPCC Standart für *B2* entnommen. Dies gilt für die globalen und regionalen Simulationen.

Bei den globalen und regionalen Kontroll- und Szenarienläufen handelt es sich um Klimaläufe. Sie geben nicht das Wettergeschehen wieder. Dies wäre auch nur für einen Kontrollzeitraum möglich, in dem die globale Berechnung mit Hilfe der Nudging-Technik und Reanalysen in der freien Atmosphäre an die realen Wetterabläufe gezwungen würde. Für das GLOWA-Elbe-Projekt bedeutet dies, dass nur mittlere Zustände und deren Statistik verglichen werden können.

Um den Einfluss der globalen Klimaänderungen auf den Wasserhaushalt im gesamten Einzugsgebiet (deutscher und tschechischer Teil) zu untersuchen, sollen die Niederschlagsverhältnisse unter den erwarteten Veränderungen der klimatischen Bedingungen für die drei Dekaden des Zeitraumes 2020 bis 2050 im Vergleich zum Kontrolllauf (1990–1999) untersucht werden.

Es ist ein deutlicher Temperaturanstieg ab 2020 im Vergleich zum Kontrolllauf 1990–1999 zu erkennen (Tabelle 1). Auffallend sind auch die starken dekadischen Schwankungen in der Temperatur.

In Abbildung 2 ist jeweils die Temperatur über dem Elbeeinzuggebiet für eine Dekade des Szenarienlaufs und für den Kontrolllauf über 10 Jahre monatsweise gemittelt dargestellt. In der 1. Jahreshälfte ist ein deutlicher Temperaturanstieg in den Szenarienläufen im Vergleich zum Kontrolllauf zu erkennen. Im Januar besteht eine Temperaturerhöhung von 1–3 K im Mittel. Diese Temperaturerhöhung hält bis August an. Sie verringert sich jedoch in der 2. Jahreshälfte.

Tab. 1: Oberflächentemperatur, Elbeeinzugsgebiet (B2, REMO 5.1 mit 0,16° horizontaler Auflösung)

	Jahresmittel [°C]	Minimum [°C]	Maximum [°C]
1990–1999	9,5	–2,1	21,4
2020–2029	10,8	–2,6	20,8
2030–2039	10,6	–2,1	22,2
2040–2049	11,2	1,5	22,1

Vergleicht man die einzelnen Dekaden, wird deutlich, dass generell die Winter im Vergleich zu den Sommern stärker erwärmt werden. Das 10-Jahres-Mittel der Temperatur steigt jedoch nicht kontinuierlich an. Im Kontrolllauf 1990–1999 beträgt die mittlere Temperatur 9,5 °C und steigt in der ersten Szenarien-Dekade (2020–2029) auf 10,8 °C, jedoch für (2030–2039) auf 10,6 °C und in der 3. Dekade (2040–2049) wieder auf 11,2 °C (Tabelle 1) an.

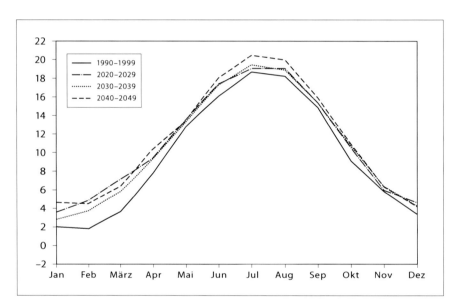

Abb. 2: Mittlere Monatstemperaturen (B2, REMO 5.1 mit 0,16° horizontaler Auflösung)

Die mittlere Jahressumme des Niederschlags für das gesamte Elbeeinzugsgebiet steigt im Vergleich vom Kontrolllauf 1990–1999 (847,6 mm/Jahr) zum Szenarienlauf 2020–2029 (934,7 mm/Jahr) an. Doch in der folgenden Dekade 2030–2039 ist die Änderung mit 973,2 mm/Jahr am deutlichsten (Tabelle 2).

Tab. 2: Niederschlag, Elbeeinzugsgebiet (B2; REMO 5.1; 0,16° horizontaler Auflösung)

	Monatsmittel	Min.	Max.	Jahressumme	(Min. – Max.)
1990–1999	70,6	9,2	130,5	847,6	(763,7–945,0)
2020–2029	77,8	26,1	153,4	934,7	(825,9–1.152,4)
2030–2039	81,1	27,0	162,9	973,2	(821,8–1.067,5)
2040–2049	76,5	10,9	149,9	918,4	(678,8–1.035,5)

Die mit REMO (horizontale Auflösung 0,16°) für SRES *B2* berechneten mittleren Jahresniederschläge für Deutschland und seine benachbarten Staaten werden in Abbildung 3 dargestellt. Das Elbeeinzugsgebiet ist eingezeichnet.

In Abbildung 3A wird der mittlere jährliche Niederschlag für den Kontrollzeitraum 1990–1999 dar gestellt. Das Elbeeinzugsgebiet ist durch einen mittleren Jahresniederschlag von 600 bis 800 mm/Jahr geprägt. In den Küstenregionen und auf der Luvseite des Erzgebirges und des Harzes treten höhere Niederschläge auf (über 1.200 mm/Jahr). Auf der Leeseite der Gebirge befinden sich Regionen mit weniger Niederschlag (unter 500 mm/Jahr).

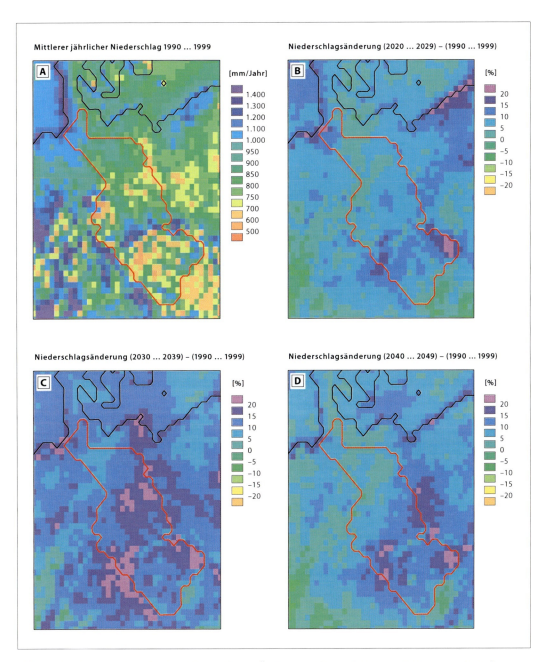

Abb. 3: Mittlerer jährlicher Niederschlag und seine Änderungen (*B2*, REMO 5.1 mit 0,16° horizontaler Auflösung)

In Abbildung 3B bis D ist die prozentuale Änderung des mittleren jährlichen Niederschlags der einzelnen Dekaden im Vergleich zum Kontrolllauf dargestellt. Die Niederschlagszunahmen sind in allen drei Dekaden regional stark variabel. Die 2. Dekade zeigt die größten Niederschlagszunahmen mit über 20 % in einigen Teilen des Elbeeinzugsgebietes. Die geringsten Niederschlagszunahmen sind in allen 3 Dekaden im norddeutschen Raum des Elbeeinzugsgebiets zu erkennen und durchgängig die größten im Raum des Riesengebirges. Hier wird deutlich, wie wichtig es ist, die horizontalen Änderungen des Niederschlags zu betrachten. In Gebietsmitteln über Monate oder bei der Summierung über Jahre gehen schnell Klimaänderungssignale verloren (Tabelle 1 und 2).

Im Vergleich der Niederschlagsintensitätsklassen (Abbildung 4) wird deutlich, dass die Niederschläge in den höheren Klassen von 5–10 mm/Tag bis 20–30 mm pro Tag in allen drei Dekaden des Szenarienlaufs im Vergleich zum Kontrollzeitraum ansteigen. Die Starkniederschläge werden also im Szenarienzeitraum sehr zunehmen.

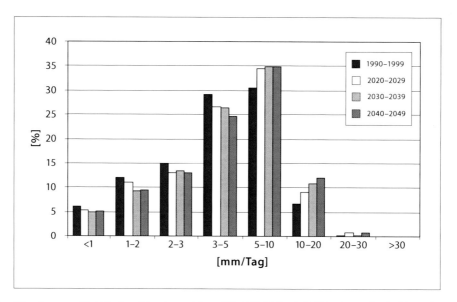

Abb. 4: Elbeeinzugsgebiet Niederschlagsintensitäten (*B2*; REMO 5.0 mit 0,16° horizontaler Auflösung)

Zusammenfassung

Alle hier herausgefunden Ergebnisse gelten nur für ein mögliches Klimaszenario. Es wurde nur ein Globalmodell als Antrieb verwendet und eine Realisierung mit einem bestimmten Regionalmodell durchgeführt. Es ist nicht auszuschließen, dass durch die Nutzung anderer Modelle ähnliche Ergebnisse erzielt werden, sie können jedoch auch andere Lösungen liefern. Auch das Szenario *B2* ist nur eines von vielen möglichen Annahmen für die Entwicklung der Treibhausgase in der Zukunft. Vergleicht man den Anstieg der mittleren Globaltemperatur für 2050 unter Verwendung verschiedener IPCC Klimaszenarien, besteht bereits ein Temperaturunterschied von über 1 K.

▶ Die Temperaturen steigen ca. um 1 °C für das Elbeeinzugsgebiet im Szenarienzeitraum 2020–2049 im Vergleich zum Kontrollzeitraum 1990–1999 an. Es besteht eine starke dekadische Variabilität. Die Wintermonate erwärmen sich im Vergleich zu den Sommermonaten stärker.

- In dem Szenarienlauf 2020–2049 ist im Vergleich zum Kontrolllauf für das Elbeeinzugsgebiet eine leichte Niederschlagszunahme im Jahresmittel (ca. 10 %) zu erkennen.
- Horizontal ändern sich die Niederschlagsverteilungen in jeder Dekade. Die Dekade 2030–2039 ist von allen die nasseste mit über 20 % Niederschlagszunahme in einigen Regionen des Elbeeinzugsgebietes. Im norddeutschen Teil des Elbeeinzugsgebietes treten in allen drei Dekaden die geringsten Änderungen auf (ca. 5 %).
- Für das Elbeeinzugsgebiet steigt in den Niederschlagsintensitätsklassen des Szenarienlaufs im Vergleich zum Kontrolllauf die Zahl der Tage mit Niederschlag über 5 mm/Tag um 5 % an.

Referenzen

Houghton, J. T. et al., (2001) Climate Change 2001: The Scientific Basis, Contribution of Working Group I to the Third Assessment Report of the Governmental Panel on Climate Change, Cambridge University Press.

Jacob, D. (2001) A note to the simulation of the annual and interannual variability of the water budget over the Baltic Sea drainage basin, Meteorol. Atmos. Phys. 77, p. 61–73.

Jacob, D., Van den Hurk, B. J. J. M., Andræ, U., Elgered, G., Fortelius, C. Graham, L. P., Jackson, S. D., Karstens, U., Koepken, Chr., Lindau, R., Podzun, R., Roeckel, B., Rubel, F., Sass, B. H., Smith, R. N. B., Yang, X. (2001) A comprehensive model intercomparison study investigating the water budget during the BALTEX PIDCAP period, Meteorol. Atmos. Phys, 77, 19–43.

Majewski, D. (1991) The Europa-Modell of the Deutscher Wetterdienst. Seminar Proceedings ECMWF, 2, 147–191.

Majewski, D., Doms, G., Edelmann, W., Gertz, M., Hanisch, T., Heise, E., Link, A., Prohl, P. Schaettler, U., Ritter, B. (1995) Dokumentation des EM/DM-Systems. Abteilung Forschung, Deutscher Wetterdienst, Offenbach.

Milliez, M. (2003) Validation of today's climate simulation with the regional model REMO. Diplomarbeit am DEA Oceanologie, Meteorologie et Environnement, der Université Pierre et Marie Curie.

Rechid, D. (2001) Untersuchungen zur Parametrisierung von Landoberflächen im regionalen Klimamodell REMO. Diplomarbeit am Fachbereich Geographie der Universität Hannover.

Richter, D. (1995) Ergebnisse methodischer Untersuchungen zur Korrektur des systematischen Messfehlers des Hellmann-Niederschlagsmessers, Berichte des Deutschen Wetterdienstes 194.

Röckner, E., Arpe, K., Bengtsson, L., Christoph, M., Claussen, M., Dümenil, L., Esch, M., Giorgetta, M., Schlese, U., Schulzweida, U. (1996) The Atmospheric General Circulation Model ECHAM-4: Model Description and Simulation of Present-Day-Climate. Max-Planck-Institut für Meteorologie, Hamburg, Report No. 218.

Semmler, T. (2002) Der Wasser und Energiehaushalt der arktischen Atmosphäre. Dissertation am Max-Planck-Institut für Meteorologie in Hamburg Nr. 85.

II-1.2 Klimaprognose der Temperatur, der potenziellen Verdunstung und des Niederschlags mit NEURO-FUZZY-Modellen

Eberhard Reimer, Sahar Sodoudi, Eileen Mikusky, Ines Langer

Einleitung

Die Klimaforschung hat in den letzten Jahren große Fortschritte bei der Entwicklung von Globalen Zirkulationsmodellen (GCMs) gemacht und ist seit einiger Zeit in der Lage, mögliche Auswirkungen menschlicher Eingriffe auf das Klimasystem realitätsnah abzuschätzen. Diese Schätzungen liefern Aussagen für Kontinente, und Interpretationen sollten für Zeitspannen von einigen Jahrzehnten erfolgen. Bisher ist es nicht möglich, mit solchen Modellen direkt auf hochaufgelöste (regionale und lokale) Skalen zu schließen.

Ein Teilziel des GLOWA-Elbe Projektes war die Regionalisierung von Klimamodell-Rechnungen für das Elbeeinzugsgebiet für die Jahre 1979 bis 2055 mit einem NEURO-FUZZY-Verfahren. Hierfür wurden verschiedene Simulationen des Modellsystems ECHAM4/OPYC3 und REMO (dreidimensionales hydrostatisches Klimamodell REgional MOdell) des MPI-Hamburg herangezogen (Abbildung 1). Das REMO-Modell hat eine horizontale Gitterauflösung von 0,16° (ca. 11 km) bzw. 0,5° (ca. 34 km).

Dabei wurden zur Beschreibung der Modellzirkulation objektive Wetterlagenklassifikationen verwendet und die lokalen Messreihen der relevanten bodennahen Parameter für den Zeitraum 1979 bis 2000 in Jahresgänge und kurzzeitige Abweichungen unterteilt. Die Niederschlagsverhältnisse (Variabilität, Extrema, räumliche Struktur) dieser 20 Jahre wurden für das Elbeeinzugsgebiet untersucht. Es waren folgende Modellvalidierungsläufe gegeben:

- 20 Jahre global
- 20 Jahre 0,5°
- 10 Jahre 0,16°.

Alle Ergebnisse wurden 6-stündig zur Verfügung gestellt.

Mit diesen Lerndaten wurden lokale Fuzzy-Modelle für die Zielgrößen Tagessumme des Niederschlags, Tagesmaximum der Temperatur, Bodenluftdruck, Relative Feuchte und Verdunstung bestimmt. Diese Modelle wurden nachfolgend auf den entsprechenden Modelldaten der Szenarienläufe für die Jahre 2001 bis 2051 zur Bestimmung lokaler Zeitreihen der Parameter angewendet.

Für das komplexe Klimasystem lässt sich kein einfaches mathematisches Modell erzeugen, das in der Lage ist, aus Beobachtungsdaten Prädiktionswerte (pot. Verdunstung, Temperatur und Niederschlag) zu gewinnen. Daher ist die Verwendung von numerischen Klimamodellen, die in der Lage sind nichtlineare Verhältnisse darzustellen, sinnvoll.

Es wurde versucht, die meteorologischen Daten (Temperatur, Niederschlag, Globalstrahlung, Wind, relative Feuchte, Bedeckungsgrad, Verdunstung) für den Zeitraum 2000–2055 für 75 Stationsstandorte auf der Basis der Modellläufe mit Hilfe von NEURO-FUZZY zu prognostizieren.

Zur vereinfachten, großräumigen Beschreibung der Klimamodellfelder wurden Großwetterlagen anhand historischer Datenreihen abgeleitet. Dabei wurden mit umfangreichen Simulationen und Tests die optimale Modellkonfiguration (z. B. Klassenanzahl, Einbindung von Informationen verschiedener Geopotenzialflächen und Zeitniveaus, regional unterschiedliche Gewichtung von Informationen) bestimmt.

Durch eine wetterlagenbedingte Screening-Analyse mit langen Reihen täglicher Beobachtungsdaten meteorologischer Stationen wurde eine Kopplung zwischen Wetterelementen in Bodennähe und Geopotenzial-, Temperatur- und Feuchteanalysen der „freien" Atmosphäre vorgenommen und eine Klimatologie objektiver, für die Region relevanter Zirkulationsmuster für alle Jahreszeiten generiert. Dazu wurden mittlere Zeitreihen der Prediktanden Niederschlag, Temperatur, Sonnenscheindauer, Bedeckungsgrad zugeordnet.

Das Verfahren wurde für die Kontrollläufe und Szenarien der ECHAM4/OPYC3/REMO-Simulationen des MPI-Hamburg angewendet und dem NEURO-FUZZY-Verfahren bereitgestellt.

Zur Berechnung der lokalen Modelle wurde die Fuzzy-Software FIS von MATLAB verwendet, die im Rahmen einer Toolbox entsprechende Routinen bereitstellt. Das Fuzzy-Inferenz-System (FIS) ist die Formulierung einiger Verfahren von einer gegebenen Eingabe zu einer Ausgabe mit Hilfe der Fuzzy-Logik.

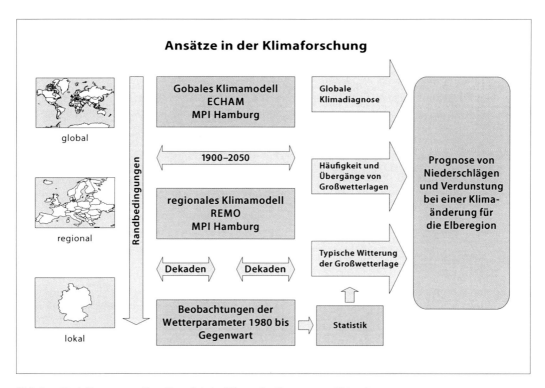

Abb. 1: Modellsystem zur Erstellung lokaler Klimazeitreihen ausgewählter Parameter

Das FIS wurde erfolgreich in vielen Feldern wie der Datenklassifikation verwendet. Mit einem FIS wird ein nichtlinearer Zusammenhang zwischen der Eingangsgröße und der Ausgangsgröße hergestellt. Um ein FIS an einen technischen Prozess zu koppeln, muss es in der Lage sein, auf scharfe Eingangsgrößen zu reagieren und eine passende scharfe Ausgangsgröße als Regelantwort zu liefern.

Für die Modellkette ECHAM4/OPYC3/REMO wurden jeweils für den Kontrolllauf Großwetterlagenstatistiken mit einem dazugehörigen Erwartungswert zum Jahresgang ermittelt. Die Differenzen zu den Beobachtungen ergaben die Basisreihen für die Fuzzy-Modelle. Mit einem Screeningverfahren wurden die optimalen Modellparameter bestimmt und für die jeweilige Beobachtungsstation lokale Modelle erstellt. Dabei gingen neben den Großwetterlagen auch die mittlere Temperatur der unteren Troposphäre, die Wirbelgröße, und die Bodendaten mit ein.

Die Modelle wurden dann auf die Szenarienläufe der ECHAM4/OPYC3/REMO-Klimamodelle angewendet und für den Zeitraum 2001–2055 lokale Erwartungswertszenarien berechnet. Dabei wurden über entsprechende Anpassungsstatistik Sorge getragen, dass die Kontrollzeitreihen ohne Bruch in die Szenarienreihen übergingen.

Um die erforderlichen 100 Variationen um das Erwartungswertszenario zu erzeugen, wurden mit einem Zufallsprinzip der lineare Trend, die Jahres-, Monats- und Wochengänge des Niederschlags und der Temperatur variiert. Dabei wurde zunächst nur auf eine gemeinsame Stationszuordnung für die verschiedenen zeitlichen Abweichungstypen geachtet, da nur ein lokales Unschärfesignal für die nachfolgenden hydrologischen Rechnungen erstellt werden sollte.

Methode

In diesem Projekt wurden für das „Downscaling" der Klimamodellergebnisse aus ECHAM4/REMO Fuzzy-Modelle verwendet. Fuzzy-Verfahren sind in der Lage nichtlineare, auch unbekannte Prozesse approximativ zu beschreiben, indem ein dem neuronalen Netz vergleichbares Regelwerk bestimmt wird, das über unscharfe Einzelbeziehungen einen Prozess beschreibt.

Das FIS besteht aus 5 Phasen: der Fuzzyfizierung der Eingaben, der Verwendung der Fuzzy-Operatoren, der Anwendung der Implikationsmethoden, der Aggregation aller Ausgaben und der Defuzzyfizierung.

In der ersten Phase werden die unscharfen Zugehörigkeitsfunktionen für die erklärenden Variablen bestimmt (vgl. Tabelle 1, 2 und Abbildung 2). Jedem speziellen Wert wird über diese empirischen Funktionen ein Zugehörigkeitsgrad zwischen 0 und 1 zugeordnet.

Die Zugehörigkeitsfunktionen

- ▶ beschreiben unscharfe Untermengen der Prozesswerte,
- ▶ sind über der Werteskala verteilte überlappende Teilmengen, die den Wertebereich vollständig beschreiben
- ▶ ermöglichen die Transformation der Beobachtungswerte in Zugehörigkeitsgrade zwischen 0 und 1 und somit eine Normierung für den Vergleich unterschiedlicher Daten.

Man kann in der Fuzzy Logik Toolbox die Form der Zugehörigkeitsfunktionen für die Regelfindung und Anwendung vorgeben. Im einfachsten Fall werden Dreieckfunktionen verwendet.

Die Regeln zwischen den gegebenen Parametern werden durch Clusterverfahren erstellt. In der Toolbox kann entweder der C-means-Algorithmus oder Sugeno Fuzzy verwendet werden. Sugeno Fuzzy bietet einen schnellen Algorithmus zum Schätzen der optimalen Anzahl der Cluster und der Clusterzentren. Dabei wird ein automatisches Lernverfahren, entsprechend neuronalen Netzen, verwendet.

Die Beziehung zwischen den Clusterteilnehmern ergeben die unscharfen Regeln. Sie können auch hierarchiv aufgebaut werden.

Die exakte Eingabe wird mit Zugehörigkeitsgraden unscharf und die Ergebnisse und Schlussfolgerungen, die zunächst auch als Zugehörigkeitsgrade unscharf gegeben sind, werden mit Schwerpunktverfahren in exakte Zahlen gewandelt.

Datenaufbereitung

Für die Erstellung der Fuzzy-Inferenzsysteme (FIS) und späteren Prognosen wurden folgende Datensätze (Tabelle 1 und 2) verwendet:

Aus den NCAR/NCEP Reanalysen (1980–1998) und Klimasimulationen (2000–2049) des globalen Atmosphärenmodells ECHAM4 vom Max-Planck-Institut für Meteorologie in Hamburg (MPI-Hamburg) wurden die Parameter der Tabelle 1 verwendet.

Tab. 1: Verwendete Parameter aus den NCAR/NCEP Reanalysen und Klimasimulationen für die Fuzzy-Inferenzsysteme

Parameter	Kürzel	Niveau [hPa]	Termin
Geopotenzial	$Geop_E$	1.000, 850, 700, 500	12 h
Temperatur	T_E	850, 500	12 h
relative Feuchte	rF_E	850, 500	12 h
Vorticity	V_E	1.000, 850, 700, 500	12 h
relative Topographie	$reTop_E$	1.000/800, 1.000/700, 1.000/500	12 h
Temperaturdifferenz	$Tdiff_E$	1.000–850	12 h

Tab. 2: Verwendete Parameter aus der objektiven Wetterlagenklassifikation

Parameter	Kürzel	Niveau	Termin
Niederschlag	NN	srf*	tägl. Mittel**
Bedeckungsgrad	CC	srf*	tägl. Mittel**
Temperatur	Tmean	srf*	tägl. Mittel**
Globalstrahlung	Rad	srf*	tägl. Mittel**
relative Feuchte	rF	srf*	tägl. Mittel**
Windstärke	W	srf*	tägl. Mittel**

*surface, ** Die Daten beziehen sich hier auf Abweichungen von einem mittleren Jahresgang des betrachteten Zeitraums

Für die Erstellung der Fuzzy-Modelle und Prognosen wurden die ECHAM- und ECHAM4/OPYC3/REMO-Simulationsergebnisse vom Modellgitter an 75 Stationsstandorte im Elbeeinzuggebiet interpoliert. Die Interpolation erfolgte dabei in zwei Schritten. Zuerst wurde der Modelloutput mithilfe eines Teleskopprinzips (Reimer et al., 1992) höher aufgelöst. Um die Gitterpunktswerte auf die Stationsstandorte zu übertragen, wurde eine bilineare Interpolation angewandt.

Die Fuzzy-Modelle wurden nur für Abweichungen von einem mittleren Jahresgang erstellt. Hierzu war es zunächst notwendig, den mittleren Jahresgang der beobachteten Erdbodenparameter (Bedeckung, Mittel-, Maximal-, Minimaltemperatur usw.) zu bestimmen, um diesen dann von den originalen Zeitreihen abziehen zu können.

Die einzelnen Jahresgänge der Zeitreihen wurden über eine Tiefpassfilterung ermittelt. Der Vorteil dieser Filterungsart liegt darin, dass relativ kurze Perioden unterdrückt und relativ lange Perioden hervorgehoben werden (SCHÖNWIESE, 1985). Die Zeitreihen wurden derart geglättet, dass Perioden kleiner als einen Monat nicht mehr in den Zeitreihen enthalten waren.

Nachdem mit Hilfe der Gauß'schen Tiefpassfilterung für jede Klimareihe die Jahresgänge ermittelt wurden, konnten dann auf der Grundlage dieser geglätteten Reihen über eine einfache arithmetische Mittelung mittlere Jahresgänge berechnet werden. Diese Jahresgänge wurden tageweise den Großwetterlagen zugeordnet.

Fuzzy-Modellbildung

Während der Lernphase werden Regeln entworfen, die den Zusammenhang zwischen den verwendeten Inputdaten und den jeweils vorherzusagenden Klimaparametern (Output) beschreiben. Hierzu müssen beide Datensätze, d.h. Input und Output zunächst bekannt sein. Als Input wurden die ECHAM4- und ECHAM4/OPYC3/REMO-Daten und die Klimareihen verwendet. Dabei wird immer zwischen der Temperatur- und Feuchteklassifikation unterschieden.

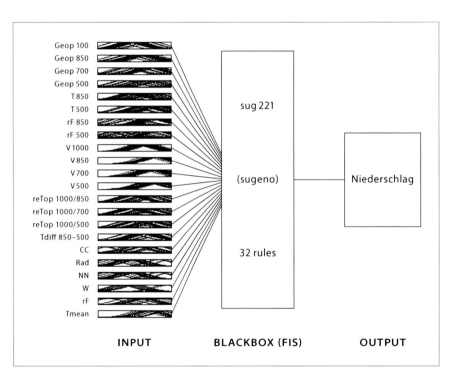

Abb. 2: Schematische Darstellung für die Regelfindung einer Niederschlagsprognose mit Input- und Output-Parametern

Tab. 3: Jahre, die als Lern- und Testdaten verwendet wurden

Lerndaten	Testdaten
1980, 1981, 1982, 1984, 1986, 1988, 1989, 1991, 1993, 1994, 1995, 1996, 1997, 1998	1983, 1985, 1987, 1990, 1992

Innerhalb der Testphase wird überprüft, wie gut das „trainierte" Fuzzy-Inferenzsystem (FIS) das betrachtete System beschreiben kann. Das erstellte Modell wird mit Testdaten geprüft. Der Output wird dann mit realen Beobachtungsdaten verglichen. Beide Bearbeitungsphasen, d. h. Lern- und Testphase setzen bekannte Beobachtungsdaten voraus.

Um das Modell zu erstellen, wurden ECHAM- und Beobachtungsdaten im Zeitraum von 1980 bis 1998 (= 19 Jahre) verwendet. Von diesen 19 Jahren wurden 14 Jahre für die Lern- und 5 Jahre für die Testphase verwendet. Da für zeitlich aufeinander folgende Jahre Niederschlagsregime sehr ähnlich ausfallen können, erforderte das zusätzlich eine ungeordnete Aufspaltung der Input/Output Parameter in Lern- und Testdaten.

Daten-Screening

Das Screening steht am Anfang der Modellerstellung. Hier werden aus allen zur Verfügung stehenden Inputparametern vier Parameter ausgewählt, die sich am besten für die Prognose des jeweils betrachteten Klimaparameters eignen. Die Auswahl der besten Kombination erfolgt dabei sequentiell. Um entscheiden zu können, welche Parameter die besten sind, werden die beiden Fehlermaße checking- und training-error berechnet. Der training-error ist der Fehler zwischen Modelloutput und der Beobachtung während der Lernphase. Dagegen ist der checking-error der Fehler zwischen dem Modelloutput und der Beobachtung während der Testphase.

Zuerst werden zwischen den Beobachtungsdaten (Output) und jedem einzelnen Inputparameter Zugehörigkeitsfunktionen ermittelt. Im ersten Schritt sind das 22 Modelle. Daran anschließend wird die Zugehörigkeitsfunktion bestimmt, mit der sich der nichtlineare Zusammenhang zwischen Input und Output am besten beschreiben lässt. Der dazugehörige Inputparameter stellt dann den am besten geeigneten Parameter für die spätere Prognose dar.

Dann wird unter Berücksichtigung des ersten Besten der zweite Beste von den übrigen 21 Inputparametern ausgewählt. Dazu werden 21 Modelle als Kombinationen von Zugehörigkeitsfunktionen zwischen Input und Output ermittelt. Das Modell, mit dem sich der Output am besten ermitteln lässt, legt den zweitbesten Inputparameter fest.

Der dritt- und viertbeste Parameter wird analog unter zusätzlicher Berücksichtigung der zweibesten bzw. drittbesten Parameter bestimmt. Dazu müssen 20 bzw. 19 Modelle erstellt werden.

Mit dem Screening wurden die vier besten Parameter pro Station ausgewählt. Um jedoch für alle Stationen einen einheitlichen Satz von Parametern zu bekommen, wurden dann die 10 häufigsten der optimalen Parameter bestimmt, mit dem Ziel, maximal 10 Inputdaten für 5 verschiedene Modelle für jeden vorherzusagenden Parameter zu erstellen.

Nachdem pro Vorhersageparameter jeweils in Abhängigkeit von der Feuchte- und Temperaturklassifikation 5 Modelle erstellt wurden, wurde im Anschluss daran das beste Modell als endgültiges Vorhersagemodell ausgewählt. Dafür wurden für jedes einzelne Modell die mittleren Abweichungen zwischen Modelloutput und Beobachtung ermittelt. Das Modell mit dem niedrigsten Fehler wurde als das am besten geeignete Fuzzy-Modell für das Downscaling der *ECHAM*-Szenarien verwendet.

In den Abbildungen 3 und 4 werden die Modellergebnisse aus der Testphase mit den Beobachtungsdaten für das Jahr 1983 am Beispiel für 25 Stationen im Elbeeinzugsgebiet verglichen. (MAE_F: Mittlere absolute Fehler für die Feuchteklassifikation der Wetterlagen, MAE_T: Mittlere absolute Fehler für die Temperaturklassifikation der Wetterlagen)

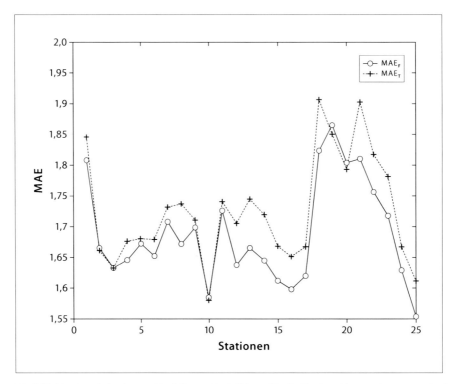

Abb. 3: Modellfehler (MAE) des besten Modells pro Modellklasse für die Niederschlagsvorhersage an 25 Stationen

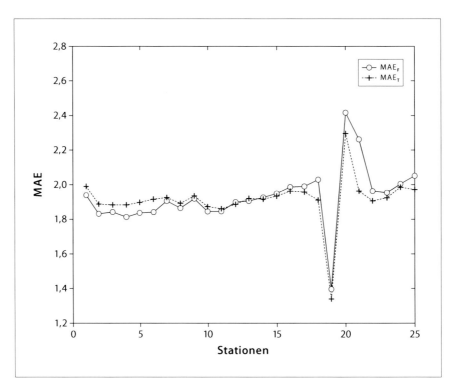

Abb. 4: Modellfehler (MAE) des besten Modells pro Modellklasse für die Temperaturvorhersage an 25 Stationen

Prognosen für 2000–2049 und Variationen

Mit den gefundenen Modellen wurden pro Station mit den Klimasimulationen des globalen Atmosphärenmodells ECHAM4 und ECHAM/REMO, den jeweiligen Jahresgängen basierend auf der Wetterlagenklassifikation für den Zeitraum 2000–2049 Klima-Szenarien berechnet. Dabei wurden die mittleren Jahresgänge (mJg) anhand der Großwetterlagen der Simulationen vorgegeben und über die Fuzzy-Regeln die Variationen aufgesetzt.

Die Erstellung der 100 Variationen erfolgte, indem der jeweiligen Zeitreihe der Abweichungen vom mittleren Jahresgang unterschiedliche Wochen-, Monats- und Jahresgänge aufgeprägt und zusätzlich Variationen eines linearen Trends überlagert wurden. Um dies zu realisieren wurde wie folgt vorgegangen:

Festlegung des Wochengangs:

Pro Woche wird zu den Abweichungen vom mittleren Jahresgang (oZ) ein konstanter Wert W addiert (oZ + W(Woche) = oZW). Der Wert kann je nach Variation unterschiedlich sein, da dieser mittels Zufallszahlen nach folgendem Prinzip erzeugt wurde:

- für Niederschlag: $W = Z \cdot (std/2)$,
- für Temperatur: $W = Z \cdot (std/8)$

  Z: Gauß'sche Zufallszahl ($-5 \leq Z \leq +5$), std: Standardabweichung von den Tageswerten der Abweichungen vom mJg pro Station im Zeitraum 2000–2055

Um für W eine akzeptable Größenordnung zu erreichen, wurde die Standardabweichung von oZ mit der Gauß'schen Zufallszahl Z multipliziert.

Festlegung des Monatsgangs:

Pro Monat wird zum im Wochenrhythmus variierten Tag oZW ein konstanter Wert M addiert (oZW + M(Monat) = oZM). Auch dieser kann je nach Variation unterschiedlich ausfallen. M wurde wie folgt berechnet:

- für Niederschlag/Temperatur: $M = Z \cdot (std/30)$

Festlegung des Jahresganges:

Pro Jahr wird jedem Tageswert oZM ein konstanter Wert J addiert (oZM + J(Jahr) = oZJ). Auch dieser kann je nach Variation unterschiedlich ausfallen. J wurde wie folgt berechnet:

- für Niederschlag: $J = Z \cdot (30/360)$
- für Temperatur: $J = Z \cdot 0{,}5$

  Mit dem Faktor (30/360) wird maximal eine Variation der Niederschlagsjahressumme von $30\,\text{mm} \cdot \max(Z) = (\pm 150\,\text{mm})$ zugelassen. Zusätzlich wird an dieser Stelle der mJg den Reihen aufgeprägt.

Festlegung des linearen Trends:

Pro Tag wird zum oZJ ein Wert dazu addiert, so dass sich für den Zeitraum 2000–2055 maximal ein linearer Trend von $\pm 0{,}05\,\text{mm}$ ergibt.

Ergebnisse mit ECHAM 4

Für die **Temperatur** haben wir im gesamten Gebiet einen positiven Temperaturtrend zu verzeichnen, der je nach Station zwischen 0,2 und 0,8 °C schwankt (Abbildung 5, Abbildung 7 oben links, Tabelle 4). Dabei ist der positive Trend im Sommer und Winter am stärksten ausgeprägt. Der **Niederschlag** zeigt einen negativen Trend. Je nach Station ergibt sich eine Abnahme des Niederschlags zwischen −13 und −59 mm über 55 Jahre (Abbildung 7 Mitte oben, Tabelle 4). Der Trend im Winter ist jedoch positiv. Der stärkste Negativtrend ist im Frühjahr zu beobachten. Die **Jahresverdunstung** ist im gesamten Gebiet negativ (Abbildung 7 oben rechts, Tabelle 4). Aufgrund der Zunahme der Sommertemperaturen nimmt auch die potenzielle Verdunstung im Sommer einen positiven Trend an. Im Frühjahr ist der negative Trend am stärksten ausgeprägt.

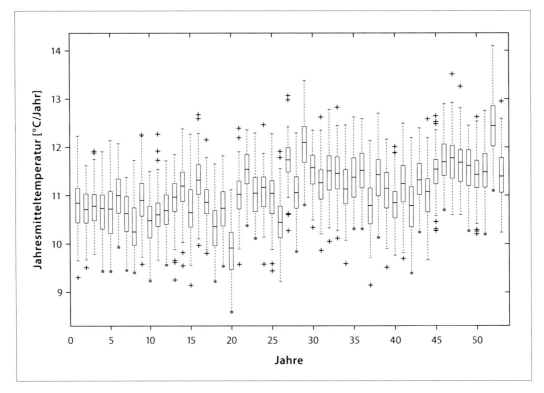

Abb. 5: Boxplot der 100 Variationen der Jahresmitteltemperatur für den Zeitraum 2001–2053

Ergebnisse mit REMO-Eingangsdaten

Für die **Temperatur** haben wir nach Tabelle 4 nahezu im gesamten Gebiet einen positiven Temperaturtrend zu verzeichnen, der je nach Station zwischen −0,07 und 0,4 °C schwankt (Abbildung 6, Abbildung 7, unten links). Im Vergleich zum Temperaturszenario mit ECHAM4-Eingangsparametern sind die Trends im:

- ▶ Winter: positiv, vergleichbar mit ECHAM4
- ▶ Frühling: positiv, vergleichbar mit ECHAM4
- ▶ Sommer: positiv, kleiner als ECHAM4
- ▶ Herbst: positiv, vergleichbar mit ECHAM4

Bezüglich des Niederschlags ergibt sich ein negativer Trend (Tabelle 4). Je nach Station nimmt der Niederschlag zwischen 20 und −46 mm über 55 Jahre zu bzw. ab (Abbildung 7, Mitte unten). Betrachtet man die einzelnen Jahreszeiten ist der Trend im vergleich zur Niederschlagsprognose mit ECHAM4-Eingangsparameter im:

- Winter: positiv, vergleichbar mit ECHAM4
- Frühling: negativ, nicht so stark wie ECHAM4
- Sommer: positiv (für mehrere Stationen)
- Herbst: negativ, nicht so stark wie ECHAM4

Der stärkste Negativtrend ist im Herbst und Frühjahr zu beobachten.

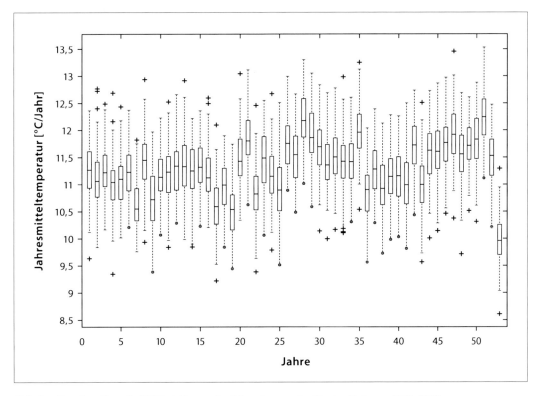

Abb. 6: Boxplots über die 100 Variationen der Jahrestemperatur für den Zeitraum 2001–2053

Der Trend der **Jahresverdunstung** ist im gesamten Gebiet negativ (Abbildung 7, unten rechts, Tabelle 4). Im Vergleich zur Prognose der potenziellen Verdunstung mit ECHAM4-Eingangsparameter ist der Trend im:

- Winter: negativ, nicht so stark wie ECHAM4
- Frühling: negativ, stärker als ECHAM4 für einige Stationen
- Sommer: negativ, im Gegensatz zu ECHAM4
- Herbst: positiv, nicht so positiv wie ECHAM4

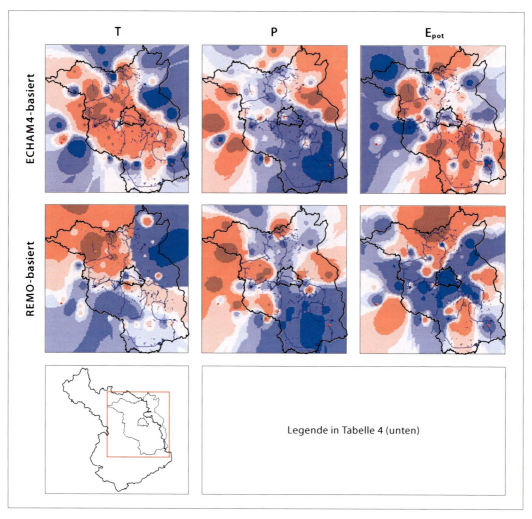

Abb. 7: Räumliche Verteilung der von NEURO-FUZZY ermittelten Trends der Jahresmitteltemperaturen (T), der Jahresniederschläge (P) und der potenziellen Evapotranspiration (E_{pot}) über 55 Jahre für die zwei Basismodelle ECHAM4 und REMO und die Szenarien Periode 2001–2055. Die Abbildungen basieren auf einer Interpolation der in Tab. 4 dargestellten Trend-Quantile.

Tab. 4: Legende und Quantil-Werte zu Abbildung 4

Quantil	Legende	Trend Jahresmittel-temperatur [°C]		Trend Jahresnieder-schlagssumme [mm]		Trend potenzielle Jahresverdunstung [mm]	
		ECHAM4	REMO	ECHAM4	REMO	ECHAM4	REMO
MIN		−0,10	−4,96	−53,09	−46,86	−76,65	−95,80
0,05		0,24	−0,53	−39,31	−35,41	−47,15	−85,73
0,25		0,36	0,12	−26,19	−14,90	−37,73	−82,34
0,4		0,40	0,14	−20,87	−8,31	−33,51	−81,41
0,5		0,44	0,16	−18,97	−6,06	−30,78	−80,82
0,6		0,47	0,18	−16,55	−4,33	−28,26	−80,19
0,75		0,56	0,22	−13,36	−1,95	−24,51	−79,01
0,95		0,69	0,32	−6,63	6,27	−13,57	−71,20
MAX		0,89	0,89	19,58	27,63	25,58	−58,11

Zusammenfassung

Es ist festzuhalten, dass sich die mittleren Trends für die Temperatur, Niederschlag und Verdunstung bei den Fuzzymodellen mit *ECHAM4*- und *ECHAM/REMO*-Szenarien in einigen Gebieten grundsätzlich ähnlich verhalten.

Im Raum Brandenburg/Sachsen-Anhalt ist der Temperaturtrend im Mittel positiv, wobei die ECHAM4-Modelle Trends zwischen 0,2 und 0,8 °C zeigen, REMO-basierten Modelle zeigen ein etwas gedämpfteres Verhalten. Die Jahreszeiten sind jedoch sehr unterschiedlich. Der separate Frühjahrstrend zeigt die stärkste Abnahme.

Beim Niederschlag führten die ECHAM4-basierten Modelle nur zu negativen mittleren Trends. Dabei gibt es gegenläufige Tendenzen in den einzelnen Jahreszeiten. So ist eine Zunahme der Niederschlagssumme im Winter zu verzeichnen, während im Frühjahr und Herbst die Niederschlagssumme stark abnimmt.

Die REMO-basierten Modelle zeigen dagegen auch positive Trends im Fläming und westwärts. Dabei weisen die Sommer und Winterniederschlagssummen überwiegend einen leicht positiven Trend auf. Die Trends der Frühjahrs- und Herbstsummen sind negativ mit Ausnahme der Region Fläming und Altmark.

Für die Verdunstung ergeben sich bei allen ECHAM4-basierten Modellen entsprechend negative Trends. Die auf REMO basierenden Modelle jedoch zeigen auch hier ein differenzierteres Bild, wobei im Frühjahr die Werte stärker abnehmen und im Herbst positiv werden.

Die Untersuchungen zeigen, dass die Klimamodelle unterschiedliche Ergebnisse bringen und in der Folge auch die lokalen Modelle unterschiedlich sind. Die Fuzzy-Modelle ermöglichen die lokale Korrektur der ECHAM4 und ECHAM/REMO-Simulationen, die weiterhin komplexe Trends aufweisen. Die höhere Auflösung von REMO gibt eine topographieangepasstere Beschreibung der Großwetterlagen und Jahresverläufe, die sich als sinnvoll auch bei einer Downscaling-Prozedur erweist.

Referenzen

Bergstroem, S., Carlsson, B., Gardelin, M., Lindstroem, G., Pettersson, A., Rummakainen, M., 2001: Climate change impacts on runoff in Sweden Ð Assessments by global climate models, dynamical downscaling and hydrological modeling. Climate Research, 16, 101–112.

Bischoff, S. A., Garcia, N. O., Vargas, W. M., Jones, P. D. and Conway, D., 2000. Climatic variability and Uruguay riverflows. Water International 25, 446–456.

Breiman, L., J. H. Friedman, R. A. Olsen, and J. C. Stone. Classification and Regression Trees, Wadsworth, 1984.

Cannon, A. J. and P. H. Whitfield, 2002: Downscaling recent streamflow conditions in British Columbia, Canada, using ensemble neural network models. Journal of Hydrology, 259, 136–151.

Cayan, D. R., 1996: Interannual climate variability and snowpack in the western United States. Journal of Climate, 9, 928–948.

Conway, D., Hulme, M., 1996. The impacts of climate variability and climate change in the Nile Basin on future water resources in Egypt. Water Resources Development 12 (3), 277–296 (R).

Conway, D. and Jones, P. D., 1998. The use of weather types and air flow indices for GCM downscaling. Journal of Hydryology 213 (1–4), 348–361 (R).

Conway, D., 1998. Recent climate variability and future climate change scenarios for Great Britain. Progress in Physical Geography 22 (3), 350–374 (R).

Daly, C., R. P. Neilson, and D. L. Phillips, 1994: A statistical-topographic model for mapping climatological precipitation over mountainous terrain. J. Appl. Met., 33, 140–158.

Dlabka, M., 1997: Anwendung der Sugeno-Fuzzy-Modellbildung (FARMAX-Modell).

Enke, W., 2001: Regionalisierung von Klimamodell-Ergebnissen des statistischen Verfahrens der Wetterlagenklassifikation und nachgeordneter multipler Regressionsanalyse für Sachsen, Abschlussbericht, Sächsisches Landesamt für Umwelt und Geologie, Januar 2001.

Enke, W., 2003: Anwendung eines Verfahrens zur wetterlagenkonsistenten Projektion von Zeitreihen und deren Exterme mit Hilfe globaler Klimasimulation, Abschlussbericht, Sächsisches Landesamt für Umwelt und Geologie, März 2001.

Föllinger, O., 1991: Nichtlineare Regelungen I, R. Oldenbourg Verlag München.

Gath, I. & Geva, A. B., 1989: Unsupervised Optimal Fuzzy Clustering, IEEEE Transactions on Pattern Analysis and Machine Intelligence, Vol. 11, No. 7, July 1989.

Gershunov, A., T. P. Barnett, D. R. Cayan, T. Tubbs, and L. Goddard, 2000: Predicting and downscaling ENSO impacts on intraseasonal precipitation statistics in California: The 1997/98 event. J. Hydrometeorology, 1, 201–210.

Giorgi, F., B. Hewitson, J. Christensen, C. Fu, M. Hulme, L. Mearns, H. von Storch, P. Whetton, and contibuting authors, 2001: Regional Climate Simulation and Evaluation and projections. In IPCC WG1 Third Assesment Report, Cambridge University Press.

Hamlet, A. and D. Lettenmaier, 1999a: Effects of climate change on hydrology and waterresources in the Columbia River Basin. J. Amer. Water Res. Assoc., 35, 1597–1623.

Hamlet, A. F., and D. P. Lettenmeier, 1999b: Columbia River Streamflow forecasting based on ENSO and PDO climate signals. American society of Civil Engineering, 25, 333–341.

Kahlert, J. & Frank, H., 1994: Fuzzy-Logik und Fuzzy-Control.

Kidson, J. W. and C. S. Thompson, 1998: A comparison of statistical and model-based downscaling techniques for estimating local climate variations. J. Climate, 11, 735–753.

Landman, W. A., Mason, S. J., Tyson, P. D., and Tennant, W. J., 2001: Statistical downscaling of GCM simulations to streamflow. Journal of Hydrology, 252, 221–236.

Leung, L. R., A. F. Hamlet, D. P. Lettenmaier, and A. Kumar, 1999: Simulations of the ENSO Hydroclimate Signals in the Pacific Northwest Columbia River Basin. Bulletin of the American Meteorological Society, 80, 2313–2329.

Liang, X., D. P. Lettenmaier, E. F. Wood, and S. J. Burges, 1994: A simple hydrologically based model of land surface water and energy fluxes for general circulation models. J. Geophy. Res., 99, 14415–14428

Minobe, S. 1997: A 50–70 year climatic oscillation over the North Pacific and North America. Geophysical Research Letters, 24, 683–686.

Murphy, J., 1999: An evaluation of statistical and dynamical techniques for downscaling local climate. J. Climate, 12, 2256–284.

Reimer, E. & Scherer, B., 1992: An operational meteorological diagnostic system for regional air pollution analysis and long-term modelling. Air Poll. Modelling and its Applications IX. Plenum Press.

Sodoudi, S., 2001: Ozonprognose mit Neurofuzzy, Freie Universität Berlin, Troposphärische Umweltforschung, Abschlussbericht, Februar 2001.

Spekat, A., 1999: Ein statistisches Verfahren zur Regionalisierung der Ergebnisse globaler Klimamodelle, Konferenz Energie und Umwelt, Freiberg.

Widmann, M. and C. S. Bretherton, 2000: Validation of mesoscale precipitation in the NCEP reanalysis using a new grid-cell precipitation dataset for the Northwestern United States. J. Climate, 13, 1936–1950.

Wilby, R. L. and T. M. L. Wigley, 1997: Downscaling general circulation model output: a review of methods and limitations. Progress in Physical Geography, 21, 530–548.

Wilby, R. L., Wigley, T. M. L., Conway, D., Jones, P. D., Hewitson, B. C., Main, J. and Wilks, D. S., 1998. Statistical downscaling of general circulation model output: A comparison of methods. Water Resources Research 34, 2995–3008.

Wilby, R. L. and T. M. L. Wigley, 2000: Precipitation predictors for downscaling: observed and general circulation model relationships. International Journal of Climatology, 20, 641–66.

Wilby, R. L., Conway, D. and Jones, P. D., 2002 . Prospects for downscaling seasonal precipitation variability using conditioned weather generator parameters. Hydrological Processes 16, 1215–1234.

II-1.3 Simulationsergebnisse des regionalen Klimamodells STAR
Friedrich-Wilhelm Gerstengarbe und Peter C. Werner

Einleitung

Im Folgenden werden Simulationsergebnisse des regionalen Klimamodells STAR vorgestellt, das die im Kapitel 1 beschriebene Methode zur Erstellung von Klimaszenarien repräsentiert. Dazu wird im ersten Abschnitt das Modell detailliert vorgestellt. Danach schließt sich eine Übersicht über die Datenbereitstellung an. In dem abschließenden Abschnitt zu den Szenarienergebnissen werden zum einen die Randbedingungen, unter denen die Berechnungen stattfanden, kurz angegeben, zum anderen die wesentlichsten Ergebnisse dargestellt. Eine Zusammenfassung der wichtigsten Erkenntnisse sowie eine Literaturübersicht schließen das Kapitel ab.

Das Szenarienmodell

a) Grundprinzip

Basis des Szenarienaufbaus sind beobachtete Zeitreihen meteorologischer Größen. Zur Beantwortung der Frage, welche Entwicklungstendenz welcher meteorologischen Größe untersucht werden soll, wird eine Bezugsgröße für die Untersuchungen ausgewählt. Berücksichtigt werden muss dabei, welche meteorologische Größe in ihrer tendenziellen Entwicklung vom globalen Klimamodell hinreichend genau reproduziert wird. Nach übereinstimmender Meinung der Klimamodellentwickler ist dies die Lufttemperatur. Mit diesen Vorgaben wird also der Bezugsgröße Lufttemperatur (beobachtet) die vom Klimamodell berechnete Änderung aufgeprägt. Dies wird in der Regel ein Trend sein. Durch einen speziellen Algorithmus werden die anderen beobachteten meteorologischen Größen konsistent diesen Änderungen angepasst. Dabei wird darauf geachtet, dass deren statistische Grundeigenschaften und Zusammenhänge im wesentlichen erhalten bleiben (WERNER und GERSTENGARBE 1997).

b) Berücksichtigung des beobachteten Klimas

Statistisch konstante Kenngrößen

Da, wie bereits erwähnt, die statistischen Charakteristika des simulierten Klimas nicht wesentlich von denen des beobachteten abweichen sollen, müssen letztere in einem ersten Schritt bestimmt werden. Bei den Kenngrößen handelt es sich um den Mittelwert (in der Simulation zuzüglich der vorgegebenen Änderung), die Standardabweichung, die Erhaltungsneigung, den Jahresgang sowie die interannuelle Variabilität. Die Güte der Schätzung der Charakteristika hängt dabei wesentlich von der Länge der Beobachtungsreihen (Stichprobenumfang) sowie deren Qualität ab.

Einbeziehung komplexer Zusammenhänge

Hat man eine Bezugsgröße festgelegt, so werden gleiche bzw. ähnliche Werte innerhalb der Beobachtungsreihe auftreten. Dabei können die Ursachen, die zu diesen Werten führen, durchaus unterschiedlich sein (gleiche Tagesmitteltemperaturen können sowohl bei großer als auch kleiner

Tagesamplitude auftreten.). Dies wiederum hat Auswirkungen auf die dazu parallel auftretenden anderen meteorologischen Größen. Um hier zu einer richtigen Erfassung dieser komplexen Zusammenhänge zu kommen, muss die Bezugsgröße durch mehrere sie beschreibende Parameter charakterisiert werden. Bei der Temperatur z. B. können dies das Tagesminimum, das Tagesmaximum, das Temperaturverhalten der Vortage (Erhaltungsneigung) und die Tagesamplitude sein. Müssen die jahreszeitlichen Variationen noch berücksichtigt werden, ist ein weiterer Parameter zur Beschreibung nötig, wie zum Beispiel die astronomisch mögliche Sonnenscheindauer.

Nach Festlegung der die Bezugsgröße beschreibenden Parameter kann man diese mit Hilfe multivariater Verfahren exakt klassifizieren. In dem vorliegenden Modell wird dafür ein speziell entwickeltes Cluster-Analyseverfahren verwendet (GERSTENGARBE und WERNER 1997, 1999). Diese Methode ermöglicht es, die Werte der Bezugsgröße in statistisch signifikant voneinander getrennte Cluster einzuteilen bei gleichzeitig automatischer Bestimmung der optimalen Cluster-Anzahl. Man erhält also eine Anzahl von Clustern, in denen jeweils eine bestimmte Menge von Elementen (Tage einer Zeitreihe) enthalten ist. Somit lassen sich jedem Element in einem Cluster die konkreten Werte der anderen meteorologischen Größen exakt zuordnen.

c) Erstellung des simulierten Klimas

Bearbeitung der Bezugsgröße

Die Erstellung der simulierten Reihe der Bezugsgröße Lufttemperatur erfolgt in mehreren Schritten. Gegeben sind dazu die Tagesmittelwerte einer mehrjährigen Beobachtungsreihe.

1. **Schritt:** Berechnung der Jahresmittelwerte aus den Beobachtungen, Bestimmung der interannuellen Variabilität und Rangbestimmung. Die Rangbestimmung bezüglich der Jahresmitteltemperatur (Bezugsgröße) ist notwendig, um die Witterungscharakteristik der einzelnen Jahre besser erfassen zu können.

2. **Schritt:** Erzeugung einer simulierten Reihe der Jahresmittelwerte mit Hilfe eines Zufallszahlengenerators unter Berücksichtigung der statistischen Eigenschaften der Beobachtungsreihe und Rangbestimmung (wie in Schritt 1).

3. **Schritt:** Aufprägung der vorgegebenen Änderung (Trend) auf die simulierte Reihe.

4. **Schritt:** Bestimmung der Anomalien zwischen Tageswert und Jahresmittelwert für jedes Jahr der Beobachtungsreihe.

5. **Schritt:** Jedem simulierten Jahr werden entsprechend seines Ranges die entsprechenden Anomalien der Tageswerte zufällig zugeordnet. Dabei setzt sich jeder Tageswert zusammen aus Summe von Jahresmittelwert, dem Wert der Änderung und dem Anomaliewert.

6. **Schritt:** Da der Erhalt der statistischen Charakteristika eine wichtige Randbedingung darstellt, muss die simulierte Reihe entsprechend überprüft und gegebenenfalls korrigiert werden.

7. **Schritt:** Um im Folgenden auf die Beobachtungsgrößen zurückgreifen zu können, werden die gleichen, die Bezugsgröße beschreibenden Parameter (siehe Einbeziehung komplexer Zusammenhänge) für die simulierte Reihe bestimmt.

d) Verknüpfung von beobachtetem und simuliertem Klima

Mit Abarbeitung des 6. Schrittes ist eine Simulation der Bezugsgröße vollständig abgeschlossen. Dieser Bezugsgröße müssen nun die anderen meteorologischen Größen zugeordnet werden. Dazu werden die im 7. Schritt berechneten Parameterkombinationen verwendet. Jede dieser Parameterkombinationen lässt sich in eines der berechneten Cluster der Beobachtungsreihe mit Hilfe des Abstandes von Mahalanobis (WEBER 1980) einordnen. Danach wird ein Element (Tag) aus diesem Cluster „bedingt zufällig" ausgewählt. Dadurch können die anderen meteorologischen Größen unter Wahrung der Konsistenz dem jeweiligen Tag in der simulierten Reihe zugeordnet werden. „Bedingt zufällig" bedeutet dabei, dass zur Sicherung der Erhaltungsneigung der jeweilig davor liegende Tag bei der Auswahl berücksichtigt wird.

Behandelt werden muss jetzt noch die Situation, dass aufgrund der vorgegebenen Änderung (Trend) Werte in der simulierten Reihe der Bezugsgröße auftreten, die außerhalb des Wertebereichs der Beobachtungsreihe liegen. In diesem Fall wird angenommen, dass die Werte der anderen meteorologischen Größen ihren beobachteten Wertebereich nicht verlassen. Dieses Vorgehen ist berechtigt, da Voruntersuchungen gezeigt haben, dass in diesem Fall der Fehler deutlich geringer ist als bei einer nicht gesicherten Extrapolation dieser Größen. Damit ist es möglich, die zuzuordnenden Elemente entsprechend der geschilderten Vorgehensweise aus den extremalen Bereich beschreibenden Clustern zu entnehmen. Man erhält für eine Station ein vollständig simuliertes Klima, das durch die vorgegebenen meteorologischen Größen charakterisiert ist.

Um die räumliche Struktur zu simulieren wird wie folgt vorgegangen:

Bei der Beschreibung regionaler Klimaänderungen kann man davon ausgehen, dass das Untersuchungsgebiet im großräumigen Maßstab ein einheitliches Klimagebiet darstellt. Aus diesem Grund wird in einem ersten Schritt eine Bezugsstation ausgewählt, die die mittleren klimatischen Verhältnisse dieser Region am besten widerspiegelt. Für diese Station wird das simulierte Klima wie beschrieben erstellt. Da aufgrund dieser Vorgehensweise bekannt ist, welches Element (Tag) der Beobachtungsreihe an welcher Stelle der simulierten Reihe eingesetzt wurde, kann man für jede weitere Beobachtungsreihe eine entsprechende simulierte Reihe erzeugen. Dabei bleibt die räumliche Konsistenz aufgrund der vorgegebenen Annahmen erhalten.

e) Erzeugung einer ausreichend großen Stichprobe von Realisierungen

Wie bereits erwähnt, wurde mit dem Algorithmus bisher nur eine Realisierung berechnet. Um eine Wahrscheinlichkeitsaussage zur Sicherheit des Eintretens der simulierten Klimaänderungen zu treffen, müssen entsprechend viele Realisierungen erzeugt werden. Dies wird erreicht, indem man mit Hilfe einer Monte-Carlo-Simulation in der zeitlichen Abfolge zufällige Realisierungen berechnet. Das heißt, dass die unter c) angegebenen Arbeitsschritte 2–7 sowie der Arbeitsschritt d) für jede Realisierung neu berechnet werden.

Datensammlung, -aufbereitung und -ergänzung sowie Erstellung des Ist-Klimaszenariums

Als Basis wurden vom Deutschen Wetterdienst Rohdaten auf Tageswertbasis von 84 meteorologischen Hauptstationen und 285 Niederschlagsmessstellen für den Zeitraum 1951–2000 zur Verfügung gestellt. Die Daten wurden hinsichtlich Vollständigkeit und Homogenität geprüft. Fehlende Werte wurden unter Berücksichtigung der statistischen und klimatologischen Zusammenhänge zwischen den Stationen ergänzt, Inhomogenitäten, soweit sie nicht natürlichen Ursprungs waren, korrigiert. Mit Hilfe eines speziellen Interpolationsprogramms wurden sämtliche meteorologischen Größen (außer Niederschlag) von den Hauptstationen auf die Niederschlagsstationen übertragen. Damit stand letztendlich ein vollständiger, homogener Datensatz (Ist-Klimaszenarium), bestehend aus 369 Stationen, mit folgenden Tageswerten meteorologischer Größen zur Verfügung:

- Lufttemperatur (Maximum, Mittel, Minimum)
- Niederschlag
- relative Luftfeuchte
- Luftdruck
- Wasserdampfdruck
- Sonnenscheindauer
- Bedeckungsgrad
- Globalstrahlung
- Windgeschwindigkeit.

Szenarienergebnisse

Die Szenarienberechnungen beruhen auf einem vorgegebenen Temperaturtrend von 1,4 K für den Zeitraum 2001–2055. Dieser Trend wurde aus dem Klimamodelllauf ECHAM4-OPYC3 des MPI für Meteorologie Hamburg bestimmt. Diesem Lauf liegt das *A1*-CO_2-Emissionsszenarium zu Grunde, was eine relativ moderate Temperaturerhöhung zur Folge hat (IPCC 2001). Um eine ausreichend große Stichprobe zu bekommen, wurden 100 Simulationsläufe sowohl für den Beobachtungszeitraum als auch den Zukunftszeitraum durchgeführt. Damit erhält man eine gute Übersicht über die Bandbreite möglicher Entwicklungen. Nicht geklärt ist dabei, welcher dieser 100 Simulationsläufe als der wahrscheinlichste anzusehen ist. Um hier zu einer Aussage zu kommen, wird wie folgt vorgegangen:

Zuerst ist festzulegen, für welche meteorologische Größe diese Aussage zu treffen ist. Da die Temperaturentwicklung aus dem globalen Klimamodell vorgegeben ist, muss die Auswahl aus den verbleibenden Größen getroffen werden. Im vorliegenden Fall soll dies der Niederschlag sein bzw. dessen Trend.

Tab. 1a: Verteilung der Niederschlagstrends für die Station Magdeburg auf der Basis der simulierten Daten für den Zeitraum 2001–2055

Klasse Nr.	Klassengrenze	Prozentualer Anteil
1	<−47,4 mm	2
2	<−32,8 mm	5
3	<−18,2 mm	10
4	<−3,6 mm	15
5	<11,0 mm	12
6	<25,6 mm	18
7	<40,2 mm	16
8	<51,1 mm	10
9	<65,7 mm	6
10	≥65,7 mm	6

Da für den Beobachtungszeitraum 100 Simulationen gerechnet wurden, stehen auch 100 Niederschlagstrends zur Auswertung zur Verfügung. Diese können in einer empirischen Häufigkeitsverteilung zusammengefasst werden, wie in Tabelle 1a für die Bezugsstation Magdeburg des Elbe-Einzugsgebietes dargestellt. Im nächsten Schritt wird festgestellt, in welche Häufigkeitsklasse der tatsächlich beobachtete Trend fällt. Der Wert für Magdeburg beträgt zwischen 1951 und 2000 −81,6 mm und liegt damit in der nach unten offenen Klasse 1 der empirischen Verteilung. Der nächstliegende simulierte Wert beträgt −75,0 mm und liegt ebenfalls in dieser Klasse.

Nun wird für die 100 Simulationen des Zukunftszeitraumes ebenfalls die empirische Häufigkeitsverteilung der dort berechneten Niederschlagstrends aufgestellt (Tabelle 1b).

Tab. 1b: Verteilung der Niederschlagstrends für die Station Magdeburg auf der Basis der simulierten Daten für den Beobachtungszeitraum 1951–2000

Klasse Nr.	Klassengrenze	Prozentualer Anteil
1	<−69,4 mm	2
2	<−62,0 mm	5
3	<−47,4 mm	10
4	<−39,8 mm	15
5	<32,5 mm	12
6	<−17,9 mm	18
7	<−6,9 mm	16
8	<3,6 mm	10
9	<18,2 mm	6
10	≥18,2 mm	6

Da davon ausgegangen wird, dass sich die **Erzeugung** der beobachteten und der simulierten Trendverteilungen im statistischen Sinn nicht voneinander unterscheidet, ist die Annahme legitim, dass der am wahrscheinlichsten zu erwartende Niederschlagstrend im Zukunftszeitraum (2001–2055) an der gleichen Stelle in dessen Trendverteilung zu suchen ist, an der der beobachtete Niederschlagstrend in der Verteilung für den Zeitraum 1901–1955 zu finden war, also in der nach unten offenen Klasse 1 (Schema siehe Abbildung 1).

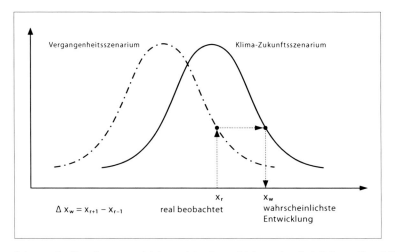

Abb. 1: Schema des Verteilungsvergleichs und der Auswahl der wahrscheinlichsten Entwicklung

Für Magdeburg bedeutet dies eine Fortsetzung des schon zwischen 1951 und 2000 nachgewiesenen negativen Niederschlagstrends von mindestens −47,4 mm innerhalb der 55 simulierten Jahre.

Um zu einer flächenhaften Aussage der wahrscheinlichsten Niederschlagsentwicklung im gesamten Elbeeinzugsgebiet zu kommen, wird für alle vorhandenen Beobachtungsstationen in gleicher Weise vorgegangen.

Damit kann die räumliche Struktur der einzelnen meteorologischen Größen für die wahrscheinlichste Simulation wie folgt beschrieben werden:

Niederschlag

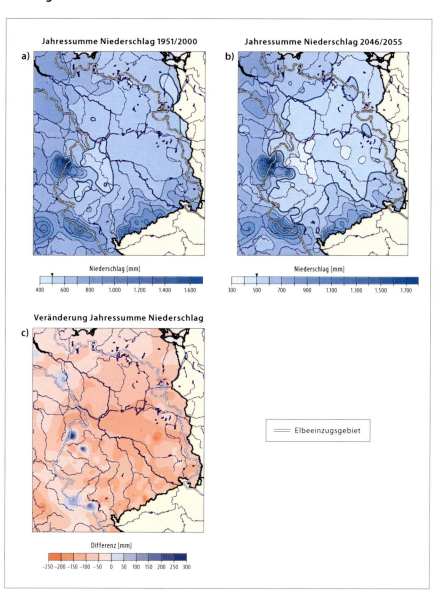

Abb. 2: Räumliche Verteilung der Jahressumme des Niederschlags a) Ist-Klimaszenarium 1951/2000, b) Zukunftsklimaszenarium 2046/2055, c) Differenz Zukunftsklimaszenarium − Ist-Klimaszenarium

Eine erste Interpretation der Niederschlagsentwicklung im Szenarienzeitraum kann anhand der Abbildung 2a (Zeitraum 1951/2000) und 2b (Zeitraum 2046/2055) vorgenommen werden. Dabei umfassen die miteinander verbundenen Farbskalen den jeweiligen Wertebereich der Abbildung. Man erkennt, dass sich das Gebiet mit einer jährlichen Niederschlagssumme <500 mm deutlich vergrößert. Es gibt in diesem Bereich sogar Regionen, in denen bis 2055 die Niederschlagssumme unter 400 mm pro Jahr sinkt, wie zum Beispiel im Leebereich des Harzes. Zieht man zur weiteren Analyse die Differenzenkarte des Niederschlags 2046/55 bis 1951/00 heran (Abbildung 2c), erkennt man, dass es Regionen mit einer Niederschlagsabnahme >200 mm gibt (z. B. im Gebiet um Luckau oder auch im Lee des Fichtelbergs). Andererseits ist eine Niederschlagszunahme bis zu 300 mm in den westlich gelegenen Gebirgsregionen (Harz und Thüringer Wald) zu beobachten. Dabei ist die Niederschlagsentwicklung jahreszeitlich deutlich differenziert. Im Sommer ist für das gesamte Gebiet ein Niederschlagsrückgang zu verzeichnen, im Winter dagegen nimmt der Niederschlag nur in einigen Teilregionen ab, in den Gebirgsregionen dagegen deutlich zu.

Zusammenfassend kann festgestellt werden, dass große Teile des Elbeeinzugsgebietes bei der vorgegebenen Entwicklung mit hoher Wahrscheinlichkeit von einem deutlichen Niederschlagsrückgang betroffen werden.

Temperatur

Als Beispiel für die Temperatur ist die Entwicklung der Mitteltemperatur in den Abbildungen 3a und 3b dargestellt. Da für die Temperatur die Änderungen entsprechend der Modellphilosophie vorgegeben wurden, kann auf eine Diskussion der Differenzenkarten verzichtet werden. Man erkennt, dass die räumlichen Strukturen der Temperaturverteilung in der Simulation erhalten bleiben.

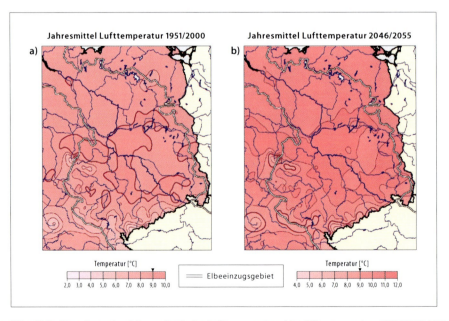

Abb. 3: Räumliche Verteilung des Jahresmittels der Lufttemperatur a) Ist-Klimaszenarium 1951/2000, b) Zukunftsklimaszenarium 2046/2055

Relative Luftfeuchte

Die räumliche Struktur der Jahresmittel der relativen Luftfeuchte zeigt für beide Untersuchungszeiträume etwa die gleiche Struktur, allerdings auf unterschiedlichem Niveau. Im Mittel liegt das Niveau für den Zeitraum 2046/55 um 3 Prozentpunkte niedriger als für den Bezugszeitraum. Dabei ist die relative Feuchte in den Gebirgen und im Norden des Untersuchungsgebietes höher als in den restlichen Teilen des Elbeeinzugsgebietes. Man erkennt, dass sich besonders in den trockenen Bereichen die Tendenz zu einer Verstärkung dieses Zustandes durch eine Abnahme der relativen Luftfeuchte weiter fortsetzt.

Zusammenfassend kann festgestellt werden, dass im Szenarienzeitraum ein Rückgang der relativen Feuchte im Untersuchungsgebiet zu verzeichnen ist, der im Sommer stärker als im Winter ausfällt.

Luftdruck

Die Luftdruckverteilung ist räumlich (bis auf die Gebirgsregionen) wenig strukturiert und weist im Szenarienzeitraum nur eine gleichmäßige Erhöhung von ca. 2 hPa auf.

Wasserdampfdruck

Die räumliche Struktur der Jahresmittelwerte des Wasserdampfdrucks entspricht sowohl im Bezugs- als auch im Szenarienzeitraum den geographischen und orographischen Gegebenheiten des Untersuchungsgebietes (im NW höhere Werte, in den Gebirgen niedrigere Werte). Er nimmt im gesamten Untersuchungsgebiet im Szenarienzeitraum leicht zu, im Sommer mehr als im Winter.

Sonnenscheindauer

Die Sonnenscheindauer hat eine wenig gegliederte räumliche Struktur. Eine deutliche Zunahme der Sonnenscheindauer (bis zu 1,5 h/d) im Szenarienzeitraum ist für die Sommerperiode zu verzeichnen. Im Winter sind die Änderungen vernachlässigbar gering.

Bedeckungsgrad

Ähnlich wie bei der Sonnenscheindauer ist der Bedeckungsgrad räumlich nur schwach gegliedert. Invers zur Sonnenscheindauer nimmt er im Jahresmittel ab, im Sommer deutlich stärker als im Winter, wobei hier sogar einige Regionen eine leichte Zunahme verzeichnen.

Globalstrahlung

Bei der Globalstrahlung ist der Szenarienzeitraum räumlich deutlich stärker differenziert als der Bezugszeitraum. Insgesamt nimmt die Globalstrahlung zu, wobei der Trend im Sommer wesentlich stärker ausgeprägt ist als im Winter.

Windgeschwindigkeit

Da es hinsichtlich der Messung der Windgeschwindigkeit keine einheitliche Vorschrift gibt (z. B. unterschiedliche Höhen des Messgerätes) können die räumlichen Strukturen nicht als repräsentativ angesehen werden. Daher können zur Interpretation nur Windgeschwindigkeitsänderungen herangezogen werden. Im Sommer nimmt die Windgeschwindigkeit fast im gesamten Untersuchungsgebiet ab, im Winter dagegen zu.

Zusammenfassung

Das gewählte globale Szenarium von 1,4 K Temperaturanstieg bis 2055 stellt für das Elbeeinzugsgebiet ein im Sinne der IPCC-Definition moderates Szenarium dar. Die Auswertung der wahrscheinlichsten Realisierung für das Niederschlagsregime zeigt, dass das Untersuchungsgebiet außer in den Kammlagen der Gebirge insgesamt trockener wird, der Niederschlagsrückgang im Winter moderater ausfällt als im Sommer und sich die Strahlungsbedingungen im Sommer deutlich verändern (längere Sonnenscheindauer bei geringerer Bewölkung und damit erhöhter Globalstrahlung). Die Winter sind charakterisiert durch einen Anstieg der mittleren Windgeschwindigkeit, was auf eine verstärkte Westwindzirkulation zurückzuführen ist. Alle beschriebenen Entwicklungstendenzen sind in ihrem Ursprung schon im Ist-Klimaszenarium zu beobachten.

Referenzen

Gerstengarbe, F.-W., Werner, P. C. (1997) A method to estimate the statistical confidence of cluster separation. *Theor. Appl. Climatol.,* 57: 103–110.

Gerstengarbe, F.-W., Werner, P. C., Fraedrich, K. (1999) Applying non-hierarchical cluster analysis algorithms to climate classification: some problems and their solution. *Theor. Appl. Climatol.,* 64 (3–4):143–150.

IPCC (2001) Climate change 2000, Summary for policy makers. Cambridge University Press, Cambridge UK.

Weber, E. (1980) Grundriß der biologischen Statistik, VEB Gustav Fischer Verlag, Jena.

Werner, P. C., Gerstengarbe, F.-W., (1997) Proposal for the development of climate scenarios. *Climate Research*, 8 (3): 171-18.

II-2 Mögliche Effekte des globalen Wandels im Elbeeinzugsgebiet

II-2.1 Politik- und Bürgerszenarien

II-2.1.1 Perspektiven der Landbewirtschaftung im deutschen Elbegebiet unter dem Einfluss des globalen Wandels – Ergebnisse eines interdisziplinären Modellverbundes

Horst Gömann, Peter Kreins, Christian Julius

Einleitung

Die Landwirtschaft bewirtschaftet im Elbeeinzugsgebiet rund 6 Mio. ha. Das entspricht rund der Hälfte der Gesamtfläche. Als wichtigster Landnutzer spielt sie für die Wasserqualität und Wassermenge eine wichtige Rolle, da durch die Landbewirtschaftung Nährstoffe und Pflanzenschutzmittel in Grund- und Oberflächengewässer ausgetragen werden können. Weiterhin beeinflussen Bodenbearbeitungstechnologie sowie Fruchtfolgegestaltung die Evapotranspiration, die eine Determinante des Landschaftswasserhaushaltes ist. Vor diesem Hintergrund ist die Landwirtschaft im Elbegebiet mit verschiedenen wasserverfügbarkeitsabhängigen Problemen und Konflikten konfrontiert, beispielsweise der Empfindlichkeit großer Tieflandbereiche gegenüber Trockenheit. Aus den im Mittel geringen Jahresniederschlägen um 600 mm resultieren Folgeprobleme wie unzureichendes Wasserdargebot, geringere Verdünnung von Stoffeinträgen, erhöhte Verweilzeiten des Wassers mit entsprechend verstärkten Eutrophierungserscheinungen. Darüber hinaus bestehen Probleme z. B. in den landwirtschaftlich intensiv genutzten Gebirgsvorlandgebieten.

Durch die Prozesse des globalen Wandels sind deutliche Anpassungen der Landbewirtschaftung mit entsprechend einhergehenden Wirkungen auf den Wasserhaushalt und die Gewässerqualität zu erwarten. Der globale Wandel manifestiert sich für den deutschen Agrarsektor vor allem in klimabedingten Änderungen der natürlichen Produktionsbedingungen, Bevölkerungswachstum, in einer zunehmenden Liberalisierung des internationalen Handels sowie im gestiegenen Umweltbewusstsein der Bevölkerung. Angesichts der Probleme und Konflikte der Landwirtschaft im Elbeeinzugsgebiet ist die Analyse der Auswirkungen verschiedener Entwicklungsszenarien des globalen Wandels auf die Landbewirtschaftung von großem Interesse, auch für politische Entscheidungsträger. Aufgrund des durch die Wiedervereinigung Deutschlands verursachten Strukturwandels mit verschiedenen für eine nachhaltige Entwicklung des Raumes kritischen Konsequenzen haben die Erwartungen an die Landwirtschaft in dieser Hinsicht zugenommen, da sie in vielen ländlichen Regionen des Elbegebiets entscheidend zur wirtschaftlichen Aktivität beiträgt.

In diesem Beitrag werden mit Hilfe eines in GLOWA-Elbe entwickelten interdisziplinären Modellverbundes die Auswirkungen möglicher Szenarien des globalen Wandels auf die Landwirtschaft, Landnutzung und Umwelt im deutschen Elbeeinzugsgebiet quantifiziert, um im Rahmen des „Integrierten Methodischen Ansatzes" (siehe MESSNER et al. 2005, Kapitel I-2) zur Ableitung und Bewertung alternativer Handlungsstrategien beizutragen.

Methodischer Aufbau des interdisziplinären Modellverbundes

Die Analyse der Auswirkungen des globalen Wandels auf die Landbewirtschaftung und darüber hinaus auf die Umwelt, insbesondere den hydrologischen Kreislauf, basiert auf einem Verbund der agrarökonomischen Modelle WATSIM und RAUMIS mit dem öko-hydrologischen Modell SWIM dem Nährstofffrachtmodell MONERIS sowie dem Klimamodellsystem ECHAM4/OPYC3/STAR. Die Verknüpfung der unterschiedlichen Modelle erfolgt über jeweils entwickelte Schnittstellen. Der Modellverbund ermöglicht zum einen, die Wirkungen von Faktoren des globalen Wandels z. B. Änderungen der Agrarmarktpreise oder des Klimas zu regionalisieren. In diesem Zusammenhang nimmt das Modellsystem RAUMIS eine zentrale Funktion ein, das die Anpassungen der Landwirtschaft auf veränderte Rahmenbedingungen auf regionaler Ebene (Landkreis) abbildet. Zum anderen werden die Wechselwirkungen zwischen Landbewirtschaftung und Umwelt modellhaft abgebildet.

Auswirkungen unterschiedlicher Entwicklungsrahmen des globalen Wandels auf die Landwirtschaft im deutschen Elbeeinzugsgebiet

Die Ableitung der Entwicklung der Landbewirtschaftung im deutschen Elbeeinzugsgebiet bis zum Jahr 2020 sowie die Analyse unterschiedlicher Entwicklungsrahmen erfolgt mit dem regionalen Agrarsektormodell RAUMIS, das erstmalig für einen derart langfristigen Zeithorizont eingesetzt wird. Neben den ohnehin bestehenden Unsicherheiten bei einer Projektion werden Grenzen der derzeitigen Modellanwendbarkeit für Langfristprognosen erkennbar insbesondere bei der Fortschreibung der spezifizierten Produktionsfunktionen.

a) Beschreibung der Szenarien

Referenzszenario

Für die Wirkungsanalyse alternativer agrar- und agrarumweltpolitischer Maßnahmen ist es zweckmäßig, ein Referenzszenario als Vergleichssituation zu erstellen. Die Referenzsituation beschreibt die erwartbare Entwicklung unter Beibehaltung der derzeit gültigen agrarpolitischen Rahmenbedingungen. Diese sind die vom EU Ministerrat am 17. Mai 1999 beschlossenen agrarpolitischen Maßnahmen der AGENDA 2000, die sukzessive bis zum Jahr 2008 umgesetzt werden. AGENDA 2000 beinhaltet im wesentlichen eine Weiterentwicklung der GAP-Reform, die 1992 eingeführt wurde. Kern der Reform von 1992 ist eine Senkung der internen Stützpreise für Agrarprodukte vor allem für Getreide und Rindfleisch mit kompensierenden Preisausgleichszahlungen an Erzeuger, einen Abbau von Exportsubventionen sowie eine zunehmende Entkopplung des Subventionssystems von der Produktion. Mit den Beschlüssen zur „AGENDA 2000", die für den Zeitraum 2000–2006 gelten, werden diese Maßnahmen fortgeführt und vertieft z. B. für Milch. Flächen- und Tierprämien spielen eine entscheidende Rolle für die Landwirtschaft. Auf sie entfielen im Jahr 2002 rund zwei Drittel der EU-Marktordnungsausgaben in Höhe von rund 42 Mrd. €, wobei Direktzahlungen für Milch erst im Jahr 2005 erfolgen. Weitere Modifikationen der GAP im Rahmen der Halbzeitbewertung der AGENDA 2000, lassen erkennen, dass der Reformprozess noch nicht beendet ist (vgl. EUROPÄISCHE KOMMISSION 2003). Es wird unterstellt, dass die Maßnahmen der AGENDA 2000 bis zum Zieljahr 2020 beibehalten werden.

In die Ableitung der Referenzsituation fließt durch einen ständigen Informationsaustausch zwischen Forschung (z. B. IAP, FAA und FAL) und Administration (z. B. EU-Kommission und BMVEL) umfangreiches Expertenwissen ein. Darüber hinaus wurden hinsichtlich der zu erwartenden Preisentwicklung für Agrarprodukte auf den internationalen Märkten Studien internationaler Institutionen (OECD 2002, FAPRI 2002, USDA) herangezogen. In der vorliegenden Untersuchung wird von einer pessimistischeren Preisentwicklung auf den Weltmärkten für Getreide und Ölsaaten ausgegangen als in den Studien.

Liberalisierung (A1)

Bei zunehmender Globalisierung des Handels ist die GAP weitgehend zu liberalisieren (Szenariobezeichnung: **Liberalisierung**). Aus diesem Grund wird angenommen, dass die Preisstützungen für Getreide, Milch und Rindfleisch entfallen. Flächen- und Tierprämien werden von der Produktion entkoppelt und als Betriebsprämie ohne Produktionsauflagen gezahlt.

Regionalisierung/Ökologisierung (B2): Abgabe auf mineralischen Stickstoff

Angesichts überwiegend geringer Viehbesatzdichten im Elbegebiet sind die regionalen Stickstoffüberschüsse vorrangig auf mineralischen Stickstoff (N) zurückzuführen. Zur Verringerung diffuser N-Einträge in die Elbe wird auf mineralischen Stickstoff eine bundesweite Abgabe in Höhe von 200 % (Szenariobezeichnung: **N-Abgabe**) erhoben. Das erhobene monetäre N-Abgabevolumen wird zur Begrenzung von Einkommensverlusten mittels einer produktionsneutralen Flächenprämie an die Landwirtschaft zurück verteilt, die 68 €/ha landwirtschaftliche Nutzfläche (LF) beträgt. Alle übrigen agrarpolitischen Maßnahmen entsprechen denen der Referenzsituation.

Klimawandel (STAR)

Gravierende Klimaänderungen werden erst ab dem Jahr 2050 erwartet. Nach Szenarienrechnungen mit dem Modellsystem ECHAM4/OPYC3/STAR ist für das Elbeeinzugsgebiet in den nächsten 50 Jahren bei fehlendem Klimaschutz insgesamt mit einem Temperaturanstieg von 1,4 K zu rechnen (siehe Jacob und Gerstengarbe 2005, Kap. II-1). Nach der „wahrscheinlichsten" Realisierung gehen nach Gerstengarbe et al. (2003) die Niederschläge im Elbeeinzugsgebiet zurück (Ausnahme: Harz und Thüringer Wald).

Die Projektion der Entwicklung der landwirtschaftlichen Produktion für einen derartig langen Zeithorizont ist mit sehr großen Unsicherheiten behaftet, so dass den folgenden Analysen der Zeitraum 2016–2025 des oben genannten Klimaszenarios zu Grunde gelegt wird. Klimaänderungen wirken sich auf die Erträge landwirtschaftlicher Kulturpflanzen aus. Mit Hilfe von SWIM werden Veränderungen der Ertragspotenziale der Periode 2016–2025 gegenüber 1996–1999 ermittelt, die ausschließlich auf klimatischen Änderungen beruhen. Daher lassen sich diese prozentualen Veränderungen als klimabedingte Ertragsanpassungen gegenüber der Referenzsituation im Jahr 2020 interpretieren und gehen entsprechend in die RAUMIS-Berechnungen ein. Mögliche Anpassungen im Rahmen des technologischen Fortschritts bleiben dabei unberücksichtigt.

b) Auswirkungen auf die Landnutzung

Die Entwicklung der Landbewirtschaftung im **Referenzszenario** ist durch hohe Agrarstützungen gekennzeichnet, die eine Produktion auch auf Standorten ermöglichen, auf denen sie zu Weltmarktbedingungen in diesem Umfang nicht wettbewerbsfähig ist. Allerdings setzt sich auch bei Beibehaltung der derzeitigen wirtschaftlichen und technologischen Trends sowie der GAP eine bisher zu beobachtende duale Entwicklung der landwirtschaftlichen Landnutzung fort. Das heißt, die Produktion wird auf Gunststandorten intensiviert und auf Ungunststandorten weiter extensiviert. Beispielsweise steigt nach Projektionen mit RAUMIS der Anteil der nicht genutzten Fläche in den Kreisen Brandenburg, Elbe-Elster, Dahme-Spree und Prignitz auf 20–25 % der LF (vgl. Abbildung 1). Insgesamt nimmt, ausgehend vom Basisjahr 1999, die nicht mehr genutzte Fläche (Flächenstilllegung im Rahmen der Agrarpolitik und Brache) im Elbegebiet vor allem durch eine höhere Flächenstilllegung bis zum Jahr 2020 um 3 % auf rund 500.000 ha zu (vgl. Tabelle 1). Dies entspricht 8,4 % der LF. Die Güte eines Standortes wird dabei nicht nur durch natürliche, den Pflanzenbau beeinflussende Faktoren determiniert, sondern auch durch strukturelle und wirtschaftliche Faktoren wie die Mechanisierbarkeit der Produktion. Die wirtschaftlichen Standortfaktoren bestimmen weitgehend die außerlandwirtschaftlichen Erwerbsmöglichkeiten und damit die Opportunitätskosten der Arbeit in der Landwirtschaft.

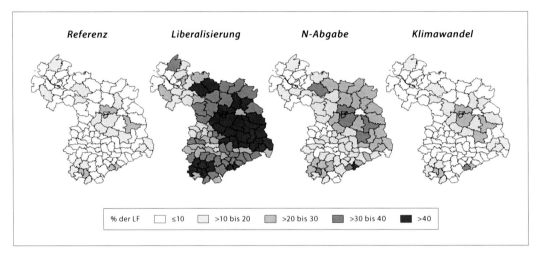

Abb. 1: Regionale Brache- bzw. Stilllegungsanteile an der landwirtschaftlich genutzten Fläche im Elbegebiet im Jahr 2020 bei unterschiedlichen Szenarien des globalen Wandels

Bei zunehmender Liberalisierung der Agrarpolitik wird sich die duale Entwicklung der Landbewirtschaftung verstärken. Die derzeitigen Anbau- und Nutzungsverfahren der LF werden vor allem auf Ungunststandorten in einem beträchtlichen Ausmaß (bis zu 60 % im Dahme-Spree-Kreis) eingestellt (vgl. Abbildung 1). Die Getreideerzeugung wird im Elbegebiet um mehr als ein Drittel gegenüber der Referenzsituation eingeschränkt (vgl. Tabelle 1). Davon betroffen ist insbesondere der Roggenanbau auf Ungunststandorten. Bilden sich keine neuen, innovativen Landnutzungsformen heraus, fällt ein Großteil der LF im Elbegebiet brach.

Bei einer N-Abgabe in Höhe von 200 % liegt das Optimum der speziellen Intensität auf einem deutlich niedrigeren Ertragsniveau, d.h. die Abgabe führt grundsätzlich zu sinkenden Erträgen landwirtschaftlicher Kulturpflanzen infolge eines reduzierten Stickstoffeinsatzes. Insgesamt wurden Ertragsrückgänge gegenüber der Referenzsituation im Elbegebiet in einer Größenordnung von ca. 28 % bei Getreide ermittelt (vgl. Tabelle 2).

Durch die N-Abgabe wird ebenfalls die relative Vorzüglichkeit der angebauten Kulturen verändert. Verschiebungen der Anbauanteile ergeben sich vor allem zwischen Kulturen, deren Anbau unterschiedliche Stickstoffmengen erfordern. So nimmt der Anbau von Sommer(brau)gerste und Hülsenfrüchten zu Lasten von Roggen (Hybridroggen mit hohem Stickstoffbedarf) und Körnermais zu (vgl. Tabelle 1). Darüber hinaus steigen die Produktionskosten empfindlich an, wodurch sich der Anbaugewinn verringert. Insbesondere auf den Ungunststandorten in Brandenburg können Getreide und Ölsaaten nicht mehr kostendeckend erzeugt werden. Mangels Anbaualternativen wird hier etwa ein Drittel der Flächen nicht mehr genutzt (vgl. Abbildung 1).

Infolge der Klimaveränderung ermittelt SWIM bei allen Kulturen, außer Mais und Kartoffeln, einen überwiegenden Ertragsrückgang. Die Höhe der Ertragseinbußen variiert sowohl regional als auch zwischen den Produktionsverfahren. In einigen Regionen z. B. im Erzgebirge ist sogar ein Anstieg der Erträge festzustellen. Im Durchschnitt gehen die Erträge bei Winterweizen und Wintergerste um jeweils 10 % zurück.

Tab. 1: Anpassungen der Landnutzung im Elbegebiet bei unterschiedlichen Szenarien des globalen Wandels gegenüber dem *Referenzszenario* im Jahr 2020

	Referenz	Liberalisierung	N-Abgabe	Klimawandel	Liberalisierung	N-Abgabe	Klimawandel
	1.000 ha	in % vs. Ref.			in %-Pkt. der LF vs. Ref.		
Landw. genutzte Fläche	6.070	0,0	0,0	0,0	0,0	0,0	0,0
Ackerfläche	4.093	−34,0	−10,7	−1,2	−22,9	−7,2	−0,8
Getreide	2.649	−36,0	−11,2	−2,1	−15,7	−4,9	−0,9
• Winterweizen	1.102	−18,6	−10,4	−3,1	−3,4	−1,9	−0,6
• Sommerweizen	52	−21,3	−7,3	−1,6	−0,2	−0,1	0,0
• Roggen	585	−64,1	−17,0	−3,2	−6,2	−1,6	−0,3
• Wintergerste	381	−42,9	−11,3	−0,2	−2,7	−0,7	0,0
• Sommergerste	259	−32,1	0,3	−1,9	−1,4	0,0	−0,1
• Hafer	63	−50,6	−5,0	−0,4	−0,5	−0,1	0,0
• Körnermais	43	−23,0	−15,8	15,4	−0,2	−0,1	0,1
• sonst. Getreide	165	−45,3	−16,0	−0,9	−1,2	−0,4	0,0
Hülsenfrüchte	149	−57,5	21,5	2,6	−1,4	0,5	0,1
Ölsaaten	488	−61,7	−49,7	−5,3	−5,0	−4,0	−0,4
Hackfrüchte	248	0,5	0,1	1,5	0,0	0,0	0,1
Ackerfutter	452	−11,2	15,4	4,9	−0,8	1,1	0,4
• Silomais	273	−34,1	18,0	3,2	−1,5	0,8	0,1
• sonst. Ackerfutter	179	23,7	11,5	7,6	0,7	0,3	0,2
Dauer- u. Sonderkulturen	202	0,0	0,0	0,0	0,0	0,0	0,0
Grünland	1.277	−5,7	−2,6	−0,3	−1,2	−0,6	−0,1
Nicht genutzte LF	498	293,7	94,6	11,0	24,1	7,8	0,9

Aufgrund der Ertragsabsenkung bei den meisten Produktionsverfahren kann eine wirtschaftliche Pflanzenproduktion in vielen Regionen nicht mehr im gleichen Umfang wie im *Referenz*-Szenario aufrechterhalten werden. Die Flächenstilllegung (einschließlich Brache) erhöht sich um ca. 11 % bzw. 55.000 ha (vgl. Tabelle 1). Davon betroffen sind insbesondere weniger fruchtbare Standorte wie die Einzugsgebiete der Spree und Havel. Hier führt eine vergleichsweise geringe Ertragsabnahme zu Einschränkungen des Anbaus bei den meisten Kulturen und einer Ausdehnung der Flächenstilllegung (bzw. Brache). Insgesamt werden die Landnutzungsänderungen im Landschaftsbild nicht wahrnehmbar sein. Diesbezüglich sind die Verschiebungen der Flächenanteile bei den einzelnen Produktionsverfahren zu gering (vgl. Tabelle 1).

c) Auswirkungen auf die Nährstoffüberschüsse

Die Entwicklung und regionale Differenzierung der Stickstoffbilanzsalden stehen aufgrund des anfallenden Wirtschaftsdüngers in engem Zusammenhang mit der Tierproduktion. Im früheren Bundesgebiet stiegen die Stickstoffbilanzsalden durch die Zunahme des Viehbestandes bis Ende der 80er-Jahre bis auf 108 kg N je ha LF an. Da seitdem die Viehbestände rückläufig sind, verringerten sich die N-Überschüsse auf derzeit etwa 85 kg N je ha LF und betragen im Elbegebiet aufgrund der geringeren Viehbesatzdichte rund 74 kg N je ha LF. Bis zum Jahr 2020 wird eine weitere Abnahme auf ca. 69 kg N je ha LF projiziert. Auf regionaler Ebene ist das Spektrum der Stickstoffüberschüsse im Elbegebiet aufgrund der Verteilung der Viehbestände breit gestreut (vgl. Abbildung 2). Die Spannbreite reichte im Jahr 1999 von ca. 39 kg N pro ha in der Region Erfurt bis etwa 119 kg N pro ha LF in der Region Cuxhaven.

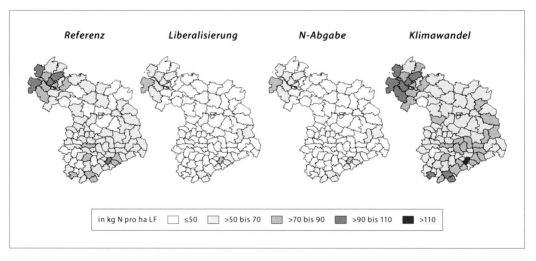

Abb. 2: Regionale Stickstoffbilanzüberschüsse im deutschen Elbegebiet im Jahr 2020 bei unterschiedlichen Szenarien des globalen Wandels

Im *Liberalisierungsszenario* gehen die Stickstoffbilanzsalden im Vergleich zum *Referenzszenario* flächendeckend um durchschnittlich 9 kg N je ha LF zurück (vgl. Abbildung 2). Wesentliche Gründe dafür sind der Abbau der Viehbestände sowie das Brachfallen landwirtschaftlich genutzter Fläche. Da die Viehbestandsreduktion und das Brachfallen von LF in den Regionen in unterschiedlichem Ausmaß erfolgt, weisen die Veränderungen der Stickstoffbilanzsalden regionale Unterschiede auf. Innerhalb des Elbegebietes sind es die Kreise Oberprignitz-Ruppin und Stollberg, in denen die Bilanzsalden um etwa 18 kg N pro ha LF am stärksten zurückgehen.

Die N-Abgabe führt zu einer deutlichen Reduktion des durchschnittlichen Stickstoffüberschusses im Elbegebiet um ca. 65% gegenüber der Referenzsituation (vgl. Tabelle 2). Der Rückgang fällt besonders hoch in den Regionen aus, in denen die spezielle Intensität der Produktion deutlich gesenkt wird. Dies sind nicht notwendigerweise die Regionen mit den höchsten Ertragseinbußen, die überwiegend auf ungünstigeren Standorten zu verzeichnen sind. Auf günstigeren Standorten wie im Thüringer Becken fallen die Ertragsrückgänge trotz starker Einschränkung des mineralischen Stickstoffeinsatzes geringer aus. Die Stickstoffentzüge über das Erntegut bleiben daher relativ hoch, so dass die N-Überschüsse in dieser Region um mehr als 60 kg N je ha LF abnehmen (vgl. Abbildung 2).

Tab. 2: Auswirkungen unterschiedlicher Szenarien des globalen Wandels auf die landwirtschaftliche Produktion, Wertschöpfung und Arbeitskräfte im deutschen Elbeeinzugsgebiet gegenüber dem *Referenzszenario* im Jahr 2020

		Referenz	Liberalisierung	N-Abgabe	Klimawandel	Liberalisierung	N-Abgabe	Klimawandel
		abs.				(% vs. *Referenz*)		
Erträge								
• Getreide	t/ha	8,13	8,56	5,86	7,54	5,2	−28,0	−7,3
• Hülsenfrüchte	t/ha	4,29	4,43	4,32	4,01	3,3	0,8	−6,4
• Ölsaaten	t/ha	5,23	5,39	3,36	4,93	3,1	−35,8	−5,7
Produktionsmengen								
• Getreide	1.000 t	21.551	14.512	13.780	19.557	−32,7	−36,1	−9,3
• Hülsenfrüchte	1.000 t	637	280	781	612	−56,1	22,5	−4,0
• Ölsaaten	1.000 t	2.551	1.008	823	2.278	−60,5	−67,7	−10,7
• Milch	1.000 t	8.256	7.974	8.256	8.256	−3,4	0,0	0,0
• Rindfleisch	1.000 t	271	207	263	273	−23,6	−3,0	0,7
• Schweine- u. Geflügelfleisch	1.000 t	1.416	1.424	1.448	1.416	0,6	2,3	0,0
Landw. Stickstoffüberschüsse	**1.000 t**	411	355	145	410	−13,5	−64,6	−0,3
Landw. Wertschöpfung								
• Produktionswert	Mio. €	9.883	8.265	8.847	9.666	−16,4	−10,5	−2,2
• Vorleistungen	Mio. €	6.641	5.737	6.423	6.586	−13,6	−3,3	−0,8
• Subventionen	Mio. €	2.113	2.113	2.485	2.101	0,0	17,6	−0,6
Tier- u. Flächenprämien	Mio. €	1.855	80	1.741	1.844	−95,7	−6,1	−0,6
Transferzahlungen	Mio. €		1.816	497				
• Produktionssteuern	Mio. €	188	141	180	188	−24,9	−4,3	−0,3
• Bruttowertschöpfung[1]	Mio. €	5.167	4.500	4.730	4.994	−12,9	−8,5	−3,3
• Abschreibungen	Mio. €	2.384	2.038	2.294	2.374	−14,5	−3,8	−0,4
• Nettowertschöpfung[2]	Mio. €	2.783	2.462	2.436	2.620	−11,5	−12,5	−5,9
• Arbeitskräfte (AK)[3]	1.000 JAE	180	168	177	180	−6,5	−1,5	−0,1
• Nettowertschöpfung je AK	1.000 €	15,5	14,6	13,7	14,6	−5,4	−11,1	−5,8

1 zu Marktpreisen. 2 zu Faktorkosten. 3 Jahresarbeitskrafteinheit (JAE) = 2.200 Akh.

Beim Klimawandel erfolgt eine Anpassung der speziellen Intensität an die veränderten Ertragsentwicklungen. Die Stickstoffdüngung wird insgesamt um 7 % verringert. Aufgrund der geringeren Erträge sind die Stickstoffentzüge über das Erntegut jedoch ebenfalls geringer, so dass sich der durchschnittliche N-Überschuss im Elbegebiet kaum ändert. Geringfügige regionale Unterschiede (vgl. Abbildung 2) basieren auf den jeweiligen Kulturartenanteilen, dem Ertragsrückgang sowie der Standortgüte.

d) Auswirkungen auf die Produktion, Einkommen und Arbeitskräfte

Die Auswirkungen auf Produktion, Wertschöpfung und Arbeitskräfte in der Landwirtschaft sind unter sozioökonomischen Aspekten von Bedeutung. In diesem Zusammenhang wurden bereits die Einschränkungen der Getreideerzeugung in den unterschiedlichen Szenarien diskutiert. In der Regel würden diese Produktionsrückgänge zu einem Anstieg der Getreidepreise führen. Zur Ableitung von Preiseffekten sind jedoch Produktionsanpassungen für größere Gebietseinheiten, beispielsweise die EU, zu betrachten. Da z. B. klimabedingte Ertragsänderungen für diese Regionen nicht vorliegen, diese aber den Rückgang im Elbegebiet kompensieren könnten, werden Preiseffekte nicht berücksichtigt.

Die Nettowertschöpfung entspricht weitgehend dem Einkommen in der Landwirtschaft. Sie ergibt sich, ausgehend vom Produktionswert, durch Abzug von Vorleistungen, Produktionssteuern sowie Abschreibungen und zuzüglich der Subventionen. Im Szenario *Liberalisierung* lassen sich Einsparungen bei den Vorleistungen, Produktionssteuern und Abschreibungen erzielen. Darüber hinaus wird ein Großteil der Subventionen in Form von Transferzahlungen (1,8 Mrd. €) einkommenseffizienter übertragen. Dadurch ist der prozentuale Rückgang der Nettowertschöpfung gegenüber der Referenzsituation geringer als beim Produktionswert. Bei der *N-Abgabe* und beim Szenario *Klimawandel* fallen die relativen Einsparungen deutlich geringer aus, so dass der prozentuale Rückgang der Nettowertschöpfung höher ausfällt. Der Einkommensrückgang wird bei der Stickstoffabgabe durch die Rückerstattung der vereinnahmten Mittel in Höhe von etwa 0,5 Mrd. € abgepuffert. Ohne diese Transferzahlung betrüge er etwa 30 % gegenüber dem *Referenzszenario*. Das Elbegebiet profitiert dabei von einer Umverteilung infolge einer bundeseinheitlichen Flächenprämie in Höhe von 68 € je ha LF, die sich bei einer elbeweiten Regelung auf rund 62 € beläuft. Auf diese Weise werden etwa 34 Mio. € vom Nicht-Elbegebiet ins Elbegebiet transferiert.

Der rechnerische Arbeitskräftebedarf nimmt bei *Liberalisierung* um etwa 7 % gegenüber der Referenzsituation ab. Dadurch verteilt sich das verringerte Sektoreinkommen (Nettowertschöpfung) auf weniger Arbeitskräfte, so dass der Einkommensrückgang je Arbeitskraft geringer ausfällt. In den Szenarien *Stickstoffabgabe* und *Klimawandel* werden landwirtschaftliche Arbeitskräfte nicht in dem Ausmaß freigesetzt wie bei *Liberalisierung*.

Schlussfolgerungen

Die Abschätzung zukünftiger Entwicklungen der Landbewirtschaftung unter dem Einfluss des globalen Wandels sowie deren Auswirkungen auf die Umwelt ist aufgrund vielfältiger Zusammenhänge, Wechselwirkungen und regionaler Besonderheiten eine hoch komplexe Aufgabe. Zur Ableitung effizienter Strategien, die unerwünschten Entwicklungen des globalen Wandels entgegenwirken, ist die simultane Berücksichtigung einer Vielzahl sozioökonomischer und naturwissenschaftlicher Wechselwirkungen erforderlich. Die Kopplung interdisziplinärer Modelle bietet die Möglichkeit, Teile der komplexen Wechselwirkungen modellhaft abzubilden. Dabei lassen sich, wie die Erfahrungen bei der Verknüpfung von RAUMIS mit SWIM bzw. MONERIS zeigen, bestehende Synergien nutzen. Der Modellverbund schafft eine direkte Verbindung zwischen Driving-Force, State und Response Indikatoren und ermöglicht neben der regionalen Spezifizierung des Zusammenspiels von Prozessen des globalen Wandels mit politischen Handlungsoptionen eine zielgenaue Berücksichtigung der gesellschaftlichen Anforderungen an die Landwirtschaft.

Die Ergebnisse zu unterschiedlichen Szenarien des globalen Wandels (einschließlich eines Referenzszenarios) zeigen, dass die Entwicklung der landwirtschaftlichen Landnutzung in starkem Maße von den zukünftigen wirtschaftlichen, technologischen, agrarpolitischen und klimatischen Rahmenbedingungen abhängig ist. Trotz hoher Agrarstützungen in der Referenzsituation, die eine landwirtschaftliche Produktion auch auf Standorten ermöglicht, auf denen sie zu Weltmarktbedingungen in diesem Umfang nicht wettbewerbsfähig ist, wird sich eine zu beobachtende duale Entwicklung der Landbewirtschaftung fortsetzen. Das heißt, die Produktion wird auf Gunststandorten intensiviert und auf Ungunststandorten weiter extensiviert. Dieser Prozess verstärkt sich bei einer Liberalisierung der Agrarpolitik. Bilden sich keine neuen, innovativen Landnutzungsformen heraus, fällt ein Großteil der LF im Elbegebiet brach. Angesichts der zu erwartenden starken Landnutzungsänderungen fallen positive Wirkungen auf die Umwelt in Form verminderter Stickstoffüberschüsse vergleichsweise gering aus. Die N-Bilanzüberschüsse gehen in der Landwirtschaft um ca. 14% zurück.

Eine Verbesserung der Gewässerqualität wird mit einer Abgabe auf mineralischen Stickstoff in Höhe von 200% angestrebt. Durch die Maßnahmen nehmen die N-Überschüsse der Landwirtschaft um rund 265.000 t im Elbegebiet ab, das entspricht rund 65% gegenüber der Referenzsituation. Die Kosten dieser Reduktion, gemessen an den Einkommenseinbußen der Landwirtschaft, belaufen sich auf etwa 1.300 €/t vermindertem N-Überschuss. Die Ansatzstelle Mineralstickstoff ist allerdings nur schwach mit dem Umweltproblem korreliert. Regional betrachtet zeigt dieses Instrument daher nur unzureichende Wirkungen in Problemgebieten, die durch hohen Viehbesatz gekennzeichnet sind. Die Überschüsse gehen in Ackerbauregionen relativ stärker zurück als in Regionen mit höherem Viehbesatz. Daher wird die heterogene regionale Verteilung der Überschüsse, die durch hohe Überschüsse an der unteren Elbe und niedrige Überschüsse in den Ackerbaugebieten gekennzeichnet ist, verstärkt.

Ein Klimawandel hat auf die Landbewirtschaftung in den Regionen des Elbegebiets unterschiedliche Auswirkungen. Dies ist sowohl auf die regional unterschiedliche Ausprägung des Klimawandels als auch die unterschiedliche Wirkung auf die Anbaukulturen zurückzuführen. Die Ergebnisse zeigen, dass sich Anbauregionen verschieben können und Ertragsrisiken in vielen Regionen zunehmen. Vom bereits stattfindenden Klimawandel sind ertragsstarke Standorte unter Umständen stärker betroffen als ertragsschwache, so dass er die oben erwähnte duale Entwicklung (Spezialisierung) zwischen den Regionen teils verstärkt, teils reduziert.

Die erzielten Ergebnisse zeigen darüber hinaus weiteren Forschungsbedarf auf, die nachstehend kurz skizziert werden:

- Die verbundenen Modelle weisen derzeit eine unterschiedliche regionale Differenzierung auf. Während RAUMIS den deutschen Agrarsektor weitgehend auf der Landkreisebene abbildet, gehen in SWIM rasterbasierte Daten mit unterschiedlicher Auflösung ein. Die vorgesehene weitere regionale Differenzierung von RAUMIS, z.B. auf die Gemeindeebene, führt zu einer Annäherung der Abbildungsebene an SWIM sowie zu einer Reduzierung des Aggregationsfehlers in RAUMIS. Darüber hinaus könnten die in SWIM vorliegenden Standorteigenschaften genutzt werden, um den Einfluss der Heterogenitäten innerhalb einer Modellregion auf das Anpassungsverhalten der Landwirtschaft abzubilden. An einem Prototyp zur Abgrenzung natürlicher Standorte wird gearbeitet.
- Eine Prognose der zukünftigen Entwicklung der Landbewirtschaftung für einen Zeithorizont von mehr als 20 Jahren ist mit vielen Unsicherheiten verbunden und gehörte bisher nicht zu den Anwendungsbereichen von RAUMIS. Das Modell verfügt zwar über Fortschreibungsmodule, diese sind aber nicht für einen derartig langen Zeitraum konzipiert. Vordringlich ist eine Überarbeitung der Fortschreibungsmethodik für die Ertragsfunktionen.

Referenzen

HENRICHSMEYER, W., CYPRIS, C., LÖHE, W., MEUDT, M., SANDER, R., VON SOTHEN, F., ISERMEYER, F., SCHEFSKI, A., SCHLEEF, K.-H., NEANDER, E., FASTERDING, F., HELMCKE, B., NEUMANN, M., NIEBERG, H., MANEGOLD, D., MEIER, T. (1996) Entwicklung eines gesamtdeutschen Agrarsektormodells RAUMIS 96. Endbericht zum Kooperationsprojekt. Forschungsbericht für das BML (94 HS 021), vervielfältigtes Manuskript Bonn/Braunschweig. http://www.faa-bonn.de.

von Lampe, M. (1999) A Modelling Concept for the Long-Term Projection and Simulation of Agricultural World Market Developments – World Agricultural Trade Simulation Model WATSIM. Diss., University of Bonn.

Krysanova, V., Mueller-Wohlfeil, D. I., Becker, A. (1998) Development and test of a spatially distributed hydrological/water quality model for mesoscale watersheds. Ecol. Model. 106 (1/2), 261–289.

Wessolek, G., Gerstengarbe, F.-W., Werner, P. C. (1998) A new climate scenario model and its application for regional water balance studies, in: Proceedings of the 2nd Int. Conf. on Climate and Water, Espoo, Finland, Vol. 1, 160–171.

Behrendt, H., Huber, P., Ley, M. Opitz, D., Schmoll, O., Scholz, G., Uebe, R. (1999) Nährstoffbilanzierung der Flußgebiete Deutschlands. UBA-Texte, 75/99, 288 S.

Gerstengarbe, F.-W., Badeck, F., Hattermann, F., Krysanova, V., Lahmer, W., Lasch, P., Stock, M., Suckow, F., Wechsung, F., Werner, P. C. (2003) Studie zur klimatischen Entwicklung im Land Brandenburg bis 2055 und deren Auswirkungen auf den Wasserhaushalt, die Forst- und Landwirtschaft sowie die Ableitung erster Perspektiven. PIK-Report Nr. 83. http://www.pik-potsdam.de.

Europäische Kommission (2003) KOM (2003) 23 endg. 2003/0006 (CNS). Vorschlag für eine Verordnung des Rates mit gemeinsamen Regeln für Direktzahlungen im Rahmen der Gemeinsamen Agrarpolitik und Stützungsregelungen für Erzeuger bestimmter Kulturpflanzen. Brüssel. http://europa.eu.int/comm/agriculture/mtr/memo_de.pdf.

OECD: Agricultural Outlook 2002, Paris, 2002, http://www.oecd.org.

Food and Agricultural Policy Research Institute (FAPRI): FAPRI 2002 U.S. Baseline Briefing Book. FAPRI-UMC Technical Data Report 02-02, Missouri, July 2002 http://www.fapri.missouri.edu.

United States Department of Agriculture (USDA), Foreign Agricultural Service (FAS): Grain. World Market and Trade. http://www.fas.usda.gov.

Messner, F., Wenzel, V. Becker, A., Wechsung, F. (2005) Der Integrative Methodische Ansatz von GLOWA-Elbe. In: Wechsung, F., Becker, A., Gräfe, P. (Hrsg.) Auswirkungen des globalen Wandels auf Wasser, Umwelt und Gesellschaft im Elbegebiet. Weißensee Verlag Berlin, Kap. I-2.

Jacob, D., Gerstengarbe, F.-W. (2005) Klimaszenarien für den deutschen Teil des Elbeeinzugsgebietes. In: Wechsung, F., Becker, A., Gräfe, P. (Hrsg.) Auswirkungen des globalen Wandels auf Wasser, Umwelt und Gesellschaft im Elbegebiet. Weißensee Verlag Berlin, Kap. II-1.

II-2.1.2 Zukunft Landschaft – Bürgerszenarien zur Landschaftsentwicklung
Detlev Ipsen, Uli Reichhardt, Holger Weichler

Einleitung

Bürger sind neben Behörden, Unternehmungen und sozialen Gruppen eine wichtige Akteursgruppe, die durch ihr Handeln die Basis der Entwicklungsdynamik und damit der Landnutzungsmuster und des Wasserhaushaltes bildet. Die Begründung dafür liegt zum einen in der Tatsache, dass sich unsere Gesellschaft immer mehr von einer eher staatlich bestimmten, zu einer aus bürgerlichem Engagement geleiteten Gesellschaft wandelt (Zivilgesellschaft). Zum anderen ist es sinnvoll, dass nicht nur Spezialisten der einzelnen Fachgebiete ihr Wissen aufeinander beziehen, um umsetzbare Handlungsmöglichkeiten aufzuzeigen, sondern auch die Bürgerinnen und Bürger in diesen Prozess einbezogen werden. Denn schließlich sind sie es, die mit ihren Interessen und Handlungen die Entwicklung eines Raumes prägen.

Mit den Landschaftskonferenzen hat unsere Forschungsgruppe eine Methode entwickelt und erprobt, Bürgerinnen und Bürger an der Entwicklung von Flusslandschaften zu beteiligen. Ausgangspunkt ist die These, dass der Landschaftsbegriff gleichermaßen einen analytischen wie einen lebensweltlichen Zugang zu einem konkreten Raum ermöglicht und sich daher als Raumkategorie zur Entwicklung von Konzepten nachhaltiger Nutzung eignet. Die Landschaft steht daher im Mittelpunkt in den zusammen mit Bürgerinnen und Bürgern einer Region zu entwickelnden Zukunftsvorstellungen.

In Landschaftskonferenzen wurden aus der Sicht von Bürgerinnen und Bürgern Szenarien der zukünftigen Landschaftsentwicklung (Bürgerszenarien) in einer Region erarbeitet. Eine Konferenz wurde in einer „altindustriellen Region", im so genannten „Niederlausitzer Bogen", im Oktober 2001 durchgeführt, eine weitere fand im Januar 2003 in Berlin-Spandau, in einem „urbanen Raum", statt. Mit den Landschaftskonferenzen sollen mögliche Veränderungen und Entwicklungen der Raum- und Flächennutzung erkennbar werden. Diese möglichen Flächennutzungen wirken direkt und indirekt auf den Wasserhaushalt des Elbegebietes. Wir nennen die Auswirkungen direkt, die sich auf die Region beziehen, in der auch die Nutzungsveränderung liegt.

Die direkten Auswirkungen beziehen sich auf die Nachfrage nach Wasser und Gewässern. Dies kann sich auf die Wassermenge beziehen und/oder auf die Wasserqualität. Direkte Auswirkungen sind auch die Effekte einer bestimmten Nutzung auf die Bildung von Grundwasser durch Ver- oder Entsiegelung und mögliche Änderungen des lokalen Klimas, das über Niederschlag oder Verdunstung auf den Wasserhaushalt wirkt.

Wir nennen die Auswirkungen indirekt, wenn Änderungen der Flächennutzung am Oberlauf der Gewässer Änderungen der Wassernutzung am Unterlauf auslösen. Dies kann dann wiederum zu einer Änderung der Flächennutzung in der betroffenen Region führen. Ein mögliches Beispiel dafür sind die Auswirkungen der Flutung der Restlöcher in der Niederlausitz auf die Qualität der Gewässer in Berlin und die möglichen Auswirkungen einer sinkenden Gewässerqualität auf die Entwicklung von Siedlungen, Dienstleistungs- und Freizeitgewerbe an Standorten in Berlin.

Die Bürgerinnen und Bürger sehen solche Bezüge ihrer Entwicklungsszenarien auf die Landnutzung und den Wasserhaushalt zumindest spontan nicht, und auch Beziehungen zwischen möglichen Änderungen am Oberlauf und Nutzungsänderungen am Unterlauf sind nicht im Blickfeld der Bürgerszenarien. Für unsere Fragestellung bedeutet dies, dass die Bürgerszenarien unter Hinzunahme von Hypothesen des Forscherteams interpretiert werden müssen, um als Input für Storylines und Hypothesen des Zusammenhangs von Flächennutzung und Wasserhaushalt zu dienen.

Im Folgenden wird dieser Weg in drei Schritten dargestellt: Zunächst werden wir auf die logische Struktur der Bürgerszenarien eingehen und diese unter dem Gesichtspunkt der Raum-Zeit-Struktur diskutieren. Zum Zweiten wird der Charakter möglicher Storylines angesprochen und an Beispielen verdeutlicht. Schließlich werden einige Hypothesen formuliert, die den Bezug zwischen den Szenarien der Bürger und möglichen Änderungen der Flächennutzung herstellen. Dabei werden auch Auswirkungen auf den Wasserhaushalt angesprochen.

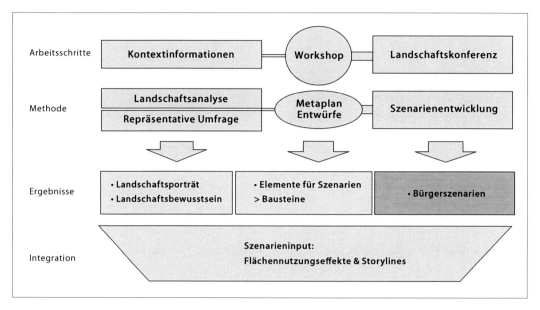

Abb. 1: Methodik der Landschaftskonferenzen

Wie schon erwähnt wurden die Landschaftskonferenzen in zwei sehr unterschiedlichen Regionen durchgeführt. Die Niederlausitz steht für eine ländlich-altindustrielle Region, Spandau für eine urbane Situation, die durch Altindustrie, zum Teil anspruchsvolle Wohnlagen und Naherholung gekennzeichnet ist. Beide sind durch eine Oberlauf-Unterlauf-Relation entlang der Spree miteinander verbunden. In allen drei Arbeitsschritten werden wir also vergleichend argumentieren und in einigen Fällen auf die Oberlauf-Unterlauf Relation hinweisen.

Raum-Zeit-Struktur

Allen Bürgerszenarien ist gemeinsam, dass die gedanklichen Entwürfe für die Zukunft an der Gegenwart ansetzen. In einigen Entwürfen spielt die Vergangenheit als Identitätsressource eine Rolle. Dies sind die als historisch empfundenen Dörfer in der Lausitz, in Spandau ist es die Altstadt und die Festung. Einige Elemente der Szenarien, wir nennen sie Bausteine, beschreiben die Konstruktion der Vergangenheit als ein Potenzial für zukünftige wirtschaftliche In-Wertsetzung. Dies gilt für stillgelegte Braunkohlegruben, die man touristisch oder für den Naturschutz verwerten will oder für bäuerlich geprägte Kulturlandschaft, die als Basis für qualitätsvolle Nischenprodukte gedacht wird. Während in den Szenarien zur zukünftigen Landschaftsentwicklung Spandaus Vergangenheit ausschließlich als Identitätsressource gedacht wurde, steht in der Lausitz die wirtschaftliche Nutzung im Vordergrund. Betrachtet man die Bürgerszenarien in ihrer Spannweite zwischen den Gegebenheiten der Gegenwart und den Vorstellungen der zukünftigen Entwicklung, so erweisen sich die Arbeiten, die in der Lausitz entstanden sind, als deutlich weitreichender. Nicht nur, dass die Gegenwart als vergangen gedacht wird; auch die Lösung der Vorstellung von heute vorherrschenden Verhältnissen ist hier ausgeprägter, die Perspektive langfristiger.

Ganz offensichtlich ist es so, dass die Gegenwart in der Lausitz in einem starken Maße als „potenzarm" erfahren wird, so dass sich Zukunft entweder materiell auf Vergangenheit oder vergangene Gegenwart stützen muss oder sich die Vorstellungen zukünftiger Entwicklung von dieser schwachen Gegenwart entfernen müssen. In Spandau wird der gegenwärtige Zustand als Potenzial empfunden. Die Zukunft ist eine Fortschreibung der Gegenwart, deren positive Eigenschaft („Natur und Großstadt vor der Haustür") zukünftig erhalten und gepflegt werden muss; einige Probleme wie der Individualverkehr und der mit ihm verbundene Lärm werden in Zukunft gelöst. Die Lösung ist zudem heute schon bekannt: sie heißt Ausbau des Bus- und Bahnverkehrs.

Beide Sichtweisen sind für die Erarbeitung von Storylines gleichermaßen bedeutsam. Die gegenwartsbezogene Variante repräsentiert den lebensweltlichen Konservativismus. Änderungen denkt man nur, wenn man sie denken muss. Man muss sie denken, wenn die Gegenwart nur ein geringes Entwicklungspotenzial hat. Unabhängig von Makrobedingungen, die für den ganzen Elberaum im Prinzip gültig sind, sollte man damit rechnen, dass einige Regionen aus der Sicht der Bürgerinnen und Bürger dynamische Landschaften haben, andere eher feststehende. Transformation und Bewahren sind zwei repräsentative Zukunftsentwürfe.

Die Organisation des Raumes steht in enger Beziehung zu den gedachten Zeitdistanzen. Je größer diese sind, desto wahrscheinlicher ist es, dass widersprüchliche oder zumindest deutlich unterschiedliche Zukünfte gedacht werden. Es ist eine allgemeine Eigenschaft der Bürgerszenarien, dass sie nicht homogen sind. Darin sehen wir einen erheblichen Realitätsvorsprung gegenüber wissenschaftlichen Szenarien, die eher in sich konsistente Entwicklungspfade entwerfen. Die Widersprüchlichkeit und Pluralität der Bürgerszenarien ist in der Lausitz deutlich höher als in Berlin-Spandau. Wir führen dies auf die unterschiedlichen gedachten Zeitdistanzen in diesen beiden Regionen zurück. Die Lösung zur Bewältigung und zeitgleichen Realisierbarkeit von Widersprüchen ist eine kleinräumige Zonierung. So kann man gleichzeitig an „Action-orientierten" und „Ruhe-orientierten Tourismus" denken, wenn jede Form ihren Ort hat. In einem Entwurf in der Lausitz werden diese Orte bewusst durch einen „Streifenpark" verbunden, durch den Unterschiede und Übergänge die Qualität des Widerspruchs als Vielfalt deutlich machen sollen. In Spandau wird der Raum, in dem Spree und Havel zusammenfließen, gleichzeitig als Wildnis, Wohn- und Gewerbegebiet zusammen mit Kleingärten und touristischen Einrichtungen gedacht. Zumindest in Bezug auf die baurechtliche Gegenwart ist auch dieser Entwurf „revolutionär".

Die geschilderte Raum-Zeit-Struktur der Bürgerszenarien wirft für die Entwicklung von Storylines eben wegen ihrer Heterogenität Probleme auf. Jede „lineare" Erzählung würde den Charakter der Bürgerszenarien verfehlen. Die Heterogenität wiederum verweigert sich der Bildwerdung und begrifflichen Klarheit, es sei denn man macht gerade die Heterogenität zum Thema. Dies ist auch der Weg, der im Folgenden skizziert werden soll. Wir wählen dies auch deshalb, weil sich der deutliche Unterschied zwischen den Szenarien in der Lausitz und Spandau (dynamische und feststehende Landschaften) in dieser Hinsicht synthetisiert. Auch die konservativen Szenarien verbinden eine als Qualität bewertete Widersprüchlichkeit: Natur und Metropole fügen sich aus der Sicht der Bürger zu der Qualität des Stadtbezirkes zusammen, die es zu erhalten gilt und die wie eben erwähnt in dem kleinräumigen Entwurf für das Gebiet der Spreemündung als „heterogen" bezeichnet werden kann.

Storylines

Die aus Landschaftskonferenzen gewonnenen Storylines beruhen auf Interpretationen des Materials durch unser Forschungsteam. Dabei sollen wesentliche und für die Entwicklung des Wasserhaushaltes relevante Aspekte gebündelt werden. Allerdings werden dabei nicht nur direkte Effekte berücksichtigt (dies findet vor allem im nächsten Abschnitt, der sich mit Flächennutzungen beschäftigt, statt). Relevant sind auch diejenigen Vorstellungen, die sich auf die Wirtschafts- und Alltagsentwicklung in einem allgemeineren Sinn beziehen, da Art und Umfang des Wasserkonsums und der Nutzung von Gewässern eben von diesen sozialräumlichen Dynamiken abhängig sind. Sozialräumliche Dynamiken beziehen sich auf die wirtschaftlichen und sozialen Entwicklungen in einer bestimmten, man könnte sagen individuellen Region. Sie bewirken die gedankliche Konstruktion und die materielle Produktion des Raumes, durch sie werden konkrete Orte geschaffen, verändert oder zerstört. Nichts anderes aber als diese materielle Produktion des Raumes ist es, die in Interdependenz zu den naturräumlichen Gegebenheiten eines Raumes steht und damit den Wasserhaushalt wesentlich beeinflusst.

Die Landschaftskonferenzen beziehen sich – wie auch die sozialräumlichen Dynamiken – auf individuelle Regionen. Diese Räume werden allerdings als Typen interpretiert. Die Lausitz steht für ländlich-altindustrielle Räume im Elbegebiet, Berlin-Spandau für urbanisierte, industriell geprägte Räume. Das bedeutet, dass die Storyline die typischen Elemente eines Raumes herausarbeiten muss, damit die Ergebnisse auf ähnliche Regionen übertragbar sind. In diesem Sinn sind Storylines die typologischen Interpretationen von Aussagen, die im Kontext konkreter Regionen entstanden sind.

Kommen wir zuerst zu der Niederlausitz und damit zu einer ländlich-altindustriell geprägten Landschaft. In den Workshops und der abschließenden Landschaftskonferenz kristallisierten sich zwei Anfangsbedingungen heraus, die aus der Sicht der Teilnehmer als Kernpunkte begriffen wurden. Zum einen ist dies die täglich beobachtbare Veränderung der Landschaft selbst. Mit dem Rückbau des Tagebaus entstand hier die größte Landschaftsbaustelle Europas. Braunkohle wird nicht die Zukunft der Wirtschaft in der Lausitz sein. Damit verbunden gehen alle von einem Rückgang der Bevölkerung in den nächsten Jahrzehnten aus. Man nimmt eine Reduktion von ca. 20 % an. Auch dieser Prozess ist als Abwanderung meist jüngerer Menschen aus dieser Region schon heute deutlich zu beobachten. Impliziert wird damit etwas Drittes: Die Landschaft befindet sich in einem Prozess der Transformation, den niemand aufhalten kann und will. Alle Vorstellungen über die zukünftige Entwicklung drehen sich also nicht um das „Ob" einer Veränderung, sondern nur noch um das „Wie".

Drei Elemente der Landschaftskonferenz erscheinen uns zentral, ein viertes Element verkoppelt sich mit den ersten drei.

Zum einen sehen die Bürgerinnen und Bürger verschiedene Formen der Extensivierung. Aufgrund der Abwanderung und durch den Rückgang des Bergbaus werden Flächen frei, die sich nicht einfach füllen. Und das ist entscheidend, man will sie auch nicht einfach füllen. So werden neue Wälder (new wilderness) und Savannen denkbar.

Zum Zweiten verbindet sich mit dieser Vorstellung die einer Spezial – und Nischenökonomie. Extensive Beweidung, der Anbau von Flachs und Leinen führen zur Herstellung von Produkten hoher Qualität. Das heißt, die Extensivierung führt zu Nutzungen, die die Entwicklung einer neuen Verarbeitungsindustrie und neuer Vermarktungsbetriebe nach sich ziehen. Man darf annehmen, dass dies in der Regel durch kleine und mittlere Betriebe geschehen wird. Die Vorstellung hat also

Auswirkungen auf die Sozialstruktur. Bislang dominierten in dieser Region der Großbetrieb und die Angestellten. Die Figur des Selbstständigen, des Unternehmers, des Handwerkers, des Angestellten in Kleinbetrieben gewinnt eine neue Bedeutung.

Zum Dritten lässt sich die Vorstellung einer experimentellen Wissensökonomie finden. Die Technische Universität Cottbus und die Fachhochschule Senftenberg sind Ansatzpunkte einer experimentellen Ökonomie. So denkt man sich als Beispiel einen sauren See als Untersuchungsmedium für die Entwicklung säureresistenter Stoffe. An anderer Stelle sollen die therapeutischen Möglichkeiten dieser belasteten Gewässer gefunden und genutzt werden. Man denkt sich auch, anknüpfend an die Energieregion Lausitz der letzten Jahrzehnte, die Entwicklung neuer Energieformen über die schon weit entwickelte Windenergie hinaus.

An diese drei Elemente Extensivierung, Spezialökonomie und Wissensökonomie schließt in den Vorstellungen der Bürger der Tourismus an. Auf der einen Seite ziehen die Wasserlandschaften Menschen an, die an und auf den Seen Wochenendhäuser bauen oder sich einfach nur erholen wollen. Aber auch die zum Teil bizarre altindustrielle Landschaft (Wüsten, Savannen, Urwälder), die vorindustrielle Kulturlandschaft sowie die sozialökonomischen Experimente fördern den Tourismus.

Insgesamt würden diese Zukunftsvorstellungen einen erheblichen Einfluss auf die Landschaftsentwicklung haben. Die Verringerung der Bevölkerung muss zu einer Konzentration der Siedlungen führen. Dies wird auch in dem Bürgerszenario formuliert. Dieser Konzentration entsprechen auf der anderen Seite „neue Wüstungen" oder doch zumindest die Verdichtung der Dörfer auf einen Kernbestand. Dies wird von den Bürgern so nicht formuliert. Die offene Landschaft wird als weites, offenes Land gesehen (Kanadisierung), Weiden, Savannen, Seenketten und Wälder, die nicht mehr bewirtschaftet werden. Dies wird zu einem Rückbau von Verkehrswegen führen, auch wird sich die Aufrechterhaltung der Verkehrsmittel nur noch an einigen Linien und Punkten realisieren lassen. Auch die Versorgung der Bevölkerung mit Gütern und Dienstleistungen wird sich auf der einen Seite konzentrieren, auf der anderen Seite gibt es eine Marktchance für kleine und mobile Verkaufsläden und Dienstleistungsbetriebe. Letztlich ist auch die politisch-institutionelle Verfassung zu bedenken. Demokratie braucht die Nähe zum Ort, zu den Bürgerinnen und Bürgern. Zugleich müssen Verwaltung, Gesundheitswesen, Wissensvermittlung bezahlbar bleiben. Es drängt sich die Vorstellung einer Mehrebenen-Organisation auf. Teile der Leistungen werden zentralisiert, auf der anderen Seite bilden sich Zusammenschlüsse von Gemeinden als Kleinregionen mit einer relativ hohen Autonomie. Die Zukunftsvorstellungen haben also Konsequenzen für die Regionsbildung, den institutionellen Aufbau und die politische Organisation. Neue kooperative Formen, durch die bürgerliches Engagement, Verwaltung und Interessengruppen zusammengeführt werden, können die angedachten Entwicklungen tragen.

Ein solcher Pfad könnte dazu führen, dass die Lausitz bzw. Regionen dieses Typus' für aufgeschlossene junge Menschen, „Pioniere", für Wissenschaftler und Menschen mit naturnahen Lebensentwürfen attraktiv wird. Dadurch würde sich das Problem lösen lassen, dass heute vornehmlich junge und aktive Menschen abwandern. Bis dies eintreten könnte, wird es aber eine eher labile Übergangszeit geben, die durchaus Gefahren der Desintegration und Marginalisierung in sich trägt.

In Berlin-Spandau sehen die Bürgerinnen und Bürger eine andere Ausgangslage. Im Kern ist dort ein gewünschter Lebensentwurf Realität: Vor der Haustür Natur und Metropole. Man lebt in Siedlungen, nutzt die Altstadt oder neue Einkaufszentren zur Versorgung und hat das Angebot einer Metropole vor der Haustür. Die Wiedervereinigung Deutschlands hat den Bezug zu Potsdam wiederhergestellt. Die Vergrößerung der EU kann zu Migrationen und Problemen führen. Die Ausgangslage legt zwei Elemente nahe, die sich in den Bürgerszenarien auch finden: Bewahren und Verbessern.

Bewahren will man vor allem die geordnete Natur. Natur wird als eine Parklandschaft gesehen, die man vor Übergriffen bewahren muss. Hier soll es nicht zu einer Bebauung kommen, es soll auch keine neuen Verkehrswege geben. Die vorhandene Bebauung genießt einen Bestandsschutz, auch die existierenden Kasernen sollen erhalten bleiben.

Verbessern will man die Verkehrssituation. Straßen, die den Forst durchschneiden, sollen abgebaut werden. Der Individualverkehr soll zurückgedrängt und durch eine der Havel folgende Bahnlinie ersetzt werden. Einige altindustrielle Flächen sollen renaturiert werden, eine Wasser-Insel-Landschaft soll gebaut werden. Hier zeigt sich der Lebensentwurf am deutlichsten: Neue Wildnis, Wasser, Wohnen, Gärten, Dienstleistungsgewerbe, eine Marina mit Hotel werden zu einer neuen Landschaft zusammengefügt. Dies könnte auch ein Ansatzpunkt sein, an anderer Stelle neue komplexe Landschaften zu entwerfen.

Verbessern will man auch die sozialen Verhältnisse. Wenn es zu Zuwanderungen kommt, soll eine Ghettobildung verhindert werden. Zwischen Migranten und Alteingesessenen, zwischen Jung und Alt sollen die Vereine vermitteln. In ihnen wird der Kernpunkt der Zivilgesellschaft gesehen, die eine multikulturelle integrierte Gesellschaft auch in Zukunft ermöglicht.

Die Unterschiede zwischen den Storylines in dem ländlich-industriellen und dem städtischen Gebiet sind erheblich. Sie unterscheiden sich vor allem in dem Veränderungsdruck und dem Veränderungswillen. Dies schränkt die Möglichkeit der Verallgemeinerung eher ein. Selbstverständlich sind auch ländlich-industrielle Regionen mit einem geringen Veränderungsdruck denkbar. Umgekehrt kann der Veränderungsdruck in städtisch-altindustriellen Räumen stark sein. Die Anfangsbedingungen der Bürgerszenarien in einem konkreten Raum sind also entscheidend für die Gültigkeit der Verallgemeinerung. Dies gilt selbstverständlich auch, wenn man die Flächenwirksamkeit der Szenarien diskutiert.

Die Nutzung der Flächen

Ein unmittelbarer Bezug zwischen den Zukunftsszenarien der Bürgerinnen und Bürger und dem Wasserhaushalt stellt sich über eine Änderung der Flächennutzung her. Werden große Flächen entsiegelt, so verringert sich die Verdunstung und der Niederschlag reichert das Grundwasser an. Wachsen die Waldflächen, so wird ein größerer Teil der Niederschläge örtlich gebunden etc. So unmittelbar dieser Bezug ist, so groß sind die methodischen Probleme, besonders wenn man zu quantitativen Aussagen kommen will. Die Bürgerinnen und Bürger denken nicht in Flächen und machen auch keine Angaben, welche Fläche sie meinen, wenn die Aussage gemacht wird: die Wälder werden zunehmen. Der Link zwischen den Zukunftsszenarien und den Flächenveränderungen muss also durch Hypothesen hergestellt werden. Diese Annahmen können jederzeit verändert werden, denn sie lassen sich in ihrer Genauigkeit nicht begründen. Dennoch zeigt dieser Versuch interessante Ergebnisse und wiederum deutliche Unterschiede zwischen eher konservativen Szenarien, die typisch für Berlin-Spandau sind und den radikalen Vorstellungen, die für die Lausitz geäußert wurden. Interpretiert man bestimmte Zukunftsvorstellungen in der Lausitz, so müssen sogar die Kategorien der Flächennutzung verändert werden, weil neue Landschaftsformen gedacht werden. Bei eher konservativen Vorstellungen verschieben sich die Flächennutzungen geringfügig. Auch „radikale" Vorstellungen wie der Rückbau einer Verbindungsstraße haben nur eine geringe prozentuale Auswirkung – in diesem Fall auf die Waldflächen.

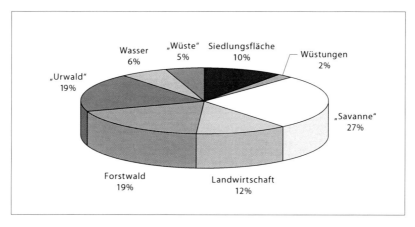

Abb. 2: Mögliche Flächennutzung im Niederlausitzer Bogen 2030 gemäß der Bürgerszenarien

Man sollte aber bedenken, dass die Szenarien nicht nur über die Flächennutzung auf den Wasserhaushalt wirken, sondern auch über eine veränderte Qualität bei gleicher Nutzung. Werden landwirtschaftliche Flächen durch Busch- und Baumreihen umgestaltet, so hat dies zwar keinen Flächeneffekt, aber das Mikroklima ändert sich und dies hat Auswirkungen auf den Wasserhaushalt. Wird durch eine Umgestaltung ein Standort attraktiver (Erhöhung des Freizeitwertes), so kann sich das an ganz anderer Stelle auf die Wohnbebauung auswirken, wenn die gesteigerte Attraktivität den Zuzug in ein Gebiet erhöht. Für die Abschätzung dieser indirekten Effekte der Szenarien wurden von uns noch keine Methoden entwickelt.

Zusammenfassung

Das Ziel unseres Forschungsprojektes war zunächst eine methodische Klärung: Ist es möglich, dass Bürgerinnen und Bürger über die Zukunft der Landschaft, in der sie leben, nachdenken? Können sie sich von den Gegebenheiten und Notwendigkeiten der Gegenwart lösen und sich zeitlich in die mögliche, gewünschte oder befürchtete Situation der nächsten Generation bewegen? Es hat sich unseres Erachtens gezeigt, dass dies möglich und fruchtbar ist. Es entstehen Bausteine für Szenarien, es werden Bilder und Möglichkeitsräume entworfen. Dabei sind die Ergebnisse in der einen Situation eher konservativ, in der anderen gewagt. Wie konservativ oder gewagt die Bürgerszenarien formuliert werden, hängt wahrscheinlich davon ab, wie groß der Veränderungsdruck und die Erfahrung mit Veränderungen in einer Landschaft sind.

Das methodische Ziel lässt sich von den Inhalten nicht trennen. Landschaft wird als ein wesentlicher Bestandteil der Lebenswelt empfunden. Das ist wohl der Grund dafür, dass sich die Gedanken und Vorstellungen stärker auf gewünschte Zukünfte richten und nicht so sehr die Befürchtungen formulieren. Da sich Interessen und Erfahrungen nur bis zu einem gewissen Grade homogenisieren, sind die Bürgerszenarien nicht widerspruchsfrei. Wir möchten noch einmal betonen, dass wir dies für einen großen Vorteil gegenüber den wissenschaftlichen Szenarien halten, die eher dazu tendieren, widerspruchsfreie Zukünfte zu entwerfen.

Sicherlich sind weitere Landschaftskonferenzen notwendig, bevor man sich einen abschließenden Eindruck von der Wertigkeit der Methode machen kann. Wir halten es zudem für wünschenswert, die Ergebnisse der Bürgerszenarien mit den Zukunftsvorstellungen zu vergleichen, die Fachleute und Wissenschaftler für den gleichen Raum entwickeln, und dabei im höheren Maße objektivierbare Daten mitzuverwenden. Die Zusammenführung objektiver Daten, der qualitativen Porträts einer Landschaft, der Erwartungen von Experten und die Bürgerszenarien könnten die Vorausschau (Regional Forecast) ergeben, die eine für planendes Handeln notwendige Orientierung ermöglicht.

Referenzen

BRAUN, A., ZWECK, A. (2002) Regionale Vorausschau (Foresight und Zukunftsinitiativen) in Deutschland, Übersichtsstudie (Band 45), Hrsg.: VDI-Technologiezentrum.

IPSEN, D. et al. (2003) Zukunft Landschaft – Bürgerszenarien zur nachhaltigen Entwicklung, Universität Kassel, Kassel

II-2.2 Szenarienfolgen für den Wasser- und Nährstoffhaushalt – Überblick
Horst Behrendt

Innerhalb der letzten Jahre wurde eine Vielzahl von Datengrundlagen und Modellergebnissen zum Wasser- und Nährstoffhaushalt für den deutschen Teil des Elbeeinzugsgebietes erarbeitet (BECKER und LAHMER 2004). Für die Anwendung dieser Werkzeuge im Rahmen der Untersuchungen von GLOWA-Elbe auf das gesamte Flusseinzugsgebiet mussten jedoch verschiedene Arbeitsaufgaben gelöst werden. Dies betraf u. a.:

- Die Weiterentwicklung der Modelle bzw. deren Kopplung in Bezug auf eine Berücksichtigung der für die klimatischen Änderungen relevanten Parameter und Prozesse.
- Die Implementierung von neuen Modellmodulen für den Wasser- und Nährstoffhaushalt, die Szenarioberechnungen bezüglich klimatischer und sozioökonomischer Veränderungen ermöglichen.
- Den Aufbau einer harmonisierten GIS-Datenbasis für das Einzugsgebiet der gesamten Elbe in Kooperation mit tschechischen Partnern.
- Die Anwendung und gegebenenfalls Adaptation der vorhandenen Modelle für den Wasser- und Stoffhaushalt auf den tschechischen und österreichischen Teil des Elbegebietes.
- Die Integration der vorhandenen Modelle zum Wasser- und Stoffhaushalt sowie zu Teilbereichen der wirtschaftlichen Aktivitäten zu einem einheitlichen Modellsystem und
- Die Berechnung erster Szenarien zu künftig möglichen Entwicklungen des Wasser- und Stoffhaushaltes im Elbegebiet als Folge möglicher klimatischer und sozioökonomischer Veränderungen im Rahmen des globalen Wandels.

Als Basis für eine das gesamte Elbegebiet umfassende Analyse des Wasser- und Stoffhaushaltes wurden die Modelle WaterGAP 2 (DÖLL et al. 2003) sowie MONERIS (BEHRENDT et al. 1999) eingesetzt.

Die Untersuchungen bauen bezüglich der möglichen veränderten Abflüsse in den Teilgebieten des Elbeeinzugsgebietes auf den Ergebnissen der globalen Klimamodelle ECHAM4 (RÖCKNER et al. 1996) und HadCM3 (GORDON et al. 2000) auf, wobei die berechneten Szenarien zur Wasserverfügbarkeit und -verbrauch für die Jahre 2025 und 2075 (siehe BEHRENDT et al. 2005, Kap. II-2.2.1) den Annahmen des IPCC Szenarios *B2* folgen.

Bezüglich der Quantifizierung der Nährstoffeinträge mit dem Modell MONERIS mussten für eine Analyse des Gesamtgebietes der Elbe zunächst für den tschechischen Teil die flussgebietsdifferenzierten Datengrundlagen geschaffen und eine Modellerprobung für den Istzustand durchgeführt werden. Dies erfolgte durch eine Kooperation mit dem Institut für Boden und Gewässerschutz in Prag. Es wurde eine Untergliederung des tschechischen Elbegebietes in 25 Teilgebiete mit einer durchschnittlichen Größe von 2.000 km² vorgenommen. GIS-Daten zur Landnutzung, Topographie, Gewässernetz, administrative Grenzen, Hydrogeologie, Bodentypen und Bodenabtrag wurden zu einer harmonisierten Datenbasis für die gesamte Elbe zusammengeführt. Statistiken zur Bevölkerung, Landwirtschaft, Abwasserbehandlung wurden auf dem Niveau von Gemeinden, Kreisen bzw. den gesamten Ländern mit den administrativen Grenzen überlagert und so thematische Karten für die weitere Analyse der Nährstoffeinträge und der sozioökonomischen Bedingungen im gesamten Elbegebiet hergestellt und als Eingangsdaten für die Modellierung der Nährstoffeinträge in das Flusssystem der Elbe verwendet.

Nach dem Aufbau der Datenbasis erfolgte zunächst eine Modellierung des Istzustandes der Nährstoffeinträge in das gesamte Elbegebiet. Daran anschließend wurden Szenarioberechnungen auf der Grundlage der mittels WATERGAP II berechneten veränderten Abflüsse für das Elbegebiet durchgeführt.

Neben den Szenarioanalysen, in denen insbesondere durch veränderte Abflüsse und Niederschläge die zu erwartenden Veränderungen der Nährstoffeinträge infolge des möglichen Klimawandels untersucht wurden, standen die möglichen Veränderungen der Nährstoffüberschüsse in der Landwirtschaft infolge des globalen Wandels im Mittelpunkt der gesamtelbischen Betrachtungen.

Die Analysen der Landwirtschaft basierten auf Informationen zur Entwicklung der landwirtschaftlichen Produktion, die in dem Modell RAUMIS (Regionalized Agricultural and Environmental Information System) abgebildet werden. Damit war es möglich, auf der administrativen Ebene von Kreisen verschiedene Szenarien zu den Veränderungen der Stickstoffüberschüsse auf den landwirtschaftlichen Flächen zu berechnen (siehe Behrendt et al. 2005, Kap. II-2.2.1).

Zur Untersuchung der Auswirkungen des globalen Wandels wurde das ökohydrologische Modell SWIM (Soil and Water Integrated Model, Krysanova et al. 1998) verwendet, in dem Module zur Berechnung der Hydrologie, des Pflanzenwachstums (Landwirtschaft und Forst), des Nährstoffkreislaufes (Stickstoff und Phosphor) und der Erosion nach dem Vorbild des Modellsystems SWAT integriert wurden (siehe Hattermann et al. 2005, Kap. II-2.2.2). Spezielle Teilstudien zum Ertragsverhalten landwirtschaftlicher Kulturen bei postuliertem Klimawandel ergaben einen Ertragsrückgang für Winterweizen und Ertragsgewinne beim Silomais. Durch die Kopplung zwischen den Modellen RAUMIS und SWIM konnten erste Analysen der Auswirkungen der veränderten Klimabedingungen auf die Nährstoffüberschüsse in der Landwirtschaft durchgeführt werden.

Die Anwendung von RAUMIS beschränkt sich zurzeit noch auf den deutschen Teil des Elbegebietes, so dass auch die Szenarioberechnungen zu den Auswirkungen der verschiedenen Szenarien zu den Stickstoffüberschüssen in der Landwirtschaft auf die regional differenzierten Nährstoffeinträge im Flusssystem der Elbe auf den deutschen Gebietsteil der Elbe beschränkt bleiben mussten.

Insgesamt konnte im Rahmen von GLOWA-Elbe I sowohl eine Datenbasis für die modellgestützte Analyse der Nährstoffeinträge im gesamten Elbeeinzugsgebiet als auch die Koppelung von verschiedenen Modellen zur Abbildung von Teilaspekten des globalen Wandels realisiert werden. Die Ergebnisse werden in den folgenden Kapiteln im Detail dargestellt. Bei Weiterführung der Untersuchungen stehen sowohl deren räumliche Ausdehnung auf den tschechischen Teil des Elbegebietes, die Einbeziehung von möglichen Veränderungen in den punktuellen Nährstoffeinträgen und die Kopplung der verschiedenen sektoralen Szenarien zur Quantifizierung der gesamten möglichen Veränderungen der Nährstoffeinträge im Vordergrund der Arbeiten. Diese Ergebnisse sollen dann auch einer Bewertung hinsichtlich der Kosten und Nutzen unterzogen werden.

II-2.2.1 Mögliche Auswirkungen von Änderungen des Klimas und in der Landwirtschaft auf die Nährstoffeinträge und -frachten

Horst Behrendt, Dieter Opitz, Markus Venohr, Mojmir Soukup

Einleitung

Aufgrund anthropogener Einflüsse wird vom International Panel on Climate Change (IPCC) weltweit eine Erwärmung um 1,4 K bis 5,8 K für die nächsten 100 Jahre prognostiziert. Ausgehend von dieser Erwärmung kann auch mit einer Intensivierung des Wasserkreislaufs gerechnet werden. Durch die Anwendung von Wasserhaushaltsmodellen wird seit einigen Jahren versucht, Aussagen über den Einfluss dieser Klimaveränderungen auf die Wasserverfügbarkeit und -nutzung abzuleiten. Seit dem Jahr 2000 wurden diese Zusammenhänge im Rahmen des BMBF-Projektes GLOWA-Elbe („Integrierte Analyse der Auswirkungen des globalen Wandels auf die Umwelt und die Gesellschaft im Elbegebiet") mittels integrierter Analysen am Beispiels des Einzugsgebiets der Elbe untersucht.

Die Erforschung der Einflüsse des Klimawandels auf den regionalen Stoffhaushalt stecken noch in den Anfängen und sind mit großen Unsicherheiten behaftet. In der vorliegenden Arbeit wird versucht, über die quantitative Veränderung der Abflüsse und Stickstoffüberschüsse in der Landwirtschaft hinaus, Aussagen über die möglichen Einflüsse auf die landseitigen Einträge und die daraus resultierenden Frachten zu schließen.

Auf der Basis der Kopplung der Modelle WaterGAP, RAUMIS, SWIM und MONERIS wurde im Rahmen von GLOWA-Elbe I untersucht, inwieweit sich mögliche Änderungen des Klimas und in der Intensität der landwirtschaftlichen Nutzungen im Elbeeinzugsgebiet auf die Nährstoffeinträge auswirken.

Da die Ergebnisse von detaillierten Untersuchungen zur Veränderung von Extremereignissen zurzeit noch nicht vorliegen, beschränken sich die folgenden Aussagen noch auf eine Analyse des möglichen Einflusses der mittleren Niederschlags-, Abfluss- und Temperaturbedingungen auf die künftige Stoffeintragssituation im Elbegebiet. Das Modell MONERIS wurde schon häufig für Bestimmung von Nährstoffeinträgen in verschiedensten Einzugsgebieten Mittel- und Osteuropas angewendet. Da das Modell in der Regel Einträge als mittlere jährliche Werte berechnet, können bisher keine detaillierten Aussagen zur innerjährlichen Verteilung der Einträge gemacht werden.

Um Aussagen über die aus den Szenarien resultierenden möglichen Frachtänderungen machen zu können, wurde auch mögliche Veränderungen in der Stickstoffretention der Oberflächengewässer auf der Basis eines im Rahmen der EU-Projekte BUFFER und EUROHARP entwickelten Ansatzes (Venohr und Behrendt 2002) berechnet. Geringere Abflüsse würden tendenziell zu einer geringen Fließgeschwindigkeit und somit zu einer längeren Verweilzeit in einem Gewässerabschnitt sorgen. Gleichzeitig wäre mit höheren Sedimentationsraten und gegebenenfalls mit einem erhöhten Macrophytenaufkommen und somit mit einer erhöhten Retentionsleistung zu rechnen. Erhöhte Abflüsse würden demnach eher zu einem umgekehrten Effekt führen, wobei häufigere Hochwässer, bei denen mitgeführtes Sediment auf den Überflutungsflächen abgesetzt wird, für die Abschätzung der Netto-Retention zusätzlich berücksichtigt werden müssten.

Die Veränderung der Wassertemperatur beeinflusst unter anderem die Aktivität von im Sediment bzw. im Biofilm submerser Pflanzen befindlichen Bakterien, so dass ein Zusammenhang zwischen erhöhten Temperaturen, erhöhter bakterieller Aktivität und erhöhten Denitrifikationsraten zu erwarten ist. Für innerjährliche Schwankungen der Temperatur konnte dieser Zusammenhang durch den Retentionsansatz bereits beschrieben werden. Für die Berechnungen wird davon ausgegangen, dass sich die Zusammensetzung der Artengemeinschaft im Gewässer nicht ändert.

Basierend auf diesen Annahmen wird die Änderung der jährlichen Retentionsrate und schließlich die Änderung der Frachten diskutiert. Hierbei wird auch der Jahresgang der Retentionsleistung dargestellt und mit den heutigen Bedingungen verglichen.

Datengrundlagen und Methodik

Die Untersuchungen bauen bezüglich der möglichen Einflüsse von veränderten Abflüssen auf den Stickstoffeintrag in die Teilgebiete des Elbeeinzugsgebietes auf den Ergebnissen der globalen Klimamodelle ECHAM4 (Röckner et al. 1996) und HadCM3 (Gordon et al. 2000) und den daraus mit dem globalen Modell WaterGAP (**W**ater – **G**lobal **A**ssessment and **P**rognosis; Döll et al. 2003) berechneten Szenarien zur Wasserverfügbarkeit und -verbrauch für die Jahre 2025 und 2075 auf. Die Berechnungen folgen den Annahmen des IPCC Szenarios *B2*.

Die Berechnungen der möglichen Veränderungen in den N-Bilanzüberschüssen auf der landwirtschaftlichen Fläche, die ebenfalls eine wichtige Eingangsgröße für das Modell MONERIS darstellen, erfolgten auf der Basis der agrarökonomischen Modelle WATSIM und RAUMIS sowie in deren Kopplung mit dem öko-hydrologischen Modell SWIM. Durch diese Kopplung wird eine direkte Verbindung zwischen den „treibenden Kräften" und den möglichen Auswirkungen ihrer Veränderungen auf die Nährstoffbelastung der Gewässer hergestellt.

Vier verschiedene Szenarien werden betrachtet:

Ein Referenzszenario wird für die zukünftige Landbewirtschaftung bis zum Jahr 2020 erstellt. Die grundlegende Annahme ist die Fortführung der derzeitigen GAP (AGENDA 2000). Die Szenarioberechnungen erfolgten mit dem regionalen Agrarsektormodell RAUMIS (siehe Gömann et al. 2005, Kapitel II-2.1.1).

Alternative Entwicklungen werden ausgehend von den Entwicklungsrahmen *A1* und *B2* des IPCC-Reports 2000 (Intergovernmental Panel on Climate Change) für den Teilbereich Landwirtschaft als fortschreitende „Liberalisierung" bzw. „Regionalisierung/Ökologisierung" ebenfalls mit RAUMIS berechnet.

Da der Klimawandel auf die Landwirtschaft in den Regionen des Elbegebietes unterschiedliche Auswirkungen hat, wurde darüber hinaus unter Nutzung des Modells SWIM ein Szenario berechnet, inwieweit sich die unterschiedliche Ausprägung des Klimawandels auf die N-Bilanzüberschüsse in der Landwirtschaft auswirken.

Die so ermittelten monatlichen Temperatur-, Niederschlags- und Abflusszeitreihen sowie die regionaldifferenzierten N-Bilanzüberschüsse wurden als Eingangsdaten für das Nährstoffeintragsmodell verwendet. Als Referenz dienen die langjährigen mittleren Abflüsse, Temperaturen und Niederschläge der Periode 1961–1990.

Für die Analyse der Nährstoffeinträge und -frachten in den einzelnen Teilgebieten der Donau wurde das Modell **MONERIS** angewandt. Dieses Modell, das für eine flussgebietsdifferenzierte Quantifizierung der punktuellen und diffusen Nährstoffeinträge in die Flussgebiete Deutschlands entwickelt wurde (Behrendt et al. 1999, Behrendt et al. 2002), erlaubt die Ermittlung der Nährstoffeinträge für insgesamt 7 verschiedene Eintragspfade (Abbildung 1).

Die detaillierte und an die Abflusskomponenten angelehnte Unterteilung der diffusen Eintragswege ist notwendig, weil sich die jeweiligen Nährstoffkonzentrationen und die Intensitäten der

Nährstoffrückhalte- und -verlustprozesse für die einzelnen Pfade deutlich unterscheiden. Im Einzelnen werden die Einträge aus den folgenden Pfaden im Modell berücksichtigt:

- Punktquellen (kommunale Kläranlagen und industrielle Direkteinleiter)
- Atmosphärische Deposition direkt auf die Oberfläche der Gewässer
- Erosion (an Oberflächenabfluss gekoppelte Einträge von partikulären Nährstoffen)
- Abschwemmung (an Oberflächenabfluss gekoppelte Einträge von gelösten Nährstoffen)
- Grundwasser (beinhaltet auch die Einträge verursacht durch natürlichen Interflow)
- Dränagen
- Versiegelte urbane Flächen (Einträge über Mischkanalüberläufe, Regenentwässerung, sowie von Straßen und Bevölkerung, die an keine Kläranlagen oder keine Kanalisation angeschlossen sind).

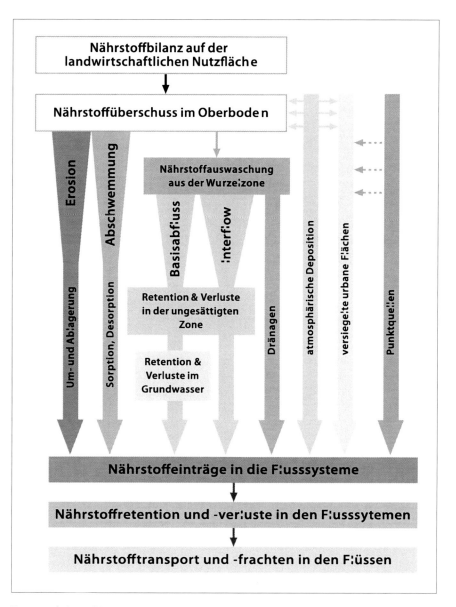

Abb. 1: Eintragspfade und Prozesse in MONERIS

Die entlang der Eintragspfade vorkommenden Prozesse der Nährstofftransformation, des -rückhaltes oder der -verluste werden in dem Modell MONERIS durch konzeptionelle Boxmodelle beschrieben.

MONERIS beinhaltet keine separate Abflussmodellierung, um den Einfluss dieser spezifischen Modellfehler auf das Berechnungsergebnis auszuschließen. Obwohl die gemessenen Abflüsse als Eingangsdaten für die Modellierung dienen, müssen die Anteile der einzelnen Abflusskomponenten am Gesamtabfluss eines Teilgebietes abgeschätzt werden. Dies erfolgt insbesondere für den Oberflächenabfluss, den Abfluss von dränierten und versiegelten urbanen Flächen.

Die Berechnung der Nährstoffeinträge kann mit MONERIS auf Jahresbasis erfolgen, um jedoch mögliche nur durch die jährlichen Schwankungen des Abflusses bedingten Änderungen in den Nährstoffeinträgen auszuschließen, werden die Modellberechnungen in der Regel nur für Mittelwerte von mehreren Jahren durchgeführt. Dadurch ist es eine bessere Identifizierung der durch menschliche Aktivitäten verursachten Nährstoffeinträge und der Vergleich unterschiedlicher Eintragssituationen möglich.

Neben der Quantifizierung der aktuellen pfadbezogenen Eintragssituation können mit der neuesten Modellversion auch die Einträge unter naturnahen Bedingungen in Form von Szenarioberechnungen ermittelt werden (Behrendt et al. 2002), so dass auch eine pfadunabhängige Analyse der Einflüsse durch die verschiedenen menschlichen Tätigkeitsbereiche u. a. in der Land-, Wasser- und Siedlungswasserwirtschaft auf die Nährstoffeinträge möglich sind.

Die Flusssysteme sind nicht nur Transporter für die Nährstoffeinträge. In den Oberflächengewässern (Flüsse, Seen, Talsperren) selbst wirken verschiedene Umsetzungs-, Rückhalte- und Verlustprozesse, deren Intensität in Abhängigkeit von den hydrologischen und morphologischen Randbedingungen in den einzelnen Flusssystemen sehr unterschiedlich sein können. Das Modell MONERIS berücksichtigt diese Prozesse durch Retentionsmodule, wodurch es möglich wird, aus den Nährstoffeinträgen auch die Nährstofffrachten zu berechnen und diese Ergebnisse zur Modellüberprüfung direkt mit den aus den Nährstoffkonzentrationen und Abflüssen berechenbaren Frachten zu vergleichen.

Da ein Modell nur dann für die Berechnungen von möglichen zeitlichen Veränderungen der Nährstoffeinträge und -frachten eingesetzt werden kann, wenn es auch in der Lage ist, bereits eingetretene Veränderungen zu beschreiben, wurde zusätzlich auch die Nährstoffeinträge und -frachten im Elbegebiet für die Zeiträume 1983–1987 sowie 1993–1997 berechnet. Dies erschien auch unter dem Aspekt einer Bewertung der weiteren möglichen Auswirkungen klimatisch und sozioökonomisch bedingter Veränderungen in den nächsten 20 Jahren notwendig.

Durch die Zusammenarbeit mit tschechischen Fachkollegen war es möglich, die flussgebietsdifferenzierte Modellanalyse nicht nur für das deutsche Teilgebiet der Elbe durchzuführen, sondern diese auf das Gesamtgebiet auszudehnen. Insgesamt wurden die Nährstoffeinträge für 184 Teilgebiete berechnet, so dass die Veränderungen nicht nur für das Gesamtgebiet, sondern auch für die Elberegionen ermittelt werden konnten.

Bei den Szenarioberechnungen für die Auswirkungen veränderter N-Bilanzüberschüsse in der Landwirtschaft wurde davon ausgegangen, dass die Umsetzung der Maßnahmen nicht sprunghaft, sondern gleitend bis zum Jahr 2020 erfolgt und dass sie darüber hinaus ca. 5 Jahre und bis zur Erreichung eines „steady state" (ca. 20–50 Jahre) weiterwirkt.

Ergebnisse

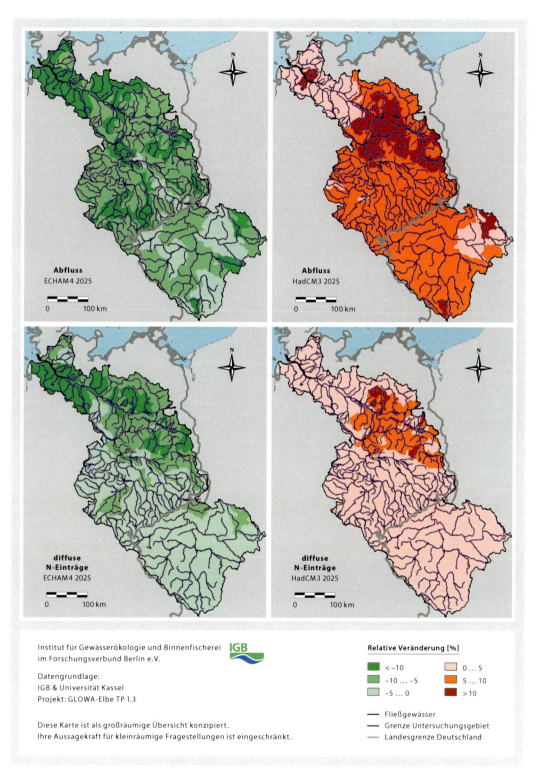

Abb. 2: Relatives Niveau der Abflüsse und N-Einträge für zwei verschiedene Klimaszenarien im Vergleich zur Situation im Zeitraum 1998–2000 (Abflüsse und Einträge in der Periode 1998–2000 = 100 %)

Einfluss veränderter Abflüsse auf die Stickstoffeinträge im Elbeeinzugsgebiet

Szenarioberechnungen zur Abschätzung des Klimawandels auf die Wasserverfügbarkeit im Elbeinzugsgebiet mit dem globalen Modell WaterGAP haben gezeigt, dass die Wasserverfügbarkeit im Gebiet entweder abnehmen oder zunehmen kann (Abbildung 2). Während für 2075 beide Klimamodelle einen leichten Anstieg des Abflusses an der Elbmündung vorhersagen, können für den Zeitraum 2025 keine eindeutigen Aussagen zur Abflussänderung abgeleitet werden. Dies ist vor allem auf die Unsicherheiten bei der Niederschlagsberechnung durch die zur Verfügung stehenden Klimamodelle zurückzuführen.

Die Berechnungen der diffusen Einträge und Einträgen aus Punktquellen in Oberflächengewässer nach MONERIS sind maßgeblich von den Abflüssen und den Niederschlägen abhängig. Die Ergebnisse der Modellberechnungen zeigten jedoch, dass die Auswirkungen der möglichen Änderungen der mittleren Niederschläge und Abflüsse auf die diffusen Nährstoffeinträge geringer sind als die infolge eines umfassenden sozioökonomischen Wandels und andere Maßnahmen zur Reduzierung der Eintragssituation (Abbildung 3). Der Einfluss von Klimaänderungen auf die Nährstoffeinträge wird sich wahrscheinlich nur für starke Veränderungen von Extremsituationen (Trockenperioden, Hochwasser) oder durch indirekte Wirkungen über Ertragsveränderungen und damit veränderte Überschüsse usw. nachweisen lassen.

Im Mittel ergab sich eine Änderung der Stickstoffeinträge um ±2%, wobei in Teilgebieten die Veränderungen der Stickstoffeinträge im Extremfall auch nur um –22 bis +12% zunehmen oder abnehmen würden (siehe Abbildung 2).

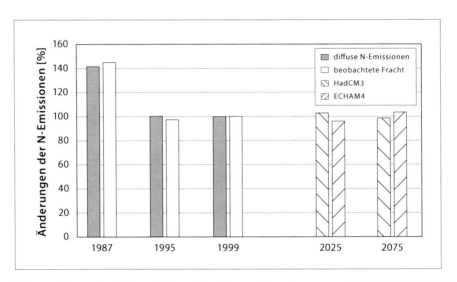

Abb. 3: Relatives Niveau der diffusen Nährstoffeinträge nach Berechnungen mit MONERIS für die Zeiträume 1983–1989, 1993–1997, 1998–2000, 2025 und 2075 (Zeitraum 1998–2000 = 100 %)

Einfluss veränderter Abflüsse und Temperaturen auf die Stickstoffretention in den Oberflächengewässern

Von Venohr et al. (2003) konnte gezeigt werden, dass die Veränderung der Abflussbedingungen und der Temperatur für den Zeitraum 2025 eine leichte Erhöhung der Retention im Gewässer mit sich bringen könnte. Da das Modell ECHAM4 im Gegensatz zu HadCM3 für diesen Zeitraum einen Rückgang des Abflusses berechnet, fällt die Steigerung der Retention nach diesem Modell etwas höher aus (siehe Abbildung 4). Für 2075 kommt es aufgrund der verstärkten Temperaturerhöhung auch zu einer Erhöhung der Retentionsleistung. Der retentionsverringernde Einfluss der ebenfalls ansteigenden Abflüsse würde in diesem Fall durch die erhöhte mikrobiologische Aktivität ausgeglichen und insgesamt eine Erhöhung der Retentionsleistung begründen.

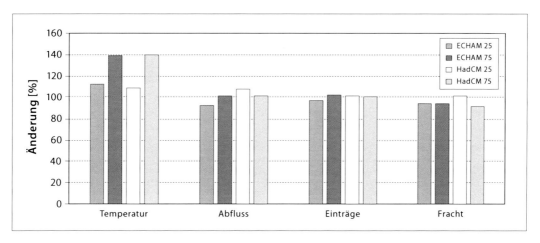

Abb. 4: Relatives Niveau von Temperatur, Abfluss, Einträgen und Fracht für die Station Zollenspieker, bezogen auf die mittleren Verhältnisse im Zeitraum 1961–1990 (Zeitraum 1961–1990 = 100 %)

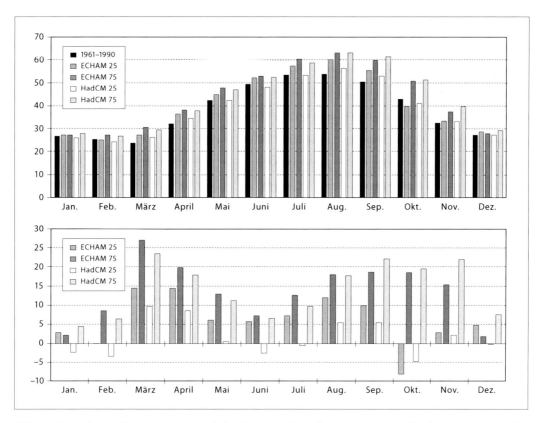

Abb. 5: Veränderung der mittleren monatlichen Retention (in % der Einträge) in den Oberflächengewässern der Elbe oberhalb von Zollenspieker im Jahresgang (oben) und Veränderung der Retentionsleistung nach den Klimamodellen für die Zeiträume 2025 und 2075 (unten) im Vergleich zum Zeitraum 1961–1990

Hinsichtlich der innerjährlichen Veränderung der Retentionsleistung lässt sich ein ähnlicher Trend feststellen. Die in Abbildung 5 (oben) dargestellte mittleren monatlichen Retention spiegelt den Temperaturgang und den reziproken Verlauf der Abflussganglinie wider. Bis auf wenige Ausnahmen wurde für die Szenarien eine Erhöhung der Retention berechnet.

Die größte Erhöhung lässt sich zunächst für die Sommermonate ableiten (Abbildung 5 oben). Bei genauerer Betrachtung der Änderungen (Abbildung 5 unten) zeigen sich jedoch zwei Maxima (März–April und August–September (2025) bzw. August–November (2075)) in der Retentionserhöhung. Eine Untersuchung der monatlichen Temperatur- und Abflussverteilung zeigt, dass für die Sommermonate beide Werte in Kombination für die Erhöhung verantwortlich sind. Die erhöhte Stickstoffretention im Frühjahr ist dagegen, vorwiegend auf die infolge des Klimawandels zu erwartenden geringeren Frühjahrsabflüsse zu erklären. Dieser Abflussverlauf würde auch die Änderung der Retention von Dezember bis Februar erklären.

Aus der Kombination sich nur wenig ändernder Einträge und einer insgesamt eher zunehmenden Retentionsleistung kann eine Tendenz zur Abnahme der resultierenden Fracht abgeleitet werden. Dieser Trend ist unter anderem auch an der letzten, noch nicht Tide beeinflussten Messstation vor der Elbmündung Zollenspieker zu finden. Insgesamt lässt sich jedoch schlussfolgern, dass die berechneten Änderungen der Fracht, ähnlich wie bei den beschriebenen Änderungen der Einträge, weit unter dem Potenzial der sozioökonomisch bedingten Änderungen wie z. B. nach der Wiedervereinigung liegen (Abbildung 3).

Einfluss veränderter Stickstoffüberschüsse in der Landwirtschaft auf die Stickstoffeinträge und -frachten in den Oberflächengewässern des Elbeeinzugsgebietes

In Kapitel I-2.1.1 wird auf der Basis des Modells RAUMIS abgeleitet, wie sich bei verschiedenen Szenarien für die Entwicklung in der Landwirtschaft die Stickstoffüberschüsse auf den landwirtschaftlichen Flächen im deutschen Teil der Elbe bis zum Jahr 2020 ändern werden. Bezüglich der Modellierung der sich aus den verändernden Stickstoffüberschüssen zu erwartenden Stickstoffeinträge und der Stickstofffrachten im gesamten Elbeeinzugsgebiet mit dem Modell MONERIS mussten darüber hinaus zusätzliche Annahmen bzgl. der zeitlichen Umsetzung dieser möglichen Änderungen und der Übertragung auf das tschechische Teilgebiet der Elbe getroffen werden.

Die Abbildung 6 zeigt die berechneten regionalen Veränderungen in den gesamten diffusen N-Einträgen im Elbeeinzugsgebiet für die drei angenommenen Szenarien der Entwicklung der N-Überschüsse in der Landwirtschaft. Zusätzlich wird unter Einbeziehung der Ergebnisse des EU-Projektes „Eurocat" noch ein weiteres Szenario (*Nst max measures* 2025) berücksichtigt, dass neben der Einführung einer Stickstoffsteuer (*Nst* 2025) davon ausgeht, dass noch weitere Maßnahmen in der Landwirtschaft (drastische Erosionsminderung, Rückgang dränierter Flächen) und darüber hinaus auch im Bereich der Siedlungswasserwirtschaft (Einträge aus Kläranlagen entsprechen der EU-Abwasserrichtlinie; Minimierung der Einträge von urbanen Flächen) realisiert werden.

Die Abbildung zeigt deutlich, dass die zu erwartenden Veränderungen in den diffusen Stickstoffeinträgen in den Teilgebieten der Elbe bei den Szenarien *Lib* 2025 und *SWIM* 2025 (*Referenzszenario* nach RAUMIS + Klimaveränderungen nach *STAR_32*) nur relativ gering sind. Demnach kann man für das Szenario *Lib* 2025, davon ausgehen, dass sich die diffusen N-Einträge nur in einem Bereich bis zu maximal 10 % vermindern werden. Für das Szenario *SWIM* 2025 werden demgegenüber für Teilgebiete im Festgesteinsbereich der Elbe auch leichte Erhöhungen der diffusen N-Einträge ermittelt.

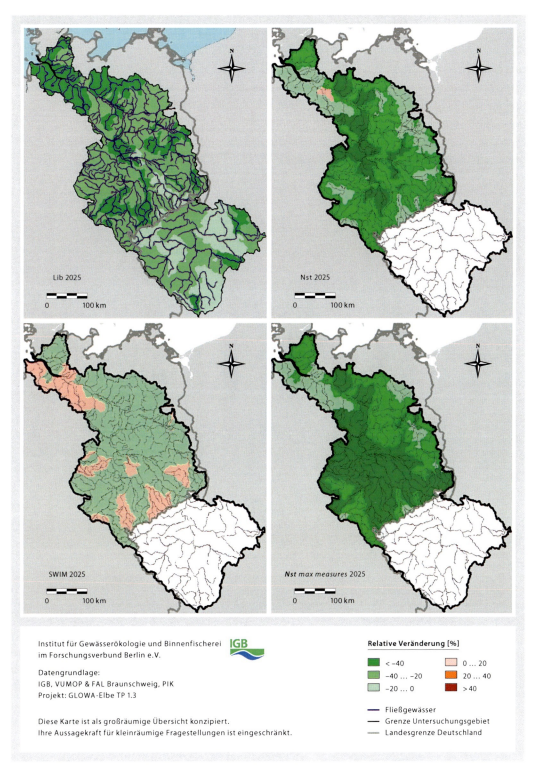

Abb. 6: Relatives Niveau der diffusen N-Einträge im Elbegebiet für verschiedene Szenarien der Entwicklung in der Landwirtschaft bezogen auf den Zeitraum 1998–2000 (Zeitraum 1998–2000 = 100 %)

Eine deutlich stärkere Verminderung der diffusen Stickstoffeinträge ist demgegenüber bei dem Szenario **Nst** 2025 zu erwarten. Die Einführung einer Stickstoffabgabe würde somit zu einer deutlichen Verringerung der diffusen N-Einträge in das Flusssystem der Elbe und damit auch zu geringen N-Frachten in das Elbeästuar und die Nordsee führen. Die möglichen Reduzierungen der diffusen N-Einträge könnten in einzelnen Teilgebieten bis zu 40% im Vergleich zur Belastungssituation im Zeitraum 1998–2000 betragen. Durch die Realisierung weiterer Maßnahmen zur Senkung der diffusen Einträge (Erosionsminderung, Dränageflächenrückgang und Erhöhung des N-Rückhaltes bei Einträgen von urbanen Flächen) kann man einen Rückgang der diffusen N-Einträge regional um bis zu 50% erwarten.

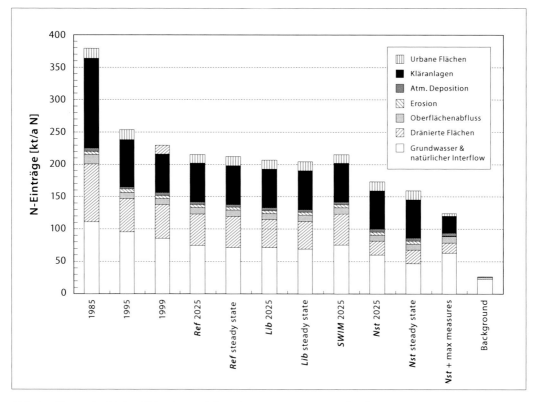

Abb. 7: Niveau der Stickstoffeinträge nach Berechnungen mit MONERIS für die Zeiträume 1983–1989, 1993–1997, 1998–2000 und für 2025 und für den „steady state" für verschiedene Szenarien der Entwicklung in der Landwirtschaft

Die Abbildung 7 zeigt die auf Basis der Szenarien berechneten gesamten N-Einträge in das Flusssystem der Elbe und den jeweiligen Anteil der einzelnen Eintragspfade. Für das Referenzszenario (**Ref**) ergeben die Modellberechnungen insgesamt einen Rückgang der N-Einträge um 6%, der sich bei dauerhafter Beibehaltung der N-Überschüsse auf diesem Niveau („steady state") noch geringfügig auf 8% erhöht. Das Liberalisierungsszenario würde demnach zu einer Verminderung der gesamten N-Einträge um 10% (für „steady state" 11%) führen. Die zusätzlich zum Referenzszenario im Szenario **SWIM** 2025 berücksichtigten Veränderungen des Klimas führen nach den Modellberechnungen zu einer Verminderung der N-Einträge um 6 bzw. 7%. Insgesamt sind somit die zu erwartenden Veränderungen der N-Einträge bei diesen drei Szenarien nur sehr gering. Die Einführung einer Stickstoffabgabe würde demgegenüber zu einer deutlich stärkeren Verminderung der N-Einträge führen. Die Modellberechnungen ergeben einen Rückgang der N-Einträge von 25%, der bei dauerhafter Beibehaltung dieser Maßnahme noch auf 31% ansteigen würde. Durch die Realisierung von weiteren Maßnahmen in der Land- und Siedlungswasserwirtschaft könnte nach dem Szenario **Nst** max measures (**Nst** 2025 + maximale weitere Maßnahmen) dieser Rückgang noch auf insgesamt 46% für den Zeitraum um 2025 erhöht werden.

Vergleicht man die für die Szenarien berechneten N-Einträge in das Flusssystem der Elbe mit den bereits vor allem durch den drastischen Wandel der sozioökonomischen Bedingungen eingetretenen Veränderungen im Zeitraum von 1985 bis 1999 so sind die zu erwartenden Veränderungen bis auf die Ergebnisse für die Szenarien **Nst** 2025 und **Nst** max measures sehr gering. Sowohl die Fortführung der derzeitigen agrarpolitischen Verhältnisse mit und ohne Berücksichtigung von möglichen Klimaveränderungen als auch eine Liberalisierung des Agrarmarktes würden sich demnach nur geringfügig vermindernd auf Stickstoffeinträge und -frachten im Elbegebiet auswirken. Zugleich wäre auch unter diesen Bedingungen noch nicht die zum Schutz der Nordsee gestellte Forderung nach einer Reduzierung der Nährstofffrachten in die Nordsee um 50% im Vergleich zur Mitte der achtziger Jahre erreichbar. Nur mit weitergehenden Maßnahmen, wie der Einführung einer Abgabe für Stickstoffdüngemittel (54%) und Senkung der Einträge von weiteren punktuellen und diffusen Quellen (67%), ist dieses Ziel mit hoher Wahrscheinlichkeit erreichbar.

Im Vergleich zu den N-Einträgen bei Hintergrundbedingungen (siehe Abbildung 7 Szenario Background) würden aber auch dann noch die N-Einträge und -Frachten im Elbegebiet um mehr als 400% über diesen Backgroundwerten liegen.

Daraus ergibt sich die Frage, ob man bezüglich der von der Wasserrahmenrichtlinie geforderten Erreichung eines guten ökologischen Zustandes des Elbeflusses und der Küstenzone, der als eine geringe Auslenkung aus einem Referenzzustand definiert wird, einen Hintergrundwert ohne die Berücksichtigung des Menschen als den möglichen Referenzzustand definieren kann, denn eine Überschreitung dieses Referenzwertes um mehr als 400% bei maximalen Maßnahmen kann man nicht als geringfügige Auslenkung bezeichnen. Das heißt, bei der Festlegung von Referenzzuständen müsste man sich stärker mit in den vergangenen 100 bis 200 Jahren realisierten Belastungen befassen und versuchen, diese sowohl über paläolimnologische Untersuchungen als auch Modellrechnungen zu quantifizieren.

Referenzen

BECKER, A., LAHMER, W. (Hrsg.) (2004) Wasser- und Nährstoffhaushalt im Elbegebiet und Möglichkeiten zur Stoffeintragsminderung. – Konzepte für die nachhaltige Entwicklung einer Flusslandschaft, Bd. 4. Weißensee Verlag Berlin.

BEHRENDT, H., HUBER, P., LEY, M., OPITZ, D., SCHMOLL, O., SCHOLZ, G., UEBE, R. (1999): Nährstoffbilanzierung der Flußgebiete Deutschlands. UBA-Texte, 75/99, 288 S.

BEHRENDT, H., KORNMILCH, M., OPITZ, D., SCHMOLL, O., SCHOLZ, G. (2002) Estimation of the nutrient inputs into river systems – experiences from German rivers, Regional Environmental Changes 3, 107–117.

DÖLL, P., KASPAR, F., LEHNER, B. (2003) A global hydrological model for deriving water availability indicators: model tuning and validation. Journal of Hydrology. 270, 105–134.

GORDON, C., COOPER, C., SENIOR, C. A., BANKS, H., GREGORY, J. M., JOHNS, T. C., MITCHELL, J. F. B., WOOD, R. A. (2000) The simulation of SST, sea ice extents and ocean heat transports in a version of the Hadley Centre coupled model without flux adjustments, Climate Dynamics 16 2/3, 147–168.

KRYSANOVA, V., MUELLERWOHLFEIL, D. I., BECKER, A. (1998) Development and test of a spatially distributed hydrological water quality model for mesoscale watersheds. Ecol. Model. 106 (1/2), 261–289.

New, M., Hulme, M., Jones, P. D. (2000) Representing twentieth century space-time climate variability. Part II: Development of 1901–96 monthly grids of terrestrial surface climate. J. Climate 13, 2217–2238.

Röckner, E., Arpe, K., Bengtsson, L., Christoph, M., Claussen, M., Dümenil, L., Esch, M., Giorgetta, M., Schlese, U., Schulzweida, U. (1996) The atmospheric general circulation model ECHAM4: Model description and simulation of present-day climate. Max-Planck-Institut für Meteorologie, Report No. 218, Hamburg, Germany, 90 pp.

Venohr, M., Behrendt, H. (2002) Modelling the dependency of riverine nitrogen retention on hydrological conditions and temperature. Proceedings 6th Internat. Conf. On Diffuse Pollution, Amsterdam, 30.09.– 04.10.2002, 573–574.

Gömann, H., Kreins, P., Julius, Ch. (2005) Perspektiven der Landbewirtschaftung im deutschen Elbegebiet unter dem Einfluss des globalen Wandels – Ergebnisse eines interdisziplinären Modellverbundes. In: Wechsung, F., Becker, A., Gräfe, P. (Hrsg.) Auswirkungen des globalen Wandels auf Wasser, Umwelt und Gesellschaft im Elbegebiet. Weißensee Verlag Berlin, Kap. II-2.1.1.

II-2.2.2 Folgen von Klimawandel und Landnutzungsänderungen für den Landschaftswasserhaushalt und die landwirtschaftlichen Erträge im Gebiet der deutschen Elbe

Fred F. Hattermann, Valentina Krysanova, Frank Wechsung

Einleitung

Das deutsche Elbeeinzugsgebiet ist klimatisch eine der trockensten Regionen in Deutschland, in dem die geringen Niederschläge den limitierenden Faktor für das Pflanzenwachstum und die landwirtschaftlichen Erträge bilden. Es ist daher von großem ökologischen und landwirtschaftlichen Interesse, die Auswirkungen einer möglichen Klimaänderung auf den Landschaftswasserhaushalt und auf die landwirtschaftlichen Erträge zu untersuchen und in den Grenzen der Modellierunsicherheiten zu quantifizieren.

Die hier dargestellten Ergebnisse bilden einen Teil der Arbeiten im Modellverbund STAR SWIM RAUMIS MONERIS. In diesem Verbund waren die durch das regionale Klimamodell STAR für das Elbegebiet erzeugten Klimaszenarien der meteorologische Input für das ökohydrologische Modell SWIM, welches die Auswirkungen der Klimaänderung auf die landwirtschaftlichen Erträge errechnete. Diese Ergebnisse wurden dann an das agrarökonomische Modell RAUMIS übergeben, welches auf der Basis der geänderten Erträge unter Klimaänderung neue Anbauverteilungen der wichtigsten Fruchtarten sowie dazugehörige geänderte Düngeregime ermittelte. Die geänderten Anbauverhältnisse und Düngungsregime zusammen mit den Klimaszenarien wiederum bilden jetzt die Grundlage für die Abschätzung der Nährstoffeinträge und -frachten mit dem Modell MONERIS.

Zur Untersuchung der Auswirkungen des Klimawandels wurde das ökohydrologische Modell SWIM verwendet, da es Module zur Berechnung der Hydrologie, des Pflanzenwachstums (Landwirtschaft und Forst), des Nährstoffkreislaufes (Stickstoff und Phosphor) und der Erosion in einem Modellsystem integriert. Die Abflussbildung wird auf der Hydrotopebene berechnet und die Flüsse dann auf der Teileinzugsgebietsebene aggregiert, so dass die räumlichen Verteilungen der Wasserflüsse und der Erträge unter Szenarienbedingungen dargestellt werden können. Um die Aussagekraft der Simulationsergebnisse zu untermauern, wurde in einem ersten Schritt das Modell SWIM für die hydrologischen Prozesse und die Erträge im Elbeeinzugsgebiet intensiv validiert. Zusätzlich wurde eine umfassende Sensitivitäts- und Unsicherheitsanalyse durchgeführt, um so die Aussagesicherheit der Modellierergebnisse zu bestimmen (HATTERMANN et al. 2004). Das wichtigste Ergebnis der Szenarienstudien für den Wasserhaushalt ist, dass die Abnahme der Niederschläge in Verbindung mit einem relativ geringen Anstieg der Evapotranspiration zu einer sehr starken Abnahme der Abflussbildung führt, wobei die Trends regional stark differenzieren. Für die meisten C3-Pflanzen sinken die Erträge im Durchschnitt, während sie aufgrund der höheren Temperaturen für Silomais (C4-Pflanze) ansteigen.

Material und Methoden

A) Modellierungsstrategie

Innerhalb des Modellverbundes Klimagruppe (Modell STAR, siehe Kapitel II-1.3), ökohydrologische Gruppe (Modell SWIM), Wasserqualitätsgruppe (Modell MONERIS, siehe Kapitel II-2.2.1) und landwirtschaftliche Arbeitsgruppe (Modell RAUMIS, siehe Kapitel II-2.1.1) fiel der Modellgruppe SWIM die Modellierung des Landschaftswasserhaushaltes und der landwirtschaftlichen Erträge im

Elbegebiet zu. Die Szenarienrandbedingungen einer möglichen Klimaänderung lieferte die Klimaarbeitsgruppe, die ökonomischen Randbedingungen in der Landwirtschaft für den Szenarienzeitraum die Arbeitsgruppe RAUMIS. Um die ökonomischen Randbedingungen für die Landwirtschaft allerdings berechnen zu können, benötigt das Modell RAUMIS die potenziellen landwirtschaftlichen Erträge im Szenarienzeitraum. Das methodische Vorgehen im Modellverbund sah also folgendermaßen aus: zunächst wurden durch SWIM die Erträge für den Szenarienzeitraum ermittelt und an die landwirtschaftliche Arbeitsgruppe weitergeleitet. Basierend auf diesen Erträgen und den geänderten Weltmarktbedingungen berechnete RAUMIS dann die landwirtschaftlichen Anbauverteilungen im Elbegebiet so, dass die monetären Gewinne für die einzelnen Landwirte maximiert werden können. Diese Anbauverteilungen bildeten dann den Input für eine möglichst praxisnahe Simulation des Landschaftswasser- und Stoffhaushaltes in der Elbe durch SWIM. Um diese Untersuchungen technisch durchführen zu können, mussten verschiedene Modellschnittstellen programmiert werden. Eine verwaltete den Datenfluss zwischen Klimamodell STAR und ökohydrologischem Modell SWIM, also die Datentransformation für die 100 Realisationen des Klimaszenariums, die darauf aufbauenden 100 Simulationen mit SWIM und die statistische Auswertung der Ergebnisse. Eine weitere realisierte die statistische Umsetzung der neuen Anbaumuster aus RAUMIS im Modellgebiet auf Hydrotop-Ebene. Dazu wurde ein Fruchtfolgengenerator in SWIM implementiert, so dass insgesamt 23 regionaltypische Fruchtfolgen mit neun verschiedenen Anbauarten so im Modellgebiet verortet wurden, dass die Anbauverteilungen für die einzelnen Feldfrüchte mit denen aus RAUMIS übereinstimmten.

In einem ersten Schritt wurde das Modell SWIM für die simulierten hydrologischen Prozesse und die landwirtschaftlichen Erträge im Elbegebiet validiert. Zwölf Teilgebiete der Elbe wurden mit der Vorgabe ausgewählt, dass die wichtigsten naturräumlichen Einheiten der Elbe separat in genesteten Studien untersucht werden konnten (Teileinzugsgebietsgröße 280 bis 23.690 km^2, siehe Abbildung 1). Die Kalibrierung der täglichen Abflüsse geschah zunächst automatisch unter Nutzung eines nichtgenerischen statistischen Verfahrens, so dass sichergestellt wurde, dass alle physikalisch sinnvollen Parameterkombinationen im Kalibrierungsprozess Berücksichtigung fanden. Die Feineinstellung des Modells erfolgte per Hand. Die Parameterkombinationen der besten 20 Ergebnisse pro naturräumlicher Einheit wurden einer Clusteranalyse unterzogen und so die für die Naturräume typischen Parameterkombinationen ermittelt. Diese Arbeiten bildeten außerdem die Grundlage für eine umfassende Sensitivitäts- und Unsicherheitsanalyse, durch die die Verlässlichkeit der Modellierergebnisse ermittelt wurde. Als weitere Information zur Validierung der hydrologischen Prozesse wurden mittlere Grundwasserstände und monatliche Grundwasserstandsmessungen aus fast 300 Beobachtungsbrunnen herangezogen, so dass insbesondere im nördlichen Elbeeinzugsgebiet, in dem viele Feuchtgebiete liegen, die simulierten Grundwasserstände eingestellt werden konnten.

Die Validierung der simulierten landwirtschaftlichen Erträge gestaltete sich insofern als schwierig, da hier nur Kreisstatistiken als Vergleichsgröße zur Verfügung standen. Basierend auf diesen Daten wurden die Wachstums- und Ernteparameter im Modell für die wichtigsten neun Anbauarten eingestellt.

Aufbauend auf der Modellvalidierung und unter Kenntnis der Modellierunsicherheit wurden anschließend die Auswirkungen einer möglichen Klimaänderung auf den Wasserhaushalt und die Erträge im Elbegebiet untersucht. Dazu standen 100 Realisationen des Klimaszenariums (*STAR 100*) zur Verfügung, so dass auch die Unsicherheit der Klimaänderungssimulationen ermittelt werden konnte.

B) Das Elbegebiet – Gebietsbeschreibung und Datenaufbereitung

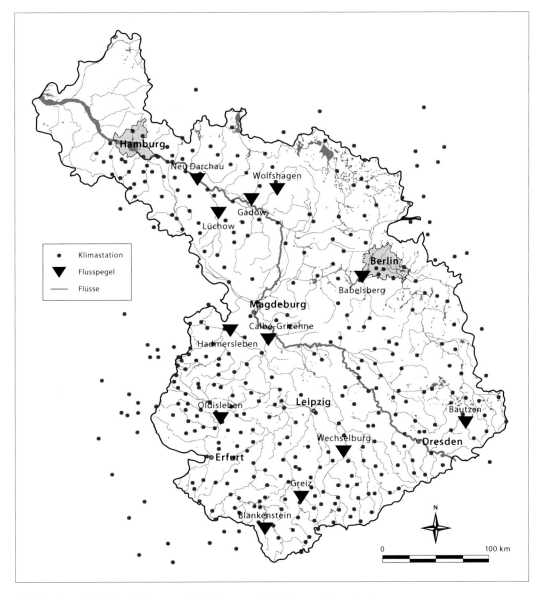

Abb. 1: Lage der Klimastationen und der Messpegel für die genesteten Analysen

Die langjährigen mittleren Niederschläge liegen für das Gesamtgebiet der Elbe bei ca. 715 mm, der deutsche Teil liegt mit ca. 687 mm etwas darunter. Die langjährigen mittleren Gesamtabflüsse der Elbe liegen bei 877 m³/s mit einem mittleren Zufluss aus dem tschechischen Teilgebiet von ca. 315 m³/s am Pegel Schöna. Hochwasserereignisse treten in der Elbe und ihren Hauptnebenflüssen zumeist im Winter und Frühjahr zur Zeit der Schneeschmelze auf (Regen-Schnee-Typ), Niedrigwasserabflüsse in den späten Sommermonaten (ATV-DVWK 2000). Die natürliche Abflusscharakteristik der Elbe und ihrer Nebenflüsse wird durch 273 Rückhaltebecken zum Hochwasserschutz und zur Trinkwassergewinnung reguliert. Insbesondere die östlichen Tieflandteileinzugsgebiete (Schwarze Elster, Spree und Havel) haben durch Maßnahmen zur Wasserstandsregulierung ihre natürliche Abflusscharakteristik fast vollständig verloren. Durch Flussbegradigungen wurde die

Wasserlaufstrecke der Elbe um ca. 115 km verkürzt und damit das Fließgefälle erhöht, während sich durch Eindeichungsmaßnahmen bei einem hundertjährigen Hochwasserereignis (HQ 100) das Retentionsvolumen um insgesamt 2,3 Mrd. m³ gegenüber dem ursprünglichen Zustand verringert hat (ATV-DVWK 2000). Zur weiteren naturräumlichen Beschreibung des Elbeeinzugsgebietes wird auf WECHSUNG 2005, Kapitel I-1 verwiesen.

Als Datengrundlage zur Abbildung der räumlichen Heterogenität in SWIM dienen hauptsächlich Informationen zu den Boden- und Landnutzungsparametern und zur Topographie (Geländeoberfläche, Flussläufe), zur Abbildung der Klimavariabilität Niederschläge, Temperaturen und Globalstrahlung von täglicher Auflösung.

Alle räumlichen Daten (Landnutzungs- und Bodeninformationen, Grundwasserflurabstände und Teileinzugsgebietsgrenzen, das digitale Geländemodell etc.) wurden in ein einheitliches Rasterformat mit einer Zellengröße von 250 m überführt. Grundlage der Bodenparameter ist die deutsche Bodenübersichtskarte 1000, Grundlage der Landnutzungsdaten die CORINE-Klassifikation, die Teileinzugsgebietsgrenzen stammen vom Bundesumweltamt Berlin. Sie wurden für die Modellierung teilweise reklassifiziert und verfeinert. Für die genesteten Untersuchungen wurden, falls vorhanden, Informationen (Karten) mit besserer räumlicher Auflösung verwendet. Für die Modellierung standen meteorologische Daten aus insgesamt 80 Klimastationen und 400 Niederschlagsstationen zur Verfügung. Es wurden vier unterschiedliche Verfahren zur Interpolation der Klimadaten verglichen (Thyssen-Polygone, Inverse Distanz, Ordinary Kriging und External Drift Kriging) und durch eine Kreuzvalidierung die für die jeweiligen Klimavariablen besten Verfahren ermittelt.

C) Das Modell SWIM

Das Modellsystem SWIM ist ein zeitlich kontinuierlich arbeitendes, räumlich gegliedertes Einzugsgebietsmodell für die regionale Skala. Die Flächendisaggregierung erfolgt in drei Ebenen (der in ihren geographischen Eigenschaften homogenen Hydrotopebene, der aus den Hydrotopen zusammengesetzten Teileinzugsgebietsebene und der alles integrierenden Einzugsgebietsebene). Die unterste Ebene, die Hydrotopebene, entsteht aus der Verschneidung verschiedener räumlicher Informationen (digitales Geländemodell, Teileinzugsgebiete, Bodenkarte, Landnutzung, Grundwasserflurabstand etc.). Sie spiegelt die in der Landschaft (oder den Daten) vorhandene Heterogenität flächenscharf wider. Die auf der Hydrotopebene errechneten vertikalen und lateralen Wasser- und Stoffflüsse werden auf der Teileinzugsgebietsebene aggregiert und durch das Flusssystem zum Gebietsauslass des Einzugsgebietes weiterverschoben. Das hydrologische Modul in SWIM (Abbildung 2) umfasst vier Teilsysteme: die Bodenoberfläche, die Wurzelzone, den oberen und den unteren Grundwasserleiter und das Wasser im Vorfluter.

Das Pflanzenwachstum wird auf der Basis eines vereinfachten EPIC-Ansatzes (Abbildung 3) berechnet (WILLIAMS et al. 1984). Dabei wird eine spezielle, für die Region parametrisierte landwirtschaftliche Datenbasis benutzt, mit deren Hilfe verschiedene Kulturarten (Weizen, Gerste, Mais, Kartoffeln, Raps usw.) sowie auch natürliche Vegetationsbestände (Wald, Grasland) dynamisch – auf Tagesbasis – modelliert werden können. SWIM berechnet die Auswirkungen von Klima- und Landnutzungsänderungen (z. B. Kulturart, Bodenbearbeitungstechnologie) auf Evapotranspiration, Abfluss und Grundwasserneubildung sowie die Nährstoffsalden und Nährstoffeinträge in die Gewässer (KRYSANOVA et al. 1998).

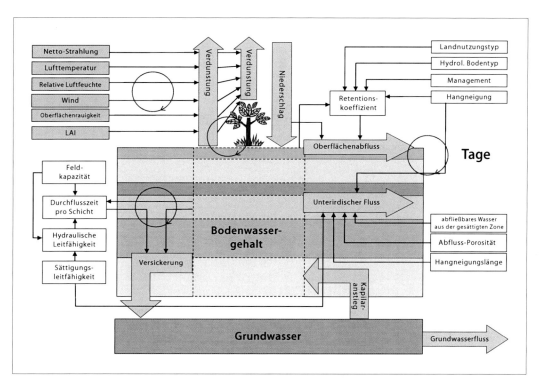

Abb. 2: Schematische Darstellung der in SWIM abgebildeten hydrologischen Prozesse

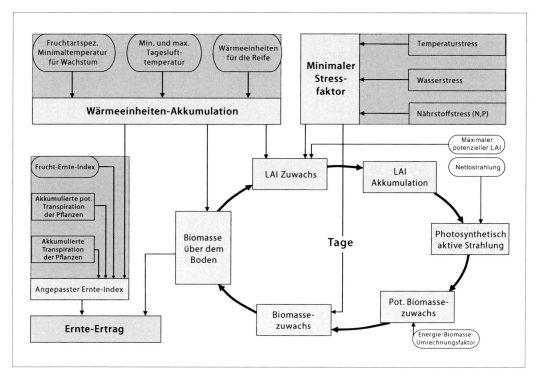

Abb. 3: Darstellung der in SWIM abgebildeten Pflanzenwachstumsprozesse

Ergebnisse und Diskussion

A) Modellvalidierung

Zunächst wurde das Modell SWIM für die hydrologischen Prozesse und die landwirtschaftlichen Erträge in den verschiedenen naturräumlichen Einheiten der Elbe (Bergland, Lössregion, Tiefland) validiert. Tabelle 1 fasst die hydrologischen Ergebnisse für alle genesteten Teilgebiete zusammen. Abbildung 4 zeigt die vertikalen Wasserflüsse für ein ausgewähltes Hydrotop und als Vergleich die beobachteten und simulierten Grundwasserstände für diese Lokalität. Die Vergleiche machen deutlich, dass SWIM in der Lage ist, den Wasserkreislauf mit den dazugehörigen Flüssen und Speichern innerhalb kleiner Fehlergrenzen gut wiederzugeben.

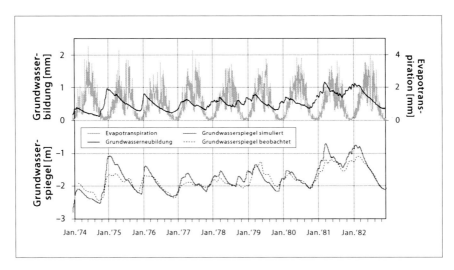

Abb. 4: Darstellung der vertikalen Wasserflüsse für ein Hydrotop mit flachem Grundwasserspiegel sowie die simulierten und die beobachteten Grundwasserstände (HATTERMANN et al. 2004)

Tab. 1: Ergebnisse der Modellvalidierung für die hydrologischen Prozesse im Elbeinzugsgebiet für 12 Teilgebiete und die Gesamtelbe (HATTERMANN et al. 2005); *1981–1988, **(simuliert – gemessen)/simmuliert

Teileinzugs-gebiet	Pegel	Topographie	Fläche [km²]	Effizienz (täglich)	Effizienz (monatlich)	Abflussbilanz** [%]
Spree	Bauzen	Mittelgebirge/Löss	280	0,71	0,71	1
Löcknitz	Gadow*	Tiefland	447	0,74	0,82	−1
Stepenitz	Wolfshagen	Tiefland	574	0,72	0,86	−1
Upper Saale	Blankenstein*	Mittelgebirge	1.013	0,79	0,85	0
Weiße Elster	Greiz	Mittelgebirge	1.236	0,75	0,82	2
Jeetze	Luechow	Tiefland	1.347	0,65	0,72	1
Nuthe	Babelsberg	Tiefland	1.993	0,61	0,66	0
Mulde	Wechselburg*	Mittelgebirge/Löss	2.091	0,75	0,87	2
Bode	Hadmersleben	Mittelgebirge/Löss	2.689	0,72	0,81	−1
Unstrut	Oldisleben	Mittelgebirge/Löss	4.174	0,76	0,85	0
Saale	Laucha	Mittelgebirge/Löss	6.220	0,70	0,82	−2
Saale	Calbe-Grizehne	Mittelg./Löss/Tiefl.	23.687	0,76	0,87	−1
Elbe	Neu-Darchau*	Mittelg./Löss/Tiefl.	80.258	0,89	0,94	−1

Die Ergebnisse der Modellvalidierung für die landwirtschaftlichen Erträge sind in Abbildung 6 dargestellt. Wie schon in Kapitel I-2.1 erwähnt, standen als Vergleichswerte nur Regionalstatistiken auf Gemeindebasis zur Verfügung, so dass ein Vergleich für bestimmte Standorte mit speziellen Fruchtbarkeitseigenschaften nicht durchgeführt werden konnte. Die Ergebnisse zeigen aber, dass SWIM in der Lage ist, die Verteilungsmuster der Erträge und deren statistische Momente gut wiederzugeben (siehe Tabelle in Abbildung 6).

Um allerdings die Verlässlichkeit der Ergebnisse einordnen zu können, wurde außerdem noch eine Sensitivitäts- und Unsicherheitsanalyse durchgeführt, in die 23 Eingangsgrößen (wie die meteorologischen Daten) und Modellparameter (wie Speicherkonstanten und Bodeninformationen) einbezogen waren.

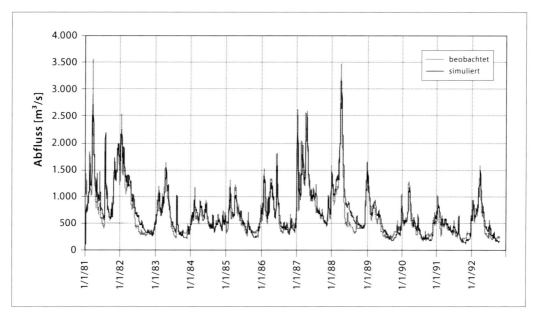

Abb. 5: Vergleich des simulierten und beobachteten Abflusses am Pegel Neu Darchau (HATTERMANN et al. 2005). Der Zeitraum 1981–1986 bildete den Kalibrierungs-, der Zeitraum 1987–1992 den Validierungszeitraum.

Die Ergebnisse der Unsicherheitsanalyse sind in Abbildung 7a und 7b dargestellt. Es zeigt sich, dass die Modellergebnisse für die Mittelgebirgseinzugsgebiete am verlässlichsten sind, während die größten Unsicherheiten in Tieflandseinzugsgebieten bestehen. In den Lössgebieten besteht sogar eine systematische Abweichung. Die Gründe für dieses Muster liegen in der Qualität der räumlichen Eingangsdaten. In Tieflandgebieten ist die Abgrenzung der oberirdischen und unterirdischen Teileinzugsgebiete nicht immer eindeutig möglich. Außerdem werden die Gebiete oft künstlich entwässert oder umgekehrt durch Staustufen wird Wasser zurückgehalten, Prozesse, die in einer Modellierung der deutschen Gesamtelbe nur bedingt berücksichtigt werden können. Die Abweichungen in den Lössgebieten können durch die ungenügende Qualität der Bodeninformationen erklärt werden, in denen keine Angaben zu Makroporen etc. enthalten sind, so dass der Gesamtabfluss unterschätzt wird, falls man das Modell nicht entsprechend parametrisiert. Fasst man die Sensitivitäts- und Unsicherheitsanalyse zusammen, so kann man sagen, dass die Modellunsicherheiten für die unterschiedlichen Regionen im Elbeeinzugsgebiet in einem Rahmen liegen, der es erlaubt, das Modell für darauf aufbauende Untersuchungen im Rahmen des Projektes einzusetzen.

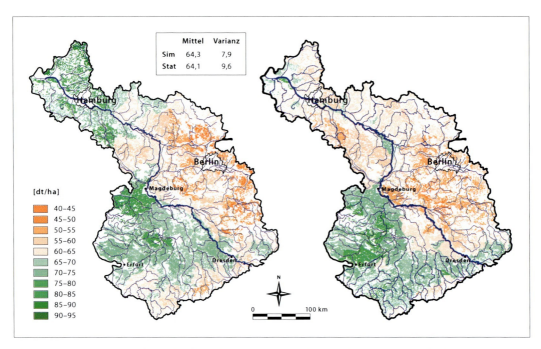

Abb. 6: Vergleich der mittleren jährlichen beobachteten Erträge aus der Kreisstatistik für Weizen (links) und der mittleren simulierten Werte (rechts) für den Zeitraum 1996–1999 sowie das Mittel und die Varianz der Erträge

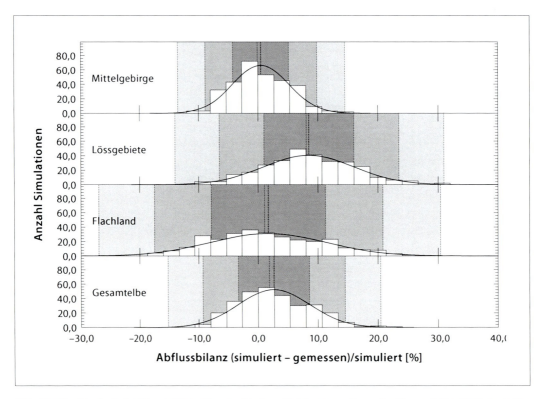

Abb. 7a: Unsicherheit der Wasserbilanz für verschiedene Teileinzugsgebiete der Elbe und für die Gesamtelbe (HATTERMANN et al. 2005)

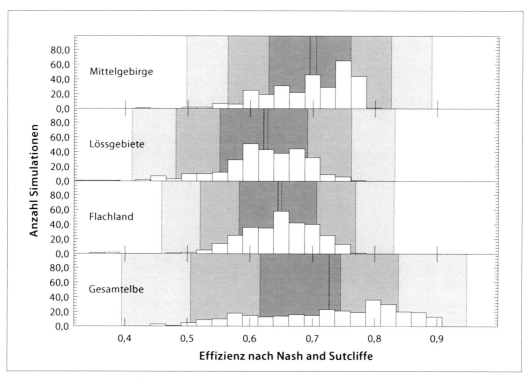

Abb. 7b: Unsicherheit der Effizienz nach Nash und Sutcliffe für verschiedene Teileinzugsgebiete der Elbe und für die Gesamtelbe (HATTERMANN et al. 2005)

B) Ergebnisse der Szenarienmodellierung

Aufbauend auf den Ergebnissen der Modellvalidierung wurden in der zweiten Projektphase die Auswirkungen eines globalen Wandels auf den Wasserhaushalt und die landwirtschaftlichen Erträge im deutschen Elbegebiet untersucht. Eingang in die Untersuchung fanden sowohl die Klimaänderungsszenarien, die durch die Gruppe Klima (siehe GERSTENGARBE und WERNER 2005, Kapitel II-1.3) zur Verfügung gestellt wurden als auch die sozioökonomischen Szenarien der Arbeitsgruppe Landwirtschaft (GÖMANN et al. 2005, Kapitel II-2.1.1).

Da für das Klimaänderungsszenarium durch die Klimagruppe insgesamt 100 Varianten geliefert wurden, konnte durch SWIM nicht nur der Trend, sondern auch die Unsicherheit des Wasserdargebotes und der Erträge unter Szenarienbedingungen modelliert werden. Es zeigt sich, dass die jährlichen Niederschlagssummen in der wahrscheinlichsten Variante 32 (*STAR_32*)besonders in den Sommermonaten abnehmen, während sich die Vegetationsperiode durch steigende Temperaturen verlängert und die Evapotranspiration etwas zunimmt. Durch die abnehmenden Niederschlagssummen auf der einen Seite und die zunehmende Evapotranspiration auf der anderen sinkt die Grundwasserneubildung stark, und es gelangt insgesamt weniger Wasser zum Vorfluter (siehe Abbildung 8 und 9 und Tabelle 2).

Dieser Trend ist aber regional sehr unterschiedlich: Während die landwirtschaftlichen Hochertragsstandorte im Thüringer Becken von einem besonders starken Rückgang der Niederschläge und damit verbundenen stark sinkenden Grundwasserneubildungssummen betroffen sind (siehe Abbildung 8), steigen die jährlichen Niederschlagsmengen in Luvlagen des Thüringer Waldes und des Harzes sogar noch an, so dass hier die Gefahr von Hochwasserbildung steigt.

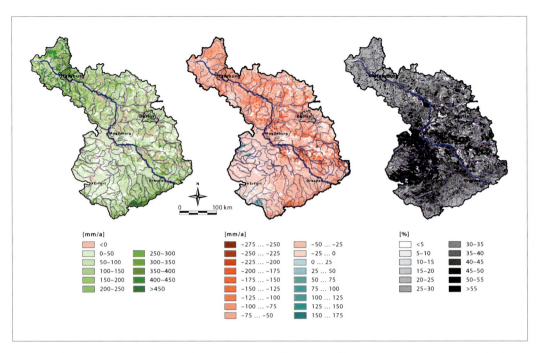

Abb. 8: Durch SWIM simulierte mittlere jährliche Grundwasserneubildung für die Periode 1991–2000 (links) und die Änderung unter Szenariobedingungen (Differenz 1991–2000 zu 2046–2055 (STAR_32)) sowie der Variabilitätskoeffizient aus den 100 Realisierungen als Maß der Unsicherheit der Ergebnisse

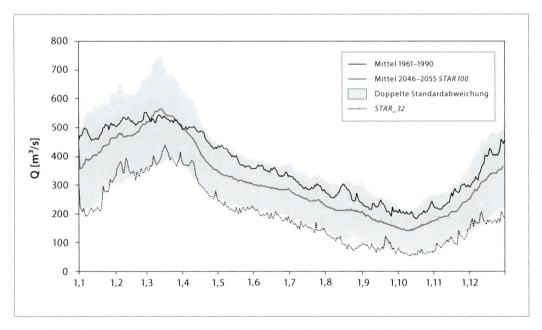

Abb. 9: Simulierter mittlerer täglicher Abfluss (deutsche Elbe 1961–1990) und die mittleren Werte (50er und 100er Perzentil) für den Zeitraum 2046–2055

Bei der Betrachtung der Szenarienergebnisse ist es wichtig zu beachten, dass die im Vergleich zu den beobachteten Trends wahrscheinlichste Variante (*STAR_32*) aus den zur Verfügung gestellten 100 Realisationen des Klimaszenariums *STAR 100* eine sehr trockene Realisation ist (siehe Abbildung 9). Während das Mittel aus den hundert Realisationen nur einen geringen Trend zu geringeren Niederschlagssummen hat, sinken die Niederschläge im Szenario STAR_32 um 10,4%, der Gebietsabfluss insgesamt um 41,4%, und die Grundwasserneubildung sogar um 49,6% (siehe Tabelle 2).

Tab. 2: Änderung der simulierten annuellen Abflusskomponenten in der deutschen Elbe (Mittel der Jahre 1961–1990, Mittel der Jahre 2046–2055 (STAR_32))

Hydrologische Größe	1961–1990 [mm]	2046–2055 [mm]	Änderung [%]
Niederschlag	687,2	615,9	−10,4
Verdunstung aktuell	526,9	536,2	1,8
Direktabfluss	76,9	52,9	−31,2
Grundwasserneubildung	94,6	47,7	−49,6
Abfluss gesamt	171,5	100,5	−41,4

Tab. 3: Änderung der mittleren Erträge in der deutschen Elbe unter den Bedingungen der wahrscheinlichsten Szenarienrealisation (STAR_32)

Anbauart	min. Änderung [%]	mittl. Änderung [%]	max. Änderung [%]	Standardabweichung
Sommergerste	−44,1	−11,5	14,4	5,5
Wintergerste	−29,1	−11,1	68,1	9,9
Winterroggen	−24,1	−13,7	11,3	4,3
Winterweizen	−31,5	−14,9	41,9	6,5
Winterraps	−25,5	−16,6	1,7	4,5
Silomais	−21,0	−0,8	32,9	9,7

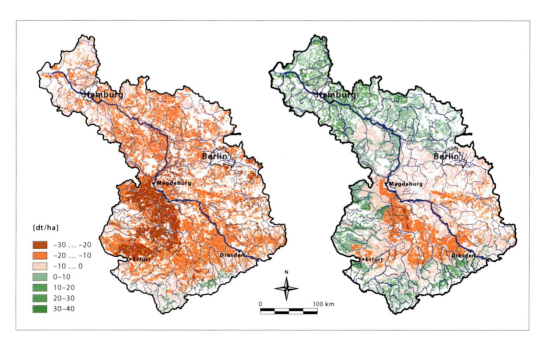

Abb. 10: Ertragsänderungen für Weizen und Mais (Differenz der durch SWIM simulierten mittleren Erträge für 1991–2000 und 2046–2055 (STAR_32))

Die ökonomischen Auswirkungen des globalen Wandels auf die Landwirtschaft wurden wie schon erwähnt in Zusammenarbeit mit der Forschungsgesellschaft für Agrarpolitik und Agrarsoziologie (FAA) in Bonn analysiert. Zwei Beispiele der durch SWIM errechneten Änderungen in den potenziellen Erträgen unter Klimaänderung sind in Abbildung 10 für Weizen und Mais dargestellt, Tabelle 3 fasst die Ergebnisse zusammen. Danach sinken die potenziellen Erträge für C3-Pflanzen (Weizen, Gerste, Roggen) stark, während sie für Silomais (C4-Pflanze) nur gering fallen. Mais als wärmeliebende Pflanze profitiert offensichtlich von den steigenden Temperaturen unter Szenarienbedingungen (siehe Abbildung 10).

C) Systematische Fehler

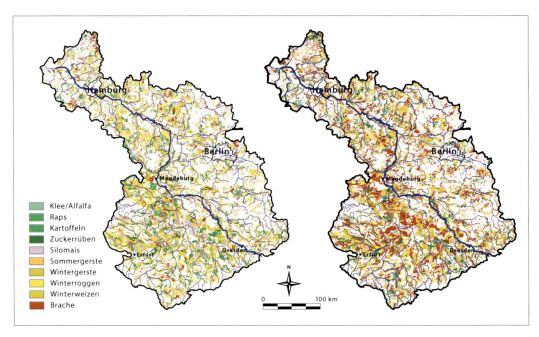

Abb. 11: Verteilungsmuster der wichtigsten Anbauarten im Elbegebiet unter Referenzbedingungen (1996–1999) links und unter Szenarienbedingungen (Liberalisierung nach RAUMIS) rechts

Die Simulation der potenziellen Erträge basiert auf flächendeckenden Simulationen der Anbaueignung für die betrachteten Fruchtarten. Der Fruchtfolgewechsel wird nicht berücksichtigt. Hieraus resultiert ein systematischer Fehler, der möglicherweise in dieser Studie zu einer Unterschätzung der trockenheitsbedingten Ertragsverluste bei den Sommerkulturen und einer Überschätzung dieses Effektes bei den Winterkulturen führt. Bei letzteren ist die Zwischennutzungspause in der simulierten Monokultur kürzer als bei Sommerkulturen, so dass weniger Zeit für eine Auffüllung der Bodenwasservorräte zur Verfügung steht. Durch die Berücksichtigung der räumlichen Anbauverteilung und des damit verbundenen Fruchtartenwechsels kann dieser Nachteil künftig vermieden werden. Angaben zur Anbauverteilung werden von den verschiedenen RAUMIS-Modellläufen geliefert und könnten genutzt werden, um die Abschätzungen zu den Klimawirkungen auf Erträge und den Wasserhaushalt zu präzisieren. Die RAUMIS und SWIM Simulationen müssten iterativ so lange im Rahmen eines Szenariolaufes wiederholt werden bis Anbauverteilung (RAUMIS), Erträge und Wasserhaushalt (SWIM) sich nur noch geringfügig im Vergleich zur vorangegangenen Iteration ändern. Für die Realisierung einer solchen Kopplung sind jedoch die landkreisweisen Anbauverteilungen, wie sie durch RAUMIS geliefert werden, bis auf Hydrotop-Ebene zu untersetzen. In Abb. 11 ist exemplarisch das Ergebnis einer solchen Regionalisierung dargestellt. Für die RAUMIS-Reproduktion der status-quo Verhältnisse (1999) und das Liberalisierungsszenario wurde unter Berücksichtigung der gegebenen Variabilität der Standortbedingungen innerhalb eines Kreises eine weitergehende Regionalisierung vorgenommen. In Abb. 11 ist die Landnutzung in einem ausgewählten Anbaujahr dargestellt. Die regionale Verortung der Flächennutzung schwankt von Jahr zu Jahr, entsprechend den regional etablierten Fruchtfolgen. Um diese Schwankungen abbilden zu können, wurden die Fruchtarten nicht isoliert voneinander sondern als integraler Bestandteil von Fruchtfolgen verortet. Eine umfassende Testung des Verfahrens ist Gegenstand aktueller Arbeiten. Eine weitergehende Darstellung der Methode und ihrer Implikationen für die Szenarienfolgen erfolgt in einer späteren Veröffentlichung.

Zusammenfassung und Ausblick

Die Analyse des globalen Wandels in der deutschen Elbe hat zum Ergebnis, dass der Trend zu fallenden Niederschlägen unter Szenarienbedingungen starke Auswirkungen auf den hydrologischen Kreislauf im Einzugsgebiet haben wird. Für die wahrscheinlichste Variante des Klimaänderungsszenariums (STAR_32) wurde ein mittlerer Rückgang des Gebietsabflusses um 40% errechnet (Differenz der Perioden 1961–1990/2046–2055), die Grundwasserneubildung nimmt im Durchschnitt sogar um fast 50% ab. Allerdings sind mögliche Trends im tschechischen Teileinzugsgebiet in diesen Ergebnissen nicht berücksichtigt, da hier die Datengrundlage noch nicht geschaffen war. Die Fragestellung, ob die negativen Trends im deutschen Teileinzugsgebiet durch die Entwicklung im tschechischen Teileinzugsgebiet ausgeglichen werden können, ist Teil der nächsten Projektphase.

Ebenfalls betroffen durch den globalen Wandel sind die landwirtschaftlichen Erträge, allerdings ist der Trend hier nicht so stark und unterschiedlich für die einzelnen Hauptanbaufrüchte: während die Erträge für die meisten Getreidearten (C3-Pflanzen) um über 10% abnehmen, steigen die Erträge in einigen Regionen für Mais (C4-Pflanze) sogar an, der Rückgang beträgt hier im Durchschnitt weniger als 1%. Stärker noch als in der ersten Projektphase soll darum während der zweiten Phase untersucht werden, inwieweit durch einen Wechsel zu alternativen Anbaufrüchten oder besser an Trockenheit angepassten Sorten Ertragsverluste für die Landwirte ausgeglichen werden können.

Referenzen

ATV-DVWK (2000) Deutsche Vereinigung für Wasserwirtschaft, Abwasser und Abfall e.V., 2000. Die Elbe und ihre Nebenflüsse. Belastung und Trends, Bewertung, Perspektiven. Hennef.

Behrendt, H.; Huber, P.; Ley, M.; Opitz, D.; Schmoll, O.; Scholz, G.; Uebe, R. (1999): Nährstoffbilanzierung der Flußgebiete Deutschlands. UBA-Texte, 75/99, 288 S.

Gerstengarbe, F., Werner, P.C. (1997) Proposal for the development of climate scenarios. Climate Research. 8, 171–182.

Gerstengarbe, F.-W., Badeck, F., Hattermann, F., Krysanova, V., Lahmer, W., Lasch, P., Stock, M., Suckow, F., Wechsung, F., Werner, P.C. (2003) Studie zur klimatischen Entwicklung im Land Brandenburg bis 2055 und deren Auswirkungen auf den Wasserhaushalt, die Forst- und Landwirtschaft sowie die Ableitung erster Perspektiven. PIK-Report Nr. 83.

GERSTENGARBE, F.-W., WERNER, P. C. (2005) Simulationsergebnisse des regionalen Klimamodells STAR. In: WECHSUNG, F., BECKER, A., GRÄFE, P. (Hrsg.) Auswirkungen des globalen Wandels auf Wasser, Umwelt und Gesellschaft im Elbegebiet. Weißensee Verlag Berlin, Kap. II-1.3.

GÖMANN, H., KREINS, P., JULIUS, CH. (2005) Perspektiven der Landbewirtschaftung im deutschen Elbegebiet unter dem Einfluss des globalen Wandels – Ergebnisse einer interdisziplinären Modellverbundes. In: WECHSUNG, F., BECKER, A., GRÄFE, P. (Hrsg.) Auswirkungen des globalen Wandels auf Wasser, Umwelt und Gesellschaft im Elbegebiet. Weißensee Verlag Berlin, Kap. II-2.2.1.

GÖMANN, H., KREINS, P., KUNKEL, R., WENDLAND, F. (2003) Koppelung agrarökonomischer und hydrologischer Modelle. Agrarwirtschaft. Jg. 52. Heft 4, 195–203.

HATTERMANN, F., KRYSANOVA, V., WATTENBACH, M., WECHSUNG, F. (2004) Integrating groundwater dynamics in regional hydrological modeling. In: GANDOLFI, C., SUSAN, C. editors. Integrated Catchment Modelling and Decision Support. Elsevier, Oxford.

HATTERMANN, F., KRYSANOVA, V., WATTENBACH, M., WECHSUNG, F. (2005) Runoff simulations on the macroscale with the ecohydrological model SWIM in the Elbe catchment-validation and uncertetainty analysis. Hydrological processes 19, 693–714.

HENRICHSMEYER, W., CYPRIS, C., LÖHE, W., MEUDT, M., SANDER, R., VON SOTHEN, F., ISERMEYER, F., SCHEFSKI, A., SCHLEEF, K.-H., NEANDER, E., FASTERDING, F., HELMCKE, B., NEUMANN, M., NIEBERG, H., MANEGOLD, D., MEIER, T. (1996): Entwicklung eines gesamtdeutschen Agrarsektormodells RAUMIS 96. Endbericht zum Kooperationsprojekt. Forschungsbericht für das BML (94 HS 021), vervielfältigtes Manuskript Bonn/Braunschweig. http://www.faa-bonn.de.

KRYSANOVA, V., MUELLER-WOHLFEIL, D. I., BECKER, A. (1998) Development and test of a spatially distributed hydrological/water quality model for mesoscale watersheds. Ecol. Model. 106 (1/2), 261–289.

WECHSUNG, F. (2005) Herausforderungen des globalen Wandels für die Elbe-Region. In: WECHSUNG, F., BECKER, A., GRÄFE, P. (Hrsg.) Auswirkungen des globalen Wandels auf Wasser, Umwelt und Gesellschaft im Elbegebiet. Weißensee Verlag Berlin, Kap. I-1.

WILLIAMS, J. R., JONES, C. A., KINIRY, J. R., SPANEL, D. A. (1989) The EPIC crop growth model. Transactions of the ASAE 32:497–511.

Teil III

Integrierte regionale Analysen in Teilgebieten

III-1 Das Unstrutgebiet – Einführung, Methodik und Ergebnisse
Beate Klöcking und Thomas Sommer

Einleitung

Das Einzugsgebiet der Unstrut gehört zu den am intensivsten genutzten Agrarregionen Deutschlands. Die ackerbauliche Nutzung der fruchtbaren Böden des Thüringer Beckens wurde mit fortschreitenden Regulierungsmaßnahmen der Unstrut immer weiter intensiviert. Heute ist die Unstrut mit ihren Nebenflüssen einer der am stärksten durch Meliorations- und Hochwasserschutzmaßnahmen anthropogen überformten Flüsse Deutschlands.

Das Ziel der Untersuchungen war die Beantwortung der Frage, wie die Dynamik des globalen Wandels auf einen **agrarisch geprägten Raum** und seinen Wasser- und Stoffhaushalt wirken wird. Damit sollten gleichzeitig die makroskaligen Analysen für das Gesamteinzugsgebiet der Elbe bzgl. der Auswirkungen des globalen Wandels (Klima, Politik, Ökonomie) auf den landwirtschaftlichen Sektor durch detailliertere regionsspezifische Untersuchungen untersetzt werden.

Die Untersuchungen widmeten sich insbesondere

- der detaillierten Prozessaufklärung von hydrologisch-ökosystemaren und ökonomischen Prozessen und Wirkmechanismen durch Messungen zur Wasser- und Nährstoffdynamik sowie durch ökonomische Untersuchungen auf der Basis realer landwirtschaftlicher Betriebe sowie
- der Modellierung des Wasser- und Stoffhaushaltes auf der Basis möglichst feiner Eingangsdaten.

Der Untersuchungsraum mit insgesamt ca. 7.500 km² umfasst alle Landkreise, die vollständig innerhalb des Unstrut-Einzugsgebietes bis zum Pegel Oldisleben liegen bzw. Teile dessen enthalten. Zusätzlich erfolgten genestete Untersuchungen im Einzugsgebiet des Unstrutpegels Nägelstedt (Abbildung 1).

Charakteristik des Einzugsgebietes

Die Unstrut, das zentrale Fließgewässer des Thüringer Beckens, entspringt in einer Höhe von 368 m ü. NN westlich von Kefferhausen, wenige Kilometer westlich von Dingelstedt in der Muschelkalk-Umrandung des Thüringer Beckens. Bereits ab Mühlhausen weitet sich das Unstruttal aufgrund der geologisch vorgegebenen Muldenstruktur des Thüringer Beckens, so dass die Unstrut den Charakter eines Flachlandflusses bekommt.

Nachdem sie die östlichen Ausläufer des Düns verlassen hat, durchfließt die Unstrut das Thüringer Becken (innerthüringisches Ackerhügelland), bevor sie zwischen Oldisleben und Heldrungen den Höhenzug von Hoher Schrecke-Schmücke-Finne durchbricht und weiter in der Helme-Unstrut-Niederung verläuft. Bei Memleben (Sachsen-Anhalt) tritt der Fluss in das Unstrut-Saale-Plateauland ein, wo er bei Naumburg in die Saale mündet. Der Abschnitt von der Quelle bis Mühlhausen stellt morphologisch den Oberlauf dar, zum Mittellauf ist der Abschnitt bis Sachsenburg (Zufluss der Helbe) zu rechnen. Der Unterlauf reicht von Sachsenburg bis zur Einmündung in die Saale bei Naumburg (SOMMER und HESSE 2002). Die Hauptwerte des Abflusses der Unstrut sind in Tabelle 1 zusammengestellt.

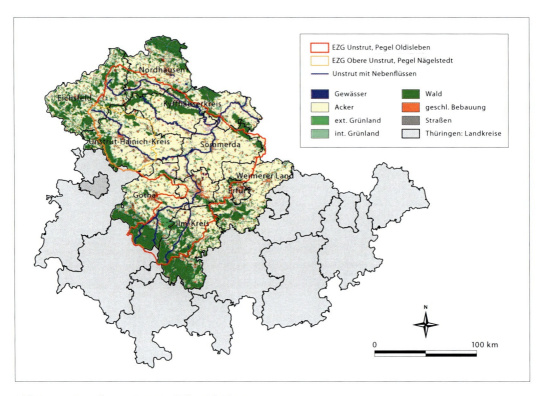

Abb. 1: Untersuchungsräume im Teilprojekt Unstrut

Tab. 1: Hauptwerte des Jahresabflusses an den Unstrutpegeln

Pegel Jahresreihe		Ammern 1941–2002	Nägelstedt 1937–2002	Straußfurt 1960–2002	Oldisleben* 1923–2002	Laucha* 1946–1995
NQ		0,06	0,54	1,86	2,5	4,6
MNQ		0,434	1,43	4,25	7,06	10,6
MQ	[m³/s]	1,58	4,09	11,8	18,8	30,9
MHQ		31,0	49,3	54,3	77,7	105
HQ		115	147	127	220	363
MHQ/MNQ	–	71,4	34,5	12,8	11,0	9,9

Quelle: www.tlug-jena.de; *bis 1960 ohne RHB Straußfurt, ab 1961 mit RHB Straußfurt; NQ – niedrigster Niedrigwasserabfluss; MNQ – mittlerer Niedrigwasserabfluss; MQ – Mittelwasserabfluss; MHQ – mittlerer Hochwasserabfluss; HQ – höchster Hochwasserabfluss

Die Niederschlagsverteilung im Einzugsgebiet (EZG) der Unstrut zeigt deutliche Luv- und Lee-Wirkung umliegender Höhenzüge. So wirken die Höhenzüge von Dün, Ohmgebirge und Hainleite im Norden und Westen für das Thüringer Becken, sowie Harz und Kyffhäuser für die Unstrut-Helme-Niederung als niederschlagsabweisend. Das Innerthüringische Ackerhügelland mit Jahresniederschlägen zwischen 450 und 600 mm und die Unstrut-Helme-Niederung mit Gebietsniederschlägen von 450 mm gehören somit zu den niederschlagsärmsten Regionen Deutschlands (Gebietsdurchschnitt alte Bundesländer: 873 mm; Gebietsdurchschnitt Thüringen: 693 mm), während in den Quellgebieten der Unstrut und ihrer Nebenflüsse Niederschlagsmengen von bis zu 1.000 mm auftreten können.

Methodik

Die Methodik folgte dem Integrativen Methodischen Ansatz (IMA) des GLOWA-Elbe Projektes, der auf die Verhältnisse und die speziellen Fragestellungen innerhalb des Unstruteinzugsgebietes zugeschnitten wurde. Die Hauptschritte dieses auf das Unstrut-EZG angewandten Ansatzes waren:

- Szenarienentwicklung vor dem Hintergrund der wirtschaftlichen, demographischen und sozialen Entwicklung unter Einbeziehung der Klimaänderung,
- Analyse der Wirkungsfelder der landwirtschaftlichen Produktion hinsichtlich möglicher Problembereiche im Sinne des Leitbildes „Nachhaltige Entwicklung" für den Untersuchungsraum und Auswahl von relevanten Indikatoren,
- Untersuchung der Auswirkungen der Landnutzungsszenarien in Verbindung mit unterschiedlichen Klimaszenarien auf den Wasser- und Stoffhaushalt des Einzugsgebietes der Unstrut,
- Bewertung der einzelnen Wandelszenarien als Kombination von Landnutzungs- und Klimaszenarien anhand der Ergebnisse der Wirkungsanalyse zur Erarbeitung neuer Handlungsstrategien für den Agrarsektor.

Die Bearbeitung des integrativen Ansatzes im Unstrutgebiet ruht dabei auf den drei Säulen Szenarienentwicklung, Messungen und Modellierungen (Abbildung 2).

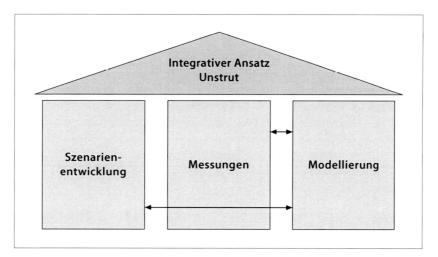

Abb. 2: Umsetzung der integrativen Methodik im Teilprojekt Unstrut. Die Bearbeitung des integrativen Ansatzes im Unstrutgebiet ruht auf drei Säulen: Szenarienentwicklung, Messungen und Modellierungen

Die ökosystemaren Wirkungsanalysen hinsichtlich der Auswirkung der Wandelszenarien auf die Wasserverfügbarkeit und die Gewässerqualität erfolgten in genesteter Form für die Einzugsgebiete der Unstrutpegel Oldisleben (4.175 km², Raum 1) und Nägelstedt (716 km², Raum 2, siehe Abbildung 1).

Ausgehend von den IPCC-Szenarien wurden **Landnutzungsszenarien** für ein Referenzszenario und die ökonomischen Wandelszenarien *A1* und *B2* erstellt. Die Landnutzungsszenarien wurden anhand von fünf Auswahlbetrieben ermittelt und auf die Gesamtanbaufläche hochgerechnet. Für das Landnutzungsszenario *A1* wurden die Folgen des Klimawandels auf den Wasser- und Stoffhaushalt im Vergleich zur Landnutzung nach AGENDA 2000 und dem rezenten Klima der 90er-

Jahre (1990–2000) ermittelt. Als Klimaszenario wurde die Realisierung 54 von *STAR 100* (*STAR_54*) gewählt. Diese Realisierung kommt den mittleren Verhältnissen von *STAR 100* besonders nahe. Die Folgen des Klimawandels auf die landwirtschaftliche Landnutzung wurden ausgehend von klimabedingten Ertragsänderungen für die Periode 2046–2055 untersucht. Sie mündeten in einem Landnutzungsszenario **A1K**. Die Ertragsänderungen wurden durch HATTERMANN et al. (2005, Kapitel II-2.2.2) bereitgestellt. Sie basieren auf simulierten Klimawirkungen für die Periode 2046–2055, wobei als Klimaszenario die Realisierung 32 von *STAR 100* (*STAR_32*) verwendet wurde. Diese Realisierung ist vergleichsweise wahrscheinlich und gilt als besonders trocken.

Das methodische Vorgehen sowie die Ergebnisse der Entwicklung der Landnutzungsszenarien (Szenarienentwicklung) sind in dem Beitrag von MAIER (2005, Kap. III-1.2) näher beschrieben.

In der **ökosystemaren Wirkungsanalyse** wurden Wasserhaushalts- und Stoffhaushaltsmodellierungen in mehreren Untersuchungsräumen vorgenommen (siehe Abbildung 1). Begleitend dazu wurden in einem Kerngebiet des Untersuchungsraumes 2 (Pegel Nägelstedt) Messungen der Wasser- und Stoffflüsse sowohl an Lysimetern als auch an Grundwassermessstellen durchgeführt. Sie dienten einerseits der Aufklärung des Prozessverständnisses im Status quo und **Referenzsszenario**, andererseits konnten durch die Messungen neu entwickelte Modellierungswerkzeuge getestet werden. Messungen zu Grundwasserdynamik und -beschaffenheit im Gesamtgebiet dienten der Kalibrierung des Grundwassermodells und der Darstellung des Status quo sowie Ableitungen für das **Referenzszenario** hinsichtlich der Beschaffenheit. Ergebnisse dieser Untersuchungen sind in dem Beitrag SOMMER und KNOBLAUCH (2005, Kap. III-1.1) beschrieben.

Die wesentlichen **Modellierungen** der Szenario-Entwicklungen wurden mit dem NA-Modell ArcEGMO (PFÜTZNER 2002), zu dem ein Kopplungstool zu einem Grundwasserströmungsmodell MODFLOW entwickelt wurde, durchgeführt. Unter Anwendung eines neu entwickelten PSCN-Moduls für ArcEGMO (KLÖCKING et al. 2003), das die pflanzliche Wasser- und Stoffaufnahme berücksichtigt, wurden die wichtigsten Wasserhaushaltsgrößen berechnet. Dafür kam ein ebenfalls neu entwickelter Fruchtfolgengenerator für das ArcEGMO zum Einsatz. Für die Bestimmung von Bewirtschaftungsdefiziten wurde die zeitliche Entwicklung der Wasserhaushaltsgrößen bezogen auf die Talsperre Seebach für das komplette *STAR 100*-Szenario, aber beschränkt auf die aktuelle Landnutzung, ermittelt. Ergebnisse aus den Berechnungen sind im Beitrag KLÖCKING et al. (2005, Kap. III-1.3) dargestellt.

In der **betriebswirtschaftlichen Wirkungsanalyse** wurden die 5 Auswahlbetriebe des Untersuchungsraums 2 mittels Betriebsplanungsrechnung auf ihre ökonomischen Reaktionen und Verhaltensmuster hin untersucht. Dies erfolgte neben dem **Referenzszenario** für die Szenarien **A1** und **A1K**. Exemplarisch wurde für einen Auswahlbetrieb für das Ökologisierungsszenario **B2** eine KUL-Analyse durchgeführt (MAIER 2005, Kap. III-1.2).

Referenzen

BEHRENDT, H., OPITZ, D., VENOHR, M., SOUKUP, M. (2005) Mögliche Auswirkungen von Änderungen des Klimas und in der Landwirtschaft auf die Nährstoffeinträge und -frachten. In: WECHSUNG, F., BECKER, A., GRÄFE, P. (Hrsg.) Auswirkungen des globalen Wandels auf Wasser, Umwelt und Gesellschaft im Elbegebiet. Weißensee Verlag Berlin, Kap. II-2.2.1.

HATTERMANN, F., KRYSANOVA, V., WECHSUNG, F. (2005) Folgen von Klimawandel und Landnutzungsänderungen für den Landschaftswasserhaushalt und die landwirtschaftlichen Erträge im Gebiet der deutschen Elbe. In: WECHSUNG, F., BECKER, A., GRÄFE, P. (Hrsg.) Auswirkungen des globalen Wandels auf Wasser, Umwelt und Gesellschaft im Elbegebiet. Weißensee Verlag Berlin, Kap. II-2.2.2.

KLÖCKING, B., STRÖBL, B., KNOBLAUCH, S., MAIER, U., PFÜTZNER, B., GERICKE, A. (2003) Development and allocation of land use scenarios in agriculture for hydrological impact studies. Physics and Chemistry of the Earth, Special Issue "New approaches in river basin research and management" 28 (2003) 1311–1321.

KLÖCKING, B., SOMMER, Th., PFÜTZNER, B. (2005) Das Unstrutgebiet – Die Modellierung des Wasser- und Stoffhaushaltes unter dem Einfluss des globalen Wandels. In: WECHSUNG, F., BECKER, A., GRÄFE, P. (Hrsg.) Auswirkungen des globalen Wandels auf Wasser, Umwelt und Gesellschaft im Elbegebiet. Weißensee Verlag Berlin, Kap. III-1.3.

MAIER, U. (2005) Wie ändert sich die Landnutzung? – Ergebnisse betrieblicher und ökosystemarer Impaktanalysen. In: WECHSUNG, F., BECKER, A., GRÄFE, P. (Hrsg.) Auswirkungen des globalen Wandels auf Wasser, Umwelt und Gesellschaft im Elbegebiet. Weißensee Verlag Berlin, Kap. III-1.2.

PFÜTZNER, B. (2002) Modelldokumentation ArcEGMO. http://www.arcegmo.de, ISBN 3-00-011190-5.

SOMMER, Th., HESSE, G. (2002) Hydrogeologie einer anthropogen überprägten Flußlandschaft – das Unstruttal zwischen Quelle und Sömmerda (Thüringer Becken). In: Jber. Mitt. Oberrhein. Geol. Ver., N. F. 84, S. 241–256, Stuttgart 2002.

SOMMER, Th., KNOBLAUCH, S. (2005) Untersuchungen zum rezenten Wasser- und Stoffhaushalt im Unstrutgebiet. In: WECHSUNG, F., BECKER, A., GRÄFE, P. (Hrsg.) Auswirkungen des globalen Wandels auf Wasser, Umwelt und Gesellschaft im Elbegebiet. Weißensee Verlag Berlin, Kap. III-1.1.

SOMMER, Th. (2001) Grundwasserdynamik und Grundwasserbeschaffenheit in der anthropogen überprägten Flussaue der Unstrut. Proceedings des DGFZ e.V., Heft 20, Dresden, 2001, 163 S. ISSN 1430-0176.

III-1.1 Untersuchungen zum rezenten Wasser- und Stoffhaushalt im Unstrutgebiet
Thomas Sommer und Steffi Knoblauch

Einleitung

Ausgehend von der in KLÖCKING und SOMMER (2005, Kap. III-1) dargestellten Methodik zur Umsetzung des Integrativen Methodischen Ansatzes GLOWA-Elbe im Unstrutgebiet, wurden als eine Säule der Untersuchungen begleitende Messungen zum Wasser- und Stoffhaushalt durchgeführt. Das Messprogramm war in zwei Untersuchungsskalen angelegt und diente der ökosystemaren Wirkungsanalyse sowie als Grundlage für die prognostischen Modellierungen. Räumlicher Schwerpunkt des einzugsgebietsbezogenen Messprogramms ist der Untersuchungsraum 2 (Einzugsgebiet bis Pegel Nägelstedt). Messungen zu Grundwasserdynamik und -beschaffenheit in diesem Gebiet dienten der Kalibrierung des Grundwassermodells und der Darstellung des Status quo sowie Ableitungen für das *Referenzszenario* hinsichtlich der Beschaffenheit. In einem Kerngebiet (Altengotternsches Ried) des Untersuchungsraumes 2 wurden Messungen der Wasser- und Stoffflüsse sowohl an Lysimetern als auch an Grundwassermessstellen durchgeführt. Sie dienten einerseits der Aufklärung des Prozessverständnisses im Status quo und *Referenzszenario*, andererseits konnten durch die Messungen neu entwickelte Modellierungswerkzeuge getestet werden.

Methodik

Das **einzugsgebietsbezogene Messnetz** orientierte sich an den innerhalb des Einzugsgebietes des Pegels Nägelstedt vorhandenen staatlichen Grundwasser-Messstellen (TLUG 1999, 2001). Bei der Auswahl der Messstellen musste auf das bestehende Messstellennetz anhand des FIS Hydrogeologie der TLUG zurückgegriffen werden. Wie aus Abbildung 1 ersichtlich, war nur ein geringer Teil der ausgewiesenen Grundwasser-Aufschlüsse für das Messnetz verwendbar. Bei den offenen Punkten handelt es sich um nicht zugängliche Brunnen oder in der Zwischenzeit rückgebaute Messstellen. Von diesen konnten die geologischen und hydrogeologischen Daten im Hydrogeologischen Modell verwendet werden. Außerdem wurden Messstellen aus vorangegangenen Untersuchungen in das Messnetz einbezogen (SOMMER und LUCKNER 2000, SOMMER 2000).

Neben dem flächendeckenden Grundwassermessnetz wurde hier in den sensiblen, landwirtschaftlich genutzten Bereichen der Flussniederungen, ergänzend zu vorangegangenen Untersuchungen (SOMMER und KNOBLAUCH 1998, KNOBLAUCH und ROTH 2000) ein **Detailmessnetz** zu Wasser- und Stoffflüssen angelegt (Abbildung 2a).

Aus Voruntersuchungen im F/E-Vorhaben „Unstrutrevitalisierung" vorhandene Lysimeter wurden genutzt, um in Abhängigkeit von den Standorteigenschaften den Einfluss landwirtschaftlicher Nutzung auf die Stoffverlagerung aus der Wurzelzone zu ermitteln. Das Messnetz zu Detailuntersuchungen befindet sich im Altengotternschen Ried, zwischen Mühlhausen und Bad Langensalza. Hier wurden sowohl Sickerwasser- als auch Grundwassermessstellen für Wasserstands- und Beschaffenheitsmessungen angelegt. Mit diesen Kombinationsmessplätzen können über das gesamte Profil der quartären Auensedimente die Stoffeinträge und Umwandlungsprozesse untersucht werden (Abbildung 2b). In Verbindung mit Messungen der Grundwasserdynamik und -beschaffenheit zielten die Untersuchungen auf eine umfassende Beschreibung der Wasser- und Stoffströme in einer agrarisch geprägten Auenniederung und ihren dazugehörigen Speisungsgebieten (siehe Tabelle 1). Während der Laufzeit dieses Projektes wurden zwei Jahresmessreihen gewonnen.

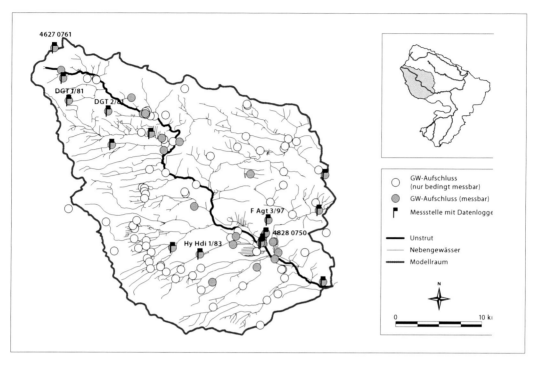

Abb. 1: Messnetz Grundwasser im Untersuchungsraum 2 (EZG Pegel Nägelstedt)

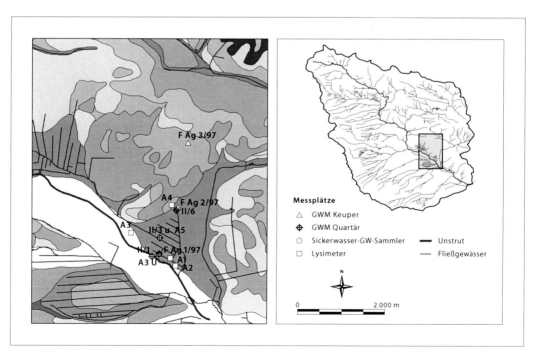

Abb. 2a: Grundwasser Messstellen (GWM) im Altengotternschen Ried (Legende der Bodenarten siehe Abb. 8, Messkomponenten nach Tabelle 1)

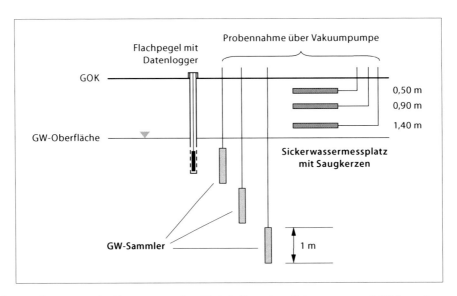

Abb. 2b: Detailmessungen im Altengotternschen Ried: Aufbau eines Sickerwasser- und GW-Sammlers

Da Zusammenhänge zwischen Bewirtschaftung, Standorteigenschaften und Nähr- und Schadstoffverlagerung eindeutig nur über mehrjährige Messreihen sichtbar werden, wurden die Messreihen im laufenden Projekt nahtlos weitergeführt. Somit steht nach Ende des Projektes „GLOWA-Elbe" eine zuverlässige Datenbasis für die Parametrisierung und Validierung von hydrologisch/ökosystemaren Einzugsgebietsmodellen zur Verfügung.

Tab. 1: Messkomponenten der Detailuntersuchungen im Altengotternschen Ried

Komponente	Untersuchungsmedium	Parameter	Ziel
Lysimeter (A1–A4)	Sickerwasser, Wasser des kapillaren Aufstiegs in der Wurzelzone, oberflächennahes Grundwasser	NO_3, NH_4, NO_2, SO_4, Cl^-, HCO_3, PO_4, P_{ges}, Mg, K, Ca, Na, pH, el. Leitf., DOC, TOC, Bodentemperatur, Grundwasserstand	Stoffaustrag aus der Wurzelzone; Stoffbilanz
Saugsondenmessplätze (A3, A3 U, A5)	Sickerwasser, Wasser des kapillaren Aufstiegs in der Wurzelzone, oberflächennahes Grundwasser	NO_3, NH_4, NO_2, Br^-, MRDP, TDP	Stoffumwandlungsprozesse im Sickerwasser und oberflächennahen Grundwasser
Grundwassersammler GWS II/1 und GWS II/3	Oberflächennahes Grundwasser	NO_3, NH_4, NO_2, SO_4, Cl^-, HCO_3, Br	Stoffumwandlungsprozesse im oberflächennahen Grundwasser
Grundwasser-Flachpegel II/1, II/3, II/6	Grundwasser in der Aue	Grundwasserstand, Temperatur	Dynamik des Wasserstandes in der Aue
tiefe Grundwassermessstellen F Ag 1 – 3/97	Grundwasser liegender Horizonte (Keuper)	Grundwasserstand	Dynamik des Wasserstandes im tieferen Grundwasserhorizont

Die Messungen wurden in einer differenzierten zeitlichen Auflösung vorgenommen. Die Grundwasserstände im Einzugsgebietsmaßstab wurden mittels Datenlogger täglich gemessen, die ergänzenden Handmessungen erfolgten etwa ¼-jährlich. Das Sickerwasser in den Saugsondenmessplätze und den Lysimetern wurde wöchentlich beprobt. Die Grundwassersammler wurden bis zu ¼-jährlich beprobt. Die Lysimeter weisen eine Oberfläche von 2 m² und in Abhängigkeit von der Durchwurzelbarkeit des Standortes eine Tiefe von 1,3 bis 2,5 m auf. Auf den Saugsondenmessplätzen wurden für die Abbildung des Vertikalgradienten der Sicker- und Grundwasserbeschaffenheit in 50, 90 und 140 cm Tiefe Saugkerzen aus keramischem Material und Kunststoff in fünffacher Wiederholung eingebaut. Detaillierte Untersuchungen erstreckten sich in den Jahren 2002 und 2003 auf die Markierung des sickerwassergebundenen Transportpfades mit den konservativen Tracersubstanzen Bromid und Chlorid.

Ergebnisse der Messungen

Wasserhaushalt

Die Untersuchungen zur Grundwasserdynamik erfolgte durch Auswertung der Grundwassermessstellen regional (Strömungsverhältnisse) und nach langen Zeitreihen (Trendanalyse), ergänzt durch eigene Messungen.

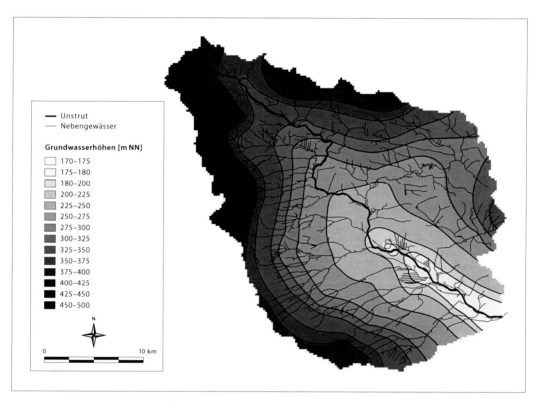

Abb. 3: Grundwasserisohypsenplan für den Untersuchungsraum 2 (EZG Pegel Nägelstedt)

Der Hydroisohypsenplan (Abbildung 3) zeigt die regionalen Strömungsverhältnisse im Raum 2. Die Höhen des Dün im N und des Hainich im SW sind gut als Speisungsflächen erkennbar. Die zentralen Bereiche des Thüringer Beckens wirken als Entlastungsgebiete für den regionalen GW-Strom. Die Trendanalyse einzelner Grundwassermessstellen ergab, dass in den letzten 20 Jahren die Grundwasserstände gesunken sind (siehe Abbildung 4). Dies lässt sich sowohl für die Speisungsgebiete (Abbildung 4a) als auch für die Entlastungsgebiete (Abbildung 4b) zeigen.

Der Betrag der Abnahme in den Entlastungsgebieten ist jedoch geringer als in den Speisungsgebieten. Hierfür sind sowohl hydrogeologische als auch anthropogen bedingte Ursachen, wie

z. B. wirksame Dränagen zu nennen. Durch den aus den Speisungsgebieten wirkenden, aufwärts gerichteten Druck-Gradienten im Entlastungsgebiet wirken sich hier die Grundwasserstände der liegenden Schichten direkt auf die Grundwasserstände in der Aue aus, wie die Detailmessungen im Altengotternschen Ried gezeigt haben (Abbildung 5).

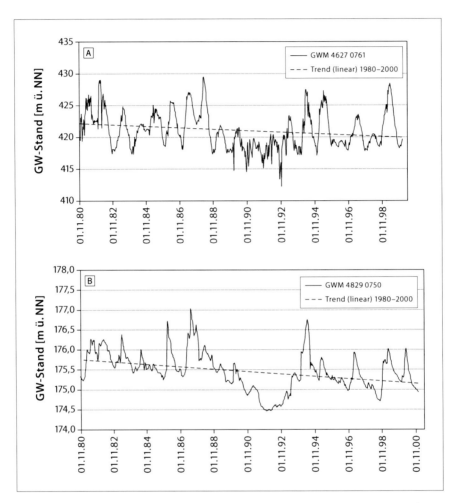

Abb. 4: Langjähriger Trend der Grundwasserstände a) Speisungsgebiet b) Entlastungsgebiet (Lage der Messstellen, siehe Abbildung 1; Teilung der Ordinaten ist zu beachten.)

Nach den Ergebnissen aus dem Detailmessnetz wird die Grundwasserdynamik in der Auenniederung wesentlich durch die Druckverhältnisse des Keuper-Grundwassers im Speisungsgebiet bestimmt. Ein Teil des in die Auensedimente aus dem Speisungsgebiet eintretenden Grundwassers entlastet infolge der Druckwirkung des Keuper-Grundwassers in die Entwässerungsgräben.

In Flurabstandsbereichen von weniger als 140 cm wirken jedoch die Einflüsse aufgrund der Nutzung in der Aue. An Abbildung 5 ist zu erkennen, dass das Ansteigen des Grundwasserstands in einem Flachpegel im Quartär (GWS II/3) ab November 2001 mit dem Anstieg des Grundwassers im Liegenden Keuper korreliert. Der weitere Ganglinienverlauf des Grundwassers an der Messstelle GWS II/3 zeigt, wie das Grundwasser auf kurzzeitigere, direkte Einflüsse aus der Aue reagiert. Dies ist sowohl auf den Verdunstungs- und Abflussverlauf in der Aue als auch auf Spiegelschwankungen in benachbarten Gewässern (Kanal) zurückzuführen. Diese entwässernde Wirkung des aufsteigenden Grundwasserstromes ist jedoch nicht in allen Teilen der Entwässerungsgräben erkennbar. Die Messstelle GWS II/6, wie die Messstelle GWS II/3 ebenfalls ein Flachpegel im Quartär, steht unmittelbar neben der Messstelle Agt 2/97. Ihre Ganglinie lässt jedoch keine wirksame Dränage des aufwärts gerichteten GW-Stroms erkennen.

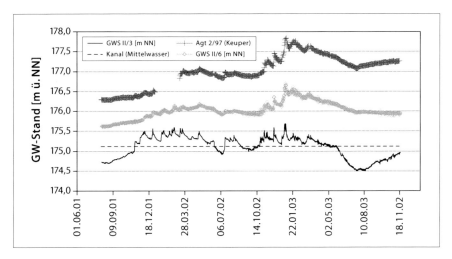

Abb. 5: Grundwasserganglinien im Altengotternschen Ried (Lage der Messstellen siehe Abb. 2)

Die parallel durchgeführten Messungen zu den Wasserflüssen in der ungesättigten Bodenzone ergänzen diese Aussagen. Die in das Grundwasser eintretenden Abflussmengen variieren in Abhängigkeit von der Tiefe des Grundwasserflurabstandes (KNOBLAUCH 2003). Je geringer der Grundwasserflurabstand desto höher die Abflussmenge.

Unter niederschlagsreichen Verhältnissen im zweijährigen Beobachtungszeitraum 2002 und 2003 beläuft sich die Abflussmenge auf der Vega auf 47 mm, auf der im Transekt folgenden Gley-Vega auf 91 mm und auf dem Gley im flussfernen Auenbereich auf 160 mm. Unter der Idealvorstellung einer Pfropfenströmung (piston flow) resultieren daraus Austauschraten des Bodenwassers von 10 % (Vega), 26 % (Gley-Vega) und 66 % (Gley). Im Speisungsgebiet variieren die Abflussmengen zwischen 11 mm auf dem tiefgründigen Braunerde-Tschernosem und 114 mm auf der Tonmergelrendzina. Daraus resultieren Austauschraten von 2 und 30 %. Die Bestimmung der Austauschraten deutet daraufhin, dass unter den geringen Niederschlagsverhältnissen im Thüringer Becken das Bodenwasser mit den darin gelösten Verbindungen nicht nur im Speisungsgebiet sondern auch in der Auenniederung im Verbreitungsgebiet der Vegen über mehrere Jahre in der Wurzelzone bleiben kann.

Stoffhaushalt

Als Indikatoren für eine landwirtschaftliche Beeinflussung der *Grundwasserbeschaffenheit* wurde sich auch im Gesamtgebiet auf die Stickstoffverbindungen Nitrat, Nitrit und Ammonium konzentriert (siehe Abbildung 6). Die räumliche Verteilung im Gesamtgebiet zeigt für das **Nitrat** deutlich, dass die Belastung des Grundwassers von den Speisungsgebieten ausgeht. Bereits die Unstrutquelle, eine Schichtquelle im Muschelkalk, ist mit bis zu 32 mg/l Nitrat belastet. Demgegenüber zeigt die Popperöder Quelle bei Mühlhausen, eine karstbedingte Erdfallquelle, nur 10 mg/l Nitrat. Die höchsten Nitratgehalte waren in den Keuper-Grundwässern der unmittelbaren Umgebung der Unstrutaue anzutreffen. Hier haben sich Untersuchungsergebnisse von SOMMER (2000) bestätigt. Am Ausgang des Einzugsgebietes, dem Pegel Nägelstedt, hatte die Unstrut im März 2003 eine Konzentration von 33 mg/l Nitrat, was einer Fracht von ca. 10 t/d Nitrat entsprach. Die **Ammonium**-Gehalte des Grundwassers sind bis auf eine Messstelle am Rand der Unstrut-Aue gering. Dennoch stellt der Wert am Pegel Nägelstedt mit 0,4 mg/l (ca. 120 kg/d) das Zehnfache des Medians aller Messwerte (0,03 mg/l) dar. Dies muss auf den Einfluss der zahlreichen Entwässerungsgräben zurückzuführen sein.

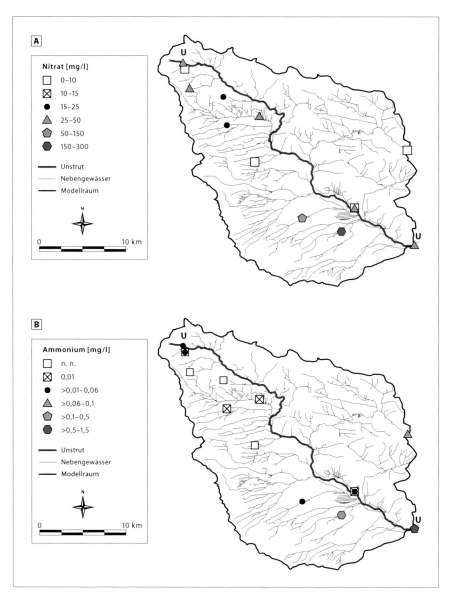

Abb. 6: Wasserbeschaffenheit im Untersuchungsraum 2 (EZG Pegel Nägelstedt) a) Nitrat; b) Ammonium (Beprobung Grundwasser; Messpunkte „U" Gewässerbeprobung Unstrut)

Das in die Auensedimente aus dem Speisungsgebiet eintretende Grundwasser entlastet infolge der Druckwirkung des Keuper-Grundwassers in die Entwässerungsgräben. Die Ergebnisse aus den Untersuchungen zum Stoffhaushalt und -umsatz in der *Aue* werden anhand der Verhältnisse an einem GW-Sammler in Abbildung 7 dargestellt.

Die höheren Nitratkonzentrationen des Sickerwassers in der ungesättigten Zone spiegeln den Bewirtschaftungseinfluss wider. Die geringen Nitratkonzentrationen im oberflächennahen Grundwasser zeigen, dass der Abbau des aus der Bewirtschaftung stammenden Nitrats bereits in den mineralischen Auensedimenten bis in 2 m Tiefe abgeschlossen ist. Das aus dem Speisungsgebiet herangeführte Nitrat gelangt mit dem aufsteigenden Grundwasserstrom in die organischen Ton- und Torfmudden und wird dort denitrifiziert. Beide Prozesse gehen mit einer Erhöhung der Ammoniumkonzentration des Abflusses und in dessen Folge in den Entwässerungsgräben einher. So liegt im oberflächennahen Grundwasserbereich mit wechselnd anaeroben und aeroben Verhältnissen die NH_4-Konzentration im Mittel der Jahre gerade noch unter dem Grenzwert für Oberflächengewässer 0,2 mg/l. Es konnten in 140 cm Tiefe allerdings auch vereinzelt Maximalwerte von bis 0,99 mg/l registriert werden.

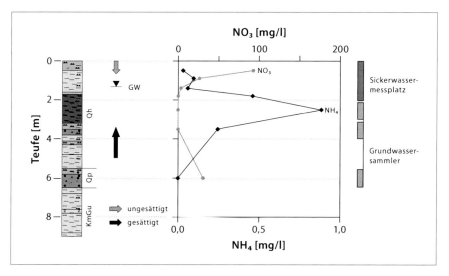

Abb. 7: Stickstoff und Ammonium am Sickerwasser- und GW-Sammler GWS II/3/A5 (Lage der Messstelle siehe Abb. 3)

Der aufwärtsgerichtete, denitrifizierte Grundwasserstrom kann außerdem eine Verdünnung der Nitratkonzentration des Bodenwassers aus der ungesättigten Zone der Auenböden herbeiführen.

Die N-Austräge aus ackerbaulicher Nutzung variieren im Mittel der Jahre auf den Böden in der Auenniederung zwischen 5 und 24 kg/ha und in den Speisungsgebieten zwischen 2 und 30 kg/ha (KNOBLAUCH 2003). Damit korrespondierend schwanken die N-Salden aus Zufuhr über Düngung und Abfuhr mit dem Erntegut zwischen 2 und 25 kg/ha in der Auenniederung und 7 und 26 kg/ha im Speisungsgebiet (Abbildung 8). Obwohl es sich bei zwei der fünf Standorte nur um zweijährige Messwerte handelt, zeigt die Gegenüberstellung einen engen Zusammenhang zwischen N-Saldo der Bewirtschaftung und N-Austrag.

Die Nitratkonzentration des Sickerwassers zeigt im Unterschied zu den N-Austrägen im Mittel der Jahre 2002 und 2003 auf den Standorten in der Auenniederung eine geringere Variabilität mit 30–74 mg/l auf den Vegen und 67 mg/l auf dem Gley. Auf der Tonmergelrendzina im Speisungsgebiet liegt die Nitratkonzentration mit durchschnittlich 118 mg/l deutlich höher. Die insgesamt sechsjährigen Messreihen bestätigen diese Unterschiede zwischen den Böden in der Auenniederung und im Speisungsgebiet mit 40 mg/l auf der Gley-Vega und 182 mg/l auf der Tonmergelrendzina im Speisungsgebiet. Dennoch erbringen langjährige Messreihen (1982 – 1994) auf dem tiefgründigen Braunerde-Tschernosem („Lö" in Abbildung 8) mit durchschnittlich 71 mg/l ähnliche niedrige Werte wie auf den Vegen in der Auenniederung.

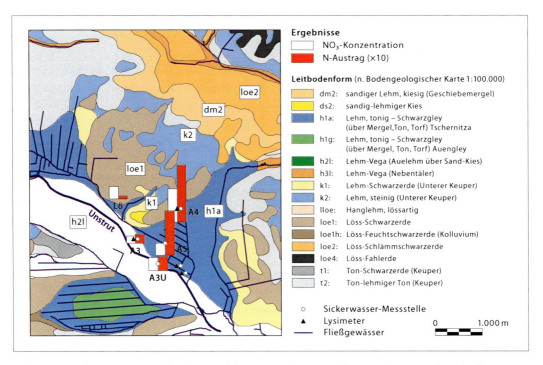

Abb. 8: Nitratkonzentration und N-Fracht auf den Untersuchungsstandorten im Einzugsgebiet der Unstrut

Ein wesentlicher Einfluss auf die N-Verlagerung geht vom N-Saldo der Bewirtschaftung aus. In den Untersuchungen ist der N-Saldo nicht immer das Ergebnis einer empfehlungskonformen N-Düngung und damit auch die gemessenen N-Austräge. Das trifft insbesondere auf die Tonmergelrendzina zu. Auf den beiden langjährig beobachteten Standorten Gley-Vega und Tonmergelrendzina mit N-Austrägen von 5 und 30 kg/ha wurden im Mittel der Jahre 139 und 151 kg/ha N ausgebracht, davon jeweils 32 und 21 kg/ha in organischer Form. In beiden Fällen war die N-Düngung nicht empfehlungskonform und überschritt mit 31 und 44 kg/ha die N-Düngeempfehlung. Die Fruchtfolgen waren etwa vergleichbar.

Nach einer Blattfrucht (Winterraps, Ackerbohne) folgte in der Regel zweimal Getreide. Auf beiden Standorten gab es Jahre mit höheren N-Hinterlassenschaften entweder durch Blattfrüchte mit hohen Rest-N-Mengen oder durch Zugabe von Gülle zur Strohrotte. Obwohl die Fruchtfolge und die Höhe der N-Düngung in etwa vergleichbar waren, zeigen sich beträchtliche Unterschiede in der Höhe des N-Saldos. Offenbar war die Ertragserwartung und damit der pflanzliche N-Entzug auf der Vega unterschätzt und auf der Tonmergelrendzina überschätzt worden. Die Gegenüberstellung zeigt, wie wichtig es für die Minimierung der N-Verlagerung ist, die Höhe der N-Düngung am standörtlichen Ertragspotenzial auszurichten. Zumindest war auf der Tonmergelrendzina mit einem Rückgang des N-Saldos von +46 kg/ha im Mittel der Jahre 1997–1999 auf +26 kg/ha im Mittel der Jahre 2000–2002 auch eine deutliche Abnahme des N-Austrages von durchschnittlich 36 auf 28 kg/ha zu verzeichnen.

Die festgestellten Unterschiede in der Nitratkonzentration des Sickerwassers und des N-Austrages aus der Wurzelzone sind nicht nur auf die Bewirtschaftung, sondern auch auf die Verlagerungsdisposition der Standorte zurückzuführen. Wesentliche Kriterien, die das beschreiben können, sind die Austauschrate des Bodenwassers, die Art der Abflussbildung (flow regime type), das pflanzenverfügbare Bodenwasser und das Substrat (KNOBLAUCH 2003).

Schlussfolgerungen

Vor dem Hintergrund der experimentellen Befunde lassen sich unter Bezug auf die von KLÖCKING et al. (2005, Kapitel III-1.3) vorgestellten Simulationsergebnisse spezifische Schlussfolgerungen für die in der Unstrut untersuchten Kombinationen von Landnutzung- und Klimaszenarien ziehen.

1. Bei unveränderter Landnutzung (AGENDA 2000) mit gegenwärtigem Klima, wie es bei dem *Referenzszenario* unterstellt wird, ergaben Wasserhaushaltsberechnungen hinsichtlich der pflanzenverfügbaren Wasserversorgung ein Transpirationsdefizit, je nach Bodenart und Standort, zwischen 20 und 140 mm. Hinsichtlich des Stoffhaushalts können demzufolge auf Vega- und Braunerde-Tschernosemen mit geringem Transpirationsdefizit über stabile Erträge und N-Entzüge niedrige N-Überschusssalden realisiert werden. In Verbindung mit geringen Abflussmengen ist das N-Verlagerungsrisiko deshalb sehr gering. Auf den Vega-Standorten kommt allerdings eine N-Fracht hinzu, die durch grundwasserbedingte Herauslösung aus dem unteren Bereich der Wurzelzone zustande kommt. Aufgrund der geringen Austauschrate des Bodenwassers kann es auf den grundwasserfernen Vegen bei sehr geringen N-Austrägen über mehrere Jahre zu einer Anreicherung von Nitrat in der Wurzelzone kommen, das aber in niederschlagsreichen Jahren über den abwärtsgerichteten Bodenwasserfluss und das auf- und wieder abwärtsströmende Grundwasser unter der Entwässerungswirkung des Flusses in höheren Mengen auswaschungsgefährdet ist. Die Amplitude der N-Austräge zwischen den Jahren kann deshalb auf den Vegen groß sein. Der Gley ist hinsichtlich seiner Verlagerungsdisposition mittelmäßig einzustufen. Die Grundwassernähe kann in feuchten Jahren über Sauerstoffmangel in der Wurzelzone zu Ertragsdepressionen und damit unvermeidbaren N-Überschuss-Salden führen. In niederschlagsarmen Jahren können dagegen trockenheitsbedingte Wuchseinschränkungen durch Aufnahme von Grundwasser kompensiert werden. Der unvermeidbare N-Austrag ist aber aufgrund der hohen Austauschrate des Bodenwassers im mittleren Bereich anzusiedeln und weist daraufhin, dass auch der anzustrebende N-Überschuss-Saldo nicht wesentlich unter 30 kg/ha · a liegen kann.
    Die Tonmergelrendzina-Standorte besitzen das höchste Verlagerungsrisiko. Es ist davon auszugehen, dass hohe Konzentrationen in Jahren mit hohen Abflüssen die Folge von Anreicherungen von N-Überschuss-Salden in trockenen Jahren sind. Niederschlagsdefizite können durch Aufnahme von Bodenwasser nur begrenzt für eine stabile Ertragsbildung kompensiert werden. Tracerversuche ergaben außerdem, dass Nitrat über bevorzugte Fließbahnen aus der Ackerkrume bis unter die Wurzelzone verlagert wird.
    Da die Hauptfracht des N-Eintrages aus den Speisungsgebieten kommt und die Entlastungsgebiete ein hohes Denitrifikationspotenzial besitzen, wird aus Gründen des Nitrateintrags in die Gewässer eine Umwidmung von Ackerland in extensives Grünland im Auenbereich nicht für notwendig gehalten.

2. Bei einer Klimaänderung gemäß *STAR_54* kann mit einem Rückgang der klimatischen Wasserbilanz gerechnet werden. In den Simulationen war dieser am stärksten im Zeitraum 2018 bis 2022 ausgeprägt (siehe KLÖCKING et al. 2005, Kapitel III-1.3). Bei einer Landnutzungsänderung nach *A1* führt eine solche Änderung der klimatischen Bedingungen zu einer Abnahme der Grundwasserstände, die sich in den Speisungsgebieten stärker auswirkt als in den Entlastungsgebieten. Geringere Grundwasserneubildung lässt erwarten, dass über eine Verringerung der Austauschraten ein größerer Anteil des im Boden akkumulierten Stickstoffs im Folgejahr noch durch die Pflanze aufgenommen werden kann und damit das N-Verlagerungsrisiko sinkt. Voraussetzung ist aber, dass der Boden-Nmin-Gehalt im Frühjahr bei der Stickstoff-Düngungsbemessung berücksichtigt wird. Wenn allerdings auf sehr trockene Jahre häufig sehr feuchte Jahre folgen, ist die Transformation von mineralischem N in das Folgejahr begrenzt. Auch unter diesem Aspekt sind Anpassungen in der Düngestrategie erforderlich. Mit einer Verstärkung der Heterogenität der Niederschlagsverteilung wird erwartet, dass sich vor allem in den heute schon trockenen Regionen die kritische Situation für die Gewässerqualität verschärfen wird.

3. Die Ergebnisse der durchgeführten Messungen lassen sich nur bedingt in das Szenario *B2* (Ökologisierung) projizieren. Bezüglich der Landnutzung wird es eine differenziertere Anbauverteilung geben, da Maßnahmen der Fruchtartendiversifizierung berücksichtigt werden müssen. Eine für einen Auswahlbetrieb exemplarisch durchgeführte KUL-Analyse (siehe MAIER 2005, Kapitel III-1.2) unter der Bedingung angepasster Düngerstrategien erbrachte eine Verringerung des N-Saldos.

Referenzen

KLÖCKING, B., SOMMER, Th. (2005) Das Unstrutgebiet – Einführung; Methodik und Ergebnisse. In: WECHSUNG, F., BECKER, A., GRÄFE, P. (Hrsg.) Auswirkungen des globalen Wandels auf Wasser, Umwelt und Gesellschaft im Elbegebiet. Weißensee Verlag Berlin, Kap. III-1.

KLÖCKING, B., SOMMER, Th., PFÜTZNER, B. (2005) Das Unstrutgebiet – Die Modellierung des Wasser- und Stoffhaushaltes unter dem Einfluss des globalen Wandels. In: WECHSUNG, F., BECKER, A., GRÄFE, P. (Hrsg.) Auswirkungen des globalen Wandels auf Wasser, Umwelt und Gesellschaft im Elbegebiet. Weißensee Verlag Berlin, Kap. III-1.3.

KNOBLAUCH, S., ROTH, D. (2000) Entwicklung und Optimierung von Revitalisierungsmaßnahmen in der Unstrutaue durch ökologische und ökonomische Untersuchungen, Grund- und Sickerwasseranalysen zur Parametrisierung regionalspezifischer Leitbilder. Abschlußbericht des TP 2 – BMBF-Forschungsprojekt „Revitalisierung Unstrutaue". Jena 2000 (unveröff.).

KNOBLAUCH, S. (2003) Untersuchungen über die Nähr- und Schadstoffverlagerung aus unterschiedlich bewirtschafteten Böden in einem Flusseinzugsgebiet der Unstrut – TP Bodenwasser. Schlussbericht des F/E-Vorhaben „GLOWA-Elbe" FKZ: 9511/203019.

MAIER, U. (2005) Wie ändert sich die Landnutzung? – Ergebnisse betrieblicher und ökosystemarer Impaktanalysen. In: WECHSUNG, F., BECKER, A., GRÄFE, P. (Hrsg.) Auswirkungen des globalen Wandels auf Wasser, Umwelt und Gesellschaft im Elbegebiet. Weißensee Verlag Berlin, Kap. III-1.2.

SOMMER, Th., KNOBLAUCH, S. (1998) Untersuchungen zur Grundwasser- und Stoffdynamik in Auensedimenten im Rahmen des Projektes „Revitalisierung der Unstrutaue" In: Proceedings des DGFZ e.V., H. 13, Dresden, 1998, S. 173–187; ISSN 1430-0176.

Sommer, Th., Luckner, L. (2000) Analyse und Modellierung von Grundwasserdynamik und -beschaffenheit. Abschlussbericht des Teilprojektes 1 des BMBF-Forschungsprojektes „Revitalisierung Unstrutaue" (FKZ: 033 9572). Dresden, 23.02.2000, 134 S. (unveröff.).

Sommer, Th. (2000) Grundwasserdynamik und Grundwasserbeschaffenheit in der anthropogen überprägten Flussaue der Unstrut. Proceedings des DGFZ e.V., Heft 20, Dresden, 2001, 163 S. ISSN 1430-0176.

Sommer, Th., Feige, H., Klöcking, B., Knoblauch, S., Maier, U., Müller, M., Pfützner, B. (2003) Die Wirkung des Globalen Wandels im Unstrut-Einzugsgebiet. Abschlussbericht zum BMBF-Forschungsprojekt GLOWA-Elbe – Auswirkungen des Globalen Wandels auf Umwelt und Gesellschaft im Elbe-Gebiet (TP 3 – Unstrut). Dresden, Dezember 2003, 173 S. (unveröff.).

TLG (1995) Die Leitbodenformen Thüringens. Erläuterungen zur Bodengeologischen Karte. Thüringer Landesanstalt für Geologie, Weimar, 1995.

TLU und TLG (1996) Grundwasser in Thüringen. Bericht zu Menge und Beschaffenheit. Erfurt 1996.

TLU (1999) Grundwassermessstellen in Thüringen – Verzeichnis und Karte. Jena, Januar 2000.

TLU (2001) Grundwasser und WRRL – Messstellen im Strömungsfeld/Abflussverhältnisse und Trend. Schriftenreihe der Thüringer Landesanstalt für Umwelt, Nr. 58. Jena, April 2001.

III-1.2 Wie ändert sich die Landnutzung? – Ergebnisse betrieblicher und ökosystemarer Impaktanalysen
Uta Maier

Einleitung

Infolge des globalen Wandels sind Veränderungen auf dem Agrarsektor zu erwarten, die mit veränderten Landnutzungen, veränderten Fruchtanbaumustern und angepassten Düngungsstrategien einhergehen. Diese Veränderungen induzieren Veränderungen im Wasserhaushalt und bei den Nährstoffeinträgen, als auch ökonomische Wirkungen für die Landwirtschaftsbetriebe.

Im Teilprojekt der Unstrut werden Anpassungsreaktionen auf veränderte Rahmenbedingungen abgeleitet. Untersuchungsgegenstand sind dabei typische landwirtschaftliche Auswahlbetriebe in der zu untersuchenden Region. Die einzelbetrieblichen Ergebnisse, die im bottom-up-Verfahren auf das Untersuchungsgebiet (UG) übertragen werden, bilden die Grundlage für sektorale Aussagen hinsichtlich veränderter Landnutzungsmuster und ökonomischer Bewertungen.

IPCC Szenarienentwicklung

Wie in allen GLOWA-Elbe Teilprojekten liegt den Untersuchungen im Unstrut-Einzugsgebiet der Integrative Methodische Ansatz (IMA) zu Grunde. Einer der Hauptschritte dieses auf das Unstrut-EZG angewandten Ansatzes ist die Szenarienentwicklung vor dem Hintergrund der wirtschaftlichen, demographischen und sozialen Entwicklung unter Einbeziehung der Klimaänderung.

Tab. 1: Szenarienannahmen

	Referenz-szenario	A1: Globalisierung/Liberalisierung	B2: Regionalisierung/Ökologisierung
Prämien			
Milchprämie	×	–	–
EU-Grundprämie	×	–	–
Schlacht- und nat. Ergänzungsprämie	×	–	–
Obergrenzen			
RGV-Grenze für Tierprämien	×	×	×
RGV-Grenze für Besteuerung	–	–	×
Flächenprämien	×	–	–
Degression	×	×	×
Stickstoffsteuer	–	–	×
Stilllegung	×	min. 10 %	×
Einheitliche Betriebsprämie	–	×	×
Agrarumweltmaßnahmen nach PLANAK-Beschluss	–	–	×
Min. Hauptfruchtarten (HFA)			5
Min./Max. Fläche je HFA			10 % – 30 %
Min. Fläche Leguminose			5 %
Max. Getreideanteil		66 %	

Entsprechend dem Integrativen Methodischen Ansatzes von GLOWA-Elbe werden ausgehend vom Status-quo (Referenz) Wandelszenarien formuliert, die als Kombination des Entwicklungsrahmens mit Handlungsalternativen für einen Zeithorizont von bis zu 20 Jahren entstehen. Der Einfluss von Klimaänderungen ist in diesem Zeitabschnitt nicht betrachtungsrelevant und wird im zweiten Zeithorizont (> 40 Jahre) untersucht.

Ausgehend von den IPCC-Szenarien sind die Entwicklungen ausgerichtet in *A1* (Globalisierung/ Liberalisierung) auf die Konzentration der Landwirtschaft auf Gunststandorte und in *B2* (Regionalisierung/Ökologisierung) auf eine Neuorientierung der Agrarpolitik, die stärker ökologisch ausgerichtet ist und regionale Kreisläufe einbezieht (Tabelle 1).

Ziel der Szenarienableitungen ist die Untersuchung des Anpassungsverhaltens der Landwirtschaftsbetriebe an die in den Wandelszenarien formulierten agrarpolitischen und klimatischen Rahmenbedingungen.

Ableitung von Landnutzungsszenarien

Die Landnutzungsszenarien werden im Teilprojekt „Unstrut" durch einen sozioökonomisch geprägten „Bottom-up-Ansatz" entwickelt. Anders als in anderen Modellen (z. B. KIRSCHKE et al. 1997) werden real-typische Betriebe genutzt, um Anpassungsstrategien an veränderte Rahmenbedingungen (politische; klimatische) zu ermitteln.

a) Methodenentwicklung

Klassifizierung, Wichtung, Auswahlbetriebe

Das UG erstreckt sich über die Kreise Eichsfeld, Unstrut-Hainich, Nordhausen, Kyffhäuser und Sömmerda (Abbildung 1).

Die 1.449 Landwirtschaftsbetriebe im UG wurden entsprechend ihrer landwirtschaftlichen Nutzfläche (ha) und ihres jeweiligen Tierbesatzes (GV/ha) in 5 Flächenklassen (L1–L5) und 8 Tierbestandsklassen (G0–G7) eingruppiert. Diese Klassifizierung ermöglicht die Auswahl von Klassen im UG, deren Betriebe in der Summe die größten Flächenanteile im UG besitzen. Den Klassen (G0/L1–G7/L5) wird ein Wichtungsfaktor (Anteil der Fläche einer Klasse an der Fläche des Untersuchungsgebietes) zugeordnet. Insgesamt werden 40 Klassen gebildet. Die fünf flächenstärksten Klassen werden als Auswahlklassen für die Untersuchungen für GLOWA-Elbe herangezogen. Aus den Auswahlklassen G0/L2, G1/L3, G2/L3, G1/L4 und G2/L5 wird jeweils ein Auswahlbetrieb bestimmt, der als typischer Vertreter seiner jeweiligen Klasse zu bewerten ist. Bei der Auswahl sind wesentliche Faktorausstattungen (Boden, Tierbestand) berücksichtigt.

Rechtsform der Betriebe, ihre Typisierung und die Bereitschaft der Betriebe zur Mitarbeit bei GLOWA-Elbe sind neben der Faktorausstattung weitere Kriterien zur Auswahl der Betriebe.

Die Betriebsstruktur eines typischen Auswahlbetriebes ist Repräsentant für die Betriebsstrukturen der Betriebe innerhalb einer Klasse und durch die Wichtung wird der Anteil einer virtuellen Betriebsstruktur der entsprechenden Klasse im UG bestimmt.

Mit den fünf typischen Betrieben werden wesentliche Produktionsprofile im Untersuchungsraum erfasst. Jedoch sind einzelne Produktionsverfahren (insbesondere der Anteil Grünland) durch dieses Auswahlverfahren ungenügend bewertet. Mit der Einbeziehung eines Dummy-Betriebes (synthetischer/fiktiver Betrieb) werden die Produktionsstrukturen komplementiert, die durch die Auswahlbetriebe nur ungenügend für das UG repräsentiert werden. Der Dummy erhält einen Wichtungsfaktor, der der durchschnittlichen Wichtung der Auswahlbetriebe entspricht.

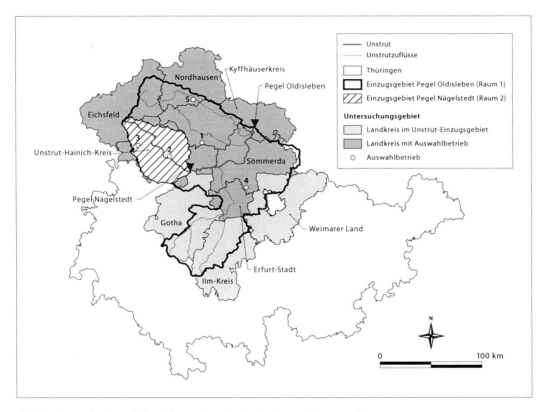

Abb. 1: Lage der Auswahlbetriebe und Landkreise im Unstrut-Einzugsgebiet

Ermittlung von Multiplikatoren

Da der Wichtungsfaktor nur eine Aussage darüber trifft, wie hoch der Anteil der Fläche einer Klasse im UG ist und eine Aussage über die Repräsentanz des Auswahlbetriebes innerhalb der Klasse im UG noch nicht gemacht ist, muss ein weiterer Faktor **(Multiplikator)** herangezogen werden. Mit Hilfe eines betriebsspezifischen Multiplikators kann die Landnutzung des Einzelbetriebes auf seine Klasse hochgerechnet und auf die gesamte Anbaustruktur im UG übertragen werden.

Für die Entwicklung von Landnutzungsszenarien (hochgerechnete Anbaustrukturen) sind Multiplikatoren notwendig, die sich auf die Ackerflächennutzung (AF) beziehen. Die ökonomischen Erhebungen für das Untersuchungsgebiet werden unter Anwendung von Multiplikatoren für die landwirtschaftliche Nutzfläche (LF) erreicht.

KUL („Kriterien umweltverträglicher Landbewirtschaftung")-Analyse

Zusätzlich zur Faktorausstattung, Rechtsform und Typisierung der landwirtschaftlichen Betriebe erfolgt eine Bewertung des ökologischen Zustandes der Unternehmen, die für weitere ökosystemare Beurteilungen und ökonomische Bewertungen im Teilprojekt herangezogen wird.

Mit dem Verfahren „Kriterien umweltverträglicher Landbewirtschaftung" (KUL) (ECKERT und BREITSCHUH, 1997) wird ein Bewertungssystem angewandt, welches auf betrieblicher Ebene die

Nachhaltigkeit wichtiger Boden- und Landschaftsfunktionen untersucht und ein umweltgerechtes Wirtschaften der Landwirte für die Gesellschaft transparent macht. Dabei sollen bestimmte Umwelteinwirkungen, die zwangsläufig mit der produktiven Landbewirtschaftung verbunden sind, langfristig auf ein umweltverträgliches Maß eingestellt werden. Die einzelnen Kriterien werden quantifiziert und bei Überschreitung definierter Toleranzbereiche ist Handlungsbedarf zu formulieren.

Für vier der fünf Auswahlbetriebe wurde eine KUL-Auswertung für zwei Wirtschaftsjahre durchgeführt (Ist-Zustand), deren Zweijahresmittel bei allen Betrieben Handlungsbedarf in Bezug auf den N-Saldo anzeigt. Eine Belastung der Gewässer mit Nährstoffen, dazu noch in vermeidbarer Höhe, liegt nur bei Stickstoff vor.

Für die ökonomischen Bewertungen wird in GLOWA das Grundprinzip der Ersatzdüngung (Erhaltungsdüngung; Entzugsdüngung) bei einem mittleren anzustrebenden Niveau des Nährstoffversorgungszustandes im Boden bei der Gehaltsklasse C zu Grunde gelegt und damit eine optimale N-Versorgung der Pflanzenbestände unterstellt. Unnötige Stoffbelastungen und Stoffeinträge in die Gewässer, die aus Missmanagement resultieren, sollen mit dieser Vorgehensweise ausgeschlossen und ökonomische Fehlbewertungen beim Düngereinsatz vermieden werden.

Ermittlung der Fruchtfolge

Die mittels Wichtung und Multiplikatoren auf das UG hochgerechneten einzelbetrieblichen Anbauverhältnisse aller angebauten Kulturen bilden die jährlich-horizontale Fruchtfolge. Um aber den Einfluss der Anbaustrukturen auf den Boden und die Stoffflüsse zu ermitteln, ist es notwendig, die Ackernutzung im Zeitablauf, d. h. über eine vertikale Fruchtfolge, abzubilden. Da es sich bei dem UG um eine ackerbaulich weitgehend homogene Region handelt und von daher auf keinem Boden der Anbau bestimmter Kulturen ausgeschlossen werden muss, ist es möglich, aus der vorhandenen horizontalen Fruchtfolge, die für die weitere Forschungsarbeit notwendige vertikale Fruchtfolge abzuleiten.

In einer theoretischen 40-gliedrigen Fruchtfolge, die immer um ein Glied versetzt auf $\frac{1}{40}$ der Ackerfläche läuft, deckt jedes Fruchtfolgeglied 2,5 % der gesamten Ackerfläche ab. Aus dem ermittelten Anbauumfang jeder Kultur für die Ernte 1999 ist es somit möglich, für jede Kultur die Anzahl der Glieder zu errechnen, die sie in einer 40-gliedrigen horizontalen Fruchtfolge stellen muss. Der letzte Schritt zur Erstellung der Fruchtfolge besteht darin, die ermittelten Fruchtfolgeglieder (es wird immer auf volle Glieder gerundet) in einer pflanzenbaulich, phytosanitär und agrotechnisch sinnvollen Reihenfolge anzuordnen.

b) Status quo zur Validierung des Bottom-up-Ansatzes

Um die Methodenentwicklung zu validieren, wird für die Flächennutzung im Territorium ein Status-quo erstellt.

Auf Grundlage der betriebswirtschaftlichen Abbildung der typischen real existierenden Betriebe (Buchführungsabschluss 1999/2000 zu Projektbeginn, ergänzende Unterlagen des Betriebes) wurde die Eignung der beiden Faktoren (Wichtung und Multiplikator) an den realen agrarstatistischen Daten (Kreisstatistik 1999) im UG überprüft.

Nach der Hochrechnung der Anbauumfänge jeder angebauten Kultur für die Auswahlbetriebe und Dummy mit den spezifischen Multiplikatoren und Wichtungsfaktoren auf das UG ergibt sich nach Summierung eine Gesamtanbaustruktur für das UG, die eine Bestimmung der Fruchtfolgeglieder ermöglicht (Tabelle 2).

Tab. 2: Vergleich der Ackerflächennutzung und Fruchtfolgeglieder aus Agrarstatistik 1999 und der Hochrechnung aus den realen Betriebsdaten der Auswahlbetriebe 1999 (Status quo)

Fruchtarten	Anbauverhältnis (%)		Fruchtfolgeglieder	
	Agrarstatistik 1999	Status quo	Agrarstatistik 1999	Status quo
Winterweizen	32,5	31,1	13	13
Wintergerste	10,3	10,5	4	4
Winterroggen	2,4	2,8	1	1
Triticale	1,5	2,0	1	1
Sommerweizen	2,8	3,3	1	1
Sommergerste	10,4	10,2	4	4
sonst. Getreide	1,2	0,3	0	0
Raps	15,4	15,6	6	6
sonst. Ölsaaten	3,1	2,1	1	1
Zuckerrüben	2,6	2,6	1	1
sonst. Hackfrüchte	0,6	0,4	0	0
Grünfutter	2,7	4,2	2	2
Körnerleguminosen	4,4	5,2	2	2
Mais	5,1	5,0	2	2
Stilllegung	3,9	3,4	2	2
Sonstige	1,1	1,1	0	0

Die Betriebe, der Wichtungsfaktor, der Multiplikator und die Modellierung des Dummy-Betriebes erweisen sich beim Vergleich der Anbaustrukturen für das UG aus der Agrarstatistik 1999 und den Anbaustrukturen im Status quo aus den realen Daten der Auswahlbetriebe plus Dummy-Betrieb als geeignet, um die Flächennutzung (Landnutzung) im UG unter veränderten Rahmenbedingungen abzubilden. Aus der Anbaustruktur und den entsprechenden Fruchtfolgegliedern wird eine pflanzenbaulich sinnvolle Fruchtfolge erstellt.

Die Ergebnisse des Anpassungsverhaltens der real-typischen Betriebe zum Faktoreinsatz, zur Produktionsstruktur und den einzelnen monetären Kennzahlen sind Grundlage für Aussagen auf Sektorebene (Untersuchungsgebiet).

Die in der „Status quo"-Variante (Basisjahr 1999) ermittelten Wichtungen und Multiplikatoren werden im *Referenzszenario* und in den Wandelszenarien (*A1, B2*) konstant belassen. Die hochgerechneten einzelbetrieblichen Ergebnisse hinsichtlich Faktoreinsatz, zur Produktionsstruktur und den monetären Kennzahlen werden aufsummiert und entsprechend ihrer Wichtung auf das UG projiziert.

Der **Status quo** hat den grundsätzlichen methodischen Ansatz und die Ausrichtung des Modells (typische Betriebe) mit den realen Daten der Agrarstatistik erläutert. In der Folge wird ein *Referenzszenario* unter Anwendung der Methode erstellt, indem die politischen Bedingungen der AGENDA 2000 (Abbildungsjahr 2010) als Vergleich für die gewonnenen Ergebnisse der **Alternativszenarien A1 (Liberalisierungsszenario)** und **B2 (Regionalisierung/Ökologisierungsszenario)** dienen.

Entwicklung der Landnutzungsszenarien

a) Referenzszenario

Grundlage für die Erstellung des Referenzszenarios sind die AGENDA-Beschlüsse. Für die Betriebe wird angenommen, dass die individuelle Planung unter dem Rahmen der AGENDA bereits stattgefunden hat. Anhand der Anbautrends 1999–2001 und Informationen zur Änderung der ökonomischen Vorzüglichkeit wird für jeden Auswahlbetrieb und Dummy eine angepasste Anbaustruktur entwickelt. Hierbei wird die verfügbare Ackerfläche konstant gehalten, da unter den politischen Bedingungen der AGENDA 2000 weder eine Ausdehnung noch ein Umbruch von Grünland zu erwarten ist. Aus den betrieblichen Anbaustrukturen wird dann über die Hochrechnung mit Hilfe von Multiplikatoren und Wichtungsfaktoren zunächst die horizontale Fruchtfolge (Ackerflächennutzung im UG) ermittelt und hieraus über die weiteren beschriebenen Schritte die pflanzenbaulich sinnvolle vertikale 40-gliedrige Fruchtfolge abgeleitet.

b) Alternativszenarien *A1* und *B2*

Im weiteren Verlauf des Projektes wurde im Vergleich zu den im *Referenzszenario* gewonnenen Ergebnissen aufgezeigt, welchen Einfluss veränderte Politikbedingungen auf Landnutzung haben können. Hierzu wurden zwei deutlich voneinander abweichende Entwicklungsalternativen betrachtet. Zum einen waren im Szenario *A1* die Auswirkungen einer globalisierten, d.h. für den Agrarmarkt liberalisierten Entwicklung abzuschätzen, zum anderen sollten im Szenario *B2* die Folgen einer regionalisierten und umweltbewussteren Gestaltung der Rahmenbedingungen untersucht und der Erweiterung von Maßnahmen zur Förderung einer markt- und standortangepassten Landbewirtschaftung Rechnung getragen werden.

Im Ergebnis der Planungen zeigt sich, dass der Anbau von Wintergetreide um ca. 12 % zurückgeht. Sommergetreide, insbesondere Sommergerste im *B2*-Szenario gewinnt an Anbaufläche hinzu. Ursache dafür sind die Anbaurestriktionen. Anbauobergrenzen für bestimmte Fruchtarten werden teilweise einzelbetrieblich vollständig ausgereizt. Der Getreideanbau insgesamt verringert sich um ca. 9 % in *A1* und in *B2* um fast 7 % (siehe Abbildung 2).

Im *B2*-Szenario wird der Anbau von Körnerleguminosen ausgedehnt, bedingt durch die möglichen Beihilfezahlungen, die bei der Erfüllung der Maßnahmen zur Fruchtartendiversifizierung möglich sind und dort eine Leguminose als eine Hauptfruchtart gefordert wird.

Stilllegung (ohne NaWaRo) für das *A1*-Szenario erhöht sich infolge der Stilllegungsverpflichtung (10 %). Der Rapsanbau erhöht sich um 5,3 % bzw. um 4,1 % in *A1* und *B2*. Mögliche Restriktionen, wie Fruchtfolge und Standorteignung, der Biodieselabsatz und die Nebenproduktverwertung der Tierproduktion, wirken begrenzend auf den Anbauumfang von Raps (Degner et al. 2002).

Durch die Umverteilung der Prämien für Ackerkulturen auf alle Landnutzungen und der damit verbundenen veränderten relativen Vorzüglichkeit der einzelnen Kulturen bleibt der Maisanbau relativ konstant, eine Ausdehnung des Anbaus von Ackerfutter findet nicht statt. Gründe dafür sind die stabileren und höheren Energieerträge, die der Silomaisanbau garantiert. Des Weiteren kann die Abdeckung des Proteinbedarfs in der Wiederkäuerfütterung bei entsprechender Gestaltung maisbetonter Rationen auch gesichert werden, ohne die Vorzüglichkeit maisbetonter Rationen gegenüber ackerfutterbetonten Rationen trotz Entkopplung der Flächenzahlungen für Mais in Frage zu stellen.

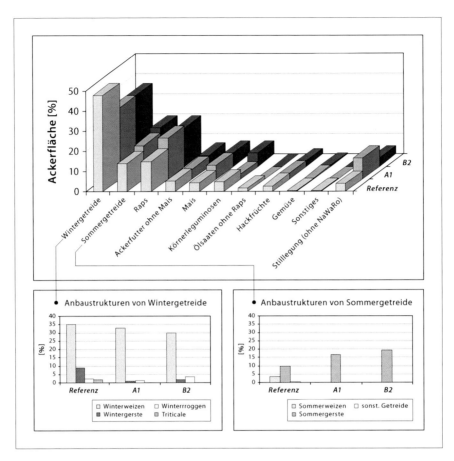

Abb. 2: Veränderung der Landnutzung unter den Bedingungen der Liberalisierung und Regionalisierung im Vergleich zur Referenz (AGENDA-Bedingungen)

Im *B2*-Szenario werden Maßnahmen zur Fruchtartendiversifizierung berücksichtigt. Die Einhaltung dieses Kriteriums sind für Betriebe ohne bodenabhängige Tierhaltung bzw. bei bodenabhängiger Tierhaltung und geringem GV-Besatz nicht zu erfüllen. Die möglichen Prämienzahlungen (50,–€/ha), die bei der Erfüllung dieser Kriterien zu erzielen sind, können diese Betriebe damit nicht in Anspruch nehmen.

c) Klimaszenario

Für einen zweiten Zeithorizont (2046–2055) wird neben dem agrarpolitischen Wandel (Agrarproduktentwicklung auf den Weltmärkten, WTO-Verhandlungen, GAP, Agrarumweltpolitik der EU) der Wandel in Form von Klimaveränderungen hinsichtlich seiner Auswirkungen analysiert. Berücksichtigung findet der klimatische Wandel durch die Integration der simulierten und abgeleiteten Ergebnisse aus dem Modell SWIM. Die mit dem Modell SWIM ermittelten Änderungen der Ertragspotenziale fließen direkt in die einzelbetrieblichen Planungsrechnungen ein. Eingangsgrößen für das Szenario *A1K* sind simulierte und geschätzte relative Veränderungen bei Ausschöpfung des regionalen Ertragspotenzials in den Landkreisen des UG für die einzelnen Kulturen im Zeithorizont 2046–2055 gegenüber den Referenzzeitraum 1996–1999.

Die klimatischen Veränderungen werden dabei auf die agrarpolitischen Rahmenbedingungen des Szenarios *A1* (Globalisierung/Liberalisierung) aufgesattelt. Durch die einzelbetrieblichen Planungsauswertungen und den beschriebenen Hochrechnungsalgorithmus entstehen Landnutzungsmuster, die sowohl vom agrarpolitischen als auch klimabedingten Wandel geprägt sind.

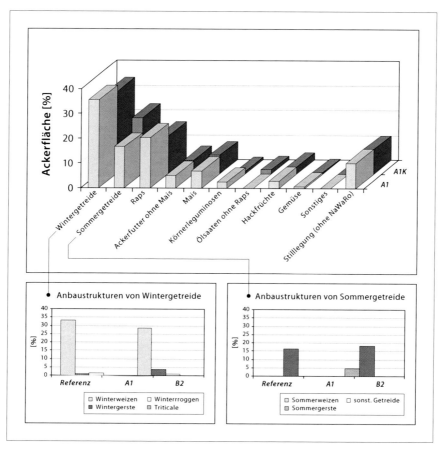

Abb. 3: Veränderung der Landnutzung unter den Bedingungen der Globalisierung ohne Klimawandel (*A1*) und mit Klimaänderungen (*A1K*)

Der direkte Vergleich *A1* und *A1K* (siehe Abbildung 3) macht deutlich, dass sich im Getreideanbau eine Verschiebung zwischen den Sommer- und Winterkulturen zugunsten von Sommergetreide einstellt. Bei Sommerweizen und Sommergerste erhöht sich der Anteil bis 4,4 %. Die durch SWIM prognostizierten Ertragsrückgänge bei Wintergetreide bis zu 23 % und 16 % bei der Sommerkultur sind für diese Verschiebungen verantwortlich, besonders dann, wenn das langjährige Mittel der Erträge schon ein niedriges Ausgangsniveau ausweist. Der Rückgang bei Winterweizen (4,8 %), bei Winterroggen (1,0 %), ein Anstieg des Anbaus von Wintergerste (1,6 %), der Anstieg bei Sommergetreide (Sommerweizen 4,4 %, Sommergerste 3,4 %) stellen den Getreideanteil insgesamt auf ein Niveau von ca. 55,6 % ein. Der Anbau von Getreide im Klimaszenario *A1K* insgesamt erhöht sich gegenüber *A1* um 3,6 %, bedingt durch die Verschiebung der Vorzüglichkeiten zwischen Getreide und Raps. Der Rapsanbau verliert 4,8 % an der AF. Ertragsrückgänge bis zu 20 % werden für diese Kultur prognostiziert. Jedoch im Vergleich zur Referenz verringert sich der Getreideanbau um mehr als 5 %, weil zum einen das agrarpolitische Instrument der Flächenstilllegung wirkt und andererseits der Maisanbau an Bedeutung gewinnt. Im Vergleich *A1* zu *A1K* erfolgt ein Anstieg im Maisanbau mit ca. 0,5 %. Der Anbau von Silomais verzeichnet rückläufige Tendenzen, begründet durch höhere Flächenerträge und damit höhere Energieerträge/ha, jedoch erhöht sich der Anbau von Körnermais. Der Anbau von Körnerleguminosen verliert gegenüber **A1** ca. 1,3 % der AF und gegenüber der Referenz ca. 3,8 %, als Folge klimabedingter Ertragseinbußen bis zu 14 % im Untersuchungsgebiet.

Betriebswirtschaftliche Wirkungsanalyse

a) Methodik

Um die Auswirkungen globaler Veränderungen zu quantifizieren, werden die typischen Auswahlbetriebe des Untersuchungsgebietes mit Hilfe des methodischen Ansatzes der Betriebsplanungsrechnung auf ihre ökonomischen Reaktionen und Verhaltensmuster untersucht.

Wird sonst der Betriebsentwicklungsplan genutzt, um wirtschaftliche Entwicklungen eines Betriebes über einen längeren Zeitraum zu simulieren, steht in GLOWA-Elbe der Vergleich des Anpassungsverhaltens der Landwirtschaftsbetriebe mit ihrer entsprechenden Landnutzung an agrarpolitische und klimatische Veränderungen im Vordergrund. Mit dem Betriebsplanungsprogramm werden die unterschiedlichen Anpassungsstrategien der Betriebe verglichen und betriebswirtschaftlich dargestellt. Anpassungen erfolgen vornehmlich in der Veränderung von Tierbeständen und Anbauumfängen. Die Erschließung von Wirtschaftlichkeitsreserven muss unterbleiben, um Einkommensänderungen, die durch den Faktoreinsatz der Szenarien entstehen, nicht zu überdecken. Die betriebswirtschaftliche Anpassungsreaktion wird demnach einzig durch die Szeriengestaltung ausgelöst. Für den Vergleich der szenarienbedingten Planungsrechnungen werden Rentabilitätskennzahlen (z. B. Betriebseinkommen, Unternehmensgewinn, Gesamtdeckungsbeitrag) betrachtet.

Unter Einbeziehung spezifischer Hochrechnungsfaktoren für die typischen Betriebe ihrer Klasse werden ökonomische Aussagen für den gesamten Untersuchungsraum möglich.

Die betriebsspezifischen Daten aus den Buchführungsabschlüssen 1999/2000 bilden die Grundlage für die Deckungsbeiträge (Deckungsbeitrag eines Produktionsverfahrens ist die Differenz aus dem Markterlös des Verkaufsproduktes (zzgl. Preisausgleichszahlungen und Prämien) und variablen Spezialkosten) der einzelnen Produktionsverfahren. Der Gesamtdeckungsbeitrag (Summe der Deckungsbeiträge aller Produktionsverfahren, multipliziert mit dem jeweiligen Produktionsumfang) wird um die Festkosten, die aus einem bereinigten Mittel mehrerer verfügbarer Jahresabschlüsse der typischen Betriebe bestehen, vermindert und der Betriebsgewinn ermittelt. Bei Änderung der Rahmenbedingungen sind die Produktionsverfahren neu zu definieren und das Betriebsergebnis zu optimieren. Die Kennzahlen und Erfolgsgrößen aus dem erstellten Referenzsystem dienen als Vergleich zu den analogen Zahlen der Wandelszenarien. Die Analyse betrachtet Rentabilitätskennzahlen, wie den Gesamtdeckungsbeitrag, Gewinn, verfügbares Betriebseinkommen und Betriebseinkommen. Stabilitäts- und Liquiditätskennzahlen erfordern die Betrachtung über längere Zeiträume und in Anbetracht eines komparativ-statischen Ansatzes wird auf deren Analyse verzichtet.

b) Betriebswirtschaftliche Ergebnisse und ökonomische Bewertung

Die Tabelle 3 zeigt die wichtigen betriebswirtschaftlichen Kennzahlen, die die Wandelszenarien charakterisieren sollen.

Tab. 3: Betriebwirtschaftliche Kenngrößen der Wandelszenarien

Parameter	ME	Ref.	A1	A1K	B2
Gesamtdeckungsbeitrag	€/ha LF	777	437	394	377
Direktzahlungen	€/ha LF	351	–	–	–
Einheitliche Betriebsprämie	€/ha LF	–	316	316	316
Jahresüberschuss	€/ha LF	38	7	−20	−15
Verfügbares Betriebseinkommen	€/ha LF	414	382	347	345
Betriebseinkommen	€/ha LF	576	546	509	507
	€/AK	30.348	28.761	26.852	26.720
Bruttobodenproduktion ohne Brache	GE/ha	67,3	73,1	61,1	69,4
Bruttobodenproduktion mit Brache	GE/ha	64,7	65,7	56,0	66,7

Mit einer von der EU-Kommission vorgeschlagenen vollständigen Entkopplung der Direktzahlungen ändert sich infolge der veränderten wirtschaftlichen Vorzüglichkeit der Produktionsverfahren das Produktionsprofil der Landwirtschaftsbetriebe.

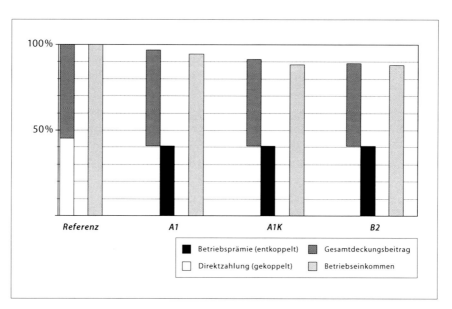

Abb. 4: Vergleich der Wandelszenarien für ausgewählte Parameter

Mit der veränderten Produktionsstruktur sinken die Einkommen der Unternehmen im Einzugsgebiet der Unstrut (Abbildung 4). Für den sektoralen Bereich muss festgestellt werden, dass sich Einkommensverluste von ca. 5% für das Liberalisierungsszenario, also bei vollen Wettbewerbshandeln, einstellen. Die Einkommensverluste durch das ökologisch betonte *B2*-Szenario werden hier noch vergrößert. Auch finanzielle Unterstützungen (z. B. Prämien/Beihilfen für Maßnahmen zur Fruchtartendiversifizierung) zur Förderung einer markt- und standortangepassten Landbewirtschaftung können die Einkommensdefizite, die ca. 12% ausmachen, nicht kompensieren.

Das klimabeeinflusste *A1K*-Szenario weist im Vergleich zu *A1* zusätzliche Einkommensverluste, ca. 6,5%, aus.

Zusammenfassung

Ausgehend von den IPCC-Szenarien wurden Landnutzungsszenarien für ein *Referenzszenario* und die ökonomischen Wandelszenarien *A1* und *B2* erstellt. Die Landnutzungsszenarien wurden anhand von fünf Auswahlbetrieben ermittelt und auf die Gesamtanbaufläche hochgerechnet. Die Hochrechnung erfolgte mit betriebsspezifischen Multiplikatoren. Aus der Gesamtzahl der Betriebe im UG erfolgte nach einem speziellen Klassifizierungsverfahren die Auswahl typischer Landwirtschaftsbetriebe. Das Verfahren zur Betriebsauswahl und die Hochrechnungen wurden am Status-quo-Zustand getestet.

Ertragsberechnungen aus dem Programmsystem SWIM, die in die Betriebsplanungsrechnung einfließen, ermöglichen die Erstellung eines klimabeeinflussten Landnutzungsszenarios *A1K*. Aus den Landnutzungen (Anbaustrukturen) für die *Referenz*, *A1*, *B2* und *A1K* werden die vertikalen Fruchtfolgen zu einem pflanzenbaulich und phytosanitär sinnvollen Anbauschema zusammengesetzt.

In der betriebswirtschaftlichen Wirkungsanalyse wurden die 5 Auswahlbetriebe des UG mittels Betriebsplanungsrechnung auf ihre ökonomischen Reaktionen und Verhaltensmuster hin untersucht. Dies erfolgte im Vergleich zum *Referenzszenario* für die Szenarien *A1*, *A1K* und *B2*, wo die Einkommensverluste bis zu 11,6 % betragen.

Referenzen

Cypris, C. (2000) Positive Mathematische Programmierung (PMP) im Agrarsektormodell RAUMIS, Schriftenreihe der Forschungsgesellschaft für Agrarpolitik und Agrarsoziologie e.V., H. 313.

Degner, J., Richter, G., Breitschuh, G. (2002) Vermehrte Eigenerzeugung von proteinreichen Konzentratfuttermitteln In: Neue Wege in der Tierhaltung. KTBL-Tagung 10.–11. April 2002. KTBL-Schrift 408.

Eckert, H., Breitschuh, G. (1997) Kritische Umweltbelastungen Landwirtschaft (KUL): Ein Verfahren zur Erfassung und Bewertung landwirtschaftlicher Umweltwirkungen. In: W. Diepenbrock u. a. (Hrsg): Umweltverträgliche Pflanzenproduktion. Indikatoren, Bilanzierungsansätze und ihre Einbindung in Ökobilanzen; Fachtagung am 11./12. Juli in Wittenberg. Initiativen zum Umweltschutz 5, 185–196.

Henrichsmeyer, W., Cypris, C., Löhe, W., Meudt, M., Sander, R., von Sothen, F., Isermeyer, F., Schefski, A., Schleef, K.-H., Neander, E., Fasterding, F., Helmcke, B., Neumann, M., Nieberg, H., Manegold, D., Meier, T. (1996) Entwicklung des gesamtdeutschen Agrarsektormodells RAUMIS 96. Endbericht zum Kooperationsprojekt. Forschungsbericht für das BML (94 HS 021), vervielfältigtes Manuskript, Bonn/Braunschweig.

Kirschke, D., Odening, R., Doluschitz, Th., Fock, K., Hagedorn, K., Rost, D., von Witzke, H. (1997) Untersuchungen zur Weiterentwicklung der EU-Agrarpolitik aus Sicht der neuen Bundesländer Studie im Auftrag des MELF des Landes Brandenburg, MLN des Landes Mecklenburg-Vorpommern, Sächsischen Staatsministerium LEF, MRLU des Landes Sachsen-Anhalt und TMLNF.

III-1.3 Das Unstrutgebiet – Die Modellierung des Wasser- und Stoffhaushaltes unter dem Einfluss des globalen Wandels

Beate Klöcking, Thomas Sommer, Bernd Pfützner

Einleitung

Die Analyse der Auswirkungen der klimatischen und ökonomischen Wandelszenarien **A1** und **B2** auf den regionalen Wasser- und Stickstoffhaushalt erfordert die deterministische Modellierung aller hydrologisch wirksamen Prozesse an der Landoberfläche, im Boden und im Grundwasser in Abhängigkeit von den regionalen Bedingungen. Dazu wurde für das Unstrut-Gebiet ein ökohydrologisches Einzugsgebietsmodell auf der Basis des Niederschlag-Abfluss-Modells (NA-Modell) ArcEGMO (Becker et al. 2002, Pfützner 2002) entwickelt, das neben der Gewässerbewirtschaftung auch das Bewirtschaftungsmanagement landwirtschaftlicher Flächen beschreibt, sowie mit dem Grundwasserströmungsmodell MODFLOW 2000 (McDonald und Harbaugh 1988) gekoppelt werden kann. Abbildung 1 gibt einen Überblick über die Einordnung der mit diesen Modellen im Einzugsgebiet der Unstrut durchgeführten ökosystemaren Wirkungsanalysen in die im Projekt GLOWA-Elbe, Teilprojekt (TP) Unstrut, durchgeführten Untersuchungen.

Das gekoppelte Flussgebietsmodell

a) Das Gesamtsystem

Innerhalb des gekoppelten Flussgebietsmodells übernimmt das NA-Modell ArcEGMO (Becker et al. 2002, Pfützner 2002) einerseits die flächengenaue Simulation der Versickerung und des Stickstoffaustrags aus der Wurzelzone in Abhängigkeit von der meteorologischen Situation und der Flächenbewirtschaftung, sowie andererseits die Abbildung der oberirdischen Abflusskonzentration und des Transports in den Gewässern. Grundwasserneubildung und Wasserstand im Gewässer sind Übergabegrößen für das Grundwassermodell MODFLOW 2000 (McDonald und Harbaugh 1988) und treiben hier als Randbedingungen die Strömungsprozesse im Grundwasser (GW). Das Grundwassermodell wiederum übergibt als Randbedingungen für das NA-Modell die aktuellen Grundwasserflurabstände und den unterirdischen Zufluss zu den Gewässern.

Die Verknüpfung der Modellgeometrien beider Modelle und der Datenaustausch wird über Raumbezüge organisiert. Die Raumbezüge des Grundwassermodells werden dem GIS-Datenmodell des NA-Modells über eine zusätzliche Verschneidung der Elementarflächen und der Gewässerabschnitte mit den finiten Elementen (Rastern) übergeben. Jede Raumeinheit des NA-Modells (Hydrotop, Gewässerabschnitt) hat eine eindeutige Zuordnung zu einem GW-Raumelement. In einer GW-Rasterfläche können mehrere Hydrotope oder Gewässerabschnitte liegen (n,1-Relation).

Zur Überbrückung der unterschiedlichen Simulationszeitschrittweiten simulieren das NA-Modell und das GW-Modell wechselseitig Perioden von n-Tagen, wobei das NA-Modell aufgrund der höheren Dynamik der zu beschreibenden Prozesse mit der Rechnung beginnt. Es übergibt pro Rasterelement die Sickerwassermengen als Summen und die Wasserstände im Gewässer als Mittelwerte über die aktuelle Simulationsperiode dem Grundwassermodell. Das Grundwassermodell rechnet anschließend die gleiche Periode und übergibt dem NA-Modell die Grundwasserstände und die Grundwasserzuflüsse in die Gewässerzellen, ebenfalls gemittelt über die Simulationsperiode. Eine detailliertere Beschreibung der Modellkopplung ist in SOMMER et al. (2003) und KLÖCKING et al. (2002) gegeben.

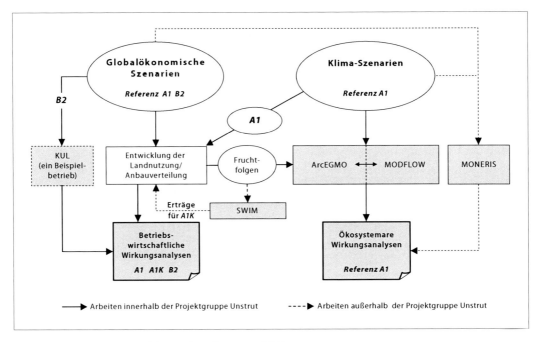

Abb. 1: Modellierungen und ihre Verknüpfungen im TP Unstrut

b) Das NA-Modell ArcEGMO

ArcEGMO ist ein GIS-gestütztes, multiskalig anwendbares Modellierungssystems zur flächengenauen Beschreibung der hydrologischen Teilprozesse in Flusseinzugsgebieten. Je nach Aufgabenstellung können unterschiedlich detaillierte Teilprozessmodelle zu einem Gesamtmodell verknüpft werden, wobei für die Simulation der einzelnen vertikalen und lateralen Prozesse unterschiedliche Raumdiskretisierungen genutzt werden.

Für die ökosystemeare Wirkungsanalyse wurde im Rahmen von ArcEGMO ein neues Abflussbildungsmodul entwickelt, welches neben der Wasserdynamik im System Vegetation-Boden auch den Kohlenstoff/Stickstoffhaushalt simuliert (Abbildung 2). Dieses PSCN-Modul (Plant-Soil-Carbon-Nitrogen Model) entstand durch die Kopplung komplexer Wachstumsmodelle für wald- und landwirtschaftliche Flächen mit einem detaillierten Bodenmodell. Durch die Implementierung eines Fruchtfolgengenerators kann die landwirtschaftliche Anbaustruktur einer Region genau wiedergegeben werden (KLÖCKING et al. 2003). Als treibende klimatische Größen werden Lufttemperatur, Niederschlag, Luftfeuchte und Globalstrahlung in täglicher Auflösung benötigt. Die räumliche Auflösung erfolgt entsprechend des Aggregationsschemas von ArcEGMO (BECKER et al. 2002, PFÜTZNER 2002) auf Hydrotopbasis (Elementarflächen). Jedes Hydrotop ist durch eine bestimmte Landnutzung und einen Bodentyp charakterisiert und hat einen festen Raumbezug innerhalb des Untersuchungsgebietes.

Die Vegetationsdynamik wird in Abhängigkeit von der Landnutzung in den einzelnen Hydrotopen simuliert. In den Prototyp des PSCN-Moduls wurden bisher vier unterschiedliche Pflanzenmodelle integriert:

- Waldwachstumsmodell 4C (Suckow et al. 2001),
- Vegetationsmodell CROP für landwirtschaftliche Kulturen nach SWAT 2000 (Neitsch et al. 2001),
- allgemeines dynamisches Pflanzenmodell auf der Basis von Tabellenfunktionen (ohne C/N-Dynamik),
- allgemeines statisches Modell (nur Wasserhaushalt ohne C/N-Dynamik).

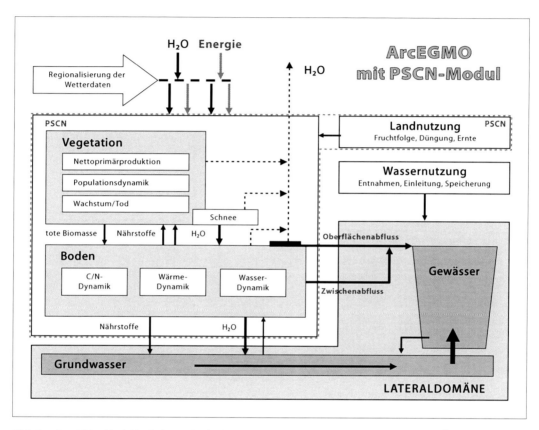

Abb. 2: Das PSCN-Modul im Rahmen des hydrologischen Einzugsgebietsmodells ArcEGMO – Überblick über die simulierten Teilprozesse

Die Modellierung der Bodenprozesse erfolgt unter Berücksichtigung der horizontalen Schichtung des Bodens bis hinunter zum Ausgangssubstrat. Dabei werden bei grundwasserbeeinflussten Standorten auch temporär gesättigte Bodenschichten und die aktuelle Tiefe der Grundwasseroberfläche einbezogen. Eine ausführliche Beschreibung des PSCN-Moduls geben Klöcking und Suckow (2003).

Ein weiterer Schwerpunkt innerhalb der NA-Modellierung ist der Abflussprozess im Gewässer. Hier sind einerseits spezielle Anforderungen an das Flusslaufmodell zu stellen, wie die Berechnung des Wasserstandes als Randbedingung für das Grundwassermodell in adäquater räumlicher und zeitlicher Auflösung. Andererseits sind durch die bessere Abbildung des Grundwasserzuflusses insbesondere in Niedrigwasserperioden wesentliche Verbesserungen hinsichtlich der Realitätsnähe zu erwarten. Die Berechnung des Wasserstandes war bisher in ArcEGMO nicht vorgesehen, bedingt durch den zumeist auf die Abflusssimulation ausgerichteten mesoskaligen Einsatz des Modells. Für die Berechnung des Wasserstandes wurden die bisher verwendeten und für den mittleren Maßstabsbereich bewährten Speicherkaskadenansätze erweitert. Die bisherigen in Abhängigkeit vom Sohlgefälle und der Abschnittslänge ermittelten Speicherkonstanten können für vermessene Gewässerabschnitte durch Funktionen ersetzt werden, die den Retentionsparameter nach Kalinin-Miljukov (ROSEMANN und VEDRAL 1971) und den Wasserstand in Abhängigkeit vom Durchfluss angeben. Zur Abbildung der Wirkung von Talsperren in Flussgebieten wurde in ArcEGMO eine variable Lösung integriert, die eine (jahres)zeitabhängige Regelung unter Berücksichtigung von Nutzeransprüchen über Zeitfunktionen mit einer Regelung in Extremsituationen (Niedrig- bzw. Hochwasser) kombiniert.

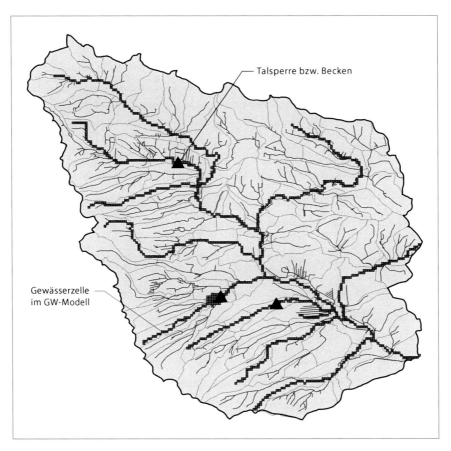

Abb. 3: Gewässernetz und Teileinzugsgebiete im Raum 2 (EZG Pegel Nägelstedt).

Im Gegensatz zu den weniger hoch auflösenden Raumdaten, die für die hydrologischen und ökohydrologischen Untersuchungen im gesamten deutschen Einzugsgebiet der Elbe benutzt wurden (siehe BEHRENDT 2005, Kap. II-2.2), erfolgten die NA-Simulation im Einzugsgebiet der Unstrut auf der Basis hochauflösender Raumdaten (Tabelle 1). Die Kartierungseinheiten der Landnutzungskarte wurden zu 25 Klassen zusammengefasst, für die mittlere Nutzungsparameter für die Modellierung zur Verfügung stehen. Mittels eines Fruchtfolgengenerators (KLÖCKING et al. 2003) erfolgte die Zuordnung der ackerbaulichen Anbaustrukturen entsprechend der Wandelszenarien zu den Flächen der Landnutzungsklasse „Acker". Die Anpassung und Hierarchisierung des Gewässernetzes und der Teileinzugsgebiete erfolgte mit der ArcView-Anwendung RiverTool (PFÜTZNER 2002). Abbildung 3 zeigt das Untersuchungsgebiet bis zum Pegel Nägelstedt mit dem im NA-Modell berücksichtigten Gewässernetz und den Gewässerzellen des Grundwassermodells.

Tab. 1: Räumliche Eingangsdaten für die hydrologische Modellierung

Thema	Karte	Quelle
Landnutzung	Thüringer Biotop- und Landnutzungstypenkarte auf der Basis von CIR-Luftbildaufnahmen (1993)	TLUG
Böden	Bodenkonzeptkarte von Thüringen 1 : 50.000 mit Leitbodenprofilen (Rau et al. 1995, TLUG 1996)	TLUG
Topographie	Digitales Höhenmodell von Thüringen 1 : 25.000 (20 × 20 m)	TLUG
Oberflächengewässer	Teileinzugsgebiete der Unstrut (1 : 25.000) Flussnetz (1 : 25.000)	TLUG

Die Parametrisierung der Vegetationsparameter und der Umsatzkoeffizienten der Bodenstickstoff-/Kohlenstoffdynamik des PSCN-Moduls erfolgte anhand von Literaturwerten und den Lysimeterexperimenten im Altengotternschen Ried.

c) Das Grundwassermodell MODFLOW

Die Modellierung des Grundwasserstromes im Untersuchungsraum 2 (bis Pegel Nägelstedt) erfolgt mit dem modular aufgebauten Finite-Differenzen-Modell MODFLOW (McDonald und Harbaugh 1988). Die Diskretisierungsweite des hydrogeologischen Strukturmodells für den Untersuchungsraum wurde mit 200 × 200 m festgelegt. Entsprechend des geologischen Aufbaus des Untersuchungsgebietes wurde das Modell vertikal in insgesamt 6 Schichten eingeteilt (siehe Abbildung 4).

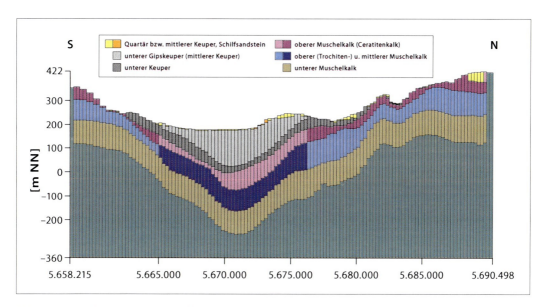

Abb. 4: Modellschnitt mit Permeabilitätsbarriere (15fach überhöht)

Für die hydraulischen Parameter der einzelnen Schichten wurden die Daten aus dem Datenspeicher FIS Hydrogeologie der Thüringer Landesanstalt für Umwelt und Geologie übernommen. Für das gesamte Untersuchungsgebiet standen ca. 145 Datensätze zur Verfügung. Zusätzlich zu diesen Datensätzen konnten durch Auswertung alter Pumpversuche nochmals ca. 25 Transmissivitätswerte nach den o. g. Beziehungen errechnet werden.

Von der Modellvorstellung ausgehend, dass die Wasserbilanz des oberirdischen Einzugsgebietes auf der Neubildung in diesem Gebiet beruht und aufgrund der Untersuchungen von Treffurt (1982), die das unterirdische Einzugsgebiet etwa analog dem oberidischen Einzugsgebiet ausweisen, wurden die Ränder des Modells mit einer no-flow-Randbedingungen belegt. Aufgrund der Messungen wurde am nordwestlichen und nordöstlichen Rand eine Randbedingung 1. Art angenommen. Im Bereich des Altengotternschen und Großengotternschen Ried wurden, wie aus Voruntersuchungen bekannt, Dränagen als Randbedingung angesetzt. Als innere Randbedingungen wirken die Fließgewässer und Grundwasserentnahmen.

Ergebnisse

Szenarienbeschreibung

Szenarienanalysen wurden zu den Auswirkungen von Klimaänderungen und Landnutzungsänderungen nach *A1* durchgeführt. Sie nahmen Bezug auf die Klimasituation der 90er-Jahre (1990–2000) sowie eine Bewirtschaftung nach AGENDA-2000-Bedingungen (Maier 2005). Letztere geht von einem Anbauverhältnis von 35% Winterweizen, 15% Raps, 10% Sommergerste, 9% Wintergerste aus. Die restlichen 31% der Fläche werden von einer Vielzahl von Kulturen mit geringeren Flächenanteilen bestellt.

Die Folgen des Klimawandels bei einer Landnutzung nach *A1* auf Grundwasserdynamik (a) und Stoffhaushaltskomponenten (b) wurden für die Realisierung 54 des Klimaszenarios *STAR 100* untersucht. Wahrscheinlichkeitsorientierte Aussagen zur Entwicklung der klimatischen Wasserbilanz, zum Abfluss und den Bereitstellungssicherheiten von Beregnungswasser (c) wurden unter Berücksichtigung aller 100 Realisierungen des Szenarios *STAR 100* abgeleitet (vgl. Gerstengarbe und Werner 2005, Kapitel II-1.3), wobei allerdings keine Fortschreibung der Landnutzung erfolgte.

a) Grundwassermodellierung

Die sich aus der Modellierung ergebende Grundwasserdynamik und -bilanz wurde für den Szenarien-Zeitraum 2018–2022 ausgewertet. In dieser Periode kommt es nach den in Abschnitt dargestellten Ergebnissen unter den Bedingungen von *STAR 100* zu einer besonders starken Reduzierung der Grundwasserneubildung. In Abbildung 5 sind die Differenzen der mittleren jährlichen Grundwasserstände zwischen *Referenz*- und *STAR_54*-Szenario bei einer Landnutzung nach *A1* dargestellt. Danach ist damit zu rechnen, dass die mittleren Grundwasserstände in den Speisungsgebieten um ca. 4,2 m zurückgehen, während in den Entlastungsgebieten mit einem Absinken der mittleren Grundwasserstände um ca. 25 cm zu rechnen ist. Der Bereich mit einem Rückgang um mehr als 5 m ist von stärkeren tektonischen Inhomogenitäten gekennzeichnet, die hier wirken. Vergleicht man die Zeiträume 2018–2022 und 2045–2055 miteinander, ist der Unterschied in der Abnahme der Grundwasserstände gegenüber dem Referenzzustand nur marginal.

Mit der vom NA-Modell errechneten Reduzierung der Grundwasserneubildung auf 44% in diesem Zeitabschnitt kommt es zu einer mittleren Abnahme des grundwasserbürtigen Zuflusses zum Gewässer von 38,9%.

Die derzeitige technische Kapazität zur kommunalen Grundwassernutzung im gesamten Einzugsgebiet Nägelstedt beträgt ca. 0,18 m^3/s, wovon jedoch gegenwärtig nur 38% genutzt werden, da die Region überwiegend an die Fernwasserversorgung angeschlossen ist. Es kann somit davon ausgegangen werden, dass trotz einer Reduzierung des unterirdischen Abflusses um ca. 40% die

Bereitstellungssicherheit auch in kritischen Perioden noch gegeben ist, so dass die im Folgenden beschriebenen Bereitstellungsdefizite, die durch verringerten Oberflächenwasserabfluss ausgewiesen werden, durch Grundwasserförderung ausgeglichen werden können.

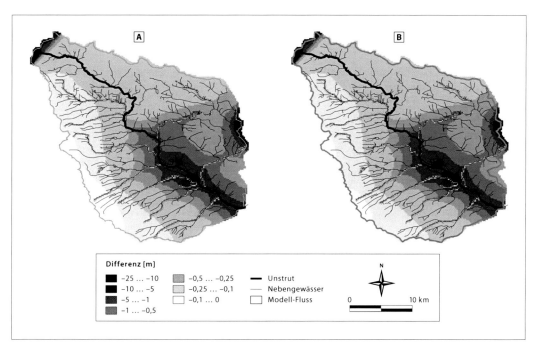

Abb. 5: Differenz der mittleren Grundwasserstände zwischen Klima *Referenz*-Szenario (1990–2000) und *STAR_54*-Szenario bei einer Landnutzung nach *A1* (a: Zeitraum 2018–2022; b: Zeitraum 2045–2055)

b) NA-Modellierung

Die Untersuchung der Auswirkung des *STAR_54*-Szenarios auf den Wasserhaushalt der Unstrut-Region erfolgte mit dem neu entwickelten Modell ArcEGMO-PSCN. Dieses wurde zuerst anhand der für 1996 bis 2002 vorliegenden Messreihen der Lysimeteranlage der TLL in Altengottern validiert. Sowohl für den grundwasserbeeinflussten Vegastandort in der Talaue, als auch für die grundwasserferne Tonmergelrendzina konnte bei Nutzung der Witterungsdaten der Niederschlagsstation Großwelsbach und der Klimastationen Kirchheilingen und Kirchengel eine gute Übereinstimmung zwischen gemessenen und simulierten Ertrags-, Bodenfeuchte- und Sickerwasserwerten erreicht werden (SOMMER et al. 2003).

In die Auswertung wurden folgende Wasser- und Stoffhaushaltskomponenten einbezogen: Oberflächenabflussbildung, Sickerwasserbildung aus der Bodenzone, Wasserdefizit bei der Ertragsbildung der Feldfrüchte und Stickstoffauswaschung aus der Bodenzone. Die Flächennutzung erfolgte nach der für den *A1*-Entwicklungsrahmen abgeleiteten 40-gliedrigen Fruchtfolge.

Schon heute kommt es zu einem regional sehr heterogenen Bild bzgl. Trockenstressgefährdung der ackerbaulichen Produktion und einem Düngemitteleintragsrisiko in das Grundwasser, wie Abbildung 6 verdeutlicht. Insbesondere die landwirtschaftlichen Gebiete am Fuße des Hainich als auch linksseitig der Unstrut im Südosten von Mühlhausen sind als Trockenstress-gefährdet einzustufen. Als kritische Regionen bzgl. der Stickstoffauswaschung werden die Gebiete im Randbereich des Thüringer Beckens, insbesondere am Fuße des Hainich und im Raum Mühlhausen eingeschätzt. Dies korreliert mit den Untersuchungen zur Grundwasserbeschaffenheit, die am Rande der Unstrut-Aue die höchsten Nitratgehalte im Grundwasser ausgewiesen haben.

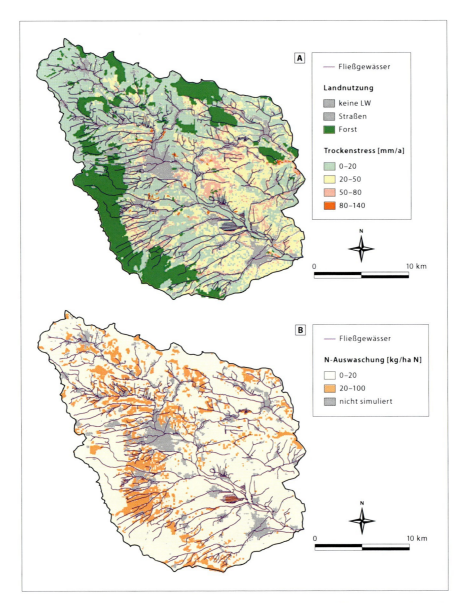

Abb. 6: Mittleres jährliches a) Transpirationsdefizit und b) mittlerer Stickstoff-Austrag aus der Bodenzone im Zeitraum 1981–1996

Unter den Bedingungen der Realisierung 54 des *STAR 100*-Klimaszenarios kommt es zu einer deutlichen Verstärkung der Heterogenität der Niederschlagsverteilung im Untersuchungsgebiet. Insbesondere in den schon heute trockenen Gebieten im Südosten kommt es neben der Temperaturerhöhung zu einer weiteren Verringerung der Jahresniederschläge. Das führt hier zu einer Verschärfung des Trockenstresses für die ackerbauliche Produktion. Abgesehen von diesen Gebieten wird jedoch für die Mehrzahl der ackerbaulichen Flächen im Einzugsgebiet der Oberen Unstrut unter den Bedingungen des *A1*-Szenarios keine wesentliche Verschlechterung der Standortbedingungen simuliert.

Neben den landwirtschaftlichen Flächen sind auch die Wälder im Untersuchungsgebiet von der Trockenheit betroffen, was z. B. für die Buchenwälder im Hainich ein jährliches Transpirationsdefizit von bis zu 85 mm bewirkt.

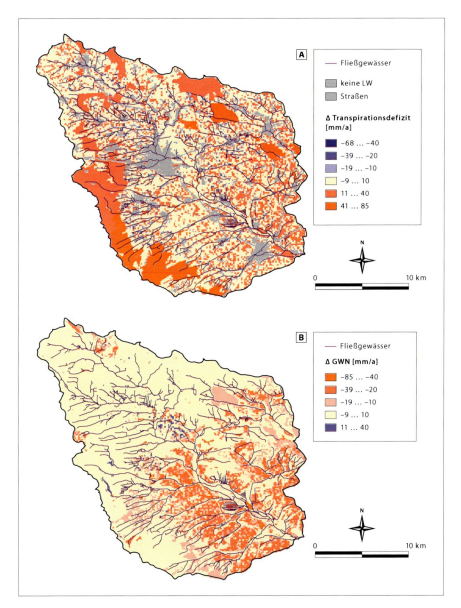

Abb. 7: Veränderung der mittleren jährlichen Verteilung von a) Transpirationsdefizit und b) Grundwasserneubildung (GWN) bei einer Landnutzung nach *A1* und Klimawandel nach *STAR_54* (Dekade 2045–2055) im Vergleich zum *Referenzszenario* (Dekade 1990–2000) im Einzugsgebiet der Oberen Unstrut bis zum Pegel Nägelstedt

Insgesamt führen die Verhältnisse zu einer abnehmenden Grundwasserneubildungsrate, wie Abbildung 7 verdeutlicht. Im Gesamtgebiet muss zwar nur mit einer Reduzierung der jährlichen Grundwasserneubildung um mindestens 10 mm im Mittel gerechnet werden, was einer Verringerung um ca. 10 % entspricht. Da deren Verteilung aber extrem heterogen ist, kann sich in den unteren Gebieten die Grundwassersituation deutlich verschlechtern, was insbesondere in den heute durch die Grundwassernachlieferung gut versorgten Auenbereichen zu Ertragseinbußen führen kann.

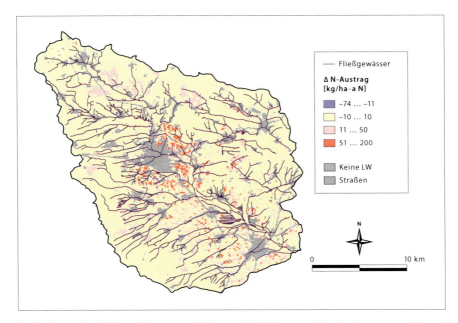

Abb. 8: Veränderung des Stickstoffaustrages (N-Austrag) bei Klima- und Landnutzungswandel nach *STAR_54* und **A1** im Vergleich zum *Referenzszenario*

Trotz der gesunkenen Grundwasserspende in den unteren Bereichen des Untersuchungsgebietes ist mit keiner Entlastung bzgl. der Befrachtung des Grundwassers mit Stickstoff aus der landwirtschaftlichen Anbaufläche zu rechnen. Im Gegensatz wird sogar eine deutliche Erhöhung der Stickstoffeinträge, insbesondere im Gebiet um Mühlhausen, simuliert (Abbildung 8). Das ist auf die geänderte innerjährliche Verteilung der Niederschläge bei gleichzeitig steigender Mineralisierungsleistung der Böden durch die gestiegene Temperatur zurückzuführen. In trockenen Vegetationsperioden wird der erwartete Ertrag nicht gebildet, und es bleiben N-Überschuss-Salden zurück, die im Winterhalbjahr aus der Bodenzone ausgewaschen werden.

c) Klimatische Wasserbilanz, Abflussgang und Bereitstellungssicherheiten für Beregnungswasser

Betrachtet man die *Jahresgänge* der klimatischen Wasserbilanz für die Perioden 2018 bis 2022 und 2048 bis 2052 des Szenarios *STAR 100*, ist ein Absinken der für den Wasserhaushalt entscheidenden Randbedingung gegenüber der schon im derzeitigen Zustand (1981 bis 1996) angespannten Situation zu erkennen (Abbildung 9).

Die auf den ersten Blick geringe Änderung kumuliert zu einer beträchtlichen Abnahme von bis zu 100 mm in der Jahressumme. Die starke Reduktion der Grundwasserneubildung ist insbesondere auf das Winterhalbjahr zu beziehen, wenngleich starke Abflussrückgänge in allen Monaten zu verzeichnen sind und zu einer weiteren Verschärfung der Niedrigwassersituation (siehe Abbildung 10) führten.

In beiden Abbildungen sind die Monatsmittelwerte mit ihren Eintrittswahrscheinlichkeiten dargestellt, die sich für die 100 Klimarealisierungen ergeben. Die stark gestauchte Form der Glockenkurve ist ein Maß für die Prognoseunsicherheit. Der ursprünglich erwartete, stark steigende Bewässerungsbedarf konnte für das analysierte Klimaszenario bei Betrachtung der langjährigen Jahresmittelwerte nicht bestätigt werden. In einzelnen Jahren kann es jedoch zu beträchtlichen Transpirationsdefiziten kommen (z. B. bis zu 153 mm/(m² · a) auf dem untersuchten Lössstandort und bis zu 257 mm/(m² · a) auf dem Rendzinastandort), so dass für optimale Erträge eine Beregnung dieser Flächen notwendig ist. Dieses Zusatzwasser und die berechneten starken Abflussrückgänge im Spätsommer und Herbst erfordern eine gezielte Bewirtschaftung der vorhandenen Speicher.

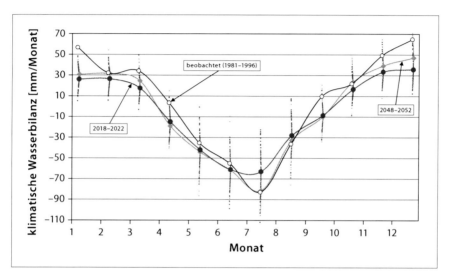

Abb. 9: Mittlerer Jahresgang der klimatischen Wasserbilanz nach *STAR 100* für das Einzugsgebiet bis zum Pegel Nägelstedt für verschiedene Bezugsperioden

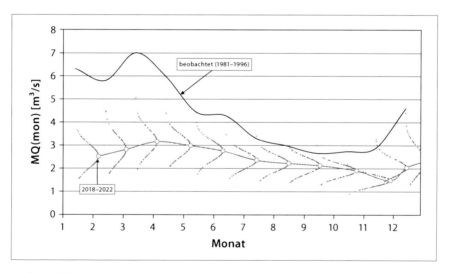

Abb. 10: Mittlerer Abflussjahresgang am Pegel Nägelstedt für *STAR 100*, die gegenwärtige Landnutzung und verschiedene Bezugsperioden

Problematisch hierbei ist aber, dass eine Vergrößerung der bewirtschafteten Speicherlamelle für eine Niedrigwasseraufhöhung zu Lasten des Hochwasserschutzes gehen kann. Im landwirtschaftlich intensiv genutzten Unstrutgebiet wurden schon in den letzten Jahrzehnten Brauchwassertalsperren zur Bereitstellung von Zusatzwasser für die landwirtschaftliche Bewässerung genutzt. So stellt die Talsperre Seebach laut aktuellem Bewirtschaftsplan 500 Tm³/Jahr für die Bewässerung von 1.200 ha Gemüse zur Verfügung. Für die Abschätzung der Auswirkungen möglicher Klimaänderungen war es interessant, wie sich die Bereitstellungssicherheiten für Bewässerungswasser bei der beschriebenen Reduktion des Dargebotes ändern. Dafür wurde die Talsperre Seebach mit ihrem derzeitigen Bewirtschaftungsplan in das Unstrutmodell integriert. Anschließend wurden Langzeitsimulationen mit den 100 Klimarealisierungen durchgeführt und für jeden Monat registriert, ob der volle Bewässerungsbedarf abgegeben werden kann und wie groß eventuelle Defizite sind. Die Abbildung 11 zeigt, dass die Wahrscheinlichkeit, die volle Beregnungswassermenge abzugeben, auf Werte zwischen 10 und 40 % sinkt. Die dabei auftretenden Defizite liegen allerdings nur zwischen 10 und 40 T m³/Jahr, also bei ca. 5 % des Bedarfs, was auf beträchtliche Möglichkeiten zur Verbesserung des Bewirtschaftungsregimes hindeutet.

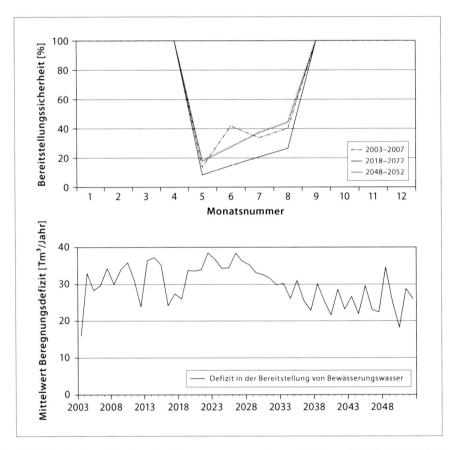

Abb. 11: Mögliche künftige Defizite in der Nutzwasserbereitstellung am Beispiel der Talsperre Seebach

Referenzen

BECKER, A., KLÖCKING, B., LAHMER, W., PFÜTZNER, B. (2002) The Hydrological Modelling System ArcEGMO. In: Mathematical Models of Large Watershed Hydrology (Eds.: SINGH, V. P. and FREVERT, D. K.). Water Resources Publications, Littleton/Colorado, 321–384. ISBN 1-887201-34.

Behrendt, H. (2005) Szenarienfolgen für den Wasser- und Nährstoffhaushalt – Überblick. In: Wechsung, F., Becker, A., Gräfe, P. (Hrsg.) Auswirkungen des globalen Wandels auf Wasser, Umwelt und Gesellschaft im Elbegebiet. Weißensee Verlag Berlin, Kap. II-2.2.

Klöcking, B., Pfützner, B., Sommer, T., Schmidt, C. (2002) Kopplung des Einzugsgebietsmodells ArcEGMO mit einem Grundwassermodell für die Simulation des Wasserhaushalts der oberen Unstrut. In: Wittenberg, H., Schöninger, M. (Hrsg.) Wechselwirkung zwischen Grundwasserleitern und Oberflächengewässern, Forum für Hydrologie und Wasserbewirtschaftung 1 (ISBN 3-936514-22-4), 77–82.

Klöcking, B., Ströbl, B., Knoblauch, S., Maier, U., Pfützner, B., Gericke, A. (2003) Development and allocation of land use scenarios in agriculture for hydrological impact studies. Physics and Chemistry of the Earth, Special Issue "New approaches in river basin research and management" 28 (2003) 1311–1321.

Klöcking, B., Suckow, F. (2003) Das ökohydrologische PSCN-Modul innerhalb des Flussgebietsmodells ArcEGMO. In: Pfützner, B. (Ed.) Modelldokumentation ArcEGMO. http://www.arcegmo.de, ISBN 3-00-011190-5, 2002.

Maier, U. (2005) Wie ändert sich die Landnutzung? – Ergebnisse betrieblicher und ökosystemarer Impaktanalysen. In: Wechsung, F., Becker, A., Gräfe, P. (Hrsg.) Auswirkungen des globalen Wandels auf Wasser, Umwelt und Gesellschaft im Elbegebiet. Weißensee Verlag Berlin, Kap. III-1.2.

McDonald, M. G., Harbaugh, A. W. (1988) A modular three-dimensional finite-difference groundwater flow model: U. S. Geological Survey Techniques of Water-Resources Investigations, book 6, chap. A1, 586 p.

Neitsch, S. L., Arnold, J. G., Kiniry, J. R., Williams, J. R. (2001) Soil and water assesment tool – Theoretical documentation Version 2000 (http://www.brc.tamus.edu/swat/). United States Department of Agriculture, Agricultural Research Service, Temple.

Pfützner, B. (2002) Modelldokumentation ArcEGMO. http://www.arcegmo.de, ISBN 3-00-011190-5.

Sommer, Th., Feige, H., Klöcking, B., Knoblauch, S., Maier, U., Müller, M., Pfützner, B. (2003) Die Wirkung des Globalen Wandels im Unstrut-Einzugsgebiet. Abschlussbericht zum BMBF-Forschungsprojekt GLOWA-Elbe – Auswirkungen des Globalen Wandels auf Umwelt und Gesellschaft im Elbe-Gebiet (TP 3 – Unstrut). Dresden, Dezember 2003, 173 S. (unveröff.).

Rau, D., Schramm, H., Wunderlich, J. (1995) Die Leitbodenformen Thüringens. Legendenkartei zu den Bodengeologischen Übersichtskarten Thüringens im Maßstab 1 : 100.000.

Rosemann, H.-J., Vedral, J. (1971) Das Kalinin-Miljukov-Verfahren zur Berechnung des Ablaufs von Hochwasserwellen. Schriftenreihe der Bayerischen Landesstelle für Gewässerkunde. München: 70.

Suckow, F., Badeck, F.-W., Lasch, P. Schaber, J. (2001) Nutzung von Level-II-Beobachtungen für Test und Anwendungen des Sukzessionsmodells FORESEE. Beitr. Forstwirtsch. u. Landschaftsökologie, 35(2), 84–87.

TLUG – Thüringer Landesanstalt für Umwelt und Geologie (1996) Digitale Bodengeologische Konzeptkarte 1 : 50.000.; hergestellt auf der Grundlage der bodengeologischen Manuskriptkarten 1 : 25.000 zur Bodengeologischen Übersichtskarte 1 : 100.000 (Rau, D., Schramm, H., Pantel, H., 1969–1974).

TLG (1995) Die Leitbodenformen Thüringens. Erläuterungen zur Bodengeologischen Karte. Thüringer Landesanstalt für Geologie, Weimar, 1995.

TLU und TLG (1996) Grundwasser in Thüringen. Bericht zu Menge und Beschaffenheit. Erfurt 1996.

Treffurt, D. (1982) Ergebnisbericht mit Grundwasservorratsnachweis Dingelstedt. (unveröff., Archiv d. TLG) Nordhausen 1982.

III-2 Spree-Havel

III-2.1 Problem- und Konfliktanalyse bei der integrierten Wasserbewirtschaftung im Gesamtgebiet Spree-Havel

III-2.1.1 Probleme der integrierten Wasserbewirtschaftung im Spree-Havel-Gebiet im Kontext des globalen Wandels
Uwe Grünewald

Braunkohlebergbau und dessen Folgen in der Lausitz

Die Gewinnung von Braunkohle, insbesondere im Tagebaubetrieb, stellt einen erheblichen Eingriff in die Natur dar. Ganze Landschaften verschwinden, neue Landschaften entstehen. So werden z. B. in der Lausitz bei einer durchschnittlichen Mächtigkeit der Kohleflöze von 10 m für die Förderung von 1 Mio. Tonnen Kohle rund 10 ha Land verbraucht. „Die Flächeninanspruchnahme durch den Braunkohlenbergbau beläuft sich im Lausitzer Braunkohlenrevier insgesamt auflaufend auf 794 km² (31.12.2000)" (RAUHUT 2001). In den „Hochzeiten" der Rohbraunkohleförderung im Jahr 1989 wurden in diesem Revier aus 17 Tagebauen 195 Mio. Tonnen Kohle gefördert, parallel dazu rund 940 Mio. m³ Abraum bewegt und 1.220 Mio. m³ Wasser gehoben.

In den Jahren nach 1990 trat ein drastischer Rückgang der Kohleförderung ein. Die produzierenden Tagebaue wurden in der Anzahl zunächst auf fünf – gegenwärtig auf vier – reduziert. Dementsprechend ging die jährliche Inanspruchnahme von ca. 2.000 ha Fläche Ende der 80er-Jahre auf 500 ha im Jahre 2000 zurück. Nach dem gegenwärtigen Stand der langfristig angelegten Braunkohleplanung werden im Lausitzer Revier durch die fördernden Tagebaue noch weitere rund 180 km² Landschaft in Anspruch genommen. Addiert man dies zu dem bisherigen Flächenverbrauch, würden dann im Lausitzer Revier seit Beginn des Lagerstättenabbaus rund 1.000 km² Landschaft verbraucht sein bzw. als Bergbaufolgelandschaft neu entstehen.

Der Charakter dieser „Bergbaufolgelandschaft" unterscheidet sich zunächst vor allem in der Flächennutzung zum vorbergbaulichen Zustand, indem

- sich der Anteil der Landwirtschaft um 20 % verringern wird,
- der forstwirtschaftliche Nutzungsanteil bei etwa 65 % der Fläche konstant bleiben wird und
- sich der Anteil der Wasserflächen (durch die entstehenden Tagebauseen) mit einer Gesamtfläche von rund 260 km² auf das Sechzehnfache erhöhen wird.

Zur Entwässerung der Braunkohletagebaue waren bis 1990 im Durchschnitt für eine Tonne Rohkohle sechs bis sieben Kubikmeter Grundwasser zu heben. Diese Zahlen haben sich im letzten Jahrzehnt etwas verändert (Tabelle 1).

Gegenwärtig pendeln sich die Sümpfungswassermengen des aktiven Braunkohlebergbaus bei 300 bis 350 Mio. m³/a ein. Davon sichern mehr als 100 Mio. m³/a den Brauch- und Kühlwasserbedarf der drei Braunkohlekraftwerke (Jänschwalde, Boxberg und Schwarze Pumpe) im Revier. Durchschnittlich 100 Mio. m³/a gehen als Direkteinleitungen in die Spree, deren unmittelbare Nebenflüsse sowie in die Neiße. Das restliche gehobene Grubenwasser dient der Erhaltung von Feuchtgebieten und Kleingewässern im Umfeld der Tagebaue bzw. auf Rekultivierungsflächen von Kippen.

Großräumiger, tiefgreifender und vor allem langjähriger Braunkohleabbau, wie er in den von der Eiszeit überprägten Landschaften – insbesondere im „Lausitzer Urstromtal" (mit der „Schwarzen Elster"), im „Baruther Urstromtal" (mit der „Spree") sowie im „Lausitzer Grenzwall" – betrieben wurde und wird, ist ohne die bereits genannten entsprechenden tiefgreifenden und weitreichenden Entwässerungsmaßnahmen nicht möglich. Dabei sind die geförderten Braunkohle- und damit auch Wassermengen von globalen Ereignissen, z. B. 2. Weltkrieg, die Nahost- und Ölkrisen (1970er-Jahre), aber auch „regionalen" politischen Entscheidungen, z. B. die Autarkiebestrebungen der DDR (1980er-Jahre), abhängig (siehe Abbildung 1).

Tab. 1: Gesamtbilanz der Förderung im Lausitzer Braunkohlerevier (Quelle: Statistik der Kohlenwirtschaft 2001, verschiedene Berichte von LAUBAG und LMBV)

Jahr	Rohkohleförderung [Mio. t]	Wasserhebung [Mio. m^3]	Abraum [Mio. m^3]	Verhältnis Wasser : Kohle	Verhältnis Abraum : Kohle
1989	195,1	1.220,0	939,4	6,3 : 1	4,8 : 1
1990	168,0	1.224,5	827,1	7,3 : 1	4,9 : 1
1991	116,8	1.109,4	616,5	9,5 : 1	5,3 : 1
1992	93,1	986,3	494,5	10,6 : 1	5,3 : 1
1993	87,4	855,4	492,2	9,8 : 1	5,6 : 1
1994	79,4	792,8	408,9	10,0 : 1	5,1 : 1
1995	70,7	757,4	375,3	10,7 : 1	5,3 : 1
1996	63,6	706,0	314,8	11,1 : 1	4,9 : 1
1997	59,4	648,1	309,4	10,9 : 1	5,2 : 1
1998	50,5	690,0	322,3	13,6 : 1	6,4 : 1
1999	51,0	720,0	317,8	14,1 : 1	6,2 : 1
2000	55,0	715,0	341,0	13,0 : 1	6,2 : 1

Es entstand ein Absenkungstrichter, der im Jahre 1989 auf rund 2.100 km² geschätzt wurde und zur Veranschaulichung immer wieder mit der etwa gleichgroßen Fläche des Saarlandes verglichen wird. Im Lausitzer Revier hatte sich damit über viele Jahrzehnte ein kumulatives Grundwasserdefizit von ca. 13 Milliarden Kubikmeter (davon 9 Milliarden Kubikmeter Verlust an statischen Grundwasservorräten und 4 Milliarden Kubikmeter an Defiziten in den verbleibenden Hohlformen der Tagebaurestlöcher) in den Flusseinzugsgebieten der Spree und der Schwarzen Elster angehäuft.

Das vor allem über Filterbrunnen gehobene Wasser wurde in so genannten Grubenwasserreinigungsanlagen (GWRA) aufbereitet und lieferte über viele Jahrzehnte einen überregionalen Überschuss an „künstlichem Abfluss" z. B. in der Spree für den Spreewald und die Hauptstadt Berlin. Die umfangreiche und abrupte Stilllegung einer Vielzahl großer Tagebaue und der damit verbundene drastische Rückgang der Grundwasserförderung führte und führt jetzt zwangsläufig zu regionalen und überregionalen Wassermengenproblemen in Form künstlicher Durchflussreduktion. Mit dem gleichzeitig einsetzenden großräumigen Grundwasserwiederanstieg und der damit einhergehenden Versauerung der Tagebauseen an die Fließgewässer stellt sich zudem ein Wasserbeschaffenheitsproblem in einer bislang nicht bekannten Dimension ein, insbesondere bei Anschluss dieser Seen an die Fließgewässer.

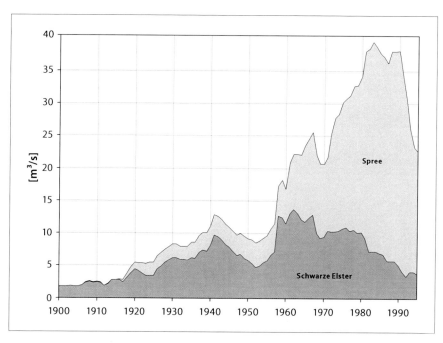

Abb. 1: Zeitliche Entwicklung der Grubenwasserhebungen in den vom Braunkohlenbergbau beeinflussten Lausitzer Flusseinzugsgebieten

Im Rahmen der wasser- und stoffhaushaltlichen Sanierung besteht aber nicht einfach die Aufgabe, die regionalen Grundwasserdefizite auszugleichen und die „Restlöcher mit Wasser zu füllen". Vielmehr geht es darum, in den betroffenen Flusseinzugsgebieten nachteilige Auswirkungen auf die Gewässer sowie den Naturhaushalt und auf die unterschiedlichsten Wassernutzungen während und nach der Flutung zu vermeiden. Im „Rahmenkonzept 1994" heißt es dazu, „unter Berücksichtigung der ökologischen Bedingungen und notwendigen Wassernutzungen solche Verhältnisse herzustellen, die einen weitgehend sich selbst regulierenden Wasserhaushalt ermöglichen" (siehe z. B. MAUL 1996). Dies setzt belastbare Aussagen darüber voraus, wie sich die wassermengenwirtschaftlichen und wassergütewirtschaftlichen Vermeidungs- bzw. Minderungsstrategien in den betroffenen Flussgebieten auswirken.

Zur Minderung der wassermengenwirtschaftlichen Probleme durch Wasserverteilung unter konkurrierenden Nutzern

Die wasser-(mengen-)wirtschaftliche Situation in den Flusssystemen der Spree und der Schwarzen Elster mit vielfältigen Nutzungen und konkurrierenden Nutzern stellt sich theoretisch und praktisch als eine außerordentliche Herausforderung dar. Schematisch lässt sich das Problem gemäß Abbildung 2 beschreiben. Danach kommt es darauf an, das in *Raum, Zeit, Quantität, Qualität sowie Wahrscheinlichkeit* charakterisierte Wasserdargebot D mit einem analog charakterisierten, geforderten Wasserbedarf B – bei einem Minimum an Kosten – in Einklang zu bringen.

Bei unterschiedlichen Prioritäten der Nutzer, zufällig verteilten hydrologischen, ökologischen, klimatologischen usw. Zustands- und Nebenbedingungen ist diese Aufgabe mathematisch exakt nicht lösbar. Als Ausweg bietet sich ein außerordentlich flexibles und leistungsfähiges Instrumentarium zur detaillierten wasserwirtschaftlichen Bilanzierung nach dem Prinzip der Monte-Carlo-Simulation an (siehe KADEN et al. 2005, Kapitel III-2.1.3). Programmtechnisch umgesetzt ist es in Form des sogenannten Großraummodells (GRM) Spree – Schwarze Elster (jetzt „WBalMo"). Es berücksichtigt für die vom Bergbau beeinträchtigten Einzugsgebiete der Spree und der Schwarzen Elster:

- ca. 170 Bilanzprofile und 400 Wassernutzungen,
- 11 Speicher bzw. Speichersysteme mit den zugehörigen Bewirtschaftungsregeln,
- 50 dynamische Elemente (Module im GRM) zur Formulierung gebietsspezifischer Charakteristika wie Modelle für Tagebauseespeicher, Regeln für variable Überleitungen oder Restlochflutungen,
- ca. 200 Registriergrößen zur Einschätzung der Effektivität einer angenommenen Bewirtschaftungsstrategie.

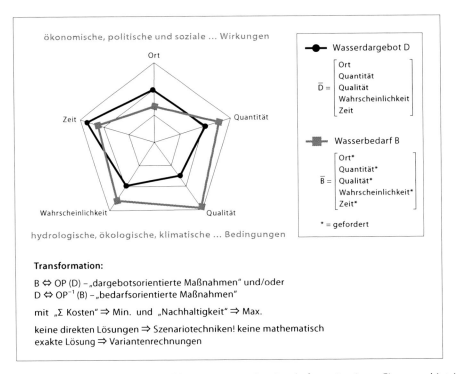

Abb. 2: Hauptprobleme der integrierten Wasserressourcenbewirtschaftung in einem Einzugsgebiet (modifiziert nach LEE 1999)

Zwischen den Behörden der betroffenen Bundesländer und den Bergbaubetreibenden abgestimmte Variantenrechnungen ermöglichen es, Minderungsstrategien zum Ausgleich der Wassermengendefizite in den Flusseinzugsgebieten zu finden.

Abbildung 3 zeigt das Ergebnis solcher Variantenrechnungen. Erkennbar ist, wie sich die *Sicherheiten* eines der prioritären Nutzer, nämlich *des Mindestabflusses am Zuflusspegel der Spree nach Berlin* in Abhängigkeit von unterschiedlich kostenintensiven Wasserbewirtschaftungsmaßnahmen (z. B. Wirkungen von Speichern und Überleitungen) verändern. Deutlich wird, dass in den Sommermonaten Juni, Juli und August der u.a. aus ökologischen Gründen erforderliche Mindestabfluss in der Spree nicht eingehalten werden kann (unterster Linienzug). Selbst mit den jetzt in den Einzugsgebieten vorhandenen Speichern (siehe Tabelle 2) ist diese im Zeithorizont 2010 statistisch gesehen nur mit ca. 90%-iger Sicherheit möglich (Oberste Linie). Die weiteren Linienzüge zeigen die Wirkung veränderter Szenarien der Wasserüberleitung (z. B. Überleitung aus der Oder nach Berlin mit einer Kapazität von 3,5 m³/s).

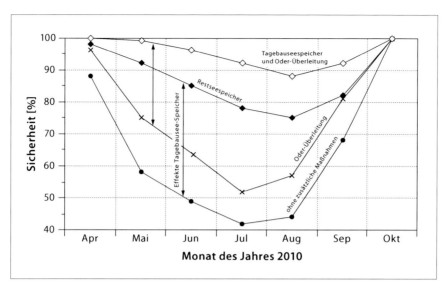

Abb. 3: Sicherheiten für den Mindestabfluss am Zuflusspegel der Spree nach Berlin, Pegel Große Tränke UP, Bezugsjahr 2010 (GRÜNEWALD u. a. 2001)

Tab. 2: Überblick zu den gegenwärtigen und zukünftigen wasserwirtschaftlichen Speichern in den Einzugsgebieten von Spree und Schwarzer Elster

	Spree		Schwarze Elster	
vorhandene nutzbare Speicherräume [Mio. m³]	TS Bautzen:	24,2	SB Niemtsch:	12,3
	TS Spremberg:	17,0	SB Knappenrode:	4,0
	TS Quitzdorf:	9,4		
	SB Lohsa I:	2,8		
geplante nutzbare Speicherräume [Mio. m³] (bis etwa 2010)	SB Lohsa II:	53,0	SB Restsee-Kette	
	SB Bärwalde:	24,0	Skado-Koschen-Bluno:	15,0
	SB Dreiweibern:	5,0		
	SB Burghammer:	4,0		

Zur Minderung der bergbaubedingten stoffhaushaltlichen Probleme

Der wichtigste beschaffenheitsmäßige Einfluss des Braunkohlebergbaus geht in den Einzugsgebieten der Spree und der Schwarzen Elster von der Versauerung als Folge der Oxidation der in den kohlebegleitenden Schichten vorhandenen Sulfidminerale (Pyrit und Markasit, chemisch: FeS_2) aus. Insbesondere beim Abtragen und Umlagern der Deckschichten in den Tagebauen, aber auch im Zuge der Wasserabsenkung und Wasserhaltung bei der Trockenlegung der Kohleflöze erfolgt eine intensive Belüftung mit Sauerstoff-Zufuhr und eine Oxidation (Details siehe z. B. SINGER und STUMM 1970). Diese Oxidation wird unter dem Einfluss von Mikroorganismen beschleunigt und führt zu einer erheblichen Versauerung *(aus einem Mol Pyrit werden 4 Mol H^+-Ionen freigesetzt)* sowie zu einer Mobilisierung von Metallen. Die Pyritverwitterung beginnt in der vorbergbaulichen Landschaft bei der *Vorfeldentwässerung* und endet (theoretisch) mit dem Grundwasserwiederanstieg in der *Bergbaufolgelandschaft*. Technologisch bedingt sind die zukünftigen Tagebauseen in die hängenden Grundwasserleiter der Flöze eingeschnitten. Demzufolge wird die Wasserqualität der Tagebauseen bezüglich Säuren und gelöster Stoffe maßgeblich durch das Grundwasser und das umgebende Kippenmaterial geprägt.

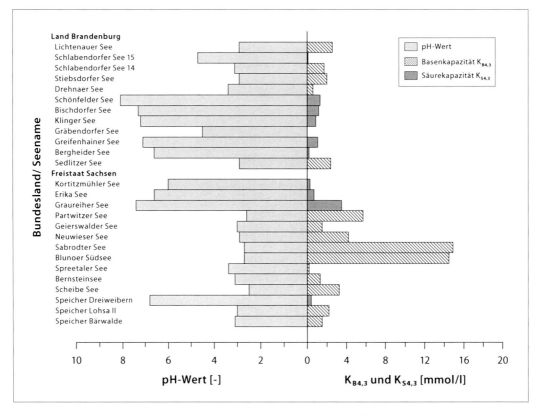

Abb. 4: Situation der pH-Werte und der Basen- (K_B) bzw. Säurekapazität (K_S) in ausgewählten brandenburgischen und sächsischen Tagebauseen der Lausitz (Ende 2003)

Die Wasserbeschaffenheit in den Tagebauseen der Lausitz schwankt in weiten Grenzen (siehe Abbildung 4). Dominant sind extrem saure Gewässer mit pH ≈ 2 ... 3 und Basenkapazitäten von $K_{B8,2}$ = 40 mmol/l. Alkalische Wässer mit pH > 9 und $K_{S4,3}$ = 5 mmol/l kommen nur im Zusammenhang mit der Reststoffverbringung (z. B. Aschen, Schlämme, Industrieabwasser) in Restlöchern vor und sind in diesem Sinne für die Lausitzer Tagebauseen nicht typisch. Es gibt nur wenige Tagebauseen, die aufgrund geologischer Gegebenheiten beim Grundwassereigenaufgang kein saures Wasser erzeugen (z. B. Schönfelder See, ehemaliges Restloch 4 im Raum Schlabendorf-Seese).

Solange genügend Sauerstoff – insbesondere in den riesigen Kippenmassiven – vorhanden ist, hat diese Eisendisulfidverwitterung saures und oxisches (Kippen-) Grundwasser zur Folge. Die entstehenden Wässer zeichnen sich durch sehr hohe Sulfatgehalte (z. B. größer 2.000 mg/l) und hohe Mineralisation (z. B. größer 3.000 mg/l) sowie hohe Gehalte an pedogenen Metallen (z. B. Aluminium größer 30 mg/l) sowie Schwermetallen (z. B. Zink um 20 mg/l) aus.

In einem späteren Stadium der nachbergbaulichen Entwicklung, wenn z. B. infolge zunehmender Kippenmächtigkeit oder beim Wiederanstieg des Grundwassers kein Sauerstoff mehr in alle Bereiche der Kippenmassive eindringen kann, können sich diese hydrochemischen Verhältnisse verändern. Es entstehen anoxische Kippengrundwässer, welche überwiegend schwach saure pH-

Werte aufweisen, die jedoch bei Belüftung in stark saure Verhältnisse umschlagen und letztlich für die nachgelagerten Ökosysteme wie Tagebauseen, Fließgewässer, Feuchtgebiete extrem gefährlich werden können. Ähnlich wie bei der Minderung der wassermengenwirtschaftlichen Probleme gilt es, Instrumentarien zu entwickeln, welche die Entscheidungsträger des Sanierungsbergbaus, des Bundes und der Länder in die Lage versetzen, die jeweils bestehenden Risiken bei der Entwicklung der Wasserbeschaffenheit in den Tagebauseen bzw. Tagebausee-Systemen herauszuarbeiten. Das methodische Grundkonzept dazu soll Abbildung 5 verdeutlichen.

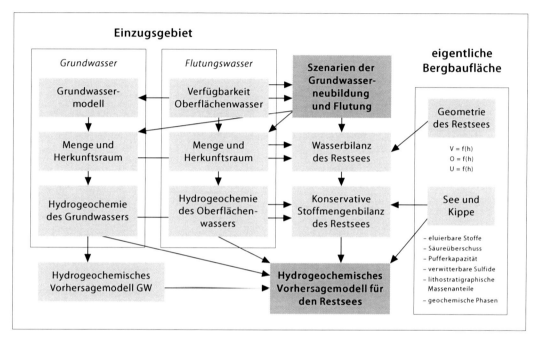

Abb. 5: Methodisches Konzept zur Wasserqualitätsvorhersage für Tagebauseen (Quelle: LUA 1996)

Inzwischen ist die Methodik auf der Basis wissenschaftlicher Begleitung und umfangreicher Monitoringprogramme der Flutung präzisiert und insbesondere durch inverse Modellkomponenten erweitert worden (LUA 2001). Diese Nutzungspotenziale bzw. Risiken werden den jeweils angestrebten Nutzungszielen gegenübergestellt und der ggf. erforderliche Handlungsbedarf aufgezeigt.

Aus der Verknüpfung der sich daraus ergebenden vielfältigen einzugsgebietsbezogenen Wasserbewirtschaftungsalternativen wird es dann möglich – unter Berücksichtigung der jeweils erreichten Sanierungsfortschritte analog zur Bewältigung der Wassermengenproblematik – günstige Szenarien auszuwählen und in entsprechende Maßnahmen z. B. der Wasserverteilung („Flutungskonzeptionen"), der Wasserspeicherung („Speicherkonzeptionen") und der Wasseraufbereitung („Konditionierungskonzeptionen") umzusetzen. Auf jeden Fall zu verhindern ist das unkontrollierte Ausfließen stark sauren und schadstoffhaltigen Wassers aus den schrittweise in die Vorfluter, die Grundwasserlandschaft und Gewässerökosysteme eingebundenen Tagebauseen.

Der bisherige Verlauf ihrer Entwicklung bestätigte, dass die Flutung mit Oberflächenwasser das prioritäre Verfahren ist, um in überschaubaren Zeiten den stark gestörten Wasser- und Stoffhaushalt der betroffenen Flusseinzugsgebiete in ein gewisses dynamisches Gleichgewicht zu bringen. Sie zeigt aber auch, wie empfindlich die ersten neuen Seen z. B. auf *technologische oder niedrigwas-*

serbedingte Flutungsunterbrechungen reagieren und wo besondere Risiken der Nichteinhaltung der Nutzungsziele bestehen. Insbesondere zeigt sich, dass nach wie vor ein großer Handlungsbedarf z. B. bei der *Fremdwasserzuführung aus Nachbareinzugsgebieten* (die geplante Neißeüberleitung von mindestens erforderlichen 30 Mio. m^3/a scheint nicht realisierbar), *bei den Prioritätensetzungen* zu Gunsten der Sicherung von Wassergüteerfordernissen besteht. Dies gilt auch bezüglich der *Überprüfung der Sanierungsziele* (nicht alle dieser Ziele sind erreichbar) und es ist klar, dass eine langfristige Nachsorge und wissenschaftliche Begleitung im Rahmen der Sanierung des Wasser-, insbesondere aber des Stoffhaushaltes der bergbaubeeinflussten Gewässereinzugsgebiete der Lausitz unvermeidlich ist.

Neue Risiken und neue Handlungserfordernisse?

Aus unterschiedlichen Gründen – von der verzögerten Genehmigung der Flutung über die verzögerte Fertigstellung von Flutungsanlagen bis hin zur immer wieder auftretenden Uneinigkeit der betroffenen Bundesländer z. B. über Sinn und Durchsetzbarkeit der Neißeüberleitung – deutet sich an, dass den in LMBV und DGFZ (1997) diskutierten Gefahren (z. B. „Verschleppungsgefahr", „Rückfallgefahr") ein größerer Stellenwert einzuräumen ist als ursprünglich erwartet. Die Flutung der potenziell extrem sauren Tagebauseen mit neutralem Oberflächenwasser ist bei der riesigen Dimension der Seen das günstigste Verfahren zur Minderung der stoffhaushaltlichen Belastung der Gewässer in der Bergbaufolgelandschaft. Sie hat folgende Wirkungen:

- die chemische Kompensation (Zufuhr von Alkalität),
- die Verdünnung der Acidität des Seewassers sowie
- die Verdrängung der Acidität des Grundwassers.

Die Lausitz zählt mit 500 bis 600 mm/a zu den niederschlagsärmsten Regionen Deutschlands. Das wirkt sich negativ auf das Abflussgeschehen in den Fließgewässern und die verfügbaren Wasserressourcen aus. Unter günstigen Bedingungen steht zur Flutung der Tagebauseen künftig ein mittlerer Volumenstrom von 5 bis 7 m^3/s zur Verfügung (vgl. Tabelle 3). Ein möglicher Klimawandel mit geringeren Niederschlägen und höherer Verdunstung könnte weitere negative Effekte auf die Bereitstellung von Flutungswasser haben (siehe KALTOFEN et al. 2005, Kapitel III-2.2.1).

Tab. 3: Gegenwärtig sich abzeichnende verfügbare Wasserressourcen zur Flutung der Niederlausitzer Tagebauseen (Brandenburg und Ostsachsen)

Herkunft	Mittlere verfügbare Wassermenge
Spree	2,85 m^3/s
Schwarze Elster	1,43 m^3/s
Neiße	0,95 m^3/s
Sächsische Talsperren	0,63 m^3/s

Die wasser- und stoffhaushaltliche Sanierung der Bergbaufolgelandschaft der Lausitz muss als Jahrzehnte-übergreifender Prozess gesehen werden.

Insofern ist es also erforderlich, technisch-technologische Maßnahmen und Verfahren zu entwickeln und vorzuhalten, welche diese Gefahren mindern bzw. nach leistungsfähigeren Quellen der Flutung bzw. Nachsorge zu suchen.

Bei den technisch-technologischen Maßnahmen betrifft das gegenwärtig in der Lausitz:

- den Weiterbetrieb der Grubenwasserreinigungsanlagen,
- die Konditionierung am oder im Bergbausee mit neutralisierenden Einsatzstoffen (Kalk, Dolomit, Asche …),
- Chemotechnische Verfahren im Bergbausee (Elektrolyse, Fällung …)
- Biologische Verfahren im Bergbausee und zur Nachsorge (biogene Alkalinisierung, interne und externe Sulfatreduktion).

Leider zeigt sich, dass bei den letzten drei Verfahren die geforderten Nebenbedingungen der Wirtschaftlichkeit und insbesondere der Nachhaltigkeit gegenwärtig nicht zu erfüllen sind.

Insofern scheinen die betroffenen Bundesländer, der Träger des Sanierungsbergbaus und andere „Stakeholder" (siehe MESSNER et al. 2005, Kapitel III-2.1.4) gut beraten, die bisherigen „Quellen des Flutungswassers", die bisherigen Rang- und Reihenfolgeregelungen, Nutzungsziele u. a. Entscheidungsoptionen schnellstmöglich und konsequent zu überdenken und technisch, ökonomisch, umweltrechtlich usw. einer umfassend komplexen Prüfung auf Nachhaltigkeit zu unterziehen.

Parallel dazu gilt es, für die unterschiedlichen Wissenschaftsdisziplinen und Wissenschaftlergruppen im interdisziplinären Forschungsverbund GLOWA-Elbe, ihre bisher erzielten Forschungsergebnisse hinsichtlich ihrer Praxisbelastbarkeit, Zuverlässigkeit, Fehlerbandbreite usw. auszubauen und zu untermauern.

Nur so wird es z. B. möglich, die betroffenen Bundesländer Sachsen und Brandenburg, die später die aus der „Bergaufsicht" entlassenen Tagebauseen in die „Umweltaufsicht" übernehmen, vor immensen Nachfolgekosten zu schützen.

Aus der in Einheit

- von Wasser- und Landressourcenbewirtschaftung,
- von Grund- und Oberflächenwasser sowie
- von Wassermenge und -beschaffenheit

durchgeführten Betrachtung im Gesamteinzugsgebietsmaßstab der Elbe ließen sich dann – ganz im Sinne der neuen europäischen Wasserrahmenrichtlinie – langfristig stabile (nachhaltige) Minderungsstrategien ableiten.

Zusammenfassung

Jahrzehntelanger exzessiver Abbau von Braunkohle hat u. a. im Einzugsgebiet der Spree durch die erforderlichen bergbaulichen Grundwasserhebungen und -haltungen zu erheblichen regionalen und überregionalen wasserhaushaltlichen Beeinflussungen geführt. Die Intensität dieser Beeinflussungen war dabei im Laufe dieser Entwicklung stark von globalen Ereignissen abhängig. So stellten z. B. die Weltkriege, die Nahost- und Ölkrisen, die Autarkiebestrebungen der DDR bezüglich der Rohstoff- und Energiegewinnung, der wirtschaftliche und politische Zusammenbruch der DDR und der damit verknüpfte abrupte Rückgang der Kohleförderungen im Niederlausitzer Braunkohlenrevier jeweils auch entsprechende erhebliche Eingriffe zunächst in den Wasserhaushalt, später vor allem auch in den Stoffhaushalt, dar. Um diese in ihrer Wirkung zu dämpfen und einzugrenzen, bedurfte und bedarf es einer hinsichtlich Grund- und Oberflächenwasser sowie hinsichtlich Wassermenge und -beschaffenheit integrierten Wasserbewirtschaftung im Flussgebietsmaßstab.

Referenzen

GRÜNEWALD, U., KALTOFEN, M., KADEN, S., SCHRAMM, M. (2001) Länderübergreifende Bewirtschaftung der Spree und der Schwarzen Elster. In: KA – Wasserwirtschaft, Abwasser, Abfall 2001 (48) Nr. 2, Hennef, 205–213.

GRÜNEWALD, U., IPSEN, G., KALTOFEN, M., KARKUSCHKE, M., KOCH, H., MESSNER, F., SCHRAMM, M., SCHUSTER, S., SIMON, K.-H., WEHRLE, A., ZWIRNER, O. (2002) Sustainable water resources management and regional development in the upper Spree river basin heavily influenced by lignite open pit mining. In: GLOWA German Programme on Global Change in the Hydrological Cycle (Phase I, 2000–2003) Status Report 2002, GSF-Forschungszentrum für Umwelt und Gesundheit GmbH, Projektträger des BMBF für Umwelt- und Klimaforschung, München, 9–13.

KADEN, S., SCHRAMM, M., REDETZKY, M. (2005) Großräumige Wasserbewirtschaftungsmodelle als Instrumentarium für das Flussgebietsmanagement. In: WECHSUNG, F., BECKER, A., GRÄFE, P. (Hrsg.) Auswirkungen des globalen Wandels auf Wasser, Umwelt und Gesellschaft im Elbegebiet. Weißensee Verlag Berlin Kap. III-2.1.3.

KALTOFEN, M., KOCH, H., SCHRAMM, M. (2004) Wasserwirtschaftliche Handlungsstrategien im Spreegebiet oberhalb Berlins. In: WECHSUNG, F., BECKER, A., GRÄFE, P. (Hrsg.) Auswirkungen des globalen Wandels auf Wasser, Umwelt und Gesellschaft im Elbegebiet. Weißensee Verlag Berlin Kap. III-2.2.1.

LEE, T. R. (1999) Water Management in the 21st Century. The Allocation Imperative. Edward Elgar Publishing Inc., Cheltenham, 1999, 206 pp.

LMBV, DGFZ (1997) Lausitzer und Mitteldeutsche Bergbau-Verwaltungsgesellschaft mbH, Dresdner Grundwasserforschungszentrum e.V.: Restlochflutung. Gefahrenabwehr, Wiedernutzbarmachung und Normalisierung der wasserwirtschaftlichen Verhältnisse im Lausitzer Revier. Berlin/Dresden, 85 S.

LUA (1996) Landesumweltamt Brandenburg: Wasserbeschaffenheit von Tagebaurestseen. Studien und Tagungsbände, Bd. 6, Cottbus.

LUA (2001) Landesumweltamt Brandenburg: Tagebauseen: Wasserbeschaffenheit und wassergütewirtschaftliche Sanierung – Konzeptionelle Vorstellungen und erste Erfahrungen. Studien und Tagungsberichte, Band 35, Potsdam, 77 S.

MAUL, C. (1996) Die Sanierung des Wasserhaushalts im Lausitzer und im Mitteldeutschen Braunkohlenrevier – ein Überblick. In: GBL-Gemeinschaftsvorhaben, Heft 3: Grundwassergüteentwicklung in den Braunkohlegebieten der neuen Länder – ein wissenschaftlich-technisches Gemeinschaftsvorhaben der geologischen Dienste in Zusammenarbeit und Abstimmung mit den Umweltbehörden der Bundesländer. Vortragsband des 2. GBL-Kolloquiums vom 06. bis 08. März 1996, – Methoden und Ergebnisse, Stuttgart (E. Schweizerbarth), 13–15.

MESSNER, F., KALTOFEN, M., ZWIRNER, O., KOCH, H. (2005) Exemplarische Umsetzung des Integrativen Methodischen Ansatzes am Oberlauf der Spree. In: WECHSUNG, F., BECKER, A., GRÄFE, P. (Hrsg.) Auswirkungen des globalen Wandels auf Wasser, Umwelt und Gesellschaft im Elbegebiet. Weißensee Verlag Berlin Kap. III-2.1.4.

RAUHUT, H. (2001) Landschaftsveränderungen durch Braunkohlegewinnung. InfoForum Rekultivierung, 45–51.

SINGER, P. C., STUMM, W. (1970) Acid mine drainage. The rate determinating Stepp. Science 167, 1121–1123.

III-2.1.2 Integrierte partizipations- und modellgestützte Wasserbewirtschaftung im Spree-Havel-Gebiet
Alfred Becker

Einleitung

Wie bereits im einführenden Kapitel von WECHSUNG ausgeführt und in der Problembeschreibung im vorigen Kapitel noch einmal verdeutlicht wurde, ist das Spree-Havel-Gebiet durch besondere Probleme der Wasserverfügbarkeit, der Wasserqualität und dadurch auch der Wasserversorgung gekennzeichnet, die sich unter den Bedingungen eines trockener werdenden Klimas, wie es erwartet werden kann, noch verschlimmern werden. Als solches bot sich dieses Gebiet für eine Erprobung und Pilotanwendung des entwickelten Integrativen Methodischen Ansatzes IMA in Verbindung mit bewährten und zum Teil neu entwickelten Modellen an. Die Modelle sind flächen- und zeitdifferenziert, berücksichtigen den stochastischen Charakter des Niederschlags- und Abflussprozesses und ermöglichen detaillierte, deterministische, orts- und zeitgerechte Wasserbilanz- und -bewirtschaftungsberechnungen an beliebig vielen Bezugspunkten (Flussquerschnitten, Wasserentnahmepunkten u. ä.). Es wurde deshalb im Rahmen des Verbundprojektes GLOWA-Elbe I als *Pilotprojekt* eingestuft, über das nachfolgend berichtet wird.

Szenarioanalysen zur zukunftsbezogenen flächen- und zeitdifferenzierten Bilanzierung von Wasserverfügbarkeit und -bedarf sowie zur Planung einer nachhaltigen Flussgebietsbewirtschaftung

Folgende Bedingungen, Besonderheiten und Komplexitäten sind im Spree-Havel-Gebiet bei der Wasserbewirtschaftung zu beachten und maßgebend für die Problemanalyse und den Lösungsweg:

- Die Bewirtschaftung der Wasserressourcen muss großräumig angelegt sein, d. h. das gesamte Einzugsgebiet der Spree und Havel muss bei den Analysen berücksichtigt werden. Wasserversorgungsdefizite treten im Allgemeinen im Gesamtgebiet auf und müssen lagegerecht (georeferenziert) erfasst werden. Maßnahmen zu ihrer Bewältigung bzw. zur Minderung ihrer Folgen müssen gebietsweit aufeinander abgestimmt werden, und zwar unter Beachtung der bestehenden komplexen Beziehungen und Wirkungen. Das heißt, Maßnahmen der Wasserbewirtschaftung müssen auf großräumige, flussgebietsumfassende und in diesem Fall auch länderübergreifende Analysen, detaillierte Bilanzierungen und Abstimmungen gestützt sein.
- Angesichts der ausgeprägten jahreszeitlichen Variation der Wasserhaushaltsgrößen, speziell der Wasserstände und Abflüsse in den Oberflächengewässern, treten Wasserdefizite vor allem in den Sommermonaten Juni, Juli, August sowie in anderen Trockenperioden auf (vgl. hierzu Abbildung 3 in Kap. III-2.1.1, GRÜNEWALD 2005). Das heißt, die Erfassung und Bilanzierung von Wasserdargebot und Bedarf muss zeitlich differenziert, und zwar mindestens auf Monatsbasis erfolgen.
- Die durch den Braunkohlenbergbau in der Niederlausitz verursachte großräumige Absenkung des Grundwasserspiegels (Flächenausdehnung bis über 2.000 km^2) stellt eine außergewöhnliche und kritische instationäre Veränderung des Wasserhaushaltes und der hydrologischen Verhältnisse in dieser Region dar (vgl. hierzu Kap. III-2.1.1, GRÜNEWALD 2005), die nur längerfristig durch eine schrittweise Wiederannäherung an „quasi-natürliche" (normale) Verhältnisse überwunden werden kann. Für die längerfristige Analyse über den zu betrach-

tenden Planungszeitraum von 20 bis 50 Jahren ist es zweckmäßig, die zu erwartenden Veränderungen mindestens in 5-Jahres-Perioden (Pentaden) zu erfassen.
- Diese instationären Veränderungen werden überlagert vom stattfindenden Klimawandel, der im gesamten Einzugsgebiet in ähnlichen Zeitschritten auf der Grundlage der für das Gesamtgebiet erhaltenen Ergebnisse prognostisch eingeschätzt (simuliert) werden muss. Der resultierende „Handlungsrahmen", d. h. die wichtigsten zu simulierenden bzw. vorzugebenden Größen und die in ihnen aufgrund ihres stochastischen Charakters und aus anderen Gründen enthaltenen Unsicherheiten sowie das interessierende Zeitfenster (Planungszeitraum) sind in Kapitel III-2.1.3 (KADEN et al. 2005), Abbildung 1, schematisch dargestellt.
- Wasserverfügbarkeitsprobleme, resultierende Versorgungsdefizite und -konflikte treten in verschiedenen Teilen (Teilregionen) des Spree-Havel-Gebietes in unterschiedlicher Ausprägung auf. Dabei sind folgende charakteristisch voneinander verschiedenen Teilregionen gesondert zu behandeln (Aufzählung erfolgt entsprechend der Lage an der Spree vom Ober- zum Unterlauf, d. h. Oberlieger vor Unterlieger, vgl. hierzu Abbildung 1 in Kap. III-2.2.1, KALTOFEN et al. 2005):
- das bergbaubeeinflusste Gebiet der oberen Spree in der Niederlausitz (Kap. III-2.2)
- das Feuchtgebiet Spreewald (mit Naturschutzgebiet und Biosphärenreservat) an der mittleren Spree (Kap. III-2.3)
- der urbanisierte Ballungsraum Berlin mit seinem Umland (Großraum Berlin) an der unteren Spree und Havel (Kap. III-2.4).

In diesen Teilräumen treten zusätzlich zu und in Verbindung mit dem im Gesamtgebiet gegebenen, teilregionenübergreifenden Wassermengenproblem teilraumspezifische Probleme, z. B. der Wasserqualität, der ökologischen Verhältnisse, der Wasserverteilung u. ä. auf, die lokale bis regionale Spezialanalysen erfordern, aus denen dann regionalspezifische und lokale Maßnahmen abgeleitet werden können.

Ein großräumiges (regionales) Wasserbewirtschaftungsmodell (ArcGRM, SCHRAMM 1995), wie es zuvor gefordert wird, lag für das Spreegebiet mit der Bezeichnung ArcGRM Spree / Schwarze Elster (seit 2005 WBalMo Spree / Schwarze Elster) zu Beginn der Forschungsarbeiten an GLOWA-Elbe I vor (KADEN und REDETZKY 2000), und zwar als gemeinsames, verbindliches Planungsinstrument der drei Bundesländer Sachsen, Brandenburg und Berlin, in denen größere Teile des Spreegebietes liegen. Dieses Modellsystem war den neuen Anforderungen in GLOWA-Elbe anzupassen, woraus die Modellversion WBalMo GLOWA entstanden ist, die in Kapitel III-2.1.3 (KADEN et al. 2005) vorgestellt und ausführlicher beschrieben wird.

Als ein geeigneter und effektiver Weg zur Problemlösung, d. h. zur Entwicklung von Politikstrategien und zur Planung von Maßnahmen, die einer nachhaltigen Entwicklung der Bewirtschaftung von Flussgebieten dienen, hat sich die Durchführung von Szenarioanalysen mit geeigneten Modellen (bzw. Modellsystemen wie dem WBalMo) erwiesen. Die Methodik solcher Analysen ist durch die Entwicklung und Anwendung des Integrativen Methodischen Ansatzes IMA in GLOWA-Elbe entscheidend qualifiziert und perfektioniert worden (MESSNER et al. 2005, Kapitel I-2). Es kann nunmehr davon ausgegangen werden, dass eine anwendungsbereite Szenarioanalysemethodik und -technik zur Verfügung steht, die alle Planungsschritte berücksichtigt und erfasst: von der primären Systemanalyse zur Entwicklung des notwendigen Systemverständnisses (iterativer Lernprozess / Social Learning), einschließlich der Beschreibung und Analyse gegebener Probleme und Konflikte, über die Zielformulierung, Kriterien- und Indikatorenauswahl und -abstimmung, die Szenarienentwicklung bzw. -vorgabe, einschließlich der Vorgabe von Maßnahmen (Handlungsalternativen) zur Problemlösung und Konfliktbewältigung, bis hin zur Bewertung der Analyseergebnisse und Herausgabe von Empfehlungen an die Entscheidungsträger (Decision support). Dies geschieht in einem wohl strukturierten, partizipativen und iterativen Analyse- und Planungsprozess, wozu im übernächsten Abschnitt noch weitere Erläuterungen gegeben werden.

Gesamtkonzept eines hierarchischen Systems „genesteter" Modellierungen im Spree-Havel-Gebiet und skalenübergreifender Modellkopplungen

Zur anforderungsgerechten Lösung der beschriebenen Aufgabe unter Einsatz des WBalMo GLOWA wurde folgendes Gesamtkonzept für die Modellierung entwickelt und umgesetzt:

a) Die „externen" Antriebe der im Flussgebiet ablaufenden Prozesse (Driving Forces, exogene Antriebe, Entwicklungsrahmen bzw. Rahmenbedingungen) werden in Form der entwickelten Klimaszenarien erfasst bzw. aus anderen globalen Entwicklungen abgeleitet.

b) Diese Rahmenbedingungen dienen als offline-gekoppelter Modelleingang in das großräumige (regionale) Wasserbilanz- und -bewirtschaftungsmodell WBalMo GLOWA, das als Kernstück für die Szenarioanalysen im Spree-Havel-Gebiet als Ganzes sowie in den o. g. Teilregionen gelten kann. Dieses Modell erfüllt folgende, für die Planungsanalysen wichtigen bzw. entscheidenden Voraussetzungen:

- Es ermöglicht eine zeitlich und räumlich differenzierte (gegliederte), GIS-basierte Beschreibung des Wasserhaushalts und der Wasserdargebotsverhältnisse in Flussgebieten über Planungszeiträume von z. B. 10, 20 oder mehr Jahren sowie eine georeferenzierte und zeitbezogene Bilanzierung von Wasserdargebot und -bedarf.
- Veränderungen des Wasserdargebotes und der Bilanzgrößen, aufgrund von Veränderungen der externen Antriebe (exogene Triebkräfte) des Systems (Wandelszenarien z. B. des Klimas, speziell des Niederschlages und der Temperatur) sowie auch Veränderungen durch wasserwirtschaftliche und andere Maßnahmen im System (Handlungsszenarien in Form von z. B. Talsperrensteuerungen, Wasserüberleitungen, Nutzungsänderungen u. ä.) können erfasst werden.
- Der stochastische Charakter der hydrologischen Prozesse, speziell des Niederschlages und der aus ihm resultierenden Abflüsse, einschließlich der gegebenen Unsicherheiten, kann mit Hilfe von Monte-Carlo-basierten Simulationsmethoden und nachgeschalteten hydrologischen Modellen der betrachteten Flussgebiete sowie beliebiger interessierender Teilgebiete berücksichtigt werden.
- Die Simulationsergebnisse können unter Nutzung vorhandener Modelle und Standard-Software statistisch aufbereitet und nutzerfreundlich als entscheidungsunterstützende Arbeitsgrundlagen bereitgestellt werden.

c) Direkt eingebunden in das WBalMo (online-gekoppelt) sind wasserwirtschaftliche und ökonomische Bewertungsalgorithmen für die Bewertung der Ergebnisse beliebiger, mit dem WBalMo durchgeführter Szenarioanalysen, d. h. der berechneten, aus den Szenarien resultierenden Auswirkungen. Hierzu werden in den Folgekapiteln noch ausführlichere Erläuterungen gegeben.

d) Die partizipationsgestützte Szenarienentwicklung oder -vorgabe, einschließlich der Vorgabe zielorientierter, notwendiger bzw. zweckmäßiger Maßnahmen (Handlungsalternativen), die Festlegung von Indikatoren und Kriterien zur Zielbestimmung und vergleichenden Bewertung der Ergebnisse der mit dem WBalMo durchgeführten Wirkungsanalysen und die Bewertung selbst erfolgen im direkten Zusammenwirken mit Stakeholdern aus der Region entsprechend dem Integrativen Methodischen Ansatz IMA (MESSNER et al. 2005). Auch hierzu werden nachfolgend detailliertere Erläuterungen gegeben. Dabei beziehen sich die Szenarien, speziell hinsichtlich der zu erwartenden Auswirkungen, auf das gesamte Spreegebiet bis oberhalb Berlins.

Ergänzt werden diese Erläuterungen durch teilraumspezifische Zusatzinformationen in den Kapiteln III-2.2. bis 2.4 für die drei Teilgebiete „Obere Spree", „Spreewald" und „Berlin / Untere Spree / Havel", die zuvor als genestete Analysen erwähnt wurden. Diese Analysen sind sämtlich gekoppelt an bzw. eingebunden in das WBalMo GLOWA, dem absolutes Primat bei allen anwendungsbezogenen Berechnungen, auch bei den teilgebietsbezogenen Analysen zukommt. Durch sie werden die im Gesamtgebiet besonders in den Sommermonaten mehr oder weniger synchron auftretenden Wasserdefizite abgestimmt sowie orts- und zeitgerecht erfasst. Die erforderlichen, gebietsübergreifenden Maßnahmen zur Abflusssteuerung (Wassermengenbewirtschaftung) werden so aufeinander abgestimmt, dass die Versorgungsansprüche aller Nutzer ausreichend befriedigt und eine angemessene Wasserqualität gewährleistet werden können. Dabei wird berücksichtigt, dass jede Bevorteilung eines Nutzers oder einer Nutzergruppe in einem Gebiet andere Nutzer bzw. Wassernutzungen benachteiligt, und dies über die Grenzen der Teilregionen hinweg.

Wasserqualitäts- und andere nachgelagerte, von der Wassermenge (im Abfluss) direkt oder indirekt abhängende Probleme werden anschließend unter Bezug auf die wassermengenseitigen Vorgaben bzw. Simulationsergebnisse des WBalMo (als Rand- bzw. Rahmenbedingungen) mit speziellen Methoden und Modellen untersucht. Einzelheiten hierzu werden in den entsprechenden Folgekapiteln erläutert.

Referenzen

GRÜNEWALD, U. (2005) Probleme der Integrierten Wasserbewirtschaftung im Spree-Havel-Gebiet im Kontext des globalen Wandels. In: WECHSUNG, F., BECKER, A., GRÄFE, P. (Hrsg.) Auswirkungen des globalen Wandels auf Wasser, Umwelt und Gesellschaft im Elbegebiet. Weißensee Verlag Berlin Kap. III-2.1.1.

KADEN, S., REDETZKY, M. (2000) Simulation von Bewirtschaftungsprozessen. Beitrag zum Kolloquium der Bundesanstalt für Gewässerkunde Koblenz/Berlin, Sept. 1999.

KADEN, S., SCHRAMM, M., REDETZKY, M. (2005) Großräumige Wasserbewirtschaftungsmodelle als Instrumentarium für das Flussgebietsmanagement. In: WECHSUNG, F., BECKER, A., GRÄFE, P. (Hrsg.) Auswirkungen des globalen Wandels auf Wasser, Umwelt und Gesellschaft im Elbegebiet. Weißensee Verlag Berlin Kap. III-2.1.3.

KALTOFEN, M., KOCH, H., SCHRAMM, M. (2005) Wasserwirtschaftliche Handlungsstrategien im Spreegebiet oberhalb Berlins. In: WECHSUNG, F., BECKER, A., GRÄFE, P. (Hrsg.) Auswirkungen des globalen Wandels auf Wasser, Umwelt und Gesellschaft im Elbegebiet. Weißensee Verlag Berlin Kap. III-2.2.1.

MESSNER, F., WENZEL, V., BECKER, A., WECHSUNG, F. (2005) Der Integrative Methodische Ansatz von GLOWA-Elbe. In: WECHSUNG, F., BECKER, A., GRÄFE, P. (Hrsg.) Auswirkungen des globalen Wandels auf Wasser, Umwelt und Gesellschaft im Elbegebiet. Weißensee Verlag Berlin Kap. I-2.

SCHRAMM, M. (1994) Die Bewirtschaftungsmodelle LBM und GRM und ihre Anwendung auf das Spreegebiet. In: Wasserbewirtschaftung an Bundeswasserstraßen. Ausgewählte Beiträge zum Kolloquium am 02.02.1994 in Berlin, BfG-Mitteilung Nr. 8, Koblenz 1995. 7–19.

III-2.1.3 Großräumige Wasserbewirtschaftungsmodelle als Instrumentarium für das Flussgebietsmanagement
Stefan Kaden, Michael Schramm, Michael Redetzky

Rahmenbedingungen der Wasserbewirtschaftung

Der natürliche Abflussprozess wird in bewirtschafteten Flusseinzugsgebieten durch anthropogene Komponenten wie Nutzung von Oberflächen- und Grundwasser sowie Maßnahmen der Wasserbewirtschaftung, z. B. Speicher, überlagert. Zu diesen „klassischen" Elementen der Wasserbewirtschaftung kommen in Bergbaugebieten die Tagebaue sowie Tagebaurestlöcher hinzu, welche die Prozesse der Abflussbildung und des Wasseraustausches zwischen Oberflächen- und Grundwasser signifikant beeinflussen.

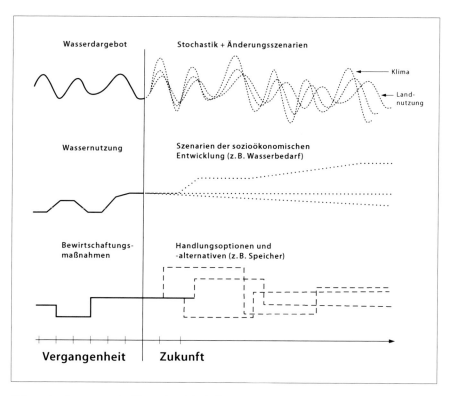

Abb. 1: Rahmenbedingungen der Wasserbewirtschaftung

Die Abbildung 1 illustriert den Handlungsrahmen der Wasserbewirtschaftung. Wesentlich ist dabei, dass Maßnahmen der Wasserbewirtschaftung in der Regel langfristiger Natur sind. Das bedeutet, die Grundlagen diesbezüglicher Planungen unterliegen teilweise erheblichen Unsicherheiten. Das gilt einerseits für das natürliche Wasserdargebot, welches natürlichen (stochastischen) Schwankungen, aber auch natürlichen und anthropogen bedingten Trends unterliegt. Andererseits betrifft das natürlich die gesellschaftlichen Anforderungen an die Wasserverfügbarkeit (Wasserbedarf nach Menge und Güte) und Rahmenbedingungen der Wasserbewirtschaftung, aus denen sich Handlungsoptionen und -alternativen ableiten.

Die Wasserbewirtschaftung ist somit eine Aufgabe mit stochastischem Input (natürliches Wasserdargebot/Abfluss) und determinierten, aber unsicheren Zielen bzw. Anforderungen und Randbedingungen (vgl. Abbildung 2). Dabei sind als Stakeholder Entscheidungsträger/Institutionen, aber auch Betroffene und deren Interessengruppen zu beachten.

Im Sinne der Systemanalyse ist die Wasserbewirtschaftung eine multikriterielle, stochastische Optimierungsaufgabe für mehrere Entscheidungsträger. Für deren Lösung haben sich Szenarioanalysen in Kombination mit der Anwendung der Monte-Carlo-Methode zur Berücksichtigung der Unsicherheit der Prognose des zukünftigen Wasserdargebotes und damit der Wasserverfügbarkeit durchgesetzt. Die Methodik wurde vorrangig für Gebiete im Osten Deutschlands entwickelt, die traditionell durch Konflikte zwischen hohem Wasserbedarf und geringem Wasserdargebot charakterisiert sind. Die Arbeiten gehen bis in die 70er-Jahre am Institut für Wasserwirtschaft, Berlin, zurück. Eine Übersicht ist in SCHRAMM (1994) gegeben. Die entsprechende Methodik liegt auch dem Simulationssystem WBalMo (früher ArcGRM) zu Grunde (KADEN und REDETZKY 2000), das im Verbundprojekt GLOWA-Elbe I eingesetzt wurde.

Abb. 2: Aufgabe der Wasserbewirtschaftung

Methodik stochastischer Bewirtschaftungsmodelle

Die Methode der stochastischen Bewirtschaftungsmodellierung umfasst, wie Abbildung 3 in der Version für GLOWA-Elbe I illustriert:

- stochastische Simulation der Systeminputs (Niederschlag, Abflüsse u. a.),
- deterministische Nachbildung der Wassernutzungen im Flussgebiet unter Beachtung von Rangfolgeregeln,
- Registrierung interessierender Systemzustände (Speicherfüllungen, Abflüsse an bestimmten Gewässerprofilen im Vergleich zu Mindestabflüssen, Defizite bei der Wasserbereitstellung u. a.),

► statistische Analyse der registrierten Systemzustände als Grundlage einer Bewertung der jeweils untersuchten Bewirtschaftungsvariante.

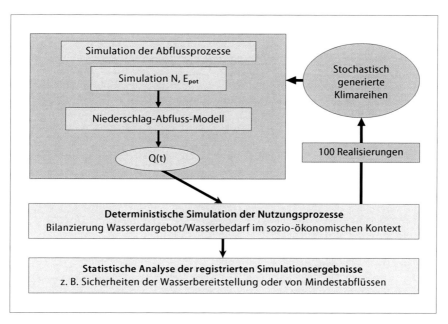

Abb. 3: Methodik stochastischer Bewirtschaftungsmodelle

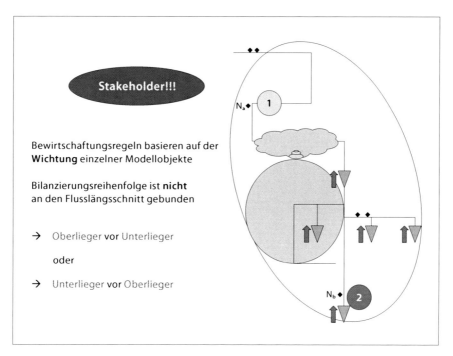

Abb. 4: Rangzahlenkonzept

Durch Integration wasserverfügbarkeitsbezogener monetärer Bewertungsfunktionen in die Registrierung ist die direkte Verknüpfung mit ökonomischen Bewertungen gewährleistet.

Die Systemstruktur eines Bewirtschaftungsmodells weist u. a. folgende Merkmale auf:

- schematische Darstellung des Gewässernetzes in einem Flussgebiet durch Bilanzprofile mit Angabe der Fließrichtung,
- lage- und größengerechte Berücksichtigung der Wassernutzungen (z. B. Entnahmen, Einleitungen) durch Zuordnung zu den Bilanzprofilen,
- Einbeziehung von Feuchtgebieten als „Wassernutzer" durch Integration entsprechender Wasserhaushaltsmodelle (siehe Dietrich 2005, Kapitel III-2.3.1),
- Einbeziehung von Speichern durch Angaben zu ihrer Lage, zu ihrer Betriebsraumgröße und zu ihrer Regulierung.

Die Festlegung der Systemstruktur stützt sich auf die detaillierte Erfassung der Wassernutzungen, Wasserbewirtschaftungseinrichtungen und -strategien. Daran schließt sich deren Klassifizierung und Zusammenfassung an. Dabei wird so weit gegangen, dass unter wasserwirtschaftlichen und ökonomischen Gesichtspunkten noch signifikante Effekte wahrgenommen werden können.

Ein wichtiger Bestandteil der Methodik ist das Rangzahlenkonzept wie es in Abbildung 4 illustriert ist. Dieses ermöglicht die gewichtete Berücksichtigung von Nutzungen unabhängig vom Flusslängsschnitt.

Die räumliche und zeitliche Dynamik der sozioökonomischen, wasserabhängigen und vom globalen Wandel betroffenen Bereiche wird durch eine dreistufige Zeitstruktur reflektiert:

- Die erste Zeiteinheit ist der Monat als typischer Bilanzierungszeitraum.
- Die zweite Zeiteinheit ist in der Regel die Periode, die mehrere Jahre umfasst (oft Fünfjahrperioden). Von Periode zu Periode dürfen der Wasserbedarf der Wassernutzer, Speicherbetriebsräume oder die Speicherabgabefunktionen variieren.
- Die dritte Zeiteinheit ist der Prognosezeitraum (hier 50 Jahre).

Bewirtschaftungsmodell WBalMo GLOWA

a) Modellcharakteristik

Zur Lösung der in GLOWA-Elbe I formulierten Aufgaben einer Abschätzung der Auswirkungen klimatischer Veränderungen auf die Wasserbereitstellung im Spreegebiet war das Bewirtschaftungsmodell ArcGRM Spree / Schwarze Elster (jetzt WBalMo Spree / Schwarze Elster) vorgesehen worden, da es als Simulationsmodell seine Eignung bei der Nachbildung wasserwirtschaftlich relevanter Prozesse im Flussgebiet bereits nachgewiesen hat. Weil es zudem in den betroffenen Bundesländern Sachsen, Brandenburg und Berlin als verbindliches Planungsinstrumentarium genutzt wird, war sowohl das Interesse dieser Länder an den anstehenden Untersuchungen von vornherein gegeben als auch deren Unterstützung bei der Datenbeschaffung. Als Basissoftware kam das Simulationssystem ArcGRM (jetzt WBalMo) zum Einsatz, in dem die in Abbildung 5 dargestellten Datengruppen berücksichtigt werden.

Zu berücksichtigen waren folgende Rahmenbedingungen:

- Der Untersuchungszeitraum umfasst die Jahre 2003–2052.
- In diesem Zeitraum werden Klimaänderungen angenommen.

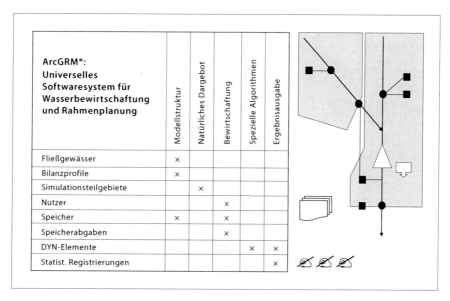

Abb. 5: Datengruppen des ArcGRM (jetzt WBalMo)

Da sich das WBalMo Spree/Schwarze Elster zu Bearbeitungsbeginn aber auf die 35 Jahre von 1998 bis 2032 bezog und man von einer Invarianz der klimatischen Bedingungen ausging, waren folgende Probleme zu lösen:

- Anpassung des WBalMo Spree / Schwarze Elster an den 50-jährigen Bilanzzeitraum 2003–2052
- Überarbeitung und Aktualisierung der Modellbausteine zur Einbeziehung der Tagebaurestlochspeicher Lohsa II, Bärwalde und Cottbus-Nord
- Berücksichtigung von Klimaänderungen (STAR 100) bei der Simulation des natürlichen Wasserdargebotes (siehe Abschnitt b) „Abflusssimulation").

Das Bewirtschaftungsmodell WBalMo Spree / Schwarze Elster der Länder Sachsen, Brandenburg und Berlin bezog sich bisher auf sieben fünfjährige Perioden von 1998 bis 2032. Es musste auf zehn Perioden derselben Länge mit dem Zeitraum 2003–2052 erweitert und aktualisiert werden. Folgende Aufgaben wurden realisiert:

- Elimination der bereits abgelaufenen bisherigen 1. Periode von 1998 bis 2002
- Erweiterung um vier künftige Perioden bis 2052 durch weitgehende Fortschreibung der Nutzungsverhältnisse der bisher letzten Periode von 2028 bis 2032 sowie Anpassung der an den Bergbau und die Stromerzeugung gebundenen Wassernutzungen
- Anpassung der über 50 so genannten „dynamischen Elemente" zur Berücksichtigung spezieller Natur- und Nutzungsprozesse in den Flussgebieten der Spree und der Schwarzen Elster, z. B. der Zuführung von Spree- und Neißewasser zur Flutung der Restlochkette im Raum Senftenberg.

Für die künftigen Speicher Lohsa II, Bärwalde und Cottbus-Nord existieren im WBalMo Spree / Schwarze Elster dynamische Speichermodelle, welche die Wechselbeziehungen zwischen dem Wasserkörper und dem Grundwasser im Umfeld näherungsweise beschreiben. Diese Modelle wurden durch die Aktualisierung der natürlichen Grundwasser-Wiederanstiegskurven und der Speicherinhaltskurven den Randbedingungen des WBalMo GLOWA Spree / Schwarze Elster angepasst. Ein Ausschnitt der Systemstruktur dieses WBalMo GLOWA ist in Abbildung 6 dargestellt.

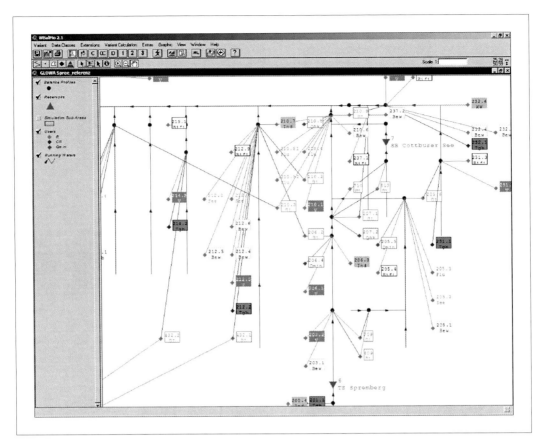

Abb. 6: Ausschnitt der Systemskizze des WBalMo GLOWA

b) Abflusssimulation

Eine wichtige Grundlage der Anwendung der dargestellten Methodik ist die Simulation des natürlichen Wasserdargebotes unter Verwendung von Klimareihen als Input. Diese dient der Berücksichtigung der raum-zeitlich differenzierten Abflussbildung unter Beachtung der Auswirkungen des globalen Wandels (Klima, Landnutzung).

Das bisher für das Untersuchungsgebiet vorliegende Modell SESIM (WASY GmbH) generierte mit Hilfe stochastischer Simulationsbeziehungen (mehrdimensionale instationäre Autoregressionsmodelle) beliebig viele Realisierungen von Reihen monatlicher Niederschläge und potenzieller Verdunstungswerte sowie monatlicher Abflüsse in den vom Bergbau unbeeinflussten Teilgebieten der Spree und der Schwarzen Elster für den Zeitraum 1998–2032. Zusätzlich waren N-A-Modelle vom Typ EGMO-D (WASY GmbH) integriert, die ausgehend von den simulierten meteorologischen Reihen auf deterministischem Wege Teilgebietsabflüsse in der Bergbauregion erzeugen. Durch Veränderung der EGMO-D-Parameter in Abhängigkeit von der Lage der Grundwasser-Absenkungstrichter lässt sich die bergbaubedingte Entwicklung des Abflussregimes nachbilden.

Die bisherige Grundlage für den stochastischen Teil des Modells SESIM in Form von Beobachtungsreihen der meteorologischen Prozesse und des Abflusses an Pegeln konnte im Rahmen von GLOWA-Elbe I nicht mehr genutzt werden. Es erfolgte eine Umstellung der bislang stochastischen Komponenten von SESIM auf eine einheitliche deterministische Abfluss-Simulation. Ausgangspunkt dafür bildete die gebietsbezogene Untergliederung des Spreegebietes in Simulationsteilgebiete, wie sie Abbildung 7 illustriert.

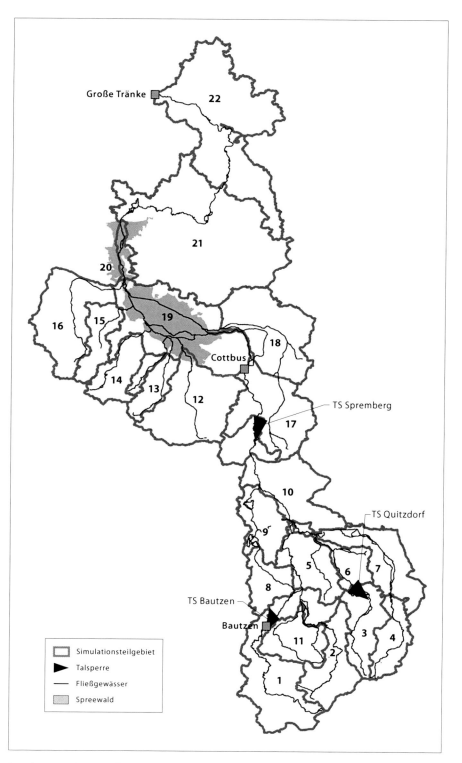

Abb. 7: Simulationsteilgebiete für die Abflusssimulation im Spreegebiet

Die als Eingangsdaten für die Abflusssimulation benötigten meteorologischen Prozessdaten, die monatlichen Gebietsmittel der Niederschläge und der potenziellen Verdunstung nach Turc-Ivanov, wurden in folgenden Varianten bereitgestellt:

- Fortsetzung der Klimatologie der Jahre 1951–1996 für einen Entwicklungsrahmen mit einem *„stabilen"* Klima bis 2052
- Klimawandel mit einem Temperaturanstieg von 1,4 K bis 2052 auf der Basis des *STAR 100*-Szenarios.

Für das *„stabile"* Klima lagen entsprechende Gebietsmittel auf der Grundlage von DWD-Daten vor, die von den betroffenen Bundesländern bereitgestellt wurden. Für einen Klima**wandel** wurden vom PIK für insgesamt 300 meteorologische Stationen im Elbegebiet jeweils 100 Realisierungen täglicher Werte von 11 Klimagrößen aus dem Zeitraum 2001–2052 übergeben. Diese täglichen Klimawerte mussten für das Programm SESIM-GLOWA zu Gebietsmitteln des Niederschlages und der potenziellen Verdunstung von insgesamt zehn meteorologischen Teilgebieten in den Flussgebieten der Spree und der Schwarzen Elster auf Monatsbasis komprimiert werden.

Dazu waren fünf Arbeitsschritte erforderlich:

- Auswahl von 51 Stationen, die den zehn Teilgebieten zugeordnet werden konnten
- Bestimmung der Anteile der Stationen an den 10 Teilgebieten mit Hilfe der Thiessen-Methode
- Berechnung der täglichen Niederschläge unter Berücksichtigung der Schneeverlagerung (Programm SNOW der TU Dresden) und der potenziellen Verdunstung nach Turc-Ivanov für die 51 Stationen
- Bildung der Monatssummen beider Klimagrößen
- Berechnung der Gebietsmittel für die zehn meteorologischen Gebiete aus den Stationsmitteln mit der Thiessen-Methode.

Im Weiteren mussten folgende Arbeiten zur Umstellung des Abfluss-Simulationsmodells SESIM durchgeführt werden:

Anpassung des Niederschlag-Abfluss-Modells EGMO-D

Im bisherigen Programm SESIM werden die Abflüsse von 13 sogenannten Simulationsteilgebieten (STG) in den bergbauunbeeinflussten Teilen der Oberen Spree und der Schwarzen Elster stochastisch generiert, wobei die Simulationsparameter aus langjährigen Reihen monatlicher Pegelabflüsse berechnet werden. Dabei wird eine Invarianz des Klimas vorausgesetzt, welche im vorliegenden Verbundprojekt gerade nicht angenommen wird. Deshalb mussten diesen STG jetzt Niederschlag-Abfluss-Modelle vom Typ EGMO-D angepasst werden. Die Anpassung erfolgt über eine Bestimmung von 11 Systemmodellparametern und von sieben Flächenparametern anhand von Abflussreihen an Pegeln und topographischen Karten.

Aufbereitung der bergbaulichen Entwicklung

Für die bergbaubeeinflussten STG der Spree und der Schwarzen Elster waren Grenzen der Grundwasserabsenkungsgebiete vorgegeben, die sich durch die dortigen Annahmen hinsichtlich der Entwicklung des Bergbaus im Lausitzer Revier ergaben. Mit diesen Grenzen wurden die oben zitierten Ländermodelle aktualisiert und bis 2055 erweitert, indem in SESIM-GLOWA die Gebietsanteile der abflusslosen Bereiche neu bestimmt und in die EGMO-D-Parametersätze der betroffenen STG übernommen wurden.

Erzeugung der 100 Realisierungen von Abflüssen

Das entstandene Programm SESIM-GLOWA transformierte dann die Reihen monatlicher Niederschläge und potenzieller Verdunstungswerte für die Varianten:

- *stabiles* Klima und
- Klima*wandel*

in entsprechende Abflussreihen für sämtliche STG. Die so erzeugten 100 Realisierungen des Zeitraumes 2003–2052 ohne bzw. mit Klimawandel bildeten schließlich die wesentlichen Eingangsgrößen für das WBalMo GLOWA Spree/Schwarze Elster, mit dem dann verschiedene Entwicklungsrahmen untersucht werden konnten.

In den folgenden Abbildungen sind die Effekte der stochastischen Abflusssimulation innerhalb einer Periode (Abbildung 8) sowie des Einflusses möglicher Klimaänderungen (Abbildung 9) für die Abflüsse eines Simulationsteilgebietes (STG 1) illustriert.

Besonders berücksichtigt werden musste im Vorhaben auch das Wechselspiel zwischen großräumigen Untersuchungen und hochaufgelösten Detailuntersuchungen. Abbildung 10 verdeutlicht das Zusammenspiel der Bausteine des WBalMo GLOWA. Der sogenannte Berlin-Baustein wurde von der Bundesanstalt für Gewässerkunde (BfG) entwickelt und voll in das WBalMo GLOWA integriert. Für den Spreewald musste aufgrund dessen Komplexität ein anderer Ansatz gefunden werden. Hierfür wurde eine spezielle genestete Lösung für das Bewirtschaftungsmodell WBalMo entwickelt, vgl. hierzu den Beitrag des ZALF Müncheberg (DIETRICH 2005, Kapitel III-2.3.1).

Die Anwendung des Modells WBalMo GLOWA insgesamt ist in den Beiträgen von KALTOFEN et al. (2005, Kapitel III-2.2.1) und von RACHIMOW et al. (2005, Kapitel III-2.4.2) dargestellt.

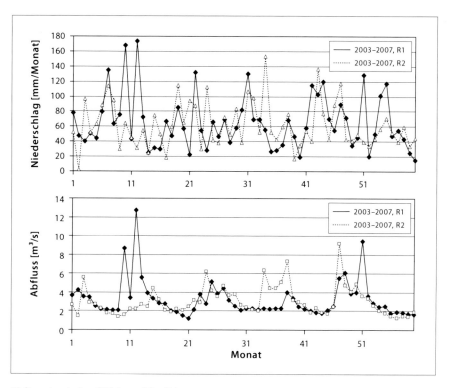

Abb. 8: Abflusssimulation STG 1, zwei Realisierungen

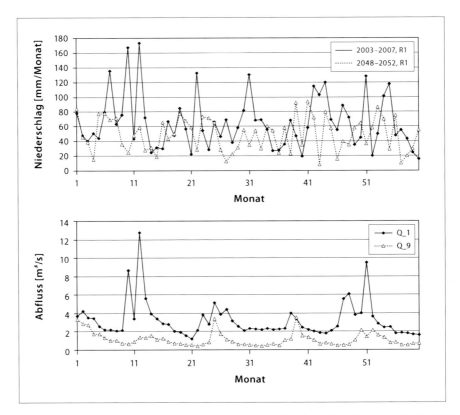

Abb. 9: Abflusssimulation STG 1 ohne Klimaänderung (2003–2007) und mit Klimaänderung (2048–2052)

Modellintegration

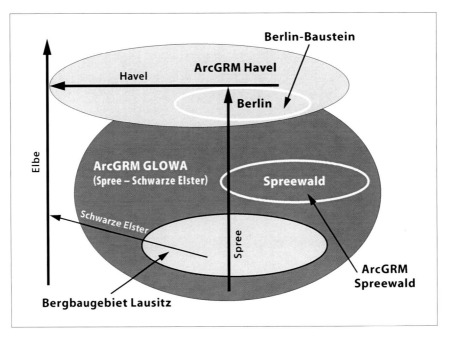

Abb. 10: Modellintegration

Zusammenfassung

Im Rahmen der Teilaufgabe 2.1 „Bergbaubeeinflusstes Einzugsgebiet – Obere Spree" des Verbundvorhabens GLOWA-Elbe I war es das Ziel, bereits heute bestehende Wasserverfügbarkeitskonflikte im Betrachtungsraum der Oberen Spree unter geänderten Rahmenbedingungen im Kontext des globalen Wandels zu untersuchen. Hierfür kam die Methode der stochastischen Langzeitsimulation mit dem Simulationssystem WBalMo zum Einsatz, die eine raum-zeitlich differenzierte, integrierte Analyse der hydrologisch/wasserwirtschaftlichen Aspekte und Probleme des Wasserressourcenmanagements im Flussgebiet ermöglicht. Die Methodik wird hier im Überblick vorgestellt. Ergebnisse werden in den Beiträgen zum Spree-Havel-Gebiet präsentiert.

Referenzen

Dietrich, O. (2005) Das Integrationskonzept Spreewald und Ergebnisse zur Entwicklung des Wasserhaushalts. In: Wechsung, F., Becker, A., Gräfe, P. (Hrsg.) Auswirkungen des globalen Wandels auf Wasser, Umwelt und Gesellschaft im Elbegebiet. Weißensee Verlag Berlin Kap. III-2.3.1.

Grünewald, U., Kaltofen, M., Kaden, S., Schramm, M. (2001) Länderübergreifende Bewirtschaftung der Spree und der Schwarzen Elster, KA – Wasserwirtschaft, Abwasser, Abfall, 2001(48) Nr. 2, S. 205–213.

Kaden, S., Redetzky, M. (2000) Simulation von Bewirtschaftungsprozessen. Beitrag zum Kolloquium der Bundesanstalt für Gewässerkunde Koblenz/Berlin Sept. 1999.

Kaltofen, M., Koch, H., Schramm, M. (2005) Wasserwirtschaftliche Handlungsstrategien im Spreegebiet oberhalb Berlins. In: Wechsung, F., Becker, A., Gräfe, P. (Hrsg.) Auswirkungen des globalen Wandels auf Wasser, Umwelt und Gesellschaft im Elbegebiet. Weißensee Verlag Berlin Kap. III-2.2.1.

Rachimow, C., Pfützner, B., Finke, W. (2005) Veränderungen im Wasserdargebot und in der Wasserverfügbarkeit im Großraum Berlin. In: Wechsung, F., Becker, A., Gräfe, P. (Hrsg.) Auswirkungen des globalen Wandels auf Wasser, Umwelt und Gesellschaft im Elbegebiet. Weißensee Verlag Berlin Kap. III-2.4.2.

Schramm, M. (1994) Die Bewirtschaftungsmodelle LBM und GRM und ihre Anwendung auf das Spreegebiet. In: Wasserbewirtschaftung an Bundeswasserstraßen. Ausgewählte Beiträge zum Kolloquium am 02.02.1994 in Berlin, BfG Mitteilung Nr. 8, Koblenz 1995. 7–19.

III-2.1.4 Exemplarische Umsetzung des Integrativen Methodischen Ansatzes am Oberlauf der Spree

Frank Messner, Michael Kaltofen, Oliver Zwirner, Hagen Koch

Anwendung des IMA im Pilotprojekt

Wie bereits im Beitrag „Der Integrative Methodische Ansatz von GLOWA-Elbe" (MESSNER et al. 2005a, Kap. I-2) dargelegt wurde, vollzieht sich der Integrative Methodische Ansatz von GLOWA-Elbe in vier Analyseschritten. Seine konkrete Umsetzung und Anwendung wird nachfolgend für das Masterszenario **Obere Spree** exemplarisch dargelegt. Normatives Leitbild des Masterszenarios ist die erfolgreiche Flutung der Tagebaurestlöcher in der Lausitz unter den Bedingungen des globalen Wandels bei Vermeidung bedeutsamer Auswirkungen auf andere Wassernutzer. Dabei sollen Wassermengenkonflikte im Teileinzugsgebiet Spree-Havel zwischen den verschiedenen Akteuren sowie Ober- und Unterliegern möglichst nachhaltig gelöst werden.

a) IMA-Schritt 1: Szenarienableitung

Die exogenen und endogenen Komponenten des globalen Wandels werden durch Entwicklungsrahmen (EWR) und Handlungsalternativen (ALT) beschrieben. Ihre Kombination ergibt Entwicklungsszenarien (ESZ). Zur Ableitung von ESZ wurden EWR in einer Analyse des globalen Wandels erstellt und ALT in einer Analyse der Handlungsebenen identifiziert. Die Ergebnisse dieser beiden Analysen werden in den nachstehenden Unterabschnitten dargestellt.

Analyse des globalen Wandels

Ziel dieser Analyse war die Erstellung verschiedener EWR, die als Kombination von Wandelszenarien zu verschiedenen exogenen Triebkräften erstellt werden und damit mögliche Zukunftsverläufe für das Untersuchungsgebiet abbilden. Durch einen EWR werden die Rahmenbedingungen des politischen Handelns bestimmt. Um die Unsicherheit über die zukünftige Entwicklung dieser Triebkräfte zu berücksichtigen, wurden im Rahmen von GLOWA-Elbe I vier EWR definiert. Dabei wurde wie folgt vorgegangen (siehe MESSNER forthcoming):

(1) Festlegung von qualitativen „Storylines" für globalen Wandel. Eine Storyline ist eine qualitativ bestimmte Entwicklung eines möglichen Zukunftspfades. Unter Bezugnahme auf die qualitativen SRES-Szenarien zum globalen Wandel des IPCC (2000) wurden zwei Storylines ausgewählt: *A1* und *B2*. Die Storyline *A1* beschreibt die Zukunft als eine sehr ökonomisch bestimmte und globalisierte Welt, in der Globalisierung und Liberalisierung von Märkten im Mittelpunkt stehen und umweltpolitische Aktivitäten eher reaktiver Natur sind. Die Storyline *B2* sieht die Zukunft eher als ein Wirtschaften in Regionen. Das wirtschaftliche Wachstum ist weniger stark ausgeprägt, Lösungen in Politik und Gesellschaft werden eher in kleineren Bezugsräumen angestrebt. Die Umweltpolitik hat einen hohen Stellenwert und wird tendenziell vorsorgend betrieben.

(2) Regionalisierung der qualitativen Storylines. Nach der Festlegung der Storylines für den globalen Kontext wurden die Storylines für die Untersuchungsregion bestimmt. In diesem Kontext wurden acht bedeutsame Triebkräfte („driving forces") identifiziert, die für die Untersuchungsregion bedeutsam sind: EU-Agrarpolitik, Entwicklung des Binnenfischereisektors und seine Subventionierung durch die EU, allgemeine ökonomische Entwicklung, Bevölkerungstrends, Entwicklung des regionalen Tourismuspotenzials, Umsetzung der EU-Wasserpolitik, Klimaentwicklung und Entwicklungen im Energiesektor. Für diese acht Triebkräfte wurden die Storylines *A1* und *B2* für die Region

qualitativ konkretisiert. So wurde beispielsweise für die EU-Politiken hinsichtlich Agrar- und Fischereisektoren angenommen, dass in *A1* ein deutlicher Subventionsabbau stattfinden wird, während in *B2* das Subventionsniveau verbleibt, aber ökologische Faktoren an Bedeutung gewinnen. Bei sechs von den acht Triebkräften war eine Zuordnung von qualitativen Rahmenbedingungen und Trends zu den Storylines *A1* und *B2* möglich. Hinsichtlich des Energiesektors und hier insbesondere in der regionalen Braunkohleverstromung ließen sich jedoch keine klaren Zuordnungen treffen. Sowohl eine Weiterführung der regionalen Braunkohleverstromung als auch ein Auslaufen der Braunkohlenutzung ließen sich argumentativ beiden Storylines zuordnen. Da das Auslauf-Szenario sowohl wahrscheinlicher war und gleichzeitig höhere Wasserverfügbarkeitsprobleme mit sich bringt, wurde dieses Szenario für beide Storylines ausgewählt. Weiterhin problematisch war die eindeutige Zuordnung des *STAR 100*-Szenarios zu den Storylines *A1* und *B2*. *STAR 100* nimmt zwar explizit Bezug auf ein *A1*-Szenario, es könnte aber auch *B2* zugeordnet werden, da der nach *B2* bis 2055 in der Elberegion zu erwartende Temperaturanstieg ähnlich ist.

Aus diesem Grunde wurde entschieden, die beiden IPCC Storylines als rein sozioökonomische Storylines zu begreifen und diese zu kombinieren mit zwei möglichen Klimapfaden: einem ohne Klimawandel und einem mit Klimawandel nach *STAR 100* gemäß einer globalen Temperaturzunahme von 1,4 K bis 2055. Als Konsequenz ergaben sich vier EWR:

- sozioökonomischer Trend gemäß *A1* mit stabilem Klima (***A1 stabil***),
- sozioökonomischer Trend gemäß *A1* mit Klimawandel (***A1 wandel***),
- sozioökonomischer Trend gemäß *B2* mit stabilem Klima (***B2 stabil***) und
- sozioökonomischer Trend gemäß *B2* mit Klimawandel (***B2 wandel***).

(3) Quantifizierung der Storylines. Zur Quantifizierung der qualitativen regionalen Storylines wurden verschiedene Methoden verwendet. Die Auswirkungen der Storylines auf den Agrarsektor wurden wie bei der Energiewirtschaft mit Modellrechnungen ermittelt. Als Modelle wurden RAUMIS für den Agrarsektor (siehe GÖMANN et al. 2005, Kap. II-2.1.1) und IKARUS für den Energiesektor genutzt (vgl. VÖGELE/MARKEWITZ 2001). Für den Bereich Bevölkerungsentwicklung wurden bestehende Trendrechnungen für die Makroskala verwendet und mittels statistischer Methoden regionalisiert. Die Entwicklung der regionalen Wirtschaft, des Tourismus, der Binnenfischerei sowie Umsetzung der EU-Wasserpolitik wurden hingegen durch statistische Trendfortschreibungen abgeschätzt (siehe MESSNER et al. 2005b, Kap. III-2.2.2).

Auf diese Weise wurden für die Untersuchungen im Elbeeinzugsgebiet konsistente Rahmenbedingungen in Form von vier EWR mit jeweils acht Triebkräften geschaffen.

Analyse der Handlungsebene

Die Analyse der Handlungsebene wurde schwerpunktmäßig durch eine Konflikt- und Stakeholderanalyse und ein Expertenfachgespräch geleistet. Aufgabe der Konflikt- und Stakeholderanalyse war die Untersuchung der Handlungsebene und der mit ihr verbundenen Akteurs- und Konfliktkonstellationen sowie der Problemwahrnehmungen. Diese Untersuchung stützte sich methodisch im Wesentlichen auf das Studium der verfügbaren Literatur zu dem Wasserverfügbarkeitsproblem (Gutachten, Akten, Veröffentlichungen etc.) sowie auf qualitative Interviews mit betroffenen Akteuren. Die Literaturstudien gaben erste wichtige Informationen zu den involvierten Akteursgruppen in der Bevölkerung und zu den Entscheidungsträgern auf der Behördenseite. Diese Personen wurden anschließend in Interviews befragt und durch Hinweise auf weitere involvierte Personen aus den Interviews wurde die Gesamtheit der bedeutsamen Akteure im Schneeballsystem erfasst.

Letztlich konnten drei Gruppen von Akteuren identifiziert werden: Entscheidungsträger aus den Landes- und Bundesministerien und ihre Berater, das Personal der verschiedenen ausführenden Behörden auf Länderebene sowie wichtige betroffene Wassernutzer, unter ihnen z. B. Binnenfischer, Akteure aus der Tourismusbranche, die Energieversorger, der staatliche Sanierungsträger LMBV sowie Landwirte und auch Bürgermeister von an der Spree bzw. der Schwarzen Elster gelegenen Städten und Gemeinden.

Insgesamt wurden 25 Interviews mit Repräsentanten der verschiedenen Akteursgruppen getätigt. Nach Abschluss der Interviewphase konnten im Wesentlichen zwei Konfliktlinien identifiziert werden, die den Wasserverfügbarkeitskonflikt im Bearbeitungsgebiet prägen. (1) Die traditionellen Wassernutzer (Energiesektor, Binnenfischerei, Schifffahrt, Tourismus an Stauseen und im Feuchtgebiet Spreewald, Mindestabfluss für Wassernutzungen in Berlin) waren an der Wahrung ihrer Nutzrechte interessiert und sahen sich konfrontiert mit neuen Wassernutzergruppen, insbesondere der LMBV mit ihrem Wasseranspruch zur Sanierung der Bergbaurestseen sowie den potenziellen Investoren für den Aufbau des Nachnutzungstourismus an den neuen Seen. (2) Quer zu jener Konfliktlinie bestand ein Konfliktpotenzial zwischen den involvierten Bundesländern (Sachsen, Brandenburg, Berlin). Angesichts der Tatsache, dass das Wasserrecht Ländersache ist und mithin auf Bundeslandebene entschieden wird, standen sich mit den Vertretern der Länder drei Entscheidungsträgergruppen mit unterschiedlichen Oberlieger-Unterlieger-Interessen für ihre jeweiligen Länder gegenüber. Diese zweite Konfliktlinie war letztlich auch dafür verantwortlich, dass es 10 Jahre gedauert hatte, bis man sich auf eine gemeinsame Entscheidergruppe einigte, die länderübergreifende Arbeitsgruppe Flussgebietsbewirtschaftung. In dieser Arbeitsgruppe waren sowohl Personen aus den Ministerien und Behörden der Länder vertreten als auch drei Stakeholdergruppen: der Energieversorger Vattenfall Europe (ehemals VEAG und LAUBAG), die LMBV als Sanierer der Bergbaufolgelandschaften sowie die Lausitzinitiative, eine Initiative kleinerer Wassernutzer, die sich zusammengeschlossen hat, um die Nutzung der neuen Seenlandschaften voranzubringen. Da diese Arbeitsgruppe die oben genannten Konfliktlinien grob reflektierte und bereits eine produktive Zusammenarbeit stattgefunden hatte (Erarbeitung einer Basisstrategie zur Flussbewirtschaftung, vgl. LIWAG 2000), wurde diese Gruppe als Ausgangspunkt für die Partizipation im IMA-Prozess gewählt, wobei ausgewählte zusätzliche Akteure möglicherweise in einer späteren Phase hinzugezogen werden sollten (vgl. Messner et al. 2004c).

Aufbauend auf den Ergebnissen der Stakeholderanalyse wurde am 18. Juni 2002 in Cottbus ein Expertenfachgespräch mit den Mitgliedern der länderübergreifenden Arbeitsgruppe Flussgebietsbewirtschaftung veranstaltet (vgl. BTU et al. 2002). Im Mittelpunkt dieses Gesprächs standen zwei Aspekte. Zum einen wurden die Ergebnisse zur Analyse des globalen Wandels vorgestellt. Ökonomen und Klimatologen legten die möglichen Zukunftspfade für das Spreegebiet dar, indem sie die Verläufe der Triebkräfte zu den EWR bis 2050 erläuterten. Besonders wichtige Triebkräfte waren in diesem Zusammenhang das Auslaufen des Bergbaus bis 2040 sowie eine Klimaerwärmung in der Region um ca. 1,4 K bis 2055. Anschließend wurden die entsprechenden Ergebnisse der wasserwirtschaftlichen Modellierung dargelegt, wobei deutlich wurde, dass im Fall der Klimaänderung in der Zukunft erhebliche Wasserengpässe auftreten können, wenn die Basis-Strategie langfristig weiter verfolgt wird (siehe Koch et al. 2005 sowie Kaltofen et al. 2005, Kap. III-2.2.1).

Die anschließende Diskussion fokussierte nach einer Fragerunde auf die Identifizierung von alternativen Handlungsstrategien. In diesem Kontext wurden vier Strategien genannt, die möglicherweise die aufgezeigte Wasserverfügbarkeitsproblematik mindern könnten:

- *Prioritäre Flutung*: höhere Priorität dem Mindestbedarf für die Tagebauseeflutung bei Sicherung der ökologischen Mindestabflüsse und erweiterter Nutzbarkeit der Neiße-Überleitung
- *Reduzierte Fließe*: bis Flutungsende deutlich verringerte Stützung von kleinen Fließgewässern mit Flutungswasser, Beispiel: Raum Seese/Schlabendorf
- *Oderwasser Berlin*: Oderwasserüberleitung über den Oder-Spree-Kanal für Berlin
- *Oderwasser Brandenburg:* Oderwasserüberleitung in die Malxe für Brandenburg

Zusammen mit der derzeit verfolgten Strategie „Basis" (Prioritäten der Wasserverteilung zugunsten der traditionellen Wassernutzer und Wasserüberleitung aus der Neiße) standen also fünf Handlungsstrategien für die Szenarioanalyse zur Bearbeitung an, wobei die vier neuen Strategien immer als Erweiterung der derzeitigen Strategie zu verstehen sind. Aufgrund der gelungenen Identifizierung von Alternativen zur herrschenden Flussgebietsbewirtschaftungsstrategie ist das Expertenfachgespräch als erfolgreich zu beurteilen.

Ein weiteres wichtiges Ergebnis der Diskussion lag darin, dass die Bedeutung der Analyse der ökonomischen Wirkungen der Strategien von den Akteuren betont wurde. Während über Strategien der Flussgebietsbewirtschaftung bisher nicht unter Berücksichtigung ökonomischer Aspekte entschieden wurde, wurde die Analyse wirtschaftlicher Effekte, wie sie auch nach der neuen EU-Wasserrahmenrichtlinie gefordert ist, ausdrücklich begrüßt.

Tab. 1: Entwicklungsrahmen (EWR), Handlungsalternativen (ALT) und die resultierenden Entwicklungsszenarien (ESZ) für das Masterszenario **Obere Spree** (OS), sowie sich daraus ergebende exogene Zuflüsse(Qzu) S0–S4, die in den Masterszenarien **Spreewald** und **Berlin** berücksichtigt wurden

EWR$_{OS}$		ALT$_{OS}$	ESZ$_{OS}$ [ALT, EWR]	Qzu (EXO$_{SW}$, EXO$_{Bln}$)
Klima	**Sozioökonomie**			
stabil	A1, B2	Basis$_{OS}$	Basis$_{OS}$ (A1/B2)[1] stabil	
		Prioritäre Flutung (Flutung),	Flutung (A1/B2) stabil	
		Reduzierte Fließe (RedFl),	RedFl (A1/B2)[1] stabil	
		Oderwasser Berlin (OderBln),	OderBln (A1/B2)[1] stabil	
		Oderwasser Brandenburg (OderBB)	OderBB (A1/B2)[1] stabil	
wandel	A1, B2	Basis$_{OS}$	Basis$_{OS}$ (A1/B2) wandel	S0
		Flutung	Flutung (A1/B2) wandel	S1
		RedFl	RedFl (A1/B2) wandel	S2
		OderBln	OderBln (A1/B2) wandel	S3
		OderBB	OderBB (A1/B2) wandel	S4

[1] Bezüge zu den sozioökonomischen Komponenten der Entwicklungsrahmen waren nur in den ökonomischen Analysen von Bedeutung. Sie waren für die Versorgungssicherheit nicht bedeutsam und wurden deshalb dort nicht mehr explizit erwähnt: Basis$_{OS}$ **A1 wandel** bzw. Basis$_{OS}$ **B2 wandel** vereinfachten sich zu Basis$_{OS}$ **wandel** (vgl. KALTOFEN et al. 2005, Kap. III-2.2.1)

Durch Kombination der vier EWR und der fünf Handlungsstrategien ergaben sich letztlich im ersten Schritt des IMA 20 Entwicklungsszenarien (ESZ), die in Tabelle 1 aufgelistet sind. Jedes ESZ kann als Zuflussszenario dem Spreewald und Berlin zugeordnet werden. Die in Tabelle 1 ausgewiesenen Zuflussszenarien **S0–S3** wurden in den MSZ **Spreewald** (dort nur **S0**) und **Berlin** als exogene Dynamiken des globalen Wandels mit lokalen Handlungsalternativen (ALT) kombiniert und bezüglich ihrer Konsequenzen auf Wasserverfügbarkeit, Gewässergüte und monetäre Kriterien verglichen.

b) IMA-Schritt 2: Identifikation von Indikatoren

Im Rahmen der Stakeholderanalyse wurden die Akteure befragt, welche Aspekte des Wasserverfügbarkeitsproblems für sie wesentlich sind und mit welchen Indikatoren eine erfolgreiche Wasserbewirtschaftung gemessen werden könnte bzw. sollte. Nachfolgend sind die entsprechenden Indikatoren aufgelistet, die sich aus der Diskussion mit den Stakeholdern ergaben.

- *Wasserverfügbarkeit in m^3/s im Jahresgang an bedeutsamen Pegeln*: Dies ist ein gängiger Indikator zur Messung der Wasserverfügbarkeit an verschiedenen Orten und über verschiedene Zeiträume im Flussgebiet.
- *Wahrscheinlichkeit der Befriedigung der Wassernachfrage verschiedener Nutzer in vorgegebenen Zeiträumen*: Dieser Indikator gibt die Sicherheit in Prozent an, mit der ein bestimmter Nutzer oder eine Nutzergruppe an einem Pegel in bestimmten Zeiträumen mit der vollständigen Befriedigung des Bedarfes rechnen kann.
- *Einhaltung des ökologischen Mindestabflusses*: Dieser Indikator misst die Einhaltung des Mindestabflusses an vorgegebenen Pegeln, der für die Aufrechterhaltung der ökologischen Systeme für notwendig erachtet wird.
- *Veränderung in den Gewinn- bzw. Nutzenpositionen von Wassernutzern in Geldeinheiten*: Dieser Indikator misst die Veränderung des Nutzens bei Wassernutzern, die mit veränderten Wasserverfügbarkeiten konfrontiert sind, in monetären Einheiten.
- *Anzahl der Personen, die vom Nachnutzungstourismus an Tagebauseen als Anwohner profitieren*: Dieser Indikator gibt an, wie viele Personen in direkter Nachbarschaft von einem Tagebausee wohnen und daher hinsichtlich der Erholungsfunktion direkt von ihm profitieren.
- *Zeitpunkt des Flutungsendes der Tagebauseen (inkl. Abschluss der Konditionierung):* Dieser Indikator gibt für einzelne Tagebauseen an, wann die Flutung inklusive der Konditionierung abgeschlossen ist und eine Nachnutzung beginnen kann.
- *pH-Wert in den Tagebauseen*: Dieser Indikator bezieht sich auf die Wasserqualität in den Tagebauseen, die oft hauptsächlich hohe Säurebelastungen aufweisen.
- *Veränderung der Beschäftigung in betroffenen Wirtschaftssektoren*: Dieser Indikator zeigt an, wie sich die Beschäftigung in vom Wassermangel betroffenen Wirtschaftssektoren auswirkt.

Bei genauerer Betrachtung dieser Indikatorliste lässt sich feststellen, dass teilweise verschiedene Indikatoren den gleichen Sachverhalt betreffen. So liefert beispielsweise der erste Indikator grundlegende Informationen für die Ermittlung von weitergehenden spezifischen Informationen für alle anderen Indikatoren. Erst wenn das Ausmaß der Wasserverfügbarkeit bekannt ist, können Aussagen zu Wirkungen auf Wassernutzer oder die Ökologie gemacht werden. Insofern charakterisieren diese Indikatoren Maßzahlen auf unterschiedlichen Analyseebenen, die in einer Gesamtwirkungsanalyse notwendig sind. Weiterhin ist zu konstatieren, dass Indikatordaten als Basis für eine Bewertung von Handlungsstrategien notwendig sind, aber für eine tatsächliche Bewertung nicht ausreichen. Indikatoren messen lediglich Werte zu bestimmten Zeitpunkten und an bestimmten Orten, sie beinhalten jedoch noch keine Wertung, ob eine Entwicklung gut oder schlecht ist. Eine wesentliche Aufgabe der Wissenschaftler war es daher, in Abstimmung mit den Stakeholdern aus den vorgegebenen Indikatoren und für wichtig befundenen Bereichen der Wirkungen von Wassermangel einen konsistenten Satz von Bewertungs*kriterien* zu erstellen. Für diesen Arbeitsschritt war es allerdings zuerst notwendig, die konkreten Effekte und ihre Verteilung in Zeit und Raum zu kennen. Diese wurden in den Wirkungsanalysen ermittelt.

c) IMA-Schritt 3: Wirkungsanalysen

Im Rahmen des Pilotprojektes von GLOWA-Elbe I wurden zwei Arten von Wirkungsanalysen durchgeführt. Einerseits wurden die wasserwirtschaftlichen Effekte des globalen Wandels und der wasserwirtschaftlichen Handlungsstrategien modellbasiert mittels des Wasserbewirtschaftungsmodells WBalMo simuliert. Nähere Ausführungen dazu finden sich in KALTOFEN et al. (2005, Kap. III-2.2.1) in diesem Band. Andererseits wurden die ökonomischen Wirkungen veränderter Wasserverfügbarkeiten untersucht, indem die Sensitivitäten einzelner Wassernutzergruppen in Hinblick auf veränderte Oberflächenwasserverfügbarkeiten analysiert und Schwellenwerte für ökonomische Wirkungen identifiziert wurden. Ausführlicher wird dieser Aspekt in einem weiteren Beitrag von MESSNER et al. (2005b, Kap. III-2.2.2) in diesem Band dargestellt. Aufbauend auf diesen Aktivitäten zur Quantifizierung der Szenarioimpakts sollte anschließend eine Bewertung der Szenarien erfolgen.

d) IMA-Schritt 4: Integrative Bewertung

Auf der Grundlage der Effekte, die in den wasserwirtschaftlichen und sozioökonomischen Wirkungsanalysen abgeschätzt und modelliert wurden, wurden anschließend drei Hauptkriterien identifiziert, um diese Effekte bewerten zu können.

Wie oben bereits ausgeführt, wird diesbezüglich im Kontext des IMA so vorgegangen, dass zuerst versucht wird, so viele Effekte wie möglich und sinnvoll durch die Methodik der Kosten-Nutzen-Analyse monetär zu erfassen. Das entsprechende Bewertungskriterium für einen Effekt ist der **diskontierte und kumulierte Netto-Nutzen** über den Betrachtungszeitraum, wobei sich der Netto-Nutzen aus der Differenz von monetären Nutzen- und Kostengrößen ergibt. Je nach Typ des zu bewertenden Effektes werden angemessene Bewertungsmethoden ausgewählt und die notwendigen Informationen ermittelt (hauptsächlich aus den Daten zu den Indikatorwerten, jedoch auch zusätzliche Informationen zu Marktdaten). Für folgende Aspekte der Oberflächenwasserverfügbarkeit wurden monetäre Kosten-Nutzen-Abschätzungen durchgeführt (siehe MESSNER et al. 2005b, Kap. III-2.2.2):

- Netto-Nutzen der touristischen Nachnutzung an Tagebauseen
- Netto-Nutzen Binnenfischerei
- Netto-Nutzen der wasserwirtschaftlichen Wasserbereitstellung (Aggregation der Netto-Nutzen der Wasserbereitstellung durch Vattenfall Europe Mining, LMBV und allgemeine wasserwirtschaftliche Tätigkeiten wie Überleitung etc.)
- Netto-Nutzen der wasserwirtschaftlichen Konditionierung (Aggregation der Teilkonditionierungskosten für die Tagebauseen und der Konditionierungskosten zur Gewährleistung des qualitativ ordnungsgemäßen Tagebauseewasserablaufs in die Vorfluter).

Als zweites Hauptkriterium wurde die über die Jahre **gemittelte Wasserverfügbarkeit in m^3/s** für bestimmte Tätigkeiten oder Gebiete gewählt. Da dieses Kriterium lediglich die Betroffenheit von Wassermangel anzeigt, nicht jedoch das Ausmaß dieser Betroffenheit zu bewerten vermag, ist es lediglich als Hilfs- bzw. Interimskriterium anzusehen, das in GLOWA-Elbe II adäquat ersetzt werden soll. Dieses Kriterium erwies sich allerdings in GLOWA-Elbe I als unverzichtbar, da alternative Bewertungsmöglichkeiten aus methodischen oder datentechnischen Gründen nicht zur Verfügung standen. Um eine erste Gesamtbetrachtung der Einzugsgebiete für bestimmte Arten von Effekten überhaupt möglich zu machen, wurden daher folgende Unterkriterien festgelegt:

- Prozentuale Bedarfsdeckung für die Industrie im Bereich der oberen Spree und der Schwarzen Elster,
- Gemittelte Wasserverfügbarkeit in m^3 pro Sekunde für die Oberflächenwasserzuflüsse aus der Spree und der Dahme nach Berlin,
- Gemittelte Wasserverfügbarkeit in m^3 pro Sekunde für die gesamten Oberflächenwasserzuflüsse in den Spreewald.

Schließlich wurde als drittes Hauptkriterium zur Bewertung der ökologischen Effekte die **prozentuale Bedarfsdeckung entsprechend der Wasserverfügbarkeit für den ökologischen Mindestabfluss** an 28 Profilen definiert.

Wie oben ausgeführt, erfolgt die eigentliche Bewertung der Entwicklungsszenarien im IMA in zwei Schritten. Zuerst wird für jedes Kriterium eine monokriterielle Analyse durchgeführt, um alle Szenarien in Hinblick auf alle Kriterien zu bewerten. Anschließend erfolgt die Zusammenführung dieser Bewertungsergebnisse im Rahmen einer Multikriterienanalyse unter Beteiligung von Stakeholdern. Da die Arbeiten zu den sozioökonomischen Bewertungen im Pilotprojekt erst zur Mitte des Projektes in vollem Umfang beginnen konnten, liegen diesbezüglich erst die Ergebnisse zu den monokriteriellen Bewertungen vor (siehe MESSNER et al. 2005b, Kap. III-2.2.2). Eine abschließende multikriterielle Bewertung unter Einbeziehung der Bewertungspräferenzen der verschiedenen Stakeholdergruppen erfolgt zu Beginn des Nachfolgeprojektes in GLOWA-Elbe II.

Ausblick

Die hier vorgestellten Arbeiten hatten zum Ziel, die Wasserkonfliktsituation in den Einzugsgebieten von Spree und Schwarzer Elster im Kontext des globalen Wandels und unter besonderer Berücksichtigung der normativen Entwicklungsziele für die Obere Spree integrativ zu analysieren und mögliche alternative Bewirtschaftungsstrategien partizipativ zu entwickeln und zu bewerten. Der auf der Grundlage des IMA realisierte integrative Zugang zeichnet sich durch drei Charakteristika aus. Erstens war es durch Einbeziehung von Stakeholdern möglich, spezifisches lokales Fachwissen in die Arbeiten einzubeziehen und den Forschungsprozess praxisnah und anwendungsorientiert zu gestalten. Zweitens ermöglichten die Modellierungsarbeiten zur Simulation von möglichen Zukunftpfaden des globalen Wandels, dass die alternativen Wasserbewirtschaftungsstrategien im Kontext verschiedener Zukünfte untersucht werden konnten. Drittens wurde durch einen interdisziplinär angelegten integrativen Bewertungsprozess unter Anwendung verschiedener monokriterieller Bewertungsmethoden und -ansätze sichergestellt, dass eine Vielzahl heterogener Wirkungen in der Bewertung berücksichtigt werden konnte. Somit erwies sich der IMA von GLOWA-Elbe als ein brauchbares und innovatives Instrument zur integrativen Analyse und Bewertung von Handlungsalternativen im Kontext des globalen Wandels.

Zusammenfassung

Der Integrative Methodische Ansatz (IMA) lässt sich im Wesentlichen durch vier Analyseschritte charakterisieren (Szenarienableitung, Bestimmung von Indikatoren, Wirkungsanalysen und integrative Bewertung), die in vier Forschungsphasen der Analyse des globalen Wandels iterativ umgesetzt werden (siehe MESSNER et al. 2005a, Kap. I-2 in diesem Band). Die exemplarische Anwendung des IMA im Bearbeitungsgebiet zeigte insbesondere, dass die Einbeziehung der Stakeholder in die Analysen der Stakeholder-Handlungsebenen und der Ebene des globalen Wandels sowie die interdisziplinäre integrative Bewertung auf Basis von disziplinären Wirkungsanalysen bedeutsame Analyseelemente sind. Sie ermöglichen es, großskalige und komplexe Konfliktkonstellationen analytisch zu erfassen und konsistente Handlungsstrategien zu entwickeln und zu bewerten.

Referenzen

BTU, UFZ, WASY (2002) Ergebnisse des Stakeholder Fachgesprächs „Wasserbewirtschaftung unter geänderten Rahmenbedingungen" am 18.6.2002, Bericht, 2002, 70 S.

GÖMANN, H., KREINS, P., JULIUS, Ch. (2005) Perspektiven der Landbewirtschaftung im deutschen Elbegebiet unter dem Einfluss des globalen Wandels – Ergebnisse eines interdisziplinären Modellverbundes. In: WECHSUNG, F., BECKER, A., GRÄFE, P. (Hrsg.) Auswirkungen des globalen Wandels auf Wasser, Umwelt und Gesellschaft im Elbegebiet. Weißensee Verlag Berlin, Kap. II-2.1.1.

IPCC (Intergovernmental Panel on Climate Change) (2000) Emissions scenarios, IPCC Special Report.

KALTOFEN, M., KOCH, H., SCHRAMM, M. (2005) Wasserwirtschaftliche Handlungsstrategien im Spreegebiet oberhalb Berlins. In: WECHSUNG, F., BECKER, A., GRÄFE, P. (Hrsg.) Auswirkungen des globalen Wandels auf Wasser, Umwelt und Gesellschaft im Elbegebiet. Weißensee Verlag Berlin, Kap. III-2.2.1.

KOCH, H., KALTOFEN, M., GRÜNEWALD, U., MESSNER, F., KARKUSCHKE, M., ZWIRNER, O., SCHRAMM, M. (2005) Scenarios of Water Resources Management in the Lower Lusatian Mining District, Germany. Ecological Engineering, 24 (1–2), S. 49–57.

LIWAG (2000) Protokoll der 10. LIWAG-Sitzung.

MESSNER, F. (forthcoming) Scenario Analysis in the Elbe River Basin as Part of Integrated Assessment. In: Erickson, J., MESSNER, F., RING, I. (Hrsg.) Sustainable Watershed Management in Theory and Practice, (ch. 4), Elsevier Science (forthcoming).

MESSNER, F., KALTOFEN, M. (Hrsg.) (2004b) Nachhaltige Wasserbewirtschaftung und regionale Entwicklung im bergbaubeeinflussten Einzugsgebiet der Spree, Endbericht des GLOWA-Teilgebietsprojektes Obere Spree, UFZ-Bericht 1/2004, Leipzig, 95 S.

MESSNER, F., KALTOFEN, M., KOCH, H., ZWIRNER, O. (2005b) Integrative wasserwirtschaftliche und ökonomische Bewertung von Flussgebietsbewirtschaftungsstrategien. In: WECHSUNG, F., BECKER, A., GRÄFE, P. (Hrsg.) Auswirkungen des globalen Wandels auf Wasser, Umwelt und Gesellschaft im Elbegebiet. Weißensee Verlag Berlin, Kap. III-2.2.2.

MESSNER, F., WENZEL, V., BECKER, A., WECHSUNG, F. (2005a) Der Integrative Methodische Ansatz von GLOWA-Elbe. In: WECHSUNG, F., BECKER, A., GRÄFE, P. (Hrsg.) Auswirkungen des globalen Wandels auf Wasser, Umwelt und Gesellschaft im Elbegebiet. Weißensee Verlag Berlin, Kap. I-2.

MESSNER, F., ZWIRNER, O., KARKUSCHKE, M. (2004a) Participation in Multicriteria Decision Support for the Resolution of a Water Allocation Problem in the Spree River Basin. Land Use Policy, online seit 2004 (Printversion im Druck).

VÖGELE, S., MARKEWITZ, P. (2001) Die Analyse des deutschen Strommarktes mit Focus auf die neuen Bundesländer sowie die Ableitung von möglichen Strommarktentwicklungsszenarien bis zum Jahr 2050, Arbeitsbericht, Forschungszentrum Jülich, Programmgruppe Systemforschung und Technologische Entwicklung, Jülich.

III-2.2 Obere Spree

III-2.2.1 Wasserwirtschaftliche Handlungsstrategien im Spreegebiet oberhalb Berlins
Michael Kaltofen, Hagen Koch, Michael Schramm

Einleitung

Die bereits heute bestehenden Wasserverfügbarkeitskonflikte im Spreegebiet oberhalb Berlins wurden im Kontext des globalen Wandels untersucht. Als für die Wasserverfügbarkeit relevante Themenfelder wurden die Zukunft des Braunkohlebergbaus und der Klimawandel identifiziert. Die Effekte diesbezüglicher Szenarien wurden mit dem Langfristbewirtschaftungsmodell WBalMo GLOWA analysiert und gemeinsam mit Entscheidungsträgern Handlungsstrategien in den Flussgebieten von Spree und Schwarzer Elster abgeleitet. Die Effekte der resultierenden Szenarien wurden wiederum mit dem WBalMo GLOWA ermittelt.

Anwendung des IMA für die wasserwirtschaftlichen Analysen

a) Szenarien und wasserwirtschaftliche Wirkungsanalyse

Die in Kapitel III-2.1.1 (GRÜNEWALD 2005) beschriebenen Wasserverfügbarkeitsprobleme im Spree- und Schwarze-Elster-Gebiet veranlassten die betroffenen Bundesländer, vor allem Brandenburg und Sachsen, abgestimmte Grundsätze der Wasserbewirtschaftung zu entwickeln und modellgestützt ständig zu überprüfen (z. B. LIWAG 2000). Schwerpunkt war die wasserwirtschaftliche Sanierung der nach 1990 ausgelaufenen Braunkohletagebaue und der betroffenen Flusseinzugsgebiete. Ausgehend davon wurde ein Planungszeitraum bis 2032 gewählt, in dem aktiver Braunkohlebergbau und ein stabiles Klima zu Grunde gelegt wurden.

Im Rahmen der Untersuchungen von GLOWA-Elbe I wurde jedoch angesichts der sich über Jahrzehnte vollziehenden Veränderungen des aktiven Braunkohlebergbaus und des Klimas die Verlängerung des bisherigen Planungszeitraumes und die Betrachtung von Szenarien dieser Entwicklungsrahmen vorgenommen. In Kapitel III-2.1.4 (MESSNER et al. 2005) wurde bereits beschrieben, wie in Schritt 1, Szenarienableitung, für das Untersuchungsgebiet der Spree oberhalb Berlins vier Entwicklungsrahmen festgelegt wurden. Sie sind einerseits sozioökonomisch durch unterschiedliche Trends, andererseits wasserwirtschaftlich durch die Annahme eines stabilen Klimas oder einer Erwärmung um 1,4 K bis 2055 (*STAR 100*-Szenario) und durch das Einstellen der Verstromung der Braunkohle ab 2040 gekennzeichnet. Die modellseitige Umsetzung eines stabilen Klimas erfolgte durch die Erzeugung von 100 Realisierungen der benötigten Klimagrößen für den Zeitraum 2003–2052 mit EGMO-D (vgl. Kapitel III-2.1.3, KADEN et al. 2005). Allen Realisierungen liegt dabei die Klimatologie des Zeitraumes 1951–1996 zu Grunde.

Da die Annahmen zum Klima und zum Bergbau zu den Entwicklungsrahmen sowohl von *A1* als auch von *B2* zugeordnet werden können, wird auf die Kennzeichnung *A1* bzw. *B2* in diesem Kapitel verzichtet.

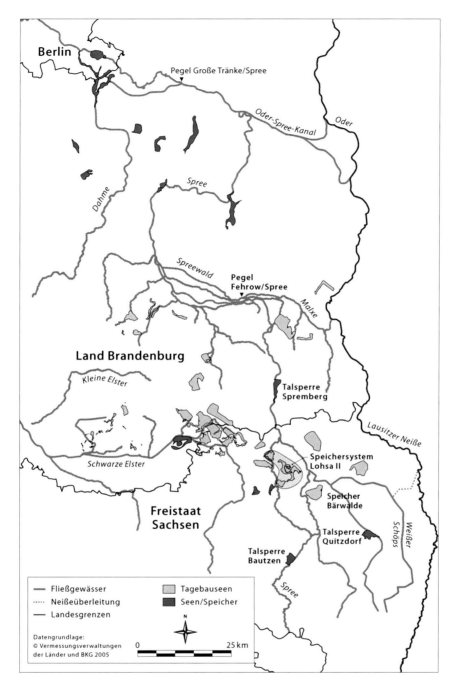

Abb. 1: Schwerpunkte der wasserwirtschaftlichen Analyse im Untersuchungsgebiet

Um eine zielgerichtete Entwicklung von wasserwirtschaftlichen Handlungsstrategien zu ermöglichen, wurden nacheinander die beiden wasserwirtschaftlich relevanten Aspekte des Entwicklungsrahmens auf ihre Effekte im Vergleich zu den bisherigen Planungsgrundlagen überprüft („**stabil**" und „**wandel**", verlängert bis 2052). Dementsprechend wurde als Handlungsalternative die zu diesem Zeitpunkt durch die Wasserbehörden der betroffenen Bundesländer vereinbarten Wasserbewirtschaftungsstrategien festgelegt („*Basis$_{os}$*"). In der Summe waren durch das Auslaufen des Bergbaus und den Klimawandel die deutlichsten wasserwirtschaftlichen Effekte zu erwarten (vgl.

Koch et al. 2005). Die Kombination dieser Entwicklungsrahmen wurde daher für die wasserwirtschaftliche Analyse der modifizierten Wasserbewirtschaftungsstrategien ausgewählt. Für die anderen Entwicklungsrahmen konnte von vergleichbaren Effekten ausgegangen werden.

Somit liegt dem Schritt 3, der wasserwirtschaftlichen Wirkungsanalyse, folgendes Vorgehen bei der Untersuchung der Szenarien zu Grunde (vgl. Tabelle 1 in Kapitel III-2.1.4, Messner et al. 2005):

- $Basis_{OS}$ **stabil**, $Basis_{OS}$ **wandel**,
- Flutung **wandel**, RedFl **wandel**, OderBln **wandel**, OderBB **wandel**.

Die Beschreibung der einzelnen Szenarien, insbesondere der bisherigen und alternativen Wasserbewirtschaftungsstrategien erfolgt in Abschnitt 3 dieses Kapitels.

Im Rahmen der multikriteriellen Bewertung, laut Schritt 4 des IMA, war der vollständige Satz der 20 Entwicklungsszenarien (Messner et al. 2005, Kapitel III-2.1.4, Tabelle 1) zu analysieren, da dann auch die Analyse der verknüpften wasserwirtschaftlichen und sozioökonomischen Effekte vorzunehmen war (siehe Messner et al. 2005, Kapitel III-2.2.2).

b) Kriterien und Indikatoren für die Wirkungsanalyse

Für die Wirkungsanalyse sind Kriterien abzuleiten und ihnen Indikatoren zuzuordnen. In Übereinstimmung mit den wasserwirtschaftlichen Anforderungen im Untersuchungsgebiet stehen für die Bewertung folgende Kriterien im Mittelpunkt:

- Deckung des Wasserbedarfs der bisherigen Nutzer,
- Verlauf der Tagebauseeflutung,
- Nutzung der wasserwirtschaftlichen Speicher und Überleitungen.

Die Zuordnung von Indikatoren kann nicht den gesamten Umfang der Wassernutzer und relevanten Gewässerquerschnitte erfassen (siehe auch Methoden und Instrumente im folgenden Abschnitt). Deshalb ergibt sich die Eignung von Indikatoren aus der Vielfältigkeit der ableitbaren Aussagen: Die Analyse z. B. des Durchflusses am Profil Fehrow (siehe Abbildung 1) erlaubt neben Aussagen zum Spreewald-Zufluss von der Spree auch die Einschätzung der Leistung anderer Spreewaldzuflüsse, insbesondere aus der Malxe, und der Verluste im Spreewald durch Verdunstung. Dazu ist der Durchfluss am Pegel Große Tränke/Spree unterhalb des Speewaldes mit heranzuziehen. Da die Durchflüsse dieser beiden Pegel vor allem durch die Talsperren Bautzen und Quitzdorf sowie das Speichersystem Lohsa II gestützt werden, kann ebenfalls auf ihre Leistungsbeschränkungen geschlossen werden.

Für die genannten Kriterien wurden unter diesen Gesichtspunkten folgende Indikatoren zugeordnet:

Deckung des Wasserbedarfs

- Durchfluss am Profil Fehrow/Spree, dem bedeutendsten Spreewaldzufluss (siehe Abbildung 1), mit einer Bedarfsgröße von $3{,}5\,m^3/s$ bzw. $4{,}5\,m^3/s$ (nach sicherem Abschluss der Flutung der gegenwärtig zu sanierenden Tagebaue: ab 2018),
- Durchfluss am Profil Große Tränke/Spree, dem Hauptzufluss nach Berlin, mit einer Bedarfsgröße von $8\,m^3/s$,
- Wasserdefizit (relativ zum Bedarf) der gesamten Binnenfischerei, die aus wasserwirtschaftlicher Sicht einer der bedeutendsten Wassernutzer im Spreegebiet ist.

Verlauf der Tagebauseeflutung

- Flutungswassermenge (gemittelt über den Flutungszeitraum des jeweiligen Tagebausees),
- Flutungsende des jeweiligen Tagebausees,
- Änderung des Säureeintrages und des Konditionierungsmittelbedarfs (in Bezug auf nicht volumenstromgebundenen Säureeintrag).

Nutzung der wasserwirtschaftlichen Speicher und Überleitungen

- mittlere Speicherabgaben im Kalenderjahr aus den Talsperren Bautzen und Quitzdorf für die Flutung,
- mittlere Überleitungsmenge im Kalenderjahr aus der Neiße.

Die ermittelten Werte für die Indikatoren sollen weitgehend belastbare Planungsgrundlagen bereitstellen. Daher werden alle genannten Indikatoren für moderate Wassermangelverhältnisse angegeben. Je nach zu Grunde gelegtem Zeitintervall wird dabei auf trockene Sommer (Monatswert), Jahre (Jahresmittelwert) oder mehrjährige Zeitabschnitte (5-Jahres-Mittelwert, Mittelwert des Flutungszeitraums), in denen die Trockenheit überwiegt, Bezug genommen.

c) Methoden und Instrumente der wasserwirtschaftlichen Wirkungsanalyse

Die genannten Forderungen an eine detaillierte Bilanzierung von Wasserdargebot und Wasserbedarf für langfristige Planungszeiträume sowie die Notwendigkeit, die Unsicherheit bei der Wasserdargebotsprognose zu berücksichtigen, erfordern den Einsatz von Langfristbewirtschaftungsmodellen, deren Eingabedaten auf stochastischer Grundlage beruhen und eine entsprechende statistische Auswertung der Ergebnisse unter Bezugnahme auf verschiedene Szenarien erlauben. Diese Anforderungen werden vom Simulationssystem WBalMo erfüllt. Methodische Grundlagen sind im Kapitel III-2.1.3 (KADEN et al. 2005) dargestellt.

Auf der Basis des ArcGRM-(jetzt WBalMo)-Simulationssystems ist bei den Wasserbehörden der betroffenen Bundesländer sowie beim Sanierungsträger LMBV ein Modell für die Flussgebiete der Spree und der Schwarzen Elster vorhanden und wurde der Projektgruppe zur Verfügung gestellt. Die Komplexität dieses „WBalMo Spree / Schwarze Elster" wird durch den Umfang der einbezogenen Modellelemente verdeutlicht:

- ca. 170 Bilanzprofile mit etwa 400 Wassernutzungen,
- 14 Talsperren und Speicher sowie deren Bewirtschaftungsregeln,
- ca. 50 dynamische Elemente zur Formulierung gebietsspezifischer Charakteristika,
- ca. 200 Registrierungsgrößen zur Bewertung der Modellergebnisse.

Gemeinsam durch die Projektpartner BTU Cottbus und WASY GmbH wurde basierend auf diesem Modell das WBalMo GLOWA aufgebaut. Dazu war zunächst der Planungszeitraum des Modells um 20 Jahre auf den Zeitraum 2003–2052 auszudehnen und die Modellobjekte, die die Wassernutzung und -bewirtschaftung in den Einzugsgebieten der Spree und der Schwarzen Elster abbilden, entsprechend fortzuschreiben. Dazu zählen insbesondere die Wasserentnahmen, z.B. durch die Kraftwerke, die Binnenfischerei oder zur Flutung der Tagebauseen, die Einleitung von Wasser durch Klärwerke und den Bergbau, Infiltrationsverluste im Gewässernetz sowie die Rückhaltung und Abgabe von Wasser durch Talsperren und Speicher. Die Entwicklung der Einzugsgebiete sowie der Einfluss der Grundwasserabsenkung auf die Abflüsse waren bis 2052 zu erfassen. Hier wurde eng mit den zuständigen Fachabteilungen der genannten Bundesländer und der Vattenfall Europe Mining and Generation (vormals LAUBAG und VEAG) zusammengearbeitet.

Im Rahmen der Wirkungsanalyse werden mit dem WBalMo-GLOWA-Simulationssystem statistische Werte für die weiter oben aufgeführten Indikatoren berechnet. Interessiert die Sicherheit der Einhaltung der festgelegten Zielgröße eines Indikators (z. B. Wasserbedarf oder Mindestdurchfluss), dann kann die jeweilige Überschreitungswahrscheinlichkeit ermittelt werden. Umgekehrt kann die Frage beantwortet werden, welche Größe ein Indikator für eine festgelegte Überschreitungswahrscheinlichkeit aufweist: Dann ist das jeweilige Quantil ermittelbar, das mit der Zielgröße eines Indikators verglichen werden kann.

Wenn beispielsweise der Bedarf für Wasserentnahmen zur landwirtschaftlichen Bewässerung eine sehr hohe Sicherheit, z. B. eine Überschreitungswahrscheinlichkeit von 95 %, aufweist, dann kann davon ausgegangen werden, dass selbst unter moderaten Wassermangelverhältnissen, z. B. in trockenen Sommern, der Wasserbedarf gedeckt werden kann. Erst bei extremer Trockenheit sind Defizite zu erwarten. Umgekehrt kann die realisierbare Wasserentnahme zur landwirtschaftlichen Bewässerung für moderate Wassermangelverhältnisse, z. B. für eine Überschreitungswahrscheinlichkeit von 80 %, ermittelt werden. Erreicht sie die festgelegte Zielgröße, kann für diese Bedingungen eine volle Bedarfsdeckung erwartet werden. Wird anstelle der Wasserentnahme das eingetretene Wasserdefizit untersucht, sind die gleichen Aussagen für eine Überschreitungswahrscheinlichkeit von 20 % gültig.

Für die letztgenannten Bedingungen, 80 % Überschreitungswahrscheinlichkeit für die Wasserbedarfsdeckung oder 20 % Überschreitungswahrscheinlichkeit für ein Defizit, werden im Folgenden die Ergebnisse der Wirkungsanalyse vorgestellt, zunächst für die Entwicklungsrahmen und anschließend die alternativen Handlungsstrategien.

Wasserwirtschaftliche Effekte der Entwicklungsrahmen

a) Auslaufen des aktiven Braunkohlebergbaus

Entsprechend Kapitel III-2.1.4, Abschnitt a) (MESSNER et al. 2005) liegt allen Entwicklungsrahmen im Teilgebiet der Oberen Spree die gleiche Entwicklung des Energiesektors zu Grunde: das Auslaufen des aktiven Braunkohlebergbaus. Mit der Erweiterung des im WBalMo GLOWA betrachteten Planungszeitraumes um 20 Jahre bis 2052 konnten erstmals auch seine Effekte untersucht werden, da erst dann die Stilllegung und Sanierung dieser Tagebaue insgesamt beginnt. Somit konzentriert sich die diesbezügliche Wirkungsanalyse auf die Veränderungen unmittelbar vor und nach 2030. Zugleich wird ihr spezifischer Charakter dadurch deutlicher, dass die Effekte des Klimawandels noch nicht einbezogen werden.

Der Rückgang des eingeleiteten Grubenwassers infolge der Stilllegung der Tagebaue Cottbus Nord und Jänschwalde bis 2020 wird durch die Inbetriebnahme der Speicher Lohsa II, Bärwalde und Cottbuser Ost-See mehr als ausgeglichen (siehe Abbildung 9 links, Abschnitt „Wasserwirtschaftliche Effekte der alternativen Handlungsstrategien" dieses Kapitels), so dass der am Pegel Große Tränke / Spree geforderte Berlin-Zufluss auch in moderat trockenen Sommern eingehalten werden kann (Abbildung 3, *Basis$_{OS}$ stabil*). Bis 2030 steigt der Zufluss über die Spree zum oberhalb von Berlin gelegenen Spreewald an (Abbildung 2). Allerdings kann der Zufluss nach Berlin davon zunächst nicht profitieren: Der Rückgang der Grubenwassereinleitung in den anderen Spreewaldzuflüssen muss ausgeglichen werden, um im Spreewald eine ausreichende Wasserführung zu gewährleisten.

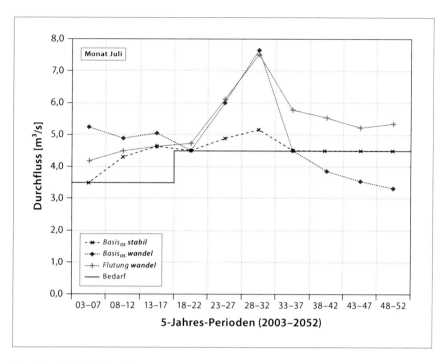

Abb. 2: Durchfluss Profil Fehrow/Spree

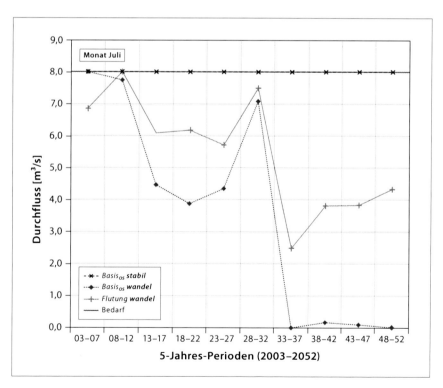

Abb. 3: Durchfluss Profil Große Tränke/Spree

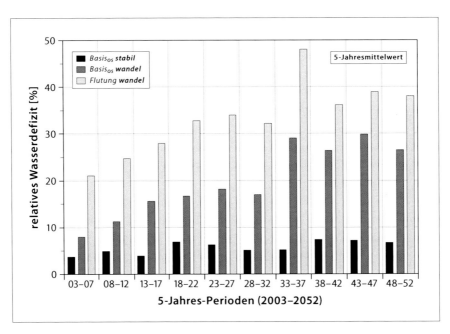

Abb. 4: Jahreswasserdefizit der Binnenfischerei

Die Stilllegung der Tagebaue Reichwalde und Nochten (Flutung ab 2030) und Welzow Süd (Flutung ab 2040) führt zu einer erheblichen Reduzierung der Grubenwassereinleitung bei nur langsam abnehmenden Infiltrationsverlusten. In moderat trockenen Sommern geht deshalb zwar der Zufluss zum Spreewald nach 2030 zurück (Abbildung 2), er kann aber wie auch der Zufluss nach Berlin (Abbildung 3) auf dem geforderten Durchflussniveau gehalten werden. Allerdings nimmt die Sicherheit für beide Zuflüsse ab, so dass bei extremer Trockenheit häufigere Unterschreitungen als beispielsweise um 2030 zu erwarten sind (BTU et al. 2002).

Die maximale Flutungswassermenge für die letztgenannten Tagebaue beträgt 2,6 m³/s. In trockenen Sommern kann je 1 m³/s für Welzow Süd und Reichwalde zum Teil nur durch die Neißeüberleitung gedeckt werden, wie das Ansteigen der übergeleiteten Wassermenge nach 2030 zeigt (Abbildung 8).

Die Binnenfischerei in Sachsen und Brandenburg ist kaum von den Veränderungen betroffen (Abbildung 4). Das für alle Teichwirtschaften und über 5 Jahre gemittelte relative Wasserdefizit unterschreitet fast ohne Ausnahme deutlich 10 % des Bedarfs.

b) Klimawandel

Die Effekte des Klimawandels werden im Vergleich der Szenarien deutlich, deren Entwicklungsrahmen die Elemente *„stabil"* (unverändertes Klima) und *„**wandel**"* (STAR 100-Szenario) enthalten, bei jeweils gleicher Handlungsalternaive *„Basis$_{os}$"*.

Das Szenario einer um 1,4 K bis 2055 erfolgenden Klimaerwärmung, die ihren Ausgang vom Trend der vergangenen dargebotsarmen Jahre nimmt, zieht fast ausnahmslos eine kontinuierliche Verringerung des Wasserdargebotes nach sich (BTU et al. 2002). Dies äußert sich in zurückgehenden Abflüssen, auch im Frühjahr, aber auch in der erheblich größeren Verdunstung, vor allem im Spreewald. So sind deutlich größere Zuflüsse zum Spreewald erforderlich (im folgenden Vergleich von *Basis$_{os}$ **wandel*** mit *Basis$_{os}$ **stabil***, hier Abbildung 2), um dort die Wasserführung, aber auch den Zufluss nach Berlin zu sichern. In trockenen Sommern muss dann ein Spreezufluss von über 7 m³/s erreicht werden, wenn nach 2020 wegen des Auslaufens der Tagebaue Cottbus Nord und Jänschwalde deren Grubenwassereinleitung in den Spreewaldzufluss Malxe eingestellt wird. Nach 2030 kann unter den genannten Bedingungen diese Größenordnung nicht mehr aufrechterhalten werden, da eine Überlastung der Talsperren und Speicher eintritt. Diese Effekte sind für den Zufluss nach Berlin noch gravierender (Abbildung 3). Die Überlastung der Speicher trifft insbesondere auf Lohsa II zu, sie kann erst durch den Betrieb des Cottbuser Ost-Sees (zukünftiger Restsee des Tagebaus Cottbus Nord) aufgefangen werden (siehe Abbildung 9 links).

Das Wasserdefizit der Binnenfischerei in Sachsen und Brandenburg steigt bis 2032 zwar an, bleibt aber im langjährigen Mittel noch unter 20 % (Abbildung 4). Danach verschlechtert sich die Versorgung der Teichwirtschaften sprunghaft. Für bereits gegenwärtig „unsichere" Teichwirtschaften, z. B. an Spreenebenflüssen, sind einschneidende Verschlechterungen zu erwarten.

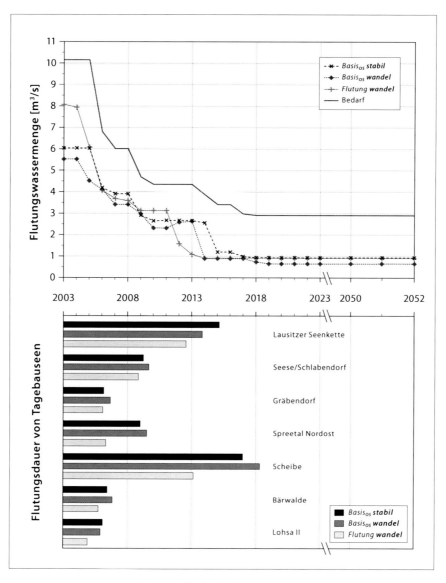

Abb. 5: Flutungswassermengen und -dauern für die Tagebauseen

Wenn die trockenen Jahre während des Flutungszeitraumes der Tagebauseen moderat überwiegen, werden die mittleren Flutungsmengen deutlich hinter den Erwartungen zurückbleiben (Abbildung 5). Dabei hat die angenommene Klimaerwärmung nur geringen Einfluss, entscheidend ist die geringe Priorität der Flutung (vgl. Abbildung 9 links). Das Zustandekommen einer substanziellen Menge geht vor allem auf die Absicherung der Flutung der Lausitzer Seenkette durch die Neißeüberleitung und die Talsperren Bautzen und Quitzdorf zurück. Die Dauer der Flutung vergrößert sich überwiegend um ca. 6 Monate. Durch die Klimaänderung erhöht sich das in die Tagebauseen eingetragene Säurepotenzial. Allein durch die längere Flutungsdauer und für die erstmalige Neutralisierung der Seen werden knapp 1.000 t des Neutralisationsmittels Kalkhydrat zusätzlich benötigt (Abbildung 6). Die Ermittlung des zusätzlichen Neutralisationsmittelbedarfs ist in KALTOFEN et al. (2005) dargestellt.

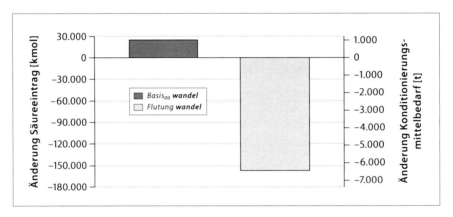

Abb. 6: Änderung des Säureeintrages und des Konditionierungsmittelbedarfes für die erstmalige Konditionierung der Tagebauseen im Vergleich zum Szenario $Basis_{OS}$ **stabil**

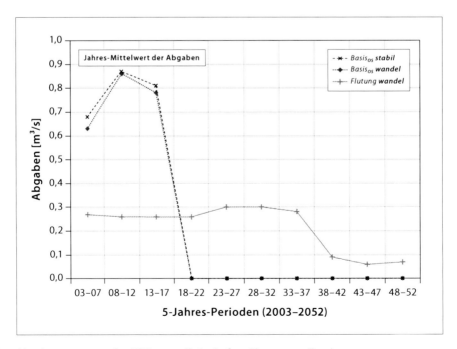

Abb. 7: Abgabemengen aus den TS Bautzen/Quitzdorf zur Flutung von Tagebauseen

Die Absicherung der für die Flutung der Lausitzer Seenkette bis ca. 2018 vorgesehenen Wassermengen aus den Talsperren Bautzen und Quitzdorf ist auch bei Klimaerwärmung praktisch unverändert möglich (vgl. Abbildung 7).

Aus der Neißeüberleitung wird für das angenommene Klimaszenario in den ersten beiden Jahrzehnten des Planungszeitraumes weniger Wasser benötigt (Abbildung 8), hier kann mehr Wasser aus der Schwarzen Elster zur Verfügung gestellt werden (BTU et al. 2002). Dagegen wird für die Flutung der Tagebaue Reichwalde und Welzow Süd aus dem Schöps bzw. der Spree zwar mehr Neißewasser benötigt, es kann aber unter den Bedingungen der Klimaänderung nach 2030 nicht ausreichend bereitgestellt werden.

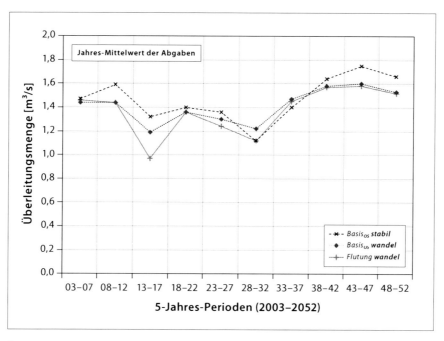

Abb. 8: Überleitungsmengen aus der Neiße

Wasserwirtschaftliche Effekte von alternativen Handlungsstrategien (ALT)

Die wasserwirtschaftlichen Handlungsstrategien bilden ein komplexes zeit- und ortsabhängiges Zusammenspiel von Wasserdargebot, Wasserbedarf und Wasserbewirtschaftung. Für ihre schematische Darstellung wurden die einzelnen Wassernutzer zu Nutzergruppen zusammengefasst und gegenüber ihrer Rangzahl dargestellt (Abbildung 9). Für jede Nutzergruppe sind die zur Verfügung gestellten Arten der Wasserressourcen angegeben. Die ihnen farblich zugeordneten Balken geben den Zeitraum des Bedarfs bzw. der Verfügbarkeit der jeweiligen Ressource sowie ausgewählte Kapazitätsbeschränkungen wieder. Die Zeitachse umfasst den Planungshorizont von 2003 bis 2052. Über ihr sind die Ereignisse angeführt, auf die die Änderungen der Wasserbewirtschaftung zurückgehen.

Die „Basisstrategie" (Abbildung 9 links) entsprach den Planungen der Wasserbehörden der betroffenen Bundesländer. Auf dieser Basis erfolgte die Ableitung alternativer Handlungsstrategien. Die Umsetzung der Basisstrategie im WBalMo zeigt Abbildung 9 links. Die Darstellung ist auf das Spreegebiet beschränkt, da hier die entscheidenden Elemente der Wasserbewirtschaftung wie auch ihre Änderungen realisiert sind. Der Wasserbedarf der Braunkohle-Kraftwerke wurde über dem 1. Rang angeordnet, da er im Allgemeinen durch eingeleitetes Grubenwasser direkt abgedeckt ist. Ungefähr 2040 läuft die Verstromung der Braunkohle und damit ihr Wasserbedarf in diesem Szenario aus. Allen anderen Nutzern stehen das natürliche Dargebot sowie das verbleibende, eingeleitete Grubenwasser zur Verfügung. Häufig reicht diese Wassermenge nicht aus. Den Nutzern zugeordnete Talsperren, Speicher und Überleitungen tragen (nach ihrer Inbetriebnahme) mit saisonal variablen Kapazitäten zur Deckung des Wasserbedarfs bei.

a) Prioritäre Flutung

Von einer Verringerung des Wasserdargebotes infolge einer Klimaerwärmung wäre am stärksten die Flutung der Tagebauseen betroffen. Damit würde die Gefahr wachsen, dass diese Seen versauern und die Vorflut gefährden. Unter diesen Bedingungen könnte der Flutung der Tagebauseen eine höhere Priorität zugeordnet werden. Die Umsetzung dieser Änderungen im WBalMo zeigt Abbildung 9 rechts. Der für diese Ziele festzulegende Mindestbedarf an Flutungswasser wurde aus Gutachten zur Entwicklung der Wasserbeschaffenheit von Tagebauseen ermittelt (z. B. BTU 2001).

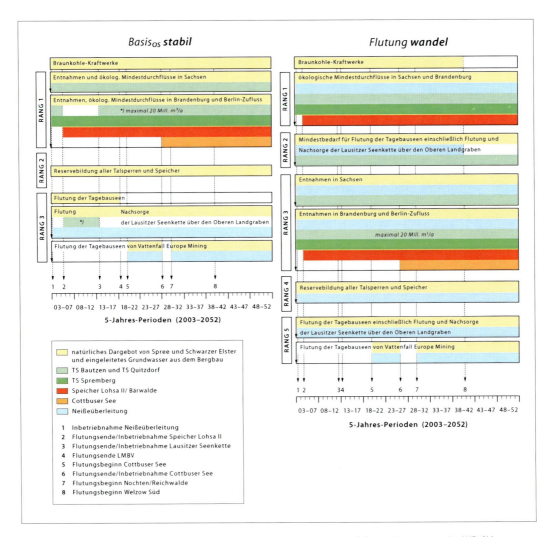

Abb. 9: Wasserwirtschaftliche Handlungsstrategien im Spreegebiet und deren Umsetzung im WBalMo

Um die ökologischen Mindestdurchflüsse des Vorflutsystems zu gewährleisten, wurde diesen Anforderungen die höchste Priorität eingeräumt. Die bereits ohne Klimaerwärmung gegebene und durch die veränderten Prioritäten erhöhte Belastung der Wasserressourcen des Spreegebietes soll durch die Freigabe des aus der Neiße übergeleiteten Wassers für den Bedarf aller Wassernutzer kompensiert werden. Die Bereitstellung von Flutungswasser aus überschüssigem natürlichem Dargebot und durch die Neißeüberleitung ist beibehalten worden. Da dies aber über den Mindestbedarf hinaus erfolgt, wird keine zusätzliche Unterstützung der Flutung der Lausitzer Seenkette durch die Talsperren Bautzen und Quitzdorf vorgenommen, wie sie bisher vorgesehen ist.

Der Spreewald-Zufluss ist zunächst geringer, da der Beitrag der übrigen Spreewaldzuflüsse zur Wasserführung im Spreewald durch den absoluten Vorrang ihrer ökologischen Mindestdurchflüsse größer ist (im folgenden Vergleich von *Flutung wandel* mit *Basis$_{os}$ wandel*, hier Abbildung 2). Erst nachdem die Tagebaue Cottbus Nord und Jänschwalde stillgelegt sind, überwiegt der Einfluss des Rückgangs der Grubenwassereinleitung und der Spreewaldzufluss über die Spree erreicht die gleiche Größe wie im Klimaszenario. Der allgemeine Rückgang des Wasserdargebotes und das Ansteigen der Belastungen nach 2030 werden aber durch den Vorrang der ökologischen Mindestdurchflüsse besser kompensiert und der Zufluss zum Spreewald über die Spree liegt deutlich höher.

In ähnlicher Weise kann der Berlin-Zufluss (Abbildung 3) vom Vorrang der ökologischen Mindestdurchflüsse in der Spree und ihren Nebenflüssen profitieren.

Die Anpassung der Wasserbewirtschaftung führt für die Flutung zu einer deutlich verbesserten Situation (Abbildung 5): Selbst wenn die trockenen Sommer überwiegen, kann ein deutlich größerer Teil des Wasserbedarfs der Flutung gesichert werden. Entsprechend gehen die Flutungsmengen früher zurück, da die Flutungsdauer sich überwiegend um 1 Jahr verkürzt. Damit kann auch der Bedarf an Konditionierungsmitteln im Vergleich zum Klimaszenario reduziert werden: für die erstmalige Seekonditionierung werden ca. 7.000 t Kalkhydrat weniger benötigt (Abbildung 6). Zugleich reduziert sich der Wasserbedarf der Flutung aus den Talsperren Bautzen und Quitzdorf, denn anstelle der bisherigen Wassernutzer kann die Flutung zunächst das natürliche Wasserdargebot nutzen (Abbildung 6). Allerdings hat diese Umverteilung der zu knappen Wasserressourcen zur Folge, dass die Talsperren und Speicher noch stärker als beim Klimaszenario belastet werden (BTU et al. 2002). Daher müssen die bisherigen Wassernutzer z.T. erhebliche Verluste feststellen: Die über 5 Jahre gemittelten Jahreswasserdefizite z. B. der Binnenfischerei liegen überwiegend bei ca. 50 % (Abbildung 4).

b) Reduzierte Fließe

In der *Basisstrategie* (*Basis$_{os}$*) werden bestimmte Kleingewässer, die durch Grundwasserabsenkung von Versickerung betroffen sind, durch Wasser bezuschusst. Diese Stützung der Fließe geschieht durch Filterbrunnen oder Oberflächenwasser aus technischen Einrichtungen und Wassermengen, die gleichzeitig für die Flutung der Tagebauseen vorgesehen sind. Die Stützung der Fließgewässer des ausgewählten Gebietes ist deshalb mit der Flutung der eingebundenen Tagebauseen verknüpft (Abbildung 10).

Grundidee der Strategie „*Reduzierte Fließe*" (*RedFl*) ist es, die Stützung von einzelnen Fließen einzustellen, um die Flutung von nahe gelegenen Tagebauseen früher abschließen zu können. Damit würde auch die Grundwasserabsenkung früher beseitigt, die über Infiltrationsverluste der Fließe die Stützung überhaupt erst notwendig macht.

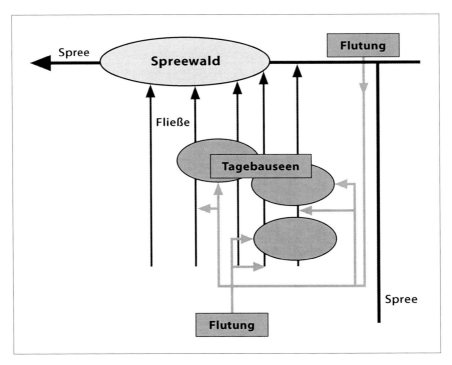

Abb. 10: Gewässerschema für den Teilraum Seese/Schlabendorf

In Tabelle 1 sind die maximalen Wassermengen zur Flutung bzw. zur Ableitung in die Fließgewässer der *Basisstrategie* und die der Strategie *„Reduzierte Fließe"* angegeben.

Durch die höheren Flutungsmengen kann die Flutung selbst bei überwiegender Wasserknappheit früher abgeschlossen werden und somit die Klimaauswirkung kompensiert werden. Am bedeutendsten ist die Beschleunigung der Flutung für den Tagebausee Greifenhain. Auch für die anderen Tagebauseen sind erhebliche Effekte zu verzeichnen, insbesondere die Stabilität der Flutung verbessert sich (Abbildung 11).

Bei kürzerer Flutungsdauer ist auch ein reduzierter Säureeintrag zu erwarten. Die Reduktion des Teilbedarfs an Neutralisationsmittel beträgt ca. 2.000 t Kalkhydrat.

Tab. 1: Maximale Wassermengen zur Flutung bzw. zur Ableitung in die Fließgewässer

Tagebausee	max. Flutungsmenge [m³/s]		max. Vorflutableitung [m³/s]	
	Basisstrategie	*Reduzierte Fließe*	*Basisstrategie*	*Reduzierte Fließe*
Gräbendorf	0,8	1,0	0,2	0,0
Greifenhain	0,5	0,9	0,5	0,1
Seese/Schlabendorf	0,85	1,0	0,15	0,0

Die höheren Flutungsmengen werden durch die Reduktion der Abflüsse in den Fließen erreicht. Sie tritt am stärksten für die Dobra und das Greifenhainer Fließ oberhalb des Priorgrabens ein. Abbildung 12 zeigt den innerjährlichen Gang der Durchflüsse an diesen Fließen für Bedingungen, wenn Wasserknappheit innerhalb des Flutungszeitraumes bzw. einer 5-Jahres-Periode überwiegt.

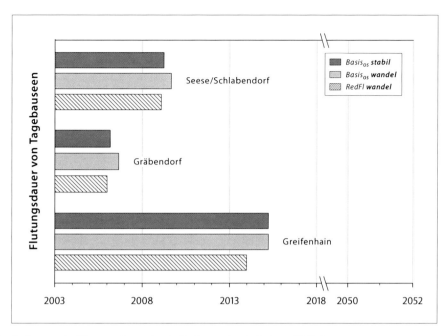

Abb. 11: Änderung der Flutungsdauer durch die Strategie „Reduzierte Fließe"

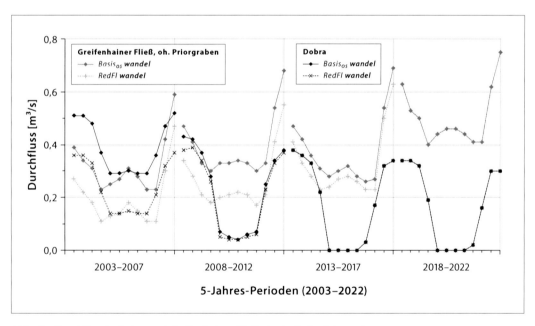

Abb. 12: Durchfluss in Dobra und Greifenhainer Fließ oberhalb des Priorgrabens

Demnach führt die Strategie „Reduzierte Fließe" zu einer Reduktion der Durchflüsse um bis zu ca. 50 %. Im Vetschauer Mühlenfließ und dem Greifenhainer Fließ unterhalb des Priorgrabens ist die Verringerung nicht so gravierend.

Anhaltspunkte für eine ökologische Bewertung der Wasserführung gibt der Vergleich mit den einzuleitenden Wassermengen. Beispielsweise wird die Dobra mit 0,15 m³/s bezuschusst. Dieser Wert wird in trockenen Sommern nicht unterschritten.

c) Oderwasser Berlin

Im Unterschied zur *Basisstrategie* wird Oderwasser über den Oder-Spree-Kanal in die Spree oberhalb Berlins übergeleitet (Entnahme aus der Oder durch das Pumpwerk in Eisenhüttenstadt). Dazu ist zu bemerken:

- Die Überleitungsmenge über den Oder-Spree-Kanal ist begrenzt auf ca. 4,5 m³/s, da im Kanal Verluste der in Eisenhüttenstadt eingeleiteten Wassermenge infolge von Versickerung, Verdunstung, Spaltwasser auftreten. Zugleich wirkt das mit erhöhten Überleitungsmengen verbundene stärkere Gefälle des Wasserspiegels begrenzend, da eine minimale Durchfahrtshöhe unter den Brücken gewährleistet sein muss.
- Die Wasserbeschaffenheit der Oder ist für eine unbehandelte Überleitung nicht akzeptabel.

Allerdings sind durch die Strategie *„Oderwasser Berlin"* (OderBln) signifikante Erhöhungen der übergeleiteten Wassermenge erst ab 2013 erforderlich. Das Szenario sieht entsprechend eine stufenweise Anhebung der maximalen Oderwasserüberleitung vor:

- ab 2013: 3,0 m³/s;
- ab 2033: 6,0 m³/s.

Abbildung 13 zeigt die Effekte für den Berlin-Zufluss am Pegel Große Tränke/Spree: Die Auswirkungen des Klimawandels und der ausbleibenden Grubenwassereinleitung nach dem Auslaufen des Bergbaus 2040 können erheblich reduziert werden.

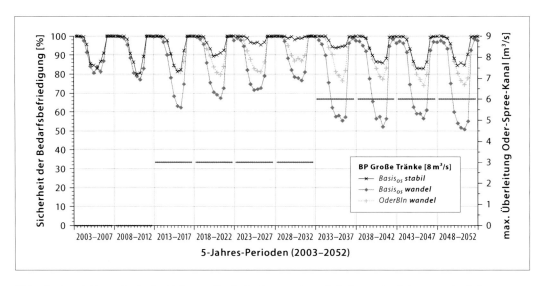

Abb. 13: Entwicklung des Berlin-Zuflusses für die Basisstrategie und die Strategie „Oderwasser Berlin"

Auf die oberhalb gelegenen Wassernutzer im Spreegebiet hat die Stützung durch die *Oderwasserüberleitung* keinen Einfluss, da sie nur dann herangezogen wird, wenn aus den Talsperren nicht genügend Wasser zur Verfügung steht.

d) Oderwasser Brandenburg

Im Unterschied zur Basisstrategie wird Oderwasser über die Malxe in die Spree oberhalb des Spreewaldes übergeleitet. Dafür wäre allerdings eine hypothetische Trasse mit einer Länge von ca. 30 km erforderlich. Sie würde das Einzugsgebiet der Lausitzer Neiße mit seinen Grenzen zu Oder und Spree queren müssen. Um das übergeleitete Wasser für die Flutung von Tagebauseen südlich des Spreewaldes und den gesamten Spreewald verfügbar zu machen, wäre eine Überleitung der Malxe in den Südumfluter notwendig, z. B. entlang der Verbindungstrasse Fehrow-Striesow.

Das Hauptziel der Strategie *„Oderwasser Brandenburg" (OderBB)* besteht in der Zuführung von Flutungswasser, im Ausgleich der Verluste im Spreewald, die sich durch den Klimawandel verstärken, und den damit verbundenen Verbesserungen für die Wassernutzer in Brandenburg und den Berlin-Zufluss. Maximal 2 m^3/s werden durch ein Pumpwerk aus der Oder in die Malxe übergeleitet. Von der maximalen Überleitungsmenge sind 1,55 m^3/s für die Flutung der Tagebauseen Gräbendorf und von Seese/Schlabendorf vorgesehen. Sie ergibt sich aus den gegenwärtigen Kapazitäten der Pumpwerke. Die verbleibende Wassermenge ist für die Unterlieger und damit auch für die Verringerung der für sie geplanten Speicherabgaben sowie für deren Reservebildung nutzbar. Nach Abschluss der Flutung aller genannten Tagebauseen sind für diese Zwecke maximal 2 m^3/s verfügbar.

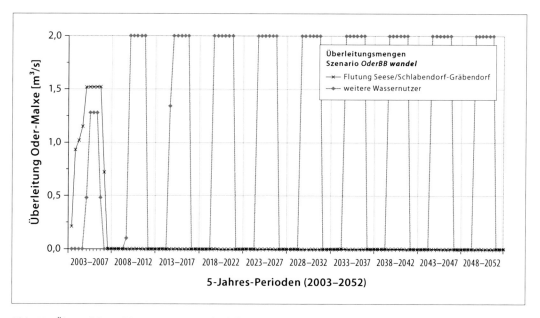

Abb. 14: Übergeleitete Wassermenge aus der Oder in die Malxe

In trockenen Sommern werden diese maximalen Mengen auch vollständig benötigt, wie Abbildung 14 für die einzelnen Monate eines Jahres zeigt, bei überwiegender Wasserknappheit in den 5-Jahres-Perioden.

Die Oder-Malxe-Überleitung gleicht die Auswirkungen des Klimawandels und des Auslaufens des Bergbaus z.T. aus. Die Nutzung des übergeleiteten Wassers für die Stützung der Zuflüsse zum Spreewald und nach Berlin führt dazu, dass erst nach 2032 die Zielstellungen z. B. für den Mindestzufluss nach Berlin in trockenen Sommern nicht mehr eingehalten werden können. Danach wird die übergeleitete Wassermenge zum größten Teil bereits im Spreewald zum Ausgleich der Verdunstungsverluste aufgebraucht. Zugleich werden die Speicher Spremberg, Bautzen und Quitzdorf und das Speichersystem Lohsa II entlastet, die ebenfalls Wasser für die Nutzer in Brandenburg und Berlin bereitstellen.

Die Effekte für die Flutung treten für die Tagebauseen südlich des Spreewaldes auf, unterhalb der Überleitungsstelle aus der Malxe in den Südumfluter der Spree: Deren Flutungsdauer verkürzt sich deutlich. Dies ist in Abbildung 15 für die Tagebauseen von Seese/Schlabendorf und Gräbendorf gezeigt.

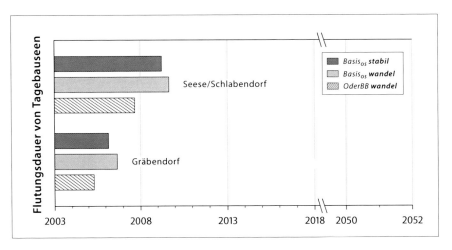

Abb. 15: Änderung der Flutungsdauer durch die Strategie „*Oderwasser Brandenburg*"

Zusammenfassung

Die Analyse der wasserwirtschaftlichen Auswirkungen des angenommenen Klimawandels und Auslaufens des Bergbaus zeigte eine überwiegende Verschärfung der Wasserverfügbarkeitskonflikte. Das Auslaufen des Bergbaus verringert die Wasserverfügbarkeit nach 2040. Ihr durch die betroffenen Bundesländer akzeptiertes Niveau um 2030 kann dann nicht gehalten werden, da die ausbleibende Grubenwassereinleitung in Trockenzeiten nicht vollständig ausgleichbar ist. Der Rückgang der Oberflächenwasserverfügbarkeit ist durch den angenommenen Klimawandel wesentlich stärker. In trockenen Sommermonaten kann es nach 2040, wenn die Klimawirkungen zunehmen und sich mit dem Auslaufen des Bergbaus überlagern, zu extremen Wassermangelsituationen kommen, z. B. würde dann der Berlinzufluss über die Spree in trockenen Sommermonaten praktisch zum Erliegen kommen.

Die für die resultierenden Szenarien berechneten wasserwirtschaftlichen Indikatoren zeigen beispielsweise für die Handlungsstrategie Prioritäre Flutung, dass der Flutungsprozess deutlich beschleunigt werden kann. Allerdings haben andere Nutzer, wie die Teichwirtschaften der Binnenfischerei, stärkere Defizite in Kauf zu nehmen. Die Überleitung von Wasser führt zwar zu einer Entspannung der Situation für die bevorteilten Wassernutzer, birgt aber Probleme hoher Investitions- und Betriebskosten.

Referenzen

BTU (2001) Hydrochemische Entwicklung in den Tagebauseen der erweiterten Restlochkette (Spreetal-NO, Spreetal-Bluno, Sedlitz, Skado, Koschen) bei veränderter Flutungswasserbereitstellung. Wissenschaftlich-technisches Projekt „Gewässergüte in Tagebauseen der Lausitz". Cottbus (Brandenburgische Technische Universität Cottbus).

BTU, UFZ, WASY (2002) Fachgespräch „Wasserbewirtschaftung unter geänderten Rahmenbedingungen" – Vorträge und Diskussion. Cottbus, Leipzig, Dresden (BTU Cottbus, UFZ Leipzig, WASY GmbH), 79 S. mit CD.

GRÜNEWALD, U. (2005) Probleme der Integrierten Wasserbewirtschaftung im Spree-Havel-Gebiet im Kontext des globalen Wandels. In: WECHSUNG, F., BECKER, A., GRÄFE, P. (Hrsg.) Auswirkungen des globalen Wandels auf Wasser, Umwelt und Gesellschaft im Elbegebiet. Weißensee Verlag Berlin Kap. III-2.1.1.

KADEN, S., SCHRAMM, M., REDETZKY, M. (2005) Großräumige Wasserbewirtschaftungsmodelle als Instrumentarium für das Flussgebietsmanagement. In: WECHSUNG, F., BECKER, A., GRÄFE, P. (Hrsg.) Auswirkungen des globalen Wandels auf Wasser, Umwelt und Gesellschaft im Elbegebiet. Weißensee Verlag Berlin Kap. III-2.1.3.

KALTOFEN, M., KOCH, H., SCHRAMM, M., GRÜNEWALD, U., KADEN, S. (2004) Anwendung eines Langfristbewirtschaftungsmodells für multikriterielle Bewertungsverfahren – Szenarien des globalen Wandels im bergbaugeprägten Spreegebiet. In: Hydrologie und Wasserbewirtschaftung 48 (2), S. 60–70, 2004.

KOCH, H., KALTOFEN, M., GRÜNEWALD, U., MESSNER, F., KARKUSCHKE, M., ZWIRNER, O., SCHRAMM, M.(2005): Scenarios of Water Resources Management in the Lower Lusatian Mining District, Germany. Ecological Engineering, 24 (1–2), S. 49–57

LIWAG (2000) Protokoll der 10. LIWAG-Sitzung.

MESSNER, F., KALTOFEN, M., KOCH, H., ZWIRNER, O. (2005) Integrative wasserwirtschaftliche und ökonomische Bewertung von Flussgebietsbewirtschaftungsstrategien. In: WECHSUNG, F., BECKER, A., GRÄFE, P. (Hrsg.) Auswirkungen des globalen Wandels auf Wasser, Umwelt und Gesellschaft im Elbegebiet. Weißensee Verlag Berlin Kap. III-2.2.2.

MESSNER, F., KALTOFEN, M., ZWIRNER, O., KOCH, H. (2005) Exemplarische Umsetzung des Integrativen Methodischen Ansatzes am Oberlauf der Spree. In: WECHSUNG, F., BECKER, A., GRÄFE, P. (Hrsg.) Auswirkungen des globalen Wandels auf Wasser, Umwelt und Gesellschaft im Elbegebiet. Weißensee Verlag Berlin Kap. III-2.1.4.

III-2.2.2 Integrative wasserwirtschaftliche und ökonomische Bewertung von Flussgebietsbewirtschaftungsstrategien

Frank Messner, Michael Kaltofen, Hagen Koch, Oliver Zwirner

Einleitung

Die Bewertungsmethodik für die Flussgebietsbewirtschaftungsstrategien der Einzugsgebiete von Spree und Schwarzer Elster im Kontext verschiedener Szenarien des globalen Wandels gemäß dem IMA-Ansatz (vgl. MESSNER et al. 2005, Kap. I-2) wurde in enger Kooperation von Wasserwirtschaftlern und Ökonomen entwickelt. Bei der interdisziplinären Bewertung der Strategien wurden dabei ökonomische, wasserwirtschaftliche und ökologische Bewertungskriterien berücksichtigt und direkt in das Wasserbewirtschaftungsmodell WBalMo integriert. Im Ergebnis wurde es möglich, simultan mit der wasserwirtschaftlichen Modellierung die verschiedenartigen Wirkungen veränderter Oberflächenwasserverfügbarkeiten zu simulieren und anhand von Kriterien zu bewerten. Die wesentlichen Arbeitsschritte dieser integrativen wasserwirtschaftlich-ökonomischen Bewertung werden in diesem Beitrag im folgenden Abschnitt präsentiert. Zunächst folgt die Beschreibung der Analyse der sozioökonomischen Wirkungen veränderter Oberflächenwasserverfügbarkeiten. Im Abschnitt „Integrative Bewertung" werden die Bewertungskriterien erörtert sowie Transfer- und Bewertungsfunktionen für ausgewählte Kriterien dargestellt. Im Abschnitt „Bewertungsergebnisse und Interpretation" werden schließlich die Bewertungsergebnisse vorgestellt und interpretiert, bevor ein Ausblick diesen Beitrag beschließt.

Analyse der wasserwirtschaftlichen und sozioökonomischen Wirkungen

Grundlage für eine sozioökonomische Bewertung der Entwicklungsszenarien war eine umfassende wasserwirtschaftliche Wirkungsanalyse, die die Auswirkungen der Szenarien hinsichtlich Oberflächenabfluss und Wasserverfügbarkeit für die einzelnen Nutzer modelliert. Diese Arbeiten wurden mit dem Langfristbewirtschaftungsmodell WBalMo vorgenommen, das ausführlich im Beitrag von KADEN et al. 2005 (Kapitel III-2.1.3) beschrieben ist. Basierend auf diesen Arbeiten wurden dann die entsprechenden wasserwirtschaftlichen Effekte bezüglich ihrer sozioökonomischen Auswirkungen untersucht und bewertet.

Ein wichtiger erster Schritt in dieser Analyse war die Identifikation der Wassernutzer im Untersuchungsgebiet. Sie erfolgte über das WBalMo, in dem die wichtigsten Wassernutzer des Flussgebietes enthalten und in ausgewählten Einheiten aggregiert sind (siehe KOCH et al. 2005). Folgende Wassernutzungstypen wurden ermittelt: Binnenfischerei, Kraftwerke, Frachtschifffahrt, Industrie, Landwirtschaft, Wasserwerke, Tourismus, Wasserbereitstellung für die Flutung, Nachsorge von Tagebauseen (Konditionierung) sowie Berlin-Zufluss.

Für diese Wassernutzungstypen wurde anschließend ihre Sensitivität in Bezug auf die Oberflächenwasserverfügbarkeit ermittelt. Vertreter dieser Nutzergruppen wurden interviewt, um die technische und ökonomische Abhängigkeit dieser Nutzer von der Oberflächenwasserressource zu erkunden und die Verwundbarkeit der Nutzer bei Veränderungen in der Oberflächenwasserverfügbarkeit einzuschätzen. Drei ökonomische Kriterien wurden in diesem Kontext verwendet. Der *Grad der Substituierbarkeit des Oberflächenwassers* war das wichtigste Kriterium zur Einschätzung der ökonomischen Verwundbarkeit der Wassernutzer. Die *zeitliche Abhängigkeit vom Bezug des Oberflächenwassers* war das zweitwichtigste Kriterium. Die *generelle Wasserintensität der Nutzer* war das dritte Kriterium. Unter Verwendung dieser Kriterien wurde die Verwundbarkeit der unterschiedlichen Wassernutzungstypen wie folgt qualitativ eingestuft (vgl. MESSNER und KALTOFEN 2004, Abschnitt 3.2).

Die Aktivitäten Wasserbereitstellung für Tagebauseen und Nachsorge, Nachnutzungstourismus und Binnenfischerei wurden als sehr stark verwundbar von Änderungen in der Oberflächenwasserverfügbarkeit eingestuft, da sie allesamt keine Substitutionsmöglichkeiten in Bezug auf das Oberflächenwasser besitzen. Die Industrie wurde als mäßig verwundbar eingestuft, da sie vergleichsweise geringe Wasserbedarfe aufweist und mit selbst gepumptem Grundwasser und Wasser vom öffentlichen Wasserversorger Substitutionsmöglichkeiten besitzt. Als nicht verwundbar wurden schließlich die Wassernutzer mit den sehr wasserintensiven Aktivitäten eingeschätzt. Diese Nutzer (Kraftwerke und Wasserwerke) haben gerade aufgrund ihrer hohen Wasserintensität eine Alternative zum Oberflächenwasser gefunden: Wasserwerke nutzen über eigene Brunnen Grundwasserressourcen und Kraftwerke verwenden die Sümpfungswässer der Tagebaue. Sie sind daher durch sich ändernde Oberflächenwasserverfügbarkeiten nicht verwundbar.

Auf Basis dieser ersten qualitativen Einschätzungen der Verwundbarkeit der einzelnen Wassernutzer sowie der Informationen, die im Prozess dieser Einstufung ermittelt wurden, konnten anschließend konkrete quantitative Bewertungsansätze bestimmt werden.

Integrative Bewertung

Die Herausforderung der integrativen Bewertung von Entwicklungsszenarien im Projekt GLOWA-Elbe bestand darin, Bewertungsfunktionen für einen angemessenen Satz von Bewertungskriterien in einer Weise zu gestalten, dass sie in das Wasserbewirtschaftungsmodell WBalMo integrierbar sind. Für alle jene Fälle, in denen eine direkte Bewertung der WBalMo-Ergebnisse (Abflussdaten) nicht möglich war, mussten zusätzliche Transferfunktionen eingefügt werden. Nachfolgend werden die verwendeten Bewertungskriterien aufgelistet und anschließend folgt eine Darlegung der Integration von Bewertungs- und Transferfunktionen ins WBalMo am Bespiel von drei Bewertungskriterien.

a) Bewertungskriterien

Wie bereits in Kapitel III-2.1.4 von MESSNER et al. 2005 in diesem Bericht ausführlicher dargelegt, wurden in der Bewertung der Entwicklungsszenarien gemäß dem IMA-Ansatz 8 Bewertungskriterien verwendet, die von ihrem Typ her in 3 Hauptkriterien-Kategorien eingeteilt werden können. Für weitere Ausführungen zu den Kriterien sei auf den genannten Beitrag verwiesen. Die drei Hauptkriterien sind:

- Netto-Nutzen für ökonomisch fassbare Gewinne und Verluste einer veränderten Oberflächenwasserverfügbarkeit (Tourismus, Binnenfischerei, Wasserbereitstellung, Konditionierung der Seen).
- Wasserverfügbarkeit (in m^3 pro Sekunde oder als prozentuale Bedarfsdeckung) für Tätigkeiten und Gebiete, die vorerst nicht umfassend in ökonomischen Kategorien erfasst werden konnten (Industrie, Teilgebiet Spreewald, Teilgebiet Berlin).
- prozentuale Bedarfsdeckung der Wasserverfügbarkeit für den ökologischen Mindestabfluss an ausgewählten Standorten zur Bewertung der ökologischen Effekte durch veränderte Oberflächenwasserabflüsse in den Vorflutern.

b) Transfer- und Bewertungsfunktionen für ausgewählte Kriterien

Da eine ausführliche Darlegung der Bewertungs- und Transferfunktionen für alle acht Unterkriterien den Rahmen dieses Beitrags sprengen würde, sollen diesbezüglich an dieser Stelle lediglich von jedem Hauptkriterium ein Unterkriterium besprochen werden, um das Prinzip der integrativen wasserwirtschaftlichen-ökonomischen Bewertung zu verdeutlichen. Nachfolgend werden die Bewertungsfunktionen für die Kriterien Netto-Nutzen der Binnenfischerei, Bedarfsdeckung des ökologischen Mindestabflusses sowie Oberflächenwasserzufluss in den Spreewald präsentiert.

Binnenfischerei

Ein aus theoretischer Sicht optimaler Ansatz zur ökonomischen Bewertung der Wohlfahrtseinbußen der Binnenfischerei aufgrund veränderter Wasserverfügbarkeit würde darauf abzielen, die von der Wasserverfügbarkeit betroffenen Fischteiche (Grenzteiche hinsichtlich knapper Wasserverfügbarkeit) zu identifizieren und deren Wohlfahrtseinbußen basierend auf spezifischen Daten der Unternehmungsrechnung zu quantifizieren. Diese Vorgehensweise war jedoch aus zwei Gründen nicht praktikabel. Erstens lagen spezifische Unternehmensdaten nicht vor, sondern lediglich Daten auf höher aggregiertem Niveau. Als Konsequenz hätten Teichkategorien mit ähnlichen Kosten-Erlös-Gewinn-Konstellationen gebildet werden müssen, um eine Annäherung an die Bewertung der veränderten Wasserverfügbarkeiten der Grenzteiche zu erreichen. Dies wäre eine arbeitsaufwendige, aber mögliche Alternative gewesen, die jedoch durch den zweiten Grund verhindert wurde. Das WBalMo ist nämlich so angelegt, dass nicht alle Teiche als „Einzelnutzer", sondern viele Teiche in Gruppen gebündelt erfasst sind. Dabei berücksichtigt diese Gruppenerfassung auch nicht unbedingt die Zugehörigkeit zu einem Unternehmen, sondern orientiert sich an wasserwirtschaftlichen Kriterien. Als Konsequenz dieses Umstandes war es nicht möglich, im Rahmen der Modellierung mit dem WBalMo die kritischen Grenzteiche zu bestimmen. Daher musste eine alternative Bewertungsmöglichkeit gefunden werden.

Die schließlich gewählte Bewertungsmethode orientierte sich an dem aggregierten Niveau der Datenerfassung sowie der Datenverfügbarkeit und war nicht mehr von der Grenzteichperspektive geprägt, sondern von einer Durchschnittsteichperspektive. Grundlegend war die Modellvorstellung, dass die im WBalMo zu einem Nutzer aggregierten Teiche jeweils einen Modellteich darstellen, der bei Unterschreitung einer gewissen Schwelle der Wasserverfügbarkeit der Fischteichbewirtschaftung von Januar bis August als proportional zur fehlenden Wassermenge schrumpfend angenommen wird und sich daher der Gewinn aus einer geringeren Teichfläche ergibt. Die ökonomisch kritische Schwelle wurde angesetzt bei 23 % Unterschreitung der Soll-Wasserverfügbarkeit, die zur Füllung des Modellteiches bis auf 1,3 m notwendig ist. Bei Unterschreitung dieser 23 % wird im Modellteich die unbedingt notwendige durchschnittliche Wassertiefe von einem Meter nicht mehr erreicht und es kommt zu Gewinneinbußen (vgl. MESSNER und KALTOFEN 2004, Kap. 3.2.2 a). Die Abschätzung der Gewinneinbußen wurde über die Flächengröße des Modellteiches getätigt. Der Modellteich wurde dabei in der Weise idealisiert, dass seine Fläche flexibel ist, so dass auf eine zu niedrige Wasserverfügbarkeit mit einer Verkleinerung der Seefläche reagiert werden kann, die dann einen Mindestwasserstand von einem Meter garantiert. Diese Idealvorstellung soll das in der Praxis übliche Abfischen von Grenzteichen und das Umsetzen der Fische in Teiche ohne Wasserknappheit approximieren. Die Gewinneinbuße ergibt sich auf diese Weise über den verringerten Flächenwert des Fischteichs und den Durchschnittsgewinn pro Hektar.

Angesichts der Tatsache, dass dieses Bewertungsvorgehen anknüpft an die jeweils jährlich kumulierte Wasserverfügbarkeit über die Monate Januar bis August und den idealisierten Flächenwert jedes Teiches, der nicht unmittelbar als Ergebnis aus den WBalMo-Modellierungen hervorgeht, waren im WBalMo für jeden Modellteich Transferfunktionen zur ökonomischen Bewertung einzubauen. Mit diesen Funktionen wurde für jeden Modellteich und jedes Jahr im Betrachtungszeitraum der Flächenwert in Abhängigkeit von der Erfüllung der Entnahmeforderung je Teich ermittelt. Die entsprechende Transferfunktion zur Ermittlung des Flächenwertes der Modellteiche (FW) hat folgende Form:

$$FW_{i,t} = 1 \quad \text{bei} \quad \frac{\sum_{Mt=1}^{8} E_{i,Mt}}{\sum_{Mt=1}^{8} EF_{i,Mt}} \geq 0{,}77 \quad (1)$$

$$FW_{i,t} = Z_{i,t} \quad \text{bei} \quad \frac{\sum_{Mt=1}^{8} E_{i,Mt}}{\sum_{Mt=1}^{8} EF_{i,Mt}} < 0{,}77 \quad (2)$$

$$\text{mit:} \quad Z_{i,t} = \frac{\sum_{Mt=1}^{8} E_{i,Mt}}{\sum_{Mt=1}^{8} E_{i,Mt}} \cdot \frac{1}{0{,}77} \quad (3)$$

wobei:

$FW_{i,t}$: Flächenwert eines Modellteiches *i* zur Anpassung der idealen Modellteichgröße bei zu geringer Wasserverfügbarkeit im Jahr *t* [–]

$EF_{i,Mt}$: Entnahmeforderung eines Modellteiches im Monat M zur Erreichung eines optimalen Wasserstandes von 1,3 m im Jahr *t* [m³]

$E_{i,Mt}$: tatsächliche Wasserentnahme im Monat M für den Modellteich *i* im Jahr *t* [m³]

t: laufendes Jahr (2003 = 1)

M: Monat der Wasserentnahme, mit 1 = Januar und 8 = August

$Z_{i,t}$: Flächenwert für Teich *i* zur Anpassung der Teichgröße an einen idealen Wert, der einen Mindestwasserstand von einem Meter im Jahr *t* garantiert (Input für Transferfunktion) [–]

Basierend auf diesen Vorüberlegungen wurde für jeden Modellteich *i* und jedes Jahr *t* die folgende ökonomische Bewertungsfunktion ins WBalMo integriert:

Bewertungsfunktion:

$$GB_{i,t} = (DE \cdot DG \cdot Fl_{i,t} \cdot Z_{i,t}) \cdot (1 + r)^{-t+1} \quad (4)$$

wobei:

$GB_{i,t}$: Gewinn in Gegenwartswert für die Bewirtschaftung eines Modellteiches *i* im Jahr *t* [€/a]

DE: allgemeiner Durchschnittsertrag [kg/ha]

DG: allgemeiner Durchschnittsgewinn [€/kg]

$Fl_{i,t}$: Größe des Modellteichs *i* im Jahr *t* [ha]

r: Diskontrate zur Ermittlung des Gegenwartswertes

Wie die Formel (4) zeigt, basiert die Ermittlung des Jahresgewinns für einen Modellteich zwar auf teichgruppenspezifischen Daten zur Teichgröße und zum ermittelten Flächenwert (in Abhängigkeit von der Wasserverfügbarkeit), aber die wichtigen Inputdaten zum Ertrag und zum Gewinn pro Kilogramm Fisch sind allgemeine Durchschnittsdaten zur Binnenfischerei in der Region (daher: Durchschnittsteichansatz), die sich hauptsächlich auf einen Bericht von KLEMM (2001) zur Wirtschaftlichkeitsentwicklung der sächsischen Binnenfischerei beziehen. Demnach belief sich in der zweiten Hälfte der 1990er-Jahre der durchschnittliche Ertrag pro ha (DE) im Zweijahresmittel auf 649 kg/ha, während der Gewinn pro kg Fisch (DG) bei 0,68 € lag. Folglich war in dieser Zeit mit einem Gewinn pro ha (DE · DG) in Höhe von 434,09 € zu rechnen (KLEMM 2001, S. 4 ff.).

Für die Bewertung der Auswirkungen der Änderungen der Wasserverfügbarkeit auf die Teichwirtschaft in den Einzugsgebieten von Spree und Schwarzer Elster sind diese Durchschnittserträge und -gewinne für die Ausgangsperiode 2003 als Basiswerte angenommen worden. Da jedoch eine Bewertung über einen langen Zeitraum vorgenommen wurde, konnten die Durchschnittsgewinne über die Zeit nicht konstant gehalten werden, sondern es wurde je nach Entwicklungsrahmen ein Entwicklungstrend angenommen. Für die sozioökonomische Komponente *B2* eines Entwicklungsrahmens wurde unterstellt, dass sich die Subventionierung der Binnenfischerei auch in Zukunft fortsetzt, daher kein großer Wettbewerbsdruck eintritt, die Löhne real stabil bleiben können, wobei gleichzeitig in der Folge des Regionalisierungstrends der Anteil der Direktvermarktung mit einem höheren Fischpreis zunimmt. Als Konsequenz davon wurde berechnet, dass der Fischpreis bis 2052 tendenziell um 20 Cent/kg steigt (in realen EURO von 2003), wodurch sich der durchschnittliche Gewinn (DE · DG) jährlich letztlich auf 560 Euro/ha im Jahr 2052 erhöhen wird. Für die sozioökonomische Komponente *A1* eines Entwicklungsrahmens wurde angenommen, dass der Wettbewerbsdruck durch Halbierung der Subventionen und Erweiterung des EU-Binnenmarktes deutlich steigen wird, daher eher eine Bedeutungszunahme der tendenziell geringeren Großhandelspreise stattfinden wird und die Löhne tendenziell sinken werden (angenommen: 20% über 50 Jahre). Durch diese Annahmen ergibt sich eine sinkende Entwicklung beim durchschnittlichen Gewinn je Hektar für die Binnenfischerei, die letztlich im Jahr 2052 141,88 €/ha beträgt (vgl. für die ausführliche Begründung und Darlegung des Entwicklungsrahmens für die Binnenfischerei: KARKUSCHKE 2003).

Hinsichtlich der Konsumentenseite wurde für die Binnenfischerei angenommen, dass der west- und osteuropäische Fischmarkt groß genug ist, um selbst bei Wegfall der Fischprodukte aus dem Untersuchungsgebiet gleichwertigen Ersatz zu ähnlichen Preisen anzubieten. Angesichts der derzeitigen Subventionierung der deutschen Binnenfischerei ist diese Annahme zu stabilen Konsumentenrenten gerechtfertigt.

Für eine ausführliche Darlegung der Bewertungsergebnisse für die verschiedenen Entwicklungsszenarien, die auf Basis dieses integrierten Bewertungsansatzes für die Binnenfischerei ermittelt wurden, vgl. MESSNER und KALTOFEN 2004 (Kapitel 4.2.2 a) oder die Kurzfassung in diesem Beitrag (Abschnitt „Bewertungsergebnisse und Interpretation").

Ökologischer Mindestabfluss

Für alle 28 Profile, an welchen ein ökologischer Mindestabfluss festgelegt worden ist, wurde monatsweise der modellierte Abfluss dem geforderten gegenübergestellt:

Bewertungsfunktion:

$rB_{Oekl} = MIN (Ist/Soll \cdot 100, 100)$ (5)

wobei:

rB_{Oekl}: Kriterium für Ökologie, relative Bedarfsbefriedigung [%]
Ist: modellierter Abfluss am Profil [m³/s]
Soll: geforderter Abfluss am Profil [m³/s]

Da der Abfluss auch oberhalb des geforderten Wertes liegen kann, wird in diesen Fällen eine Reduktion auf 100% vorgenommen. Aus den monatlichen Bedarfsbefriedigungen für die ökologischen Standards wurde der Mittelwert und aus den resultierenden Werten anschließend der Jahresmittelwert gebildet. Für jedes Szenario wurde aus den 50 Jahresmittelwerten **ein** Gesamtmittelwert berechnet. Damit ist sowohl auf Jahres- als auch auf kumulierter Ebene ein Vergleich mit dem Zielwert 100% möglich. Da zumindest an einigen Profilen ökologische Mindestabflüsse mit Jahresgang vorhanden sind, werden auch die Werte für das gesamte Jahr betrachtet und nicht nur für die im Allgemeinen vom Wassermangel betroffenen Sommermonate.

Zufluss Spreewald

Der Spreewald ist ein Feuchtgebiet von internationalem Rang und wurde wegen seiner besonderen ökologischen Bedeutung in einem eigenen Teilgebietsprojekt behandelt (vgl. GROSSMANN 2005, Kapitel III-2.3.4).

Da eine umfassende und anschlussfähige ökonomische Bewertung der Effekte aller 20 Entwicklungsszenarien in Hinblick auf die Oberflächenwasserverfügbarkeiten im Spreewald in GLOWA-Elbe I nicht erreicht werden konnte, wurde versucht, die Bewertung durch ein nicht-monetäres Näherungskriterium zu leisten. Da das Fortbestehen von Feuchtgebieten sehr stark vom Wasserzufluss abhängt, war der Oberflächenwasserzufluss in den Spreewald ein nahe liegendes Kriterium.

Für den Zufluss zum Spreewald wurden neben der Spree selbst auch die Nebenflüsse berücksichtigt, die dem Spreewald weiteres Wasser zuführen, da diese sowohl von veränderten Wasserverfügbarkeiten als auch von Handlungsstrategien betroffen sein können. Auf dieser Grundlage wurde schließlich der mittlere Gesamtzufluss je Jahr berechnet.

Obwohl gerade in den Sommermonaten die Dargebotssituation kritisch sein kann, werden die Zuflüsse für das gesamte Jahr betrachtet, da für den Spreewald gerade die Winter- und Frühjahrsmonate von Bedeutung sind. In diesen Monaten werden die Staubereiche gefüllt bzw. die Feuchtwiesen überflutet, so dass auch Änderungen in diesen Jahreszeiten für eine Gesamtbewertung von Bedeutung sind.

Für jedes Szenario wurde aus den 50 Jahresmittelwerten **ein** Gesamtmittelwert berechnet.

Bewertungsergebnisse und Interpretation

Die Integration der Transfer- und Bewertungsfunktionen in das WBalMo ermöglichte schließlich eine simultane Bewertung der Verfügbarkeit des Oberflächenwasserabflusses gemäß den acht Bewertungskriterien. Die Ergebnisse für alle acht Kriterien können jeweils pro Jahr ausgegeben werden, so dass für jedes der 20 Entwicklungsszenarien Zeitreihen-Bewertungsdaten für den Zeitraum 2003–2052 für alle acht Einzelkriterien vorliegen. Eine ausführliche Auswertung und Interpretation kann für die Einzelkriterien an dieser Stelle nicht erfolgen. Diesbezüglich sei verwiesen auf MESSNER und KALTOFEN (2004).

Beispielhaft sei nur eine Graphik zum Kriterium Netto-Nutzen der Binnenfischerei gezeigt, um die Detailliertheit der Ergebnisse zu verdeutlichen. Abbildung 1 zeigt die Gewinnentwicklung der Binnenfischerei von 2003 bis 2052 für die Wasserbewirtschaftungsstrategien Basis und Flutung für die vier Entwicklungsrahmen (vgl. zu den Szenarien Kap. III-2.1.4 von MESSNER et al. 2005). Hierbei wird u. a. deutlich, dass die unterstellte Wirkung des sozioökonomischen Wandels von B2 auf A1 mit einer mittleren Gewinneinbuße von etwa 38% verbunden ist (Vergleich der Szenarien *Basis*

B2 stabil und *Basis A1 stabil*). Bezieht man die Wirkungen eines möglichen Klimawandels noch mit ein (Vergleich *Basis B2 stabil* und *Basis A1 wandel*), so ist eine zusätzliche Gewinneinbuße von etwa 3% zu erwarten. Betrachtet man letztlich noch die Wirkungen des für die Binnenfischerei ungünstigen Flutungsszenarios, so wird ein weiterer mittlerer Gewinnabschlag von 4% erreicht (gerechnet jeweils in inflationsbereinigten Barwerten in EURO von 2003 mit 2% Diskontrate). Globaler Wandel und Politikveränderungen können die Binnenfischerei also in Zukunft vor große Probleme stellen und eine Halbierung der Sektorgewinne induzieren. Für die Binnenfischerei ist die Bedrohung durch den sozioökonomischen globalen Wandel besonders hoch.

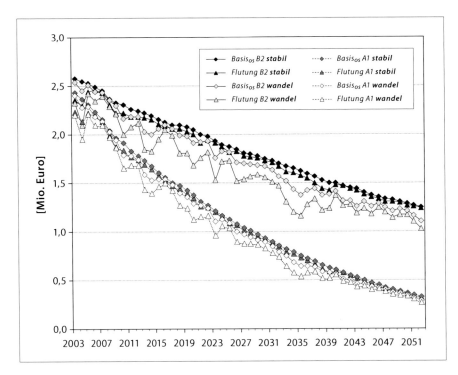

Abb. 1: Wirkungen des globalen Wandels auf den realen und diskontierten (2%) Gewinnverlauf der Binnenfischerei (Mio. €) – Darstellung der Handlungsstrategien *„Basis"* und *„Flutung"* für alle vier Entwicklungsrahmen (Bezeichnungen der Szenarien siehe MESSNER et al. 2005 in diesem Band, Kapitel III-2.1.4)

Für eine zusammenfassende vorläufige Interpretation der Ergebnisse werden nachfolgend lediglich die über 50 Jahre aggregierten Datenwerte für die Einzelkriterien betrachtet.

Die Tabellen 1–4 zeigen die Wirkungsmatrizen mit den acht Bewertungskriterien für die fünf Handlungsstrategien unter den Bedingungen der vier Entwicklungsrahmen. Die Bewertungen nach den Einzelkriterien werden jeweils noch ergänzt durch eine Zusatzspalte, die die Rangfolge der Strategien in Bezug auf das jeweilige Kriterium anzeigt. Auf diese Weise kann sich der Betrachter einen besseren Überblick über das Bewertungsergebnis verschaffen. Die monetären Kriterien sind in den Tabellen in Form des Netto-Nutzens abgebildet, d. h. die berechneten Werte werden in Differenz zur Basisstrategie dargestellt. Auf diese Weise ist besser ersichtlich, welche Wohlfahrtsdifferenzen zwischen den Strategien bestehen. Die nicht-monetären Kriterien sind in Form der mittleren aggregierten Bedarfsdeckung (%) und der Wasserzuflussmenge (m³/s) dargestellt.

Die Ergebnisse der Tabellen sind wie folgt zu interpretieren. Betrachtet man als erstes die Rangfolgen der Strategien unter den Einzelkriterien in Bezug auf die vier Entwicklungsrahmen, so fällt auf, dass sich bis auf kleinere Rangverschiebungen bei Kriterien, die nur geringe Ergebnisdifferenzen aufweisen, die Rangfolge der Strategien hinsichtlich der Einzelkriterien tendenziell in allen Entwicklungsrahmen ähnlich darstellt. So ist z. B. die Wasserverfügbarkeit der Industrie in den Strategien mit Oder-Überleitungen in allen Entwicklungsrahmen am besten, während das Flutungsszenario immer am schlechtesten abschneidet. Ein ähnliches Bild zeigt sich auch bei den anderen Einzelkriterien. In einer Betrachtung pro Einzelkriterium über alle Entwicklungsrahmen ist die Bestimmung der günstigsten und der ungünstigsten Strategien in der Regel eindeutig – trotz der doch sehr verschiedenen Zukunftsbedingungen. Damit ist auf Basis der bisherigen Arbeiten zu konstatieren, dass die fünf Handlungsstrategien hinsichtlich Ausmaß und Richtung der Effekte unter verschiedenen Rahmenbedingungen sehr ähnlich wirken. Bei keinem der betrachteten Einzelkriterien kommt es zu dem Umstand, dass sich eine Wirkung unter anderen Zukunftsrahmenbedingungen in eine völlig andere Richtung entwickelt. Diese Tatsache erleichtert zweifellos die Auswahl der günstigsten Handlungsstrategie. Diese anscheinende Eindeutigkeit liegt darin begründet, dass vorrangig Effekte aus Sektoren monetarisiert wurden, deren Gewinnabhängigkeit sich tendenziell linear zur kumulierten Wasserverfügbarkeit verhält und damit die gleichen Rangfolgen erzielt werden, wie in der Betrachtung der zugehörigen nicht-monetären Indikatoren. Gleichzeitig ebnet die hochaggregierte Durchschnittsbetrachtung viele räumliche und zeitliche Disparitäten ein, die erst mit der vertieften Analyse in GLOWA-Elbe II aufgezeigt werden könnten.

Damit ist allerdings nicht gesagt, dass die vorläufigen Ergebnisse in allen Entwicklungsrahmen ähnlich oder gar gleich sind. Ganz im Gegenteil ist das festgestellte Niveau der Effekte in Bezug auf viele Einzelkriterien stark unterschiedlich, in Abhängigkeit von den Entwicklungsrahmen. So kommt es z. B. in den Entwicklungsrahmen mit Klimawandel in einigen Gebieten der Untersuchungsregion zu großen Reduktionen in der Wasserverfügbarkeit mit deutlichen negativen Effekten bei einigen Einzelkriterien, z. B. bei der Wasserverfügbarkeit der Regionen Berlin oder Spreewald oder bei der Gewinnposition der Binnenfischerei. Der sozioökonomische Wandel wirkt sich besonders bei Einzelkriterien aus, die sehr empfindlich auf gesellschaftliche und ökonomische Rahmenbedingungen reagierende Akteure betreffen, wie z. B. die subventionierte Binnenfischerei oder der Tourismus an den Tagebauseen, der stark von den Trends im gesellschaftlichen Reiseverhalten abhängt. Ganz generell ist zu konstatieren, dass die bisherigen Arbeiten zu den Wirkungen der Handlungsstrategien unter den vier Entwicklungsrahmen dazu beitragen konnten, die Unsicherheit hinsichtlich der Strategiewirkungen in der Zukunft einzubeziehen und entsprechende Schwankungsbreiten für die Effekte abzubilden. Bisweilen wurde auch verdeutlicht, dass die Zukunftsrahmenbedingungen für einige wirtschaftliche Akteure eine größere Bedeutung haben als Änderungen bei Wasserverfügbarkeiten, die durch veränderte Wasserbewirtschaftungsstrategien induziert werden.

Die abschließende Bestimmung einer optimalen oder besonders günstigen Handlungsstrategie mit der vorliegenden Untersuchungstiefe gestaltet sich jedoch schwierig. Es zeigt sich, dass die Wirkungsrichtungen bei unterschiedlichen Einzelkriterien zu einzelnen Handlungsstrategien diametral zueinander stehen. So wirkt die Strategie *Flutung* sehr günstig in Bezug auf Nachnutzungstourismus, Kostensenkung in der Wasserbereitstellung und auf die Einhaltung des ökologischen Mindestabflusses, aber gleichzeitig auch sehr ungünstig für einige Wirtschaftssektoren. Man mag argumentieren, dass die Entscheidung einfacher wäre, wenn alle Wirkungen monetär beziffert werden würden, so dass aus der komplexen multikriteriellen Entscheidungsaufgabe eine einfache monokriterielle Aufgabe würde. Ganz unabhängig von der Tatsache, ob eine Monetarisierung in jedem Fall möglich und sinnvoll ist, wäre es zweifellos hilfreich zu wissen, welche monetären Wohlfahrtseffekte sich hinter veränderten Wasserzuflüssen nach Berlin und in den Spreewald verbergen. So könnte überlegt werden, die wohlfahrtsoptimale Strategie zu wählen und aus den Gewinnen die Verlierer dieser Strategie zu kompensieren. Trotzdem ist eine Aufsummierung der unterschiedlichen Effekte nicht in jedem Fall methodisch vertretbar. So mögen einige Entscheidungsträger die Bedeutung von Wirtschaftssektoren in strukturschwachen Gebieten, die zwar nicht viel Gewinn erwirtschaften, aber Beschäftigung in der Region sichern, höher einstufen als andere Wohlfahrtseffekte in der gleichen Größenordnung. Das impliziert, dass einige monetäre Wohlfahrtseffekte noch zusätzliche Implikationen aufweisen und mithin nicht nur ökonomische Wohlfahrt betreffen, sondern gleichzeitig auch kulturelle, soziale, ökologische oder regionsspezifische Werte. Aus diesen Gründen wird eine multikriterielle Abschlussbewertung unter Einbeziehung wesentlicher Stakeholder und Entscheidungsträger im Rahmen der Anwendung der IMA-Methodik als vorteilhaft angesehen, um die gesellschaftlich relevanten Präferenzen bei der Bewertung der Strategien mit zu berücksichtigen. Dieser Abschlussschritt in der Bewertung konnte in der ersten Phase von GLOWA-Elbe nicht durchgeführt werden und ist für die zweite Phase angesetzt.

Obwohl eine multikriterielle Abschlussbewertung noch aussteht, lassen sich auf Basis der Ergebnisse zu den Einzelkriterien Tendenzaussagen hinsichtlich der fünf Einzelstrategien treffen.

Tab. 1: Wirkungsmatrix für Entwicklungsrahmen *B2 stabil* (Arbeitsstand GLOWA-Elbe I; Okt 2003, Ziffern in Klammern = Rang)

Kriterien	Netto-Nutzen [Mio. 2003-€, 2% Diskont]				Wasserverfügbarkeit [mittlere Bedarfsdeckung in %]		Mittlere aggregierte Wasserzuflüsse [m^3/s]	
Strategien	Binnenfischerei	Wasserbereitstellung	Konditionierung	Nachnutzungstourismus	Industrie	ökolog. Mindestabflüsse	Spreewald	Berlin
Basis$_{OS}$	0,00 (3)	0,00 (5)	0,00 (4)	0,00 (4)	89,9 (2)	99,1 (4)	14,1 (3)	25,7 (4)
Flutung	-2,33 (5)	10,57 (2)	-0,61 (5)	2,75 (1)	88,0 (5)	99,5 (1)	14,2 (2)	25,8 (2)
RedFl	-0,01 (4)	41,35 (1)	0,01 (3)	0,75 (2)	89,9 (2)	99,2 (2)	14,0 (5)	25,6 (5)
OderBB	0,04 (1)	<0,67 (3)	0,71 (1)	0,56 (3)	90,0 (1)	99,2 (2)	14,3 (1)	25,9 (1)
OderBln	0,03 (2)	<0,53 (4)	0,16 (2)	0,00 (4)	89,9 (2)	99,1 (4)	14,1 (3)	25,8 (2)

Tab. 2: Wirkungsmatrix für Entwicklungsrahmen *B2 wandel* (Arbeitsstand GLOWA-Elbe I; Okt. 2003, Ziffern in Klammern = Rang)

Kriterien	Netto-Nutzen [Mio. 2003-€, 2% Diskont]				Wasserverfügbarkeit [mittlere Bedarfsdeckung in %]		Mittlere aggregierte Wasserzuflüsse [m^3/s]	
Strategien	Binnenfischerei	Wasserbereitstellung	Konditionierung	Nachnutzungstourismus	Industrie	ökolog. Mindestabflüsse	Spreewald	Berlin
Basis$_{OS}$	0,00 (3)	0,00 (4)	0,00 (3)	0,00 (5)	86,4 (3)	96,9 (3)	12,1 (3)	18,3 (4)
Flutung	-5,99 (5)	13,62 (2)	-0,63 (5)	3,17 (1)	81,3 (5)	98,0 (1)	12,4 (2)	18,6 (3)
RedFl	-0,04 (4)	41,53 (1)	-0,02 (4)	0,67 (3)	86,4 (3)	96,9 (3)	12,0 (5)	18,2 (5)
OderBB	0,31 (1)	<-1,07 (5)	0,94 (1)	0,74 (2)	87,0 (1)	97,1 (2)	12,5 (1)	18,7 (2)
OderBln	0,18 (2)	<0,74 (3)	0,30 (2)	0,01 (4)	86,6 (2)	96,9 (3)	12,1 (3)	18,9 (1)

Tab. 3: Wirkungsmatrix für Entwicklungsrahmen *A1 stabil* (Arbeitsstand GLOWA-Elbe I; Okt. 2003, Ziffern in Klammern = Rang)

Kriterien	Netto-Nutzen [Mio. 2003-€, 2% Diskont]				Wasserverfügbarkeit [mittlere Bedarfsdeckung in %]		Mittlere aggregierte Wasserzuflüsse [m³/s]	
Strategien	Binnenfischerei	Wasserbereitstellung	Konditionierung	Nachnutzungstourismus	Industrie	ökolog. Mindestabflüsse	Spreewald	Berlin
Basis$_{os}$	0,00 (3)	0,00 (5)	0,00 (4)	0,00 (5)	89,9 (2)	99,1 (4)	14,1 (3)	25,7 (4)
Flutung	−1,60 (5)	10,57 (2)	−0,60 (5)	11,51 (1)	88,0 (5)	99,5 (1)	14,2 (2)	25,8 (2)
RedFl	−0,01 (4)	41,35 (1)	0,01 (3)	3,13 (2)	89,9 (2)	99,2 (2)	14,0 (5)	25,6 (5)
OderBB	0,02 (1)	<0,67 (3)	0,70 (1)	2,41 (3)	90,0 (1)	99,2 (2)	14,3 (1)	25,9 (1)
OderBln	0,01 (2)	<0,53 (4)	0,15 (2)	0,01 (4)	89,9 (2)	99,1 (4)	14,1 (3)	25,8 (2)

Tab. 4: Wirkungsmatrix für Entwicklungsrahmen *A1 wandel* (Arbeitsstand GLOWA-Elbe I; Okt. 2003, Ziffern in Klammern = Rang)

Kriterien	Netto-Nutzen [Mio. 2003-€, 2% Diskont]				Wasserverfügbarkeit [mittlere Bedarfsdeckung in %]		Mittlere aggregierte Wasserzuflüsse [m³/s]	
Strategien	Binnenfischerei	Wasserbereitstellung	Konditionierung	Nachnutzungstourismus	Industrie	ökolog. Mindestabflüsse	Spreewald	Berlin
Basis$_{os}$	0,00 (3)	0,00 (4)	0,00 (3)	0,00 (5)	86,4 (3)	96,9 (3)	12,1 (3)	18,3 (4)
Flutung	−3,73 (5)	13,62 (2)	−0,61 (5)	13,35 (1)	81,3 (5)	98,0 (1)	12,4 (2)	18,6 (3)
RedFl	−0,04 (4)	41,53 (1)	−0,02 (4)	2,78 (3)	86,4 (3)	96,9 (3)	12,0 (5)	18,2 (5)
OderBB	0,17 (1)	<−1,07 (5)	0,92 (1)	3,21 (2)	87,0 (1)	97,1 (2)	12,5 (1)	18,7 (2)
OderBln	0,09 (2)	<0,74 (3)	0,30 (2)	0,06 (4)	86,6 (2)	96,9 (3)	12,1 (3)	18,9 (1)

Basisstrategie (Basis$_{os}$):

Die Ergebnisse aus den Tabellen 1 bis 4 zeigen, dass diese derzeit verfolgte Strategie in Bezug auf alle Bewertungskriterien eher auf den mittleren bis hinteren Rängen liegt. Dies gilt nicht nur für die Wasserverfügbarkeit für den ökologischen Mindestabfluss sowie für Berlin und den Spreewald, sondern auch hinsichtlich der ökonomischen Wirkungen im Vergleich zu den anderen Strategien. Es ist daher nahe liegend zu vermuten, dass diese gegenwärtige Strategie nur eine Interims-Bewirtschaftungsstrategie bleibt und in Zukunft von einer der anderen ersetzt werden wird.

Strategie prioritäre Flutung (Flutung):

Diese Strategie stellt sich weitaus günstiger dar. Sie ist positiv zu bewerten bezüglich Kosteneinsparungen bei der Wasserbereitstellung, Förderung des Nachnutzungstourismus und erfüllt gleichzeitig vergleichsweise sehr gute Bedingungen für die Wasserverfügbarkeit der ökologischen Mindestabflüsse sowie für Spreewald und Berlin. Gegen diese Strategie sprechen Gewinneinbußen bei wirtschaftlichen Akteuren wie der Binnenfischerei und Wasserverfügbarkeitsprobleme bei industriellen Nutzern sowie erhöhte öffentliche Konditionierungskosten. Betrachtet man allerdings die Größenordnung der positiven und negativen Wirkungen dieser Strategie, so ließe sich durchaus argumentieren, dass die Gewinneinbußen der Wirtschaft kompensiert werden könnten aus den Wohlfahrtsgewinnen der Wasserbereitstellung und dem Nachnutzungstourismus.

Strategie reduzierte Fließe (RedFl):

Diese Strategie ist besonders herausragend und günstig hinsichtlich der Einsparung von Wasserbereitstellungskosten. Im Vergleich zur Basisstrategie könnten bei Anwendung dieser Strategie öffentliche Ausgaben in zweistelliger Millionenhöhe (etwa 40 Mio. € in Gegenwartswert) eingespart werden – kein schlechtes Argument in Zeiten leerer öffentlicher Kassen. Mit diesen Gewinnen ließen sich problemlos die Verlierer kompensieren, für die die Effekte monetär berechnet wurden. Trotzdem ist zu konstatieren, dass nahezu alle anderen Kriterien – abgesehen von dem Nachnutzungstourismus – gegen diese Strategie sprechen. Sie ist zeitweilig verbunden mit deutlichen Unterschreitungen der ökologischen Mindestabflüsse und lässt auch vergleichsweise weniger Wasser in den Spreewald und nach Berlin fließen. Hier ist abzuwägen, ob die hohen Einsparungen bei der Wasserbereitstellung diese negativen Wirkungen rechtfertigen.

Strategie Überleitung Oder-Malxe zur Verbesserung der Wasserverfügbarkeit in Brandenburg (OderBB):

Diese Strategie stellt sich hinsichtlich aller Bewertungskriterien sehr gut dar – durchgehend mit Rängen 1 und 2 – mit Ausnahme der Kosten der Wasserbereitstellung, die sogar noch höher sind als bei der Basisstrategie. Hierbei ist noch zu beachten, dass die konkreten Kosten der Oder-Überleitung wegen Datenproblemen nicht berücksichtigt werden konnten, so dass der Kostenaspekt bei der Wasserbereitstellung noch deutlich schlechter ausfallen dürfte (daher das Kleinerzeichen in Tab. 1–4). Trotzdem ist es überlegenswert, ob diese positiven Wirkungen für die Wirtschaftssektoren, die Ökologie sowie die Gebiete Spreewald und Berlin nicht Grund genug sind, um die Realisierung einer solchen Überleitung zu erwägen.

Strategie Überleitung Oder-Spree zur Verbesserung der Wasserverfügbarkeit in Berlin (OderBln):

Die Überleitungsstrategie von der Oder über den Oder-Spree-Kanal nach Berlin ist explizit so konzipiert, dass die Wasserverfügbarkeit Berlins deutlich verbessert bzw. gestützt wird. Daher ist es nicht verwunderlich, dass diese Strategie bei der Wasserverfügbarkeit Berlins mit Abstand am besten aussieht. Ebenfalls gute Werte sind zu konstatieren für die Binnenfischerei, die Konditionierung der Tagebauseen und die Wasserverfügbarkeit der Industrie. Dieser Umstand erklärt sich daraus, dass mehr Wasser im Oberlauf der Spree genutzt werden kann, da Berlin seinen Bedarf aus der Überleitung ergänzt. Negativ schlagen sich allerdings die Kosten der Wasserbereitstellung nieder, die ebenso wie unter der Strategie Oderwasser Brandenburg *(OderBB)* deutlich unterschätzt sind (daher das Kleinerzeichen in Tab. 1–4), sowie ein eher mittleres bis schlechtes Abschneiden bei den Kriterien Nachnutzungstourismus, ökologischer Mindestabfluss und Zuflüsse in den Spreewald. Hier stellt sich die Frage, ob die Stützung der Wasserverfügbarkeit Berlins keine andere interne Lösung aufweist, oder aber ob die negativen Effekte einer solchen Strategie in Kauf genommen werden sollten.

Ausblick

Die endgültige Auswahl der günstigsten Bewirtschaftungsstrategie kann nur in Zusammenarbeit mit den Stakeholdern und Entscheidungsträgern und auf Basis ihrer Bewertungspräferenzen in der zweiten GLOWA-Phase geschehen. Hierbei sind alle gemachten Annahmen und Unsicherheiten offen zu legen, wobei die Bewertungsergebnisse gemäß den Einzelkriterien noch durch zusätzliche wissenschaftliche Arbeiten zu präzisieren sind. Die vorliegenden Teilergebnisse deuten darauf hin, dass die Flutungsstrategien sowie die beiden Oder-Überleitungsstrategien recht vorteilhafte Alternativen bzw. Ergänzungen zur gegenwärtigen Basisstrategie sind. Letztlich wäre in Anbetracht der Ergebnisse auch zu erwägen, ob nicht eine kombinierte Strategie aus Flutung und Überleitung die Erfolg versprechendste Bewirtschaftungsvariante wäre. Dies alles wird sich im weiteren Prozess der Politik klären – unterstützt durch den IMA-Prozess und die Wissenschaftler von GLOWA-Elbe.

Zusammenfassung

Im Kontext der interdisziplinären Analysen in den Einzugsgebieten von Spree und Schwarzer Elster unter Verwendung des IMA-Ansatzes wurden die wasserwirtschaftlichen und sozioökonomischen Auswirkungen verschiedener Szenarien analysiert und bewertet. Dabei wurde die Bewertung durch direkte Einbindung von Bewertungs- und Transferfunktionen in das Wasserbewirtschaftungsmodell WBalMo vorgenommen. Die Ergebnisse der integrativen Bewertung deuten darauf hin, dass die derzeitige Wasserbewirtschaftungsstrategie im Spree-Havel-Gebiet sub-optimal ist und durch Politikoptionen wie zusätzliche Wasserüberleitungen bzw. prioritäre Flutung der Tagebauseen gesamtgesellschaftliche Wohlfahrtssteigerungen erreicht werden können. Es zeigt sich weiterhin, dass unterschiedliche Wassernutzer im Untersuchungsgebiet sehr unterschiedlich von den möglichen Effekten des globalen Wandels und möglicher Bewirtschaftungsänderungen betroffen werden.

Referenzen

GROSSMANN, M. (2005) Ökonomische Bewertung von verändertem Wasserdargebot für Feuchtgebiete am Beispiel Spreewald. In: WECHSUNG, F., BECKER, A., GRÄFE, P. (Hrsg.) Auswirkungen des globalen Wandels auf Wasser, Umwelt und Gesellschaft im Elbegebiet. Weißensee Verlag Berlin, Kap. III-2.3.4.

KADEN, S., SCHRAMM, M., REDETZKY, M. (2005) Großräumige Wasserbewirtschaftungsmodelle als Instrumentarium für das Flussgebietsmanagement. In: WECHSUNG, F., BECKER, A., GRÄFE, P. (Hrsg.) Auswirkungen des globalen Wandels auf Wasser, Umwelt und Gesellschaft im Elbegebiet. Weißensee Verlag Berlin, Kap. III-2.1.3.

KARKUSCHKE, M. (2003) Methodische Ansätze zur integrierten hydrologisch-ökonomischen Bewertung veränderter Wasserverfügbarkeit in der Binnenfischerei – Theorie und Praxis. Unveröffentlichtes Arbeitspapier UFZ, Februar 2003, 33 S.

KLEMM, R. (2001) Bericht zur Wirtschaftlichkeit sächsischer Teichwirtschaften 1996/97 bis 1999/2000. Hrsg. von der Sächsischen Landesanstalt für Landwirtschaft.

KOCH, H., KALTOFEN, M., GRÜNEWALD, U., MESSNER, F., KARKUSCHKE, M., ZWIRNER, O., SCHRAMM, M. (2005): Scenarios of Water Resources Management in the Lower Lusatian Mining District, Germany. Ecological Engineering, 24 (1–2), S. 49–57.

MESSNER, F., KALTOFEN, M. (Hrsg.) (2004) Nachhaltige Wasserbewirtschaftung und regionale Entwicklung im bergbaubeeinflussten Einzugsgebiet der Spree, Endbericht des GLOWA-Teilgebietsprojektes Obere Spree, UFZ-Bericht 1/2004, Leipzig.

MESSNER, F., KALTOFEN, M., ZWIRNER, O., KOCH, H. (2005) Exemplarische Umsetzung des Integrativen Methodischen Ansatzes am Oberlauf der Spree. In: WECHSUNG, F., BECKER, A., GRÄFE, P. (Hrsg.) Auswirkungen des globalen Wandels auf Wasser, Umwelt und Gesellschaft im Elbegebiet. Weißensee Verlag Berlin, Kap. III-2.1.4.

MESSNER, F., WENZEL, V., BECKER, A., WECHSUNG, F. (2005) Der Integrative Methodische Ansatz von GLOWA-Elbe. In: WECHSUNG, F., BECKER, A., GRÄFE, P. (Hrsg.) Auswirkungen des globalen Wandels auf Wasser, Umwelt und Gesellschaft im Elbegebiet. Weißensee Verlag Berlin, Kap. I-2.

MESSNER, F., ZWIRNER, O., KARKUSCHKE, M. (2004) Participation in Multicriteria Decision Support for the Resolution of a Water Allocation Problem in the Spree River Basin. Land Use Policy, online seit 2004 (Printversion im Druck).

III-2.3 Spreewald

III-2.3.1 Das Integrationskonzept Spreewald und Ergebnisse zur Entwicklung des Wasserhaushalts
Ottfried Dietrich

Einleitung

Feuchtgebiete, die natürlichen Senken im Wasser- und Stoffkreislauf der Tieflandeinzugsgebiete, sind auch heute noch charakteristische Landschaftselemente im Elbetiefland (rd. 20 % Flächenanteil). Infolge ihrer Entwässerung und Nutzung während der letzten 250 Jahre haben sie aber ihre Senkenfunktion bereits größtenteils verloren. Trotzdem wird ihr Wasserhaushalt nach wie vor durch grundwassernahe Standortbedingungen charakterisiert, durch wasserwirtschaftliche Maßnahmen auf ihn eingewirkt und ist ihre gegenwärtige Nutzung auf diese Besonderheiten des Wasserhaushalts abgestimmt. Der Grad zwischen Erhalt oder Zerstörung eines Feuchtgebietes bzw. einer ressourcenschonenden oder -vernichtenden Nutzung dieser Gebiete ist sehr schmal. Bereits geringfügige Veränderungen im Landschaftswasserhaushalt können hier große Folgen für den zukünftigen Erhalt des Landschaftscharakters haben. Durch die starke Abhängigkeit der feuchtgebietstypischen Vegetation und der angepassten Nutzung haben Veränderungen im Wasserhaushalt der Feuchtgebiete unmittelbare Folgen für Ökologie und Wirtschaft in den betroffenen Gebieten. Die Wirkungen des globalen Wandels auf Feuchtgebiete im Elbetiefland sind daher abzuschätzen, um rechtzeitig geeignete Strategien zur Minderung negativer Folgen zu entwickeln.

Untersuchungsgebiet Spreewald

In GLOWA-Elbe wurden Folgen des globalen Wandels auf den Wasserhaushalt, die Ökologie und Nutzung eines Feuchtgebietes am Beispiel des Spreewaldes, einem der herausragendsten Feuchtgebiete Deutschlands, untersucht. Der Spreewald ist eine rd. 320 km² große Niederung, 70 km südöstlich von Berlin gelegen. Die Region gehört mit einem mittleren Jahresniederschlag von 540 mm/a zu den niederschlagsärmsten Gebieten Deutschlands. Im Spreewald, einer Verflechtung von Flussauen und großen vermoorten Bereichen, überwiegen die grundwassernahen Sande (49 %), gefolgt von Niedermooren (33 %) und Auenlehmen (18 %). Die Landnutzung ist an die Besonderheiten des Wasserhaushalts mit grundwassernahen Standortverhältnissen angepasst. Es dominiert die Graslandnutzung (44 %) mit Mähweiden und Wiesen, aber auch Ackernutzung (23 %) auf den höher gelegenen Flächen und forstwirtschaftliche Nutzung (20 %) spielen eine wichtige Rolle im Gebiet. Große wirtschaftliche Bedeutung hat der Tourismus im Zusammenhang mit Kahnfahrten auf dem ausdehnten Gewässersystem.

Die heutige Gebietsstruktur und das Gebietswasserregime sind gekennzeichnet durch ein dichtes Netz größtenteils kanalisierter Fließe (1.600 km), ausgestattet mit einem System von rd. 600 Wehren und Stauen, die das Abflussgeschehen der Gewässer und damit auch die Grundwasserverhältnisse in den Niederungsflächen regulieren. Die Zuflussbedingungen werden bereits heute durch das verminderte Dargebot aus den Bergbaufolgelandschaften der Lausitz reduziert. Aufwendige wasserwirtschaftliche Maßnahmen im oberhalb gelegenen Einzugsgebiet helfen die negativen Folgen für das Abflussgeschehen zu mindern, jedoch ist das Feuchtgebiet des Spreewaldes dabei nur einer von vielen Wassernutzern. Die Folge sind Wasserverfügbarkeits- und

Wassernutzungskonflikte zwischen sektoralen Zielen z. B. des Feuchtgebietsschutzes, der landwirtschaftlichen Nutzung oder des Tourismus, die sich zukünftig noch verschärfen werden.

Integrationskonzept Spreewald

a) Modellverbund

Der ökologische Zustand und die Nutzung von Feuchtgebieten werden vom vorherrschenden Wasserhaushalt, insbesondere den Grundwasserflurabständen, bestimmt. Die Interessenvertreter von Naturschutz, Land- und Forstwirtschaft oder Tourismus nehmen daher über die Wasserbewirtschaftung Einfluss auf den aktuellen Wasserhaushalt oder über die Mitsprache bei der Planung der Regionalentwicklung auf den zukünftigen Wasserhaushalt des Gebietes. Die Interessen der Nutzer bzgl. des Wasserhaushalts in Feuchtgebieten gehen oftmals weit auseinander, beeinflussen sich aber aufgrund naturwissenschaftlicher Gesetzmäßigkeiten oder nur begrenzt zur Verfügung stehender Ressourcen gegenseitig. Diese Wechselbeziehungen sind bei der Bearbeitung von Fragestellungen der am Teilprojekt Spreewald beteiligten Fachdisziplinen zu berücksichtigen. Im Untersuchungsgebiet Spreewald wurde daher ein gemeinsames Modellkonzept entwickelt, dessen Grundprinzipien die Definition eindeutiger Schnittstellen zwischen den Fachdisziplinen, das abgestimmte Vorgehen bei der Integration der Stakeholder im Gebiet sowie die Entwicklung und Bearbeitung gemeinsamer Szenarien sind. Im Folgenden wird das Zusammenspiel der Einzelmodelle kurz dargestellt. Das Wasserbewirtschaftungsmodell WBalMo Spreewald wird im nächsten Abschnitt, die Modelle der anderen Fachdisziplinen werden in den Kapiteln III-2.3.2 bis III-2.3.4 ausführlicher erläutert.

Kernstück des integrativen Modellverbunds ist das Wasserbewirtschaftungsmodell WBalMo Spreewald. Dieses kann direkt in das Wasserbewirtschaftungsmodell des Einzugsgebietes WBalMo GLOWA integriert oder indirekt über Datentransfer mit diesem verbunden werden. WBalMo GLOWA liefert in jedem Fall die Zuflüsse aus den oberhalb gelegenen Teileinzugsgebieten, die gemeinsam mit dem Klima den Entwicklungsrahmen für den Spreewald bilden. Die Zuflüsse werden über die Wasserbewirtschaftung im Einzugsgebiet zusätzlich von wirtschaftlichen Entwicklungen im Einzugsgebiet beeinflusst.

Grundlage für die Berücksichtigung der Wasserbewirtschaftung im WBalMo Spreewald ist eine Einteilung des Untersuchungsgebietes in Staubereiche. Sie stellen die kleinste im Grundwasserstand regulierbare Flächeneinheit dar und sind gleichzeitig der einheitliche räumliche Bezug für alle anderen Fachdisziplinen. Auf der Ebene der Staubereiche werden monatliche Wasserbilanzen und Grundwasserstände berechnet. Die benötigten Angaben zur Verdunstung der unterschiedlichen Vegetationsformen in Abhängigkeit von der Bodenartenhauptgruppe und dem Grundwasserflurabstand werden in einer Datenbank bereitgestellt, deren Datensätze mit dem Bodenwasserhaushaltsmodell BOWAS (siehe Lorenz et al. 2005, Kapitel III-2.3.2) berechnet wurden.

Die im WBalMo Spreewald enthaltenen Regeln der Wasserverteilung und die für die Wasserbilanzierung erforderlichen Angaben zu den Stauzielen sind regionale Handlungsoptionen und können über die Szenarien variiert werden. Ergebnis sind die in den ökologischen und ökonomischen Untersuchungen benötigten Aussagen zur Entwicklung der Grundwasserstände in den Staubereichen. In einer Datenbank werden ausgewählte Perzentile der Grundwasserstände aller Staubereiche für jede 5-Jahres-Periode von 2003 bis 2052 abgelegt, auf die dann andere Teilmodelle des Modellverbunds zugreifen können.

Zur Ermittlung der Vegetationsentwicklung bei veränderten Grundwasserverhältnissen wurde das Modell VEGMOS entwickelt (siehe BANGERT et al. 2005, Kapitel III-2.3.3). Es berechnet auf der Basis der Grundwasserstandsentwicklung und nutzungsbezogener Daten die Entwicklung der Vegetation und Risiken für besonders schutzwürdige Landschaftsbestandteile für die untersuchten Szenarien im Spreewald. Aus WBalMo Spreewald werden für jeden Staubereich die Mediane des Grundwasserstandes im Winter- und Sommerhalbjahr genutzt, um die Jahresamplituden zu berechnen.

Für die ökonomische Bewertung wurden verschiedene Auswertungsroutinen für das WBalMo Spreewald formuliert und direkt in das WBalMo Spreewald integriert, so dass die jeweilige Unterschreitungswahrscheinlichkeit von ökonomisch relevanten Schwellen der Wasserversorgung ausgewertet werden kann. Diese Vorgehensweise wurde für die monetären Bewertungsansätze zur Teichwirtschaft, zur Kahnschifffahrt und zum Erholungsnutzen genutzt. Die Prognosen zur Grünlandertragsentwicklung und die CO_2-Freisetzung (siehe LORENZ et al. 2005, Kapitel III-2.3.2) basieren auf den Perzentilen der Grundwasserstände aller Staubereiche für jede 5-Jahres-Periode. Die monetäre Bewertung erfolgt in Kapitel III-2.3.4 (siehe GROSSMANN 2005).

Der Einfluss veränderter klimatischer und hydrologischer Bedingungen auf die landwirtschaftlichen Betriebe wird über das MODAM Grünland Modul abgebildet (siehe GROSSMANN 2005, Kapitel III-2.3.4). Die für eine wirtschaftliche Bewertung relevanten Netto-Energieerträge werden in Abhängigkeit von den Grünlandnutzungsverfahren, der Vegetation und den Grundwasserflurabständen modelliert. VEGMOS liefert hierfür zu Ertragsgruppen zusammengefasste Vegetationseinheiten. Ertragskoeffizienten für die relative Ertragsveränderung bei verschiedenen mittleren Grundwasserflurabständen und klimatischen Bedingungen werden aus bodenhydraulischen Untersuchungen abgeleitet. Für jedes Verfahren wird dann eine ökonomische Partialanalyse durchgeführt, mit welcher die Netto-Erzeugungskosten berechnet werden.

Voraussetzung für das Funktionieren des gesamten Modellverbundes ist eine einheitliche Datengrundlage. Diese wurde auf Basis des Gewässersystems, der wasserwirtschaftlichen Anlagen, der Böden und der Landnutzung geschaffen. Das Gewässersystem mit den Regulierungsanlagen ist maßgebend für den Aufbau des WBalMo Spreewald sowie die Übernahme der Zuflüsse, die Wasserverteilung im Gebiet und die Abgabe der Abflüsse an die Unterlieger. Die unterschiedlichen Boden- und Landnutzungseinheiten sind Grundlage für die Berechnungen zum Bodenwasser-, Flächenwasser- und Gebietswasserhaushalt, zur Vegetationsentwicklung, zur Degradierung der Niedermoore und für die Ertragsmodellierung. Die einheitlichen GIS-Daten zur Geländehöhe, zum Boden und zur Landnutzung werden direkt von den einzelnen Modellen verwendet. Der Datenfluss zwischen den Modellen erfolgt durch Weitergabe von Modellergebnissen über Datenbanken. Diese werden in den einzelnen Fachdisziplinen teilweise bereits verdichtet und bewertet.

b) Entwicklungsszenarien

Den Entwicklungsrahmen für die Untersuchungsszenarien im Spreewald bilden das Klima, die agrarpolitischen Rahmenbedingungen und die Zuflüsse aus den oberhalb des Spreewaldes liegenden Teileinzugsgebieten (siehe GERSTENGARBE und WERNER 2005, Kapitel II-1.3; GÖMANN et al. 2005, Kapitel II-2.1.1 und „Obere Spree", Kapitel III-2.2). Die Variablen der regionalen Handlungsoptionen wurden exogen mit den Stakeholdern als Szenarien formuliert. Als mögliche Handlungsoptionen zur langfristigen Einflussnahme auf den Wasserhaushalt und zur Minderung negativer Auswirkungen des globalen Wandels auf Wasserhaushalt, Ökologie und Wirtschaft wurden in erster Linie wasserwirtschaftliche Optionen identifiziert. Sie betreffen die Steuerung der Zuflussverteilung im

Niederungsgebiet, die Höhe der Stauziele in Verbindung mit der Flächennutzung und wasserbauliche Veränderungen am Gewässersystem.

Im Kapitel III-2.3 werden vier Szenarien behandelt, die durch Kombination von zwei Rahmenbedingungen ($Basis_{OS}$ *stabil*, $Basis_{OS}$ **wandel**) mit zwei Handlungsstrategien im Feuchtgebiet ($Basis_{SW}$, *Moorschutz*) gebildet werden (Tabelle 1). $Basis_{SW}$ geht von der gegenwärtig praktizierten Wasserbewirtschaftung und Flächennutzung im Spreewald aus. Bei der zweiten Handlungsstrategie wird die Nutzung auf den Niedermoorflächen aufgegeben (Moorregenerierung) bzw. stark extensiviert (Moorerhalt) und die Zielwasserstände auf diesen Flächen werden angehoben. Die Zielwasserstände liegen bei Moorregenerierung (ca. 4.000 ha, siehe Abbildung 4) 0,1 m über Flur im Winter und 0,2 m unter Flur im Sommer und bei Moorerhalt (ca. 3.800 ha) im Winter in Geländehöhe und bei 0,3 m unter Flur im Sommer. Durch die Erhöhung von Stauzielen kann ein verbesserter Wasserrückhalt im Gebiet betrieben werden. In Perioden mit hohem Wasserdargebot wird der Flächenspeicher aufgefüllt, so dass in Defizitperioden aus diesem Vorrat gezehrt werden kann. Der Wasserrückhalt im Gebiet wurde in Abstimmung mit den Stakeholdern als eine vordringlich zu untersuchende Handlungsstrategie angesehen, da er auch in den Planungen der Wasserwirtschaft im Rahmen des Landschaftswasserprogramms von Brandenburg als wichtiges Instrument zur Verbesserung des Landschaftswasserhaushalts angesehen wird.

Tab. 1: Untersuchte Szenarienkombinationen im Untersuchungsgebiet Spreewald und Bezeichnung der Szenarien im Kapitel III-2.3

Handlungsstrategien	Rahmenbedingung	
	$Basis_{OS}$ *stabil*	$Basis_{OS}$ **wandel** (= SO)
$Basis_{SW}$	$Basis_{SW}$ *stabil*	$Basis_{SW}$ *SO wandel*
Moorschutz (MS)	*MS stabil*	*MS SO wandel*

Wasserbewirtschaftungsmodell WBalMo Spreewald

Für die Untersuchungen wurde das Modell WBalMo Spreewald als Kombination aus einem Wasserbewirtschaftungsmodell (WBalMo, siehe KADEN et al. 2005, Kapitel III-2.1.3) und einem Flächenwasserbilanzmodell für staureguliert Niederungsgebiete (WABI, DIETRICH et al. 1996) aufgebaut. Es berücksichtigt die Anforderungen, die sich aus den besonderen Standortverhältnissen im stauregulierten Niederungsgebiet und aus der Wasserbewirtschaftung in der Niederung sowie im Einzugsgebiet ableiten.

Im WBalMo Spreewald wurde das komplexe Gewässersystem des Spreewaldes auf die für die Verteilung der Zuflüsse und die Ableitung der Bilanzüberschüsse wesentlichen Gewässer reduziert und das Niederungsgebiet in insgesamt 197 Staubereiche unterteilt. Jeder Staubereich wird im Strangschema des WBalMo als ein Wassernutzer eingeordnet, dessen monatliche Wasserbilanz über die WABI-Algorithmen, welche direkt in das WBalMo integriert wurden, berechnet wird (DIETRICH et al. 2003). Für die Einbindung des rasterbasiert arbeitenden WABI-Modells und die Berücksichtigung der komplexen Standortverhältnisse des Spreewaldes wurden am ursprünglichen WABI-Modell eine Reihe von Anpassungen und Erweiterungen vorgenommen, die in DIETRICH und REDETZKY (2004) beschrieben sind.

Im WBalMo Spreewald wurden nach der Methode der Monte-Carlo-Simulation erzeugte Dargebotsreihen (Klima, Zufluss) verarbeitet. Für den Untersuchungszeitraum von 2003 bis 2052 standen je Jahr 100 Realisierungen zur Verfügung, die von anderen Teilprojekten des GLOWA-Elbe-Verbundprojektes bereitgestellt wurden (siehe GERSTENGARBE und WERNER 2005, Kapitel II-1.3 und KALTOFEN et al. 2005, Kapitel III-2.2.1). Die berechneten Ergebnisse wurden immer für 5-Jahres-Perioden statistisch ausgewertet und im folgenden Ergebnisteil als Perzentilwerte für ausgewählte Perioden dargestellt.

Ergebnisse

a) Verdunstung

In Feuchtgebieten führt der Anstieg der potenziellen Verdunstung bei weiterhin gegebener Wassernachlieferung aus dem Grundwasser auch zu einem Anstieg der realen Verdunstung. Abbildung 1 zeigt die Änderung der Medianwerte des Gesamtgebietes des Szenarios $Basis_{SW}$ *S0 wandel* der Perioden 2003/07 und 2048/52 sowie des Szenarios *MS S0 wandel* 2048/52 im Vergleich zum Szenario $Basis_{SW}$ *stabil* der Periode 2003/07. Die Monatsmediane der 100 Realisierungen steigen um bis zu 15 mm an. In der Summe der Monate April bis September ergibt sich für $Basis_{SW}$ *S0 wandel* bis 2048/52 eine Erhöhung der realen Verdunstung von 56 mm. Das entspricht für das Untersuchungsgebiet einem Volumen von rd. 18 Mio. m³ an zusätzlicher Verdunstung und dieses trotz teilweise sinkender Grundwasserstände (siehe Abschnitt c) Grundwasserstände in diesem Kapitel), wodurch eine stärkere Zunahme der realen Verdunstung noch gemindert wird. Beim Vergleich der Perioden 2003/07 und 2048/52 des Szenarios $Basis_{SW}$ *S0 wandel* nimmt die reale Verdunstung für das Gesamtgebiet im selben Zeitraum nur um 7 Mio. m³ zu. Der Unterschied in der Gebietsverdunstung zwischen $Basis_{SW}$ *stabil* und $Basis_{SW}$ *S0 wandel* in der Periode 2003/07 ist mit rd. 11 Mio. m³ damit größer als die Zunahme der Verdunstung innerhalb des Szenarios $Basis_{SW}$ *S0 wandel* über den Zeitraum von 50 Jahren. Die Ursache liegt im gegenwärtig schon höheren Niveau der potenziellen Verdunstung gegenüber dem langjährigen Durchschnitt 1951/2000. Das gegenwärtige Niveau wird durch das Szenario $Basis_{SW}$ *S0 wandel* der Periode 2003/07 besser widergespiegelt, während das Szenario $Basis_{SW}$ *stabil* mehr den Durchschnitt der letzten 50 Jahre darstellt. Die potenzielle Verdunstung beider Szenarien unterscheidet sich in den Medianwerten der Monatssummen April bis September in der Periode 2003/07 um rd. 40 mm, während sie innerhalb des Szenarios $Basis_{SW}$ *S0 wandel* von 2003/07 bis 2048/52 um rd. 35 mm ansteigt. Das langjährige Mittel der zurückliegenden 50 Jahre ($Basis_{SW}$ *stabil*) liegt damit deutlich unter dem Verdunstungsniveau zu Beginn des 21. Jahrhunderts ($Basis_{SW}$ *S0 wandel* 2003/07). Die weitere Zunahme der Verdunstung bis 2050 gegenüber dem gegenwärtigen Niveau erscheint so weniger dramatisch, ist aber auch im Zusammenhang mit den abnehmenden Gebietszuflüssen und sinkenden Grundwasserständen zu sehen.

Die Stauzielanhebung im Szenario *MS S0 wandel* führt nur zu einem geringen Anstieg der Verdunstung des Gesamtgebietes von rd. 5 mm in der Jahressumme der Monatsmediane im Vergleich zum Szenario $Basis_{SW}$ *S0 wandel* der Periode 2048/52 (Abbildung 1). Auf den Staubereichen, die direkt von Stauzielanhebungen betroffen sind, können die Jahressummen dagegen um rd. 30 mm ansteigen. Durch abnehmende Verdunstung in anderen Staubereichen, in denen die Grundwasserstände aufgrund fehlenden Zusatzwassers gegenüber dem Szenario $Basis_{SW}$ *S0 wandel* tiefer absinken, wird dieses im Gesamtgebiet ausgeglichen.

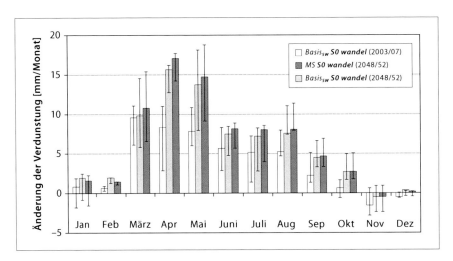

Abb. 1: Änderung der realen Verdunstung von $Basis_{SW}$ *S0 wandel* und *MS S0 wandel* in den Zeiträumen 2003/07 und 2048/52 gegenüber $Basis_{SW}$ *stabil* 2003/07 (Median des Gebietsmittels mit Schwankungsbereich des 10. und 90. Perzentils)

b) Zusatzwasserdefizit

In weiten Teilen des Elbetieflandes sind die Niederschläge in den Sommermonaten niedriger als die Verdunstung. Auf grundwassernahen Standorten wird versucht, durch Zuführung von Zusatzwasser aus den Einzugsgebieten dieses klimatische Wasserbilanzdefizit auszugleichen, um ein Absinken der Grundwasserstände unter die angestrebten Zielgrundwasserstände zu verhindern. Die hierfür benötigte Wassermenge wird als Zusatzwasserbedarf bezeichnet. Er beinhaltet neben dem klimatischen Wasserbilanzdefizit noch die Wassermenge, die erforderlich ist, um Stauzielunterschreitungen aus dem Vormonat bzw. Stauzielanhebungen im aktuellen Monat auszugleichen. Wird der Zusatzwasserbedarf dem tatsächlich verfügbaren Zusatzwasser gegenübergestellt, kann das Zusatzwasserdefizit für jeden Staubereich berechnet und ausgewertet werden. Das Zusatzwasserdefizit ist daher gut als Indikator für Veränderungen im Wasserhaushalt der Niederung infolge von veränderten Zuflüssen aus den oberhalb gelegenen Einzugsgebieten geeignet.

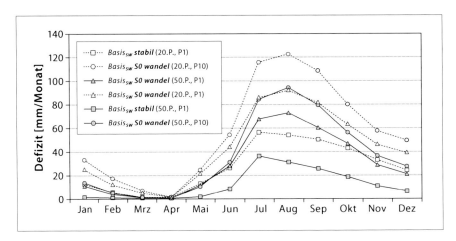

Abb. 2: Zusatzwasserdefizit (Gebietsmittel) in der Periode 2048/52 (P10) des Szenarios $Basis_{SW}$ *S0 wandel* im Vergleich zu den Szenarien $Basis_{SW}$ *stabil* und $Basis_{SW}$ *S0 wandel* der Periode 2003/07 (P1), dargestellt als Jahresgang der 5-Jahres-Periode anhand der 20. und 50. Perzentile

Das Zusatzwasserdefizit steigt nach den Modellrechnungen bis 2048/52 von rd. 20 mm im Median von *Basis$_{SW}$ stabil* auf rd. 45 mm in *Basis$_{SW}$ S0 wandel* an. Bei der Betrachtung der Jahresgänge der Perioden 2003/07 und 2048/52 wird deutlich, dass der Median des Szenarios *Basis$_{SW}$ S0 wandel* in 2048/52 noch die Werte des 20. Perzentils der Szenarien *Basis$_{SW}$ stabil* und *Basis$_{SW}$ S0 wandel* in 2003/07 übersteigt (Abbildung 2). Das bedeutet, dass das Defizit in der Periode 2048/52 durchschnittlich in jedem zweiten Jahr größer als in einem von 5 Jahren der Periode 2003/07 ausfällt. Auffällig auch die deutlich größere Differenz zwischen 20. und 50. Perzentil beim Szenario *Basis$_{SW}$ S0 wandel* in Periode 2048/52 gegenüber den entsprechenden Differenzen in Periode 2003/07. In trockenen Jahren überlagern sich also erhöhter Bedarf und niedrigere Zuflüsse noch ungünstiger als bisher. Die Unsicherheiten in der Bedarfsdeckung der Niederungsflächen steigen unter den Bedingungen des Szenarios *Basis$_{SW}$ S0 wandel* damit weiter an und führen in der Folge häufiger zu tiefer absinkenden Grundwasserständen. Die Stauzielanhebungen in den Moorschutzszenarien *MS stabil* und *MS S0 wandel* führen zu Veränderungen in den Zusatzwasserentnahmen und damit auch in den Zusatzwasserdefiziten einzelner Staubereiche. Staubereiche mit Stauzielanhebung, die nahe an den Gebietszuflüssen liegen und in der Versorgungspriorität daher besser als die unterhalb von ihnen liegenden Staubereiche gestellt sind, können ihren erhöhten Zusatzwasserbedarf noch abdecken. Da die Zuflüsse beim Vergleich von *Basis$_{SW}$ S0 wandel* und *MS S0 wandel* aber insgesamt unverändert bleiben, geht die erhöhte Wasserentnahme der Moorschutzflächen zu Lasten der unterhalb liegenden Staubereiche, so dass deren Zusatzwasserdefizit im Szenario *MS S0 wandel* dadurch ansteigt.

c) Grundwasserstände

In einer ersten Auswertung wurden die berechneten Grundwasserstände der Staubereiche ihren Zielgrundwasserständen gegenüber gestellt. Bereits im Szenario *Basis$_{SW}$ stabil* kann das Stauziel im Mittel des Gebietes nicht immer eingehalten werden. Diese Situation herrscht im Prinzip seit Anfang der 1990er-Jahre mit dem drastischen Rückgang der Spreezuflüsse aus dem Gebiet der Oberen Spree vor. Die veränderten klimatischen Bedingungen im Szenario *Basis$_{SW}$ S0 wandel* führen bis 2050 zur Verdopplung der Zielgrundwasserstandsunterschreitung im Median auf über 30 cm in den Sommermonaten. In den trockenen Jahren (80. Perzentil) fehlen bis zu 60 cm, um die Zielvorgaben zu erreichen. Bei Zielgrundwasserständen von z. B. 60 cm unter Flur für eine Graslandnutzung bedeutet dieses Grundwasserflurabstände von 120 cm unter Flur, auf den höher gelegenen Flächen sogar noch mehr.

Der direkte Vergleich der Grundwasserstände aller Staubereiche kann immer nur an ausgewählten Monaten zweier Perioden erfolgen. Er veranschaulicht aber, dass die veränderten Rahmenbedingungen sich durchaus sehr unterschiedlich auf die Entwicklung der Grundwasserstände innerhalb des Spreewaldes auswirken können. In Abbildung 3 werden die Medianwerte des Julis der ersten und letzten Periode des Szenarios *Basis$_{SW}$ S0 wandel* miteinander verglichen. Das veränderte Wasserdargebot wirkt sich danach im gesamten Niederungsgebiet nicht gleichmäßig auf die Grundwasserverhältnisse aus. Die zentralen Spreewaldbereiche sind relativ wenig von Veränderungen im Grundwasserregime betroffen. Dagegen sinken die Medianwerte der Grundwasserstände im Versorgungsbereich des Großen Fließes (schraffierte Fläche) und in den Randbereichen in der letzten Periode um 25 bis 50 cm gegenüber der ersten Periode ab. Die Ursachen hierfür sind die unterschiedlichen Entwicklungen der Zuflüsse aus Spree und Malxe für die zentral gelegenen Staubereiche (siehe Kapitel „Obere Spree", III-2.2). Die Malxe, mit stark zurückgehenden Abflüssen, versorgt den in Abbildung 3 gekennzeichneten Bereich des Großen Fließes, die Spree versorgt vorrangig die restlichen zentralen Staubereiche. Bei den Randbereichen ist das Verhältnis von zu versorgender Niederungsfläche zu dargebotsbildender Einzugsgebietsfläche sehr ungünstig, so dass sich eine Verringerung der Sommerabflüsse aus den kleinen Teileinzugsgebieten in einem verstärkten Absinken der Grundwasserstände in den durch sie versorgten Staubereichen niederschlägt.

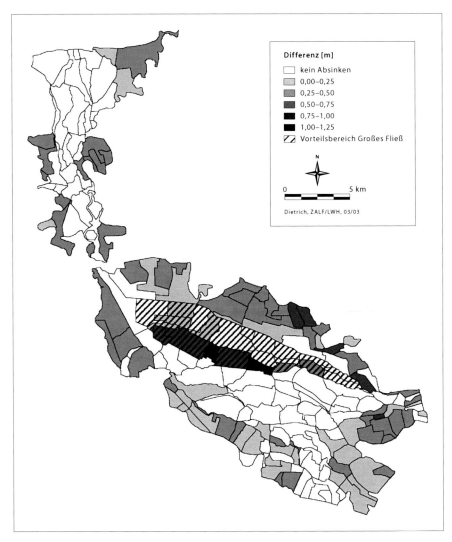

Abb. 3: Änderung der Juli-Grundwasserstände im Szenario *Basis$_{SW}$ S0 wandel* im Vergleich der Perioden 2003/07 und 2048/52 (Differenz der Medianwerte)

Der Vergleich der Juli-Grundwasserstände der Szenarien *Basis$_{SW}$ **S0 wandel*** und *MS **S0 wandel*** unter den Rahmenbedingungen der Periode 2003/07 zeigt den Grundwasseranstieg auf den am weitesten oberhalb, an den Gebietszuflüssen gelegenen Staubereichen (Abbildung 4). Die Höhe des Anstiegs ist maßgeblich von der Erhöhung der Stauziele abhängig. Der gewünschte, für den Moorschutz positive Grundwasseranstieg kann hier erreicht werden. Deutlich werden aber auch die negativen Folgen auf den weiter unterhalb der Moorschutzflächen gelegenen Staubereichen sichtbar. Insbesondere in den nördlichen Bereichen des Oberspreewaldes sinken die Grundwasserstände in den Sommermonaten infolge des erhöhten Wasserverbrauchs auf den Moorschutzflächen tiefer ab. Die landwirtschaftlichen Nutzer dieser Flächen werden mit Ertragseinbußen rechnen müssen (GROSSMANN 2005, Kapitel III-2.3.4), was die Akzeptanz von Moorschutzmaßnahmen erschwert.

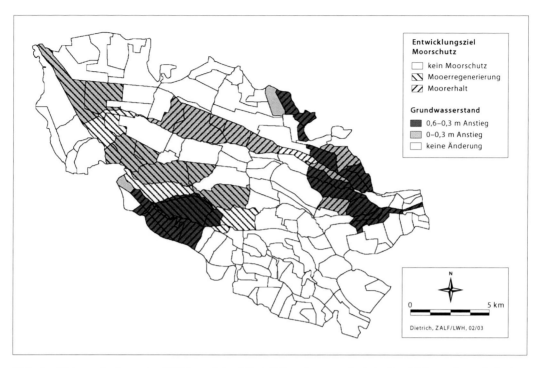

Abb. 4: Wirkung des Szenarios *MS S0 wandel* auf die Juli-Grundwasserstände im Vergleich zum Szenario *Basis$_{SW}$ S0 wandel* (Medianwerte der Periode 2003/07)

Schlussfolgerungen

Feuchtgebietsregionen, wie der Spreewald, sind von den Auswirkungen klimatischer Veränderungen im Feuchtgebiet selbst und in oberhalb gelegenen Einzugsgebieten betroffen. Insbesondere verringerte Niederschläge und erhöhte Verdunstung im Sommer werden in Regionen mit geringem Wasserdargebot Probleme in der Wasserversorgung der Feuchtgebietsstandorte verursachen. Die Folge sind tiefer absinkende Grundwasserstände in den Sommermonaten, die den weiteren Bestand der Feuchtgebiete, die an diese Bedingungen angepasste Ökologie und Nutzung gefährden. Neben den klimatischen Veränderungen können aber auch veränderte sozioökonomische Rahmenbedingungen zu starken Veränderungen im Wasserhaushalt der Feuchtgebiete führen, wie die unterschiedliche Entwicklung der Spreewaldzuflüsse aufgrund unterschiedlicher wirtschaftlicher Entwicklungen in den Teileinzugsgebieten zeigt. Diese auf Veränderungen der sozioökonomischen Rahmenbedingen zurückzuführenden Änderungen im Wasserhaushalt der Einzugsgebiete können in ihrer Wirkung auf den Wasserhaushalt des Feuchtgebietes stärker ausfallen als klimaänderungsbedingte Veränderungen.

Die Ergebnisse für das Beispielsgebiet zeigen, dass die Folgen des globalen Wandels räumlich differenziert und sehr unterschiedlich in ihrem Ausmaß sein können. Die jeweils vorherrschenden komplexen Verhältnisse haben Einfluss auf die Auswirkungen, so dass diese in anderen Feuchtgebieten, bei anderen Konstellationen durchaus auch anders ausfallen können. Eine einfache, direkte Übertragung der Ergebnisse bzgl. der Wirkung des globalen Wandels auf andere Gebiete ist daher nicht möglich, jedoch sind die entwickelten Methoden und Modelle auch in anderen Gebieten anwendbar.

Die bisher für das Untersuchungsgebiet untersuchten Handlungsoptionen zur Minderung negativer Folgen des globalen Wandels reichen noch nicht aus, um daraus schon Handlungsstrategien abzuleiten. Hier sind noch weitere Untersuchungen erforderlich. Mit dem Modell WBalMo Spreewald wurde das geeignete Werkzeug im Rahmen des GLOWA-Elbe-Projektes geschaffen. Weitere, noch zu untersuchende Handlungsoptionen wären z.B. die gezielte Veränderung der Landnutzung mit den daran gebundenen Stauzielen, eine Bevorteilung ausgewählter Bereiche des Spreewaldes durch Veränderung der Prioritäten in der Verteilung der Zuflüsse, um so diese Bereiche langfristig im Bestand zu sichern, oder eine Wasserbewirtschaftung im Einzugsgebiet mit der bevorzugten Einbeziehung der Speicher für die Versorgung des Feuchtgebietes in den Sommermonaten.

Zusammenfassung

Ziel des Teilvorhabens Spreewald war die Ermittlung der Auswirkungen des globalen Wandels auf das Feuchtgebiet Spreewald, welche sich für das Feuchtgebiet in veränderten hydrologischen Randbedingungen (klimatische Verhältnisse, verminderte Zuflüsse aus dem Einzugsgebiet) widerspiegeln. Hierfür wurde das Wasserhaushaltsmodell WBalMo Spreewald für das Feuchtgebiet entwickelt, aufgebaut und für Szenariorechnungen eingesetzt. Es basiert auf dem Langfristbewirtschaftungsmodell WBalMo und dem Flächenwasserbilanzmodell für grundwasserregulierte Niederungsflächen WABI. Die Szenarioergebnisse zum globalen Wandel zeigen einen zukünftig anwachsenden Wasserbedarf im Feuchtgebiet bei gleichzeitig zunehmender Verknappung des verfügbaren Wasserdargebotes. Eine Folge davon sind häufiger tief absinkende Grundwasserstände in den Sommermonaten, deren Ausmaß in den Teilgebieten des Spreewaldes aber sehr unterschiedlich ausfallen kann und erhebliche Auswirkungen auf die Ökologie und Nutzung im Gebiet hat. Wasserwirtschaftliche Maßnahmen im Einzugsgebiet und im Feuchtgebiet können helfen, unerwünschte Auswirkungen zu mindern.

Danksagung

Danken möchte ich dem BMBF für die Förderung der Arbeiten im Rahmen des Verbundprojektes GLOWA-Elbe (FK: 07 GWK 03) und den Landesbehörden von Brandenburg für die Bereitstellung der Datengrundlagen. Ein besonderer Dank gilt den Projektpartnern der TU Berlin, der BTU Cottbus und des PIK Potsdam für die Bereitstellung von Daten und die gute Zusammenarbeit.

Referenzen

BANGERT, U., VATER, G., KOWARIK, I., HEIMANN, J. (2005) Vegetationsentwicklung im Spreewald vor dem Hintergrund von Klimaänderungen und ihre Bedeutung aus naturschutzfachlicher Sicht. In: WECHSUNG, F., BECKER, A., GRÄFE, P. (Hrsg.) Auswirkungen des globalen Wandels auf Wasser, Umwelt und Gesellschaft im Elbegebiet. Weißensee Verlag Berlin, Kap. III-2.3.3.

DIETRICH, O., DANNOWSKI, R., QUAST, J. (1996) GIS-based water balance analyses for fen wetlands. Internat. Conf. on Application of Geographic Information Systems in Hydrology and Water Resources Management, HydroGIS '96. 16–19 April, Vienna, Vol. of Poster Papers: 83–90; Vienna.

DIETRICH, O., QUAST, J., REDETZKY, M. (2003) ArcGRM Spreewald – ein Modell zur Analyse der Wirkungen des globalen Wandels auf den Wasserhaushalt eines Feuchtgebietes mit Wasserbewirtschaftung. In: KLEEBERG, H.-B. (Hrsg.) Klima – Wasser – Flussgebietsmanagement im Lichte der Flut. Forum für Hydrologie und Wasserbewirtschaftung, Heft 4, S. 215–223.

DIETRICH, O., REDETZKY, M. (2004) Wirkungen des globalen Wandels auf den Wasserhaushalt von Feuchtgebieten – Untersuchungen mit einem Langfristbewirtschaftungsmodell am Beispiel des Spreewaldes. Deutsch-Chinesische Fachtagung „Moderne Methoden und Instrumentarien für die Wasserbewirtschaftung und den Hochwasserschutz", Dresden 3.–4.11.2003, IWU-Tagungsberichte, S. 72–83.

GERSTENGARBE, F.-W., WERNER, P.-C. (2005) Simulationsergebnisse des regionalen Klimamodells STAR. In: WECHSUNG, F., BECKER, A., GRÄFE, P. (Hrsg.) Auswirkungen des globalen Wandels auf Wasser, Umwelt und Gesellschaft im Elbegebiet. Weißensee Verlag Berlin, Kap. II-1.3.

GÖMANN, H., KREINS, P., JULIUS, Ch. (2005) Perspektiven der Landbewirtschaftung im deutschen Elbegebiet unter dem Einfluss des globalen Wandels – Ergebnisse eines interdisziplinären Modellverbundes. In: WECHSUNG, F., BECKER, A., GRÄFE, P. (Hrsg.) Auswirkungen des globalen Wandels auf Wasser, Umwelt und Gesellschaft im Elbegebiet. Weißensee Verlag Berlin, Kap. II-2.1.1.

GROSSMANN, M. (2005) Ökonomische Bewertung von verändertem Wasserdargebot für Feuchtgebiete am Beispiel Spreewald. In: WECHSUNG, F., BECKER, A., GRÄFE, P. (Hrsg.) Auswirkungen des globalen Wandels auf Wasser, Umwelt und Gesellschaft im Elbegebiet. Weißensee Verlag Berlin, Kap. III-2.3.4.

KADEN, S., SCHRAMM, M., REDETZKY, M. (2005) Großräumige Wasserbewirtschaftungsmodelle als Instrumentarium für das Flussgebietsmanagement. In: WECHSUNG, F., BECKER, A., GRÄFE, P. (Hrsg.) Auswirkungen des globalen Wandels auf Wasser, Umwelt und Gesellschaft im Elbegebiet. Weißensee Verlag Berlin, Kap. III-2.1.3.

KALTOFEN, M., KOCH, H., SCHRAMM, M. (2005) Wasserwirtschaftliche Handlungsstrategien im Spreegebiet oberhalb Berlins. In: WECHSUNG, F., BECKER, A., GRÄFE, P. (Hrsg.) Auswirkungen des globalen Wandels auf Wasser, Umwelt und Gesellschaft im Elbegebiet. Weißensee Verlag Berlin, Kap. III-2.2.1.

LORENZ, M., SCHWÄRZEL, K., WESSOLEK, G. (2005) Auswirkungen von Klima- und Grundwasserstandsänderungen auf Bodenwasserhaushalt, Biomasseproduktion und Degradierung von Niedermooren im Spreewald. In: WECHSUNG, F., BECKER, A., GRÄFE, P. (Hrsg.) Auswirkungen des globalen Wandels auf Wasser, Umwelt und Gesellschaft im Elbegebiet. Weißensee Verlag Berlin, Kap. III-2.3.2.

III-2.3.2 Auswirkungen von Klima- und Grundwasserstandsänderungen auf Bodenwasserhaushalt, Biomasseproduktion und Degradierung von Niedermooren im Spreewald

Marco Lorenz, Kai Schwärzel, Gerd Wessolek

Fragestellung

Vor dem Hintergrund globaler Klimaveränderungen beschäftigte sich das Teilvorhaben 2.6 mit bodenhydrologischen Zustandsgrößen im Spreewald. Spezieller Fokus lag auf der Prognose des zukünftigen Bodenwasserhaushalts, der Degradierungsdynamik von Niedermooren und der zu erwartenden Ertragsentwicklung von Grünlandstandorten. Dazu wurden komplexe Szenarienberechnungen für repräsentative Auen und Niedermoorböden des Spreewaldes durchgeführt und auf die Fläche regionalisiert.

Die Niedermoore des Spreewaldes üben großen Einfluss auf den Wasserhaushalt und das Mikroklima aus; sie beeinflussen aufgrund ihrer Filter- und Retentionswirkung auch die Qualität des Spreewassers. Auch der Erhaltung des Landschaftscharakters sowie der artenreichen Tier- und Pflanzenwelt kommt eine besondere Bedeutung zu.

Zusätzlich zu den Klimaeinflüssen verknappt die gegenwärtige Flutung von Tagebaurestlöchern im Einzugsgebiet von Spree und Malxe die Wasserverfügbarkeit in der Niederung.

Zusammen mit weiteren Einzelvorhaben (ZALF Müncheberg, TU Berlin FG Ökosystemkunde/Pflanzenökologie und FG Vergleichende Landschaftsökonomie) wurde im Teilgebietsprojekt Spreewald ein komplexes Feuchtgebietsmodellsystem entwickelt, mit dem Gebietsaussagen u. a. zu Wasserverteilung, Abflussverhalten, Änderung des Grundwasserstandes, Bodenwasserhaushalt, Vegetationsentwicklung, Änderungen im Grünlandertrag und der Degradierung der Niedermoore sowie deren sozioökonomische Folgen möglich sind. Diese Ergebnisse können z. B. bei der Erstellung von Schutzkonzepten und Managementplänen für das Spreewaldgebiet genutzt werden.

Methode

Die untersuchten **Entwicklungsszenarien** für das Teilgebietsprojekt Spreewald sind im Kapitel III-2.3.1 (Dietrich 2005) dargestellt. Nachfolgend sind sie noch einmal kurz zusammengefasst:

- Szenario *Basis$_{SW}$ stabil*: keine Klimaänderung, keine Änderung der Wassermanagementoptionen von 2003 bis 2055
- Szenario *Basis$_{SW}$ S0 wandel*: mittlere Temperaturerhöhung um 1,4 K bis zum Jahr 2050, leichte Abnahme der Sommerniederschläge, keine Änderung der Wassermanagementoptionen von 2003 bis 2052
- Szenarien *MS stabil und MS S0 wandel*: Szenarien mit verstärktem Moorschutz
- Die **mittleren, jährlichen Grundwasserstände** wurden mit Hilfe der Pegelstände aus dem WBalMo-Spreewald (Wasserverteilungsmodell) und eines digitalen Geländehöhenmodells für die beiden Szenarien auf Rasterebene **für die Jahre 2003–2052** berechnet. Sie sind im Szenario *Basis$_{SW}$ S0 wandel* im Mittel um ca. 15 cm tiefer als im Szenario *Basis$_{SW}$ stabil*.
- Mit Hilfe des Bodenwasserhaushaltsmodells (Wessolek 1989) wurden die **Bodenwasserhaushaltskomponenten** für unterschiedliche Böden, Grundwasserstände, Nutzungen und Klimaverhältnisse für das Spreewaldgebiet modelliert. Hierdurch sind Aussagen zur Veränderung der realen Verdunstung (ETI_{real}), des kapillaren Aufstiegs (V_{kap}) aus dem Grundwasser,

der Sickerwasserrate (GW_{neu}) sowie der klimatischen Wasserbilanz (**KWB**) und des Trockenstresses (E_{real}/E_{pot}) für unterschiedliche Entwicklungsszenarien möglich.

Die Ergebnisse gehen als Eingangsgrößen in die Modelle der anderen Teilvorhaben im Teilgebietsprojekt Spreewald ein und sind wichtige Parameter für die Prognose der Auswirkungen globaler Klimaveränderungen auf ökologische und ökonomische Größen und somit für die Ableitung von Strategien der nachhaltigen Entwicklung des Spreewaldes.

Die Kopplung der **Ertragsprognose** an die Klimabedingungen des jeweiligen Szenarios wurde mit Hilfe von so genannten Trockenstressfaktoren vollzogen. Diese wurden in Abhängigkeit von Boden, Grundwasserstand und Klimabedingungen mit Hilfe des Bodenwasserhaushaltsmodells berechnet. Es wurde deutlich, dass der Trockenstress für die Vegetation unter den veränderten Klimabedingungen und sinkenden Grundwasserständen bedeutend zunimmt. In Zusammenarbeit mit Herrn Dr. KÄDING von der Moorversuchsstation Paulinenaue (ZALF) wurden mittlere Erträge für unterschiedliche Grünlandgesellschaften in Abhängigkeit von Boden, Grundwasserstand und Nährstoffversorgung für den Spreewald definiert. Diese mittleren Erträge für unterschiedliche Grünlandgesellschaften wurden mit dem Ansatz:

$$Ertrag_{real} = E_{real}/E_{pot} \cdot M \cdot Ertrag_\varnothing$$

für gewisse Randbedingungen (Bodenart, Grundwasserstand, N-Angebot) an die Bedingungen des jeweiligen Szenarios gekoppelt. E_{real}/E_{pot} bezeichnet hierbei das Verhältnis von realer zu potenzieller Verdunstung und wird auch als **Trockenstressfaktor** bezeichnet.

In Zusammenarbeit aller Teilvorhaben im Teilgebietsprojekt Spreewald, die in diesem Kapitel III-2.3 dargestellt sind, wurde eine Regionalisierung der Ertragsprognosen vorgenommen. Das WBalMO-Spreewald lieferte die Pegelstände der einzelnen Staubereiche für $Basis_{SW}$ **stabil** – und $Basis_{SW}$ **S0 wandel** mit und ohne Moorschutz. Das von BANGERT et al. 2005 (Kapitel III-2.3.3) bearbeitete Vorhaben nahm eine Einordnung der von Herrn Dr. Käding zur Verfügung gestellten Daten bezüglich der Grünlandgesellschaften vor, um sie für die Verwendung der Biotoptypenkarte aufzubereiten. Das hier vorgestellte Vorhaben lieferte zum einen den dynamischen Ansatz zur Berechnung der Erträge und vollzog zum anderen die Ankopplung der Ertragsberechnungen an die im jeweiligen Szenario angenommenen Klimaverhältnisse mit Hilfe der Trockenstressfaktoren. Im Vorhaben von GROSSMANN 2005 (Kapitel III-2.3.4) wurden auf diesen Grundlagen mit Hilfe von Befragungen von landwirtschaftlichen Betrieben im Spreewald, unter Berücksichtigung der aktuellen Nutzung, die in den jeweiligen Szenarien real zu erwartenden Erträge ermittelt und bewertet.

Zur **Bestimmung des Torfschwundes** wurden vier für den Spreewald repräsentative Standorte ausgewählt und die anstehenden Torfe im Hinblick auf ihre CO_2-Freisetzung in Abhängigkeit von verschiedenen Temperatur- und Wassergehaltsstufen im Labor untersucht. Hieraus konnten mittlere CO_2-Freisetzungsraten ermittelt werden. Aus diesen Untersuchungen wurden unter Berücksichtigung von Kartierergebnissen im Gebiet und Resultaten aus dem Rhinluch und Paulinenaue (RENGER et al. 2002, WESSOLEK et al. 2002, MUNDEL 1976) mittlere jährliche Torfmineralisationsraten berechnet. Diese Berechnungen bildeten die Grundlage für die Ableitung mittlerer jährlicher Torfmächtigkeitsverluste als Funktion von Grundwasserstand und Klimaverhältnissen. Die Ergebnisse wurden auf Staubereichsebene mit Hilfe der Grundwasserstände (WBalMo-Spreewald) und einer Moorkarte (LUA Brandenburg) für das Spreewaldgebiet regionalisiert. Die Entwicklung des Torfschwundes für veränderte Klimabedingungen wurde durch Karten visualisiert.

Die **Lebensdauer der Niedermoore** ergibt sich aus der Torfmächtigkeit und dem mittleren, jährlichen Torfschwund.

Ergebnisse

a) Bodenwasserhaushalt

Die **Verdunstung** ist abhängig von der Bodenartengruppe, dem Grundwasserstand und der Nutzung. Die angenommene Klimaveränderung sorgt bei hohen Grundwasserständen für einen Anstieg der Verdunstung von bis zu 70 mm/a, abhängig von der Nutzung (vgl. Abbildung 1).

Mit sinkendem Grundwasserstand nimmt auch der Einfluss des Klimas ab und ist ab 150 cm unter Geländeoberfläche nicht mehr zu erkennen. Bei tiefen Grundwasserständen bewirkt eine verstärkte Austrocknung des Oberbodens im Szenario *Basis$_{SW}$ S0 wandel* eine stärkere Einschränkung der Verdunstung als im Szenario *Basis$_{SW}$ stabil*. Bei den unterschiedlichen Nutzungen sinkt die Verdunstung in der Reihenfolge Wald → Grünland → Acker. Die **Sickerwasserrate** nimmt unter den Bedingungen eines Klimawandels stark ab. Bei steigender Verdunstung und rückläufigen Niederschlägen wird dem Spreewald in Zukunft erheblich weniger Wasser zur Verfügung stehen als gegenwärtig.

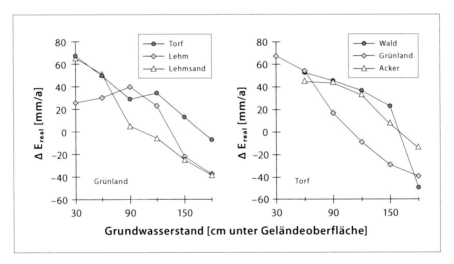

Abb. 1: Differenz der mittleren realen Verdunstungen der Szenarien *Basis$_{SW}$ stabil* und *Basis$_{SW}$ S0 wandel* für unterschiedliche Böden und Landnutzungen im Spreewald in Abhängigkeit vom Grundwasserstand

Neben den Klimaveränderungen wirkt sich auch die Flutung von Tagebaurestlöchern im Einzugsgebiet des Spreewaldes auf das Wasserdargebot aus. Um die Grundwasserstände unter veränderten Klimabedingungen zu halten, ist eine erheblich höhere Zusatzwassermenge erforderlich; sie kann mehr als 100 mm/a betragen. Wenn dieses Zusatzwasser nicht aus dem Einzugsgebiet oder durch Maßnahmen im Spreewald selbst bereit gestellt werden kann, wird es zu einem weiteren Absinken der Grundwasserstände kommen. Dies hat erhebliche Auswirkungen auf den Spreewald als Feuchtgebiet, auf die vorkommenden Vegetationsgesellschaften, die Ertragslage von Grünland und die Degradierung der Niedermoore. Damit ist auch das gesamte Erscheinungsbild des Spreewaldes betroffen und dessen Attraktivität für den Tourismus (Haupteinnahmequelle).

b) Ertragsprognose für Grünland

Abbildung 2 zeigt die Trockenstressfaktoren (E_{real}/E_{pot}) der jeweiligen Vegetationsperiode für die Variante Grünland auf Sand bei unterschiedlichen Grundwasserständen. Es wird deutlich, dass mit sinkendem Grundwasserstand und unter den Klimaveränderungsbedingungen die Trockenstressfaktoren kleiner werden, d. h. der Trockenstress nimmt für die Vegetation zu.

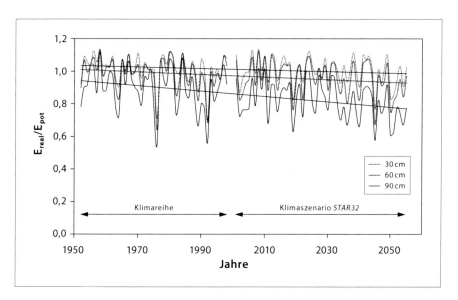

Abb. 2: Trockenstressfaktoren für die Variante Grünland auf Sand für drei unterschiedliche Grundwasserstände in der jeweiligen Vegetationsperiode

Unter den angenommenen Klimaänderungen kommt es zu einem Anstieg des Wasserverbrauchs im Spreewaldgebiet [vgl. a) Bodenwasserhaushalt]. Kann dieser nicht aus dem Einzugsgebiet gedeckt werden, kommt es zu einem Absinken der Grundwasserstände. Dies führt zum einen zu einem erhöhten Trockenstress, zum anderen aber auch zu einer Zunahme von Trockenstressereignissen bzw. -perioden im Verlauf der Vegetationsperiode. Diese haben sowohl Auswirkungen auf die vorkommenden Vegetationsgesellschaften als auch auf die Ertragslage und Qualität des erzeugten Futters.

Die Untersuchungen von DIETRICH (2005, Kap. III-2.3.1) zeigen, dass die Grundwasserstände an den Randbereichen der Niederung am stärksten abfallen werden. Die Folgen sind höhere Ertragseinbußen als in der zentralen Niederung. Ertragseinbußen sind auf ca. 30% der Grünlandflächen zu erwarten und werden vor allem an den nördlichen und südlichen Randbereichen der Niederung auftreten (vgl. Abbildung 3). Dies ist darauf zurückzuführen, dass diese Staubereiche von relativ kleinen Einzugsgebieten gespeist werden. Ein Rückgang der Sommerniederschläge führt hier zu einem verminderten Abfluss und zu stärkeren GW-Absenkungen. In der zentralen Niederung fallen ebenfalls Bereiche mit höheren Ertrageinbußen auf. Sie sind jedoch weniger auf die Klimaänderungen als auf Wasserverteilungsprobleme zurückzuführen. Diese Flächen werden durch das Einzugsgebiet der Malxe versorgt. Mit dem Auslaufen der Tagebaue in diesem Bereich und der einsetzenden Flutung der Tagebaurestlöcher, werden die Wassermengen der Malxe stark reduziert. Dies führt auf den betroffenen Flächen zu einem Absinken der Grundwasserstände und zu höheren Ertragseinbußen.

Auf ca. 5% der Grünlandflächen sind Ertragssteigerungen zu erwarten (schraffiert). Diese treten v. a. auf Flächen auf, die derzeit bei hohen Grundwasserständen bewirtschaftet werden. Ein Absinken der Grundwasserstände führt zu einer Durchlüftung des Oberbodens und zu einer besseren Bearbeitbarkeit (Befahrbarkeit) der Fläche und somit zu besseren Bedingungen für die Vegetation.

Auf dem Großteil der Grünlandflächen (65%) treten keine Ertragsänderungen bzw. Ertragsänderungen kleiner als 5 dt/ha TM auf.

Dies führt bei der Betrachtung der gesamten Grünlandfläche zu einem Ertragsrückgang von ca. 5%. Hierbei bliebe zu überprüfen, in welchem Ausmaß die einzelnen Betriebe von Ertragseinbußen betroffen wären und ob dies weitere Maßnahmen rechtfertigt. Unter Umständen könnten einzelne Betriebe auch gezwungen sein, über Bewirtschaftungsalternativen nachzudenken.

Für weitere Betrachtungen zur Entwicklung der Grünlanderträge in den Szenarien, deren Kopplung an die aktuelle Bewirtschaftung und die ökonomische Bewertung sei hier auf den Bericht von GROSSMANN 2005 (Kapitel III-2.3.4) verwiesen.

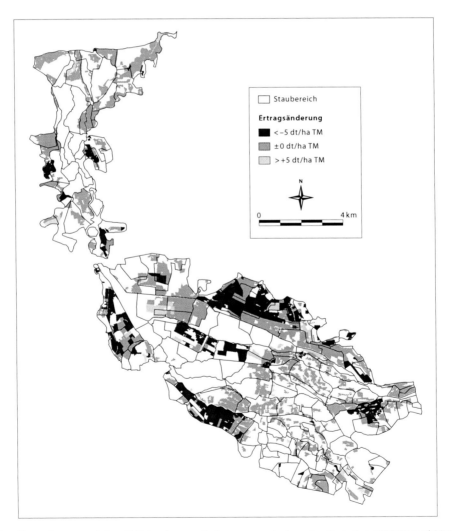

Abb. 3: Karte der potenziellen Grünlandertragsänderungen zwischen den Perioden 2003/07 und 2048/52 des Szenarios $Basis_{SW}$ *S0 wandel*

c) Torfschwund

Der **mittlere Torfschwund** verläuft bei angenommener Klimaänderung *(Basis$_{SW}$ S0 wandel)* auf einem deutlich höheren Niveau. Der Anstieg der Werte im Zeitverlauf hängt mit dem Absinken der Grundwasserstände, der damit einhergehenden Belüftung des Oberbodens und einer Erhöhung der Bodentemperaturen zusammen (Abbildung 4). Ohne Klimaänderung *(Basis$_{SW}$ stabil)* ist kein Anstieg der Werte zu verzeichnen.

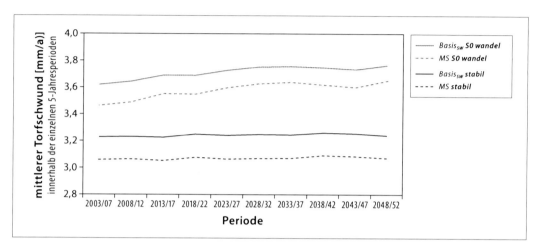

Abb. 4: mittlerer Torfschwund [mm/a] der Moorflächen des Spreewaldes im zeitlichen Verlauf

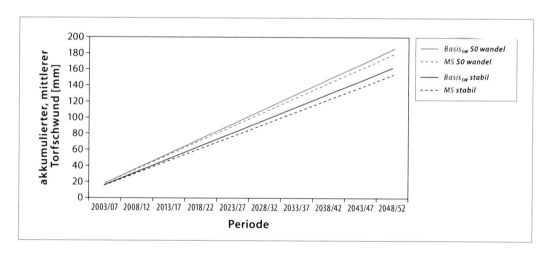

Abb. 5: über die Zeit akkumulierter mittlerer Torfschwund [mm] der Moorflächen des Spreewaldes

Der **Gesamttorfverlust** (Abbildung 5) ist nach Ablauf des betrachteten Zeitraumes mit Klimaänderung *(Basis$_{SW}$ S0 wandel)* im Mittel um ca. 20 % höher als ohne Klimaänderung *(Basis$_{SW}$ stabil)*.

Durch Maßnahmen des Wassermanagements kann der Torfschwund geringfügig reduziert werden. Dies wird durch die Auswirkungen der Moorschutzszenarien *(MS stabil und MS S0 wandel)* deutlich (vgl. Abbildung 4 und 5). Hierbei zeigen sich jedoch nur recht geringe Auswirkungen der Moorschutzszenarien, da der Rückgang des mittleren Torfschwundes nach Ablauf der 50 Jahre kleiner als 5 % ist. Ob solch geringe Auswirkungen einen erhöhten Aufwand im Wassermanagement rechtfertigen, sollte in Zukunft überprüft werden. Möglicherweise sind die Auswirkungen auf die Vegetationsgesellschaften und Ertragseinbußen als viel gravierender einzustufen als die Verringerung des Torfschwundes.

In Abbildung 6 ist die über die Zeit akkumulierte, mittlere CO_2-C-Freisetzung aufgetragen. Die Gesamt-CO_2-C-Freisetzung ist am Ende des betrachteten Zeitraums im Szenario Basis$_{SW}$ **SO wandel** ca. 10 % höher als im Szenario Basis$_{SW}$ **stabil**. Der verstärkte Moorschutz führt zu einem Rückgang der CO_2-C-Freisetzung von ca. 2,5 %.

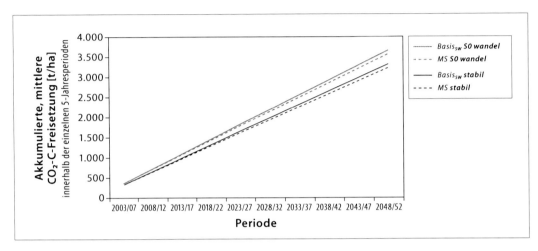

Abb. 6: Akkumulierte, mittlere CO_2-C-Freisetzung [t/ha] der Moorflächen des Spreewaldes über den betrachteten Zeitraum

Der Einfluss eines sich ändernden Klimas wirkt sich jedoch nicht im gesamten Niederungsgebiet gleichmäßig aus. Die **mittleren Torfverluste** unterscheiden sich je **nach Staubereich** erheblich (Abbildung 7). Dies hängt zum einen mit der Wasserverteilung im Gebiet zusammen und zum anderen mit der Wassermenge aus dem Einzugsgebiet des jeweiligen Staubereiches. Je nachdem wie sich diese Größen zwischen den Szenarien unterscheiden, wirken sich die angenommenen Klimaänderungen unterschiedlich auf die Grundwasserstände und damit auf den Torfschwund aus.

Der größte Torfschwund tritt im Szenario Basis$_{SW}$ **SO wandel** an den Randbereichen der Niederung auf. Er kann hier zwischen den Jahren 2003 und 2052 bis zu 25 cm betragen. Da die Torfmächtigkeit auf einem Großteil dieser Flächen heute schon als sehr gering einzustufen ist, werden diese Bereiche in 50 Jahren überwiegend nicht mehr als Niedermoorstandorte zu bezeichnen sein. In der zentralen Niederung liegt der Torfschwund im betrachteten Zeitraum zwischen 0 bis 15 cm. Da hier jedoch auch vorwiegend die Flächen mit höheren Torfmächtigkeiten vorkommen, ist innerhalb des betrachteten Zeitraumes nicht mit einer Gefährdung der Niedermoore in diesen Bereichen zu rechnen.

In Abbildung 8 (rechts) wird deutlich, dass bei geringmächtigen Torfen (hier: 3 dm) der Klimaeinfluss die ohnehin schon geringe **Lebensdauer** weiter verkürzt. Fast 30 % der Flächen, deren Torfmächtigkeit derzeit unter 40–50 cm liegt, werden unter den Bedingungen des Szenarios Basis$_{SW}$ **SO wandel** in den nächsten 50 Jahren stark degradieren und dann nicht mehr als Niedermoorflächen zu bezeichnen sein. Bei mächtigeren Torfen (ca. 8 dm) kann es zu einer Verkürzung der Lebensdauer von ca. 20 % kommen. Bei diesen tiefgründigen Niedermoorflächen ist innerhalb des betrachteten Zeitraumes nicht mit einer Gefährdung zu rechnen.

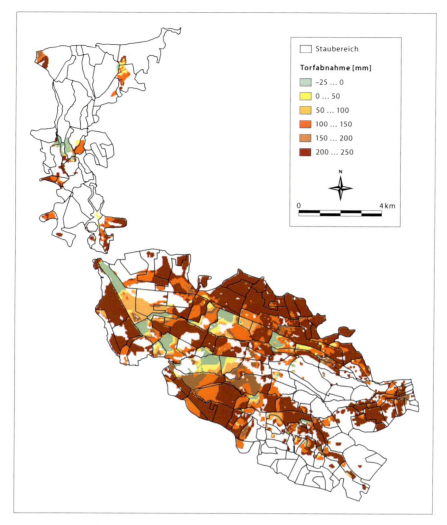

Abb. 7: Torfmächtigkeitsabnahme zwischen 2003 und 2055 *(Szenario Basis$_{SW}$ S0 wandel)*

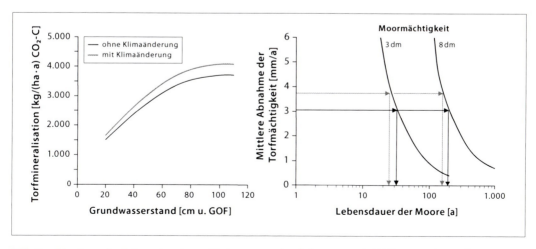

Abb. 8: Abnahme der Lebensdauer von Niedermooren (nach RENGER et al. 2002) ermittelt aus der mittleren Torfmächtigkeitsabnahme im *Szenario Basis$_{SW}$ **stabil** (schwarz) und im Szenario Basis$_{SW}$ **S0 wandel** (grau)*

Die linke Seite der Abbildung 8 zeigt die ermittelten Torfmineralisationsraten. Es wird deutlich, dass mit sinkendem Grundwasserstand der Einfluss des Klimas auf die Torfmineralisation zunimmt. Die angenommene Klimaerwärmung im Szenario $Basis_{SW}$ *S0 wandel* (grau) führt zu einer gesteigerten CO_2-Freisetzung und damit zu einem geringfügig höheren mittleren Torfschwund.

Schlussfolgerung

Die Ergebnisse zeigen, dass die angenommenen Veränderungen der Klimaverhältnisse erhebliche Auswirkungen auf das Feuchtgebiet Spreewald haben. Die Veränderungen im Bodenwasserhaushalt wirken sich sowohl auf ökologische als auch ökonomische Größen aus. Absinkende Grundwasserstände und eine zunehmende Degradierung der Niedermoore führen zu einem Verlust an Arten der Flora und Fauna, die an die nassen Bedingungen gebunden sind. Zudem beeinflussen die Niedermoore auch das Gebietsklima und fungieren als Filter- und Retentionsraum. Diese Funktionen sind zunehmend gefährdet. Mit der Torfmineralisierung und dem prognostizierten Torfschwund sind nicht nur Stoffausträge in die Atmosphäre (z. B. CO_2, Methan oder Lachgas), sondern auch Austräge in die Gewässer in Form von ehemals gebundenen Nähr- und Schadstoffen verbunden. Im Zusammenspiel mit den gezeigten Wasserquantitätsproblemen und einer damit verbundenen Aufkonzentrierung der Stoffe, können sich hieraus, vor allem im Hinblick auf die Unterlieger (Ballungsraum Berlin), auch Wasserqualitätsprobleme ergeben. Für die Betrachtungen der Auswirkungen von Klimaveränderungen besteht hier noch Forschungsbedarf. Ebenso sind die Austragspfade mancher Stoffe im Nebeneinander von Mobilisierungs- und Immobilisierungsprozessen im Bodenkörper noch unklar.

Des Weiteren wirken sich die dargestellten Veränderungen auch auf den Spreewald als bewirtschaftetes Gebiet aus. Ein Aspekt sind hier die abnehmenden Grünlanderträge. Weitere Bereiche wie Fischerei und Tourismus sind ebenfalls betroffen (vgl. GROSSMANN 2005, Kapitel III-2.3.4). Weiterhin können die angenommenen klimatischen Veränderungen das Erscheinungsbild des Spreewaldes und dessen Attraktivität für den Tourismus beeinflussen. Dies wirkt sich auch auf die im Spreewald lebende Bevölkerung aus, da der Tourismus die größte Einnahmequelle im Gebiet ist.

Die dargestellten Ergebnisse wurden für des Spreewaldgebiet regionalisiert und bewertet, so dass die klimatisch bedingten Veränderungen der dargestellten Bodenzustandsgrößen flächenhaft vorliegen. In Zusammenarbeit mit den anderen Teilvorhaben im TGP Spreewald ist so ein komplexes Feuchtgebietsmodellsystem (WBalMo-BOWAS-VEGMOS-MODAM) entstanden, mit dem Gebietsaussagen zu unterschiedlichen Fragen des Wassermanagements und dessen Auswirkungen auf ökologische und ökonomische Größen unter veränderten Klima- und Wasserbewirtschaftungsszenarien getroffen werden können. Dieses Modellsystem könnte z. B. bei der Bewertung und Einschätzung der Folgen von wasserwirtschaftlichen Maßnahmen oder Schutzbestrebungen bestimmter Bereiche im Spreewald von Nutzen sein. Ebenso besteht die Möglichkeit, dieses Modellsystem auch auf andere Feuchtgebiete zu übertragen.

Danksagung

Wir danken dem BMBF für die Förderung des Projektes im Rahmen des Forschungsprogramms GLOWA-Elbe „Integrierte Analyse der Auswirkungen des globalen Wandels auf die Umwelt und Gesellschaft im Elbegebiet".

Ebenso danken wir Herrn Dr. BECKER sowie Frau GRÄFE und Herrn Dr. WECHSUNG vom PIK Potsdam für das Projektmanagement.

Bei Herrn Dr. GERSTENGARBE und Herrn Dr. WERNER vom PIK Potsdam möchten wir uns für die unkomplizierte Bereitstellung der Klimaszenarien bedanken.

Des Weiteren danken wir Herrn Dr. Käding von der Versuchsstation Paulinenaue (ZALF) für die Bereitstellung von Ertragsniveaus für unterschiedliche Grünlandgesellschaften für den Spreewald.

Dem Landesamt für Geowissenschaften und Rohstoffe Brandenburg (LGRB), Dezernat 24, AG Herr Dr. Kühn, danken wir für die gute Zusammenarbeit bei den Aufnahmen von Bodenprofilen und der Erstellung einer Bodenkarte für den Spreewald.

Unser Dank gilt weiterhin dem Landesumweltamt Brandenburg (LUA) für die Überlassung einer digitalen Moorkarte für den Spreewald aus dem Bodeninformationssystem FIS-BOS.

Ebenso möchten wir uns bei der Biosphärenreservatsverwaltung Spreewald für die unkomplizierte Zusammenarbeit herzlich bedanken.

Referenzen

BANGERT, U., VATER, G., KOWARIK, I., HEIMANN, J. (2005) Vegetationsentwicklung im Spreewald vor dem Hintergrund von Klimaänderungen und ihre Bewertung aus naturschutzfachlicher Sicht. In: WECHSUNG, F., BECKER, A., GRÄFE, P. (Hrsg.) Auswirkungen des globalen Wandels auf Wasser, Umwelt und Gesellschaft im Elbegebiet. Weißensee Verlag Berlin, Kap. III-2.3.3.

DIETRICH, O. (2005) Das Integrationskonzept Spreewald und Ergebnisse zur Entwicklung des Wasserhaushalts. In: WECHSUNG, F., BECKER, A., GRÄFE, P. (Hrsg.) Auswirkungen des globalen Wandels auf Wasser, Umwelt und Gesellschaft im Elbegebiet. Weißensee Verlag Berlin, Kap. III-2.3.1.

GROSSMANN, M. (2005) Berücksichtigung des Wertes von Feuchtgebieten bei der ökonomischen Analyse von Bewirtschaftungsstrategien für Flussgebiete: Beispiel der Spreewaldniederung. In: WECHSUNG, F., BECKER, A., GRÄFE, P. (Hrsg.) Auswirkungen des globalen Wandels auf Wasser, Umwelt und Gesellschaft im Elbegebiet. Weißensee Verlag Berlin, Kap. III-2.3.4.

RENGER, M., WESSOLEK, G., SCHWÄRZEL, K., SAUERBREY, R., SIEWERT, C. (2002) Aspects of peat conservation and water management. J. Plant Nutrition and Soil Science, No. 165, 487–493.

WESSOLEK, G. (1989) Einsatz von Wasserhaushalts- und Photosynthesemodellen in der Ökosystemanalyse. Berlin. Landschaftsentwicklung und Umweltforschung, Nr. 61.

WESSOLEK, G., SCHWÄRZEL, K., RENGER, M., SAUERBREY, R., SIEWERT, C. (2002) Soil hydrology and CO_2 mineralization of peat soils. J. Plant Nutrition and Soil Science, No. 165, p. 494–500.

III-2.3.3 Vegetationsentwicklung im Spreewald vor dem Hintergrund von Klimaänderungen und ihre Bewertung aus naturschutzfachlicher Sicht

Ulrich Bangert, Gero Vater, Ingo Kowarik, Jutta Heimann

Einleitung

Feuchtgebiete sind seit Anfang des 19. Jahrhunderts durch Entwässerungen und Meliorationen mit dem Ziel landwirtschaftlicher Nutzung stark zurückgedrängt worden. Der Spreewald als bedeutendes Feuchtgebiet im Einzugsgebiet der Elbe war in seinem Wasserhaushalt vergleichsweise bevorteilt, da Sümpfungswässer aus dem oberhalb liegenden Braunkohleabbaugebiet eingeleitet worden sind. So konnten hier naturnahe feuchtgebietstypische Biotope mit ihren vom Grundwasserstand abhängigen Lebensgemeinschaften erhalten werden wie Erlenbruchwälder, Feuchtwiesen und Röhrichte. Sie weisen teilweise einen hohen naturschutzfachlichen Wert auf. Der Feuchtgebietscharakter dieser Kulturlandschaft bildet die Grundlage für den Tourismus in der Region, der neben Land- und Forstwirtschaft einen wichtigen Wirtschaftszweig darstellt.

Der Rückgang des Tagebaus wirkt sich bereits heute negativ auf den Wasserhaushalt im Spreewald aus. Durch den globalen Wandel muss mit einer zusätzlichen Verringerung des Wasserdargebotes und einer Verminderung der Wasserqualität gerechnet werden. Der Feuchtgebietscharakter des Spreewaldes ist also stark gefährdet.

Im Forschungsvorhaben GLOWA-Elbe wurden Szenarien für den globalen Wandel bis 2055 ausgearbeitet. In dieser Arbeit vergleichen wir die Vegetationsentwicklung im Niederungsgebiet des Biosphärenreservates Spreewald bei einer angenommenen Temperaturerhöhung von 1,4 K (Szenario *Basis$_{SW}$ S0 wandel*) mit einem Szenario ohne klimatischen Wandel (*Basis$_{SW}$ stabil*), das eine Wiederholung der Klimatologie der Jahre 1951–2000 nach 2001 unterstellt. Für ein nachhaltiges Feuchtgebietsmanagement werden Instrumente benötigt, mit denen sich ohne aufwendige Datenerhebungen die Folgen zukünftiger Entwicklungen bewerten lassen, um so frühzeitig Gegenmaßnahmen einleiten zu können. Zu diesem Zweck wurde das Vegetationsentwicklungsmodell Spreewald (VEGMOS) erarbeitet, in das auch ein Modul zur naturschutzfachlichen Risikoanalyse implementiert ist. Die Auswirkungen des klimatischen Wandels werden als simulierte Grundwasserflurabstände aus dem Wasserbewirtschaftungsmodell WBalMo Spreewald in die Berechnungen übernommen (siehe DIETRICH 2005, Kapitel III-2.3.1). Die Ergebnisse des VEGMOS finden ihrerseits Eingang in das Grünland-Modul des Modells MODAM (siehe GROSSMANN 2005, Kapitel III-2.3.4).

Material und Methoden

Mit Hilfe vorhandener Vegetationsdaten der Jahre 1990–2003 wurden für die flächendeckend kartierten Biotoptypen des Spreewaldes (LAGS 1996) Leit-Vegetationstypen ermittelt und regionalisiert. Für sie können unter Anwendung des Vegetationsformenkonzepts (KOSKA et al. 2001) mit Hilfe ökologischer Artgruppen charakteristische Hydrotoptypen angegeben werden, die durch Amplituden der Mediane des Grundwasserflurabstands im feuchten (Winter/Frühjahr) und trockenen Halbjahr (Sommer/Herbst) gekennzeichnet sind. Als Hydrotop wird hier die Gesamtheit der hydroökologischen Lebensbedingungen einer Pflanzengemeinschaft an einem Ort verstanden. Dabei wird dem Ansatz von KOSKA (2001) gefolgt, wonach die Hydrotope in Feuchtgebieten vor allem durch den Grundwasserflurabstand (klassifiziert in Wasserstufen) sowie den Wasserregimetyp bestimmt werden (Tabelle 1). Die Hydrotoptypen wurden als Standortparameter in Ökogramme der Vegetations- und Biotoptypen des Spreewaldes übernommen. Sie bilden die Regelbasis des Vegetationsentwicklungsmodells VEGMOS. Ausgehend von den Amplituden des Grundwasserflurabstands der aktuellen Hydrotope [A GW$_{HT}$] können so die Auswirkungen der für den Zeitraum 2003 bis 2053 modellierten Wasserstandsänderungen [Δ GW$_{WBalMo}$] abgeschätzt werden, die das Wasserbewirtschaftungsmodell WBalMo Spreewald als 5-Jahres-Mittelwerte berechnet. Verwendet werden die Mediane von 100 Simulationsläufen.

Tab. 1: Erläuterung der im Spreewald mit Hilfe von Vegetationsdaten nachgewiesenen Hydrotoptypen

Wasserregimetyp	Wasserstufe					
	5+ nass	4+ halbnass	3+ feucht	2+ mäßig feucht	2− mäßig trocken	3− trocken
G (Grund- u. Stauwasserregime)			×	×		
I (Infiltrationsregime)					×	×
T (topogenes Regime)	×	×				
Ue (Auenüberflutungsregime)	×	×				
W (Wechselnässeregime)			×	×		

Tab. 2: Schlüsselbegriffe und Definitionen in der Risikoanalyse ERAW

Wirkungsintensität	Δ GW$_{WBalMo}$	Modellierte Änderung des Grundwasserflurabstandes
Empfindlichkeit	A GW$_{HT}$	Amplitude der Mediane des Grundwasserflurabstandes im Winter- und Sommerhalbjahr der Hydrotoptypen
Ökologisches Risiko	[A GW$_{HT}$] : [Δ GW$_{WBalMo}$] > 0,8 > 0,5 < 0,8 > 0,2 < 0,5 < 0,2	 hoch mittel niedrig potenziell
Naturschutzfachliches Risiko	Ökologisches Risiko bezogen auf die Schutzgüter des Naturschutzes	

In das Vegetationsentwicklungsmodell ist ein Modul zur naturschutzfachlichen Risikoanalyse (ERAW – Ecological Risk Assessment for Wetland Vegetation) eingebunden. Es handelt sich um eine Datenbankanwendung, die in ein geographisches Informationssystem implementiert ist. Verschiedene Wasserbewirtschaftungsstrategien können damit in ihrer Wirkung auf die vegetations- und biotoptypenbezogenen Schutzgüter des Naturschutzes analysiert werden. Bewertungsgrundlagen sind die Planwerke des Naturschutzes wie der Landschaftsrahmenplan (LRP, MUNR 1998) und der Pflege- und Entwicklungsplan (PEP, LAGS 1996). Als Risiko gilt, wenn die modellierte Änderung des Grundwasserflurabstands die aus Ökogrammen abgeleitete Empfindlichkeit der Vegetationseinheiten überschreitet, und diese von besonderer Bedeutung für den Naturschutz sind. Für die Risikoanalyse werden Varianten mit unterschiedlichen Schwellenwerten (hoch, mittel, gering, potenziell) gerechnet, die auch Pegeländerungen, die kleiner als die Flurabstandsamplituden der Vegetationseinheiten sind, als Risiko werten (Tabelle 2). Damit wird berücksichtigt, dass die bioindikatorisch ermittelte Referenzhöhe des Grundwasserflurabstands nicht als Einzelwert, sondern als Schwankungsbereich der Halbjahresmediane angegeben wird.

Ergebnisse

Im Rahmen des Forschungsprojektes wurden Schutzgüter aus allgemeinen Oberzielen des Naturschutzes und mit Hilfe der zu diesem Zeitpunkt vorliegenden naturschutzfachlichen Planwerke abgeleitet. Das Naturschutzziel, die „Tier- und Pflanzenwelt einschließlich ihrer Lebensstätten und Lebensräume" zu sichern (§ 1 Bundesnaturschutzgesetz, BNatSchG), wird in der Risikoanalyse durch mehrere Schutzgüter operationalisiert, die im Rahmen der verfügbaren Daten verschiedene Ebenen der Biodiversität abdecken und zwar 1) Standorteigenschaften, 2) Biotope und ihre Leitvegetation und 3) Arten.

Die Risiken für die „Vielfalt, Eigenart und Schönheit sowie der Erholungswert von Natur und Landschaft" (§1 BNatSchG) werden anhand von Elementen und Strukturen analysiert, die für das Landschaftserleben bedeutsam sind (sogenannte Landschaftsbildelemente).

a) Standorteigenschaften

Um das Entwicklungspotenzial zu berücksichtigen, das Lebensräume aufgrund ihrer außergewöhnlichen Standortbedingungen haben können, werden die Standorteigenschaften unabhängig von der aktuellen Biotopwertigkeit in die Risikoanalyse einbezogen. Für Auen- und Niedermoorgebiete sind semiterrestrische, unter direktem Grund- oder Stauwassereinfluss stehende Standorte kennzeichnend. Dazu zählen Hydrotoptypen, deren mittlerer Grundwasserflurabstand zumindest im feuchten Halbjahr (Winter und Frühjahr) im Bereich des Wurzelraumes liegt und die nicht ganzjährig überstaut sind (Hydrotoptypen: 5+T, 5+Ue, 4+T, 4+Ue, 3+G, 3+W, 2+G). In überregionaler Betrachtung sind solche Standorte durch Meliorationen stark zurückgedrängt und selten geworden. Der mit Hilfe von Vegetationsdaten ermittelte Anteil am Untersuchungsgebiet liegt gegenwärtig bei 75%. Ein Risiko aus Sicht des Naturschutzes ist dann gegeben, wenn die Wasserstandsänderung in einem Gebiet so stark ist, dass sich andere Hydrotoptypen einstellen. Nach den Modellrechnungen ist damit im Jahr 2050 auf 4–12% der semiterrestrischen Standorte im Szenario *Basis$_{SW}$ stabil* und auf 19–36% im Szenario *Basis$_{SW}$ SO wandel* zu rechnen (Abbildung 1).

Betroffen sind vor allem die feuchten und mäßig feuchten Standorte (Hydrotoptypen 3+G/W, 2+G), insbesondere die mäßig wechselfeuchten Hydrotoptypen (3+W). Die nassen Standorte (Hydrotoptypen 5+T/Ue, 4+T/Ue) werden hingegen kaum beeinträchtigt.

Durch Reklassifizierung der modellierten Grundwasserstände im VEGMOS lässt sich die mögliche Entwicklungsrichtung abschätzen. Danach nehmen stark bis sehr stark wechselfeuchte/-nasse Standorte zu, bei denen die Unterschiede der Wasserstände im feuchten und trockenen Halbjahr sehr hoch sind. So kann der Grundwasserspiegel im Winter an der Oberfläche oder darüber liegen und im Sommer unter den Bereich absinken, von wo aus Wasser kapillar in den Wurzelraum aufsteigen kann.

b) Biotope und ihre Leitvegetation

Als besonders schutzwürdig werden Biotope eingestuft, die im Pflege- und Entwicklungsplan (PEP) als „sehr wertvoll" aus Sicht des Arten- und Biotopschutzes bewertet wurden. Hierzu zählt der überwiegende Teil der Moor- und Bruchwälder, Röhrichte, Großseggenwiesen und Feuchtwiesen, die vor allem im inneren Ober- und Unterspreewald zu finden sind (LAGS 1996). Ihr Anteil im Untersuchungsgebiet beträgt 4472 ha. Das sind 15% der Gesamtfläche. Bei der modellierten Wasserverteilung im Jahr 2050 ist im Szenario *Basis$_{SW}$ SO wandel* für 10–17% dieser Biotope mit einer Gefährdung zu rechnen gegenüber 3–7% im Szenario *Basis$_{SW}$ stabil* (Abbildung 1).

Mit Hilfe der Ökogramme im VEGMOS können die möglichen Entwicklungsrichtungen für ausgewählte Vegetationstypen unter der Annahme einer gleich bleibenden Nutzung modelliert werden. Am stärksten vom Rückgang der Grundwasserstände betroffen ist das Grasland feuchter Standorte. Als Folge des vor allem im Sommer auftretenden Versorgungsdefizits im Szenario Basis$_{SW}$ *S0 wandel* werden im Jahr 2050 die stark bis sehr stark wechselfeuchten Hydrotope ca. ein Drittel des Graslands einnehmen. In der aktuellen Vegetation fehlen mit Daten belegbare Beispiele für derartige Bedingungen. Wahrscheinlich ist, dass die ökologischen Artgruppen der halbnassen (4+) und halbnassen bis feuchten Wasserstufen (4+ bis 3+) sowie die Artgruppen des Grund- und Stauwasserregimes zurückgehen werden. Das betrifft die *Glyceria maxima-*, *Ranunculus flammula-*, *Caltha palustris-*, *Equisetum palustris-* und *Galium uliginosum*-Gruppe. Profitieren dürften Artgruppen mit weiten Amplituden (4+ bis 2−), die zugleich Zeiger eines Infiltrationswasserregimes sind, wie die *Agropyron repens-*, *Taraxacum officinale-*, *Lolium perenne-*, *Cirsium arvense-*, *Festuca rubra-* und *Bromus-hordeaceus*-Gruppe.

Die Feuchtwälder sind in geringerem Umfang einem Wandel unterworfen als das Grünland, weil sich viele Bestände im inneren Spreewald befinden, der gegenüber den Randbereichen in der Wasserverteilung bevorzugt wird.

Von den Beständen der nassen Erlenwälder, die den Walzenseggen- bzw. Schwertlilien-Erlen-Wäldern zuzuordnen sind (Clausnitzer und Succow 2001), wird im Jahr 2050 bei 3 % der Bestände im Szenario Basis$_{SW}$ **stabil** und bei 12 % im Szenario Basis$_{SW}$ **S0 wandel** der Grundwasserstand unter den Hauptwurzelraum der krautigen Vegetation abgesunken sein. In der Folge ist mit einem Rückgang der nässezeigenden Arten wie *Peucedanum palustre*, *Glyceria maxima*, *Thelypteris palustris*, *Carex elongata* zu rechnen. Zunehmen werden dagegen die bereits in den Beständen vorhandenen typischen Feuchtezeiger, insbesondere *Lysimachia vulgaris*, *Filipendula ulmaria*, *Carex acutiformis*, *Eupatorium cannabinum* und *Iris pseudacorus*. Die Entwicklung geht damit von nassen Erlenwäldern in Richtung feuchter Erlen-Eschen-Wälder.

c) Arten

Im Biosphärenreservat Spreewald sind mit 232 Arten beinahe die Hälfte (40 %) der in Brandenburg gefährdeten Farn- und Blütenpflanzen vertreten (Seitz und Jentsch 1999). Ihre Vorkommen, die als Kriterien bereits in die Biotopbewertung des PEP eingegangen sind, wurden zusätzlich unabhängig von der Wertigkeit ihres Lebensraumes in die Risikoanalyse einbezogen. Berücksichtigt wurden die Arten der Roten Liste der gefährdeten Farn- und Blütenpflanzen Brandenburgs (Kategorien 1 bis 3, Benkert und Klemm 1993), die nach der Klassifikation von Ellenberg et al. (1992) als Feuchte-, Nässe- und Wechselnässezeiger gelten. Für den PEP sind 101 Vorkommen dieser Arten biotopbezogen kartiert worden, wobei kleinflächige Sonderhabitate innerhalb der Biotope nicht ausgewiesen worden sind.

Die Arten haben ihre größte Dichte im inneren Oberspreewald im Raum Lübben-Lehde-Leipe. Hier finden sich die größten Vorkommen extensiv genutzter Nasswiesen und Seggenwiesen. Einige der Arten, wie die Schwarzschopf-Segge (*Carex appropinquata*) oder das Gottesgnadenkraut (*Gratiola officinalis*), sind deutschlandweit stark gefährdet (Korneck et al. 1996).

Von den 1475 nachgewiesenen Vorkommen der Rote-Liste-Arten feuchter Standorte können bei der modellierten Wasserversorgung im Jahr 2050 im Szenario Basis$_{SW}$ **stabil** 0–2 % und im Szenario Basis$_{SW}$ **S0 wandel** 3–19 % als gefährdet gelten (Abbildung 1). Die Risikoeinstufungen sind allerdings nur begrenzt mit denen der Vegetationseinheiten vergleichbar, weil die Amplitude einer einzelnen Art meist größer ist als die Amplitude einer Pflanzengemeinschaft.

d) Landschaftsbildelemente

Der Landschaftsrahmenplan weist die erhaltenswerten Landschaftsbildtypen des Spreewaldes aus. Dazu zählen sowohl Bereiche mit Wildnischarakter wie die Röhrichtbereiche und Feuchtwälder in den Kernzonen des Biosphärenreservates als auch Landschaftsräume, in denen die frühere Kulturlandschaft erkennbar ist, z.B. in den kleinräumigen, durch Gehölzbestände oder Gärten gegliederten Feuchtgrünlandbereichen im Raum Burg und Lübbenau (MUNR 1998).

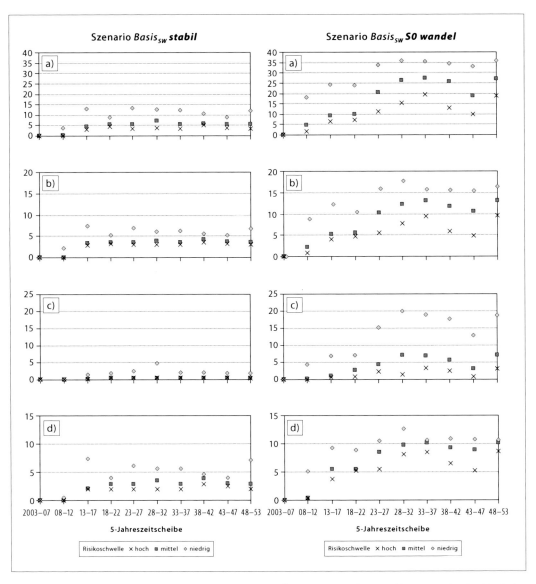

Abb. 1: Gefährdung besonders schutzwürdiger Landschaftselemente im Spreewald von 2003 bis 2053 in % des Gesamtbestandes; links Szenario Basis$_{SW}$ *stabil*, rechts Szenario Basis$_{SW}$ *SO wandel* (Modellrechnungen ERAW); a) semiterrestrische Standorte (18.850 ha = 100 %), b) sehr wertvolle Biotope (Wertstufe des PEP) (4.472 ha = 100 %), c) Vorkommen von Rote-Liste-Arten feuchter Standorte (1.475 Vorkommen = 100 %), d) Elemente erhaltenswerter Landschaftsbildtypen (Wertstufe des LRP) (6.037 ha = 100 %)

Mit Hilfe des detaillierteren Pflege- und Entwicklungsplans können die für diese Landschaftsbildtypen charakteristischen Biotoptypen identifiziert werden. Abhängig vom jeweiligen Landschaftsbildtyp zählen dazu viele Biotoptypen, die zugleich aus Sicht des Arten- und Biotopschutzes als schutzwürdig gelten, wie Großseggenrieder und Feuchtwiesen, jedoch auch andere, wie Frischweiden und Fettweiden. Gehen die prägenden Elemente durch Absinken des Wasserstandes in andere Biotoptypen über, besteht die Gefahr, dass das Landschaftserleben in diesen Räumen beeinträchtigt wird. Gegenwärtig nehmen die Elemente erhaltenswerter Landschaftsbildtypen 19% der Untersuchungsgebietsfläche ein. Davon werden bei einem Wasserdargebot, wie es für das Jahr 2050 modelliert wird, im Szenario $Basis_{SW}$ **stabil** 2–7% und im Szenario $Basis_{SW}$ **S0 wandel** 9–11% gefährdet sein (Abbildung 1).

e) Zeitlicher und räumlicher Entwicklungsverlauf

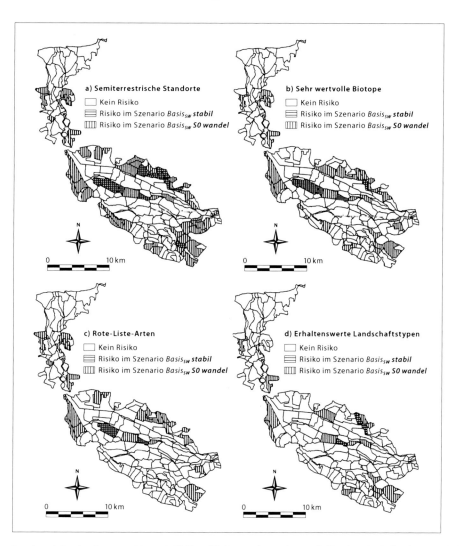

Abb. 2: Staubereiche des Spreewaldes mit Risiken für besonders schutzwürdige Landschaftselemente infolge einer Änderung des Grundwasserflurabstandes (Modellrechnung ERAW, mittlere Risikoschwelle); a) semiterrestrische Standorte (Klassifizierung nach Wasserstufen, KOSKA 2001), b) sehr wertvolle Biotope (Wertstufe des PEP, LAGS 1996), c) Rote-Liste (RL)-Arten feuchter Standorte (RL-Klassifizierung nach BENKERT und KLEMM 1993), d) erhaltenswerte Landschaftsbildtypen (Wertstufe des LRP, MUNR 1998)

Der Wandel verläuft im Modellierungszeitraum 2003–2053 nicht kontinuierlich (Abbildung 1). Im Szenario *Basis$_{SW}$ S0 wandel* nehmen die dargestellten Risiken bereits in der zweiten 5-Jahres-Zeitscheibe (2010) deutlich zu. In den folgenden Zeitscheiben ist in beiden Szenarien von einem leichten Rückgang auszugehen, der sich dann zunächst bis zur vierten Zeitscheibe stabilisiert. Ab 2025 ist wiederum mit einer Zunahme der Risiken zu rechnen, die im Szenario *Basis$_{SW}$ S0 wandel* für alle Schutzgüter ihren Höhepunkt 2030 erreicht. Der Grund ist eine für die Wasserversorgung des Spreewaldes ungünstige Konstellation aus klimabedingter Wasserverknappung und der Wasserförderung und Restlochbefüllung in den Tagebaurevieren der Lausitz. Nach einer zwischenzeitlichen Erholung wird dieses Gefährdungsausmaß am Ende des Modellierungszeitraumes 2050 annähernd wieder erreicht.

Bei unveränderter Handlungsstrategie muss also bereits in den nächsten 10–20 Jahren mit einer deutlichen Zunahme des naturschutzfachlichen Risikos gerechnet werden.

Abbildung 2 stellt die Staubereiche des Spreewaldes dar, in denen Risiken für die Schutzgüter des Naturschutzes zu erwarten sind. Es lassen sich zwei räumliche Schwerpunkte erkennen: 1) die Randbereiche des Feuchtgebietes, vor allem des Oberspreewaldes und 2) der Versorgungsbereich des Großen Fließes im inneren Oberspreewald. Das Große Fließ wird von der Malxe gespeist, deren Abfluss zu einem großen Anteil aus Sümpfungswasser von Tagebauen besteht, in denen nach 2030 die Förderung eingestellt wird. Durch die Flutung der Restlöcher werden sich die Abflussmengen verringern. Die Wasserversorgung der stark vernässten Kerngebiete des Biosphärenreservates und die Staubereiche im Versorgungsbereich des Nord- und Südumfluters bleiben nach der Modellierung hingegen weitgehend unverändert.

Es wird ersichtlich, dass sich die Fläche des Feuchtgebietes in seiner heutigen Qualität infolge des Klimawandels verkleinern wird. Besonders vom Wandel betroffen sind die Anteile der Kulturlandschaft des Biosphärenreservates in den Randbereichen. Die durch das Große Fließ bedingten Versorgungsdefizite im Inneren führen gleichzeitig zu einer Teilung des Feuchtgebiets.

Schlussfolgerungen und Ausblick

Die Szenarien machen deutlich, dass die Standortdynamik im Spreewald zunehmen wird. Die Folgen für die Biodiversität hängen von der räumlichen Perspektive ab: die Einengung des Feuchtgebietes auf seine Kernbereiche führt zum Verlust von Beständen typischer Vegetation wie Feuchtgrünland und Erlenbruchwald. Im Falle seltener Arten können auch die letzten Vorkommen im Gebiet betroffen sein, so dass die Artenvielfalt lokal abnimmt. Andererseits nimmt insbesondere im Szenario *Basis$_{SW}$ S0 wandel* die Vielfalt an Standorten (Hydrotopen) in einzelnen Staubereichen mit extremen Wasserstandsschwankungen zu. Auch die Wahrscheinlichkeit, dass neue Arten einwandern, wird größer (Kowarik 2001). Überregional führt dies nicht zwangsläufig zu einer Zunahme der Diversität von Arten und Lebensräumen. Wenn Niedermoorstandorte durch den Klimawandel in Mitteleuropa grundsätzlich selten werden oder Arten in diese einwandern, die global verbreitet sind, ist eher von einer Vereinheitlichung und damit von einer Abnahme der Diversität auszugehen.

Bei den Ergebnisdarstellungen der Risikoanalyse (Abbildung 1, Abbildung 2) werden die Wasserstandsänderungen aus Sicht der aktuellen, zum Bearbeitungszeitpunkt formulierten Naturschutzziele bewertet. Ziele und Wertsetzungen des Naturschutzes können jedoch im Laufe der Zeit ökologischen und gesellschaftlichen Rahmenbedingungen angepasst werden. So begann bereits im Bearbeitungszeitraum im Rahmen des Gewässerrandstreifenprojekts die Überarbeitung des Pflege-

und Entwicklungsplans (HIEKEL et al. 2001). Das Verfahren der Risikoanalyse ermöglicht es, dass die an der Bewertung beteiligten Stakeholder die eingebundenen Wertsetzungen modifizieren. Hierdurch können verschiedene Varianten simuliert werden, die andere Bewertungsergebnisse und Schlussfolgerungen für das Management ergeben.

Die Risiken für Arten und Biotope sowie das Landschaftserleben wurden aufgezeigt. Zum Zielkanon des Bundesnaturschutzgesetzes zählen darüber hinaus auch die abiotischen Schutzgüter (z. B. die Regulationsfunktion von Niedermooren), die von den anderen Teilvorhaben des GLOWA-Teilgebietsprojekts Spreewald bearbeitet wurden. Es ist wenig sinnvoll, die einzelnen Risikoaussagen zu einem gesamten „Naturschutzrisiko" zu aggregieren, da die auf die Schutzgüter gerichteten Ziele unterschiedlich, z.T. konträr sind. Eine Gewichtung, welche Schutzgüter zukünftig Priorität haben sollen, kann nur von den Stakeholdern im Spreewald vorgenommen werden.

Der Modellverbund WBalMo Spreewald, VEGMOS und ERAW zeigt, wann und wo gegengesteuert werden muss, um die aus Sicht des Naturschutzes besonders wertvollen Landschaftsbestandteile langfristig erhalten zu können. Die Ergebnisse zeigen, dass mit der gegenwärtigen Handlungsstrategie die Versorgung der wertvollsten Teile des Biosphärenreservats, der Kerngebiete des Spreewaldes, bis 2050 gesichert ist, jedoch in den anderen Bereichen Defizite auftreten. Da für eine Umverteilung des Wassers innerhalb des Spreewaldes zukünftig nur ein begrenzter Spielraum vorhanden sein wird, wird es notwendig werden, die Zuleitung von außen zu erhöhen bzw. die Abgabe nach außen zu verringern. Dies kann nur in Abwägung mit den Interessen der Stakeholder, einschließlich der Naturschutzziele im gesamten Einzugsgebiet (v. a. Region Obere Spree und Berlin) erfolgen. Weitere Handlungsstrategien in der Wasserbewirtschaftung der Braunkohlereviere, z. B. die verlangsamte Restlochflutung, die Konditionierung oder die Oderwasserüberleitung sind in ihren Folgen für den Spreewald zu überprüfen (siehe GLOWA-Elbe Teilgebietsprojekt Obere Spree).

Es ist unverzichtbar, auch den Wasserbedarf aus Sicht des Natur- und Ressourcenschutzes im Spreewald zu quantifizieren und in die Abwägung mit den anderen Interessen einzustellen. Die Risikoanalyse bietet dafür einen methodischen Lösungsansatz. Eine Übertragung der Modelle auf andere Feuchtgebiete im Einzugsgebiet der Elbe ist prinzipiell möglich, eine Anpassung an das Artspektrum und die ökologischen Artgruppen der Vegetation der jeweiligen Feuchtgebiete wäre jedoch erforderlich.

Mit dem Verbund der heute verfügbaren Modelle können bereits in der Gegenwart Schritte zur bestmöglichen Sicherung von Feuchtgebieten in der Zukunft eingeleitet werden.

Zusammenfassung

Für den Spreewald, ein bedeutendes Feuchtgebiet im Einzugsgebiet der Elbe, wurde ein Instrument für ein nachhaltiges Feuchtgebietsmanagement entwickelt, mit dem sich ohne aufwendige Datenerhebungen die Folgen zukünftiger Entwicklungen für die Vegetation und die Schutzgüter des Naturschutzes bewerten lassen. Es kann in der Region als Entscheidungshilfe bei der Auswahl von Handlungsstrategien eingesetzt werden, so dass frühzeitig wirksame Maßnahmen gegen unerwünschte Entwicklungen eingeleitet werden können. Den Kern des Verfahrens bildet das Vegetationsentwicklungsmodell Spreewald (VEGMOS), an das ein Modul zur naturschutzfachlichen Risikoanalyse (ERAW) gekoppelt ist. Grundlagendaten sind die Biotoptypenkarte des Pflege- und Entwicklungsplans sowie Vegetationsdaten. Für die Leitvegetation der Biotoptypen konnten Hydrotoptypen als Raumeinheiten des hydroökologischen Standortes abgeleitet werden. Ihre Grundwasseramplituden werden als Maß für die Empfindlichkeit der Vegetationseinheiten bei geänderten Wasserstandsbedingungen verwendet. Als Risiko gilt, wenn die im Modell WBalMo Spreewald berechnete Änderung des Grundwasserflurabstands die Empfindlichkeit der Vegetationseinheiten überschreitet und diese von besonderer Bedeutung für den Naturschutz sind. Die modellierten Risiken werden dargestellt für ein Szenario *Basis$_{SW}$ S0 wandel*, in dem eine Temperaturerhöhung von 1,4 K angenommen wird sowie für ein Szenario *Basis$_{SW}$ stabil*, in dem eine Wiederholung der Klimatologie der Jahre 1951–2000 nach 2001 unterstellt wird. Bereits in 10 bis 20 Jahren ist zu erwarten, dass durch den geringeren Zufluss aus den Tagebauregionen der Lausitz die stark wechselfeuchten, im Sommer trockenen Standorte lokal zunehmen werden. Der Trend wird durch den Klimawandel verstärkt. In der Folge nimmt die Vielfalt der Biotoptypen im Spreewald zu, wobei allerdings landschaftstypische, überregional seltene Einheiten durch weiter verbreitete Einheiten ersetzt werden. Überregional betrachtet ist daher durch den Verlust an feuchtgebietstypischer Vegetation eine Abnahme der Biodiversität zu erwarten. Mit der gegenwärtigen Wasserverteilungsstrategie können die Schutzgüter in den Kerngebieten und der Pflege- und Entwicklungszone des Biosphärenreservates bis 2050 weitgehend versorgt werden. Risiken für die Schutzgüter des Naturschutzes, wie wertvolle Erlenbruchwälder oder Feuchtwiesen, sind vor allem in den Randbereichen sowie im Versorgungsbereich des Großen Fließes im Inneren des Spreewaldes zu erwarten. Um Risiken für das Feuchtgebiet in seiner heutigen Ausdehnung und Qualität zu minimieren, muss die Verteilungsstrategie einerseits im Spreewald und andererseits im gesamten Einzugsgebiet der Spree angepasst werden. Das setzt eine Abwägung mit den Interessen der Ober- und Unterlieger, der Tagebaureviere und der Großstadt Berlin voraus.

Ziele des Naturschutzes sind wandelbar und von gesellschaftlichen Entwicklungen abhängig. Die Abfragevariablen der Risikoanalyse können von den am Planungsprozess Beteiligten modifiziert werden. Den lokalen Stakeholdern wird damit ein Instrument für ein nachhaltiges Feuchtgebietsmanagement in die Hand gegeben, mit dem die Konsequenzen verschiedener Handlungsstrategien verglichen und gegeneinander abgewogen werden können.

Danksagung

Wir danken dem BMBF für die Förderung der Arbeiten im Rahmen des Verbundprojektes GLOWA-Elbe (FK: 07 GWK 03) sowie der Biosphärenreservatsverwaltung Spreewald und den Projektpartnern der TU Berlin und des ZALF in Müncheberg für die Bereitstellung von Daten und die gute Zusammenarbeit.

Referenzen

BENKERT, D., KLEMM, G. (1993) Rote Liste der Farn- und Blütenpflanzen. In: Ministerium für Umwelt, Naturschutz und Raumordnung des Landes Brandenburg (MUNR) (Hrsg.) 1993: Rote Liste – Gefährdete Farn- und Blütenpflanzen, Algen und Pilze im Land Brandenburg. Unze: Potsdam. 216 S.

BNatSchG (Gesetz über Naturschutz und Landschaftspflege, Bundesnaturschutzgesetz) vom 25. März 2002 (BGBL III/FNA 791-8).

CLAUSNITZER, U., SUCCOW, M. (2001) Vegetationsformen der Gebüsche und Wälder. In: SUCCOW, M., JOOSTEN, H. (Hrsg.) (2001): Landschaftsökologische Moorkunde. 2. Aufl. Schweizerbart, Stuttgart: 161–169.

DIETRICH, O. (2005) Das Integrationskonzept Spreewald und Ergebnisse zur Entwicklung des Wasserhaushalts. In: WECHSUNG, F., BECKER, A., GRÄFE, P. (Hrsg.) Auswirkungen des globalen Wandels auf Wasser, Umwelt und Gesellschaft im Elbegebiet. Weißensee Verlag Berlin, Kap. III-2.3.1.

ELLENBERG, H., WEBER, H. E., DÜLL, R., WIRTH, V., WERNER, W., PAULISSEN, D. (1992) Zeigerwerte von Pflanzen in Mitteleuropa. Scripta Geobotanica 18, Göttingen, 258 S.

GROSSMANN, M. (2005) Ökonomische Bewertung von verändertem Wasserdargebot für Feuchtgebiete am Beispiel Spreewald. In: WECHSUNG, F., BECKER, A., GRÄFE, P. (Hrsg.) Auswirkungen des globalen Wandels auf Wasser, Umwelt und Gesellschaft im Elbegebiet. Weißensee Verlag Berlin, Kap. III-2.3.4.

HIEKEL, I., STACHE, G., NOWAK, E., ALBRECHT, J. (2001) Gewässerrandstreifenprojekt Spreewald, Land Brandenburg. Natur und Landschaft 76 (9/10): 432–441.

KORNECK, D., SCHNITTLER, M., VOLLMER, I. (1996) Rote Liste der Farn- und Blütenpflanzen (Pteridophyta et Spermatophyta) Deutschlands. Schriftenreihe für Vegetationskunde 28: 21–187.

KOSKA, I., SUCCOW, M., CLAUSNITZER, U. (2001) Vegetation als Komponente landschaftsökologischer Naturraumkennzeichnung. In: SUCCOW, M., JOOSTEN, H. (Hrsg.) (2001): Landschaftsökologische Moorkunde. 2. Aufl. Schweizerbart, Stuttgart: 112–128.

KOSKA, I. (2001) Standortskundliche Kennzeichnung und Bioindikation. In: SUCCOW, M., JOOSTEN, H. (Hrsg.) (2001): Landschaftsökologische Moorkunde. 2. Aufl. Schweizerbart, Stuttgart: 128–143.

KOWARIK, I. (2001) Biological Invasions as Result and Vector of Global Change. In: Contributions to Global Change Research. A Report by the German National Commitee on Global Change Research, Bonn. 80–88.

LAGS (Landesanstalt für Großschutzgebiete) (1996) Pflege- und Entwicklungsplan für das Biosphärenreservat Spreewald. Lübbenau.

MUNR (Ministerium für Umwelt, Naturschutz und Raumordnung des Landes Brandenburg) (Hrsg.) (1998) Biosphärenreservat Spreewald Landschaftsrahmenplan. (Bearbeitung: Büro für Landschaftsplanung A. Rosenkranz) Potsdam. 294 S.

SEITZ, B., JENTSCH, H. (1999) Rückgang von Farn- und Blütenpflanzen im Biosphärenreservat Spreewald. Naturschutz und Landschaftspflege in Brandenburg. 8 (1): 13–24.

III-2.3.4 Berücksichtigung des Wertes von Feuchtgebieten bei der ökonomischen Analyse von Bewirtschaftungsstrategien für Flussgebiete am Beispiel der Spreewaldniederung
Malte Grossmann

Einleitung

Sowohl aus hydrologischer als auch ökonomischer Sicht sind Feuchtgebiete wie der Spreewald als multifunktionale Wassernutzer aufzufassen, welche mit anderen Wassernutzungen im Ober- und Unterliegerbereich um eine ausreichende Wasserversorgung konkurrieren.

Die vielfältigen Dimensionen gesellschaftlichen Nutzens von Feuchtgebieten sind lange bekannt, jedoch wird der ökonomische Wert dieser Nutzungen nur unzureichend in seiner Dimension erfasst und daher bei Entscheidungen nicht ausreichend berücksichtigt. In Anbetracht der dadurch zumeist resultierenden Unterschätzung des ökonomischen Wertes werden die Feuchtgebiete bei der Abwägung der ökonomischen Vor- und Nachteile verschiedener Wassermengenbewirtschaftungsstrategien im Zweifelsfall nicht ausreichend mit einbezogen.

Die Erhaltung von Feuchtgebieten in ihrer naturnahen Dynamik sowie die Berücksichtigung der dafür erforderlichen Mindestwasseranforderung bei der Wassermengenbewirtschaftung hat zunehmende Bedeutung als Politikziel gewonnen. Im Rahmen der „RAMSAR-Konvention" wurden z. B. „Guidelines for Integrating Wetland Conservation and Wise Use into River Basin Management" erarbeitet. Die europäische Wasserrahmenrichtlinie (WRRL) (EU 2000) formuliert als Ziel hinsichtlich der Feuchtgebiete, die „Vermeidung einer weiteren Verschlechterung sowie Schutz und Verbesserung des Zustands der aquatischen Ökosysteme und der direkt von ihnen abhängenden Landökosysteme und Feuchtgebiete im Hinblick auf deren Wasserhaushalt". Jedoch wird in der Wasserrahmenrichtlinie nicht klar definiert, was als Feuchtgebiet zu verstehen ist. Zur ersten Operationalisierung werden bei der Bestandsaufnahme der Wassernutzungen für die Bewirtschaftungsplanung alle wasserabhängigen Schutzgebiete erfasst. Hierzu ist auch der Spreewald zu zählen, welcher den Status eines UNESCO-Biosphärenreservat besitzt.

Die Wasserrahmenrichtlinie ist eine der ersten umweltpolitischen Richtlinien, die explizit ökonomische Instrumente nutzt, um die von ihr gesetzten Ziele zu erreichen. Von zentraler Bedeutung ist dabei die Berücksichtigung des Kostendeckungsprinzips einschließlich von Umwelt- und Ressourcenkosten („alle Kosten der Wassernutzung müssen durch die Wassernutzer gedeckt werden"), das Verursacherprinzip („jeder muss die Kosten decken, die er verursacht") sowie das Prinzip der Kosteneffizienz („die formulierten Umweltziele müssen zu den geringsten ökonomischen Kosten realisiert werden"). Grundlage für die Umsetzung dieser Prinzipien in den zu erarbeitenden Bewirtschaftungsplänen und Maßnahmenprogrammen ist die wirtschaftliche Analyse der Wassernutzungen (nach Artikel 5). Die wirtschaftliche Analyse stellt eine ökonomische Bestandsaufnahme der Wassernutzungen dar. Dabei sollen auch Prognosen über die Entwicklung der jeweiligen Wassernachfrage erarbeitet werden.

Ziel des Teilgebietsprojektes Spree-Havel war es, mit Akteuren des Flussgebietsmanagements Strategien der Wassermengenbewirtschaftung für die Spree vor dem Hintergrund des globalen klimatischen Wandels zu erarbeiten und hinsichtlich ihrer Auswirkung auf die Wassernutzungen und die Umweltziele der WRRL zu bewerten. Dazu wurde der Integrierte Methodische Ansatz (IMA) angewendet, welcher durch vier Arbeitsschritte charakterisiert ist (MESSNER et al. 2005, Kapitel I-2):

- Formulierung von zu untersuchenden Wassermanagementstrategien im Dialog mit Akteuren des Flussgebietsmanagements vor dem Hintergrund von Szenarien exogener Rahmenbedingungen (wie z. B. mögliche Klimaveränderungen).
- Formulierung eines Zielsystems und Definition von entsprechenden Indikatoren für die Bewertung, ebenfalls im Dialog mit Akteuren.
- Modellgestützte Impactanalysen zur quantitativen Beschreibung der Auswirkungen veränderter Bedingungen.
- Bewertung der relativen Vorzüglichkeit der untersuchten Wassermanagementstrategien, u. a. mit Methoden der Kosten-Nutzen-Analyse und der Multi-Kriterien-Analyse.

Die Untersuchung von Wassermanagementstrategien im Einzugsgebiet der Spree erfolgte mittels eines genesteten Ansatzes für Teilgebiete, welche analog der Gliederung in Bearbeitungsgebiete für die WRRL abgegrenzt wurden: Obere Spree, Mittlere Spree/Spreewald sowie Untere Spree/Berlin. Die für die Teilgebiete formulierten Handlungsoptionen wurden im Kontext von übergreifenden Wassermanagementstrategien für das gesamte Einzugsgebiet evaluiert. Grundlage für die integrierte Analyse war die stochastische Simulation der Wasserbewirtschaftung der Spree-Havel mit dem Modellsystem WBalMo (KADEN et al. 2005, Kapitel III-2.1.3). Das Modell bilanziert die Wasserentnahmen der wichtigsten Wassernutzer. Wassernutzer lassen sich durch ihre Lage im Gewässersystem, den monatlichen Entnahmebedarf und Rückleitungsmenge sowie deren Versorgungsrang charakterisieren. Implizit wird so das bestehende System der Verfügungsrechte über die Wasserressource abgebildet. Ökologische Mindestabflüsse werden ebenfalls als Wassernutzer berücksichtigt. Um die komplexe und multifunktionale Wassernutzung in grundwassernahen Niederungen abbilden zu können, wurde das Spree-Havel-Modell um ein detailliertes Teilmodul für den Spreewald ergänzt (DIETRICH et al. 2003).

Ziel der vorliegenden Arbeit war es, eine an das WBalMo gekoppelte Methode zur ökonomischen Analyse der Wassernutzung von Feuchtgebieten zu entwickeln, mit deren Hilfe der ökonomische Wert der Wassernutzung für anstehende Entscheidungen zur Wassermengenbewirtschaftung explizit dargestellt werden kann. Gleichzeitig sollen so die in Niederungsfeuchtgebieten entstehenden „Umwelt- und Ressourcenkosten" beschrieben werden, welche zur Ermittlung der von der WRRL geforderten kostendeckenden Preise der Wasserdienstleistungen von Relevanz sind. Die Analyse erfolgt immer vor dem Hintergrund möglicher zukünftiger Veränderungen des erforderlichen Wasserbedarfs durch den Klimawandel.

Land- und Wassernutzungen im Spreewald

Die dominierende Landnutzung in der Spreewaldniederung ist die Landwirtschaft mit einem Flächenanteil von 67 %. Davon entfallen 44 % auf die Grünlandnutzung mit Mähweiden und Wiesen und 23 % auf Ackernutzung der höher gelegenen Flächen. Von den insgesamt ca. 250 Betrieben im Bereich der Spreewaldregion bewirtschaften 20 fast 60 % der Niederungsgrünlandfläche. Die Grünlandflächen der Niederung werden heute fast durchgängig extensiv bewirtschaftet. Insbesondere in den inneren Spreewaldgebieten werden zusätzlich viele Flächen nach den Zielen des Vertragsnaturschutzes bewirtschaftet.

Die Spreewaldniederung ist Teil des Biosphärenreservates Spreewald. Derzeit wird ein Naturschutzgroßprojekt des Bundes, das „Gewässerrandstreifenprojekt Spreewald", vorbereitet (HIEKEL et al., 2001). Es ist geplant, über einen Zeitraum von 12 Jahren ein Gesamtvolumen von ca. 15 Mio. € für Naturschutzmaßnahmen umzusetzen. Das Projektgebiet umfasst eine Fläche von ca. 23.000 ha im inneren Ober- und Unterspreewald. Die Fläche deckt sich in etwa mit dem von der Wasserwirtschaftsbehörde ausgewiesenen Überflutungsraum. Das Ziel des „Gewässerrandstreifenprojektes Spreewald" ist die Erhaltung und Entwicklung der spreewaldtypischen Lebensräume. Teilziele sind die Revitalisierung von Niedermoorstandorten sowie die Wiedereinführung der landschaftstypischen Überflutungen bei entsprechenden Abflüssen im Winterhalbjahr.

Die Hauptgewässer des Spreewaldes haben den Status von schiffbaren Landesgewässern. Um die Schiffbarkeit zu gewährleisten, ist das System der Staue und Wehre mit Schleusen versehen. Die Wasserwege werden hauptsächlich für die touristische Kahnschifffahrt genutzt. Die Kahnschifffahrt wird gewerblich von derzeit ca. 410 selbständigen Kahnschiffern betrieben. Der Spreewald hat eine überregionale Bedeutung als Erholungs- und Ausflugsziel, insbesondere für den Ballungsraum Berlin. Der Tourismus hat eine lange Tradition, welche in das 18. Jahrhundert zurückreicht. Die Touristenzahlen lagen 1930 bei fast 200.000 Besuchern pro Jahr, 1960 wurden 500.000 Gäste registriert. Gegenwärtig liegen die Besucherzahlen zwischen 2 und 2,2 Mio. wobei die meisten Besucher als Tagestouristen kommen. Der größte Teil der Besucher nimmt an organisierten Kahnfahrten auf dem weit verzweigten Gewässernetz teil. Während der fünfmonatigen Hauptsaison werden insgesamt ca. 1 Mio. Kahnfahrten unternommen.

Ökonomische Bewertung der Funktionen von Feuchtgebieten

Ein Grund für die Unterbewertung des ökonomischen Nutzens von Feuchtgebieten ist die Beschränkung auf den Wert von vor Ort genutzter und unmittelbar in Märkten handelbaren Gütern und Leistungen. Diese direkten Nutzen stellen jedoch nur einen Teil des ökonomischen Gesamtwertes dar. Das Konzept des ökonomischen Gesamtwertes ist einer der am weitesten verbreiteten Ansätze, um die verschiedenen Nutzen von Feuchtgebieten zu identifizieren und zu systematisieren (TURNER et al. 2003). Demnach setzt sich der ökonomische Gesamtwert aus direkten und indirekten Nutzungswerten sowie nutzungsunabhängigen Werten zusammen, welche aus den hydrologisch – ökologischen Funktionen von Feuchtgebieten erwachsen. Direkte nutzungsabhängige Werte resultieren aus der unmittelbaren Nutzung innerhalb des Feuchtgebietes – typische Beispiele sind landwirtschaftliche oder touristische Nutzung. Indirekte Nutzungswerte resultieren zwar auch aus der Nutzung gewisser Funktionen von Feuchtgebieten; dieser Nutzen wird allerdings nicht vor Ort wirksam. Ein Beispiel wäre die Funktion der CO_2-Senke. Sogenannte nutzungsunabhängige Werte beschreiben z. B. die Wertschätzung für Natur und Landschaft, welche unabhängig von einer Erholungsnutzung ist.

Grundlage für eine integrierte ökologisch-ökonomische Bewertung ist die analytische Unterscheidung von Funktionen, Nutzungen und Werten (TURNER et al. 2003). Ökonomische Werte werden immer dadurch bedingt sein, dass Feuchtgebiete gewisse Funktionen erfüllen, für welche es eine gesellschaftliche Wertschätzung gibt. Die Funktionen an sich haben somit keinen ökonomischen Wert: solch ein Wert leitet sich aus der Existenz einer Nachfrage nach den durch sie entstehenden Nutzen ab.

Die Bewertung des Nutzens einzelner Individuen und dessen Aggregation anhand monetärer Einheiten greift auf die Wohlfahrtstheorie zurück (vgl. HANLEY und SPASH 1993). Diese leitet den monetären Betrag des Nutzens aus dem Entscheidungsproblem individueller Haushalte her. Danach versucht jeder Haushalt, seine individuelle Nutzenfunktion unter den Nebenbedingungen eines gegebenen Haushaltsbudgets zu maximieren. Die Anwendung der Wohlfahrtstheorie geht davon aus, dass die individuellen Nutzen dem Betrag des verfügbaren Einkommens entsprechen. Unter dieser Annahme lassen sich die Nutzenniveaus von Individuen zur gesamtwirtschaftlichen Wohlfahrtsfunktion aggregieren.

Nach dem direkten Ansatz der Kosten-Nutzen-Analyse wird die Veränderung der Konsumgüterverfügbarkeit (ΔB) und die Veränderung der Kosten (ΔK) durch eine Maßnahme bewertet. Die Konsumgütermenge wurde bereits als unmittelbare Bestimmungsgröße des individuellen Nutzens identifiziert. Ihre Bewertung im Sinne der Wohlfahrtstheorie erfolgt anhand der Zahlungsbereitschaft. Der Betrag kann aus der aggregierten Nachfragekurve abgelesen werden und entspricht dem zu einer Nachfragemenge korrespondierenden Preis. Die zweite, nach dem direkten Ansatz zu berücksichtigende Komponente ist die Kostenveränderung (ΔK), welche dem Mehrverbrauch von Ressourcen bei einer Veränderung des Angebotes entspricht. Dieser Ressourcenverbrauch korrespondiert letztlich mit einem Verzicht auf Konsumgüter, die ansonsten mit diesen Ressourcen hätten produziert werden können. Die gesamtwirtschaftliche Realeinkommensänderung wird in der entsprechenden Bestimmungsgleichung der Wohlfahrtsänderung (ΔW) durch Addition von Komponenten ermittelt: $\Delta W = \Delta B - \Delta K$.

Die Operationalisierung des Konzepts des ökonomischen Gesamtwertes für die ökonomische Analyse kann auf die zwei grundlegenden Komponenten der Bestimmungsgleichung der Wohlfahrt zurückgeführt werden. Zum einen werden Werte erfasst, welche als unmittelbares Argument in die Nutzenfunktion von Individuen in der Form von Konsum durch den Haushalt eingehen. Beispiel sind der Wert von Erholung oder die Wertschätzung für den Naturschutz. Sie werden mit der direkten oder abgeleiteten Zahlungsbereitschaft bewertet. Zum anderen sind dies Werte, welche direkt oder indirekt als Argument in die Produktionsfunktion von Gütern, welche auf Märkten gehandelt werden, eingehen. Die Bewertung von indirekten Nutzen, z. B. als Hochwasserretentionsraum, kann daher auch über potenzielle Einsparungen an Vermeidungs- bzw. Schadensbeseitigungskosten in Produktionsprozessen an anderer Stelle in der Gesellschaft abgeleitet werden.

Die Anwendung der Wohlfahrtstheorie zur quantitativen Bewertung der Vorteilhaftigkeit von Handlungsoptionen im Rahmen der Kosten-Nutzen-Analyse greift auf das Kaldor-Hicks Kriterium zurück. Demnach kann die Umsetzung einer Wassermanagementstrategie als volkswirtschaftlich sinnvoll beschrieben werden, wenn die monetär bewerteten Vorteile der Bevorteilten die ebenfalls monetär bewerteten Wohlfahrtseinbußen der Benachteiligten übersteigen, so dass diese kompensiert werden könnten. Die Analyse konzentriert sich daher in diesem Fall auf die Frage nach der Allokationseffizienz.

Rolle der ökonomischen Analyse im Kontext der Wasserrahmenrichtlinie

Die Wasserrahmenrichtlinie (WRRL) sieht den umfassenden Einsatz ökonomischer Instrumente vor. Die zwei wesentlichen Funktionen der geforderten ökonomischen Analyse sind dabei die Ermittlung des Kostendeckungsgrades der Wasserdienstleistungen sowie die Auswahl der kosteneffizientesten Kombinationen von Maßnahmen für die Verwirklichung der Ziele (EU 2000, BRACKEMANN et al. 2002).

Zur Operationalisierung des Prinzips der Kostendeckung, wird nach Artikel 2 der WRRL zunächst zwischen Wassernutzung und Wasserdienstleistung unterschieden. Dabei sind Wasserdienstleistungen wie folgt definiert: Entnahme, Aufstauung, Speicherung, Behandlung und Verteilung von Oberflächen- und Grundwasser sowie Anlagen für die Sammlung und Behandlung von Abwasser, die anschließend in Oberflächengewässer einleiten. Für den Spreewald sind insbesondere die Stauhaltung in den Hauptgewässern sowie die Speicherbewirtschaftung im Oberlauf der Spree relevant. Dies sind die zentralen Elemente der Wassermengenbewirtschaftung, über welche die Wasserstände des Niederungsgebietes reguliert werden. Artikel 9 der WRRL verlangt unter Zugrundelegen des Verursacherprinzips eine Kostendeckung aller Wasserdienstleistungen. Dabei sind nicht nur die betriebswirtschaftlichen Kosten der Wasserdienstleistungen zu berücksichtigen, sondern auch die externen Umwelt- und Ressourcenkosten, welche durch die Wasserdienstleistung verursacht werden. Der Kostendeckungsgrundsatz gilt jedoch nicht für die mit der Landnutzung verbundenen „diffusen" Wassernutzungen (Emissionen/Entnahmen) sowie die strukturellen Veränderungen an Gewässern z. B. im Rahmen der Unterhaltung. Diese sind aber gleichwohl wichtige Ansatzpunkte für Maßnahmen zur Verbesserung der Gewässerqualität. Unter den betriebswirtschaftlichen Kosten sind unter anderem Kapitalkosten, Betriebs- und Instandhaltungskosten sowie Abgaben zu verstehen. Darunter können auch bereits internalisierte Umwelt- und Ressourcenkosten fallen. Hierzu zählen z. B. die Abwasserabgabe und Wasserentnahmeentgelte.

Nach Ermittlung der betriebswirtschaftlichen Kosten der Wasserdienstleistungen sowie den externen Umwelt und Ressourcenkosten sollten dann im Prinzip zwei Fragen beantwortet werden können: wie hoch sind die betrieblichen und die verbleibenden externen Kosten der Wasserdienstleistungen und von wem werden sie getragen? Aufbauend auf eine solche Analyse können dann Maßnahmen zur verursachergerechten Zuordnung der Kosten sowie zur Internalisierung der extrenen Kosten geplant werden.

Hinsichtlich der Umweltwirkung ist zunächst zu unterscheiden zwischen den Kosten der Vermeidung einer bestimmten Umwelteinwirkung (Emissionsbetrachtung) bei dem Verursacher und den Kosten des Umweltschadens (Immissionsbetrachtung), welcher sich wiederum aus den Kosten der Schadensbehebung der Umweltauswirkung und den Kosten der verbleibenden Umweltschäden zusammensetzt. Externe Effekte liegen prinzipiell dann vor, wenn die Aktivität einer Wasserdienstleistung Nebenwirkungen auf eine andere Wassernutzung hat und diese Nebenwirkungen nicht über Märkte vermittelt werden, sondern sich direkt (physisch) auswirken. Umweltrelevante externe Effekte verändern die Qualität von Umweltgütern und damit über verschiedene Wirkungspfade letztendlich den gesellschaftlichen Nutzen. Wenn die betroffene Wirtschaftseinheit eine produzierende Wassernutzung oder ein Wasserdienstleister ist, kann der Effekt über die Beeinflussung der Produktionsfunktion bewertet werden. Wenn ein Haushalt die betroffene Wirtschaftseinheit ist, wirkt der externe Effekt unmittelbar auf die Nutzenfunktion dieses Haushalts. Ob die externen Effekte als positiv (produktions- bzw. nutzensteigernd) oder negativ gewertet werden, hängt von der Verteilung der Verfügungsrechte ab. Für die Ermittlung der Kostendeckung der Wasserdienstleistung ist die Verteilung der Verfügungsrechte daher entscheidend. Anhand der Verfügungsrechte entscheidet sich auch, ob es sich bei den Kosten jeweils um externe oder bereits internalisierte Kosten handelt. Dies wird aus folgendem Beispiel ersichtlich: die Kosten der Wasserdienstleistung von Kläranlagen sind Vermeidungskosten, welche den emittierenden Haushalten zu einem großen Teil über die Abwasserabgabe in Rechnung gestellt werden. Die Kosten der Trinkwasseraufbereitung als Folge der Stickstoffeinträge der Landwirtschaft sind hingegen Schadensbehebungskosten, welche die Trinkwassernutzer tragen, obwohl Sie nicht die Verursacher sind.

Ressourcenkosten im Sinne der Wasserrahmenrichtlinie beziehen sich auf eine nicht realisierte, aber physisch mögliche und effizientere alternative Verwendungsmöglichkeit von Wasser einer bestimmten Qualität zu einem bestimmten Zeitpunkt. Ressourcenkosten sind daher vor allem dort zu erwarten, wo es eine Wassernutzungskonkurrenz gibt und nicht die gesamte Nachfrage befriedigt werden kann. Dabei ist zu bedenken, dass Nutzungskonkurrenzen nicht immer das gesamte Flussgebiet betreffen, sondern räumlich sowie zeitlich sehr beschränkt auftreten können. Aus ökonomischer Perspektive ist nicht die private Nachfrage der Wasserdienstleister entscheidend, sondern die soziale Wertgrenzproduktivität des Wassers. Dabei bleibt es zunächst gleich, ob es sich um die Verwendung für ein privates oder ein öffentliches Umweltgut, wie z. B. den Moorschutz oder die Sicherstellung eines ökologischen Mindestdurchflusses handelt.

Zusammengefasst lässt sich das ökonomische Optimierungsproblem, welches sich aus den Umweltzielen und dem Kostendeckungsprinzip der WRRL für das Flussgebietsmanagement ergibt, wie folgt darstellen:

$$\max NN = \sum (NN(wn) - K(wdf) - K(wdu) - K(m)) - K(fgm)$$

unter der Nebenbedingung: realisierter ökologischer Zustand ≥ geforderter guter ökologischer Zustand nach WRRL für alle Bearbeitungsgebiete.

Dabei bedeuten:

NN = Netto-Nutzen der Wassernutzung,
wn = Wassernutzer,
K = Kosten,
wdf = Kosten der Wasserdienstleistungen,
wdu = verbleibende externe Umweltkosten der Wasserdienstleistungen,
m = sonstige Maßnahmen zur Verbesserung des guten ökologischen Zustands und
fgm = übergreifende Kosten des Flussgebietsmanagements.

Schwerpunkt des vorliegenden Beitrags ist die Entwicklung einer Methode zur Charakterisierung der Umwelt- und Ressourcenkosten, welche mit der Wasserallokation für Niederungsfeuchtgebiete verbunden sind. Diese wird anhand des Bearbeitungsgebietes Mittlere Spree, welches die Spreewaldniederung umfasst, erprobt. Zusammen mit der ökonomischen Analyse der Wassernutzung in Bearbeitungsgebieten im Unter- und Oberliegerbereich (vgl. MESSNER et al., 2004) bilden sie einen Baustein für eine räumlich und nach Wassernutzungen differenzierte Wirkungsanalyse. Die Trade-Offs zwischen Unter- und Oberliegern und verschiedenen Wassernutzungen ergeben sich erst aus einem übergreifenden Vergleich der Wassermanagementstrategien über alle Bearbeitungsgebiete der Spree.

Ökonomische Impact Analyse: Methoden

Für den Spreewald wurden relevante Nutzungs- und Politikziele abgeleitet, anhand derer die zu untersuchenden Bestandteile des ökonomischen Gesamtwertes ausgewählt wurden (Tabelle 1).

Das WBalMo Teilmodul Spreewald reduziert das komplexe Gewässersystem des Spreewaldes auf die für die Verteilung der Zuflüsse und die Ableitung der Bilanzüberschüsse wesentlichen Gewässer und unterteilt das Niederungsgebiet in insgesamt 197 Staubereiche, deren Grundwasserstand jeweils durch Stauanlagen reguliert werden kann. Jeder Staubereich wurde im Strangschema des WBalMo als ein Wassernutzer eingeordnet, dessen monatliche Wasserbilanz berechnet werden kann (DIETRICH 2005, Kapitel III-2.3.1). Den Staubereichen liegt das Grundkonzept der Hydrotope oder Hydrologic Response Units (HRU) zu Grunde (KRÖNERT und STEINHARDT 2001).

Zur Bildung der HRUs wurden die Bodenartenhauptgruppen (Moor, Sand und Lehm), das digitale Geländemodell, Landnutzung und Staubereiche mittels GIS verschnitten. Die hydrologische Reaktion aller HRUs ergeben in der Summe die Reaktion der untersuchten Staubereiche und deren Summe die Reaktion des Teileinzugsgebietes (DIETRICH et al. 2003). Gleichzeitig ist auf der Basis des HRU-Konzepts eine Koppelung von ökonomischen Prozessen der Landnutzung und hydrologischer Prozesse möglich. Für die ökonomische Impact Analyse wurden mit dem WBalMo die jeweilige Eintrittswahrscheinlichkeit von Grundwasserständen berechnet. Die Eintrittswahrscheinlichkeiten werden für 5-Jahres-Perioden des Untersuchungszeitraums von 2003 bis 2052 berechnet, welche auf jeweils 100 Realisierungen von Wasserdargebotsreihen pro Szenario basieren.

Tab. 1: Übersicht über die berücksichtigten Nutzungs- und Politikziele für die Bewertung der Wassernutzung in der Spreewaldniederung

Nutzungs- und Politik-Ziel	Land- und Wasser-Nutzung	Indikatoren für hydrologisch-ökologische Funktion	Monetärer Bewertungsansatz für den ökonomischen Wert
Einkommensgenerierung und regionale Wirtschaftsentwicklung	Grünlandwirtschaft, Kahnschifffahrt, Teichwirtschaft	Biomasseproduktion, Schiffbarkeit, Bespannbare Teichfläche	Wertschöpfung
Sicherung von Erholungsgebieten	Erholung	Schiffbarkeit	Erholungswert der Kahnschifffahrt
Klimaschutz/Minderung der CO_2-Emissionen	Moorbodenschutz	CO_2-Senke	Vermeidungskosten/ Emissionshandel
Schutz von Moor- und Auenlebensräumen	Biotopschutz	Biotisches Entwicklungspotenzial/ Standorte mit Grundwasserstand < 40 cm unter Flur im Sommerhalbjahr	Zahlungsbereitschaft für Naturschutz

In der Abbildung 1 werden schematisch die Grundformen der grundwasserstandsabhängigen Nutzenfunktionen dargestellt. In Abhängigkeit von den jeweils gültigen Stauzielen sind die Anforderungen an einen optimalen Wasserstand für die verschiedenen Nutzungen entweder konkurrierend oder komplementär. Von einer Wasserstandsregulierung sind daher sowohl negative als auch positive Effekte für die verschiedenen Nutzungen zu erwarten, wobei der Gesamteffekt mit dem Anteil der Nutzungen in den Staubereichen variiert.

Es wurden die mittleren Grundwasserflurabstände im Sommerhalbjahr (April bis September) für alle HRUs abgeleitet. Die Trockenmasse und Energieerträge des Grünlandes wurden in Abhängigkeit von den Grünlandnutzungsverfahren (KÄCHELE 1999) und dem grundwasserflurabstandsabhängigen Ertragspotenzial (WESSOLEK et al. 1989; LORENZ et al. 2005, Kapitel III-2.3.2) geschätzt. Grundlage war die Erarbeitung einer Landnutzungskarte, aus welcher die schwerpunktmäßige Verteilung der Grünlandnutzungsverfahren auf die Staubereiche zu entnehmen ist. Die Schätzung der grundwasserflurabstandsabhängigen CO_2-Emissionen der Moorböden erfolgt entsprechend LORENZ et al. (2005, Kapitel III-2.3.2). Die Effekte eines verminderten Wasserdargebotes für die Teichwirtschaft wurden anhand der Reduktion der bespannten Teichfläche über das Volumendefizit im Sommerhalbjahr ermittelt. Die Passierbarkeit von Schleusen wurde als Indikator der Schiffbarkeit herangezogen. Es wurde angenommen, dass die Schiffbarkeit einer Schleuse nicht mehr gegeben ist, wenn der Wasserstand die minimal erforderliche Schwimmtiefe der Spreewaldkähne von 50 cm unterschreitet.

Die ökonomische Bewertung der ökologisch-hydrologischen Funktionen beruht auf verschiedenen Bewertungsansätzen. Für Landwirtschaft, Teichwirtschaft und Kahnschifffahrt wird der Netto-Nutzen anhand des kalkulatorischen Gewinnbeitrags ermittelt. Der kalkulatorische Gewinnbeitrag ergibt sich aus den Marktleistungen und Subventionen abzüglich der Vorleistungen sowie Ansätzen für die Faktoren Arbeit (Lohn), Boden (Pacht) und Kapital (Zins). Die Honorierung ökologischer Leistungen im Rahmen des Vertragsnaturschutzes werden nicht berücksichtigt, da die ökologischen Funktionen als eigenständige als Komponente des ökonomischen Gesamtwertes von Feuchtgebieten bewertet werden. Die landwirtschaftliche Grünlandnutzung wird über das Modell

MODAM (KÄCHELE 1999) bewertet. Für jedes Verfahren wird eine ökonomische Partialanalyse durchgeführt, mit welcher die Netto-Erzeugungskosten (Deckungsbeitrag) berechnet werden. Die Bewertung der nicht marktfähigen Leistungen des Grünlandes in Form der Energieerträge erfolgt unter Zuhilfenahme des Veredelungswertes in der Rinderhaltung. Die verfahrenabhängigen Energiedichten werden in drei verschiedene Klassen entsprechend den Futterqualitätsanforderungen von Wiederkäuern eingeteilt. Hochwertiges Futter mit einer Energiedichte von >6,2 MJ NEL/kg TM wird als für die Milchviehfütterung geeignet, Futter mit Energiedichten zwischen 4,8 und 6,2 MJ NEL/kg TM für die Fütterung von Mutterkühen und Futter mit einer Energiedichte von <4,8 MJ NEL/kg TM als nicht in der Fütterung verwertbar eingestuft. Für die betriebswirtschaftlichen Kalkulationsdaten wurde auf MODAM (KÄCHELE 1999) und die Planungsunterlagen des Landesamtes für Landwirtschaft Brandenburg (LfL 2001) zurückgegriffen.

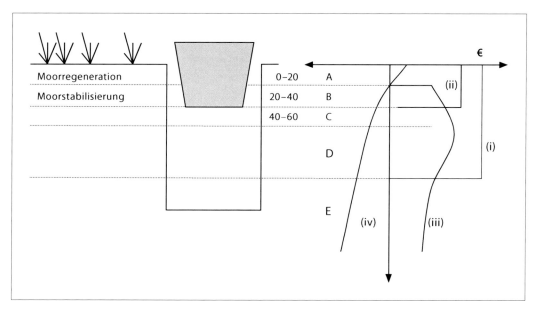

Abb. 1: Schematische Darstellung der Nutzenfunktionen in Abhängikeit vom Grundwasserstand: (i) Kahnschifffahrt, (ii) Naturschutz, (iii) landwirtschaftliche Grünlandnutzung, (iv) CO_2-Senke, (v) Teichwirtschaft. Dargestellt sind ferner die sommerlichen Zielgrundwasserflurabstände für die Entwicklungsziele Moorregeneration und Moorstabilisierung

Für die Teichwirtschaft und Kahnschifffahrt wurden Kalkulationsansätze für die Berechnung des kalkulatorischen Gewinnbeitrags pro ha Teichfläche und pro Kahn entwickelt. Der Verlust durch eingeschränkte Schiffbarkeit wird anhand von zwei Effekten berechnet. Zum einen wird von einer geringeren Besucherzahl ausgegangen, wie im nachfolgenden Abschnitt zur Reisekostenmethode erläutert wird. Zweitens wird angenommen, dass die Kahnschifffahrt bei Unterschreitung der kritischen Schwimmtiefe nicht absolut zum Erliegen kommt, sondern zunächst nur eine Einschränkung erfolgt, indem nicht mehr frei zwischen den Staugürteln geschleust werden kann. Als Folge können nur noch kurze Fahrten angeboten werden und die Einnahmen der Kahnschiffer mindern sich entsprechend.

Um den Erholungsnutzen der Spreewaldbesucher, die eine Kahnfahrt unternehmen, zu ermitteln, wurde die Reisekostenmethode angewendet (vgl. WARD 1987, EISWERTH und ENGLIN 2000). Grundannahme der Reisekostenmethode ist, dass die Kosten, die eine Person für die Anreise aufwendet, eine untere Grenze für den Nutzen darstellt, den sie aus dem Besuch des Erholungsortes zieht. Um den Effekt einer veränderten Wasserführung auf den Erholungswert zu ermitteln, sind grundsätzlich drei Arten von Information erforderlich: die Anzahl der Besuche, der Erholungswert eines Besuchs und die Veränderung beider Größen bei Veränderung der Schiffbarkeit. Für die Ableitung des Reisekostenmodells wurde eine Befragung von 750 Kahntouristen vorgenommen. Für die Schätzung der Nachfragefunktion wurde ein zonales Count-Data-Modell mit Poisson-Regression nach HAAB und MCCONNEL (2002) verwendet. Als wesentliche Determinante werden die Reisekosten verwendet. Diese setzen sich aus einer angenommenen Anfahrt im PKW mit vier Personen und den durchschnittlichen Kosten einer Kahnfahrt zusammen.

Das Wohlfahrtsmaß (Konsumentenrente) pro Kahnfahrt ergibt sich nach dieser Methode aus dem Kehrwert des Koeffizienten für Reisekosten. Es wurde ein Erholungswert von 5 bis 6 Euro pro Besuch bestimmt (vgl. GROSSMANN und MEYERHOFF, in Vorbereitung). Um die Reaktion der Besucher auf ein vermindertes Wasserdargebot abschätzen zu können, wurde danach gefragt, wie viele der Besucher auch dann noch in den Spreewald kommen würden, wenn wegen des mangelnden Wassers, der Besuch nicht mehr mit der geplanten Kahnschifffahrt verbunden werden kann. Von den Befragten 743 Besuchern gaben 55% an, dass sie trotzdem in den Spreewald gefahren wären. Mit diesen Angaben wurde erneut die Besuchsrate pro Entfernungszone berechnet und eine korrespondierende Besucheranzahl abgeleitet.

Die Bewertung der CO_2-Emissionen erfolgt auf der Basis von Vermeidungskosten. Darunter werden die Kosten verstanden, die für die Vermeidung einer Umwelteinwirkung an dessen Entstehungsort aufgewendet werden müssen. Vermeidungskosten können zur Schätzung der Untergrenze externer Umweltkosten herangezogen werden, wenn es einen gesellschaftlichen Konsens über die zu vermeidenden Umweltwirkungen gibt. Im Fall der CO_2-Emissionen entspricht dies den Zielerreichungskosten für das Klimaschutzziel der Bundesregierung. Die Bewertung der CO_2-Emissionen erfolgt auf der Basis von Literaturangaben zu Grenzvermeidungskosten der Industrie (vgl. DIETER und ELSASSER 2002), welche für den Handel mit Emissionszertifikaten erwartet werden. Hier wird ein Wert von 10 €/t CO_2 zu Grunde gelegt.

Als Indikator für die Erreichung der Ziele des Schutzes von Moor- und Auenlebensräumen wird die Summe der Flächen, auf welchen mittlere sommerliche Grundwasserflurabstände von 0 bis 40 cm unter Flur eingehalten werden, gebildet. Diese Grundwasserflurabstände entsprechen den Entwicklungszielen Moorregeneration und Moorstabilisierung der „Zielkonzeption für den Moorschutz in Brandenburg" (LUA 1997). Der Indikator bezieht sich somit auf das mit flurnahen Grundwasserständen einhergehende biotische Entwicklungspotenzial der Flächen. Der Flächenanteil wird nur für die prioritären Flächen des Naturschutzes, d.h. den Kernbereich des Naturschutzgroßprojektes mit den Naturschutzgebieten „Innerer Oberer und Innerer Unterer Spreewald" sowie die Moorsstandorte ausgewertet. Die Bewertung erfolgt anhand der Zahlungsbereitschaft der öffentlichen Hand, für welche angenommen wird, dass sie eine in der Gesellschaft bestehende Präferenz für den Naturschutz widerspiegelt. Es wird ferner angenommen, das für die insgesamt 11.200 ha, welche in die Auswertung mit einbezogen wurden, eine vollkommen elastische Zahlungsbereitschaft in Höhe der im Rahmen des Vertragsnaturschutzes und des Gewässerrandstreifenprogramms Spreewald angebotenen Ausgleichszahlungen für eine erhöhte Wasserhaltung von ca. 200 €/ha besteht. Die Verwendung der öffentlichen Zahlungsbereitschaft ist dort geeignet, eine untere Grenze der Ressourcenkosten abzuschätzen, wo die explizit in Schutzgebietsverordnungen oder Programmen für den Vertragsnaturschutz formulierten Ziele ohne ausreichendes Wasser nicht erreicht werden können. Insbesondere ist dies der Fall, wo diese Ausgaben mit dem Ziel, erhöhte Wasserstände zu ermöglichen, tatsächlich geleistet werden. Im Fall von Ausgaben des

Vertragsnaturschutzes auf Moorstandorten wird die Änderung eines impliziten Verfügungsrechts der landwirtschaftlichen Wassernutzung, welches sich in Form der festgelegten Stauziele manifestiert, kompensiert. Mit der Absenkung der Stauhöhen auf landwirtschaftlich günstige Grundwasserstände wird der natürliche Feuchtgebietscharakter beeinträchtigt. Wird die Wasserdienstleistung „Stauregulierung" betrachtet, so ist der Nutzen der Einregulierung von relativ niedrigen Grundwasserflurabständen eine erhöhte landwirtschaftliche Produktivität, welche mit Umweltkosten entsprechend dem Verlust an Feuchtgebietscharakter entsprechen. Die Kompensationszahlungen können somit als Hinweis auf die Höhe der erforderlichen Aufwendung zur Behebung der negativen Umwelteffekte der Grundwasserstandsabsenkung betrachtet werden. Wird nun infolge fehlenden Wassers die Zielstellung nicht verwirklicht, steht der Kompensationszahlung kein realisierter Nutzen gegenüber. Der realisierte Nutzen einer Zahlung kann durch eine gezielte Auswahl der geförderten Flächen auch überproportional erhöht werden, wenn eine Erhöhung der Stauziele auch auf weiteren Flächen möglich wird, die aufgrund der wechselseitigen hydrologischen Beeinflussung bisher nicht vernässt werden konnten. Das Kosten-Wirksamkeitsverhältnis der öffentlichen Ausgaben für den Moorschutz ist also variabel. Der Netto-Nutzen der Wasserverwendung für den Naturschutz ergibt sich aus dem Anteil der wiedervernässten Fläche abzüglich des Anteils der nicht vernässten Fläche an den durch den Naturschutz für die Vernässung als prioritär identifizierten Flächen. Der Nutzen (vermiedene Umweltschäden) und die verbleibenden Schäden (Umweltkosten) werden jeweils mit der Zahlungsbereitschaft bewertet.

Die Auswirkung eines veränderten Wasserdargebotes wird für den Spreewald anhand des Indikators Netto-Nutzen im Sinne einer Kosten-Nutzen-Analyse bilanziert. Gegenwartswert und Annuitäten werden für einen Diskontsatzes von 2% über den 50-jährigen Simulationszeitraum berechnet. Dabei setzt sich der Netto-Nutzen (NN) aus dem kalkulatorischen Gewinnbeitrag der landwirtschaftlichen Grünlandnutzung (LW), der Teichwirtschaft (TW) und der Kahnschifffahrt (KA) zusammen. Als externe Effekte bzw. nicht marktfähige Leistungen wird der Saldo der bewerteten CO_2-Emissionen (CO_2), der Erholungswert der Kahnschifffahrt (ER), der realisierte Naturschutznutzen (NB) und der verbleibende Naturschutzschaden (NK) bilanziert. Der Bilanzierung liegt eine probabilistische Beschreibung der Wasserstände zu Grunde. Der Nutzen ergibt sich aus der Summe des Nutzens bei verschiedenen Grundwasserständen multipliziert mit der im WBalMo ermittelten Eintrittswahrscheinlichkeit (P) pro Staubereich (Stb.) bzw. Gewässerstrang (Gew.str.):

$$NN_{Spreewald} = \sum_{Stb.} P \cdot LW + \sum_{Stb.} P \cdot TW + \sum_{Gew.str.} P \cdot (KA + ER) - \sum_{Stb.} P \cdot CO + \sum_{Stb.} P \cdot NB - \sum_{Stb.} P \cdot NK$$

Als zusätzlicher Indikator wird die Wassernutzungseffizienz (EW) ermittelt. Dazu wird der Netto-Nutzen (NN) auf die effektive Wasserentnahme des Feuchtgebietes (EA) aus der Spree bezogen:

$$EW = \frac{NN}{EA} = \frac{\sum NN}{\sum (Zufluss - Abfluss - \Delta\, Speicher)}$$

Formulierung von Handlungsoptionen im Dialog mit Stakeholdern

Der Vergleich der Wassermanagementstrategien erfolgt nach dem Prinzip des Mit-Ohne-Vergleichs von Szenarien. Für jedes zu vergleichende Entwicklungsszenario werden exogene Rahmenbedingungen und Wassermanagementoptionen definiert. Die Rahmenbedingungen für das Untersuchungsgebiet Spreewald ergeben sich durch das zu Grunde gelegte Klimaszenario (exogene Triebkraft) und die jeweilige Wassermengenbewirtschaftungsoption (sozioökonomische Rahmenbedingung) für das gesamte Einzugsgebiet der Spree, welche die Zuflüsse aus dem oberhalb gelegenen Teileinzugsgebiet determinieren. Als Bezugsbasis dient das Entwicklungsszenario *Basis$_{SW}$ stabil*. Für den Spreewald wird dabei von einer Fortführung der gegenwärtig praktizierten Wasserbewirtschaftung und Flächennutzung *(Basis$_{SW}$)* bei den gegenwärtigen Klimabedingungen (Reihe 1951/2000) ausgegangen. Die *Basis$_{SW}$*-Strategie ist eingebettet in die *Basis$_{OS}$*-Strategie zur Wasserbewirtschaftung im Einzugsgebiet der Spree gemäß der derzeitigen Planung der Landesbehörden von Sachsen, Brandenburg und Berlin. Die *Basis$_{OS}$*-Strategie regelt insbesondere die Flutung der Tagebaurestlöcher und die Inbetriebnahme neuerer Speicher im Einzugsgebiet der Oberen Spree bis zum Jahr 2032. Die Szenariovarianten mit Klimawandel *(Basis$_{SW}$ S0 wandel)* gehen von einer Änderung des Klimas im Gesamtgebiet aus mit entsprechenden Auswirkungen auf die Zuflussbedingungen. Die Zuflussbedingungen S0 werden den auf das Gesamtgebiet von Spree-Havel bezogenen Simulationen zum Entwicklungsszenario *Basis$_{OS}$ **wandel*** entnommen (vgl. DIETRICH 2005, Kapitel III-2.3.1). Die Temperaturen steigen im Mittel bis zum Jahr 2055 um 1,4 K an. Bei den Niederschlägen kommt es im Spreewald zu einer Verschiebung in der innerjährlichen Niederschlagsverteilung. Die Winterniederschläge steigen leicht an, im Sommerhalbjahr kommt es zu einer Abnahme. Dieser Abnahme steht ein Anstieg der potentiellen Verdunstung in den Sommermonaten gegenüber. Abnahme der Niederschläge und Zunahme der potentiellen Verdunstung führen zu in einem vergrößerten Defizit bei der klimatischen Wasserbilanz im Sommerhalbjahr.

Mögliche alternative Handlungsoptionen wurden zunächst anhand einer Auswertung der relevanten Aussagen aus Planungsunterlagen für den Spreewald bestimmt, insbesondere des Landschaftsrahmenplanes für das Biosphärenreservat (MUNR 1998) und des Entwurfes für den Pflege- und Entwicklungsplan für das Gewässerrandstreifenprogramm (LAGS 1996). Um die konkrete Ausformulierung von Handlungsoptionen im Dialog mit Stakeholdern sowie eine Kommunikation der Ergebnisse zu ermöglichen, wurde im Teilprojekt Spreewald eine Methodik zur Visualisierung der mit dem WBalMo Modell darstellbaren Managementmaßnahmen entwickelt:

- ► Veränderungen der Höhe der Stauziele
- ► Veränderung des innerjährlichen Verlaufs der Stauziele
- ► Veränderungen der Zuflussverteilung in der Niederung
- ► Veränderungen der Landnutzungshauptklassen

Als Folge des zunehmenden Wasserdefizits, insbesondere in den Sommermonaten, wird die Aufrechterhaltung feuchtgebietstypischer Grundwasserflurabstände immer schwieriger. Vor diesem Hintergrund und des in Planung befindlichen Naturschutzgroßvorhabens wurde von den beteiligten Stakeholdern die Untersuchung einer bevorzugter Wasserversorgung zentraler Moorstandorte sowie höherer Stauziele in diesen Flächen vorgeschlagen *(MS)*. In diesem Szenario werden zwei Gebietskulissen für Entwicklungsziele entsprechend der Zielkonzeption des Landesumweltamtes Brandenburg für den Moorschutz (LUA 1997) ausgewiesen: Moorwachstum mit sommerlichen Zielgrundwasserflurabständen nicht unter 20 cm sowie Moorstabilisierung mit sommerlichen Zielgrundwasserflurabständen nicht unter 40 cm. Für das Entwicklungsziel Moorwachstum, welches im Moorschutzszenario *(MS)* insgesamt eine Fläche von 4.000 ha betrifft, wird ein Aufkauf von dato landwirtschaftlich genutzten Flächen im Umfang von 1.700 ha erforderlich. Für das Entwicklungsziel Moorstabilisierung, welches weitere 3.800 ha betrifft, wären zusätzlich Prämien im Rahmen des Vertragsnaturschutzes auf 2.000 ha erforderlich. Es wird ein Bodenpreis von 2.875 €/ ha zu Grunde gelegt (LAGS, 1996). Ferner werden folgende KULAP-Prämien zu Grunde gelegt: Nutzung des Grünlands (a) nicht vor dem 16. Juni bzw. oberflächennahe Grundwasserstände mit Blänkenbildung bis zum 30. April: 45 €/ha. (b) nicht vor dem 01.07. bzw. oberflächennahe Grundwasserstände bis zum 30. Mai: 100 €/ha (c) nicht vor dem 16. August bzw oberflächennahe Grundwasserstände bis zum 30. Juni: 200 €/ha.

In der Summe werden vier Szenarien behandelt, welche durch Kombination der zwei Rahmenbedingungen (*Basis$_{OS}$ stabil* und *Basis$_{OS}$ wandel* kurz: **S0**) mit den zwei Handlungsstrategien für den Spreewald (*Basis$_{SW}$* und *MS*) gebildet werden.

Ergebnisse

Die entwickelte Methode zur ökonomischen Impact Analyse ermöglicht einen systematischen Vergleich der Wassermanagementstrategien auf der Grundlage einer einheitlichen monetären Kriterienbildung für die Messung der Vor- und Nachteile.

Die Ergebnisse verdeutlichen, dass mit den untersuchten Feuchtgebietsfunktionen substantielle ökonomische Werte verbunden sind. In Abbildung 2 sind die relativen Größenordnungen der Bestandteile des ökonomischen Gesamtwertes für die untersuchten Nutzungen in der Ausgangssituation dargestellt.

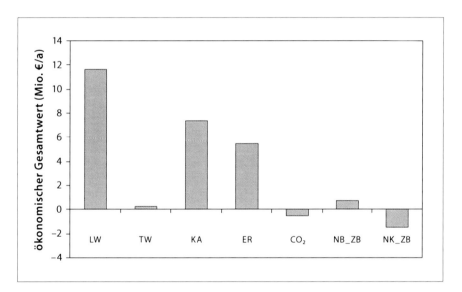

Abb. 2: Größenordnung der berücksichtigten Bestandteile des ökonomischen Gesamtwertes für die Feuchtgebietslandschaft Spreewald im Basisjahr bei stabilem Klima (*Basis$_{SW}$ stabil*). LW = kalkulatorischer Gewinnbeitrag der Landwirtschaft, TW = kalkulatorischer Gewinnbeitrag der Teichwirtschaft, KA = kalkulatorischer Gewinnbeitrag der Kahnschifffahrt, ER = Erholungsnutzen der Kahnschifffahrt, CO_2 = CO_2-Emissionen bewertet zu Grenzkosten der Vermeidung, NB_ZB = Moorflächen mit realisiertem Entwicklungsziel und NK_ZB = Moorflächen, auf denen das Entwicklungsziel nicht realisiert wird, jeweils bewertet mit der Zahlungsbereitschaft der öffentlichen Hand für Flächen mit dem Entwicklungsziel Moorschutz.

Der kalkulatorische Gewinnbeitrag der Kahnschifffahrt zuzüglich des Erholungswertes der Kahnschifffahrt liegt in derselben Größenordnung wie der kalkulatorische Gewinnbeitrag der landwirtschaftlichen Grünlandnutzung. Das aktuelle Wassermengenregime ist mit externen Umweltkosten in Form einer negativen CO_2-Bilanz verbunden. Auch werden auf dem größeren Teil der Moor- und Überflutungsflächen im Sommer keine moortypischen Grundwasserstände erreicht, so dass der Netto-Naturschutznutzen negativ bilanziert wird.

Ein Vergleich der Auswirkungen der zu erwartenden Veränderungen im Wasserdargebot, sowohl bei stabilem Klima als auch bei Klimawandel auf der Basis des Kriteriums Netto-Nutzen (Abbildung 3) für den Zeitraum bis 2050, zeigt eine abnehmende Tendenz sowohl für die Basisstrategie als auch für die Moorschutzstrategie. Diese Entwicklung ist auf den Rückgang der Zuflüsse und auf eine abnehmende Wassernutzungseffizienz als Folge einer erhöhten potenziellen Verdunstung bei steigenden Temperaturen unter den Bedingungen des Klimawandels zurückzuführen.

Eine abnehmende Wassernutzungseffizienz (vgl. Abbildung 4) lässt erwarten, dass unter den Bedingungen des klimatischen Wandels in Zukunft der gegenwärtige ökonomischen Wert des Spreewaldes nur mit einer zunehmend größer werdenden Wasserentnahme aus der Spree erhalten werden kann. Das bedeutet wiederum, dass für die langfristige Bewirtschaftungsplanung ein steigender Wasserbedarf für den Spreewald eingeplant werden muss und dass in diesem Zusammenhang aus einer Erfüllung des derzeitigen Mindestzuflusses nicht auf einen gleichbleibenden ökonomischen Gesamtwert in der Zukunft geschlossen werden kann.

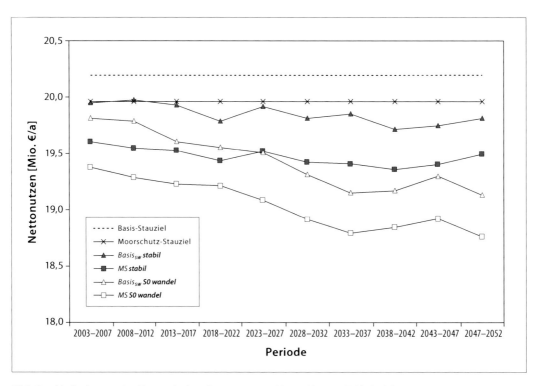

Abb. 3: Veränderung des ökonomischen Gesamtwertes. Netto-Nutzen (€/a) der Wassermanagementstrategien Basis ($Basis_{SW}$) und Moorschutz (MS) als das jeweilige Stauziel und die realisierten Grundwasserstände bei stabilem Klima (**stabil**) und Klimawandel (**wandel**) mit entsprechenden Zuflussänderungen (**S0**).

Als Folge des zunehmenden Wasserdefizits wird die Aufrechterhaltung feuchtgebietstypischer Grundwasserflurabstände immer schwieriger. Eine prioritäre Versorgung der zentral gelegenen Moorstandorte wird als mögliche Anpassungsoption untersucht. Da die Anhebung der Stauziele in der Handlungsoption Moorschutz mit einer Veränderung der Landnutzung verbunden ist, ergibt sich die Differenz des Netto-Nutzens zwischen der Basis Wassermanagementstrategie und der Moorschutzstrategie (vgl. Abbildung 3) aus der Höhe des Bewertungsansatzes für die externen Umweltwirkungen (CO_2-Emissionen und Schutz von Moor- und Auenlebensräumen) in Relation zum kalkulatorischen Gewinnbeitrag in der Landwirtschaft. Die Bewertung der relativen Vorzüglichkeit einer Ausdehnung des Moorschutzes hängt entscheidend davon ab, wie hoch der Nutzen des Moorschutzes bewertet wird. In Abbildung 5 wird der inhärente Trade-Off zwischen der Bewertung des Moorschutzes und der relativen Vorzüglichkeit der Wassermanagementstrategien in der Form einer Sensitivitätsdarstellung verdeutlicht. Da der überwiegende Anteil der Moorflächen nicht ausreichend mit Wasser versorgt wird, sinkt in den untersuchten Szenarien der Netto-Nutzen mit einer höheren Bewertung des Moorschutzes.

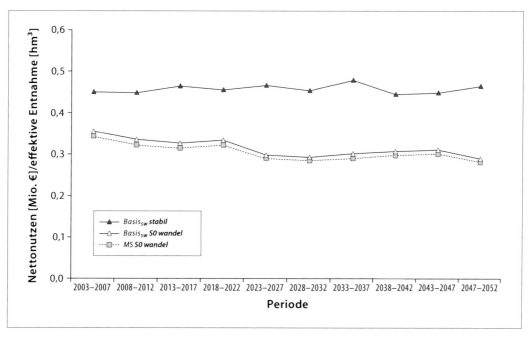

Abb. 4: Wassernutzungseffizienz. Netto-Nutzen in EURO / effektive Entnahmen aus der Spree (Zufluss-Abfluss – Δ Speicher) pro Jahr (in hm³) für die Szenarien: $Basis_{SW}$ *stabil*; $Basis_{SW}$ *S0 wandel*; MS *S0 wandel*.

Die Auswirkung des verminderten Wasserdargebotes auf die verschiedenen Bestandteile des ökonomischen Gesamtwertes wird aus der Differenz des realisierten Nutzens für die untersuchten Dargebotsreihen und des erwarteten Nutzens bei Einhaltung der aktuell für den Spreewald vereinbarten Stauziele ersichtlich (vgl. Abbildung 6).

Diese Differenz kann als entgangener möglicher Nutzen im Spreewald aufgefasst werden, welcher bei aktuellem Stauregime in der Niederung realisiert werden könnte, wenn das fehlende Wasser nicht im Oberlauf der Spree entnommen werden würde. Es handelt sich dabei also um Opportunitätskosten, welche bei der „Basis"-Wassermengenbewirtschaftungsstrategie für die Spree innerhalb des Spreewaldes entstehen. Um die im Sinne der WRRL relevanten Ressourcenkosten des aktuellen Wasserallokationsregimes im Einzugsgebiet der Spree zu ermitteln, ist der Grenznutzen, der einer Änderung des Wasserdargebotes für jede Wassernutzung entspricht, zu ermitteln. Eine erste Approximation des Grenznutzens der Wasserallokation zugunsten des Spreewaldes lässt sich aus dem Zusammenhang zwischen dem ermittelten Netto-Nutzen und der Wasserverfügbarkeit in Form der klimatischen Wasserbilanz ableiten (vgl. Abbildung 7). In Abbildung 7 ist der Netto-Nutzen in Abhängigkeit von der klimatischen Wasserbilanz des gesamten Jahres sowie des Sommerhalbjahres dargestellt. Werden Niederschlag und Evapotranspiration konstant gehalten, kann die Änderung des Netto-Nutzens pro Δ hm³ abgeschätzt werden. Bei den getroffenen Annahmen ergibt sich ein Grenznutzen im Sommerhalbjahr von ca. 0,02 €/m³. Da die Wasserknappheit nicht gleichmäßig über das Jahr verteilt ist, sondern in den Sommermonaten auftritt, ist der Grenznutzen bezogen auf den sommerlichen Zufluss höher als bei einer Betrachtung der Jahresmittel. Das Land Brandenburg hat zur Stützung des Zuflusses nach Brandenburg aus den sächsischen Talsperren einen Staatsvertrag mit dem Land Sachsen abgeschlossen. Der Vertrag sieht pro Jahr die Vorhaltung von 20 Mio. m³ Wasser vor. Da das Land Sachsen die Speicherkapazität für diesen Zweck erhöht hat, ist eine Zahlung von jährlich einer halben Million Euro vereinbart. Dies entspricht einem impliziten Preis für das zusätzliche Wasser von 0,025 €/m³. Dieses Zusatzwasser ist zur Stützung des Durchflusses im gesamten unteren Verlauf der Spree vorgesehen. Aus ökonomischer Perspektive könnte eine solche Zahlung jedoch allein aus dem entstehenden Nutzen im Spreewald gerechtfertigt sein.

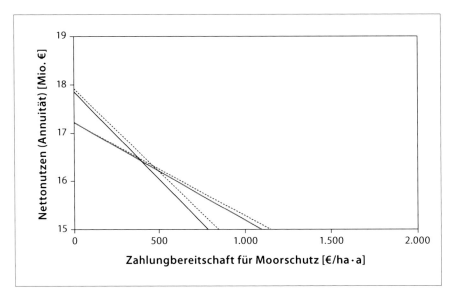

Abb. 5: Sensitivitätsanalyse für den ermittelten Netto-Nutzen für die Moorschutz (grau) MS *S0 wandel* und Basis Wassermanagementstrategie (schwarz) Basis$_{SW}$ *S0 wandel* bei Klimawandel. Es wird der Einfluss der zu Grunde gelegten Zahlungsbereitschaft für Naturschutz und des Diskontsatzes (0 % = durchgezogene Linie und 3 % = gestrichelte Linie) auf das Ergebnis dargestellt.

Die aktuell gültigen Stauziele werden bereits im Basisjahr 2003 nicht erfüllt und insbesondere in der Landwirtschaft und im Naturschutz sind Einbußen gegenüber dem potenziell realisierbaren Nutzen vorhanden (Abbildung 3 und 6). Potenzielle Einschränkungen der Schiffbarkeit werden erst mit zunehmender Wasserknappheit in der zweiten Hälfte der 50-jährigen Periode relevant. Die teilweise entgegengerichteten Veränderungen bei einzelnen Nutzungen sind durch die räumlich unterschiedlichen Entwicklungstrends des Wasserdargebotes im Niederungsgebiet zu erklären. Während die Versorgungsbereiche der Spree im zentralen Spreewaldbereich relativ wenig von Veränderungen im Grundwasserregime betroffen sind, sinken Grundwasserstände im Versorgungsbereich des Großen Fließes stärker ab, da die Zuflüsse aus Spree und Malxe sich unterschiedlich entwickeln. Die Malxe, mit stark zurückgehenden Abflüssen, versorgt den Bereich des Großen Fließes, was auch die zunehmende Beeinträchtigung der Schiffbarkeit in diesem Bereich des Spreewaldes erklärt (DIETRICH 2005, Kapitel III-2.3.1).

Positive Effekte des verminderten Wasserdargebotes ergeben sich für die Landwirtschaft in den ersten Perioden des Basisszenarios mit stabilem Klima. Der in der Abbildung 6 zu erkennende Effekt ist dadurch zu erklären, dass durch ein Absinken der Wasserstände auf dato vernässten Flächen günstigere Wachstumsbedingungen für Grünland entstehen. Diese Effekte sind in verschiedenen Staubereichen zu beobachten, im Saldo über alle Staubereiche überwiegen jedoch die negativen Effekte.

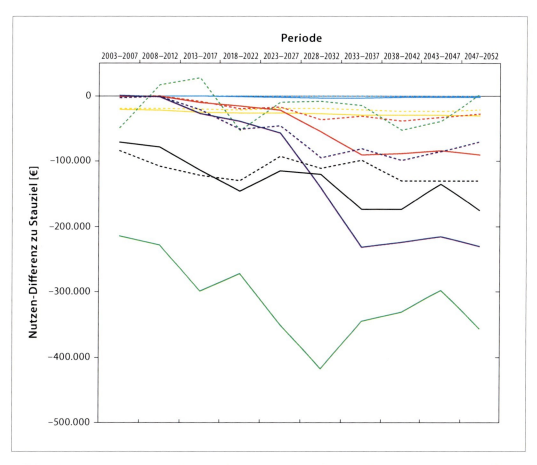

Abb. 6: Ressourcenkosten im Feuchtgebiet: die Differenz des realisierten Nutzens zu den erwarteten Nutzen bei Einhaltung der aktuellen Stauziele im Vergleich des Basisszenarios mit stabilem Klima (gestrichelt), $Basis_{SW}$ **stabil,** und mit Klimawandel (durchgezogen), $Basis_{SW}$ **S0 wandel**. Es werden dargestellt: Landwirtschaft (grün), Kahnschifffahrt (blau), Naturschutz (schwarz), Erholungsnutzen (rot), CO_2-Emissionen (gelb) sowie Teichwirtschaft (hellblau).

Einkommensverluste aus der landwirtschaftlichen Grünlandnutzung sind vor allem in den Randbereichen der Niederung und im Moorschutzszenario auch in unterhalb der Moorschutzflächen liegenden Staubereiche zu erwarten (vgl. Abb. 10). Da die Zuflüsse bei der Landnutzungsänderung im Moorschutzszenario insgesamt unverändert bleiben, geht die erhöhte Wasserentnahme der Moorschutzflächen zu Lasten der unterhalb liegenden Staubereiche, so dass deren Wasserdefizit im Moorschutzszenario ansteigt. Bei den Randbereichen ist das Verhältnis von zu versorgender Niederungsfläche zu dargebotsbildender Einzugsgebietsfläche sehr ungünstig, so dass sich eine Verringerung der Sommerabflüsse aus den kleinen Teileinzugsgebieten in einem verstärkten Absinken der Grundwasserstände niederschlägt (DIETRICH 2005, Kapitel III-2.3.1).

Die räumliche Verteilung des verfügbaren Wassers beeinflusst auch die Kosten-Wirksamkeitsrelation von öffentlichen Ausgaben für den Moorschutz. In Abbildung 8 wird das Kosten-Wirksamkeitsverhältnis der Ausgaben für Vertragsnaturschutz und Flächenkauf jeweils für die Flächen mit

Entwicklungsziel Moorwachstum und Moorstabilisierung dargestellt. Dabei wird das Verhältnis von Ausgaben zur effektiv wiedervernässten Fläche ermittelt. Für die prioritär mit Wasser versorgten Flächen mit dem Entwicklungsziel Moorschutz liegt das Kosten-Wirksamkeitsverhältnis sowohl im Fall der Einhaltung der Stauziele als auch für die im Szenario zu realisierenden Grundwasserstände bei ca. 100 € pro tatsächlich vernässtem Hektar.

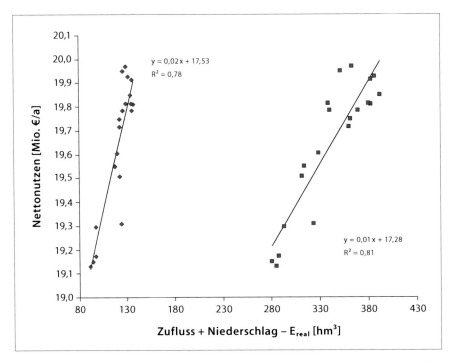

Abb. 7: Approximation des Grenznutzens pro Δ hm³ Zufluss: Änderung des Netto-Nutzens in €/a in Abhängigkeit von der Wasserverfügbarkeit (Zufluss + Niederschlag − E_{real}) im Jahr (Quadrat) und im Sommer Halbjahr (Raute) für die Basis ($Basis_{SW}$) Wassermanagementstrategie. Werden Niederschlag und Evapotranspiration konstant gehalten, kann die Änderung des Netto-Nutzens pro Δ hm³ grob abgeschätzt werden.

Es kann gefolgert werden, dass diese Flächen mit ausreichend Wasser entsprechend den Stauzielen versorgt werden. Das Kosten-Wirksamkeitsverhältnis für die Flächen mit Entwicklungsziel Moorstabilisierung liegt bei einer Einhaltung der geplanten Stauziele etwas ungünstiger. Durch die unzureichende tatsächlich zu realisierende Wasserversorgung dieser Flächen verschlechtert sich jedoch die Effektivität des Mitteleinsatzes um den Faktor Zwei bis Drei. Dieser Zusammenhang spiegelt sich auch in den zu realisierenden Vermeidungskosten pro Tonne CO_2 beim Übergang von der Basis- zur Moorschutzstrategie wider (vgl. Abbildung 9). Für die Flächen mit Entwicklungsziel Moorregeneration ergeben sich Vermeidungskosten von ca. 0–20 €/t CO_2, welche in der selben Größenordnung wie die angenommenen Grenzkosten der Vermeidung in der Industrie von ca. 10–20 €/ha liegen. Die Investition in den Moorschutz stellt in diesem Fall eine effiziente Klimaschutzmaßnahme dar. Für die Flächen mit Entwicklungsziel Moorstabilisierung, welche nur unzureichend mit Wasser versorgt werden können, ergeben sich hingegen Vermeidungskosten von 300–400 €/t CO_2. Bei einer Mittelwertbetrachtung über die beiden Teilgebiete liegen die Vermeidungskosten bei ca. 80 €/t CO_2. Für einen wirksamen Mitteleinsatzes für den Natur- und Moorschutz in Feuchtgebieten ist es somit von besonderer Bedeutung, die tatsächlich realisierbare Wasserversorgung unter aktuellen und zukünftigen Bedingungen zu berücksichtigen.

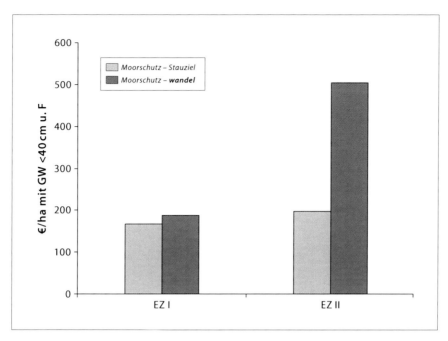

Abb. 8: Kosten-Wirksamkeitsrelation von Wiedervernässungsmaßnahmen. Kosten des Moorschutzprogramms (Annuität der Vertragsnaturschutzprämien und des Flächenkaufs) bezogen auf die effektiv wiedervernässte Fläche für Teilgebiete mit Entwicklungsziel Moorregeneration (EZ I) und Moorstabilisierung (EZ II). Es werden der Erwartungswert bei Einhaltung der Stauziele und die realisierten Werte bei Klimawandel (*MS S0 wandel*) dargestellt.

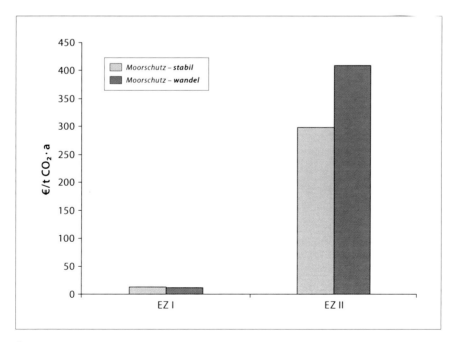

Abb. 9: Änderung der Vermeidungskosten für CO_2-Emissionen. Kosten des Moorschutzprogramms (Annuität der Vertragsnaturschutzprämien und des Flächenkaufs) bezogen auf die effektiv realisierte Minderung der CO_2-Emissionen für Teilgebiete mit Entwicklungsziel Moorregeneration (EZ I) und Moorstabilisierung (EZ II) bei stabilem Klima (*MS stabil*) und Klimawandel (*MS S0 wandel*). Zum Vergleich: Grenzkosten der Vermeidung im Emissionshandel der Industrie werden mit ca. 10 €/t geschätzt.

Schlussfolgerungen

Die Ergebnisse verdeutlichen, dass mit der Wasserentnahme durch Feuchtgebiete multifunktionale Nutzen mit substantiellem ökonomischen Wert verbunden sind. Dieser Wert muss bei Abwägung der ökonomischen Vor- und Nachteile bei Entscheidungen zur Wasserallokation im Einzugsgebiet berücksichtigt werden. Der Vorteil der entwickelten ökonomischen Impact Assessment Methodik besteht in der Möglichkeit einer systematischen Berücksichtigung von Feuchtgebieten bei der Bewertung von entsprechenden Handlungsoptionen auf der Basis einer vergleichbaren monetären Kriterienbildung für die Messung der Kosten und Nutzen.

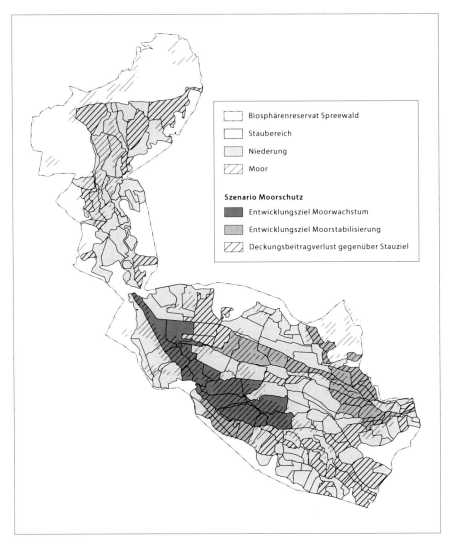

Abb. 10: Gliederung der Niederung in Staubereiche. Dargestellt werden die Gebietskulissen für Moorschutz sowie die Staubereiche, für welche Deckungsbeitragsverluste in der Grünlandnutzung im Vergleich zum Stauziel im Moorschutzszenario bei Klimawandel (MS *S0 wandel*) im Mittel aller Perioden zu erwarten sind.

Um unter den Bedingungen des klimatischen Wandels den derzeitigen ökonomischen Wert des Spreewaldes zu erhalten, ist aufgrund der abnehmenden Wassernutzungseffizienz eine zunehmend größer werdende Wasserentnahme aus der Spree erforderlich. Für die langfristige Bewirtschaftungsplanung folgt, dass der ökologisch erforderliche Mindestdurchfluss entsprechend angepasst werden muss, wenn der derzeitige ökonomische Gesamtwert erhalten bleiben soll. Auch bei der Beurteilung der Wirksamkeit des Mitteleinsatzes für den Moorschutz ist es von besonderer Bedeutung, die tatsächlich realisierbare Wasserversorgung von Teilflächen unter aktuellen und zukünftigen Bedingungen zu berücksichtigen.

Aus der Zahlungsbereitschaft der öffentlichen Hand kann keine Aussage bezüglich der optimalen Ausdehnung des Moorschutzprogramms abgeleitet werden. Die Verwendung einer öffentlichen Zahlungsbereitschaft ist jedoch dort geeignet eine untere Grenze der Ressourcenkosten der Wassernutzung abzuschätzen, wo die explizit in Schutzgebietsverordnungen oder Programmen für den Vertragsnaturschutz formulierten Ziele ohne ausreichendes Wasser nicht erreicht werden können.

Im weiteren Verlauf des Forschungsvorhabens ist eine vergleichende ökonomische Analyse verschiedener Wassermanagementstrategien für alle Teilgebiete des Einzugsgebietes (Obere Spree, Spreewald, Berlin, Havel) notwendig. Die relevanten externen Umwelt- und Ressourcenkosten, welche für die Bestimmung kostendeckender Wasserpreise herangezogen werden sollten, ergeben sich letztendlich erst aus dem Vergleich des praktizierten Wassermanagements mit dem Spektrum der tatsächlich möglichen alternativen Strategien.

Referenzen

BRACKEMANN, H., EWENS, H.-P., INTERWIES, E., KRAEMER, R. A., QUADFLIEG, A. (2002) Die Wirtschaftliche Analyse nach EG-Wasserrahmenrichtlinie (Teil I), Wasser und Abfall 3/2002, s. 38–43.

DIETRICH, O., QUAST, J., REDETZKY, M. (2003) ArcGRM Spreewald – ein Modell zur Analyse der Wirkungen des globalen Wandels auf den Wasserhaushalt eines Feuchtgebietes mit Wasserbewirtschaftung. In: KLEEBERG, H.-B. (Hrsg.) Klima – Wasser – Flussgebietsmanagement im Lichte der Flut. Forum für Hydrologie und Wasserbewirtschaftung, Heft 4, S. 215–223.

DIETRICH, O. (2005) Das Integrationskonzept Spreewald und Ergebnisse zur Entwicklung des Wasserhaushalts. In: WECHSUNG, F., BECKER, A., GRÄFE, P. (Hrsg.) Auswirkungen des globalen Wandels auf Wasser, Umwelt und Gesellschaft im Elbegebiet. Weißensee Verlag Berlin, Kap. III-2.3.1.

DIETER, M., ELSASSER, P. (2002) Quantification and Monetary Valuation of Carbon Storage in the Forests of Germany in the Framework of National Accounting. Bundesforschungsanstalt für Forst- und Holzwirtschaft Hamburg: Arbeitsbericht des Instituts für Ökonomie 2002/8.

EISWERTH, M., ENGLIN, J. (2000) The value of water in water-based recreation: A pooled revealed preference/contingent behavior model, in: Water Resources Research, 36 (4), pp. 1079–1086.

EUROPÄISCHE UNION (2003): Horizontal Guidance Document on the Role of Wetlands in the Water Framework Directive. Brüssel: WFD – CIS

GROSSMANN, M., MEYERHOFF, J. (in prep.) Impacts of unanticipated trip limitations on value of water based recreation in the Spree-Havel River Basin: application of a GIS approach to travel cost analysis. TU Berlin: Working Papers on Management in Environmental Planning.

GRÜNEWALD, U., KALTOFEN, M., KADEN, S., SCHRAMM, M. (2001) Länderübergreifende Bewirtschaftung der Spree und der Schwarzen Elster, KA – Wasserwirtschaft, Abwasser, Abfall, 2001(48) Nr. 2, S. 205–213.

HAAB, T., MCCONNELL, D. (2002) Valuing Environmental and Natural Resources. Elgar: Cheltenham.

HANLEY, N., SPASH, C., (1993) Cost-Benefit Analysis and the Environment, Elgar: Aldershot.

Hiekel, I., Stache, G., Nowak, E., Albrecht, J. (2001) Gewässerrandstreifenprojekt Spreewald, Natur und Landschaft 70 (9-10): 432–441

Kächele, H. (1999) Auswirkungen großflächiger Naturschutzprojekte auf die Landwirtschaft: Ökonomische Bewertung der einzelbetrieblichen Konsequenzen am Beispiel des Nationalparks „Unteres Odertal". In: Agrarwirtschaft, Sonderheft 163.

Kaden, S., Schramm, M., Redetzky, M. (2005) Großräumige Wasserbewirtschaftungsmodelle als Instrumentarium für das Flussgebietsmanagement. In: Wechsung, F., Becker, A., Gräfe, P. (Hrsg.) Auswirkungen des globalen Wandels auf Wasser, Umwelt und Gesellschaft im Elbegebiet. Weißensee Verlag Berlin, Kap. III-2.1.3.

Krönert, R., Steinhardt, U. (Hrsg.) (2001) Landscape balance and landscape assessment. Springer: Berlin.

LAGS (Landesanstalt für Großschutzgebiete) (1996): Pflege- und Entwicklungsplan für das Biosphärenreservat Spreewald. Lübbenau.

LfL (Landesanstalt für Landwirtschaft) Brandenburg (2001) Datensammlung für die Betriebsplanung und die betriebswirtschaftliche Bewertung landwirtschaftlicher Produktionsverfahren im Land Brandenburg.

Landesumweltamt Brandenburg (1997) Entscheidungsmatrix als Handlungshilfe für die Erhaltung und Wiederherstellung von Bodenfunktionen in Niedermooren, Fachbeiträge des LUA 27: Potsdam.

Lorenz, M., Schwärzel, K., Wessolek, G. (2005) Auswirkungen von Klima- und Grundwasserstandsänderungen auf Bodenwasserhaushalt, Biomasseproduktion und Degradierung von Niedermooren im Spreewald. In: Wechsung, F., Becker, A., Gräfe, P. (Hrsg.) Auswirkungen des globalen Wandels auf Wasser, Umwelt und Gesellschaft im Elbegebiet. Weißensee Verlag Berlin, Kap. III-2.3.2.

Messner, F., Kaltofen, M., Koch, H., Zwirner, O. (2005) Integrative wasserwirtschaftliche und ökonomische Bewertung von Flussgebietbewirtschaftungsstrategien In: Wechsung, F., Becker, A., Gräfe, P. (Hrsg.) Auswirkungen des globalen Wandels auf Wasser, Umwelt und Gesellschaft im Elbegebiet. Weißensee Verlag Berlin, Kap. III-2.2.2.

Messner, F., Wenzel, V., Becker, A., Wechsung, F. (2005) Der Integrative Methodische Ansatz von GLOWA-Elbe. In: Wechsung, F., Becker, A., Gräfe, P. (Hrsg.) Auswirkungen des globalen Wandels auf Wasser, Umwelt und Gesellschaft im Elbegebiet. Weißensee Verlag Berlin, Kap. I-2.

Ministerium für Umwelt, Naturschutz und Raumordnung des Landes Brandenburg (1998) Landschaftsrahmenplan Biosphärenreservat Spreewald, Potsdam.

Turner, R. K., van den Bergh, J., Brouwer, R. (eds) (2003) Managing Wetlands. An Ecological Economics Approach. Elgar: Cheltenham.

Ward, F. A. (1987) Economics of water allocation to instream uses in a fully appropriated river basin: evidence from a New Mexico wild river. Water Resource Research. 23 (3): 381–392.

Wessolek, G. (1989) Einsatz von Wasserhaushalts- und Photosynthesemodellen in der Ökosystemanalyse. Landschaftsentwicklung und Umweltforschung 61: Berlin.

III-2.4 Berlin / Untere Havel

III-2.4.1 Integrierende Studien zum Berliner Wasserhaushalt
Volker Wenzel

Zielstellung

Gemäß den Forschungszielen des Projektes GLOWA-Elbe I untersucht das Teilprojekt zum Berliner Wasserhaushalt Probleme und Konflikte, die sich aufgrund alternativer Land- und Wassernutzungen im Kontext des globalen Wandels, insbesondere des Klimawandels und des Strukturwandels seit 1990, im Ballungsraum Berlin als Teil des gesamten Spreegebietes ergeben können.

Besonders wichtig ist für diese Studien der urbane Charakter des Gebietes mit seinen sensiblen Wechselbeziehungen zwischen Wassermengen- und Wasserqualitätsproblemen sowie deren Abhängigkeit von Maßnahmen der Oberlieger im Lausitzer Bergbaugebiet und im Spreewald.

Das Teilprojekt wird durch drei Berichte dokumentiert. Um das Verständnis zu erleichtern und eine systematische und stringente Einordnung aller Details zu ermöglichen, beginnen wir in diesem ersten Bericht mit einer zusammenhängenden Darstellung der Integration derselben und genügen damit der wichtigsten Zielstellung, die für das GLOWA-Elbe Vorhaben insgesamt vorgegeben wurde. In den beiden folgenden Berichten werden dann die Methoden und Einzelergebnisse zur Wasserverfügbarkeit und zur Gewässergüte beschrieben.

Methodik

Das methodische Vorgehen orientiert sich am Integrativen Methodischen Ansatz (IMA), dessen Sprachentwurf in Kapitel 1 des vorliegenden Berichts detailliert beschrieben ist. In allen Teilprojekten von GLOWA-Elbe I wird das Sprachkalkül wenigstens implizit verwendet. Hier nutzen wir die mnemonischen Symbole aus dieser Sprachbeschreibung ganz explizit zur Referenz der Basis-Kategorien und zur weiteren Gliederung des Beitrags bei der exemplarischen Anwendung der vollständigen Methode auf Probleme des Berliner Wasserhaushaltes unter den Bedingungen des globalen Wandels.

Am Anfang steht die Schaffung der notwendigen Informationsbasis mit intensiver Stakeholder-Partizipation. Sie bildet die Voraussetzung für die Durchführung von integrierten Wirkungsanalysen zur Wasserverfügbarkeit und zur Gewässergüte, die in den nachfolgenden Beiträgen von Rachimow et al. 2005, Kapitel III-2.4.2 und Bergfeld et al. 2005, Kapitel III-2.4.3 dieses Bandes im Detail beschrieben werden. Aggregation und Integration der Ergebnisse bilden einen weiteren Komplex, der schließlich durch multikriterielle Analysen (MKA) abgeschlossen wird. Den dritten Komplex bilden Komplexanalysen zur Kompromissfindung auf der Grundlage von (subjektiven) Bewertungen durch die Stakeholder.

Neben Menge und Güte war in Gestalt ökonomischer Bewertungen der jeweils zu vergleichenden Problemlösungen stets eine weitere Komponente im Blickfeld, deren Ergebnisse demnächst zur Veröffentlichungsreife gebracht und dann dokumentiert werden.

STA: Stakeholder – Partizipation

Die wasserwirtschaftlichen Probleme im Ballungsraum Berlin erwachsen aus den vielfältigen Nutzungen und entsprechenden Entscheidungszwängen für einen sehr begrenzten aber dicht besiedelten Raum. Zur Erfassung der Problemlage wurden folgende 9 Interessengruppen und Institutionen bzw. deren Stakeholder zur Partizipation einbezogen:

Stadtentwicklung, Umweltpolitik, Gesundheitsbehörden, Wasserversorger, Stromversorger, Schifffahrt, Umweltschützer, Badegäste, Fischer/Angler.

Eine erste Runde von Stakeholderkonsultationen in betroffenen Administrationen, Institutionen und Interessenverbänden diente im Wesentlichen zwei Zielen:

- Erfassung und Berücksichtigung der fachlichen Spezialkenntnisse
- Klärung der jeweiligen Interessenlage und, im Falle von Institutionen, auch der Kompetenzen und Handlungsspielräume und damit der praktischen Umsetzbarkeit möglicher Handlungsoptionen.

Dabei ergab sich folgende Problemlage:

Bezüglich der Trinkwasserbereitstellung ist die Großstadt Berlin Selbstversorger. Dabei werden 75% des Rohwassers aus dem Uferfiltrat und der Grundwasseranreicherung gewonnen und 25% aus dem Grundwasser selbst. Neben der Trinkwassergewinnung erfordern auch die intensive Nutzung der Seenlandschaft als Fischerei- und Badegewässer sowie der ökologische Gewässerschutz eine ausreichende Wasserqualität. Diese wird aber durch die Einleitung des gereinigten Abwassers und des häufig ungereinigten Regenwassers in die gleichen Vorfluter beeinträchtigt. Darüber hinaus führt die Nutzung des Oberflächenwassers als Kühlwasser für die Kraftwerke zu einer erhöhten thermischen Belastung der Gewässer. Ungünstig wirken sich auch die durch die Stauhaltungen bedingten niedrigen Fließgeschwindigkeiten auf die Aufenthaltszeiten der Schadstoffe aus. Die geringen Gebietsniederschläge von 687 mm (Durchschnitt der Jahre 1951–1980) verdünnen das Oberflächenwasser nur unzureichend und verschärfen so die Güteprobleme noch. Die Berliner Spreezuflüsse Erpe, Wuhle und Nordgraben führen zeitweise bis zu 95% Abwasser aus den Klärwerken Münchehofe, Falkenberg und Schönerlinde. Bei Starkniederschlägen ist durch die diffusen Stoffeinträge über die Regenwassereinleitungen ein vermehrtes, im Falle von Überläufen aus der Mischwasserkanalisation sogar massenhaftes Fischsterben zu beobachten.

Ziel der Senatsverwaltung für Stadtentwicklung ist die durchgängige Erreichung der Gewässergüteklasse II in den rückgestauten planktondominierten Gewässern und Badegewässerqualität. Gegenwärtig dominiert die Güteklasse III in einem Schwankungsbereich von II bis IV. Haupthindernis ist die starke Eutrophierung der Gewässer durch die hohe Nährstoffbelastung. So beträgt der mittlere jährliche Phosphoreintrag 1992–1994 durch die Zuflüsse nach Berlin 265 t/a, durch alle Kläranlagen 112 t/a und durch die Misch- und Trennkanalisation 38 t/a. Diese Belastung führt z. B. im Zeuthener See zu einem mittleren Biomassenäquivalent Chlorophyll-a von 110 µg/l, was der Güteklasse III–IV entspricht.

Die diffusen Stoffeinträge über die Trenn- und Mischkanalisation sind mit ca. 75% und die Kläranlagen mit ca. 25% an der städtischen Bruttoemission beteiligt. Kläranlagen und das Regenentwässerungssystem sind auch beteiligt an einer erhöhten Saprobie durch den Eintrag stark O_2-zehrender Substanzen.

Im Abwasserbeseitigungsplan für Berlin wird gefordert:

- Reduzierung der diffusen Phosphoreinträge der Misch- und Trennkanalisation um 50% durch die Sanierung des Mischsystems, Entkoppelung von Einzugsgebieten, Versickerung von Regenwasser über die belebte Bodenzone und den Bau von zentralen Regenwasserreinigungsanlagen
- Reduzierung der Phosphoreinträge der Kläranlagen Berlins und Brandenburgs um je 90%.

Das geringe Wasserdargebot verschärft nicht nur das Güteproblem, auch mengenseitig muss die Wasserverfügbarkeit kritisch gesehen werden. Der geforderte Mindestabfluss von 8 m^3/s am Pegel Große Tränke, dem Zuflusspegel zum Berliner Gewässersystem, wurde für die Jahresreihe 1993–1997 im Mittel an 69 Tagen im Jahr unterschritten. Als Hauptursache sind die Sanierungsmaßnahmen in den Tagebaugebieten der Niederlausitz anzusehen. Wasser wird nicht nur für die Trinkwasserbereitstellung benötigt, auch die Forderungen von Schifffahrt und Fischerei können nur erfüllt werden, wenn die Wasserstände in den Stauhaltungen hinreichend hoch sind. Die Schifffahrt benötigt außerdem Schleusungswasser und die Kraftwerke Kühlwasser. Die Unterlieger des Landes Berlin sind an einem Abfluss der Spree interessiert, der den Mindestabfluss in der Unteren Havelwasserstraße gewährleisten hilft. So wurde der Mindestabfluss von 10 m^3/s am Pegel Ketzin (Havel) im Jahr 1998 an 24 Tagen erheblich unterschritten (Minimum: 2,6 m^3/s). Darüber hinaus ist durch Veränderungen in der Landnutzung im urbanen Großraum Berlin auch mit einem veränderten Beitrag des Gebietes zum Wasserdargebot zu rechnen.

MSZ: Masterszenarien als Präzisierung der Forschungsaufgabe

Aus der oben geschilderten Problemlage ergeben sich z. B. die folgenden Aufgabenstellungen.

MSZ 1: Gewährleistung von Wasserversorgungssicherheit und einer erwarteten Wasserqualität in Berlin unter den Bedingungen des globalen Wandels.

MSZ 2: Gewährleistung von Leichtigkeit und Sicherheit der Schifffahrt auf Unterer Spree und Havel unter Berücksichtigung der Anforderungen des Umweltschutzes.

Letztere wird im Zusammenhang mit der Entwicklung des Systems der Wasserstraßen der Region nahe gelegt, das von den Anforderungen der Schifffahrt und deren Umweltverträglichkeit bestimmt ist.

Wir beschränken uns im weiteren auf MSZ 1. Dabei bestehen wesentliche Parameter für die erwartete Wasserqualität in der Güteklasse II für die Fließgewässer und in der Badegewässerqualität wenigstens für die Strandbäder.

EXO: Komponenten des globalen Wandels als exogene Triebkräfte

Die exogenen Triebkräfte sind in diesem Teilprojekt vor allem durch den globalen Wandel bestimmt. Wir berücksichtigen davon die folgenden vier Komponenten (zusammen mit den Quellen für deren genauere Beschreibung):

- Regionale Klimaänderung nach *STAR*-Szenario (GERSTENGARBE und WERNER 2005, Kapitel II-1.3)
- Zuflussszenarien der Spree (*S0*–*S3*) für Klimawandel nach *STAR 100* und alternative Flutungsstrategien
- Urbanisierungstrends (STRÖBL et al. 2003)
- Liberalisierung von Märkten im Zusammenhang mit der Globalisierung.

Später sollen auch neue Sanitärtechnologien und Verhaltensänderungen mit berücksichtigt werden.

MOD: Der Modellfundus und seine Integration zum Gesamtmodell

Mit der inhaltlichen Bandbreite und Vielzahl der für Wirkungsanalysen anzuwendenden Modelle und ihrem ergebnisorientierten Zusammenwirken lässt sich der integrative Charakter des Projektes und der angewendeten Forschungsmethodik besonders anschaulich demonstrieren. In diesem Sinne beschreibt das Schema in Abb.1 nicht nur die konzeptuelle Verschmelzung derselben zu einem Gesamtmodell, sondern deutet auch schon die wichtigsten Pfade ihrer vernetzten Anwendungen für konkrete Problemlösungen an. Dabei sind repräsentiert:

- mathematische Modelle bzw. durch computergestützte Simulationen zu realisierende Teilpfade der Berechnungen (Ellipsen)
- Input-Output-Informationen für koppelnde Modellkaskaden (Rechtecke)
- wichtige Handlungsfelder für anthropogene Steuerungen (Quadrate)
- komplexe Indexvariablen als Grundlage für Bewertungskriterien (Kreise).

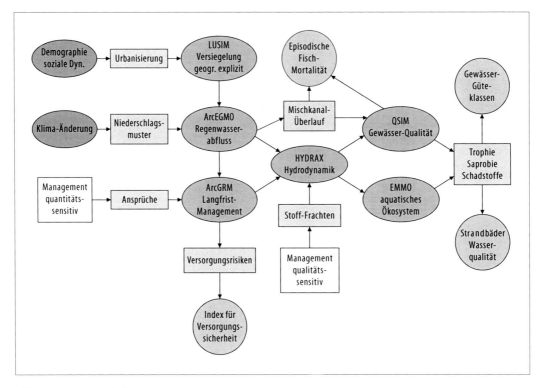

Abb.1: Gesamtmodell

Für eine Interpretation der Abläufe im dargestellten Schema beginnen wir links oben mit den exogenen Triebkräften *EXO*, insbesondere den hier berücksichtigten Komponenten des globalen Wandels:

Einerseits führen die im Kontext nicht beeinflussbaren demographischen und sozioökonomischen Entwicklungen zu einem bestimmten Zuwachs an Urbanisierung, der sich konkret in unterschiedlichen Formen von Flächenversiegelungen (Gebäude und Infrastruktur) manifestiert. Und das Modell LUSIM verortet dann diese als Trends vorliegenden Neuversiegelungen, d. h. es bestimmt unter Berücksichtigung aller dafür relevanten Rahmenbedingungen die explizit davon betroffenen Teilflächen des Untersuchungsgebietes. Dies bewirkt dann eine potenzielle Veränderung für den Abfluss von Regenwasser.

Andererseits ändern sich durch eine vorausgesetzte Klimaänderung die Niederschlagsmuster, -häufigkeiten und -intensitäten und damit die ortsspezifische Dynamik für das Regenwasseraufkommen selbst.

Das resultierende Wasserdargebot wird schließlich aus den oben genannten Eingangsinformationen über Niederschlag und Flächenbeschaffenheit durch das Modell ArcEGMO berechnet. Damit steht auch die Gesamtwassermenge fest, die auf die unterschiedlichen Nutzer gemäß ihren Ansprüchen verteilt werden kann.

Diese Ansprüche können durch sehr unterschiedliche menschliche Aktivitäten beeinflusst werden und sind insofern von den zu definierenden und zu vergleichenden Handlungsstrategien, den Alternativen *ALT,* abhängig.

Die Verteilung selbst wird dann durch das Modell WBalMo abgebildet, das schließlich die Wahrscheinlichkeiten für die Befriedigung dieser Ansprüche berechnet.

Daraus leiten wir einen aggregierten Index zur Risikoabschätzung ab und erhalten damit die Möglichkeit für eine numerische Bewertung der Versorgungssicherheit in Form eines integrierenden Bewertungskriteriums *KRI*.

Aus dem Wasserdargebot und seiner räumlichen wie zeitlichen Verteilung lässt sich nun in Abhängigkeit der geometrischen bzw. geographischen Verhältnisse die Hydraulik der betroffenen Flussläufe Spree und Havel berechnen. Dies übernimmt im Berlin-Projekt das hydrodynamische Modell HYDRAX.

Es bildet auch die Grundlage für die Berechnung von prinzipiell allen Stofffrachten, die an den Fluss des Wassers gebunden sind. Die Frachten wiederum sind zum überwiegenden Teil Ergebnis menschlicher Einflüsse und sind somit auch durch entsprechende Maßnahmen steuerbar. Die zu betrachtenden Steuerungsaktivitäten werden sowohl qualitativ als auch quantitativ mit den zu vergleichenden Alternativen *ALT* festgelegt.

Für die Berechnung von Frachten und Konzentrationen bzw. damit im Zusammenhang stehenden Gewässerqualitätsparametern werden das Gewässergütemodell QSIM und das aquatische Ökosystemmodell EMMO eingesetzt.

Aus einer Vielzahl von Qualitätsparametern zu Trophie, Wasserbeschaffenheit und Nährstoffbelastung wird ein allgemeiner Gewässergüteindex abgeleitet, der die Grundlage für ein integrierendes Bewertungskriterium *KRI* bildet.

Ein weiteres Kriterium beschreibt und bewertet die spezifische Wasserqualität für Strandbäder an dafür ausgewiesenen Flussabschnitten.

Das episodische Fischsterben ist ein besonderes Phänomen urbaner Regionen. Es tritt nach Starkregenfällen auf, in deren Folge es zum Überlauf von Mischwasserkanälen und damit zu starken temporären Belastungsschüben für die Fließgewässer kommt. Dies bewirkt häufig eine starke Sauerstoffzehrung und zieht schließlich akuten Sauerstoffmangel im Gewässer nach sich, der dann in der Regel zu massenhaftem Fischsterben führt. Die Bewertung von Häufigkeit und Intensität dieser Erscheinung ist ein sehr suggestives Kriterium für den Zustand des Wasserhaushaltes einer urbanen Region, das ökologische, ökonomische und soziale Komponenten miteinander verbindet.

Mit den Wirkungsanalysen zu ausgewählten Alternativen *ALT* und Triebkraftkonstellationen *EXO* und den integrierenden Bewertungskriterien *KRI* ist schließlich eine Informationsbasis erarbeitet, auf deren Grundlage die Optimierung mit Hilfe multikriterieller Analysen durch die Anwendung des Systems NAIADE durchgeführt werden kann.

IND und IDX: Indikatoren und Indexvariablen als Bewertungskategorien

Der Zusammenhang zwischen Einzel-Indikatoren, aggregierten Indexvariablen und den eigentlichen Bewertungskriterien ist in Abbildung 2 dargestellt. Hier wurden die in Abbildung 1 zum Gesamtmodell verknüpften, erprobten Modelle aus diesem Verbund gelöst und in einen anderen Kontext gestellt – den der Bewertung.

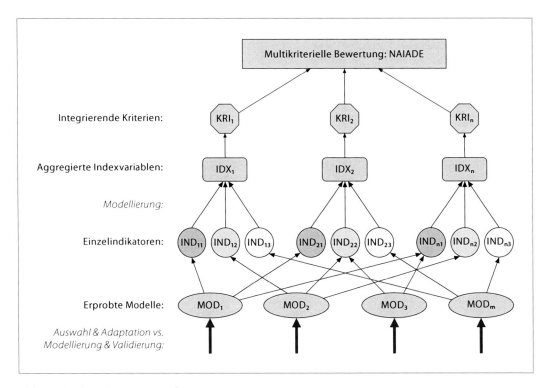

Abb. 2: Struktur der Bewertungskategorien

Er soll zunächst darstellen, welche Modelle zur Realisierung welcher der Bewertungskriterien beitragen können, auf die man sich mit den Stakeholdern *STA* verständigt hat. Dies führt dann zu den dort dargestellten Kreuz- und Quer-Verbindungen von Modellen mit bestimmten Einzel-Indikatoren, weil ein Modell gewöhnlich mehrere Indikatoren liefert, die auch zu verschiedenen Kriterien beitragen können. Es ist sogar der Idealfall, dass ein Kriterium integrierend im Sinne von Nachhaltigkeit wirksam wird, d. h. ökologische, ökonomische und soziale Indikatoren gemeinsam repräsentiert. Deshalb sind die Einzel-Indikatoren in Abbildung 2 durch drei verschiedene Grautöne unterschieden. Des Weiteren ist angedeutet, dass ein Modell eher die ökologischen, ein anderes aber eher die ökonomischen oder sozialen Aspekte reflektieren kann. Der Übergang von den Indikatoren zu den Indexvariablen erfordert also eine spezifische Aggregation und Integration, die auf der Grundlage notwendiger Systemanalysen modelliert wird.

Bei den bisher verfügbaren Bewertungsverfahren gab es ein gravierendes Problem, das für die Unbestimmtheit und mangelnde Interpretierbarkeit der mit ihrer Hilfe erzielten Ergebnisse verantwortlich gemacht werden muss:

Die berücksichtigten Einzelindikatoren wurden unabhängig von ihren kausalen Zusammenhängen als isolierte Größen betrachtet.

Dieser Mangel an Systemanalyse betrifft vor allem die Aufstellung von Indikatormatrizen für die klassischen Verfahren (ELECTRE, PROMETHEE, etc.), erst recht aber die sog. Hassediagramme (WEIGERT und STEINBERG 2001), bei denen sich die Indikatoren darüber hinaus nur gleichsinnig ändern dürfen, antagonistische Kriterien wie Ökonomie vs. Ökologie also ausschließen.

Gewöhnlich versucht man wenigstens die Bedeutung der Indikatoren durch Vergabe von abgestuften Gewichtszahlen zu berücksichtigen. Diese Gewichte sind aber in der Regel nichts anderes als Ausdruck subjektiver Meinungen und tragen zur Klärung meist wenig bei. Oft entbrennt gerade dort ein Streit weil auch Interessen im Spiel sind, die eigentlich Gegenstand einer Konfliktanalyse sein sollten und dort auch geeignete Darstellungsmöglichkeiten vorfinden (siehe Equitymatrix). Die zu erarbeitende Entscheidungshilfe vermittelt die vorhandenen Entscheidungsspielräume nur dann vollständig und klar genug, wenn man Optimierung und Konfliktanalyse sowie ihre Ergebnisse strikt voneinander trennt. Das Problem der Gewichtung ist hier gegenstandslos geworden, weil eine quantitative Modellierung des Systemzusammenhanges von Indikatoren natürlich auch deren Gewicht mit abbildet. Besonders deutlich wird dies dadurch, dass jeder Einzelindikator auf unterschiedliche Weise in mehrere Indexvariablen eingehen kann – eine Form von Redundanz, die hier gar nicht unerwünscht ist, sondern gerade die Lösung des Problems „Gewichtung" bedeutet.

Dies ermöglicht eine wesentlich differenziertere und auch besser verifizierte Bewertung als es durch die Betrachtung isolierter Merkmale mittels Hasse-Diagramm-Technik oder kaum sinnvoll kalibrierbarer Gewichtsparameter im PROMETHEE-Verfahren möglich ist.

Durch die Einführung der beiden Hierarchieebenen für Indikatoren und den Übergang von *IND* nach *IDX* durch Systemanalyse und Modellierung der kausalen Abhängigkeiten zwischen den Einzelindikatoren (siehe Abbildung 2) können diese Probleme gelöst werden.

Tab. 1: Basis für die Bewertung zum Berliner Wasserhaushalt

Indexvariable	Verarbeitete Einzel-Indikatoren
Versorgungssicherheit	Überschreitungswahrscheinlichkeiten für: Pegelabhängiger Mindestabfluss und Bedarf für Kraft-Werke, Wasser-Werke, Schleusung
Gewässergüteindex	LAWA-Kenngrößen für Stoffhaushalt und Trophie
Badegewässerqualität	Gesamtphosphor, Chlorophyll-a, Sichttiefe, Blaualgenrate, Pathogene Keime, Badefrequenz
Episodisches Fischsterben	O_2-Zehrung, pH-Wert, Ammoniak – durch Schmutzfrachten nach Kanalüberläufen
Stadtklima	Temperatur-, Luftfeuchte- und Windverteilung im urbanen Raum
Kosten-Nutzen-Bilanz	Gesamtkosten vs. Gesamtnutzen von Alternativen Handlungsstrategien

Die Definition der Bewertungskriterien selbst, die dann schließlich als Zeilen in die NAIADE-Wirkungsmatrix eingehen werden, erfolgt in der Regel über Schwellenwerte und Normierungen, die den herrschenden Gesetzen bzw. Normen und dem gegenwärtigen Wissensstand über Dosis-Wirkungsbeziehungen Rechnung tragen. Der Wert, der schließlich als Matrixelement verwendet wird, beschreibt den Abstand zum vorgegebenen Schwellenwert nach Implementierung der betreffenden Alternative so, dass vorher zu vereinbarende „optimale" Werte der 1 und das Erreichen des Schwellenwertes der 0 entsprechen (siehe Abschnitt „Index für Badegewässerqualität").

Die Tabelle 1 enthält eine Liste der konzipierten und zum größten Teil auch modellierten Indexvariablen sowie die dabei berücksichtigten Einzel-Indikatoren.

ALT: Ableitung Alternativer Handlungsstrategien

Die Stakeholder-Konsultationen legten nahe, sich für die Definitionen von Alternativen *ALT* auf folgende sechs Handlungsfelder *HFD* zu konzentrieren:

Senatswasserpolitik – *WP*,
Kläranlagenleistung – *KAL*,
Regenwasserbewirtschaftung – *RWB*,
Energie- und Wasserpolitik – *EP*,
Flussregulierung – *FR*,
Umweltschutz – *UMW*.

Für jedes Handlungsfeld unterscheiden wir als Intensitätsstufen steuernder Eingriffe eine Handlungsoption *business as usual* (*WP0*, …, *FR0*) und *moderate Aktionen* (*WP1 … FR1*), sowie zwei *intensivere Optionen KAL2, UMW2* zugunsten von größerer Nachhaltigkeit. Die Handlungsoption *FR1* entspricht dem Zuflussszenario *S1* (siehe unten) aus dem MSZ *Obere Spree*.

Tab. 2: Die vier grundlegenden Handlungsalternativen des MSZ *Berlin*

ALTi		Inhalt
ALT 1	Bas	$BASIS_{Bln}$ kaum Veränderung des Wasserverbrauchs bis 2050; volle Ausnutzung der Kläranlagen, die in den Teltowkanal einleiten; Verringerung der Trinkwasserentnahmen aus dem Havel EZG zugunsten des Spree EZG oberhalb Dahmezufluss bzw. Panke
ALT 2	EP	Energie- und Wasserpolitik Einführung wassersparender Maßnahmen und Technologien, wie Stilllegung oder reduzierte Kapazitäten von Wasserwerken, Kläranlagen und Heizkraftwerken; Herabsetzung um ein Drittel aller Leistungen der Berliner Wasser- und Klärwerke; Rückgang des Verbrauchs von Kühlwasser der Heizkraftwerke; sinkender Energieverbrauch; Liberalisierung des Energiemarktes
ALT 3	UM1	Umverteilung: Einleitung von Klarwasser in die Spree nach Einsatz von Mikrofiltertechnologie; Erhöhung des Durchflusses in der Spree in den Monaten April–September um ca. 2 m³/s unterhalb der Stauhaltung Mühlendamm/Kleinmachnow und in der Unterhavel bis zur Mündung des Teltowkanals in der Periode 2003–2022; Abschaltung der Kläranlage Ruhleben ab 2023; Phosphorelimination in den Kläranlagen Münchehofe, Wassmannsdorf und Ruhleben
ALT 4	UM2 (bis 2022)	*UM1* ergänzt durch zusätzliche Maßnahmen zur Wasserreinigung an den Kläranlagen Ruhleben und Stahnsdorf (Membranfilter-Filter, UVC-Reinigungsstufe)

Aus der kombinatorischen Vielfalt wählen wir vier interessante Alternativen (ALT 1 bis ALT 4) zum Vergleich aus, die sich mit Hilfe der oben eingeführten Terminologie als Bündel von Handlungsoptionen aus den 6 Handlungsfeldern folgendermaßen beschreiben lassen:

ALT 1 – *WP 0, KAL 0, RWB 0, EP 0, FR 0, UMW 0*
ALT 2 – *WP 1, KAL 0, RWB 1, EP 1, FR 0, UMW 0*
ALT 3 – *WP 1, KAL 0, RWB 1, EP 0, FR 0, UMW 2*
ALT 4 – *WP 1, KAL 2, RWB 1, EP 0, FR 0, UMW 2*

Nach der im folgenden Beitrag (RACHIMOW et al. 2005, Kapitel III-2.4.2) dieses Bandes benutzten Terminologie (vgl. Tabelle 2) entsprechen ALT 1 und ALT 2 den dortigen Handlungsalternativen *Bas* und *EP* sowie ALT 3 und ALT 4 *UM1* und *UM2*. *UM1* und *UM2* sind identisch nach 2022, wenn die Maßnahmen von *UM2* durch *UM1* überflüssig werden (*UM1* = *UM2* = *UM*). Eine nochmalige zusammenfassende Beschreibung der Handlungsalternativen kann Tabelle 2 entnommen werden.

ESZ: Bildung von Entwicklungsszenarien

Tab. 3: Entwicklungsszenarien (ESZ) des MSZ *Berlin* mit den Komponenten Handlungsalternativen (ALT) und exogenen Triebkräften (EXO).

Nr.	ESZ	ALT	EXO Qzu^1	Klima
1	*Bas S0 wandel*	Bas	S0	wandel[2]
2	*EP S0 wandel*	EP	S0	wandel
3	*UM1 S0 wandel*	UM1	S0	wandel
4	*UM2 S0 wandel*	UM2	S0	wandel
5	*Bas S1 wandel*	Bas	S1	wandel
6	*EP S1 wandel*	EP	S1	wandel
7	*UM1 S1 wandel*	UM1	S1	wandel
8	*UM2 S1 wandel*	UM2	S1	wandel
9	*Bas S2 wandel*	Bas	S2	wandel
10	*EP S2 wandel*	EP	S2	wandel
11	*UM1 S2 wandel*	UM1	S2	wandel
12	*UM2 S2 wandel*	UM2	S2	wandel
13	*Bas S3 wandel*	Bas	S3	wandel
14	*EP S3 wandel*	EP	S3	wandel
15	*UM1 S3 wandel*	UM1	S3	wandel
16	*UM2 S3 wandel*	UM2	S3	wandel

[1] Qzu – Berlin, Zufluss nach MSZ *Obere Spree*, [2] Die Beschränkung der „*wandel*"-Szenarien auf die Realisierung 32 des *STAR 100*-Szenarios wird durch „*wandel_32*" verdeutlicht.

Die Wirksamkeit der vier Handlungsalternativen wird für unterschiedliche exogene Triebkraftkonstellationen untersucht. Neben dem Klimawandel nach *STAR 100* werden vier Szenarien für den Spree-Zufluss nach Berlin aus dem MSZ *Obere Spree* berücksichtigt: *S0-Basis$_{os}$ wandel, S1-OderBln wandel, S2-Flutung wandel* und *S3-RedFl wandel*. Das Zuflussszenario *S1* entspricht der Berliner Handlungsoption *FR1*. Diese Handlungsoption wird den exogenen Triebkräften zugeordnet, da im MSZ *Obere Spree* bereits eine Vorfestlegung erfolgte. Durch Kombination der ALT1–ALT4 (*Bas, EP, UM1* und *UM2*) mit den Zuflussszenarien *S0–S3* ergeben sich 4 × 4 Entwicklungsszenarien für die Kombination von exogenen Prozessen (EXO) und regionalen Handlungsalternativen bei Klimawandel

(Tabelle 3). Von den 16 Entwicklungsszenarien entfallen alle Kombinationen mit *UM2* bei vergleichenden Analysen nach 2022, da *UM2* dann Bestandteil der Strategie *UM1* wird. Idealerweise wären alle 16 bzw. 12 Entwicklungsszenarien bezüglich ihrer Auswirkungen auf Versorgungssicherheit und Gewässerqualität untersucht worden. Entsprechende Simulationsergebnisse lagen jedoch nur für die Versorgungssicherheit vor. Analoge Ergebnisse zur Gewässergüte waren auf die ersten fünf ESZ (Tabelle 3) beschränkt.

Die Szenarienuntersuchungen zur Gewässergüte der Seen (EMMO) und des Berliner Gewässernetzes (QSim) waren außerdem begrenzt auf die Realisierung 32 (*STAR_32*) des Klimaszenarios *STAR 100* (siehe GERSTENGARBE 2005, Kapitel II-1.3), weil der Umfang dieser Rechnungen die Berücksichtigung der Vielfalt von 100 Klimarealisierungen nicht gestattete.

TIV: Untersuchungszeiträume

Die Szenarienvergleiche konzentrierten sich auf die Pentade 1 (2003–2007) und Pentade 10 (2048–2052) des Szenarienzeitraumes.

Aggregation der Einzelergebnisse und multikriterielle Analysen

Die Ergebnisse der modellgestützten Wirkungsanalysen werden in den Beiträgen von RACHIMOW et al. 2005, Kapitel III-2.4.2 und BERGFELD et al. 2005, Kapitel III-2.4.3 dieses Bandes beschrieben. Nach einem Exkurs zum eingesetzten Softwaresystem NAIADE (MUNDA 1995) folgen einige Beispiele für die Aggregation der Ergebnisse und multikriterielle Analysen (MKA).

Exkurs 1: MKA mit NAIADE am einfachen Beispiel

Die einfachste Wirkungsmatrix besteht aus Bewertungen für 2 Alternativen *a,b* (z. B. *business as usual* vs. Modernisierung) nach je 2 Kriterien *p,q* (z. B. Kosten-Nutzen-Bilanz vs. Umweltfolgen):

f_{ap} f_{bp} 0,736   0,389

f_{aq} f_{bq} 0,537   0,821

Die linke Matrix repräsentiert eine fuzzy-linguistische Bewertung f_{ij} für die Matrixelemente, die rechte den Spezialfall einer numerisch expliziten Bewertung.

Die multikriterielle Analyse benutzt diese Informationen für folgende Schritte:

► Berechnung der semantischen Distanz S zwischen Alternativen – im Beispiel *a* und *b*: S_p und S_q – durch Doppelintegrale der Form:

$S_p = S(f_{ap}, f_{bp}) = \iint |x - y| f_{ap}(x) f_{bp}(y) \, dxdy$, integriert über die Definitionsbereiche $X, Y < R^1$ der beiden Fuzzy-Funktionen.

Sind X, Y disjunkt, so ist $S_p = |E(x) - E(y)|$, die absolute Differenz der Erwartungswerte von f_{ap} und f_{bp}; im numerischen Fall unseres Beispiels einfach:

$S_p = |x - y| = 0,347$; $S_q = 0,284$.

Sind X, Y nicht disjunkt, so ist S größer als die Differenz der Erwartungswerte und das Integral in der Regel nicht mehr analytisch lösbar. NAIADE wendet dann ein Monte-Carlo-Näherungsverfahren an.

► Berechnung von 6 FUZZY-Relationen

(μ_i, $i = 1 \ldots 6$) für alle Distanzen (hier S_p und S_q) mit folgenden Bedeutungen:

μ_1 – viel besser, μ_2 – besser, μ_3 – annähernd gleich, μ_4 – gleich, μ_5 – schlechter, μ_6 – viel schlechter.

Dazu dienen 6 S-förmige Funktionen (Sigmoiden), die durch je einen Parameter c_i (den sog. cross-over x-Wert mit $\mu(c_i) = 0{,}5$) kalibriert werden, wobei zu beachten ist, dass $c_1, c_6 > c_2, c_5 > c_3 > c_4$ sein muss.

Wir wählen im Beispiel: (0,8; 0,6; 0,4; 0,2; 0,6; 0,8) und erhalten

$\mu^*(p)$: (0,0976; 0,2506; 0,5481; 0,1241; 0; 0),
$\mu^*(q)$: (0; 0; 0,6113; 0,2472; 0,183; 0,0544).

▸ Aggregation der μ^* durch eine modifizierte Mittelwertbildung (Anwendung eines Parameters a – als Mindestforderung an jede Fuzzy-Beziehung) über alle Kriterien – hier p,q mit

$a = 0{,}2$. Das ergibt für das (hier einzige) Alternativen-Paar (a,b):

μ^* : (0; 0,2020; 1; 0,3834; 0; 0).

Dazu wird als Grad der Fuzziness ein Entropie-Maß H^* berechnet (GUPTA et al. 1977)
H^*: (0; 0,4061; 0,9786; 0,4034; 0; 0)

▸ Bewertung von drei finalen Fuzzy-Relationen (als Wahrheitsgrade):

w_1: a besser b; w_2: a und b indifferent; w_3: a schlechter b; als Funktionen von μ_i und $C_i = 1 - H_i$, $i = 1 \ldots 6$. Danach Transformation der Werte in eine bestimmte Rampenfunktion zwischen 0 und 1, hier mit dem Ergebnis: $(w_1\ w_2\ w_3) = (0; 0{,}5208; 0)$

▸ Bildung der Rangfolgen wie bei anderen Verfahren (BRANS et al. 1986). Für das einfache Beispiel ergibt sich:

$F^+(a) = 0{,}1268$; $F^-(a) = 0$;
$F^+(b) = 0, F^-(b) = 0{,}1268$,
so dass a den höheren Rang gegenüber b erhält.

Index für Badegewässerqualität im Müggelsee

Die Gewässerqualität in Strandbädern der Berliner Gewässer eignet sich besonders gut für eine integrierende Bewertung, weil neben dem Gewässerzustand selbst auch wirtschaftliche und soziale Aspekte einbezogen werden können und müssen.

Die betroffenen Badestellen werden insbesondere während der Saison regelmäßig überwacht. Der normative Rahmen der Überwachung wird im Wesentlichen durch die EU-Badegewässerverordnung (Richtlinie des Rates 1991) festgelegt, die gegenwärtig eine Novellierung erfährt. Die Berücksichtigung der dort vorgeschriebenen Schwellen- bzw. Grenzwerte zur Vermeidung gesundheitlicher Risiken können direkt für eine Kalibrierung entsprechender Bewertungsfunktionen herangezogen werden. Insbesondere trifft dies auf die G-Werte (guiding) und I-Werte (imperative) für bestimmte Zustandsgrößen zu, auf deren Grundlage Warnungen oder Badeverbote auszusprechen sind.

Für den ökologischen Zustand sind die Sichttiefe (ST), die Gesamtphosphorkonzentration (TP) und die Algenbiomasse (A) bzw. der Gehalt an Chlorophyll-a (CHLa) besonders mit ihrem Blaualgenanteil (BA) von Bedeutung.

Gesundheitsrisiken gehen in erster Linie von Krankheitskeimen und Blaualgentoxinen (MC) aus, wobei nach EU-Verordnung vor allem auf Escherichia coli (EC) und coliforme Bakterien (CB) zu achten ist.

Die ökonomische Dimension läßt sich gut durch das Verhältnis von aktueller zu potenzieller Badefrequenz je Badestelle beschreiben.

In der Literatur (Empfehlungen 1997; FROMME et al. 2000) findet man u.a. folgende Schwellenwerte für den Eintritt in den kritischen Bereich:

TP > 40 µg/l; ST < 1 m; CHLa > 60 µg/l; MC > 10 µg/l.

Die EU-Richtlinie legt die G-Werte für Keime so fest:

EC = 100; CB = 500 Keime je 100 ml.

Die entsprechenden I-Werte liegen bei:

EC = 2000; CB = 10.000 Keime je 100 ml.

Das Umweltbundesamtes (UBA) empfiehlt folgendes hierarchisches Schema zur Entscheidung über Warnungen oder Verbote im Hinblick auf Cyanotoxine:

1. Monatliche Messung von *TP*.
2. Wenn dabei *TP > 40 µg/l*, so halbmonatliche Messung von *CHLa*.
3. Wenn *CHLa > 40 µg/l*, so Prüfung, ob *BA* dominieren
4. Wenn *BA* dominant, wöchentliche mikroskopische Untersuchungen und → Warnung ausgeben
5. Wenn *CHLa > 150 µg/l*, so detailliertere Untersuchungen und ggf. → Badeverbot verhängen

Aus diesen Informationen haben wir eine analytische Funktion für einen stufenlosen Index entwickelt, der aus drei wesentlichen Termen besteht. Diese gehen (zunächst) additiv und gleichgewichtig in den Gesamtindex ein:

$BQ = (1 - BQ_1)/3 + (1 - BQ_2)/3 + (1 - BQ_3)/3$

Durch Normierung soll gelten $0 < BQ < 1$, d.h. $BQ = 0$ bzw. $BQ_i = 1$ für $i = 1, 2, 3$ entspricht einem Badeverbot.

Trophischer Term (Algenbiomasse): $BQ_1 = CHLa/150$ (CHLa in µg/l),

wobei der *CHLa*-Grenzwert zum Badeverbot von *CHLa = 150 µg/l* als obere Grenze eingesetzt wird, so dass BQ_1 dort den Wert *1* erreicht.

Toxischer Term (Blaualgentoxin): $BQ_2 = 0{,}113 \cdot BA$ (BA in mg/l),

wobei die obere Grenze ($BQ_2 = 1$) einem Microcystingehalt von *100 µg/l* entspricht. Die dem wiederum entsprechende maximale Konzentration für die Blaualgenbiomasse (BA_{max}) enthält ca. 1% zellgebundenes Microcystin *MC*, berechnet sich somit zu

$BA_{max} = 10\,mg/l$ und $1/BA_{max} = 0{,}1$.

Der Grenzwert von *100 µg/l* wird aber schon früher erreicht, weil dazu noch ein Anteil von im Wasser gelöstem Microcystin berücksichtigt werden muß, das von bereits abgestorbenen Blaualgen stammt. Nach Messungen (FROMME et al. 2000) schwankt der Anteil des gelösten MC zwischen 0,3 und 12% des zellgebundenen. Wenn wir auch hier die obere Grenze von 12% veranschlagen, d.h. von *88* statt von *100 µg/l* Grenzkonzentration ausgehen, erhalten wir als Faktor für das zu bewertende aktuelle BA den Faktor *0,113* statt *0,1*. Somit ist der Faktor *0,088* eher ein Schätzwert für die richtige Größenordnung als eine exakte Berechnung.

Pathogener Term (Coliforme Bakterien): $BQ_3 = log(EC)/4$,

wobei mit dem I-Wert von *10.000* Keimen je *100 ml* $BQ_3 = 1$ erreicht wird.

Wo die Anzahl der Keime nicht ermittelt werden kann benutzen wir als reduziertes Kriterium:

$QB = (1 - BQ1)/2 + (1 - BQ2)/2.$

Die Badegewässerqualität QB_k wird für jede Badestelle k berechnet, die bei der Bewertung berücksichtigt werden soll bzw. kann. Zu einer Gesamtbewertung BQ, die dann auch wirtschaftliche Gesichtspunkte einbezieht, kommt man, indem man die einzelnen ortsspezifischen Bewertungen QB_k durch ihre potenzielle Badefrequenz b_k (wie viele zahlende Personen je Zeiteinheit nutzen die Badestelle im Mittel) wichtet und anschließend addiert. Sei $b = \Sigma b_k$ die Gesamtbadefrequenz, dann ist:

$QB = (\Sigma b_k \cdot QB_k)/b.$

Wir beschränken uns hier auf den trophischen und den toxischen Term, solange für den pathogenen Term die Datenbasis noch fehlt.

Abbildung 3 vergleicht die Indexdynamik in der Badesaison des mittleren Jahres der Pentade 10 (2048–2052) für die Zuflussszenarien **S0** (*Basis$_{os}$* **wandel**[32]), **S1** (*OderBln* **wandel**[32]) und **S2** (*Flutung* **wandel**[32]).

Von den zahlreichen Möglichkeiten zur normierten zeitlichen und räumlichen Integration wählen wir das Verhältnis des Integrals unter der Index-Kurve zur gesamten Rechteckfläche. Die Ergebnisse können dann für alle Alternativen als Elemente in die Wirkungsmatrix eingetragen werden.

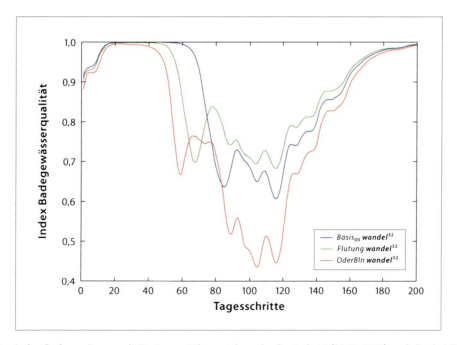

Abb. 3: Index Badegewässerqualität eines mittleren Jahres der Pentade 10 (2048–2052) und die drei Zuflussszenarien *Basis$_{os}$* **wandel**[32], *Flutung* **wandel**[32] und *OderBln* **wandel**[32]

MKA Versorgungssicherheit in der Periode 10 (2048–2052)

Für die Wasserversorgungssicherheit von Berlin studieren wir die Über- bzw. Unterschreitungswahrscheinlichkeiten für einen orts- oder pegelabhängig vorgegebenen Mindestabfluss, den Bedarf an Kühlwasser von (Heiz-)Kraftwerken (KW), den Bedarf von Wasserwerken (WW) für die Trinkwassergewinnung und den Bedarf für Schleusungsvorgänge.

Die folgende Aggregation zur Versorgungssicherheit zum ökologischen Mindestdurchfluss (VA = VS-Index Mindestabfluss) dient als Beispiel.

Betrachtet werden die Durchflüsse an den 5 Pegeln:

Sophienwerder: 8 m^3/s
Kleinmachnow: 6 m^3/s
Mühlendamm: 6 m^3/s
Spandau: 6 m^3/s
Unterschleuse: 3 m^3/s.

Den Pegeln sind ihre geforderten Mindestdurchflüsse zugeordnet.

Der Simulationszeitraum 2003 – 2052 wird in 10 Pentaden aufgeteilt.

WBalMo berechnet zu den unterschiedlichen Wasserdargeboten der Entwicklungsszenarien an jedem Pegel *p (p = 1 ... 5)* für jede Pentade *i (i = 1 ... 10)* einen für diese Pentade typischen Jahresgang für die Unterschreitungswahrscheinlichkeit der geforderten Mindestdurchflüsse.

Die Jahresgänge sind Sequenzen von je 12 Monatswerten am Pegel *p*, die im ersten Aggregationsschritt zu Gesamtunterschreitungen pro Jahr integriert werden – jeweils stellvertretend für die ganze Pentade *i*.

Im Ergebnis erhalten wir mittlere Unterschreitungswahrscheinlichkeiten *W(p, i)*.

Die Wahrscheinlichkeiten der 5 Pegel werden anschließend für jede Pentade addiert, wobei der Wert für einen Pegel mit dem dazugehörenden Wert für den geforderten Mindestdurchfluss $Q_{min}(p)$ gewichtet wird:

Q = Σ Q_{min} (p), p = 1 ... 5

VA(i) = (Σ Q_{min} (p) · W (p, i)) / Q, p = 1 ... 5

Mit *VA(i)* erhält man ein Maß für die Versorgungssicherheit bzgl. geforderter Mindestabflüsse für den Zeitraum der Pentade *i*.

Um eine Aussage für die Zukunft machen zu können, kann als Kriterium für einen Vergleich alternativer Handlungsstrategien nun z. B. der Mittelwert über die 10 Pentaden verwendet werden:

VA = (Σ VA(i)) / 10, i = 1 ... 10.

Die vollständige Einhaltung aller Mindestdurchflüsse entspricht dem Wert VA = 1.

Für WW und KW sind die Methoden zur Aggregation analog.

Im ersten Beispiel für eine multikriterielle Analyse beschränken wir uns auf die drei Komponenten der Versorgungssicherheit (VS) Mindestabfluss, Wasserwerke und Kraftwerke als Kriterien und die Zuflussszenarien *S0* und *S1* (Tabelle 3). Die Berechnung der Indexvariablen ergeben nach räumlicher und zeitlicher Aggregation die in Abbildung 4 dargestellte Wirkungsmatrix.

Criteria \ Alternatives	BAS S0	EP S0	UM1 S0	BAS S1	EP S1	UM1 S1
VS-Index Mindestabfluß	0.805800	0.811200	0.794200	0.830200	0.839100	0.818600
VS-Index Wasserwerke	0.948400	0.966410	0.949700	0.972200	0.987300	0.975000
VS-Index Kraftwerke	0.754000	0.994900	0.737900	0.825200	0.994900	0.803400

Abb. 4: Wirkungsmatrix des Modellsystems NAIADE (Bildschirmausdruck) mit Indexwerten für die drei Komponenten der Versorgungssicherheit (VS) Mindestabfluss, Wasserwerke und Kraftwerke und sechs *wandel*-Szenarien (vgl. Tabelle 3)

Die multikriterielle Analyse ermittelt daraus das in Abbildung 5 dargestellte Ranking.

Das Ergebnis dieser Konstellation ist eindeutig: Alle Maßnahmen sind besser als *business as usual* und die moderaten Maßnahmen *EP* können empfohlen werden – einschließlich Oderwasserüberleitung. Die eher umweltpolitischen Maßnahmen wirken sich erwartungsgemäß negativ aus.

Diese Teilbewertungen werden nun auf das gesamte Spektrum der Zuflussszenarien *S0–S3* ausgedehnt (Abbildung 6), d. h. auch die Szenarien *S2 (Flutung)* und *S3 (Reduzierte Fließe)* werden mit einbezogen. Dies ergibt je drei neue ESZ: *Bas S2 wandel*, *EP S2 wandel* und *UM1 S2 wandel* zur Flutung von Tagebaurestlöchern und *Bas S3 wandel*, *EP S3 wandel* und *UM1 S3 wandel* zu den Reduzierten Fließen – eine kombinatorische Vielfalt von insgesamt 12 ESZ:

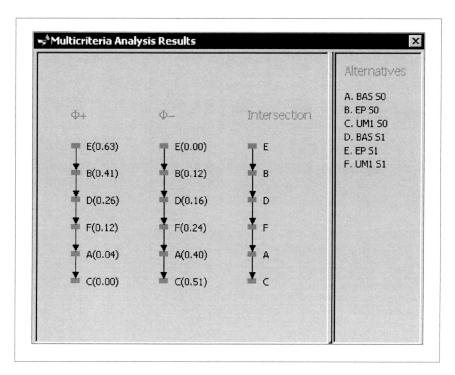

Abb. 5: NAIADE-Ranking (Bildschirmausdruck) der sechs *wandel*-Szenarien aus Abbildung 3 basierend auf den Alternativen *Bas*, *EP* und *UM1* und den Zuflussszenarien *S0* und *S1*

Criteria \ Alternatives	BAS S0 (10)	EP S0 (3)	UM1 S0 (11)	BAS S1 (5)	EP S1 (1)	UM1 S1 (6)	BAS S2 (7)	EP S2 (2)	UM1 S2 (8)	BAS S3 (9)	EP S3 (4)	UM1 S3 (12)
VS-Index Mindestabfluß	0.805800	0.811200	0.794200	0.830200	0.839100	0.818600	0.819300	0.827900	0.806700	0.805000	0.810500	0.793600
VS-Index Wasserwerke	0.948400	0.966410	0.949700	0.972200	0.987300	0.975000	0.960500	0.982700	0.961700	0.948000	0.966100	0.949300
VS-Index Kraftwerke	0.754000	0.994900	0.737900	0.825200	0.994900	0.803400	0.798500	0.996300	0.775300	0.761300	0.994100	0.734600

Abb. 6: Wirkungsmatrix des Modellsystems NAIADE (Bildschirmausdruck) mit Indexwerten für die drei Komponenten der Versorgungssicherheit (VS) Mindestabfluss, Wasserwerke und Kraftwerke und 12 *wandel*-Szenarien (vgl. Tabelle 3). Die Rangziffer der Szenarien befindet sich hinter den Kurzbezeichnungen der *wandel*-Szenarien

Zur in Abbildung 6 dargestellten Wirkungsmatrix ergab sich wiederum ein NAIADE-Ranking analog zu Abbildung 5. Die Platzziffern des Ranking sind in Abbildung 6 neben den Bezeichnungen für die *wandel*-Szenarien eingetragen.

MKA Versorgungssicherheit und Gewässergüte für Periode 1 und 10

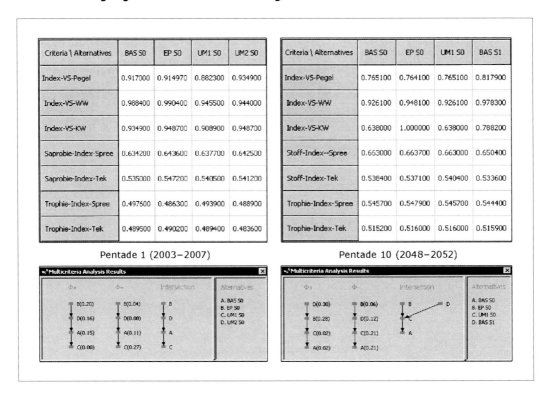

Abb. 7: Wirkungsmatrizen (Bildschirmausdruck) von 4 Entwicklungsszenarien (oben) und das zugehörige Szenarienranking (unten) für die Pentaden 1 und 10. Die Wirkungsmatrizen beinhalten Indexwerte für Versorgungssicherheit und Gewässergüte. Die Indexwerte basieren auf Simulationsergebnissen für *wandel*[32].

Die Vernünftigkeit der für *EP* definierten moderaten Steuerungsmaßnahmen wird im Ergebnis eindrucksvoll bestätigt, denn die ersten vier Plätze entsprechen genau den vier Gesamt-Spree-Varianten dieser Alternative. Die Oderwasser-Variante bleibt dabei noch knapp vor der Flutungsvariante. Und die anderen beiden Oderwasservarianten folgen unmittelbar danach. Bei den restlichen Varianten gilt *Flutung* vor *Basis*; die *Reduzierten Fließe* sind eher ambivalent.

Für den Gewässergüte-Index, auf dessen Ableitung mit Hilfe der Gewässergüteklassen und der zugehörigen Intervalle für die Konzentrationen von Chlorophyll-a, Sauerstoff, TOC, Nitrat, Nitrit, Ammonium, Gesamtphosphor und ortho-Phosphat (LAWA 2002) wir hier verzichten, gibt es die zwei Komponenten Trophie und Stoffhaushalt. Zu den Kriterien für Versorgungssicherheit treten hier diejenigen dieser beiden Komponenten jeweils für Spree und Teltowkanal, den beiden Hauptsträngen des Berliner Fließgewässernetzes.

Für die Pentade 10 (2048–2052) fallen die ESZ *UM1 S0 wandel*[32] und *UM2 S0 wandel*[32] zusammen, so dass nur drei verschiedene übrig bleiben. Als vierte Alternative kann hier aber *Bas S1 wandel*[32] (Oderwasserüberleitung) genutzt werden, so dass für die Pentaden 1 und 10 je vier Alternativen verglichen werden können (Abbildung 7)

Auch bei der gleichzeitigen Bewertung von Versorgungssicherheit und Güte für Pentade 1 ist die Alternative des moderaten Managements klar zu favorisieren. Erfreulicherweise hat sich aber nun *UM2 S0* weiter nach vorn geschoben. Die Umweltschutzoptionen sind also signifikant wirksam geworden.

Ein anderes Bild zeigen die Ergebnisse zu Pentade 10. Während *Fiplus* einer Optimierung entspricht und *Bas S1* als beste Lösung ausweist, bedeutet *Fiminus* eine Pessimierung und liefert die am wenigsten schlechte Lösung. Letztere macht also eher eine Aussage zugunsten von Katastrophenprävention, was die scheinbar sehr subtile Unterscheidung wesentlich bedeutsamer erscheinen lässt.

Jedenfalls sind nun die Umweltschutzmaßnahmen auch als Langzeitergebnis (Pentade 10) weiter nach oben gerückt. Und die Oderwasserüberleitung ist zumindest für die Sichtweise „Abwendung übelster Folgen" ganz oben angekommen – ein sehr anschauliches Resultat der Simulationen so komplexer Zusammenhänge.

Da nun die beiden Sequenzen für Optimierung und Pessimierung nicht nur quantitativ bzgl. der Skalierungen, sondern auch qualitativ bzgl. der Reihenfolge selbst nicht mehr übereinstimmen, kann ihre Überlagerung auch keine lineare Abfolge mehr sein, sondern ist eine Halbordnung in der oben angegebenen Form. Sie gibt ein suggestives und deshalb gut interpretierbares Bild der Verhältnisse zum Berliner Wasserhaushalt. Wir haben hier ein sehr einfaches Beispiel vor uns. Die Ergebnisse werden in diesem Sinne umso reicher sein, je anspruchsvoller wir das jeweilige Masterszenario über die zu vergleichenden Alternativen, die Bewertungskriterien und die einbezogenen Stakeholder gestalten. Zu Letzteren wollen wir im nächsten Kapitel nochmals zurückkehren.

EQA Equity-Analysen und Kompromisslösungen

a) Equity-Matrix

Für die ESZ 1–8 (Tabelle 3) wurden im Nachgang einer Ergebnispräsentation vor den Akteuren des MSZ **Berlin** die dort deutlich gewordenen subjektiven Bewertungen durch den Autor zu Gesamturteilen verdichtet. Die für 9 Interessengruppen bzw. Institutionen antizipierten Urteile können Abbildung 8 entnommen werden. Sie bildeten die Grundlage für eine Equity-Analyse unter Nutzung des Modellsystems NAIADE.

Groups \ Alternatives	BAS S0	EP S0	UM1 S0	UM2 S0	BAS S1	EP S1	UM1 S1	UM2 S1
Stadtentwickler	Bad	Good	Good	Very Good	Very Bad	Bad	Moderate	Moderate
Umweltpolitiker	Very Bad	More or Less Good	Very Good	Perfect	Very Bad	Bad	More or Less Bad	Good
Gesundh.behörden	Bad	More or Less Bad	Moderate	Good	Bad	Moderate	More or Less Good	Good
Wasserversorger	Moderate	Moderate	Moderate	Moderate	Very Good	Good	Good	Good
Stromversorger	More or Less Good	Moderate	Moderate	Moderate	Very Good	Very Good	Very Good	Very Good
Schiffahrt	Moderate	Bad	Bad	Bad	Very Good	Good	Good	Good
Umweltschützer	Very Bad	Bad	Good	Very Good	Extremely Bad	Very Bad	Moderate	Moderate
Badegäste	Bad	More or Less Bad	Moderate	Good	More or Less Bad	More or Less Bad	Good	Very Bad
Angler	Very Bad	Bad	Moderate	Moderate	Good	Good	Very Good	Very Good

Abb. 8: Equity-Matrix (Bildschirmausdruck) als Ergebnis einer Stakeholderbefragung zu den ALT *Bas, EP, UM1* und *UM2* bei Klimawandel und den Abflussszenarien *S0* und *S1*

Exkurs 2: Equity-Analyse mit NAIADE

Die als Matrix-Elemente (Stakeholder-Bewertungen) zu nutzenden linguistischen Variablen – *Perfect, Very Good, Good, More or Less Good, Moderate, More or Less Bad, Bad, Very Bad, Extremely Bad* – sind durch Fuzzy-Mengen innerhalb von $Q = ((x,y); 0 < x, y < 1)$ definiert. Die beiden Extreme (*Perfect, Extremely Bad*) dieser intrinsischen Skala entsprechen den Rändern mit $x = 1$ bzw. $x = 0$, während die Begrenzungskonturen über der x-Achse für alle anderen Mengen Normalverteilungs-dichten abbilden, die durch 2 oder 3 Parabel-Äste approximiert werden:

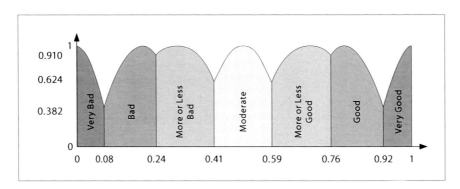

Abb. 9: Fuzzy-Definition der linguistischen Variablen für die Equity-Analyse in NAIADE

Dabei markieren *0; 0,08; 0,24; 0,41; 0,59; 0,76; 0,92; 1* die Punkte auf der x-Achse, ab denen sich zwei benachbarte Mengen überlappen.

Es werden auch hier für alle Alternativen $a = ESZ1 \ldots ESZ8$ semantische Distanzen $S_a(i,j)$ zwischen den Bewertungen durch die Interessengruppen i und j als Doppelintegral (siehe Exkurs 1) berechnet und zu Minkowski-Distanzen d_{ij} über alle $N = 8$ Alternativen aggregiert (p ist dabei ein in unterschiedlichen Szenarien manipulierbarer und variierbarer Parameter):

$$d_{ij} = \sqrt[p]{\sum_{a=1}^{N}(S_a(i,j))^p}$$

Daraus werden schließlich die Elemente s_{ij} einer symmetrischen 9 × 9-Dreiecksmatrix gebildet mit

$s_{ij} = 1/(1 + d_{ij})$.

Diese Matrix wird vom System zu einem skalierten Koalitionsdendrogramm verarbeitet, an dem der relative Grad von Konsens oder Dissens zwischen Interessengruppen ablesbar ist.

b) Auflösung von Interessenskonflikten

Die *Berliner Equity-Analyse* liefert zur obigen Equity-Matrix das in Abbildung 10 dargestellte Koalitionsdendrogramm.

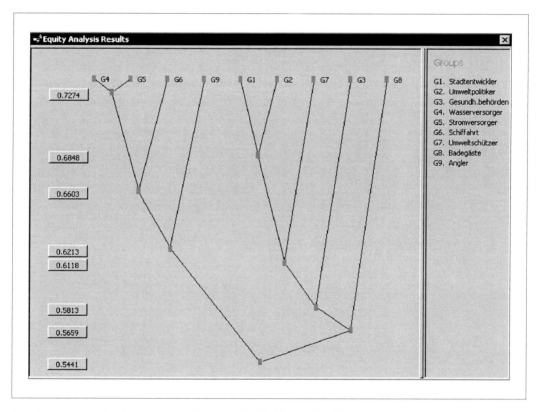

Abb. 10: Koalitionsdendrogramm zu Abbildung 8 (Bildschirmausdruck)

Die Verzweigungspunkte sind skaliert und markieren den Beginn von Divergenz. Im vorliegenden Falle herrschen schon ca. 55 % Übereinstimmung, während für den Rest (schrittweise) Kompromisse gefunden werden müssen. Dies wird erleichtert durch die abgebildete Struktur und durch die Möglichkeit zur iterativen Anwendung der Equity-Analyse. Nun kann folgender Algorithmus ablaufen:

► Zunächst wird nach Koalitionen gesucht, in denen sich die Interessengruppen nur noch wenig unterscheiden (hier die Wasser- und die Stromversorgung). Diese werden in Klausur

gebeten, um die nur geringen Unterschiede durch einen Verhandlungskompromiss in Form einer gemeinsamen Bewertung zu überbrücken.
► Diese gemeinsame Bewertung bildet jetzt eine Zeile der Matrix anstelle von zwei oder mehreren anderen Zeilen, die nun entfallen.
► Anschließend führen wir für die neue Matrix geringerer Dimension wieder eine computergestützte Equity-Analyse durch und erhalten ein neues Dendrogramm.

Diese drei Schritte werden iterativ (für die Koalitionen, die Koalitionen von Koalitionen usw.) so lange wiederholt, bis die Matrix schließlich nur noch aus einer Zeile besteht. Dieser Kompromiss entspricht somit ebenfalls einem Ranking.

Das *optimale Ranking* ist eine Lösung, die auf objektiven Informationen beruht und mit wissenschaftlich interdisziplinären Methoden erzielt wurde.

Das *Kompromiss-Ranking* repräsentiert eine Lösung, die auf subjektiven Informationen (Interessen und Vorlieben) beruht und mit transdisziplinären Methoden abgeleitet wurde.

Beide zusammen bilden die Quintessenz des Systemwissens, das zur Unterstützung von Entscheidungsprozessen eingesetzt werden kann. Ihr singulärer, handlicher Charakter ist erwünscht und beabsichtigt. Er soll aber nicht darüber hinwegtäuschen, dass die ganze Komplexität des studierten Systems auf dem Wege der Ableitung transparent gemacht wurde, dass bei Bedarf auf weitere Details innerhalb dieses geordneten Ablaufes jederzeit wieder zurückgegriffen werden kann, und dass der ganze Prozess unter modifizierten Bedingungen wiederholt werden kann. Als Limitierung erscheint somit weniger die Methode als die zu ihrer Anwendung notwendigen Ressourcen.

Referenzen

BERGFELD, T., STRUBE, T., KIRCHESCH, V. (2005) Auswirkungen des globalen Wandels auf die Gewässergüte im Berliner Gewässernetz. In: WECHSUNG, F., BECKER, A., GRÄFE, P. (Hrsg.) Auswirkungen des globalen Wandels auf Wasser, Umwelt und Gesellschaft im Elbegebiet. Weißensee Verlag Berlin, Kap. III-2.4.3.

BRANS, J. P., MARESCHAL, B., VINCKE, Ph. (1986) How to select and how to rank projects. The PROMETHEE method. European Journal of Operational Research 24, 228–238.

EMPFEHLUNGEN ZUM SCHUTZ VON BADENDEN VOR CYANOBAKTERIEN-TOXINEN (1997). Bundesgesundheitsblatt 7/97, 261–262.

FROMME, H., KÖHLER, A., KRAUSE, R., FÜHRLING, D. (2000). Occurrence of Cyanobacterial Toxins – Microcystins and Anatoxin-a – in Berlin Water Bodies with Implications to Human Health and Regulations. Inc. Environ. Toxicol. 15, 120–130.

GERSTENGARBE, F.-W., WERNER, P. C. (2003) Entwicklung von Klimaszenarien bis 2050 für ausgewählte Einzugsgebiete in Deutschland, Bericht zum GLOWA-Elbe-Teilprojekt. Potsdam.

GERSTENGARBE, F.-W, WERNER, P.-C. (2005) Simulationsergebnisse des regionalen Klimamodells STAR. In: WECHSUNG, F., BECKER, A., GRÄFE, P. (Hrsg.) Auswirkungen des globalen Wandels auf Wasser, Umwelt und Gesellschaft im Elbegebiet. Weißensee Verlag Berlin, Kap. II-1.3.

GUPTA, M. M., SARIDIS, G. N., GAINES, B. R. (eds) (1977) Fuzzy Automata and Decision Processes. North Holland, Amsterdam.

KALTOFEN, M., KOCH, H., SCHRAMM, M. (2005) Wasserwirtschaftliche Handlungsstrategien im Spreegebiet oberhalb Berlins. In: WECHSUNG, F., BECKER, A., GRÄFE, P. (Hrsg.) Auswirkungen des globalen Wandels auf Wasser, Umwelt und Gesellschaft im Elbegebiet. Weißensee Verlag Berlin, Kap. III-2.2.1.

LAWA – Länderarbeitsgemeinschaft Wasser (2002). Methode zur Klassifikation planktonführender Fließgewässer. Bearbeitet vom LAWA-Unterarbeitskreis „Planktonführende Fließgewässer".

MUNDA, G. (1995) Multicriteria Evaluation in a Fuzzy Environment. Theory and Applications in Ecological Economics. Physica-Verlag: Berlin.

RACHIMOW, C., PFÜTZNER, B., FINKE, W. (2005) Veränderungen im Wasserdargebot und in der Wasserverfügbarkeit im Großraum Berlin. In: WECHSUNG, F., BECKER, A., GRÄFE, P. (Hrsg.) Auswirkungen des globalen Wandels auf Wasser, Umwelt und Gesellschaft im Elbegebiet. Weißensee Verlag Berlin, Kap. III-2.4.2.

RICHTLINIE DES RATES vom 8. Dezember 1975 (1991). In: Amtsblatt für Berlin Nr. 41 vom 30. August 1991.

SENATSVERWALTUNG FÜR STADTENTWICKLUNG (Hrg.) (2001) Abwasserbeseitigungsplan Berlin. Kulturbuchverlag Berlin.

STRÖBL, B., WENZEL, V., PFÜTZNER, B. (2003) Simulation der Siedlungsflächenentwicklung als Teil des globalen Wandels und ihr Einfluß auf den Wasserhaushalt im Großraum Berlin. PIK-Report 82, Potsdam.

WEIGERT, B., STEINBERG, C. (2001) Nachhaltige Entwicklung in der Wasserwirtschaft. Konzepte, Planung und Entscheidungsfindung. Schriftenreihe Wasserforschung 7, Wasserforschung e.V., Berlin.

WENZEL, V. (1999) Ein integrativer Algorithmus zur Unterstützung regionaler Landnutzungsentscheidungen. In: HORSCH, H., MESSNER, F., KABISCH, S. und ROHDE, M. (Hrsg.): „Flußeinzugsgebietsmanagement und Sozioökonomie". UFZ-Ergebnisbericht Nr. 30, Leipzig, 75–86.

WENZEL, V. (2001) Integrated assessment and multicriteria analysis. Physics and Chemistry of the Earth. Part B, 26/7-8, pp 541–545

WENZEL, V. (2001) Nachhaltigkeitsstudien und NAIADE: Entscheidungshilfe und Konfliktanalyse. Schriftenreihe Wasserforschung Band 7, 241–256.

WENZEL, V., EIDNER, R., FINKE, W., OPPERMANN, R., RACHIMOW, C. (2002) Integrated water resources management in terms of quantity and quality in the Berlin region under the conditions of global change. Water Resources and Environmental Research, ICWRER 2002, Dresden.

WENZEL, V. (2003) Solving urban regional water household and quality problems under Global change. IUGG 2003, State of the Planet. Abstracts Week B, Sapporo (Japan), June 30–July 11, 2003.

III-2.4.2 Veränderungen im Wasserdargebot und in der Wasserverfügbarkeit im Großraum Berlin

Claudia Rachimow, Bernd Pfützner, Walter Finke

Regionale Randbedingungen und Aspekte der Bewirtschaftung

Das Untersuchungsgebiet Großraum Berlin wird im Projekt GLOWA-Elbe pragmatisch durch die Abgrenzung zu den anderen Teilprojekten definiert. Wir verstehen darunter das Einzugsgebiet der Spree unterhalb der Pegel Große Tränke UP/Spree, Neue Mühle UP/Dahme und Wernsdorf OP/Oder-Spree-Kanal einschließlich des Eigeneinzugsgebietes des abzweigenden Teltowkanals (TeK) sowie der Havel von der Quelle bis zur Mündung des Teltowkanals in den Jungfernsee oberhalb der Aufteilung in Potsdamer Havel und Sacrow-Paretzer-Kanal. Somit beträgt die Fläche des betrachteten Einzugsgebietes ca. 3.000 km². Das Gebiet ist sehr niederschlags- und abflussarm. Die vieljährige mittlere Jahressumme des Niederschlages beträgt ca. 600 mm.

Die wasserwirtschaftlichen Probleme im Großraum Berlin erwachsen aus der Vielfältigkeit der Wassernutzungen auf einem sehr begrenzten Raum bei geringem Wasserdargebot. Die wichtigsten Wassernutzungen im Großraum Berlin liegen auf den Gebieten:

- Kommunale Wasserversorgung und Abwasserentsorgung
- Kühlwassernutzung der Kraftwerke
- Gewässernutzung zu Erholungszwecken und ökologische Anforderungen
- Entnahmen und Einleitungen der sonstigen Industrie
- Schifffahrt.

Berlin ist Selbstversorger in der Trinkwasserbereitstellung. Notwendige Voraussetzung dafür ist die Gewinnung von Rohwasser aus Uferfiltrat und Grundwasseranreicherung (75%) bzw. aus Grundwasser (25%) (HEINZMANN 1998). Auch die Wasserversorgung der kleineren Städte und vielen kleinen Gemeinden im Großraum erfolgt durch Entnahmen im Einzugsgebiet. Das kommunale Abwasser wird in die Oberflächengewässer eingeleitet. Durch die unterschiedlichen Standorte von Wasserfassungen für die Trinkwassergewinnung und die Abwassereinleitungen ist historisch eine Umverteilung des Wassers innerhalb des Berliner Gewässersystems entstanden. Diese Umverteilung wird auch gezielt zum Erreichen wasserwirtschaftlicher Ziele genutzt. Problematisch ist die direkte Einleitung durch Überläufe der Misch- und Regenwasserkanalisation in die Oberflächengewässer bei Starkregen, die zu Fischsterben führen können. Maßnahmen zur Verringerung dieser Gefahr sind sehr kostenintensiv.

Die Nutzung des Oberflächenwassers als Kühlwasser durch die Berliner Kraftwerke führt zu einer erhöhten thermischen Belastung der Gewässer. Das während des Kühlungsprozesses erwärmte Wasser wird in dieselbe Stauhaltung eingeleitet, aus der es entnommen wurde. Ist der Durchfluss durch die Stauhaltung gleich oder geringer der Entnahmemenge durch das Kraftwerk, so wird das Kühlwasser mehrfach genutzt und somit aufgeheizt, was zu ökologischen Schäden wie Fischsterben führen kann. Um dem vorzubeugen, hat die Senatsverwaltung für Stadtentwicklung Berlin (SenStadt) Temperaturgrenzwerte erlassen, die vom Kraftwerksbetreiber zu berücksichtigen sind und zum Entnahmeverbot führen können.

Die Gewässer im Großraum Berlin werden in vielfältiger Weise zu Erholungszwecken genutzt. Dazu gehören die Fahrgastschifffahrt, der Sportbootverkehr, Angeln, Erholung am Ufer und als anspruchsvollste Nutzung das Baden. Ziel von SenStadt ist die durchgängige Erreichung der Gewässergüteklasse II und der Badegewässerqualität. Es werden Mindestdurchflüsse gefordert, die als Basis für die Verbesserung der Gewässerbeschaffenheit dienen. Ähnliche ökologisch begründete Mindestdurchflüsse fordern auch die Unterlieger von Berlin, vertreten durch Landesumweltamt Brandenburg (LUA Brb). Da in Niedrigwasserperioden die Wasserbilanz der Havel unterhalb Berlins negativ werden kann, sind die Mindestdurchflüsse des Landes Brandenburg auch in Berlin zu beachten.

Die Schifffahrt benötigt Wasser zur Gewährleistung von Leichtigkeit und Sicherheit des Schiffsverkehrs. Dafür müssen bestimmte Wasserstände in den Stauhaltungen gehalten werden. Außerdem wird Wasser für die Schleusungen benötigt. Allgemein fließt das Schleusungswasser vom Ober- in das Unterwasser der Schleuse und verbleibt im Gewässer. Verluste treten nur für die entsprechende Stauhaltung, nicht aber für das Gewässer auf. In Fällen, in denen ein Kanal zwei Flüsse verbindet, gilt das Schleusungswasser als Wasserüberleitung. In den Berliner Wasserstraßen ist der Bedarf der Schifffahrt immer geringer als der Mindestdurchfluss am gleichen Profil.

Die wasserwirtschaftlichen Probleme des Großraumes Berlin gilt es unter veränderten Randbedingungen zu lösen. Bekannt ist der Rückgang des Zuflusses aus dem oberen Spreegebiet nach Berlin, der durch den Rückgang des Braunkohlebergbaus und die sich anschließende Sanierung des Wasserhaushalts im Lausitzer Revier hervorgerufen wird. In den vergangenen Jahrzehnten hatten sich alle Wassernutzer im unteren Spree- und Havelgebiet auf die künstlich erhöhte Wasserführung infolge der Stützung des Durchflusses durch die beim Bergbau in die Spree eingeleiteten Sümpfungswassermengen eingestellt. Das trifft auch auf die Biotope zu. Weiterhin ist der Einfluss möglicher Klimaänderungen zu berücksichtigen. Die wasserwirtschaftlichen Folgen weiterer Urbanisierung und der Liberalisierung der Strom- und Wassermärkte sind zu untersuchen.

Untersuchungsmethoden und angewendete Modelle

Gegenstand der durchzuführenden Untersuchungen im Großraum Berlin war:

- Ermittlung des quasi-natürlichen Wasserdargebotes in seiner räumlichen und zeitlichen Verteilung unter Berücksichtigung von Klima- und Landnutzungsänderungen (Übernahme der Ergebnisdatenreihen aus den Klimaszenarienrechnungen, siehe GERSTENGARBE und WERNER 2005, Kapitel II-1.3 und REIMER et al. 2005, Kapitel II-1.2)
- Ermittlung der Wasserverfügbarkeit unter Berücksichtigung von Klima- und Landnutzungsänderungen und sich verändernden Nutzungsanforderungen an die Ressource Wasser (Übernahme der Ergebnisdatenreihen für das Wasserdargebot und die Klimaszenarien (s. o.), sowie der Zuflussdatenreihen für Berlin aus der Oberen Spree (KALTOFEN et al. 2005, Kapitel III-2.2.1)
- Übergabe von Ergebnissen der Wasserdargebots- und -verfügbarkeitsberechnungen für die Untersuchungen der aquatischen Ökosysteme des Berliner Gewässersystems (siehe BERGFELD et al. 2005, Kapitel III-2.4.3)
- Übergabe von Ergebnissen der Wirkungsanalyse zur Ermittlung aggregierter Indikatoren und der darauf aufbauenden ökonomischen, ökologischen und sozialen Bewertung der Szenarien (siehe WENZEL 2005, Kapitel III-2.4.1).

Als Werkzeug für die Ermittlung des quasi-natürlichen Wasserdargebotes wurde das hydrologische Modellierungssystem ArcEGMO genutzt. Die Modellierung in ArcEGMO basiert vorrangig auf der Nutzung konzeptioneller Modellansätze, die aus hydrologisch relevanten Flächeneigenschaften wie Boden, Grundwasserflurabstand, Landnutzung, Versiegelungs- und Kanalisierungsgrad für das Untersuchungsgebiet abgeleitet werden. Die Parametrisierung erfolgt in ArcEGMO

GIS-gestützt, so dass eine effektive Modellerstellung unterstützt wird. Dieses System wurde bereits zur Ermittlung des quasi-natürlichen Wasserdargebotes von Teileinzugsgebieten des Großraums Berlin in früheren Arbeiten verwendet (BAH 1997, DORNBLUT und FINKE 2000). Eine ausführliche Beschreibung des Modells und seiner skalenübergreifenden Anwendungsmöglichkeiten ist in PFÜTZNER (2002) enthalten. Mittels ArcEGMO wurden Niederschlag-Abfluss-Modelle für acht Flusseinzugsgebiete des Spree-Havel-Gebietes aufgestellt und verifiziert. Da die meisten der Gebiete anthropogen stark überprägt sind, wurde die Modellverifizierung durch einen Vergleich mit dem im Hydrologischen Atlas von Deutschland (GLUGLA et al. 2003) ermittelten Wert für den Gesamtabfluss unterstützt. Die Ermittlung des zukünftigen Wasserdargebotes erfolgte unter Berücksichtigung der Szenarien der Landnutzungsänderungen, der Klimaentwicklung (Szenarien *STAR 100* siehe GERSTENGARBE und WERNER 2004, Kapitel I-1.3 sowie NEURO-FUZZY 100 siehe REIMER et al. 2005, Kapitel II-1.2) sowie von Handlungsoptionen hinsichtlich der Regenentwässerung jeweils für alle 100 Realisierungen.

Die Untersuchungen zur Wasserverfügbarkeit wurden mit dem Wasserbewirtschaftungsmodell WBalMo GLOWA durchgeführt, welches eine spezielle Weiterentwicklung des im Routinebetrieb für die Länder Sachsen, Brandenburg und Berlin sowie die Wasser- und Schifffahrtsverwaltung des Bundes befindlichen WBalMo Spree / Schwarze Elster für das GLOWA-Projekt darstellt (siehe KADEN et al. 2005, Kapitel III-2.1.3).

Die Veränderung des Wasserdargebotes in den Einzugsgebieten der unteren Spree und unteren Havel im Großraum Berlin

Tabelle 1 beinhaltet vergleichend Klimagrößen des Ist-Zustandes (aus Stationswerten für verschiedene Teilperioden des Zeitraumes 1951–2000 abgeleitet) und des Klimaszenarios *STAR 100* (aus den 100 Realisierungen für verschiedene Teilperioden des Zeitraumes 2003–2052 ermittelt). Für die klimatische Wasserbilanz (KWB) als Differenz zwischen Niederschlag und potenzieller Verdunstung ist bei Betrachtung der Gesamtzeiträume eine bedeutende Abnahme dieser für das Wasserdargebot entscheidenden Indikatorgröße von –5 auf –45 mm/a festzustellen. Sie entspricht im Szenario *STAR 100* für den Zeitraum 2003–2007 in etwa dem Mittelwert des Ist-Zustandes 1951–2000, so dass diese Periode als Referenzzeitraum für die nachfolgenden Analysen von klimainduzierten Änderungen im Wasserdargebot geeignet ist.

Tab. 1: Meteorologische Verhältnisse in verschiedenen Bezugszeiträumen im Einzugsgebiet der oberen Havel

	Bezugszeiträume	Niederschlag P [mm/a]	potenzielle Verdunstung E_{pot} [mm/a]	klimatische Wasserbilanz $KWB = P - E_{pot}$ [mm/a]
Szenario *STAR 100*	Median 2003–2052	604	649	–45
	Median 2003–2007 (Referenz)	619	627	–8
	Median 2023–2027	596	645	–49
	Median 2048–2052	611	664	–53
Ist-Zustand	Mittel 1951 bis 2000	606	611	–5
	Mittel 1951 bis 1960	596	608	–11
	Mittel 1981 bis 2000	606	622	–16
	Mittel 1981 bis 1990	604	619	–15
	Mittel 1991 bis 2000	608	625	–17

Abbildung 1 zeigt die zeitliche Entwicklung des mittleren Gebietsabflusses (Median über die jeweils 100 MQ-Werte eines Jahres) beispielhaft für das Einzugsgebiet der oberen Havel, das größte untersuchte Teilgebiet. Für das Szenario STAR 100 ist eine drastische Abnahme der Abflüsse von ca. 12 m³/s im derzeitigen Zustand auf ca. 9 m³/s bis zur Mitte der 2030er-Jahre zu erkennen. Die lineare Trendlinie geht gar auf ein Niveau von 8 m³/s Anfang der 2050er-Jahre zurück. Die verwendete polynomische Trendlinie ergab die mit Abstand beste Korrelation. Ob die sich hier andeutende Schwingung wieder auf das ursprüngliche Niveau zurückführt, kann im Rahmen dieser Arbeit nicht geklärt werden. Für das Szenario NEURO-FUZZY 100 ist eine geringere Abnahme der Abflüsse zu verzeichnen. Der Mittelwert über den Gesamtzeitraum liegt bei ca. 9,8 m³/s. Auf diesem Niveau verharrt auch die lineare Trendlinie. Die polynomische Linie beginnt bei ca. 12 m³/s, endet bei ca. 11 m³/s und weist ein deutliches Minimum um 2020 und ein Maximum um 2040 auf. Ein weiterer wesentlicher Unterschied zwischen beiden Szenarien ist die stärker ausgeprägte Dynamik im Szenario NEURO-FUZZY 100 gegenüber moderateren Schwankungen zwischen den Jahren im Szenario STAR 100. Auffällig vor allem in wasserwirtschaftlicher Hinsicht sind die sehr geringen Jahresabflüsse mit 5,35 m³/s in 2022 und 6,4 m³/s in 2029.

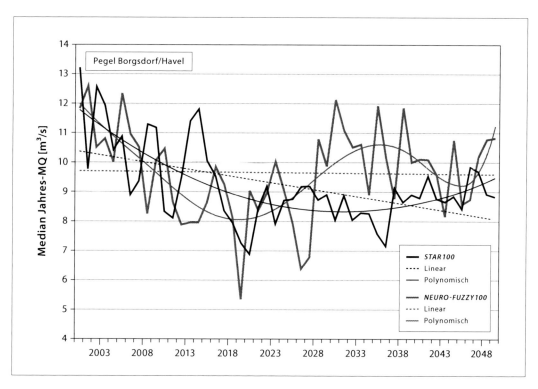

Abb. 1: Zeitliche Entwicklung des mittleren Gebietsabflusses (Median) gemäß der Szenarien STAR 100 und NEURO-FUZZY 100 für das Einzugsgebiet der oberen Havel

Der Einfluss der Bebauungsentwicklung auf das Wasserdargebot und die mittleren Abflussverhältnisse ist dagegen für das Untersuchungsgebiet relativ gering. In kleinen städtischen Teilgebieten wie dem Einzugsgebiet der Panke nimmt die Versiegelung im Szenario STAR 100 von 4,6 % auf 6,2 %, also um 35 % zu. Dies hat merkliche Auswirkungen auf die mittleren Abflüsse, die von ca. 0,9 m³/s auf 0,95 m³/s, also um rund 5 %, steigen. Durch Maßnahmen zur Regenwasserbehandlung können die geringfügigen Abflusserhöhungen, die sich aufgrund der zunehmenden Versiegelung ergeben, reduziert werden.

Auswirkungen der Szenarien in Klima und Bewirtschaftung der Oberen Spree auf die Wasserverfügbarkeit für die wichtigsten Wassernutzungen

Der Wasserhaushalt des Spreegebietes wird durch den Bergbau im oberhalb gelegenen Gebiet der Lausitz wesentlich beeinflusst. Wie bereits in Abschnitt „Regionale Randbedingungen und Aspekte der Bewirtschaftung" beschrieben, wurde der Abfluss der Spree in den letzten Jahrzehnten durch Sümpfungswasser dauerhaft erhöht. Da infolge der Veränderungen der Energie- und Absatzmärkte ein Auslaufen des Bergbaus zu erwarten ist, wurden zunächst Szenarien entworfen, die auf eben diesem Auslaufen des Bergbaus basieren. Folgende Entwicklungsszenarien aus dem Teilgebietsprojekt Obere Spree (BTU Cottbus) (Strategien, siehe KALTOFEN et al. 2005, Kapitel III-2.2.1) für das Klimaszenario STAR 100 wurden untersucht:

- $Basis_{OS}$ **wandel** (Flutung der Tagebaurestseen gemäß derzeitiger Planungen)
- *Flutung* **wandel** (prioritäre Flutung)
- *OderBln* **wandel** (Oderwasserüberleitung über den Oder-Spree-Kanal über die derzeitige Kapazität hinausgehend) und
- *RedFl* **wandel** („reduzierte Fließe": Flutung auf Kosten der Versorgung der kleinen Fließe).

Die Reihen der Zuflusspegel Berlins aus dem oberen Spreegebiet (Große Tränke, Neue Mühle und Wernsdorf) wurden an der BTU Cottbus mit WBalMo GLOWA, Baustein Obere Spree berechnet und intern an den Berlin-Baustein übergeben (siehe MESSNER et al. 2005, Kapitel III-2.1.4). Die aus STAR 100 berechneten Dargebotsreihen (zu je 100 Realisierungen) für Berlin wurden von ArcEGMO (s. o.) übernommen, die Niederschlagsreihen für Berlin wurden direkt aus den Klimareihen von STAR 100 übernommen. Notwendige Schnittstellen wurden entwickelt.

Die Darstellung der Auswertung sei hier beschränkt auf die am meisten Ausschlag gebenden (Mengen-) Indikatoren. Dies sind die Mindestdurchflusswerte (Qmin) an den Pegeln Sophienwerder/Spree und Spandau/Havel, die Bedarfsbefriedigung des Wasserwerkes Friedrichshagen/Spree und die Mehrfachnutzung des Heizkraftwerkes Reuter/Spree.

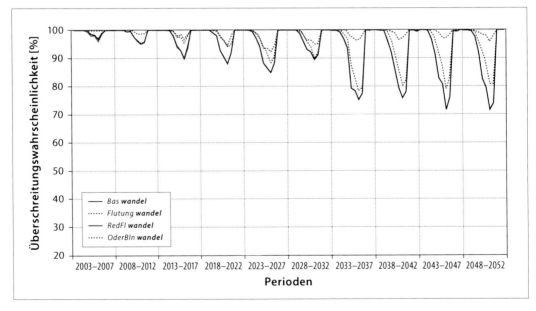

Abb. 2: Szenarienvergleich: Einhaltung des Mindestdurchflusswertes von 8 m³/s in den einzelnen Perioden am Pegel Sophienwerder

Bei *Bas* **wandel** und *RedFl* **wandel** wird der Mindestdurchfluss am Pegel Sophienwerder (8 m³/s, Abbildung 2) in den Monaten Oktober bis März in allen Perioden mit fast 100 % Wahrscheinlichkeit erreicht. In den Monaten Juni bis September erreicht die Einhaltung des Mindestdurchflusses in der letzten Periode ca. 72 % bis 83 %. Am Pegel Spandau wird der Mindestdurchfluss (6 m³/s; Abbildung 3) in den Monaten Juni bis September der ersten Periode zu ca. 34 % bis 70 % erreicht bzw. überschritten, in der letzten Periode nur noch zu etwa 13 % bis 62 %, was vor allem am Rückgang des Zuflusses am Pegel Borgsdorf um ca. ein Drittel infolge des Klimawandels liegt. Bei *Flutung* **wandel** verbessert sich die Situation für den Pegel Sophienwerder um ca. 10 %-Punkte. Die höchsten Überschreitungswahrscheinlichkeiten werden logischerweise erreicht, wenn der Zufluss nach Berlin mit Oderwasser gestützt wird (*OderBln* **wandel**). Für den an der Havel liegenden Pegel Spandau unterscheiden sich die auf die Spree bezogenen Szenarien logischerweise nicht.

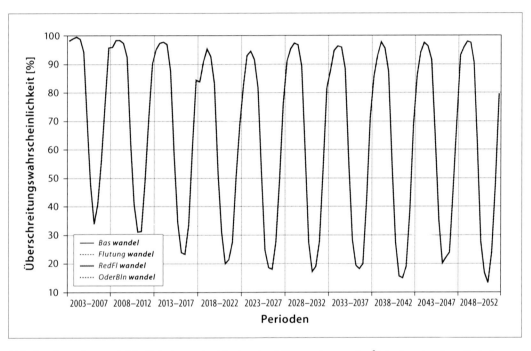

Abb. 3: Szenarienvergleich: Einhaltung des Mindestdurchflusswertes von 6 m³/s in den einzelnen Perioden am Pegel Spandau

Oderwasser wird von der dritten bis zur sechsten Periode (2013–2032) maximal in der Höhe von 3 m³/s und danach bis zur 10. Periode (2052) maximal in der Höhe von 6 m³/s zugeführt. Eine Realisierung dieser Überleitungsmenge würde bauliche Veränderungen am Pumpwerk Eisenhüttenstadt und an der Scheitelhaltung des Oder-Spree-Kanals erfordern.

Die Befriedigung des Bedarfs für das Wasserwerk Friedrichshagen (Spreefassung) (Abbildung 4) wird in den Perioden ab 2033 für alle Szenarien außer *OderBln* **wandel** kritisch. Eine deutliche Verbesserung der Bedarfsbefriedigung wird durch Zuführung von Oderwasser erreicht. Zur güteseitigen Untersuchung siehe BERGFELD et al. 2005, Kapitel III-2.4.3.

Beim Heizkraftwerk (HKW) Reuter (Abbildung 5) treten Mehrfachnutzungen ab der 1. Periode in den Monaten Mai bis September auf. Für den Monat Juli ist die Überschreitungswahrscheinlichkeit für eine höhere als 100 %-Ausnutzung des Wasserkörpers in der ersten Periode ca. 7 %, in der letzten Periode ca. 42 %.

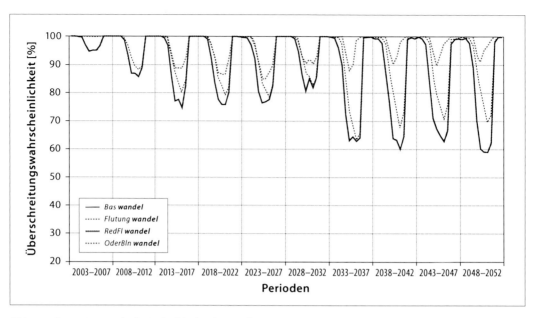

Abb. 4: Szenarienvergleich: Bedarfsbefriedigung für das Wasserwerk Friedrichshagen (Spreefassung) in den einzelnen Perioden

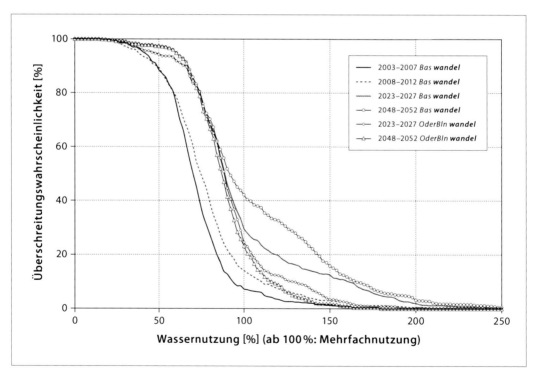

Abb. 5: Szenarienvergleich: Prozentuale Wassernutzung des HKW Reuter im Monat Juli für verschiedene Zeiträume

Unter Berücksichtigung der zu untersuchenden Szenarien wurden verschiedene Handlungsoptionen für Berlin untersucht. Gemeinsam mit Bearbeitern des SenStadt, der Berliner Wasserbetriebe BWB/VIVENDI, des Berliner Energieversorgers BEWAG/Vattenfall Europe und des LUA Brb wurden folgende drei Alternativen der Wassernutzung durch Wasser-, Energie- und andere Industriebetriebe aufgestellt (Tabelle 2 und Tabelle 3):

- Die Basisalternative (*Bas*) entspricht *Bas wandel*. Es wird davon ausgegangen, dass sich der Wasserverbrauch bis zum Jahre 2050 in Berlin kaum ändert. Die Kapazitäten der Kläranlagen, die in den Teltowkanal einleiten, werden voll ausgenutzt bzw. erhöht. Die Trinkwasserentnahmen aus dem Einzugsgebiet der Havel werden zugunsten der aus dem Einzugsgebiet der Spree oberhalb Dahmezufluss bzw. der Panke verringert.
- Die Alternative Energie- und Wasserpolitik (*EP*) sieht die Einführung wassersparender Maßnahmen und Technologien, wie Stilllegung oder reduzierte Kapazitäten von Wasserwerken, Kläranlagen und Heizkraftwerken vor. Alle Leistungen der Berliner Wasser- und Klärwerke werden ab dem Jahre 2025 um ca. 1/3 herabgesetzt. Für die Heizkraftwerke wurde angenommen, dass der Verbrauch an Kühlwasser wesentlich zurückgeht. Gründe hierfür sind die Einführung der effizienteren Kreislaufkühlung, die Umstellung auf Gasturbinen oder andere alternative Rohstoffe, sowie auch Abschaltungen bzw. Umstellungen auf kalte Reserve aufgrund sinkenden Energieverbrauches bzw. wegen der Liberalisierung des Energiemarktes.
- Bei der Alternative Umverteilung (*UM*) wird Klarwasser, das bisher im Sommer aus Gründen der Badegewässerqualität in den Teltowkanal eingeleitet wurde, unter Einsatz von Mikrofiltertechnologie direkt in die Spree eingeleitet. In der Variante soll untersucht werden, wie sich die Abflussverhältnisse und auch die Gewässergüte (siehe Bergfeld et al. 2005, Kapitel III-2.4.3) ändern. In den Monaten April bis September wird so der Durchfluss in der Spree unterhalb der Stauhaltung Mühlendamm/Kleinmachnow und in der Unterhavel bis zur Mündung des Teltowkanals um ca. 2 m³/s erhöht. Da diese Menge der Stauhaltung entzogen wird, verschlechtern sich die Durchflussbedingungen für die Pegel Kleinmachnow, Mühlendamm und Unterschleuse. Die Veränderungen betreffen nur die ersten vier Perioden; ab der 5. Periode wird die Kläranlage Ruhleben abgeschaltet.

Tab. 2: Definition der Nutzungsvarianten für die Wasserbetriebe [m³/s]

Zeitraum	Kläranlageneinleitungen[1]		Wasserwerke	
	Alternativen *Bas* und *UM*	Alternative *EP*	Alternativen *Bas* und *UM*	Alternativen *EP*
2003–2007	6,0	6,0	6,7	6,0
2008–2022	6,8	6,5	7,5	6,0
2023–2052	6,8	4,5	6,8	4,5

[1] ohne Wansdorf (leitet nicht in das betrachtete Gebiet ein)

Tab. 3: Definition der Nutzungsvarianten für die Energiebetriebe [m³/s]

Zeitraum	Alternativen *Bas* und *UM*		Alternative *EP*	
	Entnahmen	Rückleitungen	Entnahmen	Rückleitungen
2003–2007	15,9	15,6	10,3	10,0
2008–2052	15,9	15,8	2,9	2,8

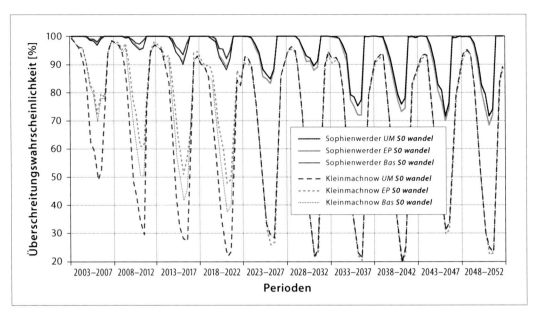

Abb. 6: Alternativenvergleich: Einhaltung der Mindestdurchflusswerte in den einzelnen Perioden an den Pegeln Sophienwerder und Kleinmachnow

Abbildung 6 zeigt die Ergebnisse der drei Alternativen. Unter dem Szenario *Bas S0* bringt die Alternative *EP* sowohl für den Pegel Sophienwerder als auch für den Pegel Kleinmachnow/Teltowkanal ab Periode 2023–2027 eine Verschlechterung gegenüber der Basisvariante, da weniger Klarwasser aus der Kläranlage Wassmannsdorf zur Stützung der Stauhaltung zur Verfügung steht. Die Alternative *UM* wirkt sich wegen der direkten Einleitung des Klarwassers in die Spree positiv auf den Pegel Sophienwerder/Spree und negativ auf den Pegel Kleinmachnow/Teltowkanal aus. In diesem Fall erhalten auch die Badegewässer an der Havel unterhalb der Spreemündung bis zur Mündung des Teltowkanals einen höheren Durchfluss.

Beispielgebend für die Untersuchungen der Alternative *EP* unter den verschiedenen Entwicklungsszenarien seien hier die Ergebnisse für die Bedarfsbefriedigung des Wasserwerkes Friedrichshagen (Spreefassung) genannt (Abbildung 7). Wie zu erwarten, kommt es zu einer Verbesserung der Bedarfsbefriedigung gegenüber der Alternative *Bas* (Abbildung 4). In den Sommermonaten gibt es jedoch auch bei dieser Alternative unter allen Entwicklungsszenarien keinen Wert von 100 %. Insgesamt gesehen erweist sich die Alternative *EP S1* (*OderBln*) als die günstigste für die Perioden ab 2013, für die Perioden bis 2013 ist es *EP S2* (prioritäre Flutung).

Die Auswertung aller möglichen Kombinationen der *STAR 100*-Szenarien mit den drei Alternativen diente als Grundlage für die multikriterielle Analyse (siehe Wenzel 2005, Kapitel III-2.4.1). Eine ausführliche Beschreibung aller Ergebnisse liegt mit Rachimow et al. (2003) vor.

Zur Auswertung der güteseitigen Auswirkungen wurden Ergebnisse aus den WBalMo-Rechnungen für die 32. Realisierung des *STAR 100*-Szenarios übergeben (siehe Bergfeld et al. 2005, Kapitel III-2.4.3).

Zusammenfassend kann festgestellt werden, dass sich eine Verschlechterung der Wasserverfügbarkeit für die Perioden ab 2033 durch die im Basisszenario geplanten Ausgleichsmaßnahmen nicht aufhalten lässt. Eine Reduzierung der Entnahmen und Einleitungen der Berliner Wasserbetriebe um ca. ein Drittel erwies sich zwar für die Bedarfsbefriedigung der Nutzer als die günstigste der gerechneten Varianten, jedoch geht dies auf Kosten der Einhaltung der Mindestdurchflusswerte der Pegel der Stadtspree ab Periode 2023–2027, da diese dann weniger durch Abwasser erhöht werden. Die historisch entstandene Umverteilung des Wassers in Berlin kann also nicht ignoriert werden. Dies betrifft neben der Stadtspree auch Biotope, wie z. B. die Wuhle, die nach der Schließungen der Kläranlage Falkenberg trocken zu fallen droht, da sie zu 80 % aus Klarwasser gestützt worden war.

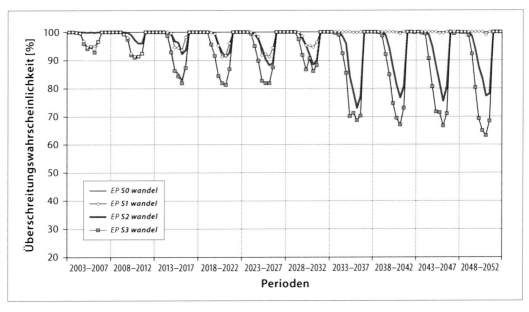

Abb. 7: Szenarienvergleich für die Alternative *EP* (Energie- und Wasserpolitik): Bedarfsbefriedigung für das Wasserwerk Friedrichshagen (Spreefassung) in den einzelnen Perioden

Referenzen

BAH – Büro für angewandte Hydrologie (1997) Ermittlung quasi-natürlicher Zuflüsse ins Berliner Gewässernetz. AG: Wasserstraßen-Neubauamt Berlin.

BERGFELD, T., STRUBE, T., KIRCHESCH, V. (2005) Auswirkungen des globalen Wandels auf die Gewässergüte im Berliner Gewässernetz. In: WECHSUNG, F., BECKER, A., GRÄFE, P. (Hrsg.) Auswirkungen des globalen Wandels auf Wasser, Umwelt und Gesellschaft im Elbegebiet. Weißensee Verlag Berlin, Kap. III-2.4.3.

DORNBLUT, I., FINKE, W. (2000) Langfristbewirtschaftung für die Berliner Wasserstraßen mit dem ArcGRM Berlin. In: Wasserbewirschaftung an den Bundeswasserstraßen, BfG-Veranstaltungen Heft 2/2000, S. 57–82, Koblenz.

GERSTENGARBE, F.-W., WERNER, P.-C. (2005) Simulationsergebnisse des regionalen Klimamodells STAR. In: WECHSUNG, F., BECKER, A., GRÄFE, P. (Hrsg.) Auswirkungen des globalen Wandels auf Wasser, Umwelt und Gesellschaft im Elbegebiet. Weißensee Verlag Berlin, Kap. II-1.3.

GLUGLA, G., JANKIEWICZ, P., RACHIMOW, C., LOJEK, K., RICHTER, K., FÜRTIG, G., KRAHE, P. (2003) BAGLUVA – Wasserhaushaltsverfahren zur Berechnung vieljähriger Mittelwerte der tatsächlichen Verdunstung und des Gesamtabflusses. Bundesanstalt für Gewässerkunde, Bericht BfG-1342, Koblenz.

HEINZMANN, B. (1998) Wasseraufbereitung und Abwasserbehandlung durch die Berliner Wasserbetriebe. Schriftenreihe Wasserforschung, Heft 6, S. 209–222.

KADEN, S., SCHRAMM, M., REDETZKY, M. (2005) Großräumige Wasserbewirtschaftungsmodelle als Instrumentarium für das Flussgebietsmanagement. In: WECHSUNG, F., BECKER, A., GRÄFE, P. (Hrsg.) Auswirkungen des globalen Wandels auf Wasser, Umwelt und Gesellschaft im Elbegebiet. Weißensee Verlag Berlin, Kap. III-2.1.3.

KALTOFEN, M., KOCH, H., SCHRAMM, M. (2005) Wasserwirtschaftliche Handlungsstrategien im Spreegebiet oberhalb Berlins. In: WECHSUNG, F., BECKER, A., GRÄFE, P. (Hrsg.) Auswirkungen des globalen Wandels auf Wasser, Umwelt und Gesellschaft im Elbegebiet. Weißensee Verlag Berlin, Kap. III-2.2.1.

MESSNER, F., KALTOFEN, M., ZWIRNER, O., KOCH, H. (2005) Exemplarische Umsetzung des Integrativen Methodischen Ansatzes am Oberlauf der Spree. In: WECHSUNG, F., BECKER, A., GRÄFE, P. (Hrsg.) Auswirkungen des globalen Wandels auf Wasser, Umwelt und Gesellschaft im Elbegebiet. Weißensee Verlag Berlin, Kap. III-2.1.4.

PFÜTZNER, B. (2002) Modelldokumentation ArcEGMO. http://www.arcegmo.de. ISBN 3-00-011190-5.

RACHIMOW, C., PFÜTZNER, B., FINKE, W. (2003) Untersuchungen zum Einfluss des globalen Wandels in Klima und Gesellschaft auf Wasserdargebot und -verfügbarkeit im Großraum Berlin. Bundesanstalt für Gewässerkunde. Bericht 1387.

REIMER, E., SODOUDI, S., MIKUSKY, E., LANGER, I. (2005) Klimaprognose der Temperatur, der potenziellen Verdunstung und des Niederschlags mit NEURO-FUZZY-Modellen. In: WECHSUNG, F., BECKER, A., GRÄFE, P. (Hrsg.) Auswirkungen des globalen Wandels auf Wasser, Umwelt und Gesellschaft im Elbegebiet. Weißensee Verlag Berlin, Kap. II-1.2.

WENZEL, V. (2005) Integrierende Studien zum Berliner Wasserhaushalt. In: WECHSUNG, F., BECKER, A., GRÄFE, P. (Hrsg.) Auswirkungen des globalen Wandels auf Wasser, Umwelt und Gesellschaft im Elbegebiet. Weißensee Verlag Berlin, Kap. III-2.4.1.

III-2.4.3 Auswirkungen des globalen Wandels auf die Gewässergüte im Berliner Gewässernetz

Tanja Bergfeld, Torsten Strube, Volker Kirchesch

Einleitung

Die wasserwirtschaftlichen Probleme im Ballungsraum Berlin erwachsen aus dem geringen Wasserdargebot und aus den vielfältigen Nutzungen auf einem sehr begrenzten Raum. Sie sind in erster Linie Wassergüteprobleme. Mit den Ökosystemmodellen EMMO (Müggelsee) und QSim (Fließgewässer Berlin) wurden verschiedene Szenarien und Alternativen des globalen Wandels für die Gewässergüte des Berliner Gewässersystems simuliert. Dabei wurden die besonders interessanten Perioden 1 (2003–2007) und 10 (2048–2052) verglichen. Das Modell EMMO ist ein speziell für Flachseen entwickeltes Ökosystemmodell (SCHELLENBERGER et al. 1983, STRUBE et al. 2003). Es wurde um ein Temperaturschichtungsmodul erweitert. Das Modell QSim ist ein Gewässergütemodell für Fließgewässer (KIRCHESCH und SCHÖL 1999, SCHÖL et al. 2002), das um einen quasi-zweidimensionalen Ansatz sowie um einen Blaualgen- und Colibakterienbaustein erweitert wurde. An meteorologischen Zeitreihen wurde die Realisierung *STAR_32* des *wandel*-Szenarios verwendet (GERSTENGARBE und WERNER 2005, Kapitel II-1.3). Von den Bearbeitern des Teilgebietsprojektes Obere Spree (BTU Cottbus) wurden, basierend auf verschiedenen Handlungsalternativen und dem *wandel*-Szenario, folgende vier Abflussszenarien entwickelt:

- *S0* (Flutung der Tagebaurestseen gemäß derzeitiger Planungen)
- *S1* (Oderwasserüberleitung über die derzeitige Kapazität hinausgehend)
- *S2* (Schnellere Flutung der Tagebaurestseen)
- *S3* (Flutung auf Kosten der Versorgung der kleinen Fließe).

Die Angaben zur Wassermenge wurden vom Wasserbewirtschaftungsmodell WBalMo GLOWA für die Realisierung *STAR_32* des *wandel*-Szenarios für diese vier Abflussszenarien übergeben (RACHIMOW et al. 2005, Kapitel III-2.4.2). Die Ergebnisse der beiden Gewässergütemodelle wurden mit NAIADE multikriteriell bewertet (WENZEL 2005, Kapitel III-2.4.1).

Untersuchungsgebiet und Methoden

Das Untersuchungsgebiet umfasst den Müggelsee und zwei Fließstränge des Berliner Gewässernetzes. Die beiden Fließstränge haben die BfG-Messstelle in der Spree (SOW-km 27,2) als oberen Modellrand. Der erste Strang umfasst die Spree bis zur Havelmündung sowie die Untere Havelwasserstraße bis in die Berliner Flusshavel (Abschnitt Nord). Der zweite Strang verläuft von der BfG-Messstelle über den Britzer Zweigkanal in den Teltowkanal und mündet über den Griebnitz-Kanal, den Stölpchensee und den Pohlsee in den Kleinen Wannsee (Abschnitt Süd).

Die Gewässergüteparameter am oberen Modellrand mussten für beide Modelle und Perioden abgeschätzt werden, da keine simulierten Eingangswerte verfügbar waren. Für die Periode 1 wurde für den Müggelsee ein mittlerer Jahresgang für den gelösten anorganischen Phosphor (DIP) und den gelösten anorganischen Stickstoff (DIN) aus den Daten von 1993 bis 1995 gebildet. Beim Detritus und Phytoplankton musste auf Messwerte aus den Jahren 1980–1983 zurückgegriffen werden, diese wurden für die Periode 1 um 30 % reduziert. Für die Berliner Fließstränge wurden für die Periode 1 Messwerte aus dem Jahr 1996 am oberen Modellrand in der Spree verwendet.

Für die Periode 10 wurde für die obere Spree davon ausgegangen, dass der Phosphor (DIP), der Detritus- und Phytoplanktongehalt im Wasser um 33% und der Stickstoff (DIN) um 23,7% gegenüber der Periode 1 abnehmen (Oppermann 2003, Rehfeld-Klein und Behrendt 2003). Für die Oder wurde eine Reduzierung des Phosphors (DIP) um 62% und des Stickstoffs (DIN) um 32% angenommen. Die Gehalte an Detritus und Phytoplankton wurden im Vergleich zur Periode 1 konstant gehalten (Oppermann 2003, Behrendt et al. 2002).

Bei der Betrachtung der Gewässergüte wird die Belastung mit Zehr- und Nährstoffen berücksichtigt; Xenobiotika werden nicht betrachtet. Es wird für die Abflussszenarien die Alternative entsprechend gegenwärtiger Praxis der Berliner Klär- und Kraftwerke („business as usual", Bas) betrachtet. Für das Abflussszenario S0 wurden drei weitere Handlungsalternativen der Berliner Klär- und Kraftwerke einbezogen. Die Alternative EP behandelt die Einführung wassersparender Maßnahmen und Technologien bei Wasserwerken, Kläranlagen und Heizkraftwerken. Bei der Alternative UM1 werden die Auswirkungen einer ganzjährigen Umleitung der Kläranlage Ruhleben in die Spree betrachtet, bei der Alternative UM2 werden die Kläranlagen Ruhleben und Stahnsdorf zusätzlich mit Membranfiltern ausgerüstet. Durch die Membranfiltration werden im Kläranlagenablauf Mikroorganismen vollständig zurückgehalten, der chemische Sauerstoffbedarf wird auf 15–20 mg/l gesenkt, der Nitratgehalt erniedrigt sich auf 0,1 mg NO_3-N/l, der Gesamtstickstoffgehalt liegt bei 3 mg N/l.

Ergebnisse

Das Modell EMMO berücksichtigt die Nährstoffe Stickstoff (DIN) und Phosphor (DIP) in verschiedenen Biota in Wasser und Sediment. Darüber hinaus bezieht es die trophischen Beziehungen zwischen Phytoplankton (Sommerblaualgen, Frühjahrsblaualgen und Kieselalgen), Zooplankton, Zoobenthos und Fischen mit ein (Schellenberger et al. 1983, Strube et al. 2003). Für die Kalibrierung des mit dem Temperaturmodell TEMIX (Kirillin 2002) erweiterten Modells EMMO wurden Messwerte aus den Jahren 1979–1980 verwendet, für die anschließende Validierung konnte auf Daten im Zeitraum 1979–1988 zurückgegriffen werden. Die Ergebnisse zeigen, dass mit Hilfe von EMMO die Verhältnisse im Müggelsee nachgebildet werden können (Oppermann 2003). Im Folgenden werden die Ergebnisse von den Abflussszenarien S0 und S1 wandel[32] (Rachimow et al. 2005, Kap. III-2.4.2) für die Simulation der Gewässergüte und Trophie im Müggelsee vorgestellt. Dabei unterscheiden sich die beiden Abflussszenarien nur in der Periode 10.

Allein die Veränderungen der klimatischen Verhältnisse in den nächsten 50 Jahren haben für den Müggelsee starke Auswirkungen. So steigt der für viele Prozesse entscheidende Parameter Schichtungsdauer von 75 Tagen (Periode 1) auf 87 Tage (Periode 10) an (Abbildung 1). Gleichzeitig verschiebt sich das Temperaturmaximum des Sees von Juli (2003, Periode 1) auf August (2055, Periode 10) (Abbildung 2).

Bei den Gewässergüteparametern verbessert sich für die Periode 10 die Situation aller betrachteter Wasserinhaltsstoffe. Bei der Alternative Bas S0 wandel[32] geht die Konzentration des Stickstoffs im Mittel um ca. 35% zurück, die des Phosphors um ca. 10%. Diese Nährstoffreduzierung führt auch beim Phytoplankton zu einem starken Rückgang: die Biomasse der Sommerblaualgen sinkt im Mittel um ca. 30% und die der Kieselalgen um ca. 25%. Die Jahresdynamik der Nährstoffe zeigt, dass die im Mittel gesunkenen Konzentrationen vor allem auf einem Rückgang im Winter/Frühjahr beruhen. Im Sommer 2050 tritt in der Stickstoffkonzentration eine geringfügige Erhöhung auf, die auf die autolytische Freisetzung des in den sedimentierten Algen gebundenen Stickstoffs zurückgeführt werden kann (Abbildung 3). In dieser Zeit (Juli–September) wird dieser frei gewordene

Stickstoff aber nicht für den Wachstumsprozess der Blaualgen benötigt und führt zu einer Erhöhung der Konzentration im Freiwasser. Dieser Prozess führt neben der Freisetzung des adsorbtiv gebundenen Phosphors ebenfalls zu einer Erhöhung der Phosphorkonzentration in diesem Zeitraum (Abbildung 4).

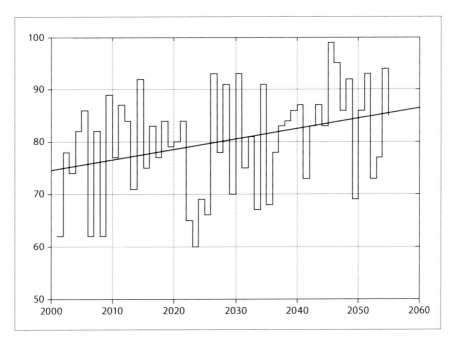

Abb. 1: Entwicklung der Schichtungsdauer (Tage) während des gesamten Betrachtungszeitraumes

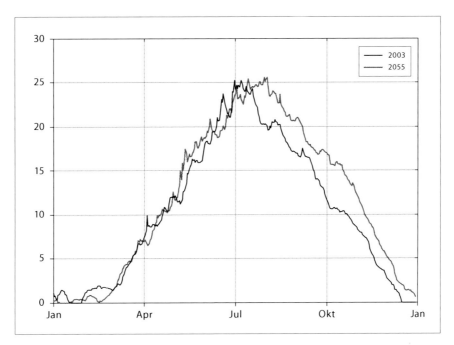

Abb. 2: Vergleich des Jahresganges der Oberflächentemperatur (°C) des Müggelsees zweier ausgewählter Jahre beider betrachteter Perioden

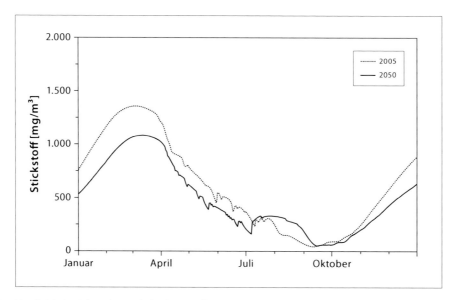

Abb. 3: Vergleich der Jahresdynamik der Stickstoffkonzentration anhand ausgewählter Jahre der Perioden 1 und 10 der Alternative *Bas S0 wandel*[32]

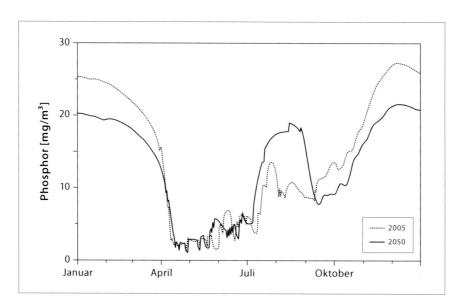

Abb. 4: Vergleich der Jahresdynamik der Phosphorkonzentration anhand ausgewählter Jahre der Perioden 1 und 10 der Alternative *Bas S0 wandel*[32]

Auf die für die Periode 10 veränderten Nährstoffgehalte reagieren die Algen verschieden: das Wachstum der Sommerblaualgen beginnt später (Abbildung 5), und die Kieselalgen erreichen nicht das Maximum des Vergleichszeitraumes (Abbildung 6).

Das Abflussszenario *S1* unterscheidet sich vom Abflussszenario *S0* insofern, dass insbesondere im Sommer Oberflächenwasser eines anderen Flusses – der Oder – in die Spree übergeleitet wird. Da diese Option erst in der Zukunft (Periode 10) eine Rolle spielt, ist der Vergleich mit der Periode 1 nicht sinnvoll. Verglichen wurden daher die Auswirkungen der Alternative *Bas* beider Abflussszenarien in der Periode 10.

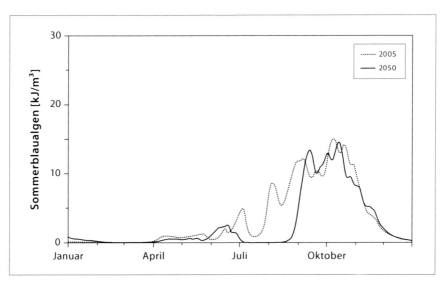

Abb. 5: Vergleich der Jahresdynamik der Biomasse der Sommerblaualgen anhand ausgewählter Jahre der Perioden 1 und 10 der Alternative *Bas S0 wandel*[32]

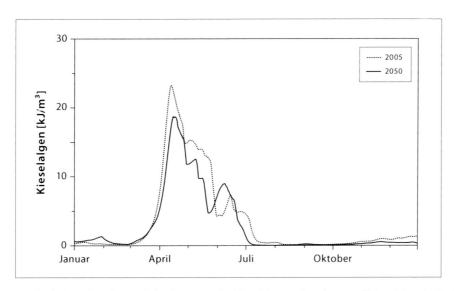

Abb. 6: Vergleich der Jahresdynamik der Biomasse der Kieselalgen anhand ausgewählter Jahre der Perioden 1 und 10 der Alternative *Bas S0 wandel*[32]

Der über 5 Jahre gemittelte Wert der Phosphorkonzentration unterschreitet bei der Alternative *Bas S1 wandel*[32] aufgrund der hohen Reduktion im Einzugsgebiet der Oder den der Alternative *Bas S0 wandel*[32] in geringem Umfang um ca. 5,5 % (Abbildung 8). Dagegen überschreitet die Stickstoffkonzentration der Alternative *Bas S1 wandel*[32] die der Alternative *Bas S0 wandel*[32] um 38 % (Abbildung 7). Daraus resultiert eine um 45 % höhere Biomasse der Sommerblaualgen (Abbildung 9) und eine um 7 % erhöhte Biomasse der Kieselalgen (Abbildung 10). Der Grund für die starke Bevorzugung der Sommerblaualgen liegt in der Jahresdynamik des Stickstoffs (Abbildung 7): Der Frühjahrsgehalt ist bei beiden Alternativen nahezu gleich. Ab Juni liegt er aber bei der Alternative *Bas* des Abflussszenarios *S1 wandel*[32] nachweisbar höher als bei den anderen Abflussszenarien *S0*, *S2* und *S3 wandel*[32]. Die Kieselalgen haben ihr Maximum im April/Mai und die Sommerblaualgen im

Oktober/November. Deshalb profitieren die Sommerblaualgen am meisten von dem dann erhöhten Nährstoffangebot. Das führt bei der Alternative *Bas S1 wandel*[32] zu einem früheren Beginn des Wachstums und zu einem wesentlich höheren Maximum gegenüber der Alternative *Bas S0 wandel*[32] (Abbildung 9). Der frühe Beginn des Wachstums der Blaualgen führt bei der Alternative *Bas S1 wandel*[32] gleichzeitig dazu, dass der hohe Sommer-Peak in der Phosphorkonzentration (Abbildung 8) vergleichsweise kurz anhält. Die Jahresdynamik der Kieselalgen bleibt bei beiden Alternativen im Wesentlichen gleich (Abbildung 10).

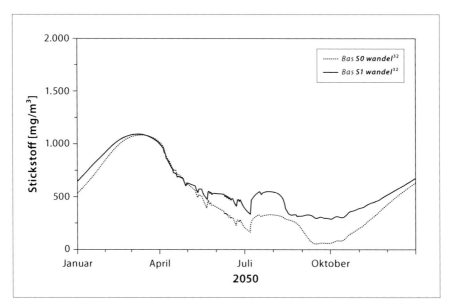

Abb. 7: Vergleich der Jahresdynamik der Stickstoffkonzentration der Alternativen *Bas S0 wandel*[32] und *Bas S1 wandel*[32] anhand eines ausgewählten Jahres der Periode 10

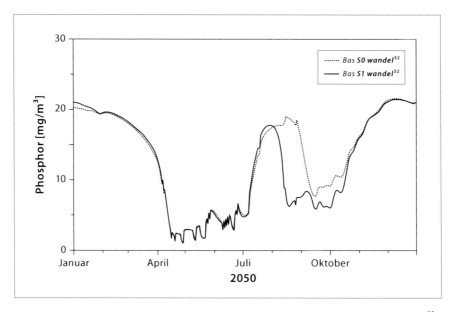

Abb. 8: Vergleich der Jahresdynamik der Phosphorkonzentration der Alternativen *Bas S0 wandel*[32] und *Bas S1 wandel*[32] anhand eines ausgewählten Jahres der Periode 10

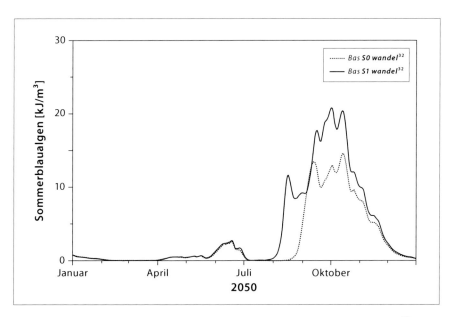

Abb. 9: Vergleich der Jahresdynamik der Sommerblaualgen der Alternativen *Bas S0 wandel*[32] und *Bas S1 wandel*[32] anhand eines ausgewählten Jahres der Periode 10

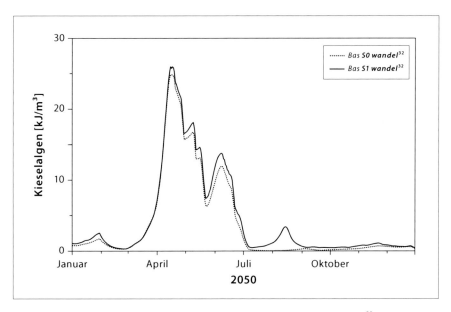

Abb. 10: Vergleich der Jahresdynamik der Kieselalgen der Alternativen *Bas S0 wandel*[32] und *Bas S1 wandel*[32] anhand eines ausgewählten Jahres der Periode 10

Die Validierung des Gewässergütemodells QSim erfolgte mit Daten aus dem Jahr 1996. Neben den wichtigsten Wasserinhaltsstoffen wurden an biologischen Gruppen Phytoplankton (unterschieden in Blau-, Grün- und Kieselalgen), Zooplankton sowie benthische Filtrierer berücksichtigt. Dabei hat sich QSim als generell geeignet erwiesen, die Gewässergüte und Trophie im Berliner Gewässernetz abzubilden (Näheres siehe Oppermann 2003, Bergfeld et al. in prep.). Im Folgenden werden ausgewählte Ergebnisse zu den betrachteten Abflussszenarien und Alternativen vorgestellt. Die gesamten Ergebnisse sind in Oppermann (2003) und Bergfeld et al. (in prep.) enthalten.

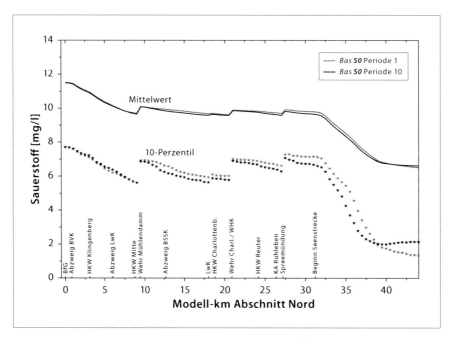

Abb. 11: Vergleich des Sauerstoffgehaltes der Alternative *Bas S0 wandel*[32] Periode 1 und 10 entlang des Abschnitt Nord. Aus täglichen Modellwerten wurden jeweils Mittelwert und 10-Perzentil der Periode berechnet.

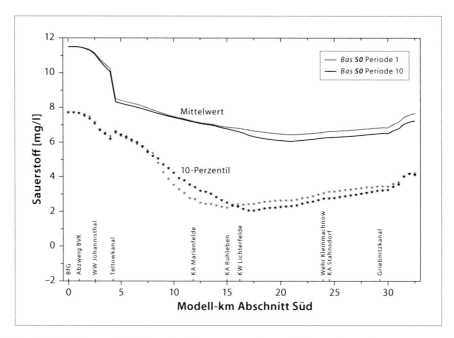

Abb. 12: Vergleich des Sauerstoffgehaltes der Alternative *Bas S0 wandel*[32] Periode 1 und 10 entlang des Abschnitt Süd. Aus täglichen Modellwerten wurden jeweils der Mittelwert und das 10-Perzentil der Periode berechnet.

Bei den Fließsträngen im Abschnitt Nord ändert sich der Sauerstoffgehalt bei den untersuchten Szenarien und Alternativen nur geringfügig. Die für die Periode 10 im Einzugsgebiet geplanten gütetechnischen Maßnahmen scheinen geeignet, die negativen Auswirkungen der Abflussverminderung auf den Sauerstoffhaushalt auszugleichen (Abbildung 11). Die Simulation einer Oderwasserüberleitung für die Periode 10 (Alternative *Bas S1 wandel*[32]) führt zu einer nur geringen Belastung des Sauerstoffhaushaltes.

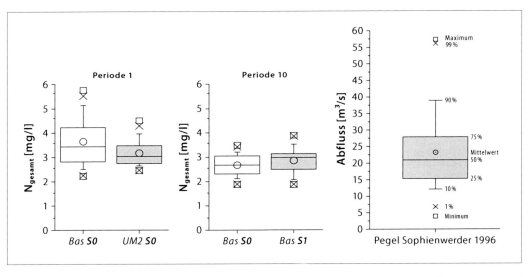

Abb. 13: Boxplots des Gesamt-Stickstoff-Gehaltes an der Spreemündung für ausgewählte Abflussszenarien und Alternativen des Klimaszenarios *wandel*[32]. Die rechte Abbildung erklärt die Boxplotdarstellung anhand des Abflusses am Pegel Sophienwerder für das Jahr 1996.

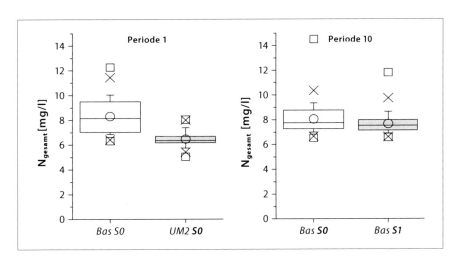

Abb. 14: Boxplots des Gesamt-Stickstoff-Gehaltes im Teltowkanal bei Kohlhasenbrück für ausgewählte Abflussszenarien und Alternativen des Klimaszenarios *wandel*[32].

Der Sauerstoffhaushalt ist im Abschnitt Süd generell stark belastet (Abb. 12). Im Abschnitt Süd führt die Oderwasserüberleitung in der Alternative *Bas S1 wandel*[32] indirekt durch einen erhöhten Zufluss aus dem belasteten Teltowkanal am Britzer Kreuz zu einer zusätzlichen Belastung des Sauerstoffhaushaltes. Eine ganzjährige Einleitung der Kläranlage Ruhleben in die Spree (Alternative *UM1 S0 wandel*[32]) würde entgegen den Erwartungen im Abschnitt Nord an der Spreemündung und im Abschnitt Süd bei Kohlhasenbrück zu keinen merklichen Unterschieden im Sauerstoffgehalt im Vergleich zur Alternative *Bas S0 wandel*[32] führen.

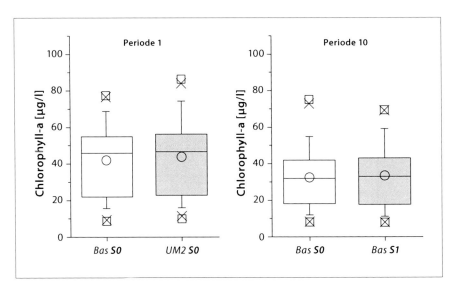

Abb. 15: Boxplots des Chlorophyll-a-Gehaltes an der Spreemündung für ausgewählte Abflussszenarien und Alternativen des Klimaszenarios *wandel*[32].

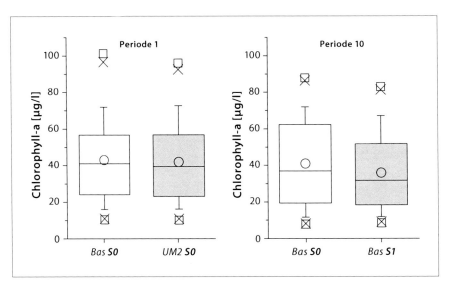

Abb. 16: Boxplots des Chlorophyll-a-Gehaltes im Teltowkanal bei Kohlhasenbrück für ausgewählte Abflussszenarien und Alternativen des Klimaszenarios *wandel*[32].

Im Gegensatz zum Sauerstoffhaushalt wird der Nährstoffhaushalt bei der Alternative *UM1 S0 wandel*[32] durch den Ablauf der KA Ruhleben in beiden Abschnitten deutlich belastet. Es zeigt sich, dass eine Erweiterung der Kläranlagen Stahnsdorf und Ruhleben mit Membranfiltrationstechnologie (Alternative *UM2 S0 wandel*[32]) die Stickstoffbelastung stark verringert (Abbildung 13). Dadurch würden auch die Badestellen in der Havel von den fäkalcoliformen Bakterien aus Kläranlagen entlastet werden, so dass eine ganzjährige Einleitung der Kläranlage Ruhleben in die Spree möglich wäre, ohne die Badewasserqualität zu beeinträchtigen. Die in der Alternative *Bas S1 wandel*[32] betrachtete Oderwasserüberleitung führt erwartungsgemäß zu einer etwas höheren Nährstofffracht (Abbildung 13).

Der Nährstoff- und Sauerstoffhaushalt im Abschnitt Süd bleibt bei allen Alternativen des Abflussszenarios *S0 wandel*[32] stark belastet (Abbildung 14). Aber eine Aufrüstung der Kläranlagen Ruhleben und Stahnsdorf mit Membranfiltration (Alternative *UM2 S0 wandel*[32]) führt zu einer deutlichen Verbesserung der Stickstoffbelastung (Abbildung 14).

Die Trophie ändert sich bei den verschiedenen Abflussszenarien und Alternativen nur geringfügig. Die reduzierte Belastung beider Flussabschnitte in der Periode 10 durch geringere Algenbiomassenfrachten flussaufwärts des Untersuchungsgebietes führt für beide Abflussszenarien *S0* und *S1 wandel*[32] nur zu leicht erniedrigten Algengehalten (Abbildung 15 und 16). Denn durch die reduzierten Abflüsse und die erhöhte Globalstrahlung erhöht sich die Aufenthaltszeit und verbessern sich die Lichtbedingungen für das Algenwachstum, so dass dennoch hohe Algengehalte im Modell erreicht werden.

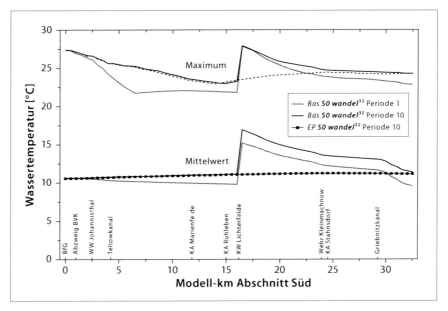

Abb. 17: Vergleich der Wassertemperatur der Alternativen *Bas S0 wandel*[32] Periode 1 und 10 und *EP S0 wandel*[32] Periode 10 entlang des Abschnitt Süd. Aus täglichen Modellwerten wurden jeweils der Mittelwert und das Maximum der gesamten Periode berechnet.

Die Wärmebelastung durch Kraftwerke führt insbesondere im Abschnitt Süd zu einer deutlichen Erhöhung der mittleren Wassertemperatur (Abb. 17). Im Abschnitt Nord können alle modellierten 5 Heizkraftwerke ganzjährig mit voller Leistung betrieben werden, während nach den Modellergebnissen das Kraftwerk Lichterfelde im Abschnitt Süd zeitweise in der Leistung reduziert werden müsste. So müsste das Kraftwerk bei der Alternative *Bas S0 wandel*[32] in der Periode 1 26 Tage in der Leistung reduziert werden, in der Periode 10 bei abgeschalteter Kläranlage Ruhleben und generell zurückgegangenen Abflüssen 67 Tage. Die Alternative *Bas S1 wandel*[32] würde in der Periode 10 zu einer Verringerung auf 46 Tage ohne volle Leistung führen. Dabei werden von QSim die Einbußen noch unterschätzt, da im Modell die zulässige Höchsttemperatur und maximale Aufwärmspanne am Kraftwerksauslauf auf das gesamte Gewässer und nicht nur auf das entnommene Kühlwasser bezogen werden.

Bei der Betrachtung der Gewässergüte in den Berliner Fließgewässern wird deutlich, dass sich im Abschnitt Nord wesentlich bessere Verhältnisse als im Abschnitt Süd einstellen. Die Simulationen zeigen, dass in der Periode 10 die negativen Folgen sinkender Abflüsse im Berliner Gewässernetz durch eine verringerte Belastung aus dem Einzugsgebiet teilweise ausgeglichen werden. Umgekehrt kommt es aber zu kritischen Zuständen der Gewässergüte und der Trophie, wenn die angenommene Verringerung der Stoffeinträge in Oder und Spree ausbleibt.

Für die abschließende Bewertung der Badewasser- und Gewässerqualität mittels NAIADE (WENZEL 2005, Kap. III-2.4.1) gehen vom Modell EMMO die Parameter Chlorophyll-a und die Biomasse der Blaualgen und vom Modell QSim die Parameter Sauerstoff, TOC-, Nitrat-, Nitrit-, Ammonium-, Gesamt-Phosphat- und ortho-Phosphat-Gehalt sowie der Chlorophyll-a-Gehalt ein.

Referenzen

BEHRENDT, H., DANNOWSKI, R., DEUMLICH, D., DOLEŽAL, F., KAJEWSKI, I., KORNMILCH, M., KOROL, R., MIODUSZEWSKI, W., OPITZ, D., STEIDL, J., STROŃSKA, M. (2002): Point and diffuse emissions of pollutants, their retention in the river system of the Odra and scenario calculations on possible changes. Research Report. IGB, Berlin.

BERGFELD, T. KIRCHESCH, V., SCHAPER, J., EIDNER, R., MÜLLER, D. (in prep.): Modellgestützte Analyse der Gewässergüte des Berliner Gewässernetzes unter Berücksichtigung von Wassernutzungskonflikten im Ballungsraum Berlin unter den Bedingungen des globalen Wandels. BfG-Bericht 1393.

KIRCHESCH, V., SCHÖL, A. (1999): Das Gewässergütemodell QSim – ein Instrument zur Simulation und Prognose des Stoffhaushalts und der Planktondynamik von Fließgewässern. – Hydrologie & Wasserbewirtschaftung 43 (6): 302–309.

KIRILLIN, G. (2002): Modeling of the Vertical Heat Exchange in Shallow Lakes. Ph. D. Thesis, Humboldt-Universität zu Berlin

OPPERMANN, R. (2003): GLOWA-Elbe I: Teilaufgabe 2.3: Ballungsraum Berlin/Untere Havel. Schlussbericht. BfG-Bericht 1398, 197 S.

RACHIMOW, C., PFÜTZNER, B., FINKE, W. (2005) Veränderungen im Wasserdargebot und in der Wasserverfügbarkeit im Großraum Berlin. In: WECHSUNG, F., BECKER, A., GRÄFE, P. (Hrsg.) Auswirkungen des globalen Wandels auf Wasser, Umwelt und Gesellschaft im Elbegebiet. Weißensee Verlag Berlin, Kap. III-2.4.2.

REHFELD-KLEIN und BEHRENDT (2003): Die Eutrophierung – das Hauptgewässergüteproblem der unteren Spree – Analyse und Lösungsansätze. In: KÖHLER, J. GELBRECHT, J. PUSCH, M. (Hrsg.) Die Spree – Zustand, Probleme und Entwicklungsmöglichkeiten, Limnologie aktuell, Bd. 10, Schweizerbart'sche Verlagsbuchhandlung, S. 272–278.

SCHELLENBERGER, G., BEHRENDT, H., KOZERSKI, H.-P., MOHAUPT, V. (1983): Ein mathematisches Ökosystemmodell für eutrophe Flachgewässer. Acta Hydrophysika, 28(1/2):109–172.

SCHÖL, A., KIRCHESCH, V., BERGFELD, T., SCHÖLL, F., BORCHERDING, J., MÜLLER, D. (2002): Modelling the Chlorophyll a content of the River Rhine – interrelation between riverine algal production and population biomass of grazers, rotifers and the zebra mussel, *Dreissena polymorpha*. Internat. Rev. Hydrobiol. 87 (2-3): 295–317.

STRUBE, T., BENZ, J., BRÜGGEMANN, R., BEHRENDT, H. (2003): Entwicklung eines Wassergütemodells unter Nutzung der Prozessdatenbank ECOBAS. In: GNAUCK, A. (Hrsg.) Theorie und Modellierung von Ökosystemen. Workshop Kölpinsee, Shaker-Verlag, Aachen. 263–273.

WENZEL, V. (2005): Integrierende Studien zum Berliner Wasserhaushalt. In: WECHSUNG, F., BECKER, A., GRÄFE, P. (Hrsg.): Auswirkungen des Globalen Wandels auf Wasser, Umwelt und Gesellschaft im Elbegebiet. Weißensee Verlag Berlin, Kap. III-2.4.1.

Anlagen

Abbildungsverzeichnis 371

Tabellenverzeichnis 379

Szenarienverzeichnis 383

Modellverzeichnis GLOWA-Elbe I 387

Projektstruktur 393

Abkürzungsverzeichnis 395

Glossar 403

Abbildungsverzeichnis

Teil I: Forschungsfragen – Methodischer Ansatz – Ergebnisse

I-1 Herausforderungen des globalen Wandels für die Elbe-Region
Frank Wechsung

Abb. 1: Elbeeinzugsgebiet mit deutschem und tschechischen Teil, den Teilgebieten Unstrut, Spree-Havel und Schwarze Elster sowie den Braunkohletagebaugebieten in der Lausitz 3

Abb. 2: Interpolierte Höhenkarte des Elbeeinzugsgebietes mit Kennzeichnung klimatisch bedeutsamer Höhenzüge in Perzentil-Darstellung 19

Abb: 3: Interpolierte räumliche Verteilung der mittleren Tagestemperaturen, der Niederschlagssumme und der klimatischen Wasserbilanz des Elbeeinzugsgebietes (deutscher Teil) für den Jahresdurchschnitt des Zeitraumes 1951–2000 20

Abb. 4: Interpolierte räumliche Verteilung der linearen Änderungstrends für die Jahresmitteltemperatur, die Winter- und die Sommerniederschläge, sowie die klimatische Wasserbilanz über die Periode 1951–2000 21

Abb. 5: Wichtige Pegel des Untersuchungsgebietes 24

Abb. 6a: Jahresreihen der klimatischen Wasserbilanz für den Beobachtungszeitraum 1951–2000 für die Szenarienperiode 2001–2055 für das deutsche Gebiet der Elbe und das Teileinzugsgebiet der Unstrut 30

Abb. 6b: Jahresreihen der klimatischen Wasserbilanz für die Teileinzugsgebiete Schwarze Elster und Obere Spree 31

Abb. 6c: Jahresreihen der klimatischen Wasserbilanz für die Teileinzugsgebiete Spreewald und Obere Havel 32

I-2 Der Integrative Methodische Ansatz von GLOWA-Elbe
Frank Messner, Volker Wenzel, Alfred Becker, Frank Wechsung

Abb. 1: Die Hauptkomponenten des IMA zu Projektbeginn von GLOWA-Elbe 62
Abb. 2: Die vier Hauptschritte des IMA 65

I-3 Der Integrative Methodische Ansatz im stringenten Sprachkalkül
Volker Wenzel

Abb. 1: Muster für einen Integrationsansatz 79

Teil II: Szenarien und ausgewählte Folgen für den deutschen Teil des Elbegebietes

II-1.1 Regionale Klimasimulationen zur Untersuchung der Niederschlagsverhältnisse in heutigen und zukünftigen Klimaten
Daniela Jacob und Katharina Bülow

Abb. 1:	Gesamtniederschlag für den deutschen Teil des Elbeeinzugsgebiets (1979–1998)	90
Abb. 2:	Mittlere Monatstemperaturen	92
Abb. 3:	Mittlerer jährlicher Niederschlag und seine Änderungen	93
Abb. 4:	Elbeeinzugsgebiet Niederschlagsintensitäten	94

II-1.2 Klimaprognose der Temperatur, der potenziellen Verdunstung und des Niederschlags mit NEURO-FUZZY-Modellen
Eberhard Reimer, Sahar Sodoudi, Eileen Mikusky, Ines Langer

Abb. 1:	Modellsystem zur Erstellung lokaler Klimazeitreihen ausgewählter Parameter	97
Abb. 2:	Schematische Darstellung für die Regelfindung einer Niederschlagsprognose	100
Abb. 3:	Modellfehler des besten Modells pro Modellklasse für Niederschlagsvorhersagen an 25 Stationen	102
Abb. 4:	Modellfehler des besten Modells pro Modellklasse für Temperaturvorhersagen an 25 Stationen	102
Abb. 5:	Boxplot der 100 Variationen der Jahresmitteltemperatur für den Zeitraum 2001–2053	104
Abb. 6:	Boxplots über die 100 Variationen der Jahrestemperatur für den Zeitraum 2001–2053	105
Abb. 7:	Räumliche Verteilung der von NEURO-FUZZY ermittelten Trends der Jahresmitteltemperaturen, Jahresniederschläge und potenziellen Evapotranspiration über 55 Jahre für ECHAM4 und REMO und die Szenarien Periode 2001–2055	106

II-1.3 Simulationsergebnisse des regionalen Klimamodells STAR
Friedrich-Wilhelm Gerstengarbe und Peter C. Werner

Abb. 1:	Schema des Verteilungsvergleichs und der Auswahl der wahrscheinlichsten Entwicklung	114
Abb. 2:	Räumliche Verteilung der Jahressumme des Niederschlags a) Ist-Klimaszenarium, b) Zukunftsklimaszenarium, c) Differenz Zukunftsklimaszenarium – Ist-Klimaszenarium	115
Abb. 3:	Räumliche Verteilung des Jahresmittels der Lufttemperatur a) Ist-Klimaszenarium, b) Zukunftsklimaszenarium 2046/2055	116

II-2.1.1 Perspektiven der Landbewirtschaftung im deutschen Elbegebiet unter dem Einfluss des globalen Wandels – Ergebnisse eines interdisziplinären Modellverbundes
Horst Gömann, Peter Kreins, Christian Julius

Abb. 1:	Regionale Brache- bzw. Stilllegungsanteile an der landwirtschaftlich genutzten Fläche im Elbegebiet im Jahr 2020 bei unterschiedlichen Szenarien des globalen Wandels	122
Abb. 2:	Regionale Stickstoffbilanzüberschüsse im deutschen Elbegebiet im Jahr 2020 bei unterschiedlichen Szenarien des globalen Wandels	124

II-2.1.2 Zukunft Landschaft – Bürgerszenarien zur Landschaftsentwicklung
Detlev Ipsen, Uli Reichhardt, Holger Weichler

Abb. 1:	Methodik der Landschaftskonferenzen	130
Abb. 2:	Mögliche Flächennutzung im Niederlausitzer Bogen 2030 gemäß der Bürgerszenarien	135

II-2.2.1 Mögliche Auswirkungen von Änderungen des Klimas und in der Landwirtschaft auf die Nährstoffeinträge und -frachten
Horst Behrendt, Dieter Opitz, Markus Venohr, Mojmir Soukup

Abb. 1:	Eintragspfade und Prozesse in MONERIS	141
Abb. 2:	Relatives Niveau der Abflüsse und N-Einträge für zwei verschiedene Klimaszenarien im Vergleich zur Situation im Zeitraum 1998–2000	143
Abb. 3:	Relatives Niveau der diffusen Nährstoffeinträge nach Berechnungen mit MONERIS für die Zeiträume 1983–1989, 1993–1997, 1998–2000, 2025 und 2075	144
Abb. 4:	Relatives Niveau von Temperatur, Abfluss, Einträgen und Fracht für die Station Zollenspieker, bezogen auf die mittleren Verhältnisse im Zeitraum 1961–1990	145
Abb. 5:	Veränderung der mittleren monatlichen Retention in den Oberflächengewässern der Elbe und Veränderung der Retentionsleistung nach den Klimamodellen für 2025 und 2075 im Vergleich zu 1961–1990	145
Abb. 6:	Relatives Niveau der diffusen N-Einträge im Elbegebiet für verschiedene Szenarien der Entwicklung in der Landwirtschaft bezogen auf den Zeitraum 1998–2000	147
Abb. 7:	Niveau der Stickstoffeinträge nach Berechnungen mit MONERIS für die Zeiträume 1983–1989, 1993–1997, 1998–2000 und für 2025 und für den „steady state" für verschiedene Szenarien der Entwicklung in der Landwirtschaft	148

II-2.2.2 Folgen von Klimawandel und Landnutzungsänderungen für den Landschaftswasserhaushalt und die landwirtschaftlichen Erträge im Gebiet der deutschen Elbe
Fred F. Hattermann, Valentina Krysanova, Frank Wechsung

Abb. 1:	Lage der Klimastationen und der Messpegel für die genesteten Analysen	153
Abb. 2:	Schematische Darstellung der in SWIM abgebildeten hydrologischen Prozesse	155
Abb. 3:	Darstellung der in SWIM abgebildeten Pflanzenwachstumsprozesse	155
Abb. 4:	Darstellung der vertikalen Wasserflüsse für ein Hydrotop mit flachem Grundwasserspiegel sowie die simulierten und die beobachteten Grundwasserstände	156
Abb. 5:	Vergleich des simulierten und beobachteten Abflusses am Pegel Neu Darchau	157
Abb. 6:	Vergleich der mittleren jährlichen beobachteten Erträge aus der Kreisstatistik für Weizen und der mittleren simulierten Werte für den Zeitraum 1996–1999 sowie das Mittel und die Varianz der Erträge	158
Abb. 7a:	Unsicherheit der Wasserbilanz für verschiedene Teileinzugsgebiete der Elbe und für die Gesamtelbe	158
Abb. 7b:	Unsicherheit der Effizienz nach Nash und Sutcliffe für verschiedene Teileinzugsgebiete der Elbe und für die Gesamtelbe	159
Abb. 8:	Durch SWIM simulierte mittlere jährliche Grundwasserneubildung für 1991–2000, die Änderung unter Szenariobedingungen sowie der Variabilitätskoeffizient 100 Realisierungen	160
Abb. 9:	Simulierter mittlerer täglicher Abfluss (deutsche Elbe 1961–1990) und die mittleren Werte (50er und 100er Perzentil) für den Zeitraum 2046–2055	160
Abb. 10:	Ertragsänderungen für Weizen und Mais	161
Abb. 11:	Verteilungsmuster der wichtigsten Anbauarten im Elbegebiet unter Referenzbedingungen (1996–1999)	162

Teil III: Integrierte regionale Analysen in Teilgebieten

III-1 Das Unstrutgebiet – Einführung, Methodik und Ergebnisse
Beate Klöcking und Thomas Sommer

Abb. 1:	Untersuchungsräume im Teilprojekt Unstrut	168
Abb. 2:	Umsetzung der integrativen Methodik im Teilprojekt Unstrut	169

III-1.1 Untersuchungen zum rezenten Wasser- und Stoffhaushalt im Unstrutgebiet
Thomas Sommer und Steffi Knoblauch

Abb. 1:	Messnetz Grundwasser im Untersuchungsraum 2	173
Abb. 2a:	Grundwasser Messstellen im Altengotternschen Ried	173
Abb. 2b:	Detailmessungen im Altengotternschen Ried: Aufbau eines Sickerwasser- und GW-Sammlers	174
Abb. 3:	Grundwasserisohypsenplan für den Untersuchungsraum 2	175
Abb. 4:	Langjähriger Trend der Grundwasserstände a) Speisungsgebiet b) Entlastungsgebiet	176
Abb. 5:	Grundwasserganglinien im Altengotternschen Ried	177
Abb. 6:	Wasserbeschaffenheit im Untersuchungsraum 2: a) Nitrat; b) Ammonium	178
Abb. 7:	Stickstoff und Ammonium am Sickerwasser- und GW-Sammler GWS II/3/A5	179
Abb. 8:	Nitratkonzentration und N-Fracht auf den Untersuchungsstandorten im EZG der Unstrut	180

III-1.2 Wie ändert sich die Landnutzung? – Ergebnisse betrieblicher und ökosystemarer Impaktanalysen
Uta Maier

Abb. 1:	Lage der Auswahlbetriebe und Landkreise im Unstrut-Einzugsgebiet	186
Abb. 2:	Veränderung der Landnutzung unter den Bedingungen der Liberalisierung und Regionalisierung im Vergleich zur Referenz	190
Abb. 3:	Veränderung der Landnutzung unter den Bedingungen der Globalisierung ohne Klimawandel und mit Klimaänderungen	191
Abb. 4:	Vergleich der Wandelszenarien für ausgewählte Parameter	193

III-1.3 Das Unstrutgebiet – Die Modellierung des Wasser- und Stoffhaushaltes unter dem Einfluss des globalen Wandels
Beate Klöcking, Thomas Sommer, Bernd Pfützner

Abb. 1:	Modellierungen und ihre Verknüpfungen im TP Unstrut	196
Abb. 2:	Das PSCN-Modul im Rahmen des hydrologischen Einzugsgebietsmodells ArcEGMO	197
Abb. 3:	Gewässernetz und Teileinzugsgebiete im Raum 2	198
Abb. 4:	Modellschnitt mit Permeabilitätsbarriere	199
Abb. 5:	Differenz der mittleren Grundwasserstände zwischen Klima *Referenz*-Szenario (1990–2000) und *STAR_54*-Szenario bei einer Landnutzung nach *A1*	201
Abb. 6:	Mittleres jährliches Transpirationsdefizit und mittlerer Stickstoff-Austrag aus der Bodenzone im Zeitraum 1981–1996	202
Abb. 7:	Veränderung der mittleren jährlichen Verteilung von Transpirationsdefizit und Grundwasserneubildung bei einer Landnutzung nach *A1* und Klimawandel nach *STAR_54* (2045–2055) im Vergleich zum *Referenzszenario* (1990–2000)	203
Abb. 8:	Veränderung des Stickstoffaustrages bei Klima- und Landnutzungswandel nach *STAR_54* und *A1* im Vergleich zum *Referenzszenario*	204

Abb. 9:	Mittlerer Jahresgang der klimatischen Wasserbilanz nach *STAR 100* für das Einzugsgebiet bis zum Pegel Nägelstedt für verschiedene Bezugsperioden	205
Abb. 10:	Mittlerer Abflussjahresgang am Pegel Nägelstedt für *STAR 100*, die gegenwärtige Landnutzung und verschiedene Bezugsperioden	205
Abb. 11:	Mögliche künftige Defizite in der Nutzwasserbereitstellung am Beispiel der Talsperre Seebach	206

III-2.1.1 Probleme der integrierten Wasserbewirtschaftung im Spree-Havel-Gebiet im Kontext des globalen Wandels
Uwe Grünewald

Abb. 1:	Zeitliche Entwicklung der Grubenwasserhebungen in den vom Braunkohlenbergbau beeinflussten Lausitzer Flusseinzugsgebieten	211
Abb. 2:	Hauptprobleme der integrierten Wasserressourcenbewirtschaftung in einem Einzugsgebiet	212
Abb. 3:	Sicherheiten für den Mindestabfluss am Zuflusspegel der Spree nach Berlin, Pegel Große Tränke UP, Bezugsjahr 2010	213
Abb. 4:	Situation der pH-Werte und der Basen- bzw. Säurekapazität in ausgewählten brandenburgischen und sächsischen Tagebauseen der Lausitz (Ende 2003)	214
Abb. 5:	Methodisches Konzept zur Wasserqualitätsvorhersage für Tagebauseen	215

III-2.1.3 Großräumige Wasserbewirtschaftungsmodelle als Instrumentarium für das Flussgebietsmanagement
Stefan Kaden, Michael Schramm, Michael Redetzky

Abb. 1:	Rahmenbedingungen der Wasserbewirtschaftung	223
Abb. 2:	Aufgabe der Wasserbewirtschaftung	224
Abb. 3:	Methodik stochastischer Bewirtschaftungsmodelle	225
Abb. 4:	Rangzahlenkonzept	225
Abb. 5:	Datengruppen des ArcGRM (jetzt WBalMo)	227
Abb. 6:	Ausschnitt der Systemskizze des WBalMo GLOWA	228
Abb. 7:	Simulationsteilgebiete für die Abflusssimulation im Spreegebiet	229
Abb. 8:	Abflusssimulation STG 1, zwei Realisierungen	231
Abb. 9:	Abflusssimulation STG 1 ohne (2003–2007) und mit Klimaänderung (2048–2052)	232
Abb. 10:	Modellintegration	232

III-2.2.1 Wasserwirtschaftliche Handlungsstrategien im Spreegebiet oberhalb Berlins
Michael Kaltofen, Hagen Koch, Michael Schramm

Abb. 1:	Schwerpunkte der wasserwirtschaftlichen Analyse im Untersuchungsgebiet	243
Abb. 2:	Durchfluss Profil Fehrow/Spree	247
Abb. 3:	Durchfluss Profil Große Tränke/Spree	247
Abb. 4:	Jahreswasserdefizit der Binnenfischerei	248
Abb. 5:	Flutungswassermengen und -dauern für die Tagebauseen	249
Abb. 6:	Änderung des Säureeintrages und des Konditionierungsmittelbedarfes für die erstmalige Konditionierung der Tagebauseen im Vergleich zum Szenario *Basis$_{OS}$ stabil*	250
Abb. 7:	Abgabemengen aus den TS Bautzen/Quitzdorf zur Flutung von Tagebauseen	250
Abb. 8:	Überleitungsmengen aus der Neiße	251
Abb. 9:	Wasserwirtschaftliche Handlungsstrategien im Spreegebiet und deren Umsetzung im WBalMo	252
Abb. 10:	Gewässerschema für den Teilraum Seese/Schlabendorf	254
Abb. 11:	Änderung der Flutungsdauer durch die Strategie „Reduzierte Fließe"	255
Abb. 12:	Durchfluss in Dobra und Greifenhainer Fließ oberhalb des Priorgrabens	255

Abb. 13:	Entwicklung des Berlin-Zuflusses für die Basisstrategie und die Strategie „Oderwasser Berlin" 256
Abb. 14:	Übergeleitete Wassermenge aus der Oder in die Malxe 257
Abb. 15:	Änderung der Flutungsdauer durch die Strategie „Oderwasser Brandenburg" 258

III-2.2.2 Integrative wasserwirtschaftliche und ökonomische Bewertung von Flussgebietsbewirtschaftungsstrategien
Frank Messner, Michael Kaltofen, Hagen Koch, Oliver Zwirner

Abb. 1:	Wirkungen des globalen Wandels auf den realen und diskontierten Gewinnverlauf der Binnenfischerei – Darstellung von „Basis" und „Flutung" für alle vier Entwicklungsrahmen.......266

III-2.3.1 Das Integrationskonzept Spreewald und Ergebnisse zur Entwicklung des Wasserhaushalts
Ottfried Dietrich

Abb. 1:	Änderung der realen Verdunstung von $Basis_{SW}$ *S0 wandel* und *MS S0 wandel* in den Zeiträumen 2003/07 und 2048/52 gegenüber $Basis_{SW}$ *stabil* 2003/07 278
Abb. 2:	Zusatzwasserdefizit in der Periode 2048/52 des Szenarios $Basis_{SW}$ *S0 wandel* im Vergleich zu $Basis_{SW}$ *stabil* und $Basis_{SW}$ *S0 wandel* der Periode 2003/07 278
Abb. 3:	Änderung der Juli-Grundwasserstände für $Basis_{SW}$ *S0 wandel* im Vergleich der Perioden 2003/07 und 2048/52 280
Abb. 4:	Wirkung von *MS S0 wandel* auf die Juli-Grundwasserstände im Vergleich zu $Basis_{SW}$ *S0 wandel* ...281

III-2.3.2 Auswirkungen von Klima- und Grundwasserstandsänderungen auf Bodenwasserhaushalt, Biomasseproduktion und Degradierung von Niedermooren im Spreewald
Marco Lorenz, Kai Schwärzel, Gerd Wessolek

Abb. 1:	Differenz der mittleren realen Verdunstungen von $Basis_{SW}$ *stabil* und $Basis_{SW}$ *S0 wandel* für unterschiedliche Böden und Landnutzungen im Spreewald in Abhängigkeit vom GW-Stand.....286
Abb. 2:	Trockenstressfaktoren für die Variante Grünland auf Sand für drei unterschiedliche Grundwasserstände in der jeweiligen Vegetationsperiode.................287
Abb. 3:	Karte der potenziellen Grünlandertragsänderungen zwischen den Perioden 2003/07 und 2048/52 des Szenarios $Basis_{SW}$ *S0 wandel* 288
Abb. 4:	mittlerer Torfschwund der Moorflächen des Spreewaldes im zeitlichen Verlauf...............289
Abb. 5:	über die Zeit akkumulierter mittlerer Torfschwund der Moorflächen des Spreewaldes 289
Abb. 6:	Akkumulierte, mittlere CO_2-C-Freisetzung der Moorflächen des Spreewaldes über den betrachteten Zeitraum 290
Abb. 7:	Torfmächtigkeitsabnahme zwischen 2003 und 2055 (Szenario $Basis_{SW}$ *S0 wandel*) 291
Abb. 8:	Abnahme der Lebensdauer von Niedermooren, ermittelt aus der mittleren Torfmächtigkeitsabnahme im Szenario $Basis_{SW}$ *stabil* und im Szenario $Basis_{SW}$ *S0 wandel*.........291

III-2.3.3 Vegetationsentwicklung im Spreewald vor dem Hintergrund von Klimaänderungen und ihre Bewertung aus naturschutzfachlicher Sicht
Ulrich Bangert, Gero Vater, Ingo Kowarik, Jutta Heimann

Abb. 1:	Gefährdung besonders schutzwürdiger Landschaftselemente im Spreewald 2003–2053........298
Abb. 2:	Staubereiche des Spreewaldes mit Risiken für besonders schutzwürdige Landschaftselemente infolge einer Änderung des Grundwasserflurabstandes 299

III-2.3.4 Berücksichtigung des Wertes von Feuchtgebieten bei der ökonomischen Analyse von Bewirtschaftungsstrategien für Flussgebiete am Beispiel der Spreewaldniederung
Malte Grossmann

Abb. 1:	Schematische Darstellung der Nutzenfunktionen in Abhängikeit vom Grundwasserstand	311
Abb. 2:	Größenordnung der berücksichtigten Bestandteile des ökonomischen Gesamtwertes für den Spreewald im Basisjahr bei stabilem Klima	315
Abb. 3:	Veränderung des ökonomischen Gesamtwertes	316
Abb. 4:	Wassernutzungseffizienz	317
Abb. 5:	Sensitivitätsanalyse für den ermittelten Netto-Nutzen	318
Abb. 6:	Ressourcenkosten im Feuchtgebiet	319
Abb. 7:	Approximation des Grenznutzens pro $\Delta\,hm^3$ Zufluss	320
Abb. 8:	Kosten-Wirksamkeitsrelation von Wiedervernässungsmaßnahmen	321
Abb. 9:	Änderung der Vermeidungskosten für CO_2-Emissionen	321
Abb. 10:	Gliederung der Niederung in Staubereiche	322

III-2.4.1 Integrierende Studien zum Berliner Wasserhaushalt
Volker Wenzel

Abb. 1:	Gesamtmodell	328
Abb. 2:	Struktur der Bewertungskategorien	330
Abb. 3:	Index Badegewässerqualität eines mittleren Jahres sowie $Basis_{OS}$ *wandel*^{32}, *Flutung wandel*^{32} und *OderBln wandel*^{32}	337
Abb. 4:	Wirkungsmatrix des Modellsystems NAIADE mit Indexwerten für drei Komponenten der Versorgungssicherheit und sechs *wandel*-Szenarien	339
Abb. 5:	NAIADE-Ranking der sechs *wandel*-Szenarien	339
Abb. 6:	Wirkungsmatrix des Modellsystems NAIADE mit Indexwerten für drei Komponenten der Versorgungssicherheit und 12 *wandel*-Szenarien	340
Abb. 7:	Wirkungsmatrizen von 4 Entwicklungsszenarien und das zugehörige Szenarienranking für die Pentaden 1 und 10	340
Abb. 8:	Equity-Matrix als Ergebnis einer Stakeholderbefragung zu den ALT *Bas*, *EP*, *UM1* und *UM2* bei Klimawandel und den Abflussszenarien *S0* und *S1*	342
Abb. 9:	Fuzzy-Definition der linguistischen Variablen für die Equity-Analyse in NAIADE	342
Abb. 10:	Koalitionsdendrogramm zu Abbildung 8	343

III-2.4.2 Veränderungen im Wasserdargebot und in der Wasserverfügbarkeit im Großraum Berlin
Claudia Rachimow, Bernd Pfützner, Walter Finke

Abb. 1:	Zeitliche Entwicklung des mittleren Gebietsabflusses gemäß der Szenarien *STAR 100* und *NEURO-FUZZY 100* für das Einzugsgebiet der oberen Havel	349
Abb. 2:	Szenarienvergleich: Einhaltung des Mindestdurchflusswertes von $8\,m^3/s$ in den einzelnen Perioden am Pegel Sophienwerder	350
Abb. 3:	Szenarienvergleich: Einhaltung des Mindestdurchflusswertes von $6\,m^3/s$ in den einzelnen Perioden am Pegel Spandau	351
Abb. 4:	Szenarienvergleich: Bedarfsbefriedigung für das Wasserwerk Friedrichshagen in den einzelnen Perioden	352
Abb. 5:	Szenarienvergleich: Prozentuale Wassernutzung des HKW Reuter im Monat Juli für verschiedene Zeiträume	352

Abb. 6:	Alternativenvergleich: Einhaltung der Mindestdurchflusswerte in den einzelnen Perioden an den Pegeln Sophienwerder und Kleinmachnow	354
Abb. 7:	Szenarienvergleich für die Alternative *EP*: Bedarfsbefriedigung für das Wasserwerk Friedrichshagen in den einzelnen Perioden	355

III-2.4.3 Auswirkungen des globalen Wandels auf die Gewässergüte im Berliner Gewässernetz
Tanja Bergfeld, Torsten Strube, Volker Kirchesch

Abb. 1:	Entwicklung der Schichtungsdauer während des gesamten Betrachtungszeitraumes	359
Abb. 2:	Vergleich des Jahresganges der Oberflächentemperatur des Müggelsees zweier ausgewählter Jahre beider betrachteter Perioden	359
Abb. 3:	Vergleich der Jahresdynamik der Stickstoffkonzentration anhand ausgewählter Jahre der Perioden 1 und 10 der Alternative *Bas S0 wandel*[32]	360
Abb. 4:	Vergleich der Jahresdynamik der Phosphorkonzentration anhand ausgewählter Jahre der Perioden 1 und 10 der Alternative *Bas S0 wandel*[32]	360
Abb. 5:	Vergleich der Jahresdynamik der Biomasse der Sommerblaualgen anhand ausgewählter Jahre der Perioden 1 und 10 der Alternative *Bas S0 wandel*[32]	361
Abb. 6:	Vergleich der Jahresdynamik der Biomasse der Kieselalgen anhand ausgewählter Jahre der Perioden 1 und 10 der Alternative *Bas S0 wandel*[32]	361
Abb. 7:	Vergleich der Jahresdynamik der Stickstoffkonzentration der Alternativen *Bas S0 wandel*[32] und *Bas S1 wandel*[32] anhand eines ausgewählten Jahres der Periode 10	362
Abb. 8:	Vergleich der Jahresdynamik der Phosphorkonzentration der Alternativen *Bas S0 wandel*[32] und *Bas S1 wandel*[32] anhand eines ausgewählten Jahres der Periode 10	362
Abb. 9:	Vergleich der Jahresdynamik der Sommerblaualgen der Alternativen *Bas S0 wandel*[32] und *Bas S1 wandel*[32] anhand eines ausgewählten Jahres der Periode 10	363
Abb. 10:	Vergleich der Jahresdynamik der Kieselalgen der Alternativen *Bas S0 wandel*[32] und *Bas S1 wandel*[32] anhand eines ausgewählten Jahres der Periode 10	363
Abb. 11:	Vergleich des Sauerstoffgehaltes der Alternative *Bas S0 wandel*[32] Periode 1 und 10 entlang des Abschnitt Nord	364
Abb. 12:	Vergleich des Sauerstoffgehaltes der Alternative *Bas S0 wandel*[32] Periode 1 und 10 entlang des Abschnitt Süd	364
Abb. 13:	Boxplots des Gesamt-Stickstoff-Gehaltes an der Spreemündung für ausgewählte Abflussszenarien und Alternativen des Klimaszenarios *wandel*[32]	365
Abb. 14:	Boxplots des Gesamt-Stickstoff-Gehaltes im Teltowkanal bei Kohlhasenbrück für ausgewählte Abflussszenarien und Alternativen des Klimaszenarios *wandel*[32]	365
Abb. 15:	Boxplots des Chlorophyll-a-Gehaltes an der Spreemündung für ausgewählte Abflussszenarien und Alternativen des Klimaszenarios *wandel*[32]	366
Abb. 16:	Boxplots des Chlorophyll-a-Gehaltes im Teltowkanal bei Kohlhasenbrück für ausgewählte Abflussszenarien und Alternativen des Klimaszenarios *wandel*[32]	366
Abb. 17:	Vergleich der Wassertemperatur der Alternativen *Bas S0 wandel*[32] Periode 1 und 10 und *EP S0 wandel*[32] Periode 10 entlang des Abschnitt Süd	367

Tabellenverzeichnis

Teil I: Forschungsfragen – Methodischer Ansatz – Ergebnisse

I-1 Herausforderungen des globalen Wandels für die Elbe-Region
Frank Wechsung

- **Tab. 1:** Masterszenarien mit normativen Zielsetzungen in GLOWA-Elbe I. 6
- **Tab. 2:** Prinzipien einer nachhaltigen Wasserwirtschaft. 10
- **Tab. 3:** Höhen-Perzentile des Elbeeinzugsgebietes zu Abbildung 2. 19
- **Tab. 4:** Perzentile der mittleren Tagestemperaturen, der Niederschlagssumme und der klimatischen Wasserbilanz des Elbeeinzugsgebietes 1951–2000 20
- **Tab. 5:** Perzentile für die Änderungstrends bei den mittleren Tagestemperaturen, der Niederschlagssumme und der klimatischen Wasserbilanz des Elbeeinzugsgebietes 1951–2000. 21
- **Tab. 6a:** Temperatur- und Niederschlagsjahreswerte beobachteter und simulierter Klimadaten für das Elbeeinzugsgebiet insgesamt, das deutsche Teilgebiet und das Teilgebiet Spree-Havel. 27
- **Tab. 6b:** Temperatur- und des Niederschlagshalbjahreswerte beobachteter und simulierter Klimadaten für das Elbeeinzugsgebiet insgesamt, das deutsche Teilgebiet und das Teilgebiet Spree-Havel 28
- **Tab. 7:** Absolute Niederschlagsänderung für die Zentralwerte aus Tabelle 6 in den Szenarien *NEURO-FUZZY* und *STAR*. 29
- **Tab. 8:** Überblick zu wichtigen Kategorien des IMA-Sprachkalküles und logischen Konventionen 33
- **Tab. 9:** Struktur der Szenarienanalyse im Masterszenario *Elbe*. 34
- **Tab. 10:** Ausgewählte Szenarienvergleiche, Wirkungen, Schlussfolgerungen für das MSZ *Elbe* 34
- **Tab. 11:** Struktur der Szenarienanalyse im Masterszenario *deutsche Elbe* 35
- **Tab. 12:** Ausgewählte Szenarienvergleiche, Wirkungen, Schlussfolgerungen für das MSZ *dElbe* 36
- **Tab. 13:** Struktur der Szenarienanalyse im MSZ *Unstrut*. 39
- **Tab. 14:** Ausgewählte Szenarienvergleiche, Wirkungen, Schlussfolgerungen für das MSZ *Unstrut*. 40
- **Tab. 15:** Struktur der Szenarienanalyse im MSZ *Obere Spree* 42
- **Tab. 16:** Ausgewählte Szenarienvergleiche, Wirkungen, Schlussfolgerungen für das MSZ *Obere Spree* 43
- **Tab. 17:** Struktur der Szenarienanalyse im MSZ *Spreewald* 45
- **Tab. 18:** Ausgewählte Szenarienvergleiche, Wirkungen, Schlussfolgerungen für das MSZ *Spreewald* 46
- **Tab. 19:** Struktur der Szenarienanalyse im MSZ *Berlin*. 50
- **Tab. 20:** Ausgewählte Szenarienvergleiche, Wirkungen, Schlussfolgerungen für das MSZ *Berlin* 51

I-3 Der Integrative Methodische Ansatz im stringenten Sprachkalkül
Volker Wenzel

- **Tab. 1:** Definition des Alphabets der unterschiedlichen IMA-Kategorien. 72

Teil II: Szenarien und ausgewählte Folgen für den deutschen Teil des Elbegebietes

II-1.1 Regionale Klimasimulationen zur Untersuchung der Niederschlagsverhältnisse in heutigen und zukünftigen Klimaten
Daniela Jacob und Katharina Bülow

Tab. 1:	Oberflächentemperatur, Elbeeinzugsgebiet (*B2*, REMO 5.1 mit 0,16° horizontaler Auflösung)	92
Tab. 2:	Niederschlag, Elbeeinzugsgebiet (*B2*; REMO 5.1; 0,16° horizontaler Auflösung)	92

II-1.2 Klimaprognose der Temperatur, der potenziellen Verdunstung und des Niederschlags mit NEURO-FUZZY-Modellen
Eberhard Reimer, Sahar Sodoudi, Eileen Mikusky, Ines Langer

Tab. 1:	Verwendete Parameter aus den NCAR/NCEP-Reanalysen und Klimasimulationen für die Fuzzy-Inferenzsysteme	99
Tab. 2:	Verwendete Parameter aus der objektiven Wetterlagenklassifikation	99
Tab. 3:	Jahre, die als Lern- und Testdaten verwendet wurden	100
Tab. 4:	Legende und Quantil-Werte zu Abbildung 4	106

II-1.3 Simulationsergebnisse des regionalen Klimamodells STAR
Friedrich-Wilhelm Gerstengarbe und Peter C. Werner

Tab. 1a:	Verteilung der Niederschlagstrends für die Station Magdeburg auf der Basis der simulierten Daten für den Zeitraum 2001–2055	113
Tab. 1b:	Verteilung der Niederschlagstrends für die Station Magdeburg auf der Basis der simulierten Daten für den Beobachtungszeitraum 1951–2000	114

II-2.1.1 Perspektiven der Landbewirtschaftung im deutschen Elbegebiet unter dem Einfluss des globalen Wandels – Ergebnisse eines interdisziplinären Modellverbundes
Horst Gömann, Peter Kreins, Christian Julius

Tab. 1:	Anpassungen der Landnutzung im Elbegebiet bei unterschiedlichen Szenarien des globalen Wandels gegenüber dem *Referenzszenario* im Jahr 2020	123
Tab. 2:	Auswirkungen unterschiedlicher Szenarien des globalen Wandels auf die landwirtschaftliche Produktion, Wertschöpfung und Arbeitskräfte im deutschen Elbeeinzugsgebiet gegenüber dem *Referenzszenario* im Jahr 2020	125

II-2.2.2 Folgen von Klimawandel und Landnutzungsänderungen für den Landschaftswasserhaushalt und die landwirtschaftlichen Erträge im Gebiet der deutschen Elbe
Fred F. Hattermann, Valentina Krysanova, Frank Wechsung

Tab. 1:	Ergebnisse der Modellvalidierung für die hydrologischen Prozesse im Elbeinzugsgebiet für 12 Teilgebiete und die Gesamtelbe	156
Tab. 2:	Änderung der simulierten annuellen Abflusskomponenten in der deutschen Elbe	161
Tab. 3:	Änderung der mittleren Erträge in der deutschen Elbe unter den Bedingungen der wahrscheinlichsten Szenarienrealisation (*STAR_32*)	161

Teil III: Integrierte regionale Analysen in Teilgebieten

III-1 Das Unstrutgebiet – Einführung, Methodik und Ergebnisse
Beate Klöcking und Thomas Sommer

Tab. 1: Hauptwerte des Jahresabflusses an den Unstrutpegeln 168

III-1.1 Untersuchungen zum rezenten Wasser- und Stoffhaushalt im Unstrutgebiet
Thomas Sommer und Steffi Knoblauch

Tab. 1: Messkomponenten der Detailuntersuchungen im Altengotternschen Ried 174

III-1.2 Wie ändert sich die Landnutzung? – Ergebnisse betrieblicher und ökosystemarer Impaktanalysen
Uta Maier

Tab. 1: Szenarienannahmen 184
Tab. 2: Vergleich der Ackerflächennutzung und Fruchtfolgeglieder aus Agrarstatistik 1999 und der Hochrechnung aus den realen Betriebsdaten der Auswahlbetriebe 1999 (Status quo) 188
Tab. 3: Betriebwirtschaftliche Kenngrößen der Wandelszenarien 193

III-1.3 Das Unstrutgebiet – Die Modellierung des Wasser- und Stoffhaushaltes unter dem Einfluss des globalen Wandels
Beate Klöcking, Thomas Sommer, Bernd Pfützner

Tab. 1: Räumliche Eingangsdaten für die hydrologische Modellierung 199

III-2.1.1 Probleme der integrierten Wasserbewirtschaftung im Spree-Havel-Gebiet im Kontext des globalen Wandels
Uwe Grünewald

Tab. 1: Gesamtbilanz der Förderung im Lausitzer Braunkohlerevier 210
Tab. 2: Überblick zu den gegenwärtigen und zukünftigen wasserwirtschaftlichen Speichern in den Einzugsgebieten von Spree und Schwarzer Elster 213
Tab. 3: Gegenwärtig sich abzeichnende verfügbare Wasserressourcen zur Flutung der Niederlausitzer Tagebauseen (Brandenburg und Ostsachsen) 216

III-2.1.4 Exemplarische Umsetzung des Integrativen Methodischen Ansatzes am Oberlauf der Spree
Frank Messner, Michael Kaltofen, Oliver Zwirner, Hagen Koch

Tab. 1: Entwicklungsrahmen, Handlungsalternativen und die resultierenden Entwicklungsszenarien für das MSZ *Obere Spree*, sowie sich daraus ergebende exogene Zuflüsse 237

III-2.2.1 Wasserwirtschaftliche Handlungsstrategien im Spreegebiet oberhalb Berlins
Michael Kaltofen, Hagen Koch, Michael Schramm

Tab. 1: Maximale Wassermengen zur Flutung bzw. zur Ableitung in die Fließgewässer 254

III-2.2.2 Integrative wasserwirtschaftliche und ökonomische Bewertung von Flussgebietsbewirtschaftungsstrategien
Frank Messner, Michael Kaltofen, Hagen Koch, Oliver Zwirner

Tab. 1:	Wirkungsmatrix für Entwicklungsrahmen *B2 stabil*	268
Tab. 2:	Wirkungsmatrix für Entwicklungsrahmen *B2 wandel*	268
Tab. 3:	Wirkungsmatrix für Entwicklungsrahmen *A1 stabil*	269
Tab. 4:	Wirkungsmatrix für Entwicklungsrahmen *A1 wandel*	269

III-2.3.1 Das Integrationskonzept Spreewald und Ergebnisse zur Entwicklung des Wasserhaushalts
Ottfried Dietrich

Tab. 1:	Untersuchte Szenarienkombinationen im Untersuchungsgebiet Spreewald und Bezeichnung der Szenarien im Kapitel III-2.3	276

III-2.3.3 Vegetationsentwicklung im Spreewald vor dem Hintergrund von Klimaänderungen und ihre Bewertung aus naturschutzfachlicher Sicht
Ulrich Bangert, Gero Vater, Ingo Kowarik, Jutta Heimann

Tab. 1:	Erläuterung der Hydrotoptypen im Spreewald	295
Tab. 2:	Schlüsselbegriffe und Definitionen in der Risikoanalyse ERAW	295

III-2.3.4 Berücksichtigung des Wertes von Feuchtgebieten bei der ökonomischen Analyse von Bewirtschaftungsstrategien für Flussgebiete am Beispiel der Spreewaldniederung
Malte Grossmann

Tab. 1:	Übersicht über die berücksichtigten Nutzungs- und Politikziele für die Bewertung der Wassernutzung in der Spreewaldniederung	310

III-2.4.1 Integrierende Studien zum Berliner Wasserhaushalt
Volker Wenzel

Tab. 1:	Basis für die Bewertung zum Berliner Wasserhaushalt	331
Tab. 2:	Die vier grundlegenden Handlungsalternativen des MSZ *Berlin*	332
Tab. 3:	Entwicklungsszenarien des MSZ *Berlin* mit Handlungsalternativen und exogenen Triebkräften	333

III-2.4.2 Veränderungen im Wasserdargebot und in der Wasserverfügbarkeit im Großraum Berlin
Claudia Rachimow, Bernd Pfützner, Walter Finke

Tab. 1:	Meteorologische Verhältnisse in verschiedenen Bezugszeiträumen im Einzugsgebiet der oberen Havel	348
Tab. 2:	Definition der Nutzungsvarianten für die Wasserbetriebe	353
Tab. 3:	Definition der Nutzungsvarianten für die Energiebetriebe	353

Szenarienverzeichnis

Eigennamen der Szenarien sind generell *kursiv* gesetzt, Entwicklungsrahmen und die ergänzende Charakterisierung von exogenen Bedingungen (Klima, Zuflüsse) sind zusätzlich **fett** herausgestellt. Szenarien mit Kontext-abhängigen Inhalten sind mit einem * gekennzeichnet.

Kurzform	Erläuterung
A1	SRES-storyline/Modellgeschichte (siehe Abk.-Verzeichnis)
A1*	regionaler Entwicklungsrahmen für die Landwirtschaft in der **Unstrut-Region** in 2010: ► keine Grund-, Milch- und Fleischprämien ► 10 % Untergrenze für Flächenstilllegungen regionaler sozioökonomischer Entwicklungsrahmen für die **Spree-Havel-Region:** ► konvergierende Wachstumsraten und Einkommen in Deutschland ► Löhne real sinkend: 20 % über 50 Jahre ► Umweltpolitik moderat/zurückhaltend reagierend ► Tourismus überregional, Umsatzrenditen bei 2 % ► Landwirtschaft/Fischerei: Reduzierung von direkten Unterstützungsleistungen
A1 & STAR_54	Landnutzung nach dem Unstrut-Entwicklungsrahmen *A1* kombiniert mit dem Klima von *STAR_54* für 2045-2055
A1K	regionaler Entwicklungsrahmen für die Landwirtschaft in der Unstrut-Region in 2010: wie *A1* aber mit SWIM-modellierten Erträgen nach *STAR_32* für die Periode 2046 – 2055 kombiniert
B2	SRES-storyline/Modellgeschichte (siehe Abk.-Verzeichnis)
B2*	regionaler Entwicklungsrahmen für die Landwirtschaft in der **Unstrut-Region** in 2010: ► Fortführung der AGENDA 2000, ► Fruchtartendiversifizierung ► Ackerflächen bleiben konstant regionaler sozioökonomischer Entwicklungsrahmen für die **Spree-Havel-Region:** ► ökonomische Entwicklung wird von regionalen Triebkräften determiniert ► keine Konvergenz von Wachstumsraten und Einkommen in Deutschland, Löhne stabil ► Umweltpolitik verstärkt und vorsorgeorientiert ► Tourismus regional, Umsatzrenditen 5 % ► Landwirtschaft/Fischerei: Kombination von Unterstützungsleistungen und Umweltleistungen
Bas	siehe *Basis$_{Bl}$*
Bas S0 wandel	Berlin-Strategie *Bas* bei einem Berlin-Zufluss nach *S0* unter den Klimabedingungen des Szenarios **wandel**
Bas S0 wandel[32]	Berlin-Strategie *Bas* bei einem Berlin-Zufluss nach *S0* unter den Klimabedingungen des Szenarios **wandel**[32]
Bas S1 wandel	Berlin-Strategie *Bas* bei einem Berlin-Zufluss nach *S1* unter den Klimabedingungen des Szenarios **wandel**
Bas S1 wandel[32]	Berlin-Strategie *Bas* bei einem Berlin-Zufluss nach *S1* unter den Klimabedingungen des Szenarios **wandel**[32]
Bas S2 wandel	Berlin-Strategie *Bas* bei einem Berlin-Zufluss nach *S2* unter den Klimabedingungen des Szenarios **wandel**
Bas S3 wandel	Berlin-Strategie *Bas* bei einem Berlin-Zufluss nach *S3* unter den Klimabedingungen des Szenarios **wandel**
Basis$_{Bl}$	Basisstrategie Berlin bei Zuflüssen nach *Basis$_{OS}$*

Kurzform	Erläuterung
$Basis_{OS}$	derzeitige Planungen der Wasserbehörden: Stilllegung der Tagebaue Cottbus Nord und Jänschwalde bis 2032, Flutung der Tagebaue Reichwalde (2030) und Nochten (2040)
$Basis_{OS}$ **A1 wandel**	$Basis_{OS}$ **wandel** im Spree-Havel-Entwicklungsrahmen **A1**
$Basis_{OS}$ **B2 wandel**	$Basis_{OS}$ **wandel** im Spree-Havel-Entwicklungsrahmen **B2**
$Basis_{OS}$ **stabil**	Spree-Havel-Strategie $Basis_{OS}$ unter den Klimabedingungen des Szenarios **stabil**
$Basis_{OS}$ **wandel**	Spree-Havel-Strategie $Basis_{OS}$ unter den Klimabedingungen des Szenarios **wandel**
$Basis_{OS}$ **A1 stabil**	$Basis_{OS}$ **stabil** im Spree-Havel-Entwicklungsrahmen **A1**
$Basis_{OS}$ **B2 stabil**	$Basis_{OS}$ **stabil** im Spree-Havel-Entwicklungsrahmen **B2**
$Basis_{SW}$	Basisstrategie Spreewald bei Zuflüssen nach $Basis_{OS}$
$Basis_{SW}$ **S0 wandel**	Spreewald-Strategie $Basis_{SW}$ bei einem Zufluss aus der Oberen Spree nach **S0** unter den Klimabedingungen des Szenarios **wandel**
$Basis_{SW}$ **S0 wandel**[32]	Spreewald-Strategie $Basis_{SW}$ bei einem Zufluss aus der Oberen Spree nach **S0** unter den Klimabedingungen des Szenarios **wandel**[32]
$Basis_{SW}$ **stabil**	Spreewald-Strategie $Basis_{SW}$ unter den Klimabedingungen des Szenarios **stabil**
ECHAM 4	Klimaszenario des ECHAM4-Modells
EP	Energie- und Wasserpolitik zur Verminderung des Energie- und Wasserverbrauches
EP **S0 wandel**	Berlin-Strategie EP bei einem Berlin-Zufluss nach **S0** unter den Klimabedingungen des Szenarios **wandel**
EP **S1 wandel**	Berlin-Strategie EP bei einem Berlin-Zufluss nach **S1** unter den Klimabedingungen des Szenarios **wandel**
EP **S2 wandel**	Berlin-Strategie EP bei einem Berlin-Zufluss nach **S2** unter den Klimabedingungen des Szenarios **wandel**
EP **S3 wandel**	Berlin-Strategie EP bei einem Berlin-Zufluss nach **S3** unter den Klimabedingungen des Szenarios **wandel**
Flutung	► vorrangige Flutung der Tagebauseen ► Gewährleistung der ökologischen Mindestdurchflüsse des Vorflutsystems ► Bereitstellung aus Neißeüberleitung und überschüssigem natürlichem Dargebot
Flutung **A1 wandel**	Flutung **wandel** im Spree-Havel-Entwicklungsrahmen **A1**
Flutung **B2 wandel**	Flutung **wandel** im Spree-Havel-Entwicklungsrahmen **B2**
Flutung **A1 stabil**	Flutung **stabil** im Spree-Havel-Entwicklungsrahmen **A1**
Flutung **B2 stabil**	Flutung **stabil** im Spree-Havel-Entwicklungsrahmen **B2**
Flutung **stabil**	Spree-Havel-Strategie Flutung unter den Klimabedingungen des Szenarios **stabil**
Flutung **wandel**	Spree-Havel-Strategie Flutung unter den Klimabedingungen des Szenarios **wandel**
HADCM3	Klimaszenario des HADCM3-Modells
Ist-Klimaszenarium	homogenisierte Reihen von Klimabeobachtungen für den Zeitraum 1951–2000
Klimareihe	homogenisierte Reihen von Klimabeobachtungen für den Zeitraum 1951–2000
Klimawandel	regionaler Entwicklungsrahmen für die Landwirtschaft in der deutschen Elberegion im Jahr 2020: **Referenzszenario** kombiniert mit einer Änderung der Ertragspotenziale (2016–2025) in Folge von Klimawandel nach STAR_32

Kurzform	Erläuterung
Lib 2025	Identisch mit ***Liberalisierung*** bei voller Wirkungsentfaltung um 2025
Liberalisierung	regionaler Entwicklungsrahmen für die Landwirtschaft in der deutschen Elberegion im Jahr 2020: Liberalisierung des EU-Agrarmarktes, keine Preisstützungen für Getreide, Milch und Rindfleisch, Betriebsprämien statt Flächen- und Tierprämien
max measures	maximale Maßnahmen zur Senkung der diffusen Stickstoffeinträge: Erosionsminderung, Rückbau von Dränagen, Erhöhung des N-Rückhaltes bei diffusen N-Emissionen aus urbanen Flächen
*MS **stabil***	Spreewald-Strategie Moorschutz *(MS)* unter den Klimabedingungen des Szenarios ***stabil***
*MS SO **wandel***	Spreewald-Strategie Moorschutz *(MS)* bei einem Zufluss aus der Oberen Spree nach *SO* unter den Klimabedingungen des Szenarios ***wandel***
N-Abgabe	regionaler Entwicklungsrahmen für die Landwirtschaft in der deutschen Elberegion im Jahr 2020: Abgabe auf mineralischen Stickstoff in Höhe von 200 %
Nst 2025	identisch mit ***N-Abgabe*** bei voller Wirkungsentfaltung um 2025
Nst 2025 max measures	***Nst*** kombiniert mit einer Handlungsstrategie zur zusätzlichen Verringerung der diffusen Stickstoffeinträge
OderBB	Überleitung von Oderwasser über die Malxe in die Spree oberhalb des Spreewaldes
*OderBB **A1 stabil***	*OderBB **stabil*** im Spree-Havel-Entwicklungsrahmen ***A1***
*OderBB **A1 wandel***	*OderBB **wandel*** im Spree-Havel-Entwicklungsrahmen ***A1***
*OderBB **B2 stabil***	*OderBB **stabil*** im Spree-Havel-Entwicklungsrahmen ***B2***
*OderBB **B2 wandel***	*OderBB **wandel*** im Spree-Havel-Entwicklungsrahmen ***B2***
*OderBB **stabil***	Spree-Havel-Strategie *OderBB* unter den Klimabedingungen des Szenarios ***stabil***
*OderBB **wandel***	Spree-Havel-Strategie *OderBB* unter den Klimabedingungen des Szenarios ***wandel***
OderBln	Überleitung von Oderwasser über den Oder-Spree-Kanal in die Spree oberhalb Berlins
*OderBln **A1 stabil***	*OderBln **stabil*** im Spree-Havel-Entwicklungsrahmen ***A1***
*OderBln **A1 wandel***	*OderBln **wandel*** im Spree-Havel-Entwicklungsrahmen ***A1***
*OderBln **B2 stabil***	*OderBln **stabil*** im Spree-Havel-Entwicklungsrahmen ***B2***
*OderBln **B2 wandel***	*OderBln **wandel*** im Spree-Havel-Entwicklungsrahmen ***B2***
*OderBln **stabil***	Spree-Havel-Strategie *OderBln* unter den Klimabedingungen des Szenarios ***stabil***
*OderBln **wandel***	Spree-Havel-Strategie *OderBln* unter den Klimabedingungen des Szenarios ***wandel***
RedFl	Einstellen der Stützung einzelner Fließe, um Flutung der Tagebauseen früher abzuschließen
*RedFl **A1 stabil***	*RedFl **stabil*** im Spree-Havel-Entwicklungsrahmen ***A1***
*RedFl **B2 stabil***	*RedFl **stabil*** im Spree-Havel-Entwicklungsrahmen ***B2***
*RedFl **stabil***	Spree-Havel-Strategie *RedFl* unter den Klimabedingungen des Szenarios ***stabil***
*RedFl **A1 wandel***	*RedFl **wandel*** im Spree-Havel-Entwicklungsrahmen ***A1***
*RedFl **B2 wandel***	*RedFl **wandel*** im Spree-Havel-Entwicklungsrahmen ***B2***
*RedFl **wandel***	Spree-Havel-Strategie *RedFl* unter den Klimabedingungen des Szenarios ***wandel***

Kurzform	Erläuterung
REF 2025	Entwicklungsrahmen für die Landwirtschaft in der deutschen Elberegion: Fortführung der AGENDA 2000 bis 2025
Referenzszenario*	▶ regionaler Entwicklungsrahmen für die Landwirtschaft in der Unstrut-Region: Fortführung der AGENDA 2000 bei rezentem Klima ▶ regionaler Entwicklungsrahmen für die Landwirtschaft in der deutschen Elberegion im Jahr 2020: „Business as usual", d. h. Fortführung der AGENDA 2000
S0	Zufluss bei Klimawandel nach *Basis$_{0S}$* **wandel** bzw. **wandel**^{32}
S1	Zufluss bei Klimawandel nach *OderBln* **wandel** bzw. **wandel**^{32}
S2	Zufluss bei Klimawandel nach *Flutung* **wandel** bzw. **wandel**^{32}
S3	Zufluss bei Klimawandel nach *RedFl* **wandel** bzw. **wandel**^{32}
stabil	100 statistische Realisierungen der Niederschlag-Abfluss-Charakteristik basierend auf Beobachtungen für den Zeitraum 1951–2000
STAR 100	Klimaszenario des STAR-Modells für die Periode 2001–2055 mit 100 Realisierungen bei einem postulierten Temperaturanstieg von 1,4 K
STAR_100	Realisierung 100 aus STAR 100
STAR_32	Realisierung 32 aus STAR 100
STAR_54	Realisierung 54 aus STAR 100
SWIM 2025	identisch mit **Klimawandel** bei voller Wirkungsentfaltung um 2025
UM	*UM1* und *UM2* sind identisch nach 2022, wenn die Maßnahmen von *UM2* durch *UM1* überflüssig werden (*UM1* = *UM2* = *UM*).
UM S0 **wandel**	Berlin-Strategie *UM* bei einem Berlin-Zufluss nach *S0* unter den Klimabedingungen des Szenarios **wandel**
UM S1 **wandel**	Berlin-Strategie *UM* bei einem Berlin-Zufluss nach *S1* unter den Klimabedingungen des Szenarios **wandel**
UM S2 **wandel**	Berlin-Strategie *UM* bei einem Berlin-Zufluss nach *S2* unter den Klimabedingungen des Szenarios **wandel**
UM S3 **wandel**	Berlin-Strategie *UM* bei einem Berlin-Zufluss nach *S3* unter den Klimabedingungen des Szenarios **wandel**
UM1	Umverteilung im Berliner Gewässernetz mit Klarwassereinleitungen aus Klärwerken
UM2	Umverteilung im Berliner Gewässernetz mit Klarwassereinleitungen aus Klärwerken einer höheren Reinigungsstufe als in *UM1*
wandel	Klimaszenario für die Spree-Havel-Region basierend auf *STAR 100*
wandel^{32}	Klimaszenario für die Spree-Havel-Region basierend auf *STAR_32*
Zukunftsklimaszenarium	Pseudonym für *STAR 100*

Modellverzeichnis GLOWA-Elbe I

ArcEGMO

Büro für Angewandte Hydrologie (BAH), Berlin und Potsdam-Institut für Klimafolgenforschung e.V. (PIK), Potsdam

Prozessbasiertes Modellsystem zur flächendifferenzierten dynamischen Modellierung der hydrologischen und wasserwirtschaftlichen Prozesse, Pflanzenwachstum, Nährstoffflüsse (Stickstoff und Kohlenstoff) auf der Einzugsgebiet- und Regionalskala.

PFÜTZNER, B. (ed.) (2002) Description of ArcEGMO. Official homepage of the modelling system ArcEGMO, www.arcegmo.de.

BECKER, A., KLÖCKING, B., LAHMER, W., PFÜTZNER, B. (2002) The Hydrological Modelling System ARC/EGMO. In: Mathematical Models of Large Watershed Hydrology (Eds.: SINGH, V. P. and FREVERT, D. K.). Water Resources Publications, Littleton/Colorado.

ArcGRM (siehe WBalMo)

BOWAS

TU-Berlin, Institut für Ökologie, FG Standortkunde/Bodenschutz

Modellierung der **BO**den**WAS**serhaushaltskomponenten (ETIreal, GWneu, Vkap, Wasserspannung Wurzelraum) und der CO_2-Freisetzung aus Torfen. Eingangsparameter: bodenhydraulische Funktionen, Witterungsparameter, Pflanzenhöhe, Bedeckungsgrad, Wurzeltiefen, Bestandeswiderstände, CO_2-Produktionsfunktionen

WESSOLEK, G. (1989) Einsatz von Wasserhaushalts- und Photosynthesemodellen in der Ökosystemanalyse. Landschaftsentwicklung und Umweltforschung, Nr. 61.

WESSOLEK, G., SCHWÄRZEL, K., RENGER, M., SAUERBREY, R., SIEWERT, C. (2002) Soil hydrology and CO_2 mineralization of peat soils. J. of Plant Nutr. & Soil Science. 165, 494–500.

EGMO-D

Institut für Wasserwirtschaft Berlin und WASY Gesellschaft für wasserwirtschaftliche Planung und Systemforschung mbH, Berlin

Konzeptionelles hydrologisches Niederschlags-Abfluss-Modell zur Simulation von Monatsmittelwerten der Abflüsse für Flachlandgebiete aus einem horizontal und vertikal gegliederten Einzugsgebiet unter Berücksichtigung unterschiedlicher ober- und unterirdischer Einzugsgebiete durch Bergbaueinfluss

SCHRAMM, M. (1995) Die Bewirtschaftungsmodelle LBM und GRM und ihre Anwendung auf das Spreegebiet. In: BfG-Mitteilungen (8). S. 7–19. Koblenz.

GLOS, E. (1984) Die Einzugsgebietsmodellversion EGMO-D für Durchflussberechnungen in Dekaden- bis Monatszeitschritten. Teilbericht 11 zu LAUTERBACH, D. u.a.: ASU Spree, 1. Ausbaustufe. Forschungsbericht, Institut für Wasserwirtschaft, Berlin.

ERAW

TU Berlin, Institut für Ökologie, FG Ökosystemkunde/ Pflanzenökologie

Ecological **R**isk **A**ssessment for **W**etland Vegetation. Modul des Vegetationsentwicklungsmodells Spreewald (VEGMOS) für eine flächendifferenzierte Risikoanalyse zu den Folgen eines geänderten Wasserhaushaltes in Feuchtgebieten vor dem Hintergrund naturschutzfachlicher Zielsetzungen.

BANGERT, U., VATER, G., HEIMANN, J., KOWARIK, I. (2003) Ecological risk assessment for wetland vegetation in the Spreewald under conditions of altered water supply. Verh. Ges. Ökol. 33, 332.

EMMO
Leibniz-Institut für Gewässerökologie und Binnenfischerei (IGB), Berlin

Ecological **M**üggelsee **MO**del. Ökosystemmodell zur Beschreibung der bio- und geochemischen Stoffkreisläufe in polymiktischen Seen unter Einbeziehung der Algen (3 Gruppen), des Zooplankton, des Zoobenthos, der Fische und des Sedimentes.

SCHELLENBERGER, G., BEHRENDT, H., KOZERSKI, H.-P., MOHAUPT, V. (1983) Ein mathematisches Ökosystemmodell für eutrophe Flachgewässer. Acta Hydrophysica, 28 (1/2): 109–172.

STRUBE, T., BENZ, J., BRÜGGEMANN, R., BEHRENDT, H. (2003) Entwicklung eines Wassergütemodells unter Nutzung der Prozessdatenbank ECOBAS. Bericht zum 5. Workshop „Theorie und Modellierung von Ökosystemen", Kölpinsee 2001.

GERRIS/HYDRAX
GERRIS: Büro Wasser und Umwelt, Berlin,
HYDRAX: Bundesanstalt für Gewässerkunde (BfG), Koblenz

HYDRAX ist ein eindimensionales hydrodynamisches Modell für die Berechnung der Wasserstände, Abflüsse und Fliessgeschwindigkeiten in Oberflächengewässern. Die Saint Venant Gleichungen werden für netz- und baumartige Gewässergraphen gelöst. Das Modell wurde 1983 im Institut für Wasserwirtschaft (DDR) entwickelt und später von der Bundesanstalt für Gewässerkunde übernommen und weiterentwickelt. Angewendet wird es im Spree-Havel-Bereich von der BfG, der Wasser- und Schifffahrtsverwaltung und dem Land Berlin. Im Auftrag der BfG hat das Büro Wasser und Umwelt eine gemeinsame Benutzeroberfläche (GERRIS) für HYDRAX und das Gewässergütemodell QSIM entwickelt. Die Ergebnisse der Wassermengensimulation von HYDRAX werden als Eingabedaten für die Gütesimulation von QSIM benutzt.

BUSCH, N., FRÖHLICH, W., LAMMERSEN, R., OPPERMANN, R., STEINEBACH, G. (1999) Strömungs- und Durchflussmodellierung in der Bundesanstalt für Gewässerkunde. – BfG-Mitteilung 19, Mathematische Modelle in der Gewässerkunde, S. 70–82.

LUSim
Potsdam-Institut für Klimafolgenforschung e.V. (PIK), Potsdam

Land **U**se **SIM**ulation. Regelbasierte Verortung vorgegebener Bilanzen für die Trends zur Landnutzungsänderung; z. B. Versiegelungstrends: Verortung nach Regeln bzgl. Eignung und Umgebungssituation von Flächenelementen

STRÖBL, B., WENZEL, V., PFÜTZNER, B. (2003) Simulation der Siedlungsflächenentwicklung als Teil des globalen Wandels und ihr Einfluss auf den Wasserhaushalt im Großraum Berlin. PIK-Report No. 82, Potsdam.

MONERIS
Leibniz-Institut für Gewässerökologie und Binnenfischerei (IGB), Berlin

MOdelling **N**utrient **E**missions in **RI**ver **S**ystems. Konzeptionelles Modellsystem zur flussgebietsdifferenzierten und pfadbezogenen Modellierung von Nährstoffeinträgen und -frachten in kleines, mesoskaligen und großen Flusssystemen.

BEHRENDT, H., HUBER, P., KORNMILCH, M., OPITZ, D., SCHMOLL, O., SCHOLZ, G., UEBE, R. (2000) Nutrient balances of German river basins. UBA-Texte, 23/2000, 261 p.

BEHRENDT, H., HUBER, P., KORNMILCH, M., OPITZ, D., SCHMOLL, O., SCHOLZ, G., UEBE, R. (2002) Estimation of the nutrient inputs into river basins – experiences from German rivers. Regional Environemental Changes, 3, 107–117.

NAIADE
JRC of EC, Ispra (Italy)

Novel **A**pproach to **I**mprecise **A**ssessment and **De**cision **E**nvironment. Softwaresystem zur multikriteriellen Analyse und zur Konfliktanalyse durch Verarbeitung einer Impaktmatrix (Alternativen vs. Bewertungskriterien) bzw. einer Equitymatrix (Alternativen vs. Interessengruppen)

MUNDA, G. (1995) Multicriteria Evaluation in a Fuzzy Environment: Theory and Applications in Ecological Economics. Physica-Verlag, Berlin.

QSIM
Bundesanstalt für Gewässerkunde (BfG), Koblenz

Qualitäts**SIM**ulation. Die Prozesse des mikrobiellen Stoffumsatzes von Sauerstoff, Kohlenstoff, Stickstoff, Phosphor und Silizium und die Biomassen der beteiligten Organismengruppen (Bakterien, Algen, Zooplankter, benthische Filtrierer) werden im deterministischen Gewässergütemodell QSIM über mathematische Gleichungen berechnet. In der Bundesanstalt für Gewässerkunde (BfG) wird QSIM seit 1979 zur Simulation und Prognose des Stoff- und Sauerstoffhaushalts von Fließgewässern entwickelt und angewendet.

KIRCHESCH, V., SCHÖL, A. (1999) Das Gewässergütemodell QSIM – ein Instrument zur Simulation und Prognose des Stoffhaushalts und der Planktondynamik von Fließgewässern. Hydrologie & Wasserbewirtschaftung 43 (6), S. 302–309.

SCHÖL, A., KIRCHESCH, V., BERGFELD, T., MÜLLER, D. (1999) Model-based analysis of oxygen budget and biological processes in the regulated rivers Moselle and Saar: modelling the influence of benthic filter feeders on phytoplankton. Hydrobiologia 410, S. 167–176.

SCHÖL, A., KIRCHESCH, V., BERGFELD, T., SCHÖLL, F., BORCHERDING, J., MÜLLER, D. (2002) Modelling the Chlorophyll a content of the River Rhine – interrelation between riverine algal production and population biomass of grazers, rotifers and the zebra mussel, Dreissena polymorpha. Internat. Rev. Hydrobiol. 87 (2–3), S. 295–317.

RAUMIS
Institut für Agrarpolitik, Marktforschung und Wirtschaftssoziologie der Universität Bonn

Regionales **A**grar- und **UM**welt**I**nformations**S**ystem für Deutschland. Mathematisches nicht-lineares Programmierungsmodell zur geschlossenen, regional differenzierten ex-post Abbildung des deutschen Agrarsektors; Wirkungsanalysen alternativer Agrar- und Umweltpolitiken auf Landwirtschaft, Landnutzung und Agrar-Umwelt-Indikatoren (z. B. Stickstoff, Phosphor, Erosion)

HENRICHSMEYER, W. et al. (1996) Entwicklung des gesamtdeutschen Agrarsektormodells RAUMIS 96. Endbericht zum Kooperationsprojekt. Forschungsbericht für das BML (94 HS 021), vervielfältigtes Manuskript, Bonn/Braunschweig.

CYPRIS, Ch. (2000) Positive mathematische Programmierung (PMP) im Agrarsektormodell RAUMIS, Schriftenreihe der Forschungsgesellschaft für Agrarpolitik und Agrarsoziologie.

REMO
Max Planck Institut für Meteorologie (MPI), Hamburg

REgional **MO**del. Dreidimensionales atmosphärisches hydrostatisches Klimamodell, 0,5° und 0,16° horizontale Auflösung

JACOB, D. (2001) A note to the simulation of the annual and interannual variability of the water budget over the Baltic Sea drainage basin, Meteorol. Atmos. Phys. 77, p. 61–73.

http://www.mpimet.mpg.de/en/depts/dep1/reg/

STAR
Potsdam-Institut für Klimafolgenforschung e. V. (PIK), Potsdam

STAtistisches **R**egionalmodell. Multivariates statistisches Modell, das unter Verwendung von meteorologischen Beobachtungen und generalisierten Entwicklungstendenzen die wahrscheinlichste zukünftige Klimaentwicklung einer Region abschätzt.

WERNER, P. C., GERSTENGARBE, F.-W. (1997) Proposal for the development of climate scenarios. Climate Research, 8, 3, 171–182.

SWIM
Potsdam-Institut für Klimafolgenforschung e. V. (PIK), Potsdam

Soil and **W**ater **I**ntegrated **M**odel. Prozessbasiertes Modellsystem zur flächendifferenzierten dynamischen Modellierung der hydrologischen Prozesse, Pflanzenwachstum, Nährstoffflüsse (Stickstoff und Phosphor) und Erosion auf der Einzugsgebiet- und Regionalskala

KRYSANOVA, V., MÜLLER-WOHLFEIL, D. I., BECKER, A. (1998) Development and test of a spatially distributed hydrological/water quality model for mesoscale watersheds. Ecological Modelling 106 (1–2), 261–289.

KRYSANOVA, V., WECHSUNG, F., ARNOLD, J., SRINIVASAN, R., WILLIAMS, J. (2000) PIK Report Nr. 69 "SWIM (Soil and Water Integrated Model), User Manual", 239 p.

www.pik-potsdam.de/~valen/swim_manual/

VEGMOS
TU Berlin, Institut für Ökologie, FG Ökosystemkunde/ Pflanzenökologie

Das Vegetationsentwicklungsmodell Spreewald leitet flächendifferenziert die potenzielle Vegetation im Spreewald unter zukünftig geänderten Bedingungen des Wasserhaushalts ab. Datenbasis: Biotoptypenkarte, Vegetationsaufnahmen; Regelwerk: Vegetationsformenkonzept (KOSKA et al. 2001), Ökogramme; Eingangsdaten: Pegelstände (hier aus dem WBalMo Spreewald)

BANGERT, U., VATER, G., HEIMANN, J., KOWARIK, I. (2002) Modelling vegetation development as a contribution to long range wetland management in the Spreewald. Verh. Ges. Ökol. 32, 265.

HEIMANN, J., BANGERT, U., VATER, G., WOLTER, A., KOWARIK, I. (2002) Auswirkungen des Klimawandels auf den Spreewald. Garten und Landschaft 8, 15–17.

KOSKA, I., SUCCOW, M., CLAUSNITZER, U. (2001) Vegetation als Komponente landschaftsökologischer Naturraumkennzeichnung. In: SUCCOW, M. & H. JOOSTEN (Hrsg.) (2001): Landschaftsökologische Moorkunde. 2. Aufl. Schweizerbart, Stuttgart, 622 S.

VATER, G., BANGERT, U., HEIMANN, J., KOWARIK, I. (2003) Modelling vegetation development on the basis of hydrological and land use data. Verh. Ges. Ökol. 33: 303.

WABI
Leibniz-Zentrum für Agrarlandschaftsforschung (ZALF) e.V., Müncheberg

Das **WA**sser**BI**lanzmodell berechnet die Flächenwasserbilanz für grundwasserregulierte Niederungsgebiete, Zeitschritt Monat, berücksichtigt Grundwasserflurabstände bei Verdunstungsermittlung und Speicherberechnung, Zuflüsse aus Einzugsgebiet und Steuerung der Grundwasserstände mittels Regulierungsanlagen.
Anwendungen u. a. für Friedländer Große Wiese und Rhinluch auf Rasterbasis im GIS sowie Rhinluch, Drömling und Spreewald als Wasserbilanzmodell integriert in einem WBalMo (vormals ArcGRM).

DIETRICH, O., DANNOWSKI, R., QUAST, J. (1996) GIS-based water balance analyses for fen wetlands. – International Conf. on Application of Geografic Information Systems in Hydrology and Water Resources Management, HydroGIS'96. 16–19 April, Vienna, Vol. of Poster Papers: 83–90; Vienna.

WaterGAP
Wissenschaftliches Zentrum für Umweltsystemforschung, Universität Kassel (UniK – USF)

Water-**G**lobal **A**nalysis and **P**rognosis. Globales integriertes Modell zur Berechnung von Wasserressourcen (Abfluss, Grundwasserneubildung, Durchfluss) und Wassernutzung (in den Sektoren Haushalt, Bewässerung, Vieh, produzierendes Gewerbe und Wärmekraftwerke), räumliche Auflösung 0,5° × 0,5°, zeitliche Auflösung: Monate (dynamisch), ausgerichtet auf Szenarienerstellung.

ALCAMO, J., DÖLL, P., HENRICHS, T., KASPAR, F., LEHNER, B., RÖSCH, T., SIEBERT, S. (2003) Development and testing of the WaterGAP 2 global model of water use and availability. Hydrological Sciences Journal, 48(3), 317–338.

DÖLL, P., KASPAR, F., LEHNER, B. (2003) A global hydrological model for deriving water availability indicators: model tuning and validation. Journal of Hydrology, 270 (1–2), 105–134.

DÖLL, P., SIEBERT, S. (2002) Global modeling of irrigation water requirements. Water Resources Research, 38(4), 8.1–8.10, DOI 10.1029/2001 WR 000355.

WBalMo (vormals ArcGRM)
WASY Gesellschaft für wasserwirtschaftliche Planung und Systemforschung mbH, Berlin

Simulationssystem für die detaillierte Oberflächenwasserbilanzierung von natürlichem Wasserdargebot und Wasserbedarf für die langfristige wasserwirtschaftliche Rahmen- und Bewirtschaftungsplanung in Flussgebieten unter Berücksichtigung der stochastischen Variabilität des Wasserdargebots und variabler sozioökonomischer und wasserwirtschaftlicher Rahmenbedingungen.

SCHRAMM, M. (1994) Die Bewirtschaftungsmodelle LBM und GRM und ihre Anwendung auf das Spreegebiet. In: BfG-Mitteilungen (8). S. 7–19. Koblenz 1995.

KADEN, S., REDETZKY, M. (2000) Simulation von Bewirtschaftungsprozessen. In: BfG-Mitteilungen, Wasserbewirtschaftung an Bundeswasserstraßen – Probleme, Methoden, Lösungen - Kolloquium am 14./15. September 1999. Koblenz, Berlin.

KÖNGETER, J., DEMNY, G., KADEN, S., WALTHER, J. (2003) Steuerung der bergbaubelasteten Gewässerbeschaffenheit der Spree in den Bergbaufolgelandschaften der Lausitz. In: Nachhaltige Entwicklung von Folgelandschaften des Braunkohlebergbaus. Tagungsband, Martin-Luther-Universität Halle-Wittenberg.

www.wasy.de/deutsch/produkte/wbalmo/index.html

WBalMo Spreewald
(vormals ArcGRM Spreewald)
Leibniz-Zentrum für Agrarlandschaftsforschung (ZALF) e.V., Müncheberg

Wasserbilanzmodell für das Feuchtgebiet Spreewald, Kombination aus einem Langfristbewirtschaftungsmodell WBalMo (ArcGRM) und einem Flächenwasserbilanzmodell (WABI), berücksichtigt bei Wasserbilanzierung Grundwasserflurabstände, Flächennutzung, Bodenarten und Verteilung der Einzugsgebietszuflüsse über das Gewässersystem sowie Steuerung der Grundwasserstände mittel Regulierungsanlagen.

DIETRICH, O., QUAST, J., REDETZKY, M. (2003) ArcGRM Spreewald – ein Modell zur Analyse der Wirkungen des globalen Wandels auf den Wasserhaushalt eines Feuchtgebietes mit Wasserbewirtschaftung. In: KLEEBERG, H.-B. (Hrsg.): Klima-Wasser-Flussgebietsmanagement – im Lichte der Flut. Beiträge zum Tag der Hydrologie am 20./21. März 2003 in Freiburg, Forum für Hydrologie und Wasserbewirtschaftung, Heft 4, S. 215–223.

Projektstruktur

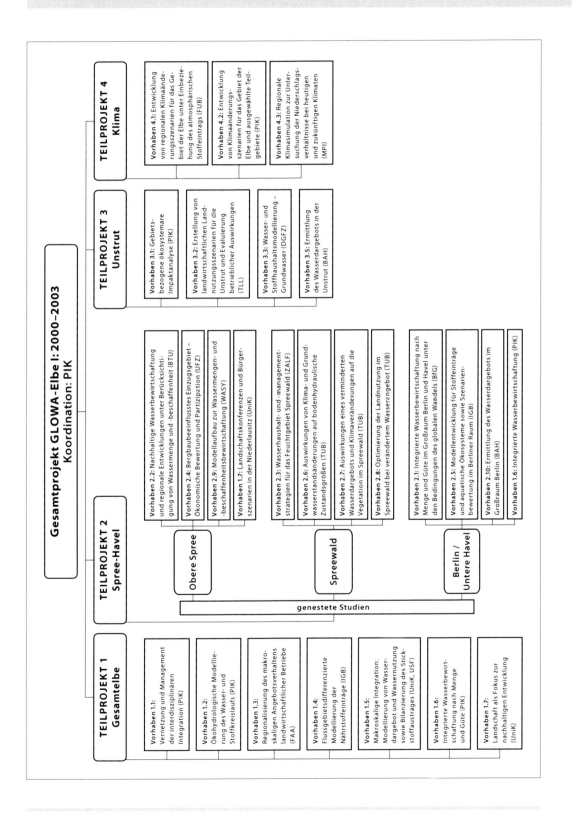

Abkürzungsverzeichnis

A
Algenbiomasse

A1
IPCC-Szenario A1: Globalisierung, Ökonomisierung. Sehr starkes Wirtschaftswachstum, Weltbevölkerung erreicht in der Mitte des 21. Jahrhunderts ihr Maximum und nimmt danach ab, schnelle Einführung neuer und effizienterer Technologien.
Die Welt wird zunehmend globaler, d. h. regionale Unterschiede bei den Einkommen, in kultureller und sozialer Hinsicht und in der technologischen Entwicklung gleichen sich weitgehend aus.

AF
Ackerflächennutzung

AHP
Analytic Hierarchy Process – multikriterielles Bewertungsverfahren (SAATY 1980)

ALT
alternative Szenarien

ArcEGMO
ArcInfo basiertes gegliedertes hydrologisches Modellsystem (siehe auch Modellverzeichnis)

ArcGRM
langfristiges Wasserbewirtschaftungsmodell, neuer Name: WBalMo (siehe auch Modellverzeichnis)

ArcView
GIS Software

ATV-DVWK
Deutsche Vereinigung für Wasserwirtschaft, Abwasser und Abfall, neuer Name: DWA

AvK
Alternativen vs. Kriterien, Wirkungsmatrizen

AvS
Alternativen vs. Stakeholder, Equity-Matrizen

B2
IPCC-Szenario B2: Regionalisierung, Ökologisierung. Lokale Lösungen der wirtschaftlichen, sozialen und umweltorientierten Nachhaltigkeitsfragen; Weltbevölkerung nimmt ständig zu, Wirtschaftsentwicklung bewegt sich auf mittlerem Niveau, der technologische Wandel ist weniger schnell und regional unterschiedlicher als bei den A1-Szenarien; Umweltschutz und eine ausgewogene Verteilung des Wohlstand auf lokaler und regionaler Ebene

BA
Blaualgenanteil

BAH
Büro für angewandte Hydrologie

BEWAG
Betreiber der Kraft- und Heizkraftwerke Berlins

BfG
Bundesanstalt für Gewässerkunde

Bln
Berlin

BMBF
Bundesministerium für Bildung und Forschung

BMVEL
Bundesministerium für Verbraucherschutz, Ernährung und Landwirtschaft

BNatschG
Bundesnaturschutzgesetz

BOWAS
Bodenwasserhaushaltsmodell
(siehe auch Modellverzeichnis)

BTE
deutsches Beratungsunternehmen für Tourismus und Regionalentwicklung

BTU
Brandenburgische Technische Universität, Cottbus

BUFFER
EU-Projekt ("Nutrient Transport to European Standing Waters")

CB
coliforme Bakterien

CHLa
Gehalt an Chlorophyll-a

CIR
Color Infrarot, Technik für Luftbildaufnahmen

CORINE
CoORdinated INformation on the Environment, Datenerhebungskonzept der EU basierend auf der Auswertung von Satellitenbildern

dElbe
deutsches Elbeeinzugsgebiet

DGFZ
Dresdner Grundwasserforschungszentrum

DGM
Digitales Geländemodell

DIN
gelöster anorganischer Stickstoff

DIP
gelöster anorganischer Phosphor

DPSIR
Drivers-Pressures-States-Impacts-Responses

DSI
dynamischer Zirkulationsindex

DWD
Deutscher Wetterdienst

EA
Nettonutzen auf die effektive Wasserentnahme

EC
Escherichia coli

EEA
Europäischen Umweltbehörde

ECHAM
Name des GCM des MPI für Meteorologie, Hamburg

ECMWF
European Centre for Medium-Range Weather Forecasts

ECOBAS
Prozessdatenbank

EGMO-D
Niederschlag-Abluss-Modell (WASY GmbH)

ELECTRE
multikriterielles Bewertungsverfahren (Roy und Vincke 1981)

EMMO
Modell für Gewässergütesimulation (siehe auch Modellverzeichnis)

EP
Energiepolitik

EPIC
Ertragsmodul des Modells SWIM

E_{pot}
potentielle Verdunstung

EQA
Equity-Analysen

ER
Erholungswert der Kahnschifffahrt

ERAW
Ecological Risk Assessment for Wetland Vegetation

E_{real}
tatsächliche Verdunstung

EUROHARP
EU-Projekt („Towards European Harmonised Procedures for Quantification of Nutrient Losses from Diffuse Sources")

EU-WRRL
EU-Wasserrahmenrichtlinie

ESZ
Entwicklungsszenario

EWR
Entwicklungsrahmen, Teilmenge von EXO

EXO
exogenen Szenarien

EZ
Entwicklungsziel

EZG
Einzugsgebiet

FAA
Forschungsgesellschaft für Agrarpolitik und Agrarsoziologie e.V.

FAL
Forschungsanstalt für Landwirtschaft

FAPRI
Food and Agricultural Policy Research Institute

FG
Fachgebiet

FIS
Fuzzy Inferenz System, Fuzzy-Software MATLAB

FR
Flussregulierung

FU
Freie Universität Berlin

G0–G7
Tierbestandsklasssen (Unstrut-Untersuchungsgebiet)

GAP
Gemeinsame Agrarmarktpolitik der EU

GCM
Global Climate Model (General Circulation Model)

GE
Grundeinheiten

GIS
Geographisches Informationssystem

GLOWA
Globaler Wandel des Wasserkreislaufes

GRM
Großraummodell

GV
Tierbesatz

GW
Grundwasser

GWN
Grundwasserneubildung

GWRA
Grubenwasserreinigungsanlage

GWS
Grundwassersammler

HadCM3
Klimamodell (GORDON et al. 2000)

HFA
Hauptfruchtarten

HFD
Handlungsfelder
(Felder für Management-Aktivitäten)

HKW
Heizkraftwerk

HOP
Handlungsoptionen

HQ
höchster Hochwasserabfluss

HW
Hochwasser

HRU
Hydrologic Response Units

HYDRAX
eindimensionales hydrodynamisches Modell (siehe Modellverzeichnis)

IANUS
Integrated Assessment uNder Uncertainty for Sustainability

IAP
Institut für Agrarpolitik, Marktforschung und Wirtschaftssoziologie, Universität Bonn

IDX
Index-Variable

IGB
Institut für Gewässerökologie und Binnenfischerei

IKSE
Internationale Kommission zum Schutz der Elbe

IMA
Integrativer Methodischer Ansatz

IND
Einzel-Indikatoren (Variablen, Zustandsgrößen)

IPCC
Intergovermental Panel of Climate Change

IWA
Integrierte Wirkungsanalysen

JRC
Joint Research Center, Ispra

KA
Kahnschifffahrt

KAL
Kläranlagenleistung

KLIWA
Projekt „Klimaveränderungen und Konsequenzen für die Wasserwirtschaft"

kmGu
unterer Gipskeuper (mittlerer Keuper)

KRI
Bewertungskriterium

KTAU
Retentionsparameter

ku
unterer Keuper

KUL
Kriterien umweltverträglicher Landbewirtschaftung

KWB
klimatische Wasserbilanz

KWB$_G$
GIS-Modell zur Kalkulation der klimatischen Wasserbilanz

L1–L5
Flächenklassen (Unstrut-Untersuchungsgebiet)

LAGS
Landesanstalt für Großschutzgebiete

LAI
Leaf Area Index

LAUBAG
Lausitzer Braunkohle AG (jetzt Vattenfall Europe Mining & Generation (VE))

LAWA
Länderarbeitsgemeinschaft Wasser

LF
landwirtschaftliche Nutzfläche

Lib
Liberalisierung

LIWAG
Länderübergreifende Arbeitsgruppe zur Sanierung des Wasserhaushalts in der Lausitz

LMBV
Lausitzer und Mitteldeutsche Bergbau-Verwaltungsgesellschaft mbH

LBD
Leitbild nachhaltiger Entwicklung

LRP
Landschaftsrahmenplan

LUA
Landesumweltamt

LUSim
ArcView gestütztes Softwaresystem

LW
landwirtschaftliche Grünlandnutzung

LW_PR
nicht naturschutzbezogene landwirtschaftliche Prämien

MAE
Mittlere absolute Fehler

MC
Blaualgentoxine

ME
Maßeinheit

MHQ
mittlerer Hochwasserabfluss

MKA
Multikriterielle Analysen

mm
mittlerer Muschelkalk

MNQ
mittlerer Niedrigwasserabfluss

moC
oberer Muschelkalk (Ceratitenkalk)

MOD
Modelle (Methoden, Instrumente)

MODAM
Multikriterielles Entscheidungshilfesystem für das Management von Agrarökosystemen

MODFLOW
Grundwassermodell

MONERIS
Wasser- und Stoffhaushaltsmodell
(siehe auch Modellverzeichnis)

moT
oberer Muschelkalk (Trochitenkalk)

MPI
Max-Planck-Institut für Meteorologie, Hamburg

MQ
Mittelwasserabfluss

MS
Moorschutz

MSZ
Masterszenarien

mu
unterer Muschelkalk

MUNR
Ministerium für Umwelt, Naturschutz und Raumordnung des Landes Brandenburg

N-Abgabe
Stickstoffsteuer

N_K
Kosten für Naturschutz

NA-Modell
Niederschlag-Abfluss-Modell

NAIADE
multikriterielles Bewertungsverfahren, siehe Modellverzeichnis

NaWaRo
Nachwachsende Rohstoffe

NN
Nettonutzen

NOAA
National Oceanic and Atmospheric Administration

NQ
niedrigster Niedrigwasserabfluss

Nst
Stickstoffsteuer

NW
Niedrigwasser

N_ZB
Wertschätzung Naturschutz

OderBln
Oderwasser Berlin – Überleitung von Oderwasser über den Oder-Spree-Kanal in die Spree

OderBB
Oderwasser Brandenburg – Überleitung von Oderwasser über die Malxe in die Spree

OECD
Organisation for Economic Co-operation and Development

OP
Oberpegel (Pegel im Oberwasser einer Fallstufe)

OPYC
Ozean General Circulation Model
(siehe auch Modellverzeichnis)

ORESTE
multikriterielles Bewertungsverfahren (Roubens 1982)

OS
Obere Spree

QSIM
Modell für Gewässergütesimulation
(siehe auch Modellverzeichnis)

P
Niederschlag

PEP
Pflege- und Enwicklungsplan

PIK
Potsdam-Institut für Klimafolgenforschung e.V.

PROMETHEE
multikriterielles Bewertungsverfahren
(Drechsler 2000, 2001)

PSCN
Plant Soil Carbon Nitrate

q/kms
Quartär bzw. mittlerer Keuper, Schilfsandstein

Q$_{ZU}$
Zufluss

RAUMIS
Agrarmarktmodell (siehe auch Modellverzeichnis)

RedFl
Reduzierte Fließe

Ref
Referenz

REG
Regionen (Geographische Objekte der Untersuchung)

REMO
regionales Klimamodell
(siehe auch Modellverzeichnis)

RGV
reale Tierbesatzdichte

RL
Rote Liste

RWB
Regenwasserbewirtschaftung

S0–S4
Szenarienbezeichnung (siehe Szenarienverzeichnis)

SB
Speicherbecken

SciLab
Simulationssoftware

SESIM
dynamic microsimulation model

SRES
Second Report on Emission Szenarios

SRU
Sachverständigenrat für Umweltfragen

ST
Sichttiefe

STA
Stakeholder, Interessenvertreter bzw. -gruppen, Institutionen

STAR
Statistisches Regionalmodell

STG
Simulationsteilgebiet

SW
Spreewald

SWAT
Soil & Water Assessment Tool, Modell

SWIM
GIS-basiertes gegliedertes ökohydrologisches Modellsystem (siehe auch Modellverzeichnis)

T-Wert
Transmissivität

TEH
Zeiteinheiten, Zeitschritte von Modellen

TeK
Teltowkanal

TGP
Teilgebietsprojekt

TIV
Zeitintervalle (Simulationsintervalle für Szenarien)

TLL
Thüringer Landesanstalt für Landwirtschaft

TLUG
Thüringer Landesanstalt für Umwelt und Geologie

TM
Trockenmasse

TOC
Total Organic Carbon (gesamter organischer Kohlenstoff)

TP
Gesamtphosphorkonzentration

TP
Teilprojekt

TS
Talsperre

TUB
Technische Universität Berlin

TW
Teichwirtschaft

UFZ
Umweltforschungszentrum

UG
Untersuchungsgebiet

UMW
Umweltschutz

UNCSD
United Nations Commission on Sustainable Development

UniK
Universität Kassel

UP
Unterpegel (Pegel im Unterwasser einer Fallstufe)

USDA
US Department of Agriculture

VE
Vattenfall Europe Mining & Generation

VEAG
Vereinigte Energiewerke AG, jetzt Vattenfall Europe

VEGMOS
Vegetationsentwicklungsmodell
(siehe auch Modellverzeichnis)

VH
Vorhaben

VHG
Verhandlungen

VS
Versorgungssicherheit

WABI
Wasserhaushaltsmodell
(siehe auch Modellverzeichnis)

WaterGAP
integriertes globales hydrologisches Modell
(siehe auch Modellverzeichnis)

WASY
Gesellschaft für wasserwirtschaftliche Planung und Systemforschung mbH

WATSIM
partielles Gleichgewichtsmodell
(siehe auch Modellverzeichnis)

WBalMO
langfristiges Wasserbewirtschaftungsmodell, alter Name: ArcGRM (siehe auch Modellverzeichnis)

WBGU
Wissenschaftliche Beirat der Bundesregierung Globale Umweltveränderungen

WP
Senatswasserpolitik

WRRL
Wasserrahmenrichtlinie

WTO
World Trade Organization

ZALF
Leibniz-Zentrum für Agrarlandschaftsforschung e.V.

Glossar

Das Glossar beinhaltet wichtige Termini für GLOWA-Elbe (kursiv gedruckte Begriffe im Text werden im Glossar an anderer Stelle definiert). Mit einem Stern* markierte Termini werden in Anlehnung an das deutsche Glossar des IPCC zum dritten Wissenstandsbericht erklärt (ProClim 2002). Wörtliche Übernahmen wurden in Anführungsstriche gesetzt.
ProClim – Forum für Klima und Global Change Schweizerische Akademie der Naturwissenschaften (2002), Dritter Wissenstandsbericht des IPCC (TAR), Klimaänderung 2001: Zusammenfassungen für politische Entscheidungsträger, Bern, ISBN-Nummer: 3-907630-05-X

Basisstrategie
Handlungsstrategie, die die gegenwärtige Politikausrichtung in dem untersuchten Konfliktbereich charakterisiert. Alternative Handlungsstrategien werden im Vergleich zu dieser Basisstrategie, die ein ‚business as usual' darstellt, analysiert und häufig bewertet.

Basisszenario
Entwicklungsszenario mit einer Basisstrategie als Komponente

Bewertungskriterium
Explizit zur Bewertung der Wirkungen einer *Handlungsstrategie* genutzter Maßstab; basiert auf einem oder mehreren Indikatoren und beinhaltet (im Gegensatz zum Indikator) eine normative Bewertungskomponente.

Entscheidungsträger
Person oder Personengruppe, die Entscheidungsmacht in einem Gestaltungsbereich (z.B. dem Wasserhaushalt) hat.

Entwicklungsrahmen
Zusammenfassung von *Wandelszenarien* externer Triebkräfte (Driving Forces), die innerhalb der Untersuchungsregion von Einzelakteuren nicht beeinflussbar sind (Bevölkerungsentwicklung, Wirtschaftswachstum, technologischer Wandel etc.). Jedem Entwicklungsrahmen liegen spezielle Annahmen zugrunde, die auf einer besonderen Zukunftsvision beruhen.

Entwicklungsszenario
Kombination eines *Entwicklungsrahmens* und/oder einzelnen *Wandelszenarien* mit einer *Handlungsstrategie*. Es stellt im Rahmen des *IMA* ein *Szenario* umfassendster Art dar, weil alle zu betrachtenden Teilaspekte – externe Triebkräfte des globalen Wandels und alternative Handlungsstrategien – vollständig festgelegt sind.

Equity-Analyse
Analysiert die Abweichungen zwischen den Bewertungen von alternativen *Handlungsstrategien* durch verschiedene *Stakeholder*. Die Abweichungen werden quantifiziert und veranschaulicht, wodurch die Kompromissfindung bei der Bewertung von *Handlungsstrategien* unterstützt wird.

Globaler Wandel
Veränderungen der Umwelt, die den Charakter des Systems Erde zum Teil irreversibel modifizieren und deshalb direkt oder indirekt die natürlichen Lebensgrundlagen für einen Großteil der Menschheit spürbar beeinflussen. Dabei wird unter dem Begriff *Umwelt* die Gesamtheit aller Prozesse und Räume verstanden, in denen sich die Wechselwirkungen zwischen Natur und Zivilisation abspielt. Die globalen Veränderungen der Umwelt sind sowohl natürlich bedingt als auch anthropogen. Gesellschaftlicher Wandel und Klimawandel sind Erscheinungsformen des globalen Wandels.

Handlungsfelder
Bereiche in Politik und Wirtschaft, in denen entscheidungsrelevante *Handlungsoptionen* existieren.

Handlungsoption
Einzelne Option oder Maßnahme in einem *Handlungsfeld*, die potentiell zur Erreichung eines Zieles und/oder zur Minderung eines Interessenkonflikts beiträgt.

Handlungsstrategie
Kombination von *Handlungsoptionen* eines oder verschiedener *Handlungsfeld*er zur Erreichung eines Zieles und/oder zur Minderung eines Interessenkonflikts.

Indikator
Zustandsgröße, Variable oder Schätzgröße, die im Konsens mit Stakeholdern zur Messung und Bewertung der Wirkungen von *Handlungsstrategien* herangezogen wird.

IMA – Integrativer Methodischer Ansatz für GLOWA-Elbe
Heuristisches Verfahren zur iterativen Entwicklung, Analyse und Bewertung von Szenarien des globalen Wandels und alternativen Handlungsstrategien mit Stakeholderbeteiligung. Der IMA kombiniert die Szenariotechnik mit der umfassenden Nutzung von Simulationsmodellen, der multikriteriellen Bewertung von Wirkungen und der Analyse von Bewertungsdifferenzen und Konflikten zwischen verschiedenen Akteuren und Betroffenen.

Ist-Zustand (auch *Status quo*)

Klima*
„Klima im engen Sinn ist normalerweise definiert als das ‚Durchschnittswetter', oder genauer als die statistische Beschreibung des Wetters in Form von Durchschnittswerten und der Variabilität relevanter Größen über eine Zeitspanne im Bereich von Monaten bis Tausenden von Jahren. Der klassische, von der Weltorganisation für Meteorologie (WMO) definierte Zeitraum sind 3 Jahrzehnte."

Klimaszenario (auch: Klimawandelszenario)
Wandelszenario für den Teilaspekt Klima des *Entwicklungsrahmens*.
*„Eine plausible und oft vereinfachte Beschreibung des zukünftigen Klimas, die auf einer in sich konsistenten Zusammenstellung von klimatologischen Beziehungen beruht und die zum expliziten Zweck konstruiert wurde, die möglichen Folgen einer anthropogenen Klimaänderung zu erforschen."

Konfliktanalyse
Analyse der aktuell und potentiell divergierenden *Stakeholder*-Interessen.

Kosten-Nutzen-Analyse
Monokriterielles Bewertungsverfahren, in dem die Wohlfahrtswirkungen einer Handlungsstrategie in Form der aggregierten Kosten und Nutzen für die betroffenen Akteure ermittelt werden und die aggregierte Kosten-Nutzen-Differenz oder -Relation als Bewertungsmaßstab verwendet wird.

Kosten-Wirksamkeitsanalyse
Volkswirtschaftliches monokriterielles Bewertungsverfahren für Handlungsstrategien, in dem die privaten und sozialen Kosten zur Erreichung eines vorgegebenen Zielzustandes als Bewertungsmaßstab verwendet werden.

Kriterium
siehe Bewertungskriterium

Modellgeschichte* (deutsch für „storyline")
„Eine erzählende Beschreibung eines *Szenarios* (oder einer Familie von Szenarien), welche die Hauptcharakteristiken, die Beziehungen zwischen den Haupttriebkräften und die Dynamik der Szenarien hervorstreichen."

Monokriterielle Bewertung von Handlungsstrategien
Bewertung von *Handlungsstrategien* unter Verwendung eines Bewertungskriteriums im Rahmen eines speziellen Bewertungsansatzes (*Kosten-Nutzen-Analyse*, *Kostenwirksamkeitsanalyse*, ökologische Bewertung von Wasserstandsänderungen etc.)

Multikriterielle Bewertung von Handlungsstrategien (auch: multikriterielle Entscheidungsanalyse)
Bewertung von Handlungsstrategien unter Verwendung verschiedener zuvor unter Stakeholderbeteiligung definierter Bewertungskriterien mittels des Einsatzes von multikriteriellen Bewertungsverfahren und -algorithmen (PROMETHEE, NAIADE).

Nachhaltige Entwicklung
Eine Entwicklung, die den Bedürfnissen der heutigen Generation entspricht, ohne die Möglichkeiten zukünftiger Generationen zu gefährden, ihre eigenen Bedürfnisse zu befriedigen und ihren Lebensstil zu wählen (Brundtland-Kommission 1987).

Nachhaltiges Flussgebietsmanagement (auch: *Wassermanagement*)
Gewässerbewirtschaftung, die dem Wohl der Allgemeinheit verpflichtet ist und dem Nutzen Einzelner dient; dabei sollen vermeidbare Beeinträchtigungen ökologischer Funktionen von Gewässern, sowie der direkt von ihnen abhängendenLandökosysteme und Feuchtgebiete vermieden werden und insgesamt eine nachhaltige Entwicklung gewährleistet werden (sinngemäß aus der Novelle des Wasserhaushaltsgesetzes vom 25.06.2002).

Referenzszenario
Situation in Vergangenheit, Gegenwart oder Zukunft, die als Bezug für die Analyse verschiedener *Wandelszenarien* und *Entwicklungsrahmen* verwendet wird.

Stakeholder
Vertreter von Betroffenen und Interessengruppen mit Bezug zum Entscheidungsgegenstand (Wasserhaushalt).

Status quo (auch: *Ist-Zustand*)
Ausgangszustand zu Beginn der Simulationsperiode eines *Entwicklungsszenarios* oder eines *Wandelszenarios*.

Storyline (auch: Modellgeschichte)

SRES-Szenario*
Eine „plausible Darstellung der zukünftigen Entwicklung der Emissionen von Substanzen, die möglicherweise strahlungswirksam sind (z. B. Treibhausgase, Aerosole)", und die dabei, von einer ähnlichen demographischen, gesellschaftlichen, wirtschaftlichen und den technologischen Wandel betreffenden *Modellgeschichte* ausgeht. Das SRES-Szenarienset umfasst vier Szenarienfamilien: *A1*, *A2*, *B1* und *B2*. Von besonderer Bedeutung in GLOWA-Elbe sind *A1* und *B2*.
A1 steht für eine Fortsetzung des gegenwärtigen Globalisierungstrends, eine Ökonomisierung der Politik und sehr starkes Wirtschaftswachstum. Neue Technologien werden schnell eingeführt. Regionale Unterschiede bei den Einkommen, in kultureller und sozialer Hinsicht und in der technologischen Entwicklung gleichen sich weitgehend aus. Die Weltbevölkerung erreicht in der Mitte des 21. Jahrhunderts ihr Maximum und nimmt danach ab.
B2 unterstellt eine Präferenz für lokale Lösungen der wirtschaftlichen, sozialen und umweltorientierten Nachhaltigkeitsfragen. Die Weltbevölkerung nimmt weiter zu, die Wirtschaftsentwicklung bewegt sich auf mittlerem Niveau, der technologische Wandel ist weniger schnell und regional unterschiedlicher als bei den *A1*-Szenarien.

Szenario* (auch Szenarium, lat.)
„Eine plausible und oft vereinfachte Beschreibung, wie die Zukunft sich gestalten könnte, basierend auf einem kohärenten und in sich konsistenten Set von Annahmen betreffend treibenden Kräften und wichtigen Zusammenhängen."

Szenario des globalen Wandels:
siehe *Wandelszenario*

Trend
Mittlere Änderungsfunktion eines Indikators zwischen zwei Zeitpunkten

Wassermanagement
(siehe Nachhaltiges Flussgebietsmanagement)

Wandelszenario
(synonym mit *Szenario des globalen Wandels*)
Quantifizierter Entwicklungspfad einer externen Triebkraft des globalen Wandels (driving force) über einen vorgegebenen Zeitraum. Die betroffene externe Triebkraft zeichnet sich dadurch aus, dass sie durch Aktivitäten von Einzelakteuren in der Untersuchungsregion nicht beeinflusst werden kann (Bevölkerungsentwicklung, Wirtschaftswachstum, technologischer Wandel etc.).
Unterbegriffe: *gesellschaftliches Wandelszenario*: Wandelszenario mit einer gesellschaftlichen Triebkraft wie z. B. Nachfrageentwicklung auf Märkten, Technikentwicklung etc. *Klimawandelszenario*: Wandelszenario mit Bezug auf die Klimaentwicklung

Wirkungsanalysen
Wissenschaftliche Analysen zur Ermittlung der Wirkungen von Wandel- oder Entwicklungsszenarien.